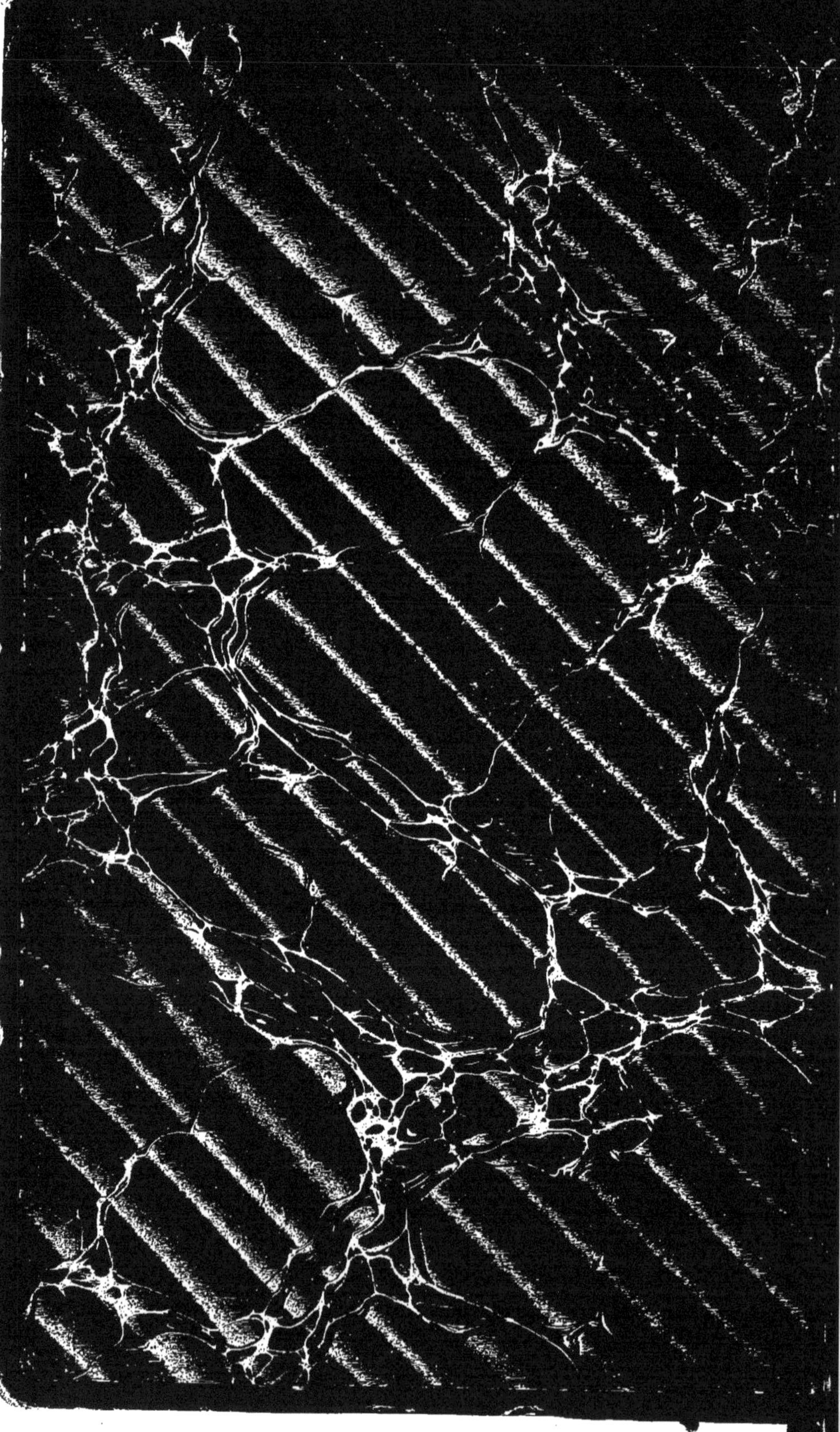

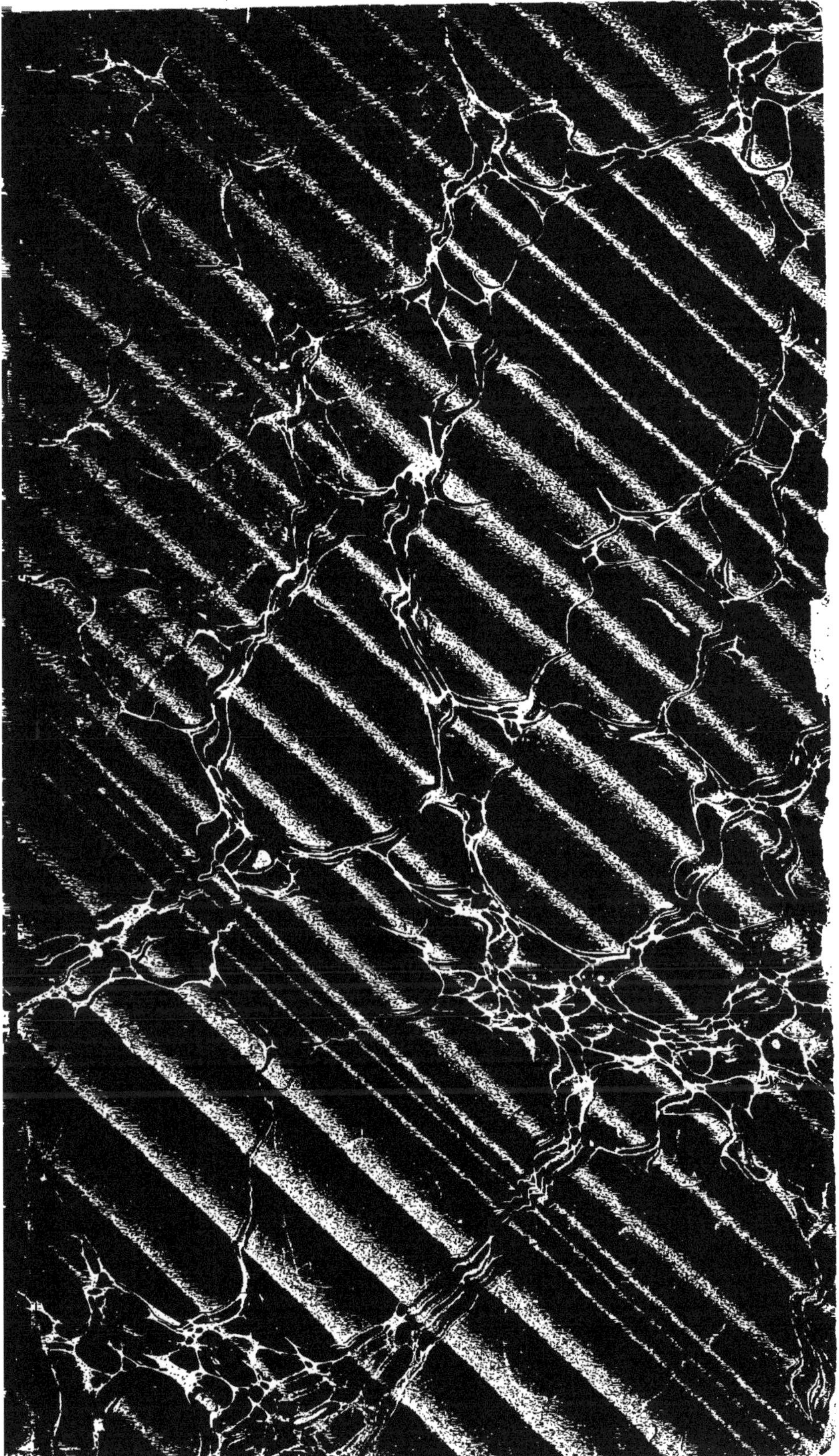

DE L'ORIGINE

# DES ESPÈCES

OUVRAGES DE MADAME CLÉMENCE ROYER

---

**Introduction à la Philosophie.** Leçon d'ouverture d'un cours fait à Lausanne. Lausanne, 1860. Brochure in-12. Prix........................... 1 fr.

**Théorie de l'impôt ou la dîme sociale.** 2 vol. in-8. Chez Guillaumin. Paris, 1861. Prix.............................................. 10 fr.

**Ce que doit être une Église nationale dans une république.** Brochure in-12. Lausanne, 1861. Prix.................................... 50 c.

**Fondation d'un collége international rationaliste.** Brochure in-8. Genève, 1863.

**Les jumeaux d'Hellas.** Roman philosophique. 2 vol. in-18. Librairie internationale. Bruxelles et Paris, 1862. Prix.......................... 8 fr.

**Avvenire di Torino, sua trasformazione in città industriale.** Brochure in-12. *Tipografia nazionale.* Turin, 1864. Prix.................... 75 c.

**Origine de l'homme et des sociétés.** 1 vol. in-8. Masson et Guillaumin. Paris, 1869. Prix............................................. 7 fr.

CORBEIL. — IMPRIMERIE DE CRÉTÉ FILS.

CHARLES DARWIN

# DE L'ORIGINE
# DES ESPÈCES

PAR SÉLECTION NATURELLE

OU

DES LOIS DE TRANSFORMATION DES ÊTRES ORGANISÉS

TRADUCTION

DE

Mme CLÉMENCE ROYER

AVEC

PRÉFACES ET NOTES DU TRADUCTEUR

TROISIÈME ÉDITION

PARIS

GUILLAUMIN ET Cie
RUE RICHELIEU, 14

VICTOR MASSON ET FILS
PLACE DE L'ÉCOLE-DE-MÉDECINE

MDCCCLXX

« A l'égard du monde matériel nous pouvons aller au moins jusqu'à conclure que les événements ne sont point amenés par l'intervention insolite de la puissance divine, s'exerçant à l'occasion de chaque fait particulier, mais par des lois générales établies. »

WHEWELL : *Bridgewater Treatise.*

« Le seul sens vraiment exact du terme « naturel » est celui d'*établi*, *fixe*, *stable ;* ce qui est naturel requiert et présuppose donc un agent intelligent pour le rendre tel, c'est-à-dire pour le produire continuellement ou périodiquement, comme ce qui est surnaturel ou miraculeux est produit une seule fois. »

BUTLER : *Analogy of revealed Religion.*

« Donc, pour conclure, que nul ne s'appuie sur l'idée mal comprise d'une tempérance ou d'une modération mal employée, pour penser ou soutenir qu'on puisse aller trop loin et devenir trop savant dans l'étude du livre de la parole de Dieu ou du livre des œuvres de Dieu, c'est-à-dire en religion ou en philosophie ; mais que tout homme s'efforce plutôt de progresser sans fin en l'un et en l'autre et d'en tirer avantage. »

BACON : *Advancement of Learning.*

# PRÉFACE

## DE LA TROISIÈME ÉDITION

Huit années se sont écoulées depuis que j'ai offert aux lecteurs français la traduction de l'œuvre de M. Ch. Darwin, et l'intérêt croissant inspiré par sa nouvelle théorie de transformation des êtres vivants m'oblige aujourd'hui à en donner une troisième édition.

Durant ce laps de temps, des objections ont été soulevées, discutées, et le plus grand nombre se sont montrées vaines à l'examen. La science a marché, d'importantes découvertes, des faits nouveaux, en grand nombre, sont venus, presque tous, apporter un nouvel appui aux assertions du naturaliste anglais, et lui-même dans un nouvel ouvrage en deux volumes (1), qui n'est qu'un commentaire détaillé du premier chapitre de l'*Origine des espèces*, a précisé, développé ses idées en les étayant d'une longue série d'observations patiemment discutées. M. Ch. Darwin enfin, au dernier chapitre de ce livre, a cherché à donner une explication des phénomènes si mystérieux de l'hérédité, dans l'hypothèse de la *Pangenèse*. J'essayerai en quelques pages de résumer succinctement les résultats de cette longue suite de travaux.

(1) *De la variation des animaux et des plantes sous l'action de la domestication*, par Ch. Darwin, traduit par J.-J. Moulinié, avec une préface de Carl Vogt. Paris, Reinwald, 1868, 2 vol. in-8°.

On sait que les objections, faites d'abord à la théorie de transformation par sélection naturelle, vinrent presque toutes des représentants de la vieille science classique, dont Cuvier fut durant un demi-siècle l'oracle et le dictateur. Ses disciples crurent avoir raison de la doctrine de Ch. Darwin en lui opposant les arguments soulevés par le maître contre celle de Lamarck. Trop dédaigneux peut-être de l'une et de l'autre pour les étudier longuement, sérieusement, ils ne virent point, ce que tous les esprits indépendants comprirent aussitôt, que, si les deux systèmes étaient identiques dans leurs traits généraux et aboutissaient à peu près aux mêmes conséquences philosophiques, Darwin, en venant compléter, expliquer, commenter, préciser Lamarck, faisait tomber toutes les attaques si injustes dirigées par Cuvier contre celui-ci. Aujourd'hui, de tous côtés, la lumière se fait. Nos savants, vraiment sincères, ont recherché au fond de leur bibliothèque les œuvres oubliées de Lamarck, les ont feuilletées, relues, et, s'étonnant du discrédit dans lequel elles étaient tombées, ont enfin, et trop tardivement, rendu justice à ce puissant génie, qui n'eut que le tort, peut-être, d'être venu trop tôt. Les noms, oubliés ou raillés, de De Maillet et de Robinet, ont eux-mêmes retenti de nouveau, et une part de la gloire de leurs successeurs a rejailli sur eux.

C'est notre savant anthropologiste, M. Quatrefages, qui, en dépit d'opinions personnelles opposées, longtemps et fidèlement soutenues avec talent et savoir, s'est chargé de ce rôle de distributeur d'une justice posthume envers les ancêtres du transformisme. Parfois il a été jusqu'à donner partiellement raison à leur hardiesse contre la prudence de Lamarck et de Darwin lui-même (1).

(1) Voy. une série d'articles sur l'*Histoire naturelle générale* publiée dans la *Revue des Deux Mondes*, du 15 déc. 1868 et 1er janvier, 1er mars, 15 mars et 1er avril 1869.

En un mot, il paraît quelquefois moins répugner à admettre la transformation brusque et en quelque sorte pathologique où tératologique d'une forme vivante en une autre très-différente, dans le cycle d'une seule génération ou durant la vie d'un seul individu, que la production successive de variations individuelles légères s'accumulant par hérédité dans une race. Pour échapper à Darvin, il se jette dans les bras de De Maillet, en s'appuyant sur les savantes études des deux Geoffroy-Saint-Hilaire sur la production des monstruosités. Darwin, du reste, admet fort bien qu'en une seule génération une forme spécifique puisse varier sensiblement et presque monstrueusement; mais il a raison de ne considérer ce cas que comme une exception rare; car si les monstres, si savamment étudiés et classifiés par les Geoffroy-Saint-Hilaire père et fils, se sont souvent éloignés considérablement de leur type, ces déviations considérables et anormales ont presque toujours entraîné la mort précoce des individus chez lesquels on les observe, et ne leur ont que très-exceptionnellement permis de vivre assez pour se reproduire. Lors même qu'ils se sont reproduits, on a dû constater que les variations, les anomalies légères seulement étaient transmissibles. Les deux frères Siamois, ce phénomène si étonnant d'une double monstruosité viable, ont aujourd'hui tous deux des enfants qui n'ont point hérité du fatal accouplement de leurs pères; tandis que l'on sait avec quelle presque invariable fidélité se transmettent les caractères des sexdigitaires dans les familles où ils ont une fois apparu. Les petites variations individuelles, ayant le caractère d'un perfectionnement utile, ont donc bien plus de chances de se propager et de se fixer héréditairement que la déviation monstrueuse du type, presque toujours en désaccord avec les conditions de vie de l'être qui en est atteint. D'ailleurs, Darwin n'a jamais nié que parfois, exceptionnellement, une variation monstrueuse d'un type préexistant ait pu donner origine à une espèce nouvelle, devenue plus tard elle-même la souche de genres nombreux. L'étrange fait de la transformation des axoloths en amblystomes, observé au Muséum par M. Duméril (1), et depuis quelque temps cité tant de fois, n'a rien de plus étonnant après tout que celui que rapporte Ch. Darwin (2), au sujet des fleurs dimorphes, qui, par la perte de leur dimorphisme, peuvent passer en deux familles de plantes considérées comme très-éloignées dans la série végétale.

M. de Quatrefages fait à la théorie de Ch. Darwin le reproche, peu sérieux, de pouvoir donner souvent du même problème deux solutions contradictoires, aussi plausibles l'une que l'autre ; que, par exemple, elle rendrait aussi bien compte de la transformation du casse-noix en mésange, que de la mésange en casse-noix (3), et que le pic de la Plata, qui ne grimpe jamais aux arbres (4), peut aussi bien être en train de devenir qu'en voie de cesser d'être un oiseau grimpeur. C'est, au contraire, un des grands avantages du principe de sélection naturelle de n'avoir rien de fixe, d'absolu, de se prêter à toutes les contingences de temps et de lieux, de s'appliquer aux transformations progressives des êtres, comme à leurs transformations rétrogressives. Nulle part Ch. Darwin n'a dit que notre mésange pût devenir en tous ses caractères notre casse-noix ; mais il résulte, en effet, de son argumentation qu'un oiseau, ayant les habitudes de la mésange, peut se modifier en acquérant celles du casse-noix, et récipro-

(1) *Hist. nat. gén.* Quatrefages, *Revue des Deux Mondes*, 15 mars 1869, p. 662.

(2) Voy. *Origine des espèces*, p. 178-233 et 510.

(3) *Origine des espèces*, p. 225 et 291. *Revue des Deux Mondes*, 1er mars 1869, p. 68.

(4) *Origine des espèces*, p. 226. *Revue des Deux Mondes*, idem, p. 71.

quement. L'ancêtre de nos pics grimpeurs peut également avoir eu les habitudes de vie du pic de la Plata, qui dans un pays de plaines n'aurait aucune occasion de faire usage de ses pieds de grimpeur, acquis peut-être par suite d'une variation tératologique inutile, aussi bien que par atavisme : un caractère nouveau pouvant apparaître dans une race aussi bien qu'un caractère ancien peut s'y perpétuer, même sans utilité, pourvu qu'il ne soit pas absolument nuisible. On peut même accorder beaucoup plus à M. de Quatrefages : Ch. Darwin présumait que les poumons des vertébrés supérieurs étaient une transformation de la vessie natatoire des poissons (1) ; dans une note j'ai fait remarquer que chez les poissons eux-mêmes la vessie natatoire avait pu servir d'abord à la respiration aérienne. Un même organe aurait pu ainsi être alternativement adapté à deux fonctions distinctes, en se modifiant sous la loi des conditions de vie, dans une même série généalogique d'êtres vivants, continuée depuis les temps primitifs où vécurent des poissons semi-aquatiques, semi-aériens, jusqu'aux temps modernes où tous les poissons sont devenus aquatiques, sous la loi de divergence des caractères ; les reptiles, les oiseaux, les mammifères étant devenus surtout et presque exclusivement aériens.

Une objection beaucoup plus forte, faite par M. de Quatrefages, est tirée de la permanence physiologique de l'espèce et des différences absolues, selon lui, que l'on constate entre les hybrides et les métis. Il abuse même peut-être un peu, oserons-nous dire, de la parfaite bonne foi avec laquelle M. Darwin constate les faits qui lui sont le plus défavorables sous ce rapport et cherche ainsi à l'opposer à lui-même. Mais ce n'est pas Darwin seulement, qui dans son dernier ouvrage, comme dans son premier

(1) *Origine des espèces*, p. 234, 254 et 547.

volume, sur l'*Origine des espèces*, réfute M. de Quatrefages par des faits nombreux, c'est aussi le savant traité de Prosper Lucas sur l'*Hérédité*, d'où il ressort que les rapports des produits aux parents sont exactement semblables, quelles que soient les différences individuelles, ethniques ou spécifiques des parents entre eux.

Entre parents consanguins, et conséquemment aussi semblables que possibles, il faut s'attendre à voir se manifester une accumulation d'hérédité, c'est-à-dire un minimum de variabilité, une fixité de la race aussi grande que possible. Entre races parentes, mais pures, il est naturel que les métis reproduisent parfois soit l'un soit l'autre des deux types parents, que plus souvent les caractères se mélangent ou se confondent, et que parfois une race mixte se forme par accumulation sélective de ces caractères intermédiaires, bien que d'autres fois l'un des deux sangs prédomine au point d'absorber complétement l'autre au bout de quelques générations. Entre hybrides, tel serait toujours et invariablement le cas, assure M. de Quatrefages, en dépit de faits assez nombreux qui infirment cette conclusion trop absolue. S'il est vrai qu'entre deux souches pures, deux espèces bien définies, le croisement donne, en effet, très-généralement, des produits chez lesquels les caractères des parents se mélangent sans se confondre, il faut tenir compte de ce fait que plus les caractères des parents sont tranchés, plus leur fusion doit être physiologiquement difficile. Ainsi, le produit d'un cheval et d'un zèbre aura ou n'aura pas un pelage rayé; si la rayure apparaît, c'est le vêtement du zèbre que l'œil perçoit tout d'abord; si elle est absente, c'est à l'espèce cheval qu'invariablement les habitudes logiques de notre esprit le rapportent. S'il s'agissait d'un hybride de cheval et d'hipparion, de même le produit aurait ou n'aurait pas les doigts latéraux de ce dernier genre, et l'apparition de ce caractère déciderait pour nous du type auquel nous devrions rapporter l'hybride. Entre races, au contraire, c'est-à-dire entre des types moins distincts, plus flottants, la différence des métis porte sur des caractères que nous sommes plus accoutumés à trouver variables et dont la variation conséquemment nous étonne moins. De même, si entre hybrides le retour à l'un des types purs est plus prompt, plus inévitable, c'est en vertu de la tendance naturelle de l'organisme à réagir contre ce qui trouble son développement normal héréditaire; de sorte que plus deux types sont distincts, plus il doit y avoir de tendance chez les produits à revenir soit à l'un, soit à l'autre.

Les différences, signalées par M. de Quatrefages, entre les hybrides et les métis, n'ont donc en rien le caractère absolu qu'il leur prête; ce sont des différences, toutes relatives, d'intensités, de quantités; des résultats absolument contingents, parfaitement explicables par des lois physiologiques, connues, non pas seulement de tous les physiologistes, mais de tous les médecins, et qui agissent exactement de même chez tous les produits d'unions sexuelles, quelles que soient les différences spécifiques, ethniques ou le degré de consanguinité des parents, mais donnent des résultats différents, selon que les éléments généalogiques en présence sont plus semblables ou plus opposés.

Du reste, reconnaissons bien vite que M. de Quatrefages, malgré de longues habitudes d'esprit contraires aux données principales de la théorie transformiste, a su rendre toute justice à son adversaire. Le résumé qu'il a donné de la doctrine est si impartial, si clair, si précis, qu'il aidera à la comprendre bon nombre de ces esprits plus accoutumés aux disciplines littéraires qu'à ces ardus raisonnement de nos méthodes scientifiques, qui, dans le livre de l'*Origine des espèces*, s'enchevêtrent, plus qu'ils ne s'enchaînent, les uns aux autres, dans un ensemble touffu, parfois presque inextricable pour beaucoup de lecteurs. Certaines des plus importantes lois découvertes par Ch. Darwin sont plus nettement et plus élégamment formulées par M. de Quatrefages que par leur auteur lui-même. Bien que l'éminent anthropologiste ne paraisse par toujours en avoir compris toute la portée, toutes les conséquences, toutes les relations réciproques; bien qu'il n'ait pas toujours aperçu qu'elles détruisaient ses objections; bien qu'il en ait négligé quelques-unes, sa rapide esquisse sur l'*Histoire naturelle générale* est une excellente analyse de la doctrine du transformisme, qui pourrait servir d'introduction à l'*Origine des espèces.*

La théorie Darwin a donné lieu à bien d'autres résumés, à de nombreux travaux qui sont venus joindre de nouveaux faits aux faits rassemblés par le naturaliste anglais et compléter la série de ses arguments. Le principe de transformation des espèces organisées, qui a pour conséquence la parenté de l'homme avec certaines formes animales inférieures, ne cesse depuis plusieurs années d'être discuté vivement avec passion, dans presque chaque séance des sociétés d'anthropologie et d'ethnographie, et même de la société géologique.

Dans la *Revue positive* (1) M. Letourneau a opposé l'une à l'autre les deux hypothèses de la variabilité et de l'invariabilité des êtres organisés, et conclu que la première seule était scientifiquement appuyée et probable. M. Eugène Dally, dans sa belle introduction à la traduction de Huxley (2), a de même montré que le transformisme seul peut rendre compte de tous les faits, jusqu'aujourd'hui connus. « Si l'on peut établir, dit-il, que

(1) Juillet-août, 1868.

(2) *De la place de l'homme dans la nature*, p. 38 et 39, traduit par M. E. Dally, avec une introduction du traducteur. Baillière. Paris, 1868.

même dans les temps très-rapprochés, le tableau de la vie à la surface de la terre a offert d'incessantes variations, que les règnes organiques n'ont pas toujours coexisté, que les formes des êtres vivants se sont çà et là modifiées, que certaines espèces ont complétement disparu et que chaque jour semble marquer la fin de quelqu'une d'entre elles, que des formes nouvelles ont apparu dans le passé et jusque dans les temps historiques, que les *barrières infranchissables* ont été franchies, que la fécondité *éternelle* des espèces a trouvé des millions de fois des limites et que la fécondité bornée a pu donner naissance à des espèces, fécondes elles-mêmes, jusque-là inconnues, on reconnaîtra qu'il n'y a dans la réalité que des individus; ou du moins, avec M. Broca, « que l'opi« nion classique de la permanence des espèces ne reste « plus dans la science que comme une hypothèse. » Quant à l'origine de l'homme lui-même, le transformisme par sélection naturelle est la seule doctrine qui, selon M. E. Dally, « puisse rendre compte de son apparition tardive et de ses rapports anatomiques avec le groupe allié des primates (1).

Le principe tant vanté de la *corrélation organique*, base de la méthode de détermination de Cuvier, a souvent été opposé comme inconciliable avec l'existence de formes de transition entre des types bien tranchés. M. Pennetier (2) a montré comment ce principe s'est déjà trouvé souvent en défaut, au point d'amener son auteur lui-même aux plus étranges méprises. C'est ainsi que son *Ursus cultridens*, après meilleure information, s'est trouvé être un félide; une mâchoire de Dinotherium avait été rapportée à un cétacé herbivore; le *Lamprodon* et le *Castos atticus* de Wa-

(1) *L'ordre des primates et le transformisme*, par E. Dally. Paris, 1868.

(2) De la mutabilité des formes organiques, par G. Pennetier. Extrait de la *Gazette hebdomadaire de médecine et de chirurgie*.

gner sont devenus pour M. Gaudry l'*Hystrix primigenia*. « C'est que la nature, dit Carl Vogt, n'est pas faite pour être l'esclave théorique de l'homme (1). »

La transformation par sélection des formes organiques exige un laps de temps immense. Or, les polygénistes, comme les monogénistes, devaient trouver bien courts les six mille ans accordés par Cuvier et la Bible à l'existence de l'espèce humaine. De même, si les mammifères et les oiseaux n'avaient apparu qu'avec l'époque tertiaire, comment admettre que la diversité de leurs types avait déjà pu se produire vers la période éocène? Où étaient ensevelies enfin toutes les formes de transition dont il fallait supposer l'existence?

Mais nos informations paléontologiques, chaque jour croissantes, ont déjà modifié profondément nos opinions, quant à l'apparition des divers types organiques. Cuvier avait déclaré maintes fois que l'homme fossile n'existait pas, et ne pouvait exister; on le trouve maintenant partout où on le cherche. On découvre ses traces jusqu'aux époques tertiaires modernes et peut-être éocènes. Il vivait non-seulement avec l'ours des cavernes et le mammouth, mais il a été le contemporain du Mastodonte, du Dinotherium et de l'Halitherium; et plus les vestiges que nous trouvons de lui sont anciens, plus ils accusent une sociabilité et une intelligence rudimentaires. De même, un vrai mammifère placentaire a, dit-on, fait son apparition dans les terrains secondaires, ainsi que l'*Archeopteryx macrurus*, cet oiseau à queue, reproduisant chez une forme adulte ce que nous ne constatons plus aujourd'hui que chez l'embryon, et qui par d'autres côtés encore s'approche du reptile.

Du reste les types de transition deviennent aujourd'hui

(1) *Leçons sur l'homme*. Préface.

si nombreux que leur énumération nous entraînerait trop loin. Les types si tranchés des poissons, des reptiles, des oiseaux se trouvent maintenant reliés par une série, chaque jour croissante, de formes chez lesquelles les caractères les plus opposés se mélangent de la façon la plus inattendue. Parmi les mammifères également, entre les groupes les plus tranchés apparaissent des séries de groupes intermédiaires ; et M. Gaudry a pu, en quelque sorte, dresser l'arbre généalogique des genres cheval, rhinocéros, éléphant et sanglier (1).

(1) Les poissons, dit M. Pennetier [1], passent aux amphibies par les genres *Lepidosiren* et *Protoptère*, rangés par les naturalistes dans l'un ou l'autre de ces groupes, suivant l'examen exclusif de tel ou tel caractère. Les Amphibies passent aux reptiles par la famille bizarre des *Labyrinthodontes*. Les Batraciens à branchies constantes établissent actuellement entre les poissons et les reptiles des liens que la paléontologie rend encore plus étroits. « Il y a, dit Robert Owen, un grand groupe naturel présentant toutes les gradations de développement qui unissent les poissons aux reptiles. Dans ce groupe [2], les poissons salamandroïdes (*Lepidosiren* et *Protopterus*) sont les plus ichthyoïdes, les vrais Labyrinthodontes sont les plus sauroïdes. Le *Lepidosiren* et l'*Archegosaurus* sont les gradations intermédiaires ; l'un tient plus du poisson, l'autre plus du reptile. L'*Archegosaurus* et le *Mastodontosaurus* montrent combien est artificielle la distinction entre les reptiles et les poissons ; ils révèlent l'unité des vertébrés à sang froid.» Les différents ordres de la classe des reptiles, ajoute M. Pennetier, sont reliés entre eux par une série de formes de transition. Les Crocodiliens forment le passage des Chéloniens aux Sauriens ; la famille des Iguaniens nous mène à celle des Lacertiens qui ont pour type notre lézard commun. De là nous passons aux Scincoïdiens et, du Scinque à quatre pieds courts, nous arrivons insensiblement aux Ophidiens ou serpents par les bimanes, les bipèdes et les orvets.

Le Ptérodactyle conduit des reptiles aux oiseaux, et l'Ornithorynque rattache ceux-ci aux pilifères ; l'embryogénie confirme ces données générales de la morphologie, en montrant les mammifères supérieurs revêtant successivement durant la vie intra-utérine les caractères généraux de l'organisation des oiseaux, des reptiles, des poissons.

A travers l'unité fondamentale de plan apparaissent les divergences les plus étranges, les plus inattendues. Les vertèbres se soudent ou se

[1] *Loc. cit.*

[2] *Paléontologie*, 2e édit. p. 201. Édimbourg, 1861.

Devant cette multiplication croissante des types de transition, qui font prévoir encore pour l'avenir bien d'autres surprises, en face de ces séries de formes inter-

multiplient, s'atrophient en queue rudimentaire ou se développent en boîte crânienne. Leurs prolongements disparaissent ou s'accroissent, diminuent ou augmentent de nombre. Le Lièvre a une clavicule atrophiée et perdue dans les chairs, les Ruminants des métacarpiens rudimentaires; l'embryon de la Baleine a des dents, les Amphisbènes des pieds cachés sous la peau et inutiles; les appendices articulés des Crustacés se modifient tantôt en pattes et tantôt en machoires.

Déjà les divers groupes de nos Pachydermes vivants s'étaient trouvés rattachés aux genres des *Palaplotheriums*, des *Palæotheriums*, des *Anchilophus*, des *Acerotheriums*, des *Anchitheriums*. Ce dernier s'approchait des solipèdes. La lacune signalée entre le Tapir et le Rhinocéros fut comblée par le *Pachinolophus*, qui se rattache d'une part aux *Paloplotheriums*, de l'autre aux *Lophiodons*. Entre les Rhinocéros et les Suidés vint se placer l'*Hyracotherium*; et le *Leptodon græcus* est destiné à combler l'hiatus qui séparait deux autres groupes.

Ce dernier appartient à la faune de Pikerni, si bien étudiée par M. Gaudry, et qui vient de fournir tant de nouveaux types de transition entre des espèces, des genres jusqu'ici nettement circonscrits. Le *Palæoreas Lindermayeri* rapproche à la fois les Antilopes, la Gazelle et les Oréas. Le *Trogocerus amaltheus* est Antilope par les dents et Chèvre par les cornes. Or, les Antilopes étaient déjà très-répandus à l'époque tertiaire, et les Chèvres n'ont apparu que postérieurement. Le *Palæoryx Pallasii* est un ruminant qui rappelle l'Oryx par le crâne et les cornes, mais dont la dentition est celle des Antilopes. Le *Palæotragus Rouennii*, animal étrange, qu'il est impossible de confondre avec aucun animal connu, a un crâne allongé, des cornes qui le rapprochent des antilopes, mais sont posées au bord du toit des orbites; ses molaires sont celles du Cerf et de la Girafe, son occipital celui d'un Ane, et le rétrécissement de ses condyles et de son trou occipital fait soupçonner un cou analogue à celui de la Girafe. Le *Helladotherium Duvernoyi* doit être classé entre la Girafe et les Antilopes; plus fort que le Chameau, son squelette est plus massif, son crâne plus lourd, ses os plus courts que ceux de la Girafe dont il se rapproche par l'inégalité des trains de derrière et de devant. Il se rapproche enfin des Antilopes par ses molaires et les proportions de son cou; il s'en éloigne par l'absence des cornes et la grande longueur des jambes de devant.

Parmi les Pachydermes, le *Sus Erymantheus* est intermédiaire entre le *Sus scrofa* des habitations lacustres et le *Sanglier à masque* de l'Afrique centrale. L'*Hipparion gracile* forme le passage des Pachydermes ordinaires aux Solipèdes.

Les nombreux Rhinocéros, découverts par M. Gaudry, lui ont permis de dresser en quelque sorte l'arbre généalogique du genre. De

médiaires qui tout à coup viennent relier d'autres séries de types, jusque-là nettement tranchés, par des combinaisons inattendues de caractères que Cuvier eût *à priori* dé-

même, M. Clif a signalé dans l'Inde des Mastodontes formant la transition avec le groupe des Eléphants. Le *Machærodus cultridens* est félide par les membres, urside par les canines. L'*Hyænictis græca* joint aux caractères de l'Hyène la formule dentaire des mustélidés. L'*Hyæna eximia* est intermédiaire entre nos Hyènes actuelles et présente le plus singulier mélange de leurs caractères. L'*Ictitherium robustum* est viverride par ses dents avec certains caractères des Hyénides ; de sorte que les trois groupes des viverrides, des mustélides et des hyénides se rapprochent aujourd'hui en convergeant par le mélange de caractères observés dans les trois espèces d'*Ictitherium*, découvert par M. Gaudry. Déjà le groupe des viverrides était lié par quelques groupes intermédiaires avec celui des félides et des ursides. De même, le *Melarctos diaphorus* établit le passage entre les Ours et les Chiens. Enfin de nombreuses espèces d'Ours relient aujourd'hui l'Ours des cavernes à notre Ours brun.

Du reste, c'est une règle générale que presque tout nouveau fossile découvert soit intermédiaire entre des groupes déjà connus. Il en est ainsi de tous les quadrupèdes quaternaires, comparés à ceux qui les ont précédés ou suivis, non-seulement en Europe, mais en Amérique et en Australie. Dans la faune miocène de Sansan, les travaux de M. Lartet ont également montré des types de transition dans presque tous les genres nouveaux. « Dans l'Inde comme en Europe, dit M. Gaudry [1], les mammifères fossiles ont présenté des types intermédiaires. Chez les *Hippohyus*, les caractères du cheval sont associés à ceux du sanglier ; l'*Hyænarctos* unit les hyénides aux ursides; et chez certains proboscidiens on saisit le passage du Mastodonte à l'Éléphant. » — « Si les reptiles fossiles des terrains secondaires, dit M. Pennetier, nous semblent des êtres bizarres, ce n'est point, en général, parce qu'ils présentent des caractères anormaux, mais des caractères répartis aujourd'hui chez des êtres différents [2]. » Quant aux primates, enfin, les découvertes de MM. Lartet, Batheret, Lund, Lyell, Gervais, Fontan, Durand et Gaudry, ainsi que les travaux de MM. Huxley, Vogt, Owen, Gratiolet, Broca, Dally, établissent qu'aucun groupe zoologique ne présente moins de lacunes et n'offre une série de formes alliées plus complète et mieux graduée, des Makis ou Lémuriens, qui se rapprochent des carnassiers, jusqu'à l'homme, qui forme le terme supérieur de l'ordre, mais n'en peut être séparé sans infirmer tous nos principes de taxinomie.

[1] *Animaux fossiles* et *géologie de l'Attique*, traduit par M. Ch. Gaudry.

[2] Voy. Huxley, *De la place de l'homme dans la nature*, trad. par E. Dally, 1868. C. Vogt, *Leçons sur l'homme*, trad. par Moulinié. Paris, 1865. E. Dally, *Du transformisme*, Paris, 1869.

clarés incompatibles, tous les anciens arguments tombent, toutes les objections s'évanouissent et la doctrine de transformation des espèces, de mieux en mieux appuyée d'un nombre considérable de faits, qu'elle seule explique, prend de plus en plus la valeur d'une loi, aussi scientifiquement démontrée que celle de la transformation des forces ou de l'attraction universelle.

La découverte magnifique de cette loi suffisait donc à illustrer le nom de Darwin en rétablissant la gloire de son devancier Lamarck. Pourquoi l'auteur de l'*Origine des espèces*, averti par l'exemple de Lamarck lui-même, n'a-t-il pas eu la sagesse de s'en tenir là, plutôt que de s'aventurer, à la suite de Bonnet et de Buffon, dans la voie des conceptions purement hypothétiques? De même que les fausses notions de Lamarck en physique et en météorologie ont trop souvent fourni des armes aux adversaires plus passionnés que justes de l'auteur de la *Philosophie Zoologique ;* de même aussi la *Pangenèse* de Ch. Darwin fera tort à sa théorie de transformation des espèces par sélection naturelle. Il ne manquera pas de gens pour conclure que le même cerveau humain n'a pu élaborer logiquement, sur la base des faits connus, une doctrine assez large pour tracer de nouvelles voies devant la science biologique, et rêver une hypothèse impossible et contradictoire au sujet des phénomènes particuliers de l'hérédité. Le nouveau livre de M. Darwin pouvait se passer du chapitre sur la Pangenèse. Vaste répertoire de faits, il venait appuyer la doctrine du transformisme d'arguments solides et nombreux. Mieux eût valu n'y point glisser, en manière d'appendice, une explication qui n'explique rien, tant elle reste elle-même inexplicable, de faits naturels dont pour le moment nous pouvons constater la réalité, mais sans en pouvoir encore pénétrer la loi.

Lamarck a eu tort de venir, après Lavoisier, construire

sur les donneés vieillies de Stahl un système physique du monde (1); de même on reprochera à M. Darwin de s'être laissé inspirer, en plein dix-neuvième siècle, de la palingénésie de Bonnet et de sa doctrine de l'emboîtement des germes, combinée avec les hypothèses de Buffon sur l'existence d'une matière primordiale, *sui generis*, circulant dans les êtres vivants. Car, en somme, ce sont les particules organiques que Buffon faisait partir de tous les organes d'un être vivant pour aller reproduire chez son descendant les mêmes organes, que M. Darwin vient de rééditer. Or, si pareilles hypothèses étaient excusables au temps de Buffon et de Bonnet, aujourd'hui, que la chimie a décomposé tous les éléments matériels de l'organisme et qu'elle a constaté, la balance en main, que ces éléments ne contiennent absolument que les atomes d'oxygène, d'hydrogène, de carbone et d'azote que l'être organisé emprunte au monde inorganique ambiant, sous l'action des forces physico-chimiques, ressusciter ces rêves abandonnés pour en faire la base d'hypothèse nouvelles, c'est rétrograder d'un siècle, c'est inutilement compromettre un nom qui, à tant de titres, fait autorité.

Ch. Darwin part du principe, plein de promesses pour l'avenir et généralement admis, de l'indépendance des éléments anatomiques et même histologiques des êtres vivants. Avec la plupart de nos physiologistes les plus éminents, il voit dans la cellule le point de départ et la matière première de toute organisation. Chaque cellule, on le sait, est animée d'une vie propre, en vertu de laquelle elle produit d'autres cellules, et par cette faculté de génération indépendante de tous les éléments constituants de l'organisme se forment successivement tous les tissus,

(1) *Lamarck, sa vie, ses travaux et ses doctrines*, par Clémence Royer, *Revue positive*, nov.-déc., 1858, janv.-fév. et mars-avril 1860.

tous les organes d'un être. Jusque-là Darwin est avec la science contemporaine, et nous le suivons volontiers.

Mais il continue seul sa route vers l'hypothèse, lorsqu'il suppose, par suite d'une analogie fautive, bâtie sur les noms des choses plutôt que sur leurs rapports réels, que, puisque chaque cellule a la faculté de générer d'autres cellules, ce que tout le monde peut voir et constater, elle doit avoir aussi celle de produire des germes de cellules. Il y a là une très-fausse notion du germe lui-même qui tend à lui enlever son caractère de phénomène physique, réel, tangible, pour en faire une sorte d'entité métaphysique, affranchie des lois de la matérialité.

Qu'est-ce qu'un germe pour le physiologiste ? C'est déjà un organisme visible, composé d'un certain nombre de cellules vivantes, qui en certaines circonstances données, continuent leur évolution en générant d'autres cellules, suivant une certaine loi, fixe pour chaque race, quant à ses phases principales, mais variable en réalité chez chaque unité ou individualité organique, quant aux détails. Si chaque cellule d'un germe a été elle-même germe de cellule, il y aurait donc des germes de germes, et ces germes eux-mêmes resteraient inexpliqués, à moins qu'ils ne proviennent d'autres germes antérieurs, ce qui serait sans fin. Un germe est donc le premier produit de l'organisation ; il n'en est pas le point de départ, le principe. Il est effet et non cause, et doit avoir été causé.

Tout le monde peut voir une cellule en produire d'autres : il suffit pour cela de s'enlever un millimètre carré de peau et d'examiner au microscope ce qui se passe dans la blessure. Mais les germes de ces cellules produites, qui les a vus ? Personne. Ils sont, comme les germes de M. Pasteur, invisibles, insaisissables ; et la Pangenèse de M. Darwin est, comme la Panspermie de M. Pasteur, une hypothèse qui manque de base, c'est-à-dire d'un fait premier réel, constaté, prouvé.

Si la cellule organique produite produit à son tour d'autres cellules, ce n'est nullement à la manière des poules pondant leurs œufs, qui ne sont des germes que parce qu'ils renferment une agglomération de cellules, déjà organisées, mais comme la plantule sort de la graine et développe successivement sa tige, ses feuilles, ses fleurs, ses fruits, ou plutôt comme un cristal de glace attire à lui d'autres molécules d'eau pour en faire d'autres cristaux de même forme fondamentale. Ce n'est pas une génération, c'est une végétation; rien de nouveau n'a été produit, créé. Il y a eu tout simplement un changement d'état de la matière ambiante, une transformation de forces et de formes.

Mais que vont devenir, selon M. Ch. Darwin, ces germes de cellules, une fois produits par la cellule mère ou plutôt émanés d'elle? Comme les particules organiques de Buffon, ils voyageront, sans doute avec les fluides vitaux, dans tout l'être organisé, de cellule en cellule, de fibre en fibre, à travers solides et liquides, parois et vacuoles. Ils sont si ténus que rien ne les arrête dans leur course. Ce sont moins que des atomes, des points géométriques peut-être, et rien dans le monde physique ne peut nous en donner l'idée. Il faut que notre imagination, plongeant dans l'infiniment petit, y supplée. De plus ils seront si intelligents, ces petits germes, qu'au lieu de se laisser entraîner hors de l'organisme, avec tous les détritus de la combustion vitale qu'il élimine constamment, ils y demeureront à jamais, entassés, multipliés à l'infini, et pourtant toujours latents et insaisissables. Ils ne donneront signe de vie que pour produire périodiquement, chez l'être qu'ils habitent, soit des bourgeons, soit des ovules normaux, ou pour féconder ceux-ci, ou au besoin pour reconstruire la patte coupée d'une Salamandre ou d'une Écrevisse, ou enfin reproduire ce petit morceau de peau que nous nous supposions enlevé tout à l'heure pour saisir sur le fait le travail de reproduction de la cellule par la cellule. De sorte qu'en ce dernier cas, ce ne seraient nullement les cellules voisines qui en reproduiraient d'autres, de manière à faire disparaître la solution de continuité produite dans notre tissu muqueux, mais tous les petits germes en voyage à travers nos autres organes qui accourraient en foule réparer la petite lésion soufferte par notre édifice organique.

Chez les végétaux ou les animaux à générations scissipares, ces germes devraient être partout répandus, soit pour produire le bourgeonnement régulier, soit pour compléter l'unité détruite de l'être organisé, s'il venait à être amputé d'une de ses parties. Ce seraient donc ces germes qui procureraient des racines à une bouture d'arbre, ainsi que de nouveaux bourgeons, ou bien qui fourniraient une tête et une queue aux deux moitiés coupées d'un lombric. Mais chez les êtres supérieurs sexués, au contraire, leurs fonctions consisteraient presque exclusivement à se donner rendez-vous, en grand nombre, dans les organes de la génération, pour y attendre les uns chez le mâle, les autres chez la femelle, l'occasion d'agir.

Chaque germe émané d'une cellule de l'ancêtre jouirait de la propriété de reproduire chez le descendant une cellule en tout semblable à celle dont il provient, juste au même lieu, dans la même partie du même organe. C'est de la pantographie cellulaire. Un germe sorti d'une cellule formant l'extrémité d'un poil brun chez le père, irait produire une cellule parfaitement semblable, au bout du même poil de même couleur, croissant chez le fils, juste au même endroit, au même âge, à la même minute de sa vie, ou seulement peut-être un peu plus tôt.

On se demande alors s'il n'y aurait pas conflit entre ce

germe de cellule et quelqu'autre germe sorti d'une cellule maternelle, qui réclamerait juste la même place pour une cellule faisant partie d'un grain de beauté. Il semble bien difficile d'expliquer avec cela comment des différences sexuelles peuvent arriver à se produire, comment il se peut faire qu'il faille deux individus pour en générer un, qui n'est pas double, puisque chaque cellule de cet être unique résultant doit provenir d'un conflit entre deux germes, l'un mâle, l'autre femelle, qui réclamaient chacun leur place. Dans le cas où chaque cellule du père et chaque cellule de la mère n'aurait pas envoyé son germe à l'enfant, et où ces germes se seraient mal distribués chez celui-ci, il pourrait naître avec un côté mâle, un côté femelle, une tête ou des membres d'homme et un torse de femme.

Mais comment expliquer de plus que les enfants ressemblent si incomplétement à leurs parents, et parfois reproduisent les traits d'ancêtres éloignés? Selon M. Darwin, c'est que les germes cellulaires ont la faculté de rester à l'état latent pendant un certain nombre de générations, en se transmettant de l'une à l'autre, par une sorte de partage entre les enfants d'une même lignée. Ainsi, non-seulement, chaque individu vivant serait la demeure de tous les germes produits, en nombre infini, pendant toute sa vie, par toutes les cellules qui font, ou ont fait partie de son organisme depuis qu'il est au monde, mais encore d'une partie des germes produits par toutes les cellules qui ont appartenu à la série totale de ses ancêtres à douze ou vingt générations en arrière.

Ainsi, chez le pigeon bleu à plumes barrées de noir, provenant d'un croisement entre deux pigeons, messager et barbe, de races pures, les caractères ataviques de la livrée du biset, leur souche commune, seraient produits par les germes de cellules émanant des plumes de la queue et des ailes d'un pigeon biset qui aurait vécu au temps d'Akbar-Khan ou peut être été sacrifié sur la table d'un Pharaon égyptien.

Comme toute théorie de la génération ou de la transformation des êtres organisés n'est valable qu'à condition de pouvoir s'appliquer à l'humanité, et d'expliquer ses origines, soit individuelles, soit spécifiques, il faudrait admettre que, chez les représentants vivants de la famille des Bourbons, peuvent circuler encore à l'état latent quelques-uns des germes cellulaires d'Henri IV, de saint Louis, de Hugues Capet. Comme beaucoup de Bourbons ont épousé des femmes de la maison d'Autriche ou d'autres maisons impériales antérieures dont les membres s'étaient antérieurement alliés avec des femmes issues de la souche de Charlemagne, par ses fils bâtards ou ses filles, des germes cellulaires de ce monarque peuvent être transmis à tous les princes ou principicules, qui, depuis cette époque, ont régné en Europe, nécessairement avec d'autres germes issus de toutes les autres souches généalogiques avec lesquelles ils ont allié leur sang à chaque génération.

De sorte qu'aux mille milliers de germes produits par lui-même et en lui, durant sa vie, se joindraient, chez chaque individu humain, les milliers de millions de germes que lui ont légués son père et sa mère, eux-mêmes créateurs de leurs propres germes et héritiers des millions de milliards de germes qui leur ont été transmis par les rameaux les plus éloignés de leur double arbre généalogique.

Or, de la mère aux enfants la transmission de cette somme fabuleuse de germes, de cette quantité inimaginable d'éléments organisateurs se conçoit encore; mais, s'il est vrai, comme tout tend à l'établir, que dans l'acte généraleut le père ne donne au fils que quelques spermatozoïdes microscopiques ou même un seul, dans ce seul spermatozoïde qui va éveiller le mouvement vital dans la cellule germinative de l'ovule, doit être contenue toute cette généalogie :

nous arrivons donc à dépasser les merveilles de la théorie de l'emboîtement.

Dans cette vision hypothétique, Ch. Darwin s'est évidemment laissé dominer, à son insu, par des vues philosophiques d'un autre âge. La Pangenèse nous reporte à cette physique d'Épicure qui se représentait les images des objets comme provenant de corpuscules matériels qui en émanaient constamment en nombre infini. Nos savants naturalistes ont aujourd'hui horreur de la métaphysique; ils ont tort. Comme il n'est pas en la puissance de l'esprit humain d'y échapper complétement, de ne pas en faire nécessairement, chaque fois qu'il veut se rendre raison d'un fait, s'en expliquer la loi, le connaître, le pénétrer, en un mot, le savoir, leur éloignement de parti pris pour les spéculations philosophiques de leur époque fait qu'ils subissent l'influence d'une philosophie élémentaire vieillie, inspirée par l'éducation, respirée avec le milieu, héritée avec leur conformation cérébrale; de sorte qu'ils en restent à saint Thomas ou à Aristote, quand le monde a déjà dépassé Kant, Hegel et Comte.

Chacun de nos savants naturalistes est si spécialisé, si étroitement cantonné dans son district scientifique particulier, que les progrès accomplis par les autres branches de la science ne viennent que rarement donner à son esprit la secousse rénovatrice et féconde que toute idée nouvelle imprime à nos idées antérieurement conçues. Le lien général des choses connues lui échappe, avec leurs rapports. Appliqué à l'analyse patiente, son cerveau fonctionne difficilement pour synthétiser un ensemble de faits nouveaux ou divers, et le génie d'un Ch. Darwin, après avoir conçu la grande loi de transformation des formes, émet une hypothèse qui ferait supposer qu'il ignore la loi de transformation des forces, et que Faraday, Wurtz, Mayer et tant d'autres, sont comme n'étant pas nés pour lui.

Ch. Darwin, dans son hypothèse de la Pangenèse, s'est laissé complétement dominer par le concept de la matière; il a négligé celui de la force. Toute théorie, qui cherchera à expliquer par une transmission de matière le phénomène de l'hérédité, tombera à faux; parce qu'il ne peut s'expliquer que par une transmission de force et de mouvement. A la Pangenèse nous opposerions donc la théorie ou, si l'on veut, l'hypothèse de la Dynamogenèse, si les limites de cette préface, déjà trop étendue, ne nous faisaient une loi d'en renvoyer autre part l'exposition.

C'est du reste à titre de simple hypothèse que M. Darwin présente sa théorie de l'hérédité; et c'est là son excuse. Mais j'ai dû tenir ici à séparer nettement de cette hypothèse, qu'aucun fait n'appuie, la solide théorie du transformisme, qui n'a avec elle aucun lien logique, aucun point commun, qui ne s'en déduit point, qui n'en est point un des principes; de peur que la mauvaise foi ou l'ignorance, arguant de l'inanité de l'une contre l'autre, n'entravent le mouvement des esprits et ne retardent les progrès que la doctrine de transformation des formes vivantes, en voie de se compléter de plus en plus, ne peut manquer de faire accomplir, non-seulement à toutes les branches de la biologie et des sciences naturelles, mais aussi à la philosophie elle-même et aux sciences morales qui en relèvent.

Clémence ROYER.

# PRÉFACE

## DE LA PREMIÈRE ÉDITION

---

Oui, je crois à la révélation, mais à une révélation permanente de l'homme à lui-même et par lui-même, à une révélation rationnelle qui n'est que la résultante des progrès de la science et de la conscience contemporaines, à une révélation toujours partielle et relative qui s'effectue par l'acquisition de vérités nouvelles et plus encore par l'élimination d'anciennes erreurs. Il faut même avouer que le progrès de la vérité nous donne autant à oublier qu'à apprendre, et nous apprend à nier et à douter aussi souvent qu'à affirmer.

Il y a des époques surtout où cet esprit révélateur semble travailler plus profondément nos sociétés humaines, où il les secoue, les tourmente : ce sont autant d'époques d'enfantement pour les vieilles nations prêtes à mettre au monde de jeunes peuples. L'idée à révéler couve d'abord sourdement et pendant longtemps dans le fond des âmes ; elle s'y mûrit en silence, et, allant de l'une à l'autre en se complétant, s'affirmant de plus en plus, elle éclate soudain en s'incarnant dans une ou plusieurs intelligences qui s'en font les organes individuels. Ce sont là les révélateurs, véritables foyers de concentration où viennent se réunir, en convergeant, les rayonnements partis de tous ces centres vivants de lumière intellectuelle, qui composent les générations successives; ce sont là les porte-voix de cet immense organisme formé d'unités pensantes distinctes, qu'on appelle l'humanité, et qui, des formes rudimentaires de la vie où elle a son origine, marche et s'élève constamment vers la plénitude de l'être, son but et sa fin.

Il y a donc des époques tout entières qu'on pourrait appeler révélatrices ; telles furent peut-être les époques de Zoroastre, de Manou et de Moïse dans l'antique Asie, d'Orphée et d'Hermès, de Minos et de Numa chez les premiers peuples policés du bassin méditerranéen; mais telles furent plus encore, bien qu'avec d'autres tendances, les brillantes époques de Sanchoniaton et de Salomon, chez les Chananéens, d'Homère et d'Hésiode, dans l'Ionie et la Pélasgie encore héroïque; puis cette époque surtout, où, pendant que Khoung-fu-tseu et Lao-tseu illustraient la Chine, que Vyasa, Gotama, Kanada, Kapila et Patandjali vivaient peut-être dans l'Inde, Thalès et Pythagore, Socrate et Platon, Aristote et Épicure, Hérodote et Thucydide se succédaient dans les trois Grèces, et se voyaient bientôt continués à Rome par les Lucrèce et les Pline, les Tite-Live et les Tacite.

Jésus, comme autre part Sakia-Mouni, avec lequel il a tant de ressemblances, vint fermer ce cycle admirable. Il semble convenu aujourd'hui que tout écrivain doive, en passant, chanter un hymne à la gloire du prophète galiléen ou du moins s'incliner respectueusement en prononçant son nom. Le moins qu'on croie pouvoir faire, c'est de l'appeler « un homme incomparable ». Sa louange est comme un passe-port obligé pour tout livre qui prétend à être lu ; c'est une formalité à remplir pour tout orateur qui veut être écouté, pour tout professeur qui aspire à une chaire. Savants, philosophes, moralistes, jurisconsultes même, tous se conforment à la règle et donnent dévotement leur coup de chapeau au seigneur de la majorité. Il faut bien avouer que c'est une divinité qui va croissant plutôt que de diminuer, à mesure que les temps de son apothéose s'éloignent, et que le rabbi de Nazareth est beaucoup plus dieu aujourd'hui qu'il ne le fut jamais pour son siècle.

Rendons justice même aux dieux, mais seulement justice, et rien de plus. Notre impartialité envers eux sera un gage de celle dont nous sommes capables envers les hommes. Il m'a semblé souvent que c'était faire tort à notre époque que d'aller chercher, non pas l'idéal divin, mais l'idéal de l'humanité elle-même dix huit siècles en arrière de nous. Au moment où Jésus parut, mille ans de progrès rapides s'étaient accomplis. Toutes les gloires de l'esprit humain avaient, ensemble ou tour à tour, illuminé les générations contemporaines des éclairs du génie ou des reflets moins éclatants mais plus durables des études savantes. On sentait déjà que l'humanité, fatiguée d'un vol si rapide, allait s'arrêter. C'est alors que le prophète galiléen vint mêler à beaucoup de rêveries orientales quelques préceptes moraux, que d'autres avaient enseignés dès longtemps, du moins en ce qu'ils renferment d'incontestablement vrai, juste et bon, et qu'il eut seulement le mérite d'exprimer sous une forme originale, symbolique et populaire, à laquelle son éloquence persuasive donnait une puissance d'entraînement irrésistible. Mais ce monde romain, à travers lequel sa doctrine se répandit si rapidement, n'en allait pas moins bientôt mourir tout entier, et ce que nos exégètes orthodoxes s'efforcent de considérer comme un signe de régénération providentielle n'était au contraire qu'un virus mortel de plus, inoculé chez des races frappées à mort. La doctrine de Jésus était un signe des temps. C'était un présage de mort pour les peuples au milieu desquels elle naissait et dont elle ne pouvait que précipiter la chute. Le mysticisme en général est pour les races humaines une sorte de maladie d'épuisement et de langueur. Partout où il apparaît, il amène l'énervement et la torpeur morale, avec la surexcitation des esprits; c'est enfin une passion vicieuse de la vieillesse des peuples et un symptôme constant de décrépitude sociale.

Aussi, quand le monde barbare s'installa sur les ruines de

l'empire déchiré par lambeaux, ce ne fut pas la doctrine de Jésus, mais une tout autre religion, qui, sous le même nom, s'empara du monde pour le dominer et le gouverner ; et au point de vue social cette religion valait mieux que le christianisme évangélique : le catholicisme est mauvais, mais le véritable évangélisme serait pire.

Cette religion, qui n'avait par elle-même rien de commun avec la science, devait bientôt se faire savante. Elle repoussait le principe de la spéculation rationnelle, comme source première de toute vérité ; et cependant elle eut bientôt pour effet de vulgariser l'enseignement des philosophes grecs et les spéculations de l'Orient sur l'origine des choses, en se combinant d'un côté avec les philosophèmes des prêtres ou scribes hébreux, et de l'autre avec les développements alexandrins du platonisme. Mais en faisant autant de dogmes sacrés de ce qui jusqu'alors n'avait été considéré que comme des hypothèses, ou tout au plus des théories, cette religion mettait un terme aux progrès possibles de toute science et de toute philosophie ; elle enfermait l'esprit si ingénieux des races occidentales dans un cercle dont il ne pouvait plus sortir ; elle en entravait pour quinze siècles les développements ; elle ne cesse de les entraver encore de nos jours.

Le germe de cette religion, ce fut la christolâtrie apostolique des Paul et des Jean, si différente de la doctrine du maître. Propagée par un sacerdoce ignorant, dominateur et corrompu, elle s'étendit, comme un voile obscur, sur toutes les intelligences, et mit le frein de la foi aux légitimes curiosités du génie humain, au moment même ou Rome civilisée s'écroulait devant les envahisseurs barbares qui ne surent que lui emprunter ses vices et ses superstitions, sans ressusciter ses grandeurs. Sous ces deux influences également néfastes, la révélation humanitaire abandonna notre Occident et retourna en Asie.

L'établissement des chefs de l'empire à Byzance, la papauté s'élevant à Rome, qui n'aspirait plus qu'à devenir une métropole pontificale, la défaite de l'arianisme, dernier retranchement de la philosophie savante de la Grèce, furent le triple signal de cette immense proscription de l'idée libre et progressive.

Déjà, du reste, une ère de gloire philosophique et littéraire s'était ouverte dans l'Inde avec le règne de Viçramâditya et devait se continuer sous l'impulsion nationale jusqu'à la conquête musulmane. De l'ère de Mahomet à l'époque des croisades, et de la Chine à l'Afrique, une immense clarté inonda l'Orient, étendant ses reflets jusque dans l'Espagne conquise par les Arabes, tandis que tout notre monde chétien était perdu dans les obscurités barbares du système impérialiste et papal auquel la féodalité s'était ajoutée plutôt que substituée : c'était malheurs sur malheurs et ténèbres sur ténèbres, et c'était la conséquence de l'œuvre de Jésus.

Vint enfin l'époque du réveil. Il y eut d'abord des poëtes plus ou moins incrédules, tels que Dante et l'Arioste; des conteurs cachant la liberté de leur critique sous la licence de leurs récits, comme Boccace ou Rabelais. Ce furent ensuite de savants sceptiques, tels qu'un Érasme, un Montaigne, un Bayle voilant habilement l'incrédulité téméraire de leur esprit sous de prudentes contradictions ; puis des hérétiques philosophes comme Vanini, Telesio, Giordano Bruno, Campanella, et tant d'autres, toujours menacés du bûcher ou des cachots pour avoir répété gravement ce que leurs prédécesseurs avaient osé dire d'un ton léger. Mais l'heure de l'émancipation sonna pourtant. Tandis que Kopernic, Colomb, Galilée, Keppler, Newton révélaient le vrai système du monde, Bacon, Descartes, Leibnitz, Locke ouvraient devant l'esprit des routes nouvelles. L'art renaissait en même temps dans toutes ses splendeurs, avec les grands peintres, les grands architectes, les grands musiciens qui élevaient l'âme humaine par l'éducation des sens et lui rendaient le sentiment du beau, étouffé pendant si longtemps par l'ascétisme chrétien. Il y eut aussi, comme toujours, la réaction mystique : on vit presque à la fois Luther et Calvin, les Anabaptistes et les Jésuites, une sainte Thérèse et un Boehm. Cependant la réforme religieuse s'était opérée au nom de la liberté d'examen; et, quelque incomplète et mal comprise encore que fût cette liberté prétendue, qui élevait le bûcher de Servet à Genève et qui couvrait l'Angleterre de proscriptions et d'échafauds, le principe n'en devait pas moins porter ses fruits. Enfin s'ouvrit le dix-huitième siècle, le siècle de la révolution, le siècle révélateur par excellence, qui devait découvrir les idées morales de progrès, de liberté, de droit et d'humanité, révélation bien supérieure à celle de la chute originelle, de la rédemption par la grâce et de l'élection divine arbitraire.

La révélation humanitaire, bien qu'intermittente sur chacun des points du globe, est donc en réalité continuelle. C'est comme un courant électrique qui décrit sans cesse, vite comme la foudre, ses spirales infinies et qui jaillit en éclairs aux points où il est interrompu. Cependant l'Europe peut dire avec orgueil que, depuis plus de trois siècles, l'esprit révélateur semble l'avoir choisie comme le lieu de sa prédilection. Peut-être même s'y prépare-t-il une de ces grandes affirmations synthétiques, qui, après s'être lentement élaborées, sous le nom de philosophies, dans les hautes sphères sociales de l'esprit et du savoir, en redescendent un jour sous le nom de religions sur les masses populaires qu'elles transforment. Le caractère commun de ces grandes manifestations de la pensée humaine, qui semblent destinées d'ère en ère à marquer les échelons de ses progrès, c'est de réunir dans un magnifique ensemble une doctrine pour la pensée sur la nature des choses, leur origine et leur fin, une règle de conduite pour la vie et pour les mœurs en rapport avec l'idéal de la conscience contemporaine et avec les nécessités du lieu et du temps, et enfin des principes de politique pour régler les droits des nations entre elles, comme la morale règle ceux des individus : c'est-à-dire qu'elles doivent comprendre une théologie, une cosmognie et une sociologie, embrassant la morale, le droit, l'économique et la politique.

On ne saurait citer tous les noms glorieux qui depuis trois cents ans, et surtout depuis la fin du dernier siècle et durant tout le cours de celui-ci, ont travaillé et travaillent encore avec patience à cette grande œuvre. Chacun y apporte une pierre, du ciment, ses forces, faute de mieux ; chacun y ajoute une idée, une ligne, un détail. Plusieurs s'efforcent de trouver un plan d'ensemble : ce sont les architectes : chacun d'eux présente celui qu'il a conçu, vision de génie parfois, mais qui pèche toujours en quelque endroit par un défaut d'équilibre logique, qui en amène le prompt écroulement. Il faut qu'il en soit ainsi, afin que des mêmes matériaux on puisse aussitôt reconstruire un autre édifice plus parfait et mieux à la taille de l'humanité encore agrandie, qui ne peut se plaire dans un temple que lorsqu'il répond à son idéal.

Cependant, malgré ces destructions et ces reconstructions incessantes, le travail général avance. Ce travail est comme celui d'une ville dont les maisons et les palais se renouvellent sans cesse en s'embellissant toujours, dont les rues se redressent, dont les quartiers se régularisent constamment par des corrections, constamment partielles, apportées au plan primitif que le hasard des circonstances a fourni. De même, dans la grande cité de la science humaine, tous les ouvriers, sans connaître le plan définitif de leur œuvre, taillent chacun séparément leur pierre ; et il se trouve que, sans qu'ils se soient concertés sur les mesures, elles concordent et s'ajustent irréprochablement. C'est que tous sont conduits, comme par un sûr instinct, par un égal amour du vrai, et que tous ont dans leur art une règle commune : c'est la méthode d'induction baconienne, c'est le doute philosophique cartésien ; c'est enfin, autant que possible, une liberté absolue de tout préjugé, un dégagement complet de toute idée préconçue, de toute loi non prouvée, de tout dogme imposé d'autorité. Une théorie n'est admise que lorsqu'elle a passé au creuset de l'expérience. Au delà du grand musée des faits connus et constatés s'étend la vaste salle d'attente des hypothèses, où il est permis d'exposer même les conceptions les plus hardies, en attendant qu'elles soient jugées vraies ou fausses, à l'épreuve irrécusable du calcul et de l'observation.

C'est en cela que notre époque révélatrice diffère essentiellement des époques qui l'ont précédée : les peuples d'Asie, et même les philosophes grecs instruits à leur école, imaginaient la vérité, tandis que de nos jours on l'observe. On poursuit la nature dans son œuvre, on la surprend. La seule chose encore rare et difficile, c'est de la bien comprendre ; c'est de déchiffrer le sens des signes, souvent incohérents, qu'elle livre à notre interprétation, comme les fragments épars d'une inscription dont quelquefois nous ne connaissons pas même la langue. Aussi beaucoup se trompent, et, parmi les pierres taillées par un si grand nombre d'ouvriers, il en est beaucoup qu'il faut rejeter ou qui du moins ne peuvent trouver leur place sans avoir été remaniées. Cependant on est étonné parfois de retrouver jusque chez ces antiques faiseurs d'hypothèses de l'Orient et de la Grèce des lois, des principes généraux, des théories sur la nature des choses, que notre science moderne, plus prudente et plus lente en sa marche, n'a pu que corroborer; et que, par un élan de génie presque divinatoire, ces philosophes prophètes avaient conçus, sinon avant toute expérience et toute observation, du moins par une synthèse rapidement induite de l'observation et de l'expérience universelles.

Sur presque tous les problèmes, l'antiquité nous offre deux solutions plus ou moins contradictoires, trois ou quatre au plus, quand les questions plus complexes permettent de diviser les thèses logiques qu'elles renferment ; et c'est encore aujourd'hui entre ces quelques solutions, proposées depuis si longtemps, que la science moderne doit choisir ; c'est encore entre elles que bien souvent elle balance. C'est ainsi que la théorie des ondulations lumineuses se trouve exposée dans la physique de Kapila, comme celle de l'émission chez Lucrèce. C'est ainsi que Pythagore et son école avaient devancé Kopernic en supposant le mouvement de la terre autour du soleil, tandis que la grande école d'Athènes faisait de notre planète le centre immobile du monde. Enfin une question sur laquelle encore toute l'antiquité s'est divisée, c'est la grande question de l'origine et de la nature des formes organiques, que l'ouvrage de M. Darwin sur l'*Origine des espèces*, dont j'offre aujourd'hui la traduction à la France, est, je crois, appelé à résoudre définitivement.

Cet obscur problème de la création des êtres vivants se trouve tranché, plutôt que résolu, sous mille formes plus ou moins mystiques, dans ces informes compilations d'idées, tour à tour vénérées ou méprisées, adorées ou maudites, qu'on appelle les Védas, le Zend-Avesta et la Bible. Cependant toutes les solutions se ramènent toujours à deux types : tous les êtres vivants sont sortis par voie de génération plus ou moins régulière les uns des autres et enfin d'une première forme unique ; ou bien chaque forme spécifique a été indépendamment créée par une divinité ou puissance surnaturelle quelconque. Souvent les deux solutions se combinent dans un éclectisme ou dans un syncrétisme plus ou moins habile et plus ou moins logique, mais le surnaturalisme domine et l'emporte généralement.

Du principe des créations directes, la notion d'espèce ressort toujours comme une entité fixe et définie : les formes organiques sont immuables, comme Dieu même ; ce sont les idées générales ou catégories de pensées du créateur. A tout cela se joint nécessairement l'idée d'une chute originelle pour tous les êtres qui ne réalisent pas leur idéal. C'est la doctrine de Platon, à laquelle se sont rattachées toutes les sectes chrétiennes, la Genèse appuyant très-explicitement sur la création directe des espèces organisées, sur la fixité de leurs formes et même de leurs noms, et en particulier sur ce dogme de la chute, qui fait le fondement du christianisme.

Au contraire, du principe de la formation des êtres vivants par des causes secondes se déduit, avec l'idée de leur évolution ascendante et progressive, celle de leur mutabilité continuelle. Les individus sont alors les seules réalités, les seules entités substantielles ; l'espèce n'est qu'une catégorie logique, sans réalité, c'est une ressemblance toute contingente d'attributs qui n'ont rien d'essentiel aux sujets chez lesquels ils se manifestent, et qui sont variables chez chaque individu de chaque génération successive. Cette doctrine toute naturaliste n'a guère été connue de l'antiquité, mais seulement pressentie peut-être par quelques philosophes empiristes, tels que Kapila, Aristote et Lucrèce. Elle est essentiellement hétérodoxe et inconciliable, non-seulement avec les textes de l'Ancien Testament hébreu, mais encore avec les dogmes qu'on a voulu déduire du Testament grec.

Tout cela nous explique le grand entêtement des théologiens scolastiques à défendre le réalisme substantiel des Universaux. Dans cette question, tant controversée, de l'origine et de la nature des idées, on a cru bien faussement ne voir qu'une vaine dispute, indifférente par elle-même à l'ordre du monde. Cette question, au contraire, était vitale pour le christianisme ; c'était la pierre de fondement de l'orthodoxie : une fois ébranlée, tout l'édifice s'écroulait. Autrement, qu'on ne croie pas que tant de fortes têtes eussent été si folles que de s'évertuer si longtemps sur une question oiseuse. Le fanatisme, la passion religieuse, la plus violente des passions, puisqu'elle les équilibre toutes à elle seule, était en jeu. C'est ce qui rendit la querelle si vive, si longue et parfois si dangereuse ; car on jouait sa vie à certaines époques, en osant se déclarer nominaliste. Abailard et tant d'autres l'apprirent à leurs dépens. Sans la menace du bûcher, de l'excommunication tout au moins, et des moyens coercitifs dont l'Église savait si bien armer le bras séculier, quand il s'agissait de défendre ses dogmes menacés, la logique eût certainement eu raison de tous ces sophismes idéologiques. Encore aujourd'hui il ne manque pas de ces saints docteurs qui regrettent de ne pouvoir employer de pareilles armes pour terminer, à leur avantage, toutes les discussions contre ceux qui se permettent de découvrir dans la nature des faits qui assurent le triomphe définitif du nominalisme.

Qu'on ne croie pas, du reste, que la dispute soit éteinte ; elle n'a fait que changer de nom et de terrain. Elle existe plus ardente que jamais, mais surtout dans les questions pratiques, morales et politiques. Ainsi le nominalisme a inscrit sur son drapeau : individualisme et progrès par la liberté. Le réalisme, au contraire, veut une autorité puissante, illimitée, serrant étroitement l'homme dans toutes les manifestations de son être pour le maintenir dans les limites infranchissables d'un socialisme soit hiérarchique, soit égalitaire, mais toujours également immobile, comme la notion d'espèce dans la doctrine des idées prototypes de Platon. Mais qu'est-ce donc, après tout, que Platon, sinon le premier, le plus savant, le plus aimable des socialistes communautaires? Qu'est-ce donc, au fond aussi, que le christianisme, et qu'a-t-il été en principe, sinon une secte essénienne, dont les Églises ou congrégations éparses eurent pour dogme pratique principal l'égalité et la communauté des biens? Et qu'est devenu plus tard le catholicisme romain, qu'est-il encore de nos jours, sinon l'appui dogmatique de la hiérarchie féodale ou monarchique ? On le voit : beaucoup de questions se touchent, dont la connexion échappe aisément à certains esprits peu réfléchis. Si la notion d'espèce est une idée divine que tous les individus doivent réaliser, et si, d'autre part, il était prouvé, un jour, que l'usage illimité de leur liberté tend le plus souvent à les éloigner de ce prototype, ce serait un bien et même une nécessité de restreindre cette liberté et de sacrifier constamment les unités individuelles à la grande unité spécifique ou sociale. Or, c'est justement la doctrine du nominalisme et de l'individualisme le plus absolu, c'est l'absence de toute idée ou idéal prototype, c'est aussi la tendance de la liberté naturelle à faire diverger presque constamment les caractères spécifiques, en variant et individualisant les formes, que M. Charles Darwin vient démontrer aujourd'hui dans son beau livre sur l'*Origine des espèces*.

Il s'est fait, on le conçoit, grand bruit d'injures et grand fracas de ricanements autour de ce livre, lorsqu'il parut en Angleterre, il y a deux années ; mais ces critiques, si dédaigneuses en apparence, n'étaient au fond que des craintes mal dissimulées qui s'élevaient des chaires de l'orthodoxie, de ses tribunes et de ses journaux. En effet, les théologiens le sentent bien et l'ont toujours senti : pour que l'humanité ait péché en Adam, il faut qu'elle soit une entité collective ; pour être rédimée par les mérites d'un seul, comme pour avoir été maudite pour la faute d'un seul, il faut qu'elle ait, outre la vie individuelle de chaque être, une vie spécifique, en quelque sorte substantielle, bien définie et exactement limitée, sans lien généalogique avec aucune espèce antécédente. Or, la théorie de M. Darwin est incompatible avec cette notion ; et c'est pourquoi son livre, bien que d'un caractère éminemment pacifique, sera en butte aux attaques du grand parti immobiliste et chrétien, encore si nombreux chez toutes les nations européennes ; mais aussi il sera une arme puissante entre les mains du parti contraire, c'est-à-dire du parti libéral et progressiste.

Je sais pourtant qu'il y a des esprits très-libéraux qui se croient sincèrement chrétiens ; mais qu'il me soit permis de leur dire que c'est par une inconséquence, par une hérésie évidente et inconciliable avec le point de départ de leur doctrine et avec les textes sur lesquels elle repose. Je sais aussi que le plus grand nombre des socialistes égalitaires, par une contradiction d'un autre genre, repoussent le titre de chrétien, bien que le christianisme soit essentiellement égalitaire et communiste [1]. Il serait même subversif, si l'on prenait à la lettre certains documents tels que le Sermon sur la montagne ou le Cantique de Marie à Élisabeth et quelques autres encore [2] ; mais il n'est rien moins que libéral, et l'idée de la chute est la

[1] Actes des Apôtres, ch. II, v. 44-45 ; ch. IV, v. 34-37 ; ch. V, v. 11-1.

[2] Matth., ch. V, v. 4 ; Marc ch. X, v. 21-25, 28-31 ; Luc., ch. I, v. 51-53 ; ch. VI, v. 24-25 ; ch. XII, v. 24-29.

négation absolue de l'idée du progrès, comme l'idée de la grâce arbitraire est contradictoire à celle d'une justice rémunératrice.

Le clergé, je devrais dire plutôt les clergés de n'importe quelles Églises, prétendent n'être point ennemis de la science. Ils la protégeraient même, à les en croire, pourvu qu'elle consentît à demeurer docilement dans les limites qu'ils lui tracent. C'est qu'il leur est fort ennuyeux d'avoir à recommencer leur travail exégétique chaque fois qu'un Galilée, un Newton ou un Cuvier vient tout à coup se jeter à la traverse de leurs interprétations. Ils sont instruits par l'expérience : car il n'est pas une conquête de l'esprit humain, qui n'ait empiété sur leur domaine, pas une découverte qui n'ait battu en brèche leur système qu'à grand' peine chaque fois ils ont réparé, recrépi et rebadigeonné, comblant les trouées avec des paradoxes et étayant par des sophismes les pans lézardés. Rome avait parfaitement raison de livrer Galilée à l'Inquisition : le système de Kopernic, une fois prouvé, changeait l'homme de place dans le ciel, intellectuellement aussi bien que matériellement.

C'est donc en vain que M. Darwin, étonné de ces agressions, proteste que son système n'est en aucune façon contraire à l'idée divine, et s'appuie sur les témoignages de ces théologiens protestants, qui osent sortir plus ou moins complétement de l'ornière orthodoxe sans avoir conscience de leur hérésie. Il importe peu, en général, aux prêtres et aux docteurs d'un culte ou d'une religion quelconque, il importe peu à la plupart des interprètes des différentes sectes christolâtres, qu'on croie à Dieu, si l'on n'y croit pas comme ils le veulent et comme ils le prêchent ; la preuve, c'est qu'ils n'ont jamais pardonné à J.-J. Rousseau sa *Profession de foi du Vicaire savoyard*. Or, il serait complétement inutile de dissimuler ici que la théorie de M. Darwin, bien que pouvant être très-religieuse, est néanmoins foncièrement et irremédiablement hérétique : elle est tout aussi bien hérétique que les théories de Lyell, qui ont supprimé le déluge universel ; elle est tout aussi hérétique que la loi de gravitation universelle de Newton et les lois de Keppler, qui interdisent aux étoiles de se déranger de leur route dans l'espace pour guider les mages vers le berceau du Messie à contre-sens du mouvement du ciel, et qui ne laissent pas à Josué le pouvoir d'arrêter la terre plus que le soleil. Heureusement que les pouvoirs religieux ne disposent plus aussi aisément que par le passé des rigueurs de la main séculière, et que je puis du moins faire ici cet aveu sans danger pour le savant auteur de l'*Origine des espèces*.

Mais s'ils n'ont plus la force, leurs moyens d'attaque sont autres. Ils essayent de toutes les armes à leur disposition. On raconte que, la *Société pour l'avancement des sciences* étant réunie à Oxford, l'évêque de cette ville, dont le zèle orthodoxe est bien connu, à défaut d'argument sérieux, voulut recourir au ridicule contre la théorie de la transformation des espèces. Il s'attaquait surtout à l'une de ses conséquences, c'est-à-dire à l'idée que l'humanité pût descendre de quelque quadrumane, et s'évertuait contre cette thèse avec une verve railleuse, peut-être fort spirituelle, éloquente même, mais à coup sûr peu charitable. Aussi s'attira-t-il de la part du professeur Huxley une réponse qu'il n'avait que trop méritée et que je crois pouvoir rendre en ces termes : « Milord, aurait dit le savant naturaliste, si j'avais à choisir mon père entre un singe quelconque et un homme capable d'employer son grand savoir et son éloquence facile à railler ceux qui consacrent leur vie aux progrès de la vérité, je préférerais être le fils de l'humble singe. »

Quant à M. Darwin lui-même, il n'a rien d'agressif dans son argumentation. Que les évêques anglicans ou autres s'occupent de leur diocèse, comme il s'occupe du sien ; qu'ils étudient les besoins physiques et moraux de leurs ouailles avec la patience attentive qu'il déploie dans sa recherche persévérante des lois de la vie ; qu'ils cherchent à établir la vérité de leurs dogmes avec le même soin religieux qu'il met à s'assurer de la vérité des faits qu'il énonce, et tout ira pour le mieux dans le meilleur des mondes possible.

Je tenais à bien expliquer ici le pourquoi de la vive opposition et des critiques malveillantes dont le livre de L. Darwin a été l'objet lors de son apparition en Angleterre et en Allemagne, où le savant paléontologiste Bronn s'est hâté d'en publier une traduction. C'est une sorte de charivari sacerdotal dont la foi et ses apôtres ne manquent pas de régaler la raison et ses disciples, chaque fois qu'ils tentent quelque rébellion et font preuve de quelque indépendance. C'est donc aux disciples de la raison et aux amis de la science qu'il appartient de défendre l'une et l'autre, de répondre aux attaques d'un passé qui lutte pour se survivre à lui-même, et de relever fièrement le gant qu'il leur jette avec une ironie malséante. Tel est le motif qui m'a fait entreprendre cette longue préface. Je prie le lecteur d'avoir patience pour la lire jusqu'à la fin.

Du reste, le christianisme orthodoxe n'est pas la seule doctrine théologo-cosmogonique qui soit en opposition avec la théorie de M. Darwin. Beaucoup de systèmes philosophiques, construits en France et en Allemagne, trop souvent au mépris de la réalité des faits, sont de même en désaccord avec l'idée d'une transformation lente des formes spécifiques.

Descartes, par exemple, en creusant un abîme entre l'homme et les animaux, qu'il ne regardait que comme des machines sans liberté, nie implicitement le principe sur lequel repose la théorie du savant naturaliste anglais. Car, selon M. Darwin, c'est le libre usage que chaque individu fait de ses facultés vitales ou mentales dans sa lutte constante contre la nécessité et ses lois, qui détermine la métamorphose lentement progressive des espèces, et qui successivement aurait produit des formes de plus en plus compliquées, plus parfaites, et enfin l'homme, dernier terme de la série. Le spinozisme, bien que plus conséquent, parce qu'il regarde l'homme lui-même comme un automate sans liberté, absorbe aussi trop complétement l'individu dans son grand Tout pour lui permettre un développement qui, en soi, n'a rien de fatal, rien d'absolument nécessaire. Kant et ses disciples sont moins hostiles à l'évolution progressive des individus, seules réalités qu'ils reconnaissent comme prouvées, en tant du moins que volontés agissantes. La réalité objective des catégories simples et abstraites, mise en doute, sinon formellement niée, entraîne la négation ou le doute au sujet de ces catégories composées et concrètes, qu'on appelle les espèces. Le *moi* hérite donc dans l'idéalisme subjectif de la part de réalité que perd le tout : c'est tomber d'un extrême dans l'autre. Mais si par hasard le tout ne se composait que d'un nombre infini de *moi*, sujets pour chacun d'eux, objets, les uns pour les autres, et se limitant les uns les autres, les deux systèmes se trouveraient également vrais et en même temps réconciliés. Cette doctrine du *moi*, créateur du tout, que Fichte a élevée à sa plus haute expression, dans son système si puissamment individualiste, serait donc la plus favorable de toutes à la théorie de l'évolution progressive des espèces par le libre développement des individus, bien que ce penseur, plus original et plus ardent que profond, n'ait pas daigné étendre son principe jusqu'aux êtres inférieurs de la grande échelle organique. Le philosophie de l'identité de Schelling n'est point hostile, par son point de départ, à l'idée d'une évolution librement progressive des êtres ; mais ses développements sur l'action de la polarité dans la nature, et beaucoup d'autres analogies aventureuses, ne peuvent plus être considérés aujourd'hui que comme le roman d'une imagination brillante. Enfin, si l'école de Hégel, dans sa philosophie de l'histoire et de la nature, adopte le principe du progrès indéfini des êtres simples aux êtres composés plus parfaits, elle se contredit elle-même en ressuscitant les idées platoniciennes qui, sous le nom plus vague de *notions*, ne sont réellement que de véritables types spécifiques immobiles, sinon increés. Et si la série totale des notions hégéliennes est progressive, si à l'aide d'un nouveau système logique on peut suivre leur évolution de plus en plus synthétique, on ne sait pas bien par quel moyen pratique ces notions idéales passent de l'une à l'autre pour se réaliser successivement. De sorte que le système se perd si bien dans les nuages de l'abstraction et des généralisations métaphysiques, qu'il nous enlève de terre et nous fait perdre de vue la réalité concrète et vivante, qui n'existera jamais que dans le particulier et l'individuel.

En somme, la théorie de M. Darwin aura peu de faveur auprès des spéculateurs d'outre-Rhin, du moins auprès de ceux qui se rattachent encore au grand mouvement philosophique de la première moitié du siècle. Mais en revanche elle trouvera de l'écho dans la savante école des naturalistes observateurs qui compte, elle aussi, de si fervents adeptes en Allemagne. Elle aura l'appui de toute cette science expérimentale européenne, qui fait aujourd'hui la gloire de tant d'hommes d'un savoir éminent. Bien loin de dire comme Hégel : Tant pis pour les faits ! ces philosophes de la nature les interrogent au contraire avec une conscience scrupuleuse, et, se rattachant par là à l'école empirique, née en Angleterre avec Locke et continuée en France par Condillac et tous les Encyclopédistes, ils les regardent comme la règle la plus infaillible de toute vérité et le point de départ de toute spéculation rationnelle, l'entendement n'étant pour eux qu'un sens de plus pour mieux observer et pour comprendre.

Il est inutile de dire que presque tous les adversaires de la théorie de M. Darwin n'ont fait que répéter les arguments dont on a tant usé et mesusé contre la théorie aventureuse mais hardie de Lamarck, qui avait déjà donné lieu aux mêmes déchaînements, mais avec de moins puissants moyens de défense. On le voit, c'est une théorie qui, à tous égards, continue la tradition du grand mouvement philosophique du dix-huitième siècle trop décrié de nos jours. Il est impossible qu'elle ne remette pas en mémoire ces paroles de Diderot : « Si la foi ne nous apprenait pas que les animaux sont sortis des mains du Créateur tels que nous les voyons, et s'il était permis d'avoir la moindre certitude sur leur commencement et leur fin, le philosophe, abandonné à ses conjectures, ne pourrait-il pas soupçonner que l'animal avait de toute éternité ses éléments particuliers épars et confondus dans la masse de la matière ; qu'il est arrivé à ces éléments de se réunir, parce qu'il était possible que cela se fît ; que l'embryon formé de ces éléments a passé par une infinité d'organisations et de développements ; et qu'il a eu par succession du mouvement, de la sensibilité, des idées, de la réflexion, de la conscience, des sentiments, des passions, des signes, des gestes, des sons articulés, un langage, des lois, des sciences et des arts ? »

Il faut donc s'attendre à ce qu'une telle théorie ait fortement à lutter contre le spiritualisme éclectique et sentimental, qui depuis soixante ans recoud les uns aux autres les vieux lambeaux du doctrinarisme cartésien, scolastique et classique, comme si c'était dans le passé que l'avenir dût aller chercher la règle de sa pensée. Du reste, le spiritualisme n'a été lui-même qu'une réaction utile contre les exagérations ignorantes d'un principe juste en soi, mais incomplétement exprimé et mal compris. Cette réaction, c'est M^me^ de Staël qui l'a commencée en France. Il serait temps aujourd'hui d'arrêter ce flot, devenu à son tour trop envahissant, et de donner l'impulsion au courant en sens contraire. Le livre de M. Darwin y aidera puissamment, car nous sommes dans un temps où l'on demande à chaque système de fournir ses preuves, et les preuves de la théorie de M. Darwin sont inscrites partout dans la nature.

Il est évident que beaucoup des ardversaires de M. Darwin ne l'ont pas lu, et que la plupart des *revewers* anglais ou français, qui en ont parlé d'abord, ont été volontairement ou inconsciemment les échos de préjugés sans fondement ou les organes d'une opposition intéressée et systématique. Trop souvent nos

Aristarques modernes ne lisent que la table des livres qu'ils jugent du haut de leur tribunal périodique. A grand'peine parcourent-ils un ou deux chapitres ou même une ou deux pages pour juger le style ; et si le style par hasard n'est pas attrayant, le fond de l'ouvrage est déjà bien près d'être condamné. Ils ont une excuse, il est vrai : ils ont tant à lire ! Et avant d'en arriver à ne plus lire, il ont tant lu de gros volumes où sous une pluie de mots ne se trouvait pas une seule idée vraie, nouvelle et féconde ! Mais lorsque par hasard un bon livre leur tombe sous la main, il risque de payer pour les autres.

M. Darwin a peut-être eu un tort : sa table des sommaires ne dévoile que très-imparfaitement l'ensemble de son système ; ce n'est point, comme il le faudrait, une analyse de l'ouvrage, mais seulement une série d'étiquettes qui n'ont de valeur que pour ceux qui le connaissent déjà. Les lois principales, qu'il élucide si clairement, sont désignées par des termes nouveaux, littéralement intraduisibles en bon français d'Académie. Son premier chapitre ne parle que des éleveurs et de leurs produits, choses auxquels d'élégants écrivains et même d'honorables savants ne daignent prendre aucun intérêt ; ils préfèrent étudier la nature sur quelque spécimen étiolé des tropiques, vivant sous nos climats en serre ou en cage, plutôt que de s'abaisser à aller surprendre ses secrets parmi les vaches et les moutons, qui se multiplient humblement parmi nous. Enfin, l'introduction de l'ouvrage est elle-même peu explicite. Au lieu d'une de ces pompeuses préfaces pour lesquelles les auteurs tiennent en réserve ce qu'ils ont de meilleur et de plus personnel, M. Darwin fait simplement précéder son livre d'une esquisse historique où il s'efforce de démontrer qu'il n'a rien trouvé de nouveau, et que depuis cinquante ans beaucoup d'autres ont dit ce qu'il répète, en négligeant, il est vrai, de le prouver aussi bien. Dans un siècle un peu charlatan, c'est avoir trop peu de politique : mais saurait-on l'en blâmer ?

La presse périodique, en Angleterre et surtout en France,

brille souvent plutôt par le bien dire que par le penser juste, il en faut bien convenir. Je ne chercherai point d'excuse à nos voisins : qu'ils en trouvent eux-mêmes ; quant à nous, qui sommes toujours au moment de recevoir l'invitation de nous taire, quand nous avons dit trop franchement ce que nous pensons, il se peut que cette discipline, un peu militaire ou un peu monacale, imposée à notre esprit, en entrave les développements. Pourtant, nous ne saurions nous empêcher de reconnaître que nos autres voisins, les Allemands, ont à demi raison, quand ils disent que notre journalisme pourrait être un peu plus savant, un peu plus spécial, avant de se permettre de condamner sans appel des livres qui traitent exclusivement de science et surtout d'une des particularités de la science.

Il est au moins étonnant, par exemple, de voir mêler la théorie de M. Darwin sur l'origine des espèces à la question des générations spontanées, surtout lorsque ce sont des professeurs, des savants en titre, qui se rendent coupables d'une pareille méprise. C'est à se demander si de tels critiques ont eu entre les mains l'ouvrage dont ils parlent ou plutôt s'ils ne l'ont jugé sur ouï-dire, d'après le seul bruit qu'en ont fait les orthodoxes scandalisés, un évêque d'Oxford en tête.

Mais il faut dire que M. Charles Darwin n'a pas seulement à lutter contre la passion religiense, contre la presse ultramontaine ou puritaine, son organe, et contre les dédains ridicules de l'ignorance et des préjugés ; il a encore contre lui la routine scientifique elle-même. Le système de M. Darwin est contraire à la tradition dite classique parmi les naturalistes ; car, dans la science aussi, il y a en ce moment une sorte d'orthodoxie aussi jalouse et aussi peu endurante que l'orthodoxie religieuse. Elle prétend s'appuyer sur de grands noms, comme la religion s'appuie sur ses révélateurs infaillibles, et se réserver le privilége de commenter leurs opinions, comme autant d'axiomes prouvés, sans permettre d'en révoquer en doute la justesse absolue. C'est une sorte de méthodisme scientifique non moins entêté de ses textes que le méthodisme protestant l'est des siens, et aussi dogmatique que le catholicisme romain appuyé de saint Augustin et des conciles. Ces sectaires de la nature, tenant pour définitivement prouvé tout ce qu'ils croient, sont donc par cela même disposés à accuser M. Darwin ou tout autre novateur de ne s'appuyer que sur des hypothèses.

Nul pourtant me semble moins aventureux dans ses théories que M. Darwin. C'est un savant érudit et un observateur persévérant de la nature, qu'il connaît, non pas sous une seule de ses faces, mais sous plusieurs; et sa carrière d'observation est déjà assez longue pour que le plus grand nombre de ses critiques ne puissent lui opposer une égale connaissance directe des grandes lois de la vie, qu'il a vues à l'œuvre sous les zones terrestres les plus éloignées. En 1839, il prit part, en qualité de naturaliste, au voyage de circumnavigation du *Beagle*. Dans cette mémorable expédition, il put recueillir d'innombrables faits sous toutes les latitudes et sous les climats les plus différents. Humboldt, dans son *Cosmos*, renvoie plusieurs fois ses lecteurs à l'intéressante relation de ce voyage. Les observations de M. Darwin, consignées dans son journal, ainsi que les riches documents d'histoire naturelle qu'il a rapportés, ont fourni une abondante matière aux travaux de nombreux naturalistes parmi lesquels il suffit de nommer MM. Owen, Waterhouse, Gould, Bell, Henslow, White, Walker, Newman et Hooker. Enfin la science lui doit à lui-même des *Observations géologiques sur les îles volcaniques* [1], et un important et sérieux travail sur la *Structure et la distribution des îles de corail* [2]. Peut-être que dans ses remarques sur les aires d'affaissement et de soulèvement du fond de l'océan Pacifique, M. Darwin a préparé pour l'avenir la découverte des lois qui régissent le renouvellement des continents terrestres et la distribution des océans, c'est-à-dire une synthèse non moins importante que celle par laquelle il résume

[1] *Geological Observations on volcanic Islands.*
[2] *On the Structure and Distribution of coral Recifs.*

aujourd'hui les lois du renouvellement et de la transformation des formes organiques. Il faut encore joindre à ces travaux des *Observations géologiques sur l'Amérique du Sud* [1]. Enfin, M. Charles Darwin n'est pas seulement un esprit synthétique, un observateur fécond en grandes inductions, il a pris aussi sa large part du travail de détail et d'analyse, qui fait la sûreté, le progrès et la gloire de notre science moderne, par une patiente *Monographie des Cirripèdes* [2].

M. Charles Darwin n'est point un beau diseur, un disputeur d'école : c'est un amateur de la nature. S'il n'a pas les brillantes qualités d'un Cuvier, comme écrivain ou comme professeur, c'est du moins un digne héritier de la science profondément philosophique des deux Geoffroy-Saint-Hilaire dont il lui était réservé de développer habilement les doctrines. C'est un de ces esprits patients qui consacrent toute une vie à poursuivre une loi de la nature aperçue et soupçonnée, prise sur le fait, et ensuite largement généralisée. C'est, comme je l'ai dit précédemment, un de ces ouvriers de la science qui taillent leur pierre avec un infatigable courage. Mais aussi ce sont de ces pierres un peu épaisses et un peu lourdes, sans beauté et sans grâce apparente, qui sont exclusivement destinées à être enfouies à la base d'un immense édifice, comme ces colonnes massives dont les architectes du moyen âge décoraient les cryptes de leurs cathédrales gothiques : c'est de la vérité en moellons.

Qu'on ne cherche donc pas de l'agrément dans le livre de M. Darwin ; il ne s'en soucie, il n'y songe pas. Qu'on y cherche de la science, des faits, des arguments solides et positifs, on les y rencontrera. De plus on y trouvera de l'intérêt, si l'on est curieux de pénétrer la loi mystérieuse des beautés de la nature et de ses monstrueuses aberrations, de ses merveilleuses harmonies et de ses contradictions plus étranges encore, qui tantôt

[1] *Geological Observations on South America.* — Cet ouvrage et les deux qui précèdent ont été réunis en un volume.

[2] *Monograph of the Cirripedes.* 2 vol. in-8.

semblent impliquer une admirable prévoyance et d'autres fois une aveugle fatalité. Le livre de M. Darwin est, du reste, un de ceux qui font le plus croire à Dieu, le seul qui réussisse à l'excuser d'avoir fait le monde tel qu'il est : c'est une éloquente théodicée en action, qui laisse loin derrière elle toutes celles des théologiens et de ces philosophes rhéteurs que Voltaire, auquel tout était permis en fait de langue, appelait des *cause-finaliers*.

M. Ch. Darwin fait aimer la vérité, parce qu'on sent qu'il l'aime lui-même, qu'il la dit simplement, telle qu'il la pense. sans la parer. Il n'impose pas sa conviction, mais la communique et la prouve. Quand il est certain, il affirme; quand il suppose, il le dit; quand il doute, il l'avoue. Seulement lorsque les faits lui manquent à l'appui d'une idée, qu'il reconnaît lui-même pour hypothétique, il met dans la balance son expérience de la nature et sa bonne foi. Il dit : « Je suis convaincu, je crois, bien que je ne puisse encore prouver. » Sa prudence nuirait même quelquefois à la clarté de son exposition. Elle rend ses démonstrations diffuses et son style un peu lourd, surtout pour des lecteurs français, accoutumés à voir leurs écrivains argumenter au pas de charge et conclure à la baïonnette. J'ai respecté autant que possible cette forme simple et sincère, mais un peu hésitante. J'ai traduit aussi textuellement, plus textuellement parfois que le respect de la langue et le plaisir de l'oreille ne me l'eussent conseillé. Je crois qu'une traduction doit être un portrait, et je n'estime pas les peintres qui flattent.

Au premier abord, il semble que M. Darwin ait pris peu de soin pour relier et enchaîner ses idées. Il les présente chacune pour ce qu'elle vaut, à son rang, sous sa rubrique. On les dirait numérotées. C'est presque un dictionnaire méthodique. Mais peu après on s'aperçoit, au contraire, que ces idées forment une chaîne toujours continue de raisonnements serrés, précis, concluants. Comme il le dit au dernier chapitre, « ce volume n'est qu'une longue argumentation. » On y chercherait en vain de ces phrases à effet, qui enflent le style de tant d'écrivains, comme certains pigeons enflent de vide leur jabot. Mais on y trouve toutes les raisons pour et contre sa théorie, opposées et balancées, avec le compte tout fait du reste ou de la différence. C'est un véritable calcul des probabilités qui n'est pas amusant, je le répète, mais qu'il est important d'étudier et de connaître ; et c'est parce qu'il est important qu'il soit étudié et connu que je l'ai traduit, voyant qu'on tardait trop à remplir ce devoir envers la vraie science, voyant surtout combien ce livre était mal compris, mal jugé, sans doute parce qu'il n'était pas lu. Seulement, j'ai souvent regretté mon insuffisance pour une pareille tâche, qu'un savant plus spécial eût mieux remplie dans ses détails. Si j'ai voulu traduire ce livre, c'est que j'étais sûre d'en bien saisir l'ensemble et d'en bien rendre l'esprit. J'ai surtout essayé de traduire la pensée de l'auteur, et j'espère l'avoir bien comprise, sinon toujours bien exprimée.

Je crois d'ailleurs pouvoir réclamer une sorte de solidarité dans les doctrines de M. Darwin ; car le même hiver où son ouvrage était publié à Londres, j'émettais de mon côté, bien que moins savamment et moins complétement, les mêmes idées sur la succession et l'évolution progressive des êtres vivants, dans un *Cours de Philosophie de la nature et de l'histoire*, que je faisais à Lausanne et que j'ai répété partiellement en d'autres villes. Je dois dire que je rencontrai parmi les protestants suisses les mêmes oppositions que M. Darwin chez les protestants d'Angleterre, et que plusieurs de mes auditeurs bibliomanes crurent devoir m'adresser, au sujet de la parenté de l'homme et du singe, soit des dessins plus ou moins humoristiques, dont je n'ai pas à apprécier ici la valeur au point de vue de l'art, soit des lettres, pour la plupart anonymes, où ils se faisaient un devoir de conscience de me menacer des foudres du ciel et des feux de l'enfer, si je persévérais dans les voies de l'incrédulité. Des catholiques eussent-ils fait mieux ? Je ne trancherai pas la question.

Je me suis permis d'ajouter à mon texte quelques remarques personnelles sous forme de notes. Le plus souvent ce ne sont que des développements de la théorie, des détails qui l'appuient, quelquefois des vues d'ensemble qui la résument à grands traits et plus synthétiquement que les habitudes d'esprit des naturalistes contemporains en général, et de M. Darwin en particulier, ne les portent à le faire. Plusieurs certainement m'accuseront d'avoir dit des banalités bien connues parmi eux et qu'en effet je ne leur adresse pas, mais que j'ai insérées à l'adresse d'un public moins spécial, parmi lequel je voudrais voir se répandre ce livre plein d'enseignements. Enfin, beaucoup plus que M. Darwin, j'avoue mériter le reproche d'avoir osé beaucoup d'hypothèses. C'est que je crois qu'en attendant les théories, les hypothèses elles-mêmes ont leur utilité en ce qu'elles les préparent. Jamais un naturaliste n'entreprendra une série d'expériences ou d'observations analytiques, s'il n'est déjà sur la trace d'une loi, soupçonnée d'avance, dont il veut établir la vérité ou la fausseté. M. Darwin lui-même n'a pas fait autrement, quand il a conçu la première idée de sa théorie ; et elle n'a été pour lui qu'une hypothèse de mieux en mieux appuyée, pendant tout le temps qu'il a consacré aux patientes investigations qui devaient changer ses suppositions en certitude. Newton enfin eût-il entrepris d'établir par le calcul la loi de la gravitation universelle, s'il n'en avait conçu l'idée en voyant tomber une pomme ?

J'avouerai même qu'à mon point de vue, et partant d'une disposition d'esprit plus spéculative qu'empirique, M. Darwin ne me semble pas même assez hardi. Est-ce par prudence qu'il ne va pas jusqu'au bout de son système et qu'il s'arrête au milieu de la chaîne de ses conséquences ? Peut-être a-t-il habilement agi ; car c'est seulement lorsque des esprits plus impatients, plus ardents, sinon plus logiques, ont formulé ces conséquences extrêmes, et touché à l'origine probable de notre espèce, question que l'auteur du système a tacitement réservée, que l'orage s'est déchaîné dans toute sa force contre le maître et ses adeptes. C'est alors seulement que le monde puritain, scandalisé de ce qu'on osât supposer qu'il ne descendait pas en droite ligne de la cuisse de quelque dieu, a jeté les hauts cris ; et nos journaux ont répercuté ces rumeurs de femmes prudes ou de bourgeois blessés dans leur prétention *to belong to a good gentry*. Ainsi que l'a dit M. Ed. Claparède, dans sa remarquable analyse de la théorie de M. Darwin, « c'est ici une affaire de sentiment, mais autant vaut être un *singe perfectionné* qu'un *Adam dégénéré* [1]. »

Cependant, quelques-uns des critiques de M. Darwin ont un nom dans la science, et un nom bien mérité ; mais qu'un homme renonce difficilement à une conviction de toute sa vie ! Or, presque tous les savants contemporains se sont accoutumés à regarder les choses d'un point de vue complétement opposé à celui de l'auteur de l'*Origine des espèces*. M. Pictet, par exemple, le savant professeur genevois, dont les travaux en paléontologie sont classiques et presque populaires, pouvait-il, au premier choc d'une idée qu'il a toujours combattue, lui rendre les armes ? C'est déjà beaucoup que sa critique, bienveillante et juste pour un adversaire, ne pouvant être affirmative, conclue au doute sans négation formelle [2]. « Il y a longtemps, dit-il, que nous n'avions rien lu de plus complet et de plus intéressant sur cette question difficile et controversée. Les faits y sont exposés avec clarté et d'une manière piquante, sous une forme nouvelle et en quelque sorte dégagée de la routine ordinaire. Il est impossible que son étude ne fasse pas réfléchir et ne force pas à envisager certaines questions sous un jour nouveau, lors même que l'on n'accepterait pas toutes les conséquences théoriques dans lesquelles le savant auteur cherche à entraîner

[1] *Sur l'origine des espèces*, par M. Ed. Claparède, *Revue Germanique*, octobre 1863.

[2] *Sur l'origine des espèces*, par M. le prof. Pictet, *Archives des sciences*, supplément à la *Bibliothèque universelle*. 1860, t. VII.

l'esprit de ses lecteurs. » Malgré ces réserves, on sent que c'est un adversaire bien près d'être réconcilié, un rebelle à demi converti et désormais vacillant entre ses opinions anciennes et l'idée nouvelle. On devine enfin que ce sont les conséquences de la théorie plus que ses principes et son point de départ qui l'ont retenu. C'est qu'à Genève on ne plaisante pas sur les questions d'orthodoxie. C'est toujours la Rome calviniste, et l'excommunication y est encore dans les mœurs, si elle n'est plus dans les lois. On n'y brûle plus les hérétiques, mais on les traite en parias.

Il faut donc féliciter M. Claparède, également genevois, d'avoir osé, beaucoup plus franchement que M. Pictet, rendre une pleine justice à l'œuvre de M. Darwin dans une exposition lucide et complète de sa théorie, et d'avoir abordé catégoriquement le côté délicat de la question en comparant la nouvelle théorie à l'ancienne. « La théorie de la permanence des espèces et des créations successives a, dit-il, le désavantage d'invoquer une action mystérieuse ; mais, en revanche, elle a le bonheur de ne point se trouver en contradiction évidente avec la cosmogonie hébraïque, aujourd'hui généralement révérée dans le monde civilisé. La théorie de la transformation des espèces a, au contraire, l'avantage d'être plus en harmonie que sa rivale avec les procédés habituels de la nature ; elle ne renferme pas, comme l'autre, l'élément que notre esprit se sent disposé à qualifier de prime abord de surnaturel. En revanche, elle est peu canonique. »

On peut se demander alors comment une doctrine, qui implique nécessairement une intervention surnaturelle, a pu demeurer si longtemps établie dans la science, au point d'y régner sans rivale. On pourrait répondre que le surnaturel recule dans la science à mesure que le naturel y gagne du terrain, et que la somme d'action directe, attribuée à Dieu, a toujours été égale à celle de notre ignorance des vraies lois du monde. Cependant cette doctrine elle-même, et, à défaut de toute autre meilleure, ne laissait pas de s'appuyer sur l'expérience quotidienne, qui semblait contraire à sa rivale ; et sans les découvertes géologiques qui ont illustré notre siècle, il est supposable que jamais l'idée de la mutabilité des formes spécifiques n'eût triomphé de la croyance universelle à leur permanence. Ainsi que le dit encore M. Claparède, « si l'on pèse les avantages et les désavantages des deux théories, basées, du reste, toutes deux sur des hypothèses, il n'y a pas lieu de s'étonner de ce que partout, et dans tous les temps, on se soit rangé du côté de la première.

« Supposez, en effet, qu'un homme impartial se propose de les examiner de sang-froid l'une et l'autre ; je me charge de démontrer que, dans l'incertitude, il devra opter pour celle qui implique l'action périodique d'une force créatrice. Cet examinateur impartial ne pourra exiger de la théorie des créations successives la production d'un seul exemple de création. Cette théorie implique l'admission de longs espaces de temps pendant lesquels la force créatrice reste inactive, et ses partisans admettent que nous nous trouvons maintenant dans une de ces périodes de repos. En revanche, on a le droit d'exiger des preuves à l'appui de la transformation des espèces, puisque cette théorie admet que les espèces vont se modifiant sans cesse. Les deux théories sur l'origine des espèces sont donc placées dans des conditions très-différentes. L'une, celle des créations immédiates, est de nature telle qu'il n'est pas possible d'exiger d'elle une justification appuyée d'arguments positifs, mais cette incapacité même la met dans une situation très-forte et presque inattaquable. L'autre, celle de la transformation graduelle des espèces, est au contraire obligée de répondre à tous ceux qui lui demandent de se légitimer. Or, quelque habiles que soient ses défenseurs, leurs réponses incomplètes servent toujours de point de départ à des attaques nouvelles. Il n'est donc pas étonnant que notre examinateur impartial, les oreilles remplies d'objections contre la théorie de la transformation graduelle des espèces, se tourne de préférence vers la théorie des créations successives. En effet, cette dernière a l'avantage de ne pouvoir être attaquée parce qu'elle ne peut guère être défendue. » Ce qui revient à dire qu'il faudrait considérer la théorie des créations successives comme prouvée, justement parce qu'elle est improuvable, ce qui laisse à désirer au point de vue logique; et si, d'autre côté, la théorie contraire pouvait présenter en sa faveur les moindres preuves, il serait tout à fait absurde de s'arrêter encore un seul moment à l'autre ; c'est là cependant ce que font beaucoup de savants.

L'idée de la parenté de tous les êtres vivants naît et se présente d'elle-même à la première inspection de leur groupement général et de la chaîne si continue de leurs affinités. Comment ceux qui trouvent hypothétique la théorie de leur transformation graduelle prétendent-ils donc expliquer leur origine indépendante ou leur création, comme ils disent emphatiquement, sans recourir à des suppositions bien autrement gratuites? Évidemment les mêmes formes organiques n'ont pas toujours existé; elles apparaissent et disparaissent dans la succession des âges. Des savants, si prudents à croire et si réservés à affirmer, aiment-ils mieux penser que, sur l'ordre divin, le prototype de chaque espèce nouvellement créée sort de terre à la façon de ces rats que, selon Diodore, les anciens prêtres d'Égypte disaient nés du limon du Nil, et qui, déjà de chair et d'os par la partie antérieure de leur corps, participaient encore, par la partie postérieure, de la nature de ce limon dont ils n'étaient qu'à demi sortis? D'après la théorie, défendue par Alcide d'Orbigny, du renouvellement intégral de toutes les populations terrestres à chaque époque géologique, alors supposée séparée de celle qui la suit et de celle qui la précède par autant de cataclysmes généraux, se figure-t-on voir surgir périodiquement du sol encore humide toute une création nouvelle? Se représente-t-on des bœufs et des moutons poussant leurs cornes hors du sol en même temps que des éléphants montrent leur trompe et des lions leur crinière; des oiseaux éclosant d'œufs qui n'ont été ni pondus ni couvés, et prenant leur vol sans avoir eu ni père ni mère pour les nourrir; des palmiers et des chênes sortant de terre avec leurs branches reployées pour les ouvrir ensuite au soleil comme des parapluies; et finalement, Dieu descendant personnellement du ciel pour façonner l'homme comme un mauvais ouvrier qui, ayant manqué son œuvre, en est réduit à se repentir de l'avoir faite!

Qu'on me pardonne la raillerie; un évêque d'Oxford m'en a donné l'exemple. Qu'on me permette aussi de dire plus sérieusement à tous les évêques possibles, et à leurs ouailles ou ayants cause, que c'est rapetisser l'idée de Dieu que d'en faire un magicien des *Mille et une Nuits.* Que dans l'intérêt de l'art un directeur d'opéra se permette les changements à vue, rien de mieux, on saura faire la part de la fiction et de l'adresse; mais la nature a d'autres voies : elle est plus réformatrice et moins révolutionnaire. Enfin, des hommes qui admettent comme possibles de pareilles fantasmagories, n'ont aucun droit de condamner comme hypothétiques des généralisations qui reposent sur des faits prouvés, patents, usuels, quotidiens, c'est-à-dire sur une simple extension de l'expérience. Toute induction, même la plus rigoureuse, pourrait à ce point de vue être considérée comme hypothétique : ce n'est jamais en réalité que le résultat d'un calcul des probabilités, où, un certain nombre de chances étant d'un côté, il y a zéro chance de l'autre. Or, on a vu des animaux et des plantes varier et se reproduire en perpétuant leurs modifications acquises. Nul n'en a vu jaillir, surgir, apparaître. Nul n'en a vu créer. La vieille théorie de Lamarck, telle qu'il l'a exposée à la fin du siècle dernier, telle qu'elle était conçue en germe par Diderot dans une de ces intuitions rapides dont son esprit était si fécond, telle surtout qu'elle est devenue avec les deux Geoffroy-Saint-Hilaire, était donc déjà à tous égards préférable à la théorie des créations indépendantes. Avec les développements que lui a donnés M. Darwin, elle peut désormais être considérée comme établie et inattaquable dans son ensemble, laissant la porte ouverte aux rectifications de détail, que l'avenir pourra et devra même certainement y apporter. On aurait même à opposer à la théorie de transformation lente un seul fait prouvé de création, qu'elle deviendrait seulement douteuse, quant à l'universalité de ses applications; mais il ne serait point encore établi pour cela que les deux modes de formations n'agissent pas simultanément ou alternativement dans le renouvellement des formes vivantes.

Du reste, à la théorie des créations successives, poussée à l'extrême par Alcide d'Orbigny, M. Pictet a proposé depuis déjà quelques années de substituer le terme adouci d'*apparitions successives,* laissant en dehors toute hypothèse sur la cause, l'agent ou le mode des apparitions. C'était déjà faire un grand pas. Cependant M. Pictet tient essentiellement à ce qu'en outre de la *force organisatrice*, régulière et constante, en vertu de laquelle les générations des êtres vivants se succèdent, il existe encore une *force créatrice* se manifestant avec intermittence. Il ne se refuse pas même à croire que cette force créatrice puisse agir au moyen de générations irrégulières ou équivoques. Mais, au fond, M. Darwin ne dit pas autre chose, car nulle part il n'affirme que les espèces varient constamment. Il croit au contraire que la variabilité ne se manifeste qu'avec intermittence, qu'elle est une rare exception dans la vie des races, et que l'invariabilité est au contraire la règle très-générale. Quant aux autres objections que M. Pictet a résumées dans sa critique, M. Darwin les réfute suffisamment dans sa troisième édition.

Si j'ai cru devoir mentionner ici l'analyse impartiale de M. Claparède et la critique sérieuse et bienveillante de M. Pictet, je passerai sous silence tous les jugements plus ou moins passionnés ou les condamnations plus ou moins ridicules qui ont été publiées sur la question. Les noms de leurs auteurs ne peuvent que gagner à n'être point connus. Il est parmi les savants des esprits-dictionnaires qui, après avoir regardé la nature toute leur vie, observé et comparé des milliers d'êtres, sont arrivés à les classer tous sous un nom, pour lequel le plus souvent ils ne sont pas même d'accord entre eux, mais qui ne sauraient jamais s'élever à la moindre vue synthétique. Ils ont une multitude de notions de détail, juxtaposées dans la mémoire, sans aucune activité inductive pour les rassembler en un corps de généralisations, de principes ou de lois. Si l'imagination des anciens allait trop vite dans ses vastes hypothèses, affirmées avec l'assurance et même la présomption toujours un peu mystique qui distingue les inspirés, et fait leur force de persuasion, leur puissance d'entraînement, comme aussi leur faiblesse de démonstration dialectique, de notre temps les choses ont tant changé qu'il faudrait se plaindre de l'excès contraire. On a si peur de supposer qu'on n'ose même plus légitimement induire. Depuis que la philosophie allemande est venue jeter le trouble dans notre vieille logique qui ne laissait pas de moyen terme entre le oui et le non, et pour laquelle toute négation même était l'affirmation d'une proposition contraire, nous nous égarons à plaisir dans les constructions triples par thèse, antithèse et synthèse, et, avec tout cela, nous n'osons plus faire sortir d'une idée, par voie de déduction tout simplement, ce qu'elle contient en principe. J'en demande bien pardon à mon siècle, mais, s'il continue, j'ai peur qu'on ne l'appelle dans l'histoire le siècle des timides, pour ne pas dire plus, relativement surtout aux fécondes et laborieuses générations qui ont immédiatement précédé la nôtre.

Je ne veux pas me permettre de sortir ici du champ de l'histoire naturelle, mais j'y trouverai l'exemple de M. Boucher de Perthes, qui a dû lutter pendant dix ans pour persuader à la plupart de nos savants qu'il avait réellement découvert des traces de l'existence humaine dans les couches diluviennes du nord-ouest de la France. Il a fallu que les haches de silex de nos barbares ancêtres, contemporains des mammouths, vinssent se montrer aux portes de Paris et jusqu'à Paris même, avant que nos sceptiques fussent convaincus. Ils avaient adopté, sur la foi de Cuvier, l'idée que l'homme n'avait pas été témoin de ce qu'on appelait alors les grandes vagues diluviennes, et ils prétendaient n'en pas démordre. Désiraient-ils être en cela aussi agréables que possible à nos docteurs en théologie, qui ne peuvent absolument étendre leurs calculs chronologiques jusqu'aux centaines de milliers d'années que la géologie reconnaît maintenant à l'existence de notre espèce, bien qu'ils leur aient déjà donné une élasticité variable entre quatre et six mille ans ?

Les mêmes raisons s'opposent à l'admission des idées de M. Darwin, mais il en est encore une autre pour qu'elles soient repoussées ; c'est que les intérêts des collectionneurs et conservateurs de la nature sous vitrines se trouvent froissés. Ne serait-il pas fâcheux pour eux d'avoir fait presque inutilement tout ce patient travail de classification systématique et de détermination ou définition par le genre et la différence, comme aurait dit Aristote ? Comment les amener à reconnaître que toute classification n'a qu'une valeur relative ; qu'à tout instant des espèces qu'ils ont jugées différentes, et qu'ils ont en conséquence baptisées de différents noms, pourront se trouver réunies et reliées par une série de variétés intermédiaires qui les forceront de n'en faire qu'une seule ; et qu'enfin plus nous serons savants, mieux nous connaîtrons les êtres, mais sans pouvoir les nommer autrement que d'un nom individuel ; de sorte que, si nous les connaissions tous, il nous serait presque impossible de les étiqueter ? Quelle douleur d'apprendre que l'œuvre de la création n'est pas coupée en petits morceaux séparés et distincts, comme ils l'avaient cru, mais qu'elle constitue un ensemble unique et immense, diversifié à l'infini ! Ce sont cependant ceux-là qui parlent le plus haut du plan de la nature, qu'ils confondent avec leur système de classification ; et dans les craintes qu'ils expriment au sujet du désordre universel qui devrait résulter, selon eux, de la variabilité des formes organiques, se cache beaucoup de sollicitude pour leurs catalogues déclarés fautifs et surannés de par l'autorité inéluctable du fait. Et combien n'avons-nous pas de ces collectionneurs et classificateurs, pour un Geoffroy-Saint-Hilaire ou un Cuvier ? Le malheur veut que même ce dernier nom leur soit un appui. Il s'était séparé de son collègue sur cette question des espèces, ou plutôt son génie s'était arrêté là, comme il s'est arrêté aussi aux révolutions cataclystiques du globe. C'est que le génie de tout homme a certaines limites qu'il ne peut jamais dépasser ; et il est besoin que de nouvelles générations viennent reprendre, au point où les générations précédentes l'ont laissée, l'œuvre à jamais interminable de la connaissance.

De même que Charles Lyell dans ses *Éléments de géologie* est venu renverser l'idée des cataclysmes, et leur substituer la théorie des causes actuelles et des actions lentes, M. Charles Darwin, appliquant à son tour les mêmes principes au développement des races organisées, ne fait que démontrer la vérité de l'axiome : *Natura non facit saltum*.

Selon lui, toutes les espèces vivantes ont leurs ancêtres directs chez des espèces fossiles antérieures, et ainsi, en remontant toujours, à travers les générations et les époques géologiques successives, la chaîne rétrogressive des organismes de plus en plus imparfaits, il arrive à supposer seulement quelques types originaux, et même peut-être un seul, sorte d'organisme rudimentaire, sans doute intermédiaire entre le règne animal et le règne végétal. Cette forme, prototype de toute organisation, aurait pris naissance à cette époque, sans aucune analogie avec la nôtre, ni même avec toutes les époques géologiques connues, où notre planète encore brûlante venait à peine d'éteindre ses clartés incandescentes. Une succession considérable d'époques doit avoir séparé cette création primitive du temps où les premiers débris organiques ont pu se conserver dans le lit de mers tranquilles et refroidies. Ces organismes primitifs ont dû ne présenter d'abord qu'une organisation complétement cellulaire, lâche, molle et rapidement destructible, et analogue, enfin, seulement sous d'autres proportions peut-être, à la vésicule germinative qui, aujourd'hui, est encore le point de départ du développement embryonnaire de tout organisme.

Mais ce qu'il y a de vraiment nouveau et de plus personnel dans la théorie de M. Darwin, c'est que les espèces progressent généralement, mais non pas universellement ni forcément. Celles qui ne progressent pas sont exposées à s'éteindre dans un temps plus ou moins long, sans que pourtant cette destruction soit d'une nécessité absolue. Elle n'est au contraire que de contingence générale, c'est-à-dire qu'elle dépend de causes multiples dont le concours se présente le plus souvent en un laps de temps donné, mais qui, en des cas plus rares, peut cependant ne pas se présenter, Or ce caractère de contingence est parfaitement en harmonie avec la nature générale des lois qui gouvernent notre monde, où l'enchaînement des causes physiques et fatales et des libertés individuelles agit de telle façon que le résultat peut en être irrégulier et cependant demeure toujours dans les limites moyennes de l'ordre général.

Certain concours spécial des circonstances peut donc occasionner la décadence d'un type ou la dégénérescence d'une espèce, sans que pour cela elle disparaisse, il faut alors que la dégénérescence lui soit un avantage, c'est-à-dire qu'il y ait au-dessous d'elle une place vide dans la série des êtres vivants, tandis que les rangs trop serrés au-dessus d'elle lui font une loi de périr ou de descendre. Cette doctrine s'accorde à merveille avec l'idée conçue par Leibnitz du meilleur des mondes possible : les choses y sont en effet organisées de telle façon que la plus grande somme de vie est toujours au complet, et qu'à tout instant donné le maximum des existences individuelles est réalisé.

Deux principes ou lois servent de fondement à toute la théorie de M. Darwin, c'est d'abord la concurrence (*struggle for life*) que tous les êtres placés en une même contrée et sous les mêmes conditions de vie se font entre eux, pour subsister et pour prolonger, non-seulement leur vie individuelle, mais encore leur vie spécifique, c'est-à-dire pour multiplier leur race. Il résulte de cette lutte universelle un choix, une sélection naturelle (*natural selection*) constante des races et des individus les mieux adaptés aux circonstances de temps et de lieu ; de sorte que les êtres les plus parfaits, relativement à ces circonstances, l'emportent sur les êtres les moins parfaits qu'ils tendent à supplanter et à détruire, si ces derniers ne trouvent pas le moyen d'émigrer.

Ce système tranche par une solution mixte la question tant controversée, et insoluble dans les termes où elle a été posée jusqu'ici, de l'unité ou de la multiplicité des types originels de toute espèce en général et de l'espèce humaine en particulier. Il n'y a plus guère maintenant à discuter s'il a suffi de la création d'un seul couple, ou s'il en a fallu plusieurs pour perpétuer une forme spécifique quelconque ; car chaque espèce n'a même plus un commencement défini soit dans le temps, soit dans l'espace. C'est d'abord une variation légère et individuelle qui réapparaît ensuite en se transmettant par voie de génération à plusieurs individus, et qui s'accumule dans leur postérité par voie de sélection naturelle, si cette variation leur est avantageuse dans le combat de la vie. Cette première modification d'un organe s'ajoute aux modifications également avantageuses survenues en d'autres organes chez d'autres individus de la même espèce. Cette variété devient race, c'est-à-dire qu'elle se fixe, si elle se trouve isolée, et devient de plus en plus distincte ; mais elle se perd par l'adultération dans l'espèce-mère en l'améliorant légèrement, si elle se mélange avec elle. Il faut donc qu'en ce cas il y ait émigration volontaire ou forcée de la variété fixée ou destruction locale de la souche-mère. Or, mille circonstances peuvent amener l'un ou l'autre résultat, sans même recourir à des cataclysmes géologiques ; car il suffit de la concurrence vitale pour que toute variété, mieux adaptée aux conditions locales, supplante l'espèce-mère dont elle dérive. A travers le long cours des siècles de siècles, cette variété fixée donne à son tour naissance à d'autres par le même moyen. De divergence en divergence, les différences spécifiques deviennent ainsi de valeur générique. De sorte que les croisements entre ces variétés successives bientôt ne donnent plus, au lieu de métis féconds, que des hybrides de plus en plus stériles, jusqu'à ce que le croisement lui-même devienne impossible. Le livre de M. Darwin n'est que l'analyse consciencieuse des moyens employés par la nature pour causer ces variations, et des lois qui les régissent.

Ce ne sont donc que les variétés détruites qui limitent les espèces vivantes : car, aussi longtemps que de nombreuses variétés subsistent de manière à former une série sans lacune, elles restent généralement fécondes entre elles, soit que de récents croisements aient entretenu cette possibilité de reproduction, soit qu'étant de formation récente, la force d'atavisme encore puissante les sollicite à revenir au type ancestral. Mais lorsque cette série se scinde par la disparition de l'un de ses anneaux, il en résulte autant d'espèces distinctes, proche-alliées, mais capables seulement de produire entre elles des hybrides stériles. Ce sont de même les espèces éteintes qui séparent les genres actuels ; c'est l'extinction des genres qui dessine les groupes ; c'est la disparition de groupes entiers qui forme ces grands hiatus qui tranchent si fortement nos principales classes, et des classes complètes manquent entre nos embranchements.

Il ne faut jamais oublier que, lorsque les groupes intermédiaires entre nos groupes, les genres intermédiaires entre nos genres, les espèces, liens généalogiques naturels et ancêtres de nos espèces, existaient, nos espèces, nos genres, nos groupes actuels n'existaient pas, ou n'existaient qu'en partie, et qu'ils étaient représentés par des formes toujours en quelque chose différentes, et moyennes entre les formes actuelles. Il en est de même, en remontant toujours jusqu'à la forme primitive, ou plutôt jusqu'au germe amorphe de toute organisation. Nous ne voyons donc aujourd'hui que des descendants collatéraux. Aucune espèce ne peut prétendre au titre de mère légitime, de souche inaltérée ; car cette souche-mère n'existe certainement plus, au moins exactement identique à elle-même. Ce que nous voyons, ce ne sont pas même des espèces sœurs, mais des cousines et souvent à des degrés fort éloignés.

Ce qui donne le plus grand poids à la théorie de M. Darwin, c'est qu'elle nous présente *à priori* les faits tels qu'ils se sont passés et se passent encore chaque jour dans la nature, et qu'elle nous en explique les causes et l'enchaînement logique et naturel. Ainsi, la géologie nous montre effectivement certaines formes permanentes qui ont traversé tous les âges géologiques en ne subissant que des changements de valeur spécifique, qui tantôt élevaient et tantôt abaissaient leur organisation en changeant leur structure, leur constitution, leurs instincts et leurs mœurs. D'autres types, au contraire, se sont perdus, d'autres ont seulement dégénéré ; mais, dans l'ordre général de l'apparition des types, il y a un progrès sensible et constant qui atteste l'existence d'une loi de développement.

Cette loi, que M. Darwin a nommée la *sélection naturelle*, n'est autre que la loi de Malthus, étendue au règne organique tout entier ; et l'on voit encore ici un exemple de ces mutuels services que les sciences, en apparence les plus diverses dans leurs principes et leur objet, peuvent se rendre les unes aux autres. En effet, comme Malthus l'a prouvé pour l'espèce humaine, mais plus encore que chez l'espèce humaine, toute espèce tend à se multiplier suivant une progression géométrique plus ou moins élevée, tandis que la quantité des subsistances qui lui sont propres, est très-limitée dans son accroissement, et peut même, le plus souvent, être considérée comme invariable. Il en résulte fatalement un choix rigoureux ou une sélection naturelle des individus les plus forts, les plus beaux, les plus agiles, en un mot, les plus parfaits, c'est-à-dire les mieux adaptés au milieu dans lequel ils vivent, où les plus aptes à se transformer quant à leur structure, leur constitution ou leurs habitudes, pour arriver à cette exacte adaptation ou pour augmenter leur quantité de vie possible en s'accoutumant peu à peu à l'usage de subsistances nouvelles sous des climats un peu différents.

Cette seule généralisation de la loi de Malthus suffit à démontrer aussi avec toute évidence combien sont erronées les conséquences que Malthus lui-même en a tirées pour la race humaine : puisque c'est de l'exubérance d'une espèce que dérive sa perfectibilité, arrêter cette exubérance, c'est mettre obstacle à ses progrès. Il ressort du livre de M. Darwin que cette loi, qui paraissait brutale, parcimonieuse, fatale, et qui semblait accuser la nature d'avarice, de méchanceté ou d'impuissance, est au contraire la loi providentielle par excellence, la loi d'économie et d'abondance, la garantie nécessaire du bien-être et du progrès pour toute la création organique.

Mais aussi la loi de sélection naturelle, appliquée à l'humanité, fait voir avec surprise, avec douleur, combien jusqu'ici ont été fausses nos lois politiques et civiles, de même que notre morale religieuse. Il suffit d'en faire ressortir ici un des vices le moins souvent signalés, mais non pas l'un des moins graves. Je veux parler de cette charité imprudente et aveugle où notre ère chrétienne a toujours cherché l'idéal de la vertu sociale et que la démocratie voudrait transformer en une sorte de fraternité obligatoire, bien que sa conséquence la plus directe soit d'aggraver et de multiplier dans la race humaine les maux auxquels elle prétend porter remède. On arrive ainsi à sacrifier ce qui est fort à ce qui est faible, les bons aux mauvais, les êtres bien doués d'esprit et de corps aux êtres vicieux et malingres. Que résulte-t-il de cette protection inintelligente accordée exclusivement aux faibles, aux infirmes, aux incurables, aux méchants eux-mêmes, enfin à tous les disgraciés de la nature ? C'est que les maux dont ils sont atteints tendent à se perpétuer indéfiniment ; c'est que le mal augmente au lieu de diminuer, et qu'il s'accroît de plus en plus aux dépens du bien.

Pendant que tous les soins, tous les dévouements de l'amour et de la pitié sont considérés comme dus aux représentants déchus ou dégénérés de l'espèce, rien ne tend à aider la force naissante, à la développer, à multiplier le mérite, le talent ou la vertu. Au contraire, la guerre d'abord, puis la navigation, puis les travaux dangereux déciment tour à tour les hommes les plus robustes et les plus actifs, les plus hardis, les plus intelligents. La mollesse et la licence énervent les classes riches ; la misère et les privations affaiblissent les masses travailleuses ; l'inactivité, l'inutilité et jusqu'à la réserve des mœurs limitent l'action sociale et productrice des femmes bien nées et bien douées, et par cette inactivité même, ou par la mollesse qui en est la conséquence, amènent peu à peu leur étiolement. Enfin, tandis que toute la jeunesse virile va perdre dans la prostitution les forces les plus vives de la race, ce sont des hommes déjà vieux, maladifs et épuisés qui renouvellent les générations. Ils lèguent à l'un et à l'autre sexe le germe des maladies dont ils sont atteints, après les avoir eux-mêmes héritées de leurs pères qui les doivent peut-être aux vices d'une jeunesse passée contre les lois de la nature. C'est donc toujours le mal et le mal seulement qui tend à se multiplier en raison progressive, comme la race, et il faut s'étonner que notre espèce, sous de telles influences, ne s'étiole pas rapidement.

L'humanité dégénère-t-elle physiquement ? C'est une question controversée. Mais elle progresse intellectuellement ; le fait est de toute évidence. C'est que, si la force et la beauté physique ne sont plus que des avantages secondaires dans nos sociétés modernes, l'intelligence, l'adresse, l'activité, l'esprit d'industrie et de commerce y sont de la plus haute importance. L'homme idéal de notre temps, c'est celui qui produit; la femme idéale est celle qui conserve et qui épargne. Toute la moralité de notre époque se réduit à peu près à cela, et c'est beaucoup, il en faut bien convenir, mais cependant ce n'est pas tout. La preuve que ce n'est pas tout, c'est qu'en vertu du principe d'hérédité, des générations multipliées d'après cette seule règle sélective ne peuvent produire que des hommes de lucre et des femmes vénales : c'est-à-dire que de plus en plus on verra d'un côté des femmes qui se feront de l'amour et du mariage un négoce légal ou illégal, à moins que, par exception, elles n'embrassent une profession qui les mette à même de faire d'autres échanges également salariés. De l'autre, on aura des ouvriers-machines, des employés dressés à demeurer assis dix heures par jour, des commis de magasin propres à à auner de la dentelle, des voyageurs pour faire l'article, des artistes spéculateurs, des joueurs de bourse, des escrocs de toute nature, bandits en habit noir et bien gantés, et de plus des journalistes aux gages des gouvernements, ou des biographes, des pamphlétaires et des romanciers spéculant sur les plus mauvaises passions du public. Car ce sont ceux-là surtout qui, dans notre époque, ont des moyens d'existence assurés, et qui, en conséquence, si l'on en croyait les Malthusiens, auraient seuls le droit de perpétuer leur race. Mais il en résulterait aussi que l'énergie des convictions, l'amour du vrai, du juste et du beau, n'étant comptés pour rien dans cette fatale équation des subsistances et des bouches à nourrir, disparaîtraient, s'éteindraient peu à peu dans les consciences ; et il ne demeurerait plus personne pour défendre la liberté de tous et pour travailler au progrès idéal de l'espèce.

Si la théorie de M. Darwin nous explique le présent, elle nous rend de même compte du passé. Les premiers couples humains, chez lesquels l'union conjugale fut le plus durable, furent aussi les plus prospères, parce que les membres du groupe familial, étant plus nombreux, se prêtaient les uns aux autres une assistance plus efficace. De sorte que partout les races patriarcales se substituèrent rapidement aux races sauvages qui vivaient isolées ; et l'instinct de la famille, premier fondement de l'ordre social, s'établit héréditairement. Rien n'est plus frappant que l'infériorité de l'homme quant à la beauté, sinon l'infériorité de la femme quant à la force. C'est que les races chez lesquelles la femme fut le plus craintive, pour elle-même et pour sa jeune progéniture, moins exposée par cela même, ainsi que les familles où l'homme fut au contraire plus fort et plus courageux pour prendre la défense de sa femme et de ses enfants, même au péril de sa vie, durent nécessairement se multiplier plus rapidement et chasser devant elles les autres races. D'un autre côté l'homme, étant devenu le plus fort, put s'imposer à la compagne qui lui plaisait le plus ; et dès lors la femme, n'ayant plus qu'à plaire et à subir, devint de plus en plus belle selon l'idéal de l'homme, qui devint aussi d'autant plus fort, n'ayant plus qu'à s'imposer, à commander et à protéger. Peu à peu, à mesure que les peuples se policèrent, il en fut de l'intelligence, c'est-à-dire de la force mentale, comme il en avait été de la force physique ; et la femme devenue de plus en plus faible, passant du pouvoir paternel sous le pouvoir conjugal sans jamais pouvoir disposer d'elle-même, et n'étant élue et choisie pour épouse qu'en raison de sa beauté et de sa docilité, légua de génération en génération à ses filles une passivité d'esprit, sinon de plus en plus grande, du moins de plus en plus tranchée, relativement à l'activité de l'esprit viril sans cesse sollicité au progrès. Si l'homme n'est pas encore plus fort, plus laid et plus intelligent, il faut l'attribuer à la part héréditaire de beauté, de faiblesse et d'inintelligence qu'il tient de toute sa lignée d'ancêtres maternels ; si la femme ne réalise jamais l'idéal suprême de la beauté, si elle a encore la force de remuer ses membres et de mettre des enfants au monde, si enfin elle n'est pas complétement stupide et abêtie, cela provient sans nul doute de ce que, fort heureusement pour elle, le sang de ses aïeux paternels lui a conservé un peu d'intelligence, un peu de force et en revanche sa bonne part de laideur. On pourrait conclure de cela que, pour hâter les rapides progrès de la race en tous sens, il faudrait demander à la femme une part de ce qu'on n'a jusqu'ici demandé qu'à l'homme, c'est-à-dire de la force unie à la beauté, de l'intelligence unie à la douceur, et à l'homme un peu d'idéal uni à la puissance d'esprit et à la vigueur de corps.

Enfin, la théorie de M. Darwin, en nous donnant quelques notions un peu plus claires sur notre véritable origine, ne fait-elle pas par cela même justice de tant de doctrines philosophiques, morales ou religieuses, de systèmes et d'utopies politiques dont la tendance, généreuse peut-être, mais assurément fausse, serait de réaliser une égalité impossible, nuisible et contre nature entre tous les hommes? Rien n'est plus évident que les inégalités des diverses races humaines; rien encore de mieux marqué que ces inégalités entre les divers individus de la même race. Les données de la théorie de sélection naturelle ne peuvent plus nous laisser douter que les races supérieures ne se soient produites successivement ; et que, par conséquent, en vertu de la loi de progrès, elles ne soient destinées à supplanter les races inférieures en progressant encore, et non à se mélanger et à se confondre avec elles au risque de s'absorber en elles par des croisements qui feraient baisser le niveau moyen de l'espèce. En un mot, les races humaines ne sont pas des espèces distinctes, mais ce sont des variétés bien tranchées et fort inégales ; et il faudrait y réfléchir à deux fois avant de proclamer l'égalité politique et civile chez un peuple composé d'une minorité d'Indo-Germains et d'une majorité de Mongols ou de Nègres.

La théorie de M. Darwin exige donc que beaucoup de questions trop hâtivement résolues soient sérieusement remises à l'étude. Les hommes sont inégaux par nature : voilà le point d'où il faut partir. Ils sont individuellement inégaux, même dans les races les plus pures : et entre races différentes, ces inégalités prennent des proportions si grandes, au point de vue intellectuel, que le législateur devra toujours en tenir compte. Mais, d'un autre côté, ces différences, tout individuelles et toutes contingentes, peuvent s'effacer, disparaître peu à peu, se fondre en mille nuances intermédiaires ; de sorte que la théorie de sélection naturelle, appliquée aux sciences sociales, ne conclut pas moins contre le régime des castes distinctes, fermées, immobiles, que contre le régime de l'égalité absolue. Cette théorie conclut en politique au régime de la liberté individuelle la plus illimitée, c'est-à-dire de la libre concurrence des forces et des facultés, comme de leur libre association. Puisque ce régime de liberté individuelle, appliqué à toute la nature organisée depuis l'aube de la vie, a réussi à faire de la vésicule germinative un homme capable de découvrir les lois qui le régissent, lui et le monde qu'il habite et qu'il est appelé à dominer par son intelligence, ces lois ont suffisamment fait leurs preuves : elles sont bonnes, car elles sont essentiellement progressives.

C'est donc surtout dans ses conséquences morales et humanitaires que la théorie de M. Darwin est féconde. Ces conséquences, je ne puis que les indiquer ici ; elles rempliraient à elles seules tout un livre que je voudrais pouvoir écrire quelque jour. Cette théorie renferme en soi toute une philosophie de la nature et toute une philosophie de l'humanité. Jamais rien d'aussi vaste n'a été conçu en histoire naturelle : on peut dire que c'est la synthèse universelle des lois économiques, la science sociale naturelle par excellence, le code des êtres vivants de toute race et de toute époque. Nous y trouverons la raison d'être de nos instincts, le pourquoi si longtemps cherché de nos mœurs, l'origine si mystérieuse de la notion du devoir et son importance capitale pour la conservation de l'espèce. Nous aurons désormais un critère absolu pour juger ce qui est bon et ce qui est mauvais au point de vue moral ; car la règle morale pour toute espèce est celle qui tend à sa conservation, à sa multiplication, à son progrès, relativement aux lieux et aux temps. Enfin, cette révélation de la science nous en apprend plus sur notre nature, notre origine et notre but que tous les philosophèmes sacerdotaux sur le péché originel; car elle nous montre dans notre origine, toute brutale, la source de tous nos penchants mauvais, et dans nos aspirations continuelles vers le bien ou le mieux la loi perpétuelle de perfectibilité, qui nous régit.

Mais on conçoit aussi qu'un livre qui, sans en afficher la prétention, explique tant de choses, soit mal vu de ceux qui s'étaient arrogé jusqu'ici le monopole de nous instruire de nos destinées passées et futures : c'est-à-dire qu'il aura nécessairement pour adversaires tous les brahmes, mages, destours, lévites, bonzes, prêtres et jongleurs de tous les temps et de tous les pays, sans même en excepter les tristes prédicants en cravate blanche et en habit noir du protestantisme évangélique.

La doctrine de M. Darwin, c'est la révélation rationnelle du progrès, se posant dans son antagonisme logique avec la révélation irrationnelle de la chute. Ce sont deux principes, deux religions en lutte, une thèse et une antithèse dont je défie l'Allemand, le plus expert en évolutions logiques, de trouver la synthèse. C'est un oui et un non bien catégoriques entre lesquels il faut choisir, et quiconque se déclare pour l'un est contre l'autre.

Pour moi, mon choix est fait : je crois au progrès.

---

# NOTICE HISTORIQUE

## SUR LES PROGRÈS RÉCENTS DE L'OPINION AU SUJET DE L'ORIGINE DES ESPÈCES

---

Il est admis par la majorité des naturalistes que les espèces sont des productions immuables de la nature, et que chacune d'elles a été l'objet d'un acte créateur spécial. Cette thèse a été habilement défendue par beaucoup d'auteurs, tandis qu'un petit nombre seulement pensent au contraire qu'elles subissent des modifications, et que les formes vivantes actuelles descendent par voie de génération régulière de formes préexistantes.

Laissant de côté les anciens auteurs qui ont écrit depuis les temps classiques jusqu'à l'époque de Buffon, auteurs dont les ouvrages ne me sont pas familiers, Lamarck, naturaliste français, célèbre à juste titre, fut le premier dont les opinions à ce sujet excitèrent vivement l'attention. Ce fut en 1801 qu'il les publia pour la première fois ; mais il étendit considérablement sa théorie en 1809, dans sa *Philosophie zoologique*, et en 1815, dans l'introduction à son *Histoire naturelle des animaux sans vertèbres*. Dans ces divers ouvrages il développa l'idée que tous les animaux, y compris l'homme, descendent d'autres espèces antérieures. C'était déjà rendre un éminent service à la science que d'accoutumer les esprits à considérer tout changement survenu dans le monde organique, aussi bien que dans le monde inorganique, comme pouvant être le résultat des lois naturelles, et non d'une intervention miraculeuse. C'est la difficulté de distinguer les espèces des variétés, la gradation presque parfaite des formes dans certains groupes organiques et l'analogie avec nos productions domestiques, qui semblent principalement avoir amené Lamarck à admettre le principe de la transformation graduelle des espèces. Quant aux moyens de modification employés par la nature, il accordait quelque valeur à l'action directe des conditions physiques de la vie, de même qu'aux croisements entre les formes préexistantes, et beaucoup à l'usage ou au défaut d'exercice des organes (*use and disuse*), c'est-à-dire à l'effet des habitudes. Il paraissait attribuer à cette dernière cause toutes les admirables adaptations des êtres organisés, telles que le long cou de la Girafe, par exemple, si bien construit pour lui permettre de brouter les feuilles des arbres. Mais il croyait aussi à l'existence d'une loi de développement progressif; et comme toutes les formes organiques auraient eu alors une égale tendance à progresser, il expliquait l'existence actuelle d'organismes très-simples en supposant qu'ils provenaient de générations spontanées.

Et. Geoffroy Saint-Hilaire[1] soupçonna également, dès 1795, que toutes les formes que nous considérons comme les espèces d'un même genre n'étaient que les diverses dégénérations d'un même type. Mais seulement en 1828, il se déclara convaincu que les mêmes formes ne s'étaient pas perpétuées dès l'origine des choses. Il semble avoir regardé les conditions de vie, ou ce qu'il nomme « le monde ambiant, » comme la cause principale de toute transformation ; mais un peu timide dans ses conclusions, il se refusait à croire que les espèces vivantes fussent actuellement sujettes à des modifications : « C'est donc un problème à réserver entièrement à l'avenir, ajoute son fils et son biographe, supposé que l'avenir doive avoir prise sur lui. »

En Angleterre, l'honorable et révérend W. Herbert, doyen de Manchester, écrivait[2] en 1822 « que, d'après les expériences d'horticulture, il était établi, sans réfutation possible, que les espèces végétales ne sont que des classes supérieures de variétés plus permanentes. » Il étendait le même principe aux animaux. Il supposait qu'une seule espèce de chaque genre avait été créée d'abord dans un état primitif de grande plasticité, et que ces types originaux avaient produit, principalement par voie de croisement, mais aussi par simple variation, toutes nos espèces actuelles.

En 1826, le professeur Grant, dans le dernier paragraphe d'un *Mémoire sur les spongilles*[3], exprima nettement la croyance que chaque espèce descend d'autres espèces et se perfectionne par des

[1] Voy. sa vie écrite par son fils, Isidore Geoffroy Saint-Hilaire.

[2] Voy. *Horticultural Transactions*, 1822, vol. IV, et *Amaryllidacæ*, 1837, p. 19, 339.

[3] *Edinburgh Philosophical Journal*, vol. XIV, p. 283.

modifications successives. On retrouve encore cette manière de voir dans sa cinquante-cinquième leçon publiée dans le *Lancet*, en 1834.

En 1831, M. Patrick Matthew, dans son ouvrage sur *Naval Timber and Arboriculture*, émit sur l'origine des espèces les mêmes opinions que M. Wallace et moi-même nous avons exposées depuis dans le *Linnean Journal* et que je développe aujourd'hui. Malheureusement, les vues de M. Matthew à ce sujet furent exprimées très-brièvement dans quelques passages épars au milieu d'un appendice à un ouvrage sur divers sujets ; si bien qu'elles passèrent inaperçues jusqu'à ce que M. Matthew les eût rappelées dans le *Gardener's Chronicle* [1]. Les opinions de M. Matthew diffèrent peu des miennes. Il suppose que le monde a été périodiquement dépeuplé et repeuplé en presque totalité. Quant à l'origine des espèces qui le repeuplèrent chaque fois, entre autres hypothèses, il admet que de nouvelles formes peuvent se produire « sans l'aide d'aucun moule ou germe organisé antérieur ». Il y a quelques passages que je ne suis pas bien certain de comprendre, mais il me semble attribuer beaucoup d'influence à l'action directe des conditions de vie. Il entrevoit clairement néanmoins toute la force du principe de *sélection naturelle*. En réponse à une lettre [2] où je reconnaissais pleinement que M. Matthew m'avait devancé, il m'écrivit avec une généreuse franchise les lignes suivantes [3] : « La conception de cette loi naturelle me vint par intuition, comme un fait évident et presque sans aucun effort de réflexion. M. Darwin a donc plus de mérite que moi dans la découverte, qui ne m'en paraissait pas même une. Il l'a achevée par induction, lentement, et avec la conscience d'avoir marché synthétiquement de fait en fait ; tandis que ce fut par un coup d'œil d'ensemble sur l'aspect général de la nature que je reconnus cette formation des espèces par sélection pour un fait évident *à priori*, et comme un axiome qui n'avait besoin que d'être proposé pour être admis par les esprits d'une certaine portée et libres de préjugés. »

Le célèbre naturaliste von Buck, dans son excellente *Description physique des îles Canaries*, exprime explicitement la croyance que les variétés se transforment lentement en espèces qui deviennent alors incapables de croisement [4].

Selon Rafinesque, dans sa *Nouvelle Flore de l'Amérique du Nord* [5] : « Toutes les espèces ont été d'abord des variétés, et beaucoup de variétés sont en train de devenir graduellement des espèces, en as-

[1] *April, 7 th.* 1860.
[2] Publiée dans le *Gardener's Chron. April, 13 th.*
[3] *Gard. Chron. May, 12 th.*
[4] 1836, p. 147.
[5] *New Flora of North America,* 1836, p. 6 et 18.

sumant des caractères particuliers et constants. » Mais plus loin il ajoute : « Excepté pourtant les types originaux ou ancêtres du genre. »

En 1843-44, le professeur Haldeman [1] a fort habilement exposé les arguments pour et contre l'hypothèse du développement des espèces par voie de modification. Il semble avoir penché du côté de la variabilité.

Les *Vestiges de Création* parurent en 1844. Dans la dixième édition, revue avec soin, l'auteur anonyme s'exprime ainsi [2] : « Après avoir tout considéré, il faut conclure que les diverses séries d'êtres animés, du plus simple et plus ancien au plus élevé et plus récent, sont, sous la providence de Dieu, le résultat de deux causes : d'abord, d'une impulsion propre aux formes vivantes qui les pousse, en un temps donné et par voie de génération régulière, à travers tous les degrés d'organisation, jusqu'aux dicotylédonés et aux vertébrés les plus élevés : les degrés sont peu nombreux et marqués par des lacunes dans les caractères organiques, d'où proviennent les difficultés pratiques qu'on rencontre à constater leurs affinités ; secondement, d'une autre impulsion, dépendante des forces vitales, qui tend par la suite des générations à modifier la structure organique d'après les circonstances extérieures, telles que la nourriture, la nature de l'habitation et les agents météoriques : de là proviendraient les adaptations des théologiens naturalistes. » L'auteur semble penser que l'organisation elle-même progresse par soubresauts, mais que les effets produits par les conditions de vie sont graduels. Il s'appuie sur divers arguments pour prouver que les espèces ne sont pas immuables. Mais je ne vois pas comment les deux impulsions qu'il suppose peuvent rendre compte scientifiquement des nombreuses et remarquables adaptations qu'on remarque dans la nature. Je ne trouve pas que cela nous explique en quoi que ce soit, par exemple, comment un Pic a été adapté à ses habitudes actuelles. L'ouvrage, quoique montrant dans les premières éditions une érudition peu profonde et moins encore de preuves scientifiques, grâce à la puissance et à l'éclat de son style, se répandit rapidement. J'estime qu'il a rendu un important service en appelant l'attention sur ce sujet, en sapant les préjugés, et en préparant ainsi les esprits à l'adoption d'idées analogues.

En 1846, le vétéran de la géologie, M. J. d'Omalius d'Halloy [3], publia un Mémoire excellent quoique très-court, où il déclare qu'il regarde comme plus probable que les espèces se soient produites par voie de descendance modifiée, plutôt que d'avoir été créées séparément. Il avait déjà émis cette opinion en 1831.

[1] *Boston Journal of Nat. Hist. United States*, vol. IV, p. 468.
[2] *Vestiges of Creation*, 1844, 10e éd., 1853, p. 155.
[3] Bulletin de l'Académie royale de Bruxelles, 1846, t. XIII, p. 581.

« L'idée archétype, écrivait en 1849 M. le professeur Owen [1], a été manifestée dans la chair sous diverses formes, sur notre planète, longtemps avant l'existence des espèces animales qui les représentent actuellement. A quelles lois naturelles ou causes secondaires l'ordre de succession et de progression de tels phénomènes organiques peut-il avoir été soumis? Nous l'ignorons encore. » Autre part [2] il admet comme un axiome « l'opération continue du pouvoir créateur ou du régulier devenir des choses vivantes. » Plus loin, à propos de la distribution géographique, il ajoute [3] : « Ces phénomènes ébranlent la croyance où nous étions que l'Aptéryx de la Nouvelle-Zélande et le Coq de Bruyère d'Angleterre ((*Tetrao Scoticus*) devaient être des créations distinctes de ces îles et pour elles. Du reste, il doit toujours être entendu que par le mot *création* le zoologiste veut parler seulement d'un procédé inconnu. » M. Owen développe cette idée en ajoutant que, toutes les fois qu'un zoologiste cite des exemples tels que le précédent, comme preuves de créations distinctes dans une île et pour elle, il entend dire seulement qu'il ignore comment un tel oiseau se trouve en ce lieu exclusivement; ou mieux encore, il exprime sa croyance que l'île comme l'animal doivent l'une et l'autre leur origine à une même cause créatrice.

Isidore Geoffroy Saint-Hilaire, dans son cours de 1850 [4], expose succinctement les motifs qu'il a de croire que « les caractères spécifiques sont fixes pour chaque espèce, tant qu'elle se perpétue au milieu des mêmes circonstances, et qu'ils se modifient, si les circonstances ambiantes viennent à changer. » — « En résumé, dit-il, l'*observation* des animaux sauvages démontre déjà la *variabilité limitée des espèces*. Les *expériences* sur les animaux sauvages devenus domestiques et sur les animaux domestiques redevenus sauvages la démontrent plus encore. Ces mêmes expériences prouvent de plus que les différences produites peuvent être de *valeur générique*. » Dans son *Histoire naturelle générale*, il développe des conclusions analogues [5].

Il paraîtrait, d'après une circulaire qui a paru tout récemment, que le docteur Freke [6] aurait exposé, dès l'année 1851, l'idée que tous les êtres organisés sont descendus d'une seule forme primitive. Les fondements de sa croyance et sa méthode pour l'établir diffèrent totalement des miens. Comme le docteur Freke a publié en 1861 son *Essai sur l'origine des espèces par voie d'affinité organique*, il est inutile de tenter ici l'analyse difficile de son système.

1 *Nature of Limbs*, p. 86.
2 *Address to the British Association*, 1858, p. 51.
3 *Id.*, p. 90.
4 Le résumé en a paru dans la *Revue et Magasin de zoologie*, janvier 1851.
5 Tome II, p. 430, 1859.
6 *Dublin Medical Press*, p. 322.

M. Herbert Spencer [1] a discuté avec une force et une habileté remarquables la valeur comparative des deux théories de créations et de développement des êtres organisés. De l'analogie avec nos produits domestiques, des transformations observées chez l'embryon de plusieurs espèces, de la difficulté de distinguer les espèces des variétés et du principe de progrès général, il conclut que les espèces se sont modifiées. Il attribue ces modifications au changement des circonstances. Le même auteur a aussi traité [2] de la Psychologie, en partant du principe que chaque faculté mentale doit nécessairement avoir été acquise par degrés.

En 1852, un botaniste distingué, M. Naudin [3], s'est déclaré convaincu que les espèces doivent se former de la même manière que nos variétés cultivées. Et il attribue la formation de celles-ci à la sélection systématique de l'homme ; mais il n'explique pas comment la sélection agit à l'état de nature. Cependant, comme M. W. Herbert, il pense que les espèces à l'époque de leur apparition ont été douées d'une faculté plastique supérieure à celle qu'elles ont aujourd'hui. Il s'appuie sur ce qu'il appelle le principe de finalité, « puissance mystérieuse, indéterminée, fatalité pour les uns, pour les autres volonté providentielle dont l'action incessante sur les êtres vivants détermine, à toutes les époques de l'existence du monde, la forme, le volume et la durée de chacun d'eux, en raison de sa destinée dans l'ordre de choses dont il fait partie. C'est cette puissance qui harmonise chaque membre à l'ensemble en l'appropriant à la fonction qu'il doit remplir dans l'organisme général de la nature, fonction qui est pour lui sa raison d'être. »

En 1853, un célèbre géologue, le comte Keyserling [4], suggéra que, comme certaines maladies nouvelles, qu'on suppose avoir été amenées par des miasmes, se sont répandues à travers le monde; de même, à certaines époques, les germes des espèces vivantes peuvent avoir été chimiquement affectés par des molécules ambiantes d'une nature particulière, et avoir ainsi donné naissance à de nouvelles formes.

Dans la même année, le docteur Schaaffhausen publia une excellente brochure [5], dans laquelle il soutient le développement progressif des formes organiques sur la terre. Il conclut que beaucoup d'espèces se sont perpétuées pendant de longues périodes, tandis que d'autres se sont modifiées, et rend compte de la délimitation des espèces par la destruction des formes intermédiaires. « Ainsi, dit-il, les

[1] *Essay*, publié d'abord dans le *Leader*, mars 1852, et republié dans ses *Essays*, 1858.
[2] 1855.
[3] *Revue horticole*, p. 102.
[4] *Bulletin de la Société géologique*, 2e série, t. X, p. 357.
[5] *Verhandl. des naturhist. Vereins der preuss. Rheinlande*, etc.

plantes et les animaux vivants ne sont pas séparés des espèces éteintes par de nouvelles créations, mais doivent être regardés comme leurs descendants par voie de génération régulière. »

Un botaniste français, M. Lecoq, écrivait en 1854 [1] : « On voit que nos recherches sur la fixité ou la variation de l'espèce nous conduisent évidemment aux idées émises par deux hommes célèbres, Geoffroy Saint-Hilaire et Gœthe. » Quelques autres passages épars dans le grand ouvrage de M. Lecoq laissent douter jusqu'à quelles limites s'étend sa croyance à la modification des espcèes.

La « Philosophie de la création » a été traitée de main de maître par le rév. Baden Powell, dans son *Essai sur l'unité des Mondes* [2]. Rien n'est plus frappant que sa manière de démontrer comment l'introduction de nouvelles espèces est « un phénomène régulier et non accidentel, » ou, comme sir John Herschell l'exprime, « un procédé naturel, et non miraculeux ».

En juillet 1858, M. Wallace et moi, nous lûmes à la séance de la *Linnean Society* deux Mémoires [3] sur la théorie de sélection naturelle. Cette théorie a été exposée par M. Wallace avec une force et une clarté admirables.

En 1859, von Baer, dont le nom inspire un si profond respect aux zoologistes, exprima sa conviction [4] fondée principalement sur les lois de la distribution géographique, que des formes aujourd'hui parfaitement distinctes sont descendues d'une seule souche mère.

En juin 1859, le professeur Huxley fit un discours devant la *Royal Institution*, sur les « types persistants de la vie animale ». « Il est difficile de comprendre un tel ordre de faits, dit-il, si l'on suppose que soit chaque espèce animale ou végétale, soit chaque grand type organique, a été formé et placé sur la surface du globe à de longs intervalles par un acte spécial du pouvoir créateur ; et il est bon de se rappeler qu'une telle apparition est aussi peu appuyée par la tradition ou la révélation, qu'elle est opposée aux analogies générales de la nature. Si, d'un autre côté, nous considérons les types persistants d'après l'hypothèse que les espèces vivantes sont toujours le résultat des modifications graduelles d'espèces antérieures, hypothèse qui, bien que non prouvée et mal servie par ses défenseurs, est cependant la seule que la physiologie puisse admettre, l'existence de ces types démontrera que la somme des modifications subies par les êtres vivants, pendant la durée des temps géologiques, est peu de chose auprès

[1] *Étude sur la géographie botanique,* t. I, p. 250.

[2] 1855.

[3] Insérés dans le *Journal of the Linnean Society,* t. III.

[4] *Prof. Rudolph Wagner zoologische-antropologische Untersuchungen*, 1851, S. 31.

de toute la longue série des changements qu'ils ont supportés dans leurs conditions de vie. »

En décembre 1859, le Dr Hooker publia son *Introduction à la Flore australienne.* Dans la première partie de ce grand ouvrage, il admet aussi le principe de la descendance modifiée des espèces et apporte à cette doctrine l'appui de nombreuses observations originales.

Enfin, la première édition de mon ouvrage fut publiée en novembre 1859, et la seconde en janvier 1860.

Je dois ajouter encore quelques noms à la liste des auteurs qui ont émis récemment des idées analogues. Le célèbre botaniste et paléontologiste Unger exprima, en 1852, la croyance que les espèces sont susceptibles de modification et de développement. D'Alton émit, en 1821, une opinion semblable (*Pander and d'Alton's Work on Fossil Sloth*). On sait que Owen, dans son ouvrage mystique sur la *Philosophie de la nature,* est arrivé à des conclusions analogues. Enfin, d'après l'ouvrage de Godron sur l'*Espèce*, il semblerait que Bory Saint-Vincent, Burdach, Poiret et Fries aient admis que de nouvelles espèces se forment continuellement.

Je ferai observer que, parmi les trente auteurs cités dans cette notice, qui admettent la variabilité des espèces ou du moins qui contestent l'hypothèse des créations distinctes, vingt-cinq ont écrit sur des branches spéciales de l'histoire naturelle, trois d'entre eux sont seulement géologues, neuf sont botanistes, et treize zoologistes ; mais plusieurs d'entre les zoologistes et les botanistes ont écrit sur la paléontologie et la géologie.

Isidore Geoffroy Saint-Hilaire, dans son *Histoire naturelle générale* (tome II, p. 405, 1859), fait aussi l'histoire des opinions des savants sur cette question, et s'étend sur les contradictions de Buffon à ce sujet. Il est étonnant que mon grand-père, le docteur Erasme Darwin, ait compris sept ans avant Lamarck les erreurs fondamentales de la science, et devancé les théories de ce dernier, dans sa *Zoonomie,* publiée en 1794 (vol. I, p. 500-510). D'après Isidore Geoffroy Saint-Hilaire, on ne peut douter que Gœthe n'ait été partisan des mêmes idées. C'est ce qui ressort de son introduction à un ouvrage écrit en 1794-95, mais publié seulement beaucoup plus tard. « A l'avenir, a-t-il dit expressément, le problème à résoudre pour les naturalistes sera de décider, par exemple, comment les cornes sont venues aux bœufs et non pourquoi elles leur sont venues. » (*Gœthe als Naturforscher,* S. 74.)

N'est-ce pas une remarquable coïncidence que les mêmes idées sur l'origine des espèces soient écloses chez Gœthe, en Allemagne, chez le docteur Darwin, en Angleterre, et chez Geoffroy Saint-Hilaire, en France, dans cette même année 1794-95 ?

# DE L'ORIGINE

# DES ESPÈCES

## PAR SÉLECTION NATURELLE

OU

## DES LOIS DE TRANSFORMATION DES ÊTRES ORGANISÉS

---

## INTRODUCTION

J'étais, en qualité de naturaliste, à bord du vaisseau de Sa Majesté Britannique « *the Beagle*, » lorsque, pour la première fois, je fus vivement frappé de certains faits dans la distribution des êtres organisés qui peuplent l'Amérique du Sud et des relations géologiques qui existent entre les habitants passés et présents de ce continent. Ces faits, ainsi qu'on le verra dans les derniers chapitres de cet ouvrage, semblent jeter quelque lumière sur l'origine des espèces, « ce mystère des mystères », ainsi que l'a appelé l'un de nos plus grands philosophes.

A mon retour, en 1837, il me vint à l'esprit qu'on pourrait peut-être faire avancer cette question en accumulant, pour les méditer, les observations de toutes sortes qui pourraient avoir quelque rapport à sa solution. Seulement, après cinq années de travail, je me permis quelques inductions et rédigeai de courtes notes. Ce ne fut qu'en 1844 que j'esquissai les conclusions qui me semblèrent les plus probables. Depuis cette époque jusqu'aujourd'hui, j'ai constamment poursuivi le même objet. On excusera ces détails personnels dans lesquels je n'entre qu'afin de prouver que je n'ai pas été trop prompt à trancher les questions..

Mon travail est déjà fort avancé ; pourtant il me faudra encore deux ou trois ans pour l'achever, et, ma santé étant loin d'être bonne, je me suis hâté de publier cet extrait. Ce qui m'a principalement déterminé, c'est que M. Wallace, qui étudie actuellement l'histoire naturelle de l'archipel malais, est arrivé presque exactement aux mêmes conclusions que moi sur l'origine des espèces. En 1858, il m'envoya un mémoire à ce sujet, en me priant de le communiquer à sir Ch. Lyell, qui l'envoya à la *Linnean Society*. Il est inséré dans le troisième volume du journal de cette Société. Sir Ch. Lyell et le Dr Hooker, qui connaissaient mes travaux, me firent l'honneur de penser qu'il était bon d'éditer, en même temps que l'excellent mémoire de M. Wallace, quelques fragments de mes manuscrits.

Cet extrait, que je publie aujourd'hui, est donc nécessairement incomplet. Je suis obligé d'y exposer mes idées sans les appuyer sur beaucoup de faits ou de citations d'auteurs, et je me vois forcé de compter sur la confiance que mes lecteurs pourront avoir dans l'exactitude de mes jugements. Sans nul doute des erreurs se sont glissées dans ce livre, malgré le soin que j'ai pris de ne m'en rapporter qu'à de solides autorités. Je ne puis y donner que les conclusions générales auxquelles je suis arrivé, avec quelques exemples qui suffiront pourtant, je l'espère, dans la plupart des cas. Personne ne sent plus vivement que moi la nécessité de publier plus tard toutes les observations et tous les renseignements sur lesquels ces conclusions se fondent, et j'espère le faire prochainement ; car je sais parfaitement qu'il est à peine une seule des opinions discutées dans ce volume, à laquelle on ne puisse opposer des arguments conduisant, en apparence, à des conclusions directement opposées. On ne saurait obtenir un résultat satisfaisant qu'en balançant le pour et le contre des deux côtés de chaque question, après une énumération complète des témoignages : or, c'est ce que je ne peux faire ici.

Je regrette vivement que le manque d'espace me prive du plaisir de reconnaître le généreux concours que m'ont prêté un grand nombre de naturalistes dont quelques-uns me sont personnellement inconnus. Je ne puis cependant laisser échapper cette occasion d'exprimer ma profonde obligation au Dr Hooker, qui, pendant ces quinze dernières années, m'a aidé de toutes manières, soit par le fonds considérable de ses connaissances, soit par son excellent jugement.

Quand on réfléchit à ce problème de l'origine des espèces, en tenant compte des rapports mutuels des êtres organisés, de leurs relations embryologiques, de leur distribution géographique et d'autres faits analogues, il semble naturel tout d'abord qu'un naturaliste arrive à conclure que chaque espèce ne peut avoir été créée indépendamment, mais doit descendre, comme les variétés, d'autres espèces. Néanmoins, une telle conclusion, serait-elle fondée, ne saurait être satisfaisante, jusqu'à ce qu'il fût possible de démontrer comment les innombrables espèces qui habitent ce monde ont été modifiées de manière à acquérir cette perfection de structure et cette adaptation des organes à leurs fonctions, qui excite à si juste titre notre admiration.

Les naturalistes en réfèrent continuellement aux conditions extérieures, telles que le climat, la nourriture, etc., comme à la seule cause possible de variation. Ils n'ont raison qu'en un sens très-limité, comme nous le verrons bientôt, mais c'est aller trop loin que d'attribuer à des circonstances purement extérieures la structure du Pic, par exemple, avec ses pieds, sa queue, son bec et sa langue si admirablement conformés pour attraper des insectes sous l'écorce des arbres. Il en est de même du Gui, qui tire sa nourriture de certains arbres, dont les graines doivent êtres transportées par certains oiseaux, et dont les fleurs ont des sexes séparés nécessitant l'intervention de certains insectes pour porter le pollen d'une fleur à une autre. Il est évident qu'on ne saurait attribuer la structure de ce parasite, et ses rapports si compliqués avec plusieurs êtres organisés distincts, à l'influence des conditions extérieures, des habitudes, ou de la volonté de la plante elle-même.

Il est pourtant de la plus haute importance d'arriver à une conception claire des moyens de modification et d'adaptation employés par la nature. Dès le commencement de mes recherches, il me parut probable qu'une soigneuse étude des animaux domestiques et des plantes cultivées m'offrirait les meilleures chances de résoudre cet obscur problème. Je n'ai point été déçu dans mon attente : dans ce cas, comme dans tous ceux qui présentent quelque perplexité, j'ai toujours dû reconnaître que l'étude des variations survenues à l'état domestique, quelque incomplète qu'elle soit, est toujours notre meilleur et notre plus sûr guide. Je suis donc profondément convaincu que de telles études sont de la plus haute valeur, quoiqu'elles aient été très-communément négligées par les naturalistes.

Ces considérations m'ont déterminé à consacrer le premier chapitre de ce livre à l'examen des *variations constatées à l'état domestique*. Nous verrons ainsi qu'une somme considérable de modifications héréditaires est au moins possible, et, ce qui est au moins aussi important, nous verrons tout ce que peut l'homme en accumulant, au moyen de sélections successives, des variations légères.

Je passerai ensuite à la *variabilité des espèces à l'état de nature ;* mais je serai malheureusement forcé de glisser beaucoup trop rapidement sur ce sujet, qui ne peut être traité comme il le faudrait, qu'à l'aide de longs catalogues de faits. Nous pourrons cependant discuter quelles sont les circonstances le plus favorables aux variations.

Le chapitre suivant traitera de la *concurrence vitale* entre tous les êtres organisés répandus à la surface du globe, concurrence qui provient fatalement de leur multiplication en raison géométrique : c'est la loi de Malthus appliquée à tout le règne animal et végétal. Comme il naît beaucoup plus d'individus qu'il n'en peut vivre, et comme, en conséquence, la lutte se renouvelle souvent entre eux au sujet des moyens d'existence, il s'ensuit que, si quelque être varie, si légèrement que ce puisse être, d'une manière qui lui soit personnellement utile sous des conditions de vie complexes, et quelquefois variables, il aura toute chance de survivre et sera ainsi *naturellement élu* ou choisi. De plus, il résulte des puissantes lois de l'hérédité que toute *variété élue* aura une tendance à propager sa forme nouvellement modifiée.

Il sera traité assez longuement de ce principe fondamental de *sélection naturelle* dans le quatrième chapitre; et nous verrons comment cette *sélection naturelle* cause presque inévitablement de fréquentes *extinctions d'espèces* parmi les formés de vie moins parfaites, et conduit à ce que j'ai nommé la *divergence des caractères.*

Dans le chapitre suivant, je discuterai les lois complexes et peu connues de *variation* et de *corrélation de croissance.*

Quatre chapitres qui viennent ensuite résoudront les difficultés les plus graves et les plus apparentes de la théorie : c'est d'abord la *difficulté des transitions*, c'est-à-dire comment il se peut qu'un être rudimentaire ou un organe simple se soit changé en un être d'un développement élevé et parfait ou en un organe ingénieusement construit ; secondement, l'*instinct* ou les facultés mentales des animaux; troisièmement, l'*hybridité* ou la stérilité des croisements entre espèces et la fécondité des variétés croisées ; quatrièmement, l'*insuffisance des documents géologiques.*

Dans le chapitre dixième, je considérerai la *succession géologique* des êtres organisés dans le temps; dans le onzième et le douzième, leur *distribution géographique* dans l'espace ; dans le treizième, leur *classification* et leurs *affinités mutuelles*, soit à l'état adulte, soit à l'état embryonnaire. Le dernier chapitre contiendra une *récapitulation* succincte de tout l'ouvrage et quelques remarques finales.

Si l'on tient un juste compte de notre profonde ignorance en ce qui concerne les relations réciproques de tous les êtres qui vivent autour de nous, on ne peut s'étonner de ce qu'il reste encore beaucoup de choses inexpliquées au sujet de l'origine des espèces et des variétés. Qui peut dire pourquoi une espèce est nombreuse et répandue, et pourquoi une autre espèce alliée est rare ou n'habite qu'un étroit espace? Cependant, ces rapports sont de la plus haute importance, car ils déterminent l'état présent, et, je crois, le sort futur et les modifications de chaque habitant de ce monde.

Encore bien moins connaissons-nous les relations réciproques des innombrables populations terrestres qui ont vécu pendant toutes les époques géologiques écoulées. Bien qu'il reste beaucoup de choses obscures, et qui resteront telles longtemps encore, je ne puis douter, après les études les plus consciencieuses et les jugements les plus froidement pesés dont j'aie été capable, que l'opinion adoptée par le plus grand nombre des naturalistes, et quelque temps par moi-même, c'est-à-dire que chaque espèce a été indépendamment créée, est erronée. Je suis pleinement convaincu que les espèces ne sont pas immuables, mais que toutes celles qui appartiennent à ce qu'on appelle le même genre, sont la postérité directe de quelque autre espèce généralement éteinte, de la même manière que les variétés reconnues d'une espèce quelconque descendent en droite ligne de cette espèce. Enfin, je suis convaincu que le mode principal, mais non pas exclusif de leurs modifications successives, c'est ce que j'ai nommé la *Loi de sélection naturelle*.

# CHAPITRE PREMIER

## VARIATIONS DES ESPÈCES A L'ÉTAT DOMESTIQUE.

I. Causes de la variabilité. — II. Effet des habitudes; corrélation de croissance; hérédité. — III. Caractères des variétés domestiques; difficulté de distinguer entre les variétés et les espèces; les origines de nos variétés domestiques attribuées à une ou plusieurs espèces. — IV. Pigeons domestiques; leurs différences et leur origine. — V. Principes de sélection appliqué depuis longtemps et ses effets. — VI. Sélection méthodique et sélection insouciante. — VII. Origine inconnue de nos produits domestiques. — VIII. Circonstances favorables au pouvoir sélectif de l'homme. — IX. Résumé.

I. **Causes de la variabilité.** — L'une des premières choses dont on soit frappé quand on considère les individus de la même variété ou sous-variété parmi nos plantes depuis longtemps cultivées et nos animaux domestiques les plus anciens, c'est qu'en général ils diffèrent plus les uns des autres que les individus d'espèces ou de variétés sauvages.

La grande diversité des plantes ou des animaux qui sont soumis au pouvoir de l'homme, et qui ont varié à travers la suite des âges, sous les climats et les traitements les plus divers, est simplement due à ce que nos produits domestiques ont été élevés dans des conditions de vie moins uniformes et en quelque chose différentes de celles auxquelles les espèces mères ont été exposées à l'état de nature. Il y a aussi quelque probabilité dans la manière de voir d'Andrew Knight, qui admet que la variabilité est en connexion partielle avec l'excès de nourriture. Il me semble encore évident que les êtres organisés doivent être exposés pendant plusieurs générations à de nouvelles conditions de vie pour qu'il se manifeste chez eux une somme appréciable de variation, mais qu'aussitôt que l'organisation a une fois commencé à varier, elle reste généralement variable pendant de nombreuses générations. Il n'est pas d'exemple qu'une forme variable ait cessé de varier à l'état domestique : nos plus anciennes plantes cultivées, telles que le froment, produisent encore aujourd'hui des variétés nouvelles ; et nos animaux domestiques les plus anciens sont toujours susceptibles d'améliorations et de modifications rapides.

On a disputé de l'âge où les causes de variabilité, quelles qu'elles soient, agissent généralement ; on s'est demandé si c'est pendant la première ou la dernière période du développement embryonnaire ou à l'instant de la conception. Les expériences de Geoffroy Saint-Hilaire ont démontré que le traitement contre nature de l'embryon cause les monstruosités ; et les monstruosités ne peuvent être distinguées par aucune ligne de démarcation fixe des simples déviations de type.

Mais je suis très-disposé à admettre que les causes de variabilité les plus fréquentes doivent être attribuées à ce que les organes reproducteurs du mâle et de la femelle ont été plus ou moins affectés avant l'acte de la conception. Plusieurs raisons me le font croire : la principale, c'est l'effet remarquable de la réclusion et de la culture sur les fonctions du système reproducteur, système qui paraît beaucoup plus sensible que toute autre partie de l'organisation à l'influence des changements dans les conditions de la vie. Rien n'est plus aisé que d'apprivoiser un animal ; mais rien n'est plus difficile que de l'amener à se reproduire régulièrement à l'état de réclusion, même dans les cas nombreux où le mâle et la femelle s'unissent. Combien d'animaux n'engendrent jamais, quoique vivant longtemps sous une réclusion peu sévère et dans leur pays natal ! On attribue en général ce phénomène à l'altération des instincts ; mais beaucoup de plantes cultivées déploient la plus grande vigueur, et cependant ne donnent que rarement des graines ou même jamais. On a constaté que des circonstances peu importantes en apparence, telles qu'une quantité d'eau plus ou moins grande à quelque époque particulière de la croissance, peuvent déterminer la stérilité ou la fécondité d'une plante. Je ne puis entrer ici dans le détail énorme des renseignements que j'ai recueillis sur ce curieux sujet; mais pour donner un exemple de la singularité des lois qui gouvernent la reproduction des animaux prisonniers, je n'ai qu'à rappeler que les Carnivores, et même ceux des tropiques, se reproduisent assez volontiers en nos contrées à l'état de réclusion, à l'exception des Plantigrades ou Ursides, qui rarement donnent des petits; tandis que les oiseaux Rapaces, sauf de très-rares exceptions, ne produisent presque jamais d'œufs féconds. Beaucoup de plantes exotiques ont de même un pollen complétement inactif, exactement comme dans les hybrides les plus parfaitement stériles.

Lors donc que, d'une part, des animaux et des plantes domestiques, quoique souvent faibles et malades, se reproduisent volontiers à l'état de réclusion, et que, d'autre part, des individus, pris jeunes à l'état sauvage, parfaitement apprivoisés, capables de longévité et bien portants, ce dont je pourrais fournir de nombreux exemples, ont néanmoins leur système reproducteur si profondément affecté par des causes inaperçues, qu'il est incapable de fonctionner, nous ne pouvons être surpris que ce système, quand il agit à l'état de réclusion, n'agisse pas régulièrement, et ne produise pas des petits parfaitement semblables à leurs parents.

La stérilité est, dit-on, le plus grand ennemi des horticulteurs. Mais, à mon point de vue, nous devons la variabilité à la même cause qui produit la stérilité; et la variabilité est la source de tous les plus beaux produits de nos jardins. Je pourrais ajouter que, comme certains organismes se reproduisent volontiers dans les conditions les plus contraires à la nature, montrant par là que leur système reproducteur n'a nullement été affecté, et je citerai pour exemples les Lapins et les Furets en cage, de même quelques animaux ou plantes supportent la domesticité ou la culture en ne variant que légèrement, et à peine plus peut-être qu'à l'état de nature.

D'autre part, on pourrait dresser une longue liste de ces espèces cultivées essentiellement variables, que les jardiniers appellent *plantes folles* (*sporting plants*), parce que, étant reproduites au moyen de bourgeons ou de rejetons, elles assument soudain un caractère nouveau, très-différent de celui de la plante mère. De tels bourgeons peuvent à leur tour se propager par greffes ou marcottes, et quelquefois par graines. Ces affolements de plantes (*sports*) sont extrêmement rares à l'état sauvage, mais assez fréquents sous l'action de la culture; et, en pareil cas, l'on voit que le traitement de la plante mère a pu affecter un bourgeon ou un rejeton, sans altérer les ovules ou le pollen. Or, la plupart des physiologistes admettent qu'il n'y a aucune différence essentielle entre un bourgeon et un ovule dans les premières phases de leur développement; de sorte qu'en fait l'affolement des plantes appuie l'opinion qui attribue en grande partie la variabilité à ce que les ovules ou le pollen, et quelquefois tous les deux, ont été affectés par le traitement que l'individu reproducteur a subi avant l'acte de la conception. Ces divers cas montrent aussi que la variabilité n'est pas en connexion nécessaire avec l'acte générateur, ainsi que quelques auteurs l'ont supposé.

Les jeunes plants provenant du même fruit et les petits de la même portée diffèrent quelquefois considérablement les uns des autres, ainsi que l'a remarqué Muller, quoique les parents, aussi bien que leur postérité, aient tous été, au moins en apparence, exactement exposés aux mêmes conditions de vie. Cela prouve le peu d'importance de l'effet direct des circonstances extérieures, en comparaison des lois puissantes de reproduction, de croissance et d'hérédité. Car si l'influence des conditions de vie était immédiate et directe, l'un des petits ou descendants ayant varié, tous auraient varié de la même manière.

En cas de variation, il est très-difficile d'estimer ce qui provient de l'action directe de la chaleur, de l'humidité, de la lumière, de la nourriture, etc., etc. J'estime que de tels agents ne peuvent produire que de très-petits effets en ce qui concerne les animaux, mais ils paraissent agir davantage sur les plantes [1].

[1] La troisième édition anglaise ajoutait ici : « Sous ce point de vue, les récentes expériences de M. Buckman ont une grande valeur. » Ces mots ont été supprimés sur avis de l'auteur dans deux éditions allemandes et dans notre première édition française. *Trad.*

Quand tous ou presque tous les sujets exposés à certaines conditions déterminées sont affectés de la même manière, il semble d'abord que le changement soit directement dû à l'influence de ces mêmes conditions; mais on peut objecter qu'en bien des cas des circonstances extérieures tout à fait opposées ont produit des changements identiques.

Néanmoins on peut, je pense, attribuer quelque légère somme de variation à l'action directe des conditions extérieures; tel est, en quelques cas, l'accroissement de la taille provenant d'une augmentation de nourriture, la couleur, d'aliments particuliers, et peut-être l'épaisseur de la fourrure, du climat.

II. **Effets des habitudes, corrélation de croissance, hérédité.** — Les habitudes ont aussi une influence marquée sur des plantes transportées d'un climat sous un autre à l'époque de la floraison. Parmi les animaux, cet effet est plus visible. Par exemple, j'ai trouvé que les os de l'aile pesaient moins et les os de la cuisse plus, par rapport au poids entier du squelette, chez le Canard domestique que chez le Canard sauvage; et il est à présumer que ce changement provient de ce que le Canard domestique vole moins et marche plus que son congénère sauvage. Le grand développement, transmissible par héritage, des mamelles des Vaches et des Chèvres, en comparaison de l'état de ces organes en d'autres contrées, est encore un exemple des effets de l'usage. On ne pourrait citer un seul de nos animaux domestiques qui n'ait pas en quelque contrée les oreilles pendantes. Quelques auteurs ont attribué cet effet au défaut d'exercice des muscles de l'oreille, l'animal étant plus rarement alarmé par quelque danger, et cette opinion semble très-probable.

Un assez grand nombre de lois gouvernent la variabilité; quelques-unes d'entre elles sont vaguement connues, et je les mentionnerai plus tard brièvement. Je veux seulement parler ici de ce qu'on peut appeler la *corrélation de croissance*.

Un changement quelconque dans l'embryon ou la larve entraîne toujours un changement correspondant chez l'animal adulte. Dans les monstruosités, les effets de corrélation entre des parties complétement distinctes sont des plus curieux. Isidore Geoffroy Saint-Hilaire en donne de nombreux exemples dans son grand travail sur ce sujet. Les éleveurs admettent en règle que de longs membres sont presque toujours accompagnés d'une tête allongée. Quelques exemples de corrélation semblent purement capricieux : ainsi les Chats blancs avec des yeux bleus sont invariablement sourds. Certaines couleurs et certaines particularités de constitution s'appellent réciproquement. D'après les observations recueillies par Heusinger, il paraîtrait que les Moutons et les Cochons blancs sont affectés par les poisons végétaux d'une autre manière que les individus d'autres couleurs. Le professeur Wyman m'a récemment communiqué une preuve de ce fait. Il demandait à quelques cultivateurs de la Floride pourquoi tous leurs Cochons étaient noirs; ils lui répondirent que ces animaux mangeaient de la racine teinte (Lachnanthes) qui colore leurs os en rouge et qui fait tomber les sabots de toutes les variétés, sauf des noirs. L'un d'eux ajouta : « Nous choisissons, pour les élever, tous les individus noirs « d'une portée, parce qu'ils ont seuls quelque chance de vivre. » Les Chiens chauves ont les dents imparfaites. On a constaté que les animaux à poil long ou rude sont disposés à avoir des cornes longues et nombreuses. Les Pigeons pattus ont une membrane entre leurs orteils extérieurs. Ceux qui ont le bec court ont de petits pieds; et ceux qui ont un long bec, de grands pieds.

En conséquence, si l'on choisit les sujets modifiés, et qu'on augmente constamment par accumulation une particularité quelconque de leur organisation, il en résultera que, même sans en avoir l'intention, on modifiera d'autres parties de l'organisme, en vertu des lois mystérieuses de la corrélation de croissance.

Le résultat des lois si nombreuses, complétement ignorées ou vaguement comprises, de la variabilité, est infiniment complexe et diversifié. Il est d'une haute importance d'étudier avec soin les divers traités publiés sur quelques-unes de nos plantes cultivées, telles que la Jacinthe, la Pomme de terre, même le Dahlia, etc. On est réellement surpris d'y voir sous quel nombre infini de rapports les variétés et sous-variétés diffèrent légèrement les unes des autres en structure et en constitution. Leur organisation tout entière semble être devenue plastique, et tend à s'éloigner au moins en quelque degré de celle du type originel.

Toute variation intransmissible par héritage est sans importance pour nous. Mais les déviations transmissibles, qu'elles soient de petite ou de grande importance physiologique, sont extrêmement fréquentes et présentent une diversité presque infinie. Le traité du docteur Prosper Lucas, en deux gros volumes, est le meilleur et le plus substantiel de ceux qui ont été écrits sur ce sujet.

Il n'est aucun éleveur qui révoque en doute la force des tendances héréditaires. Le semblable produit le semblable : tel est leur axiome fondamental. Les auteurs théoriciens sont seuls à en suspecter la valeur absolue. Lorsqu'une déviation de structure réapparaît souvent, et qu'on la voit à la fois chez le père et chez l'enfant, on ne peut savoir si elle n'est pas due à ce que les mêmes causes ont agi sur l'un comme sur l'autre ; mais lorsque parmi des individus apparemment exposés aux mêmes conditions, quelque déviation très-rare, causée par un concours extraordinaire de circonstances, apparaît chez un seul individu, parmi des millions qui n'en sont point affectés, et qu'ensuite elle réapparaît chez l'enfant, le seul calcul des probabilités nous force presque à attribuer sa réapparition à l'hérédité. Chacun a entendu parler de cas d'albinisme, de peau épineuse, de villosité, etc., revenant avec intermittence chez plusieurs membres de la même famille. Si donc des déviations de structure étranges et rares s'héritent réellement, on doit admettre que des déviations moins extraordinaires et même communes sont transmissibles. Peut-être que la meilleure manière de résumer la question serait de considérer l'hérédité des caractères comme la règle, et leur intransmission comme l'anomalie.

Les lois de l'hérédité sont complétement inconnues. Nul ne peut dire pourquoi une particularité qui apparaît chez divers individus de la même espèce, ou chez des individus d'espèces différentes, quelquefois s'hérite et d'autres fois ne s'hérite pas ; pourquoi certains caractères des aïeux paternels ou maternels, ou même d'aïeux plus éloignés, réapparaissent souvent chez l'enfant; pourquoi un caractère particulier se transmet d'un sexe, soit aux deux, soit plus souvent à un seul, mais non pas exclusivement au sexe semblable. C'est un fait de quelque importance pour nous que des particularités qui apparaissent seulement chez les mâles de nos espèces domestiques, se transmettent soit exclusivement, soit au moins beaucoup plus souvent aux seuls mâles.

Il est une règle beaucoup plus importante, et à laquelle je crois qu'on peut se fier : à quelque phase de la vie qu'apparaisse pour la première fois une particularité d'organisation, elle tend à réapparaître chez les descendants à un âge correspondant, quoique parfois un peu plus tôt.

En des cas nombreux, il n'en saurait être autrement : ainsi les caractères héréditaires des cornes du bétail ne peuvent se montrer que vers l'âge adulte, comme les modifications qui surviennent chez les vers à soie doivent se manifester à l'âge correspondant de chenille ou de cocon.

Mais les maladies ou infirmités héréditaires et quelques autres faits me font penser que la règle a une plus large extension; et que, même lorsqu'il n'y a aucune raison apparente pour qu'une modification particulière survienne à un certain âge, cependant elle tend à revenir chez le descendant à la même époque où elle était apparue chez l'ancêtre. Je considère cette règle comme d'une grande importance pour expliquer les lois de l'embryologie.

Ces remarques se bornent naturellement à la première apparition extérieure de la modification, et non pas à ses causes premières, qui peuvent avoir agi, soit sur les ovules, soit sur les éléments mâles : ainsi, chez le descendant d'une vache à petites cornes et d'un taureau à cornes longues, l'accroissement de cet organe, bien que ne se manifestant que tard dans la vie, est évidemment dû à l'élément paternel.

III. **Caractères des variétés domestiques. — Difficulté de distinguer entre les variétés et les espèces. — Origine de nos variétés domestiques attribuée à une ou plusieurs espèces. —** J'ai fait allusion aux tendances de réversion à d'anciens caractères perdus. Je dois mentionner ici une observation souvent faite par des naturalistes : c'est que nos variétés domestiques, en redevenant sauvages, reprennent graduellement, mais constamment, les caractères de leur type originel.

De là on a voulu conclure qu'on ne pouvait tirer aucune induction des races domestiques aux races sauvages. Je me suis vainement efforcé de découvrir sur quels faits décisifs repose cette proposition si souvent et si hardiment renouvelée.

Ce que nous pourrions affirmer en toute sécurité, c'est qu'un grand nombre de nos races domestiques les plus distinctes ne sauraient vivre à l'état sauvage. En beaucoup de cas, nous ignorons quel en a été le type originel. Nous ne pourrions donc décider, avec connaissance de cause, si le retour à ce type est ou non parfait; et, afin de prévenir les croisements qui troubleraient l'expérience, il serait nécessaire qu'une seule variété fût rendue à la liberté de nature dans la contrée qu'elle habite actuellement.

Néanmoins, comme nos variétés reviennent certainement en quelques occasions aux caractères de leurs ancêtres, il ne me semble pas improbable que, si nous pouvions réussir à naturaliser ou même à cultiver, pendant de longues générations, les différentes races du Chou, par exemple, en un sol très-pauvre, elles ne revinssent, jusqu'à certain point ou même complétement, au type sauvage originel; mais, en pareil cas, il faudrait encore attribuer quelque effet à l'action directe de la pauvreté du sol. Que l'expérience réussisse ou non, ce ne serait d'ailleurs pas de grande importance pour notre argumentation, puisque, par suite de l'expérience même, les conditions d'existence auraient changé.

Si l'on pouvait démontrer que nos variétés domestiques manifestent une forte tendance de réversion; si elles perdaient leurs caractères acquis, lors même qu'elles restent soumises aux mêmes influences, pendant qu'elles sont maintenues en nombre considérable et que les croisements peuvent arrêter, par le mélange des variétés, toute légère déviation de leur structure ; alors j'accorderais que nous ne pouvons rien induire de nos variétés domestiques aux espèces à l'état de nature. Mais il n'est pas l'ombre d'une preuve en faveur de cette supposition. Affirmer que nous ne pourrions perpétuer nos Chevaux de trait ou de course, notre bétail à cornes longues ou courtes, nos volailles de toute espèce et nos légumes succulents pendant un nombre infini de générations, ce serait contraire à toute expérience. Je pourrais ajouter qu'à l'état de nature, quand les conditions de vie viennent à changer, des variations ou des réversions de caractères ont probablement lieu ; mais, comme nous l'expliquerons tout à l'heure, la sélection naturelle détermine à quel degré les caractères nouvellement acquis peuvent se perpétuer.

Ainsi que nous l'avons déjà dit, on observe généralement dans chaque race domestique une moins grande uniformité de caractères que dans les espèces sauvages. Certaines races domestiques d'une même espèce ont souvent un aspect en quelque sorte monstrueux ; c'est-à-dire que, différentes les unes des autres, ainsi que des autres espèces du même genre, dans leur organisation générale, elles présentent souvent des différences extrêmes dans un seul de leurs organes, soit qu'on les compare ensemble, soit surtout qu'on les compare avec les espèces sauvages qui sont leurs alliées naturelles les plus proches.

Excepté à ce point de vue, en y joignant la grande fécondité des variétés croisées, sujet que nous discuterons plus tard, les races domestiques de la même espèce diffèrent les unes des autres de la même manière, mais dans la plupart des cas à un moindre degré que les espèces voisines ou proches alliées du même genre à l'état de nature.

Ce qui donne toute évidence à cette règle, c'est qu'il n'y a presque point de races domestiques, soit parmi les animaux, soit parmi les plantes, qui n'aient été considérées, par des juges compétents, comme les descendants d'autant d'espèces originelles distinctes, et par d'autres, non moins capables, comme de simples variétés. Si quelque distinction tranchée existe entre les races domestiques et les espèces, cette source de doutes ne se représenterait pas si fréquemment.

On a souvent répété que les races domestiques ne diffèrent pas entre elles par des caractères ayant une valeur générique ; mais on peut démontrer que cette remarque n'offre aucune généralité.

Les naturalistes eux-mêmes sont bien loin d'être d'accord quant à la détermination des caractères génériques, et toutes les évaluations actuelles sur ce point sont purement empiriques. De plus, d'après la théorie de l'origine des genres que j'expose plus loin, on verra que nous ne pouvons espérer de rencontrer très-souvent des différences génériques dans nos productions domestiques.

D'ailleurs, dès qu'on essaye d'estimer la valeur des différences de structure qui distinguent nos races domestiques de la même espèce, on se perd aussitôt dans le doute si elles sont descendues d'une ou plusieurs espèces mères.

Ce problème offrirait le plus grand intérêt, s'il pouvait être résolu. Si, par exemple, on pouvait prouver que le Lévrier, le Limier, le Terrier, l'Épagneul et le Bouledogue, dont les races se sont, à notre connaissance, propagées si pures, sont les descendants de quelque espèce unique ; alors de parcils faits auraient un grand poids pour nous faire douter de l'immutabilité d'un grand nombre d'espèces sauvages étroitement alliées, comme seraient, par exemple, les nombreuses races de Renards qui habitent en différentes parties du globe. Je ne crois pas, et l'on verra tout à l'heure pourquoi, que la somme des différences constatées entre nos diverses races de Chiens se soit produite entièrement à l'état de domesticité; je pense, au contraire, qu'une part de ces différences est due à ce que nos races canines descendent de plusieurs espèces sauvages distinctes. A l'égard de quelques autres animaux domestiques, il y a des présomptions, ou même une forte évidence, pour faire admettre que toutes les variétés qu'on possède sont descendues d'un seul type sauvage.

On a souvent supposé que l'homme avait choisi pour les dompter des animaux et des plantes doués d'une tendance extraordinaire, mais naturelle et innée, à varier, comme aussi à supporter des climats très-divers. Je ne nierai point que l'une et l'autre de ces facultés n'aient ajouté largement à la valeur de nos produits domestiques ; mais comment un sauvage aurait-il pu savoir, lorsque pour la première fois il a apprivoisé un animal, que sa race varierait dans la suite des générations, et serait capable de supporter d'autres climats? L'étroite faculté de variation de l'Ane ou du Dindon, l'impossibilité où est le Renne d'endurer la chaleur, ou l'incapacité du Chameau à supporter le froid, ont-elles empêché leur domestication? Je ne puis douter que, si d'autres animaux ou d'autres plantes, en nombre égal à celui de nos espèces domestiques et appartenant de même à diverses classes et à diverses contrées, étaient pris à l'état de nature pour se reproduire en domestication pendant un pareil nombre de générations, ils ne varient autant, en moyenne, qu'ont varié les espèces mères de nos races domestiques actuelles.

Pour la plupart de nos plantes les plus anciennement cultivées et de nos animaux domptés déjà depuis de longs siècles, il est impossible de décider définitivement s'ils descendent d'une ou de plusieurs espèces sauvages.

L'argument principal sur lequel s'appuient ceux qui croient à leur multiple origine, c'est que nous trouvons jusque dans les récits les plus anciens, et en particulier sur les monuments de l'Égypte, une grande diversité dans les races qui existaient alors : c'est que plusieurs d'entre elles ont une ressemblance frappante et sont peut-être identiques à celles qui existent encore aujourd'hui. Lors même que ce dernier ordre de faits serait plus exactement et plus généralement vrai qu'il ne me semble l'être en réalité, que prouverait-il, sinon que quelques-unes de nos races existaient en ces contrées il y a plus de quatre ou cinq mille ans? Depuis la découverte récente d'instruments de silex taillé dans les dépôts diluviens de la France et de l'Angleterre, on ne peut plus douter que l'Homme, dans un état de civilisation assez avancé pour lui permettre d'avoir des armes travaillées, n'existât déjà à une époque extrêmement reculée; et nous savons qu'aujourd'hui il est à peine une tribu, si barbare qu'elle soit, qui n'ait domestiqué au moins le Chien.

L'origine de la plupart de nos espèces domestiques restera probablement à jamais douteuse. Mais je puis déclarer ici qu'à l'égard du Chien, après un laborieux examen de tous les faits connus, je suis arrivé à conclure que plusieurs espèces sauvages de Canides ont été domptées et que leur sang, plus ou moins mêlé, coule dans les veines de nos nombreuses races domestiques. A l'égard des Moutons et des Chèvres, je ne puis me former aucune opinion arrêtée. D'après les faits qui m'ont été communiqués par M. Blyth sur les habitudes, la voix, la constitution, etc., du Zébu de l'Inde, il est probable qu'il descend d'un autre type originel que nos Bœufs européens; et plusieurs juges compétents pensent que ceux-ci ne proviennent même pas d'un type sauvage unique. Cette manière de voir peut être considérée comme presque définitivement établie par les admirables recherches faites récemment par le professeur Rütimeyer[1]. Quant aux Chevaux, par des raisons qu'il serait trop long d'exposer ici, je suis incliné à croire, mais non sans quelque doute, et contrairement à ce que pensent plusieurs auteurs, que toutes nos races descendent d'une même souche sauvage. M. Blyth, dont la science profonde et variée me fait évaluer l'opinion très-haut, pense que toutes nos races volatiles proviennent du Coq d'Inde commun (*Gallus bankiva*). J'ai possédé moi-même des individus vivants de presque toutes les races, je les ai croisés, j'en ai examiné les squelettes, et je suis arrivé à des conclusions semblables dont j'exposerai les bases dans un prochain ouvrage[2]. Pour ce qui est des Canards et des Lapins, dont les races diffèrent considérablement entre elles, les faits connus disposent cependant à croire qu'elles descendent toutes du Canard sauvage et du Lapin commun.

Le système de la multiplicité d'origine de nos races domestiques a été poussé à l'extrême et à l'absurde par quelques naturalistes. Ils admettent que toute race qui se reproduit pure, si légers que soient ses caractères distinctifs, a eu son prototype sauvage.

D'après cela, il aurait dû exister, en Europe seulement, une foule d'espèces de Bœufs sauvages, autant d'espèces de Moutons, plusieurs sortes de Chèvres. Il en aurait existé plusieurs, rien que dans les limites de la Grande-Bretagne : un auteur a affirmé

[1] et [2] Ces deux paragraphes nous ont été envoyés par l'auteur avec plusieurs autres ajoutés et modifications lors de notre seconde édition. Ils manquent à la troisième édition anglaise, mais ont été insérés que dans la deuxième édition allemande. L'ouvrage annoncé ici a maintenant paru en 2 vol. in-8°. *Trad.*

que ce pays doit avoir renfermé onze espèces de Moutons sauvages qui lui étaient propres!

Lorsque nous nous rappelons que l'Angleterre possède à peine aujourd'hui un mammifère qui lui soit particulier, que la France en a peu qui soient distincts de ceux de l'Allemagne et réciproquement, qu'il en est de même de la Hongrie, de l'Espagne, etc.; mais qu'en revanche chacun de ces États possède plusieurs races particulières de Bœufs, de Moutons, etc., il nous faut admettre que de nombreuses races domestiques se sont produites en Europe; car, d'où pourrions-nous les croire descendues, puisque les diverses contrées qu'elle renferme ne possèdent pas un nombre égal d'espèces sauvages particulières qu'on puisse considérer comme leurs types originels?

Il en est de même dans l'Inde.

Même à l'égard des Chiens domestiques du monde entier, que je regarde comme descendus de plusieurs espèces sauvages, on ne saurait douter que là encore il ne se soit produit une somme immense de variations héréditaires. Qui croirait jamais que des animaux très-semblables au Lévrier italien, au Limier, au Bouledogue, au Carlin, ou à l'Épagneul Bleinheim, etc., tous différents des Canides sauvages, aient jamais existé à l'état de nature?

On a souvent répété oiseusement que toutes nos races de Chiens ont été produites par le croisement de quelques formes originales; mais par le croisement on peut obtenir seulement des formes, en quelque degré intermédiaires entre leurs parents; et, si nous avons recours à un pareil procédé pour expliquer l'origine de nos diverses races domestiques, il faut admettre alors l'existence préalable des formes les plus extrêmes, telles que le Lévrier italien, le Limier, le Bouledogue, etc., à l'état sauvage. De plus, la possibilité de produire des races distinctes à l'aide de croisements a été beaucoup exagérée. On connaît des faits nombreux montrant qu'une race peut être modifiée par des croisements accidentels, si l'on prend soin de choisir soigneusement les descendants croisés qui présentent le caractère désiré; mais qu'on puisse obtenir une race presque intermédiaire entre deux autres très-différentes, j'ai quelque peine à le croire. Sir J. Sebright a fait des expériences expressément dirigées dans ce but, et n'a pu réussir. Les produits du premier croisement entre deux races pures sont en général assez uniformes et quelquefois parfaitement identiques, ainsi que je l'ai vu pour les Pigeons. Les choses semblent donc assez simples jusque-là ; mais lorsque ces métis sont croisés à leur tour les uns avec les autres pendant plusieurs générations, rarement il se trouve deux sujets qui soient semblables ; et c'est alors qu'apparaît l'extrême difficulté, ou plutôt l'entière impossibilité de la tâche. Il est certain qu'une race intermédiaire entre deux formes *très-distinctes* ne peut être obtenue que par des soins extrêmes et par une sélection longtemps continuée; encore ne saurais-je trouver un seul cas reconnu où une race permanente se soit formée de cette manière.

IV. **Des races de Pigeons domestiques.** — Le meilleur moyen d'arriver à une solution dans toute question d'histoire naturelle, c'est toujours d'étudier quelque groupe spécial. Après en avoir bien délibéré, j'ai donc choisi le groupe des Pigeons pour en faire le sujet de mes observations.

J'ai rassemblé toutes les races que j'ai pu me procurer. De plus, j'ai été aidé de la manière la plus aimable par l'hon. W. Elliot et par l'hon. C. Murray, qui m'ont envoyé des peaux provenant de diverses parties du monde, et particulièrement de la Perse et de l'Inde. Je me suis en outre procuré un grand nombre de traités publiés en différentes langues sur les Pigeons, et quelques-uns d'entre eux ont une haute valeur par leur antiquité. Je me suis enfin associé avec plusieurs célèbres amateurs de Pigeons et j'ai fait partie de deux « *Pigeon-clubs* » de Londres.

La diversité des races est vraiment étonnante. Que l'on compare le Pigeon Messager anglais (*English carrier, C. tabellaria*) avec le Pigeon Culbutant à courte face (*Tumbler, C. gyratrix*), on verra quelles surprenantes différences dans leur bec amènent des différences correspondantes dans leur crâne. Le Messager, et surtout le mâle, présente un remarquable développement de la caroncule autour de la tête, avec une grande élongation des paupières, de larges orifices nasaux et une grande ouverture du bec. Le Pigeon Culbutant à courte face a un bec de forme presque semblable à celui d'un Passereau ; et le Culbutant commun a la singulière habitude de voler à une grande hauteur en troupe compacte, pour faire ensuite la culbute en l'air au moment de redescendre [1]. Le Pigeon Romain (*Runt, C. hispanica, C. campana*) est un oiseau de grande taille, avec un gros bec et de grands pieds ; quelques sous-variétés ont un très-long cou, d'autres de longues ailes et une longue queue, d'autres une queue extrêmement courte. Le Barbe ou Pigeon Polonais (*Barb., C. Barbarica*) est allié au Messager, mais son bec, au lieu d'être très-long, est au contraire très-court et très-large. Le Boulan ou Pigeon Grosse-Gorge (*Pouter, C. gutturosa*) a le corps, les ailes et la queue allongés. Il enfle avec orgueil son énorme jabot d'une manière étonnante et même risible. Le Turbit ou Pigeon à cravate (*C. turbita*) a un bec court et conique, une rangée de plumes retroussées le long du sternum, et l'habitude de gonfler la partie supérieure de son œsophage. Le Jacobin ou Pigeon Nonain (*C. cucullata*) a les plumes tellement retroussées sur le revers du cou, qu'elles lui forment comme un capuchon, et, proportionnellement à sa taille, les plumes des ailes et de la queue très-longues. Le Trompette, Pigeon Tambour ou Glou-Glou (*C. tympanisans*) et le Rieur [2], ainsi que leurs noms l'indiquent, font entendre un roucoulement très-différent de celui des autres races. Le Pigeon-Paon (*Fantail, C. laticauda*) a trente et même quarante plumes à la queue, au lieu de douze ou quatorze, nombre normal dans tous les membres de la grande famille des Pigeons ; et ces plumes se tiennent si étalées et si redressées que, dans les bonnes races, la tête et la queue se rejoignent ; mais la glande oléifère est complétement avortée. On pourrait mentionner d'autres races moins distinctes.

Dans le squelette des diverses races, le développement des os

[1] Le Pigeon Culbutant tourne quelquefois ainsi deux ou trois fois sur lui-même, la tête en arrière comme un oiseau frappé d'un coup de feu. On l'a nommé aussi Pigeon Pantomime, parce qu'il imite les sauteurs. *Trad.*

[2] Le Rieur, *Laugher*, est une variété distincte, d'origine orientale, probablement inconnue en France. *Trad.*

de la face, tant en longueur et largeur qu'en courbure, diffère énormément. La forme et les proportions de la mâchoire inférieure varient d'une manière très-remarquable. Le nombre des vertèbres caudales et lombaires varie, ainsi que le nombre des côtes et des apophyses. La largeur et la forme des ouvertures du sternum sont très-variables, de même que l'angle et la longueur des deux branches de la fourchette. La largeur proportionnelle de l'ouverture du bec; la longueur relative des paupières, les dimensions de l'orifice des narines et celles de la langue, qui n'est pas toujours en exacte corrélation avec la longueur du bec; le développement du jabot ou de la partie supérieure de l'œsophage; le développement ou l'avortement de la glande oléifère; le nombre des plumes primaires et caudales; la longueur relative des ailes et de la queue, soit entre elles, soit par rapport au corps; la longueur relative des jambes et des pieds; le nombre des écailles des doigts; le développement de la membrane entre ces derniers, sont autant de parties variables dans leur structure générale. L'époque à laquelle le plumage atteint sa perfection varie de même, ainsi que le duvet dont les petits nouvellement éclos sont revêtus. La forme et la grandeur des œufs sont aussi variables. Le vol, et, en quelques races, la voix et les instincts, présentent des diversités remarquables. Enfin, en certaines variétés, les mâles et les femelles sont arrivés à différer notablement les uns des autres.

On pourrait rassembler un choix de Pigeons tel qu'un ornithologiste, auquel on les donnerait pour des oiseaux sauvages, les rangerait certainement comme autant d'espèces bien distinctes. Aucun ornithologiste ne voudrait placer le Messager Anglais, le Culbutant à courte face, le Romain, le Barbe, le Grosse-Gorge et le Pigeon-Paon dans le même genre, d'autant plus qu'on pourrait lui montrer dans chacune de ces races plusieurs sous-variétés de descendance pure, c'est-à-dire d'espèces, comme il les appellerait sans aucun doute.

Si grandes que soient les différences entre les races de Pigeons, je me range pleinement à l'opinion commune des naturalistes qui les croient toutes descendues du Pigeon de roche, le Biset [1] (*Rock-Pigeon, C. livia*), en comprenant sous ce nom plusieurs races géographiques ou sous-espèces qui ne diffèrent les unes des autres que sous les rapports les plus insignifiants. Comme plusieurs des raisons qui m'ont amené à cette opinion sont en quelques degrés applicables à d'autres cas, je les exposerai succinctement.

Si les diverses races de nos Pigeons ne sont pas des variétés et ne procèdent pas du Biset, il faut alors qu'elles descendent d'au moins sept ou huit types originels; car il serait impossible de reproduire les races domestiques actuellement existantes par les croisements réciproques d'un moindre nombre. Comment, par exemple, pourrait-on arriver à faire un Grosse-Gorge par le croisement de deux espèces, à moins que l'une d'elles ne possédât l'énorme jabot caractéristique?

Les types originels supposés doivent tous avoir été des Pigeons de roche, c'est-à-dire des espèces qui ne perchaient ou ne nichaient pas volontiers sur les arbres. Mais, outre la *Columba livia* et ses sous-espèces géographiques, on connaît seulement deux ou trois autres espèces de Pigeons de roche, et elles ne présentent aucun des caractères des races domestiques. Il faudrait donc, ou que les espèces originelles supposées existassent encore dans les contrées où elles furent primitivement domestiquées, et qu'elles soient néanmoins inconnues aux ornithologistes, ce qui semble fort improbable, si l'on considère leur taille, leurs habitudes et leur remarquable caractère, ou bien qu'elles se soient éteintes à l'état sauvage. Mais des oiseaux nichant sur des précipices et doués d'un vol puissant ne sont pas si facilement exterminés; et le Biset commun, qui a les mêmes habitudes que les races domestiques, n'a pas été détruit, même sur plusieurs des plus petits îlots britanniques, ou sur les bords

[1] En France, le nom de Biset sert à désigner non-seulement l'espèce sauvage du *C. livia*, mais encore la variété domestique commune ou Pigeon de colombier (*Dove-cot* des Anglais). Nous préférons ce nom de Biset à celui de Pigeon de roche que nous avions employé dans notre première édition, à l'exemple de quelques naturalistes, parce que ce dernier terme, tiré des mœurs particulières de l'espèce, pourrait aussi bien s'appliquer à quelques espèces sauvages très-différentes, mais ayant des mœurs analogues, ainsi qu'on peut le voir ci-après (p. 33). Toutes les fois, du reste, qu'il s'agira de la variété domestique du Biset, nous aurons soin de l'indiquer. *Trad.*

de la Méditerranée. L'hypothèse de la destruction complète de tant d'espèces, ayant des habitudes semblables à celles du Biset, me semble donc une supposition bien hardie.

De plus, les diverses races domestiques déjà nommées ont été transportées dans toutes les parties du monde ; quelques-unes d'entre elles doivent donc s'être retrouvées dans leur pays natal ; mais pas une seule n'y est jamais redevenue sauvage, quoique le Pigeon de colombier, qui n'est autre que le Biset très-peu altéré, se soit naturalisé en quelques contrées.

Toutes les expériences les plus récentes montrent combien il est difficile d'amener les animaux sauvages à se reproduire régulièrement en domesticité ; cependant, selon l'hypothèse des origines multiples de nos Pigeons, il faudrait admettre qu'au moins sept ou huit espèces ont été assez complétement apprivoisées, dans les temps anciens et par des hommes à demi civilisés, pour être parfaitement fécondes à l'état de réclusion.

Un autre argument qui me semble de grand poids, et qui peut s'appliquer à plusieurs autres cas fort analogues, c'est que les races susmentionnées, bien que généralement assez semblables au Biset dans leur constitution, leurs habitudes, leur voix, leur couleur et la plupart de leurs organes, sont néanmoins très-anormales dans d'autres parties de leur structure. On chercherait vainement dans toute la famille des Colombins un bec semblable à celui du Messager anglais, du Culbutant à courte face ou du Barbe ; des plumes retroussées comme celles du Jacobin ; un jabot pareil à celui du Pigeon Grosse-Gorge ; des plumes caudales comparables à celles du Pigeon-Paon. Il faudrait donc en conclure non-seulement que des hommes à demi civilisés ont réussi à apprivoiser complétement plusieurs espèces de Pigeons, mais que, par hasard, ou avec une intention déterminée, ils ont choisi les espèces les plus extraordinaires et les plus anormales ; de plus, il faudrait encore admettre que toutes ces espèces se sont éteintes depuis ou sont demeurées inconnues. Or, un tel concours de circonstances extraordinaires présente le plus haut degré d'improbabilité.

Quelques faits concernant la couleur des Pigeons méritent

qu'on s'y arrête. Le Biset est bleu ardoise, avec le croupion d'un blanc pur ; et chez la sous-espèce indienne, la *C. intermedia* de Strickland, il est bleuâtre ; la queue a une barre terminale noire, avec les bases des plumes des côtés extérieurement bordées de blanc ; les ailes ont deux barres noires, et quelques races semi-domestiques, ainsi que quelques autres qui semblent de pures races sauvages, ont, en outre des deux barres obscures, les ailes marquetées de noir. Ces divers signes ne se retrouvent jamais tous ensemble chez aucune autre espèce sauvage de la famille : tandis que chez chacune des espèces domestiques, même en ne considérant que des oiseaux de races bien pures, toutes ces marques, jusqu'au bord blanc des plumes caudales externes, réapparaissent quelquefois parfaitement développées. De plus, lorsque des oiseaux appartenant à deux ou plusieurs races distinctes sont croisés, et que nul d'entre eux n'est bleu ou ne porte aucune des marques dont nous venons de parler, cependant les métis se montrent très-disposés à les acquérir soudainement.

J'en donnerai un exemple que j'ai moi-même observé. J'ai croisé quelques Pigeons-Paons entièrement blancs, et de race très-pure, avec quelques Barbes noirs, et je dois dire que les Barbes de variété bleue sont si rares, que jamais je n'en ai vu d'exemple en Angleterre : les oiseaux que j'obtins étaient noirs, bruns et bigarrés. Je croisai de même un Barbe avec un Pigeon *Spot*, blanc avec une queue rouge et une tache rouge sur le haut de la tête, et qui se reproduisait aussi sans variation : les métis furent brunâtres et bigarrés. Alors je croisai l'un des métis Barbe-Paon avec un métis Barbe-Spot, et ils me donnèrent un oiseau d'un aussi beau bleu qu'aucun Pigeon de race sauvage, ayant le croupion blanc, la double barre noire des deux ailes, et les plumes externes de la queue barrées de noir et bordées de blanc. Si toutes les races de Pigeons domestiques descendent du Pigeon Biset, ces faits s'expliquent par le principe bien connu de réversion aux caractères des aïeux, principe, il est vrai, dont j'ai toujours vu l'action renfermée dans les limites de la seule couleur, au moins d'après toutes les observations que j'ai pu faire.

Si l'on nie l'origine unique de toutes nos races de Pigeons, il faut alors faire une des deux suppositions suivantes, l'une et l'autre fort improbables : ou bien tous les divers types originaux étaient colorés et marqués comme le Biset, bien que nulle autre espèce existante ne présente les mêmes caractères, de manière qu'en chaque race il y ait une tendance à revenir à cette couleur et à ces marques; ou bien il faut que chaque race, même la plus pure, ait, dans l'intervalle d'une douzaine ou tout au moins d'une vingtaine de générations, été croisée avec le Biset; et je dis douze ou vingt générations, parce qu'on ne connaît pas d'exemples qu'un descendant ait jamais manifesté quelque tendance de réversion vers un ancêtre accidentel plus éloigné. Dans une race croisée une seule fois avec une race distincte, la tendance de réversion aux caractères dérivés de ce croisement devient de moins en moins forte, en raison de ce qu'à chaque génération successive il y a une quantité toujours moindre de sang étranger ; mais, au contraire, lorsqu'il n'y a eu aucun croisement avec une race distincte, et qu'il se manifeste cependant chez l'un et l'autre parents une tendance à revenir à un caractère perdu pendant un certain nombre de générations, cette tendance, d'après tout ce que l'on a pu voir, peut se transmettre sans affaiblissement pendant un nombre indéfini de générations. Ces deux cas très-distincts sont souvent confondus par ceux qui ont écrit sur l'hérédité.

Il faut enfin observer que les hybrides ou métis provenant de toutes les races de Pigeons domestiques sont parfaitement féconds : je puis l'affirmer d'après mes propres observations faites à dessein sur les races les plus distinctes. Il est difficile au contraire, et peut-être impossible, de citer un seul exemple d'hybrides provenant de deux espèces *évidemment distinctes* qui se soient montrés cependant parfaitement féconds. Quelques auteurs supposent qu'une longue domesticité diminue cette forte tendance à la stérilité. D'après ce qu'on sait des Chiens, cette hypothèse présente un haut degré de probabilité, si on ne l'applique qu'à des espèces étroitement alliées, bien que pourtant il faille avouer qu'elle n'est appuyée sur aucune expérience. Mais quant à l'étendre si loin que de supposer que des espèces originairement aussi distinctes que les Messagers, les Culbutants, les Grosses-Gorges et les Pigeons-Paons le sont aujourd'hui, puissent produire des hybrides féconds entre eux, cela me semble d'une hardiesse extrême.

Je me résume : il y aurait toute improbabilité à supposer que l'homme eût apprivoisé sept ou huit espèces de Pigeons capables de se reproduire entre elles à l'état domestique ; ces espèces supposées sont inconnues à l'état sauvage ; elles ne sont nulle part retournées à cet état ; elles ont en outre des caractères anormaux à certains égards, si on les compare avec d'autres Colombins, quoiqu'elles soient très-semblables sous d'autres aspects au Biset ; la couleur bleue et les diverses marques propres à ce dernier réapparaissent d'ailleurs en toutes les races pures ou croisées ; et enfin, leurs produits métis sont parfaitement féconds. De l'ensemble de ces diverses raisons nous pouvons conclure avec sécurité que toutes nos races domestiques descendent de la *Colomba livia* et de ses sous-espèces géographiques [1].

En faveur de cette opinion, je puis ajouter encore quelques

[1] Cette unité d'origine de nos Pigeons domestiques pourrait soulever plus d'une objection. Comment la concilier, par exemple, avec la tendance constatée par M. Darwin lui-même chez toutes les races à produire des sujets huppés et pattus, caractères que la *C. livia* ne présente jamais, et que M. Darwin cite comme un exemple de variations analogues chez les espèces d'un même genre (voir plus loin, Chap. v, *Lois de la variabilité*, § IX). Pour expliquer l'apparition fréquente de ces caractères chez les diverses races du Pigeon domestique, il faudrait admettre ou que le Pigeon Biset, bien que ne les présentant jamais, descend d'un prototype qui les possédait, et qu'à chaque génération il a une tendance, si faible que ce soit, à les produire ; ou bien que le sang d'une autre espèce de Colombins huppés et pattus est mêlé dans toutes nos races à celui du Pigeon Biset. La seconde hypothèse est au moins aussi probable que la première. D'après ce qu'on croit et ce qu'on sait de l'origine de nos races de Chiens, de Chevaux, de Bœufs et de Moutons, rien ne paraît aider autant à la production de variations nombreuses, importantes et utiles à saisir et à fixer par sélection méthodique, que des croisements renouvelés, pendant une série de quelques générations au moins, entre deux souches suffisamment, mais non trop distinctes : ces croisements produisant l'affolement de la race dont la variabilité semble devenir ensuite presque indéfinie. Or, sous ce rapport, la grande variabilité des Pigeons domestiques semblerait appuyer l'opinion qu'ils ne descendent pas d'une souche unique, lors même qu'on ne supposerait que de légères différences entre les diverses souches originaires dont le sang mêlé en elles n'aurait eu d'autre effet que de causer une plus grande variabilité en tous sens. Il se peut que ces souches sauvages n'aient été elles-mêmes que des variétés naturelles locales et transitoires, maintenant éteintes et supplantées, et que l'une d'elles, plusieurs ou toutes ensemble, aient eu quelque tendance à produire des Pigeons huppés et pattus, soit par suite de quelque croisement ac-

arguments : c'est d'abord que la *Columba livia* ou le Biset s'est trouvé propre à la domestication en Europe et dans l'Inde, et qu'il y a une grande analogie entre ses habitudes et diverses parties de son organisation, et l'organisation et les habitudes des races domestiques. Secondement, quoiqu'un Messager Anglais ou un Culbutant à courte face diffère immensément à certains égards du Biset, cependant, si l'on compare les différentes sous-races de ces variétés, et plus spécialement celles qu'on a importées de contrées lointaines, il est possible de reconstituer des séries presque parfaites entre les formes les plus extrêmes.

cidentel récent, soit plutôt par réversion aux caractères d'un ancêtre commun plus ou moins éloigné. Il en serait en ce cas, non pas comme de la couleur bleue et des diverses marques propres à la *C. livia*, qui réapparaissent dans la postérité de celle-ci, reproduisant ainsi les caractères de la souche spécifique, mais plutôt comme des zébrures que l'on voit réapparaître chez les diverses espèces du genre Cheval, et qui tendent à reproduire chez elles quelques caractères de la souche générique (voy. Chap. v, *Lois de la variabilité*, § X).

Pourtant on pourrait à la rigueur admettre que la huppe et les pieds emplumés de beaucoup de nos Pigeons ne sont, comme le développement de la queue des Pigeons-Paons ou le gonflement du jabot des Grosses-Gorges, que des déviations accidentelles ayant en quelque sorte le caractère de monstruosités provenant, soit du traitement contre nature de l'embryon, soit des effets du climat, des habitudes, de la nourriture, et qui, manifestés d'abord sous l'influence de la domesticité et de la réclusion, se seraient ensuite à demi généralisées, sinon fixées, par suite d'une sélection capricieusement plutôt que constamment poursuivie. Ce qui appuierait la supposition que ces caractères ne sont pas l'héritage transmis par une ancienne souche sauvage, c'est qu'ils sembleraient devoir être plutôt nuisibles qu'utiles à des oiseaux à l'état de nature, dont ils entraveraient le vol et qui auraient encore l'inconvénient de les gêner dans la recherche de leur nourriture à travers les plantes humides, ou sur les terrains un peu fangeux. Mais un tel argument n'a rien d'absolu, on le conçoit, quand on voit, à l'état sauvage, tant d'autres oiseaux huppés et même pattus, et d'autres qui revêtent les caractères les plus étranges et les plus inexplicables, sauf peut-être par les caprices de la sélection sexuelle, caractères qui parfois semblent, en une certaine mesure, mal adaptés, sinon complétement incompatibles, avec les habitudes de ces espèces. De sorte qu'en face de tels faits, on ne voit rien d'impossible à l'existence des particularités caractéristiques du Pigeon-Paon, du Grosse-Gorge ou du Culbutant, chez des espèces sauvages ; et l'on peut admettre que toutes ces variations sont un effet de l'hérédité aussi bien que des influences actuelles s'exerçant sur les parents ou les embryons. Même l'instinct si remarquable du Messager trouve ses analogues à l'état sauvage, et cependant on serait porté à croire qu'il est exclusivement l'effet de l'éducation. Cet instinct n'a rien en soi de plus merveilleux que celui qui guide les oiseaux voyageurs, isolés ou en troupes, à travers de vastes étendues de mer. Dans de pareilles matières les causes agissantes sont si variées et si nombreuses, que leur résultat complexe peut toujours avoir été le résultat de très-différentes combinaisons de circonstances semblables ou dissemblables. *Trad.*

Troisièmement, les principaux caractères distinctifs de chaque race, tels que le barbillon et la longueur du bec du Messager, le bec si court du Culbutant et le nombre des plumes caudales du Pigeon-Paon, sont extrêmement variables, et l'explication évidente de ce fait ressortira de ce que nous avons à dire plus loin au sujet de la sélection naturelle. Quatrièmement, les Pigeons ont été l'objet des soins les plus vigilants de la part d'un grand nombre d'amateurs ; ils sont domestiqués depuis des milliers d'années en différentes parties du monde : la mention la plus ancienne qu'on en trouve dans l'histoire, remonte à la cinquième dynastie égyptienne, environ trois mille ans avant notre père, d'après le professeur Lepsius ; mais je tiens de M. Birch que l'on trouve des Pigeons mentionnés dans une nomenclature culinaire de la dynastie précédente. Chez les Romains, nous apprenons de Pline qu'on adjugeait des prix considérables à des Pigeons ; « voire même, dit le naturaliste latin, qu'ils en sont venus jusqu'à pouvoir rendre compte de leur race et de leur généalogie. » Dans l'Inde, vers l'année 1600, Akbar-Khan était grand amateur de Pigeons ; on en prit au moins vingt mille avec sa cour. « Les monarques de l'Iran et du Touran lui envoyaient des oiseaux très-rares. » Et le chroniqueur royal ajoute que « Sa Majesté, en croisant les races, méthode qu'on n'avait encore jamais pratiquée jusque-là, les améliora étonnamment. » Vers cette même époque, les Hollandais se montraient aussi passionnés pour les Pigeons que les anciens Romains. L'importance de ces considérations, pour rendre compte de la somme énorme de variations que les Pigeons ont subie, apparaîtra avec évidence quand nous traiterons de la *méthode de sélection*. C'est alors que nous verrons aussi pourquoi quelques races ont un caractère en quelque sorte monstrueux. C'est enfin une circonstance des plus favorables pour la production d'espèces distinctes que les Pigeons mâles et femelles puissent s'apparier à perpétuité, parce que les différentes lignées peuvent ainsi être renfermées ensemble dans la même volière.

Je viens de discuter assez longuement l'origine probable de nos Pigeons domestiques, et cependant d'une manière encore insuffisante ; car, dans les premiers temps que je rassemblai des Pigeons pour les observer, voyant avec quelle fidélité les diverses races se reproduisaient, j'éprouvais autant de répugnance à croire qu'elles descendissent toutes d'une même espèce mère, que pourrait en ressentir tout naturaliste pour admettre la même conclusion à l'égard des nombreuses espèces de l'ordre des Passereaux, ou de tout autre groupe naturel d'oiseaux sauvages.

Une chose m'a vivement frappé ; c'est que tous les éleveurs des divers animaux domestiques, et presque tous les horticulteurs avec lesquels j'ai conversé ou dont j'ai lu les traités, sont fermement convaincus que les diverses races à l'étude desquelles chacun d'eux s'est attaché spécialement, descendent d'autant d'espèces originales distinctes. Demandez, ainsi que je l'ai fait, à un célèbre éleveur de bœufs d'Hereford si son bétail peut descendre d'une race à longues cornes ; il se raillera de vous. Je n'ai jamais rencontré un amateur de Pigeons, de Poules, de Canards ou de Lapins qui ne fût convaincu que chaque race principale descend d'une espèce distincte. Van Mons, dans son *Traité sur les pommes et les poires*, se refuse catégoriquement à croire, par exemple, qu'un pepin Ribston et une pomme Codlin puissent procéder des semences du même arbre. On pourrait donner d'innombrables exemples analogues.

L'explication de ce fait me paraît simple. Tous les éleveurs reçoivent de leurs observations constantes un sentiment profond des différences qui caractérisent les races, et quoique sachant bien que chacune d'elles varie légèrement, puisqu'ils ne gagnent des prix dans les concours qu'au moyen de ces légères différences choisies avec soin, cependant ils négligent toute généralisation et se refusent à évaluer en leur esprit la somme de différences légères accumulées pendant un grand nombre de générations successives. Les naturalistes, qui en savent bien moins que les éleveurs sur les lois de l'hérédité, et qui n'en savent pas plus sur les liens intermédiaires qui rattachent entre elles de longues lignées généalogiques, et qui admettent cependant que beaucoup de nos races domestiques descendent d'un même type, ne peuvent-ils prendre ici une leçon de prudence, et en tenir compte au moment de se railler de l'idée qu'une espèce à l'état de nature puisse être la postérité directe d'autres espèces ?

**V. Principe de sélection depuis longtemps appliqué et ses effets.** — Considérons maintenant par quels moyens nos races domestiques ont été produites, soit qu'elles dérivent d'une seule espèce, soit qu'elles procèdent de plusieurs.

On peut attribuer quelque effet à l'action directe des conditions de la vie, et aussi quelque effet aux habitudes ; mais il serait bien hardi d'attribuer à de pareilles causes les différences du Cheval de trait et du Cheval de course, du Lévrier et du Limier, du Pigeon Messager et du Pigeon Culbutant.

L'un des traits les plus remarquables de nos races domestiques, c'est qu'on voit en elles certaines adaptations qui ne sont réellement point à l'avantage propre de l'animal ou de la plante, mais qui sont, au contraire, à l'avantage de l'homme, et adaptées à son caprice ou pour son usage [1].

Quelques variations qui lui étaient utiles se sont sans doute produites soudainement, en une seule fois : beaucoup de botanistes, par exemple, pensent que le Chardon à foulon, avec ses aiguillons que ne peut égaler aucun produit mécanique, est seulement une variété du Dipsacus sauvage, et que cette transformation peut s'être produite dans un seul semis. Il en a probablement été ainsi du Chien tournebroche ; et l'on sait que tel est le cas à l'égard du Mouton d'Ancon (*Ancon sheep*). Mais si l'on compare le Cheval de trait et le Cheval de course, le Dromadaire et le Chameau, les diverses races de Moutons, adaptées, soit aux plaines cultivées, soit aux pâturages de montagnes, avec une laine propre à différents usages selon les races, puis les nombreuses races de Chiens, dont chacune est utile à l'homme d'une manière différente ; si l'on compare le Coq de combat (*game Cock*), si obstiné à la bataille, avec d'autres

[1] L'homme a cultivé des plantes et apprivoisé ou dompté des animaux, modifiés par la nature à leur propre avantage et lentement, parce que de ces avantages propres il s'est lui-même accoutumé à tirer une utilité quelconque, que depuis il a sans cesse cherché à accroître. *Trad.*

espèces si peu querelleuses, avec les pondeuses perpétuelles (*everlasting layers*) qui ne demandent jamais à couver, ou avec le Coq Bantam, si petit et si élégant ; si enfin l'on considère les hordes de nos plantes fleuristes et culinaires ou les arbres fruitiers de nos jardins, de nos vergers et de nos champs, tous utiles à l'homme en différentes saisons et pour divers usages, ou seulement agréables à ses yeux, il faut bien y voir quelque chose de plus qu'un simple effet de la variabilité. Nous ne saurions supposer que toutes ces races aient été soudainement produites, avec toute leur perfection et toute l'utilité que nous leur voyons ; et, en réalité, en plusieurs cas, nous savons, par ce qu'on pourrait nommer leur histoire, qu'il en a été tout autrement.

La clef de ce problème, c'est le pouvoir sélectif d'accumulation que possède l'homme. La nature fournit les variations ; l'homme les ajoute dans une direction déterminée par son utilité ou son caprice : en ce sens, on peut dire qu'il crée à son profit les races domestiques.

La grande valeur du principe de sélection n'est donc nullement hypothétique. Il est certain que plusieurs de nos célèbres éleveurs ont, pendant le cours d'une seule vie d'homme, modifié, dans de larges limites, quelques races de Bœufs et de Moutons. Pour bien évaluer tout ce qu'ils ont pu, il est presque indispensable de lire quelques-uns des nombreux traités spéciaux écrits sur ce sujet, et de voir les produits eux-mêmes. Les éleveurs parlent habituellement de l'organisation d'un animal comme d'une chose plastique, qu'ils peuvent modeler presque comme il leur plaît. Si l'espace ne me manquait, je pourrais citer de nombreux textes empruntés à des autorités hautement compétentes.

Youatt, plus familier que nul autre avec les travaux des agriculteurs, et lui-même excellent juge en fait d'animaux, admet que le principe de sélection donne à l'éleveur non-seulement le pouvoir de modifier le caractère de son troupeau, mais de le transformer entièrement. « C'est, dit-il, la baguette magique au moyen de laquelle il appelle à la vie quelque forme qu'il lui plaise. » Lord Somerville écrit au sujet de ce que les éleveurs ont fait à l'égard des Moutons : « Il semblerait qu'ils aient esquissé une forme parfaite, et qu'ils lui aient ensuite donné l'existence. » L'habile éleveur, sir John Sebright, avait coutume de dire des Pigeons « qu'il répondait de produire quelque plumage que ce fût en trois ans ; mais qu'il lui en fallait six pour obtenir la tête et le bec. » En Saxe, l'importance du principe de sélection à l'égard des Moutons mérinos est si pleinement reconnue, que certains individus s'en sont fait un métier. Trois fois l'année, chaque Mouton est placé sur une table pour être étudié comme un tableau par un connaisseur ; chaque fois il est marqué et classé ; et seulement les sujets les plus parfaits sont choisis pour la reproduction.

Les énormes prix accordés aux animaux dont la généalogie est irréprochable prouvent aussi ce que les éleveurs anglais ont fait en ce sens ; et leurs produits sont maintenant exportés dans toutes les contrées du monde.

Généralement, l'amélioration des races n'est aucunement due à leur croisement, et tous les meilleurs éleveurs sont fortement opposés à ce système, excepté quelquefois parmi des sous-races étroitement alliées. Et quand un croisement a été opéré, la sélection la plus sévère est beaucoup plus indispensable que dans les cas ordinaires.

Si la méthode de sélection consistait seulement à séparer quelque variété bien distincte pour la faire se reproduire, le principe serait d'une telle évidence qu'il ne vaudrait pas la peine de le discuter ; mais son importance consiste surtout dans le grand effet produit par l'accumulation dans une direction déterminée, et pendant un grand nombre de générations successives, de différences absolument inappréciables pour des yeux non exercés, différences que j'ai moi-même tenté en vain d'apercevoir. A peine un homme sur mille possède-t-il la sûreté de coup d'œil et de jugement nécessaire pour devenir un habile éleveur. Mais celui qui, étant doué de ces facultés, étudie longtemps son art et y dévoue toute sa vie avec une indomptable persévérance, peut réussir à opérer de grandes améliorations. Si ces conditions lui manquent, il échouera infailliblement. Peu de personnes croiront aisément combien il faut de capacités naturelles et d'expérience pour devenir même un habile amateur de Pigeons.

Les horticulteurs suivent les mêmes principes; mais ici les variations sont souvent plus soudaines. Personne ne suppose que plusieurs de nos produits les plus délicats sont le résultat d'une seule déviation de la souche originale!

Mais nous savons aussi qu'il en a été tout autrement en d'autres cas dont il a été tenu d'exactes notices historiques : aussi on peut donner pour exemple le constant accroissement de grosseur de la groseille à maquereau. On peut constater de même un merveilleux progrès chez beaucoup de plantes fleuristes, si l'on en compare les fleurs actuelles avec des dessins faits il y a seulement vingt ou trente ans. Dès qu'une race végétale est suffisamment fixée, les faiseurs de semis ne choisissent plus les meilleurs sujets; ils se contentent d'arracher les *rogues* : ainsi nomment-ils les plantes qui dévient de leur type.

A l'égard des animaux, cette sorte de sélection est aussi pratiquée; car il n'existe guère de gens si peu soigneux que de laisser se reproduire les plus défectueux sujets de leurs troupeaux.

Il est encore un autre moyen d'observer les effets accumulés de la sélection quant aux plantes : c'est de comparer, dans les parterres, la grande diversité des fleurs chez les variétés différentes d'une même espèce et l'analogie de leur port et de leur feuillage; dans les jardins potagers, la diversité contraire des feuilles, des gousses, des tubercules, ou, plus généralement, de toutes les parties de la plante ayant une valeur culinaire quelconque, relativement à la monotone uniformité des fleurs; enfin, dans les vergers, la diversité des fruits de la même espèce en comparaison de l'uniformité des feuilles et des fleurs de ces mêmes arbres. Que de diversités dans les feuilles du Chou! et que de ressemblances dans les fleurs! Combien, au contraire, sont différentes les fleurs de la Pensée! et combien les feuilles sont uniformes! combien les fruits des différentes espèces de Groseilliers sont variés en grosseur, en couleur, en forme, en villosité! et cependant les fleurs ne présentent que des différences insignifiantes!

Ce n'est pas que les variétés qui diffèrent beaucoup sur

quelque point ne diffèrent aucunement sur d'autres; tel n'est, au contraire, presque jamais, ou même jamais le cas, puis-je dire, d'après de minutieuses observations. Les lois de la corrélation de croissance, dont il ne faut jamais oublier l'importance, causeront toujours quelques différences ; mais, en règle générale, je ne saurais douter que la sélection constante de variations légères, spécialement dans les feuilles, les fleurs ou le fruit, ne produise des races qui diffèrent les unes des autres plus particulièrement en l'un de ces organes qu'en tous les autres.

VI. **Sélection méthodique et sélection inconsciente.** — On pourrait objecter que le principe de sélection n'est devenu une méthode pratique que depuis trois quarts de siècle à peine. Il est certain qu'il a beaucoup plus attiré l'attention en ces derniers temps, surtout depuis que plusieurs traités ont été publiés à ce sujet ; et le résultat en a été aussi proportionnellement rapide et efficace. Mais il est bien loin d'être vrai que le principe lui-même soit une découverte nouvelle. Je pourrais citer plusieurs ouvrages d'une haute antiquité qui prouvent qu'on en a très-anciennement reconnu l'importance. Durant la période barbare de l'histoire d'Angleterre, des animaux de choix ont été souvent importés, et des lois furent établies pour en empêcher l'exportation : on ordonna la destruction des Chevaux au-dessous d'une certaine taille, et l'on peut rapprocher une telle mesure du sarclage des plantes *rogues* par les horticulteurs. J'ai trouvé le principe de sélection dans une ancienne encyclopédie chinoise. Quelques auteurs latins posent explicitement des règles analogues. Il résulte clairement de quelques passages de la Genèse [1] qu'on prêtait dès lors quelque attention à la couleur des animaux domestiques. Les sauvages croisent quelquefois leurs Chiens avec des Canides sauvages, pour en améliorer la race ; et Pline atteste qu'ils agissaient de même en d'autres temps plus reculés. Les sauvages de l'Afrique méridionale apparient leurs

[1] Qui ne feront certes pas autorité auprès de nos éleveurs actuels, il est vrai. Voir *l'Histoire de Jacob et de ses Moutons,* chap. XXX et suiv. Mais le principe de sélection naturelle se trouve très-explicitement appliqué à la race humaine dans les LOIS DE MANOU. La défense faite aux Juifs d'épouser des femmes étrangères peut avoir eu pour fondements des raisons analogues. *Trad.*

Bœufs de trait d'après leur couleur, comme font les Esquimaux pour leurs attelages de Chiens. Livingstone rapporte que les Nègres de l'intérieur de l'Afrique, qui n'ont aucuns rapports sociaux avec les Européens, évaluent à un haut prix les bonnes races d'animaux domestiques. Quelques-uns de ces faits ne se rapportent pas d'une manière explicite au principe de sélection ; mais ils montrent que l'élevage des animaux a été l'objet de soins très-particuliers dès les temps les plus reculés, et qu'il est encore maintenant un sujet d'attention pour les peuples les plus sauvages. Il serait bien étrange que les lois si frappantes de l'hérédité des caractères, soit utiles, soit nuisibles, n'eussent pas été observées, lors même qu'aucuns soins n'auraient été donnés à la reproduction pure des races [1].

Actuellement, d'habiles éleveurs essayent par une sélection méthodique, et dans un but déterminé, de produire une nouvelle lignée ou sous-race supérieure à toutes celles qui existent dans la contrée. Mais, pour nous, une sorte de sélection qu'on peut appeler inconsciente, et qui résulte de ce que chacun s'efforce de posséder les meilleurs individus de chaque espèce, et d'en multiplier la race, est d'une beaucoup plus grande importance. Ainsi un homme qui désire un Chien d'arrêt se procure le meilleur Chien qu'il peut, mais sans avoir aucun désir ou aucune espérance d'altérer la race d'une façon permanente par ce moyen. Néanmoins, nous pouvons admettre que ce procédé, continué durant des siècles, modifierait quelque race que ce fût, et en l'améliorant, de la même manière que Bakewell, Collins et tant d'autres, par la même méthode poursuivie systématiquement, modifient considérablement, dans la seule durée de leur vie, les formes et les qualités de leur bétail. Des changements de cette nature, c'est-à-dire lents et insensibles, ne sauraient être constatés, à moins que des mesures exactes ou des dessins très-corrects des races modifiées, pris longtemps auparavant, ne puissent servir de point de comparaison. En quelques

[1] Même sans avoir observé la généralité des effets de l'hérédité, l'utilité plus grande des meilleures races a fait conserver leurs représentants dans toutes les occasions où il s'agissait de détruire certains individus d'un troupeau, et de laisser vivre les autres, ainsi que M. Darwin le fait remarquer ci-après, p. 47. *Trad.*

cas cependant, des individus de la même race, peu modifiés ou même sans aucune modification, peuvent se retrouver en des districts moins civilisés où la race s'est moins améliorée. On a quelques raisons pour croire que l'Épagneul King-Charles a été inconsciemment et cependant assez profondément modifié depuis le temps de ce monarque. Quelques autorités très-compétentes soutiennent que le Chien couchant est directement dérivé de l'Épagneul, par de lentes altérations. On sait que le Chien d'arrêt anglais s'est considérablement modifié pendant le dernier siècle, et l'on croit que des croisements avec le Chien courant ont été la cause principale de ces changements. Mais ce qui nous importe ici, c'est que cette transformation s'est effectuée inconsciemment, graduellement, et cependant avec une efficacité telle, que, quoique notre ancien Chien d'arrêt espagnol (*Spanish Pointer*) vienne certainement d'Espagne, M. Borrow m'a dit n'avoir pas vu en ce pays un seul Chien indigène semblable à notre Chien d'arrêt actuel [1].

Par suite d'un semblable procédé de sélection et par une éducation soigneuse, la totalité des Chevaux de course anglais sont arrivés à surpasser en légèreté et en taille les Chevaux arabes dont ils descendent ; si bien que ces derniers, d'après les règlements des courses de Goodwood, sont chargés d'un moindre poids que les coureurs anglais. Lord Spencer et d'autres ont démontré que le bétail anglais a augmenté en poids et en précocité, relativement à celui que produisait anciennement le pays. Si l'on rapproche les documents anciens que l'on possède sur les Pigeons Messagers et Culbutants, de l'état actuel de ces races dans les Iles Britanniques, dans l'Inde et dans la Perse, il est possible de suivre toutes les phases que ces races ont traversées successivement pour en venir à tant différer du Pigeon Biset.

Youatt cite un frappant exemple des effets obtenus au moyen

[1] On croit que le Chien d'arrêt espagnol (*Spanish Pointer*) est la souche du Chien d'arrêt anglais actuel (*English Pointer*). Le premier, de race plus pure, chasse et arrête d'instinct préalablement à toute éducation. Le second, chez lequel s'est mêlé le sang du *Fox Hound* (*C. gallicus*), et du *Harrier*, deux races de chiens courants, a l'inctinct moins sûr, mais l'emporte encore à cet égard sur le *Setter*, produit croisé du Chien d'arrêt anglais (*English Pointer*) et de l'Épagneul. *Trad.*

de sélections successives qu'on peut considérer comme inconsciemment poursuivies, par cette raison que les éleveurs ne pouvaient s'attendre à produire ni même désirer le résultat obtenu, c'est-à-dire deux races bien distinctes. MM. Buckley et Burgess possèdent deux troupeaux de Moutons de Leicester qui, « depuis plus de cinquante ans, observe Youatt, descendent en droite lignée de la race originale de M. Bakewell. Il n'est à supposer pour personne que le propriétaire de l'un ou de l'autre troupeau ait jamais mélangé le pur sang de la race Bakewell ; et cependant la différence entre les Moutons de M. Buckley et ceux de M. Burgess est si grande, qu'ils ont toute l'apparence de deux variétés tout à fait distinctes. »

S'il existe des sauvages assez intelligents pour ne jamais songer à modifier les caractères héréditaires de leurs animaux domestiques, néanmoins ils conserveraient avec plus de soin, pendant les famines et d'autres fléaux auxquels ils sont si fréquemment exposés, tout animal qui leur serait particulièrement utile, de quelque manière que ce fût. De tels animaux ainsi choisis auraient généralement plus de chances que d'autres de laisser une nombreuse postérité ; si bien qu'il en résulterait une sorte de sélection inconsciente, mais continuelle. Les sauvages de la Terre de Feu eux-mêmes attachent à leurs animaux domestiques une si grande valeur, qu'en temps de disette ils tuent et dévorent leurs vieilles femmes plutôt que leurs Chiens, comme leur étant d'une moins grande utilité.

Les mêmes progrès résultent pour les plantes de la sélection inconsciente des plus beaux individus qu'ils soient ou non suffisamment modifiés pour être considérés dès leur première apparence comme autant de variétés distinctes, et qu'il y ait eu ou non croisement entre deux espèces ou deux races. Ces progrès se manifestent avec évidence dans l'accroissement de taille et de beauté qu'on remarque aujourd'hui dans la Pensée, la Rose, le Géranium, le Dahlia et autres fleurs, quand on les compare avec des variétés plus anciennes ou avec les souches mères. Nul ne pourrait jamais s'attendre à obtenir du premier coup une Pensée ou un Dahlia de la graine d'une plante sauvage. Nul ne pourrait espérer de produire une poire fondante du premier choix avec le pepin d'une poire sauvage, quoiqu'il fût possible d'y réussir au moyen d'une pauvre semence croissant à l'état sauvage, mais provenant d'une tige cultivée.

La poire cultivée dans les temps anciens paraît avoir été, d'après la description de Pline, un fruit de qualité très-inférieure. Certains ouvrages d'horticulture s'étonnent de la merveilleuse habileté des jardiniers qui ont produit de si magnifiques résultats avec d'aussi pauvres matériaux ; mais aucun d'eux n'a eu la conscience des transformations lentes qu'il contribuait à opérer. Tout leur art a consisté simplement à cultiver toujours les meilleures variétés connues, à en semer les graines, et, aussitôt qu'une variété de quelque peu supérieure apparaissait par hasard, à la choisir pour la reproduire encore. Les jardiniers de l'époque gréco-latine, qui cultivèrent les meilleures poires qu'il leur fut possible de se procurer, n'ont jamais pensé quels superbes fruits nous mangerions un jour, bien que nous les devions, en quelque mesure, à ce qu'ils ont tout naturellement pris soin de choisir et de perpétuer les meilleures variétés qu'ils ont pu trouver.

VII. **Origine inconnue de nos produits domestiques.** — C'est un fait bien connu que, dans les cas les plus nombreux, il nous est impossible de reconnaître quel est le type sauvage des plantes les plus anciennement cultivées de nos parterres ou de nos potagers. Ce fait ne peut s'expliquer que par de grands changements ainsi lentement et inconsciemment accumulés. S'il a fallu des centaines ou des milliers d'années pour modifier et améliorer la plupart de nos végétaux domestiques, jusqu'à ce qu'ils aient acquis leur degré actuel d'utilité, il devient facile de comprendre pourquoi ni l'Australie, ni le cap de Bonne-Espérance, ni aucune région habitée par des peuplades sans civilisation ne nous ont fourni une seule plante digne de culture. Ce n'est pas dire que ces contrées si riches en espèces ne puissent posséder peut-être les types originaux de plusieurs plantes utiles, mais que ces plantes indigènes n'ont pas été améliorées par une sélection continue jusqu'à un degré de perfection comparable à celui de nos plantes plus anciennement cultivées.

Quant aux animaux domestiques des peuples sauvages, il ne faut pas perdre de vue qu'ils ont presque toujours à pourvoir eux-mêmes à leur propre nourriture, au moins pendant certaines saisons. Or, en deux contrées très-différentes sous le rapport des conditions de vie, des individus de la même espèce, ayant quelques légères différences de constitution ou de structure, peuvent souvent réussir beaucoup mieux dans l'une que dans l'autre : ainsi, par un procédé de sélection naturelle que nous exposerons bientôt plus complétement, deux sous-races pourraient se former. Ceci explique peut-être en partie ce qui a été observé par quelques auteurs : c'est que les variétés domestiques qu'on trouve chez les races sauvages ont plus le caractère d'espèces que les variétés domestiques des contrées civilisées.

Cette importante intervention du pouvoir sélectif de l'homme rend aisément compte des adaptations si extraordinaires de la structure ou des habitudes des races domestiques à nos besoins ou à nos caprices. Nous y trouvons l'explication de leur caractère si fréquemment anormal, de même que de leurs grandes différences extérieures, relativement aux légères différences de leurs organes internes. C'est que l'homme ne saurait choisir qu'avec la plus grande difficulté des variations internes de structure, et l'on peut même dire qu'il s'en soucie peu en général. Aucun amateur, par exemple, n'aurait jamais essayé *de faire* un Pigeon-Paon, jusqu'à ce qu'il eût observé chez un ou plusieurs individus un développement quelque peu inusité de la queue, ou un Pigeon Grosse-Gorge, à moins de voir un Pigeon déjà pourvu d'un jabot d'une remarquable grosseur. Or, plus une déviation accidentelle présente un caractère anormal ou inusité, plus elle a de chance d'attirer l'attention de l'homme et d'être l'objet de sa sélection.

Mais, dans la plupart des cas au moins, il est peu exact d'user de cette expression : *faire un Pigeon!* La personne qui a choisi la première un Pigeon orné d'une queue un peu plus large que les autres, ne s'est jamais imaginé ce que les descendants de ce Pigeon deviendraient par suite de cette sélection continuée, en partie inconsciemment, et en partie méthodiquement.

Peut-être que l'oiseau, souche de tous nos Pigeons-Paons, avait seulement quatorze plumes caudales un peu étalées, comme actuellement le Pigeon-Paon de Java, ou comme quelques individus d'autres races, chez lesquels on en trouve jusqu'à dix-sept. Peut-être que le premier Pigeon Grosse-Gorge ne gonflait pas son jabot plus que le Turbit ne gonfle maintenant la partie supérieure de son œsophage, habitude regardée avec indifférence par les amateurs comme n'étant pas dans les caractères de la race.

Qu'on ne pense pas cependant qu'une déviation de structure ait besoin d'être très-apparente pour attirer l'attention d'un amateur. De très-petites différences frappent tout d'abord un œil exercé, et il est de la nature de l'homme d'évaluer très-haut toute nouveauté qu'il a en sa possession, si insignifiante qu'elle soit. Mais il ne faut pas juger non plus de la valeur accordée d'abord à de légères différences accidentelles chez un seul individu d'une espèce, par celle que prend la race, lorsqu'elle s'est une fois solidement établie par suite de plusieurs reproductions. Un grand nombre de modifications peu profondes peuvent se montrer et se montrent parmi les Pigeons, mais elles sont rejetées comme autant de défauts ou de déviations de leur propre type. L'Oie commune, au contraire, n'a fourni qu'un très-petit nombre de variétés; il s'en est suivi que la race de Toulouse et la race commune, qui diffèrent seulement en couleur, le moins constant de tous les signes caractéristiques, ont été exhibées comme distinctes à nos expositions de volatiles.

C'est ce qui nous explique pourquoi nous ne savons rien de l'origine ou de l'histoire d'aucune de nos races domestiques. En fait, une race, comme le dialecte d'une langue, ne peut guère avoir une origine bien définie. Quelqu'un conserve et fait reproduire un individu qui présente quelque modification peu sensible, ou prend plus de soin qu'un autre pour apparier ensemble ses plus beaux sujets, et ainsi les améliore encore. Ces individus ainsi perfectionnés se répandent lentement dans le voisinage. Mais ils n'ont pas encore un nom particulier, et n'étant pas évalués un haut prix, leur histoire est négligée. Seulement, après s'être encore modifiés et répandus davantage par le même procédé lent et graduel, ils sont enfin reconnus pour une race distincte ayant quelque valeur, et ils reçoivent alors un nom provincial. En des contrées à demi civilisées, où les communications sont difficiles, cette race serait encore plus lentement multipliée et appréciée. Aussitôt qu'elle est pleinement reconnue, et ses progrès constatés, la sélection inconsciente tend à en augmenter lentement les traits caractéristiques, quels qu'ils soient, mais sans doute avec une puissance variable, selon que la race nouvelle acquiert ou perd la vogue, et peut-être encore en certains districts plus qu'en d'autres, selon le degré de civilisation de leurs habitants. Mais il y aura toujours très-peu de chances pour qu'une chronique exacte de ses modifications lentes, variables et intermittentes, se soit conservée.

VIII. **Circonstances favorables au pouvoir sélectif de l'homme.** — Je dois dire maintenant quelques mots des circonstances favorables ou défavorables au pouvoir sélectif de l'homme.

Un haut degré de variabilité est évidemment favorable, puisqu'il fournit des matériaux à l'action sélective, bien que des différences purement individuelles soient amplement suffisantes pour permettre, moyennant, il est vrai, un soin extrême, d'accumuler une grande somme de modifications en quelque direction que ce soit.

Mais comme les variations utiles ou agréables à l'homme n'apparaissent que rarement, les chances de leur apparition s'accroissent en raison du nombre des individus observés, qui devient ainsi un élément de succès de la plus grande importance. C'est d'après ce principe que Marshall a remarqué que dans le comté d'York, où les Moutons appartiennent à de pauvres gens et ne forment généralement que de petits troupeaux, ils ne sont pas susceptibles d'améliorations. D'autre part, les pépiniéristes, qui élèvent un grand nombre d'individus de la même plante, réussissent beaucoup plus souvent que les amateurs à former des variétés nouvelles et précieuses. Pour rassembler un grand nombre d'individus d'une espèce en une contrée, il est nécessaire qu'ils soient placés dans des conditions de vie assez favorables pour s'y reproduire librement. Quand les individus sont en petit nombre, tous, quelles que soient leurs qualités, réussissent à se reproduire, ce qui empêche l'action sélective de se manifester.

Mais il est probable que la condition la plus importante, c'est que l'animal ou la plante soit d'une assez grande utilité à l'homme, ou d'une assez grande valeur d'agrément à ses yeux, pour qu'il accorde l'attention la plus sérieuse, même aux légères déviations de structure de chaque individu. Sans ces conditions, rien ne peut se faire. J'ai entendu dire gravement qu'il était fort heureux que la Fraise eût commencé à varier quand les jardiniers ont commencé à l'observer attentivement. Nul doute que la Fraise n'ait toujours varié depuis qu'on la cultive, mais ces légères variations avaient été négligées. Aussitôt que les jardiniers ont pris le soin de choisir les individus produisant des fruits un peu plus gros, plus précoces ou plus parfumés que les autres, et qu'ils ont fait des semis provenant de leurs graines pour en choisir encore les meilleurs plants et les reproduire; alors, avec l'aide de quelques croisements entre des espèces distinctes, apparurent ces admirables variétés qu'on a obtenues pendant ces trente ou quarante dernières années.

A l'égard des animaux pourvus de sexes séparés, il importe de pouvoir prévenir les croisements, si l'on veut réussir à former de nouvelles races, au moins dans une contrée déjà peuplée d'autres races analogues. A cet égard, le mode de clôture des terres joue un grand rôle. Les sauvages nomades ou les habitants de plaines ouvertes possèdent rarement plus d'une race de la même espèce. Les Pigeons peuvent être appariés à vie, et c'est une commodité de plus pour l'amateur, parce que de cette manière de nombreuses races peuvent être modifiées et gardées pures, quoique mêlées dans la même volière. Cette seule circonstance doit avoir beaucoup favorisé la formation de nouvelles races. Je pourrais encore ajouter que les Pigeons multiplient beaucoup et vite, et que les sujets défectueux peuvent être sacrifiés sans perte, parce qu'ils peuvent être utilisés dans les cuisines. Les Chats, au contraire, ne peuvent être aisément assortis, vu leurs habitudes de vagabondage nocturne; et quoique d'une grande valeur aux yeux des femmes et des enfants, nous voyons rarement une race distincte se perpétuer parmi eux : de telles races, lorsqu'on les rencontre, sont presque toujours importées de quelque autre contrée.

Je ne doute nullement que certains animaux domestiques ne varient moins que d'autres ; cependant la rareté ou l'absence de races distinctes, chez le Chat, l'Ane, le Paon, l'Oie, etc., provient surtout de ce que l'action sélective n'est jamais intervenue : chez les Chats, à cause de la difficulté de les apparier à son gré ; chez les Anes, parce qu'ils sont toujours possédés en petit nombre par de pauvres gens qui font peu d'attention à leur reproduction, car récemment, en certaines provinces d'Espagne et des États-Unis, ces animaux ont été modifiés et améliorés d'une façon surprenante par une sélection soigneuse ; chez les Paons, parce qu'ils sont difficiles à élever et qu'on ne les garde jamais par grandes troupes ; chez les Oies enfin, parce qu'elles n'ont de valeur que pour leur chair ou leurs plumes, et plus encore, parce que nul n'a jamais trouvé plaisir à élever ou rassembler diverses races de ces animaux ; mais il faut dire aussi que l'Oie semble avoir une organisation singulièrement fixe [1].

IX. **Résumé.** — Résumons ce qui vient d'être dit quant à l'origine de nos races domestiques, animales ou végétales.

Je crois que les conditions de vie, par leur action sur le système reproducteur, sont des causes de variabilité de la plus haute importance.

Il n'est pas probable que la variabilité soit en quelque sorte inhérente à l'organisation, ni une de ces conséquences nécessaires, sous quelques circonstances que ce soit, ainsi que quelques auteurs l'ont pensé.

Les effets de la variabilité sont modifiés à divers degrés par l'hérédité et la réversion des caractères.

La variabilité est elle-même gouvernée par des lois inconnues, et particulièrement par la loi de corrélation de croissance. On

[1] Peut-être parce que cette espèce s'était déjà perpétuée pendant très-longtemps sans variation, avant l'époque où elle a été soumise au pouvoir de l'homme. *Trad.*

peut attribuer quelque part à l'action directe des conditions de vie et quelque chose à l'usage ou au défaut d'exercice des organes : le résultat final devient ainsi très-complexe.

En quelques cas, le croisement entre espèces, originairement distinctes, a probablement joué un rôle important dans la formation de nos races domestiques.

Lorsque, dans une contrée, plusieurs races domestiques déjà établies ont été accidentellement croisées, ce croisement, aidé de la sélection, a sans aucun doute aidé à la formation de nouvelles sous-races ; mais l'importance du croisement des variétés a été fort exagérée, soit à l'égard des animaux, soit à l'égard des plantes propagées par graines.

Parmi les plantes qui sont temporairement propagées par greffes, écussons, etc., l'importance des croisements, soit entre les espèces distinctes, soit entre les variétés, est immense ; car en ce cas le cultivateur néglige complétement l'extrême variabilité, soit des hybrides, soit des métis, et la fréquente stérilité des hybrides ; mais les plantes propagées autrement que par graines sont de peu d'importance pour nous, parce que leur durée n'est que temporaire.

Par-dessus toutes ces causes de changement, je suis convaincu que l'action accumulative de la sélection, qu'on l'applique méthodiquement, de manière à obtenir des résultats rapides, ou qu'elle agisse inconsciemment, lentement, mais plus efficacement, est de beaucoup la plus puissante.[1]

# CHAPITRE II

## VARIATIONS DES ESPÈCES A L'ÉTAT DE NATURE.

I. Variabilité. — II. Différences individuelles. — III. Genres polymorphes. — IV. Espèces douteuses. — V. Les espèces communes, très-répandues dans une vaste station, sont les plus variables. — VI. les espèces des plus grands genres varient plus que les espèces de genres moins importants. — VII. Beaucoup d'espèces des plus grands genres ressemblent à des variétés en ce qu'elles sont étroitement, mais inégalement alliées les unes aux autres, et en ce qu'elles sont géographiquement très-circonscrites. — VIII. Résumé.

I. **Variabilité.** — Avant d'appliquer les principes que nous venons de poser dans le chapitre précédent aux êtres organisés vivant à l'état de nature, il nous faut examiner brièvement si ces derniers sont sujets à quelque variation. Pour traiter convenablement un tel sujet, il faudrait pouvoir dresser un long catalogue de faits que je dois réserver pour un prochain ouvrage.

Je ne puis non plus discuter ici les diverses définitions qu'on a données du terme d'*espèce*. Aucune de ces définitions n'a encore satisfait pleinement tous les naturalistes ; et cependant chaque naturaliste sait au moins vaguement ce qu'il entend quand il parle d'une espèce. En général, cette expression sous-entend l'élément inconnu d'un acte distinct de création.

Le terme de *variété* est presque également difficile à définir ; mais ici, l'idée d'une descendance commune est presque généralement impliquée, quoiqu'elle puisse bien rarement se prouver. Il y a enfin ce qu'on appelle des *monstruosités ;* mais elles se fondent insensiblement dans les variétés. J'admets que le terme de *monstruosité* signifie quelque déviation plus considérable de la structure d'un organe, déviation généralement nuisible, ou au moins inutile à l'espèce.

Quelques auteurs emploient le mot de *variation*, en sens technique, comme impliquant une modification directement due aux conditions physiques de la vie ; et les *variations* en ce sens ne sont pas supposées transmissibles par voie d'héritage : mais qui peut affirmer que les proportions naines des coquillages dans les eaux saumâtres de la Baltique et des plantes sur les sommets alpestres, ou l'épaisse fourrure des animaux de la zone polaire, ne sont pas, en bien des occasions, transmissibles au moins pendant quelques générations ? Et, en ce cas, je présume que chacune de ces déviations du type serait considérée comme une variété.

Il est douteux que des monstruosités ou autres déviations de structure profondes et soudaines, telles que celles qu'on observe assez souvent chez nos races domestiques, et plus particulièrement parmi les plantes, se soient jamais propagées avec un caractère de perpétuité à l'état de nature. Les monstres sont très-fréquemment stériles ; de plus chaque être vivant, surtout chez les animaux, est si admirablement adapté à ses conditions d'existence, qu'il semble dès le premier abord improbable que des instruments aussi parfaits aient été soudainement produits dans leur perfection, de même qu'une machine compliquée ne saurait avoir été inventée par un seul homme avec tous ses perfectionnements successifs. Je n'ai pu trouver un seul exemple d'une espèce sauvage présentant des particularités d'organisation analogues aux monstruosités qu'on observe dans les formes alliées vivant à l'état domestique. Il s'en présenterait, qu'elles ne pourraient se perpétuer que dans le cas où elles seraient avantageuses à l'animal, parce qu'alors la sélection naturelle entrerait en jeu. On connaît beaucoup de plantes qui produisent régulièrement des fleurs de différentes formes, soit sur leurs différentes branches, soit au centre ou à la circonférence de leurs ombelles, etc. ; et si la plante cessait de produire des fleurs de l'une ou de l'autre forme, son caractère spécifique pourrait en être soudainement et considérablement altéré ; mais nous ignorons, du moins quant à présent, par quels degrés de modification et pour quelle fin une plante produit deux sortes de fleurs. Parmi les plantes cultivées, chacune des rares variétés connues, qui portent régulièrement des fleurs ou des fruits de formes différentes, est due à une modification soudaine.

II. **Différences individuelles.** — Il est encore des différences légères, qu'on peut appeler différences individuelles, et qu'on voit souvent se produire dans la postérité des mêmes parents, ou entre des individus auxquels on peut supposer une souche identique, comme représentants de la même espèce dans une même localité fermée. Personne ne suppose que tous les individus de la même espèce soient jetés absolument dans le même moule. Or, ces différences individuelles sont de la plus haute importance pour nous, car elles sont le plus souvent transmissibles, ainsi que chacun ne peut manquer de le savoir. Elles fournissent ainsi des matériaux à l'accumulation par sélection naturelle, de la même manière que l'homme accumule dans une direction donnée les différences individuelles qui apparaissent dans ses races domestiques.

Ces différences individuelles affectent généralement les organes que les naturalistes considèrent comme peu importants; mais je pourrais prouver, par un long catalogue de faits, que des organes d'une importance incontestable, qu'on les considère au point de vue physiologique ou au point de vue de la classification, varient quelquefois parmi des individus de la même espèce. Les naturalistes les plus expérimentés seraient étonnés du nombre de variations, affectant les parties les plus importantes de l'organisme, dont ils pourraient recueillir le témoignage dans le cours d'un certain nombre d'années, et d'après des sources faisant autorité.

Il ne faut pas oublier que les classificateurs systématiques sont loin d'être satisfaits, quand ils rencontrent quelque déviation en des caractères importants. Il en est d'ailleurs fort peu qui examinent attentivement les organes internes, d'une valeur pourtant si grande, et qui les comparent chez un grand nombre de spécimens de la même espèce. Qui aurait jamais supposé, par exemple, que les bifurcations du nerf principal, près du grand ganglion central d'un insecte, fussent variables dans une même espèce? Qui n'aurait cru au moins que des changements de cette nature dussent s'effectuer par de lents degrés? Et cependant, tout récemment, M. Lubbock a montré qu'il existe dans le principal filet nerveux du Coccus une variabilité comparable aux bifurcations irrégulières du tronc d'un arbre. Le même naturaliste a encore constaté dernièrement que chez les larves de certains insectes les muscles sont bien loin d'être uniformes.

Les savants tournent dans un cercle vicieux, quand ils prétendent que les organes importants ne varient jamais; car, ainsi que plusieurs naturalistes en sont convenus avec bonne foi, ils commencent par ranger empiriquement, au nombre des caractères importants de chaque espèce, tous ceux qui, chez cette espèce, sont invariables : or, en partant de ce principe, aucun exemple de variation importante ne saurait jamais se présenter. Mais ces exemples sont assurément nombreux, au contraire, si l'on suit d'autres règles d'observation.

III. **Des genres polymorphes.** — Il existe un phénomène, en connexion avec les différences individuelles, très-difficile à expliquer. Je veux parler de ces genres qu'on a nommés *protéiques* ou *polymorphes*. Les espèces qui les composent présentent des différences extraordinaires; et à peine deux naturalistes sont d'accord sur les formes qu'on doit considérer comme des espèces et sur celles qu'on doit ranger parmi les simples variétés. Tels sont les genres *Rubus, Rosa,* et *Hieracium*, parmi les plantes, plusieurs genres d'insectes et plusieurs genres de mollusques Brachiopodes. Dans la plupart des genres polymorphes, quelques espèces ont un caractère fixe et défini. Les genres qui sont polymorphes en une contrée sont aussi polymorphes en toutes les autres, sauf quelques rares exceptions; et il en a été de même à d'autres époques géologiques, si l'on en juge d'après les coquilles de Brachiopodes fossiles. De tels faits sont fort embarrassants pour la science, car ils semblent prouver qu'une telle variabilité est indépendante des conditions extérieures. Pour moi, j'incline à croire que nous voyons dans les genres polymorphes des variations de structure qui, n'étant ni utiles, ni nuisibles aux espèces qu'elles ont affectées, n'ont pas été rendues définitives par sélection naturelle, ainsi que nous l'expliquerons bientôt.

IV. **Espèces douteuses.** — Mais les formes les plus importantes pour nous sont celles qui, possédant jusqu'à certain degré le caractère d'espèces, présentent cependant de profondes ressemblances avec quelques autres formes ou leur sont si étroitement alliées par des gradations intermédiaires, que les naturalistes hésitent à les ranger comme autant d'espèces distinctes. Nous avons toutes raisons pour croire que beaucoup de ces formes douteuses, ou étroitement alliées, ont gardé avec permanence leurs caractères en leur contrée natale pendant une longue période de temps et, autant que nous en pouvons juger, aussi longtemps que de véritables espèces. Dans la pratique, quand un naturaliste peut relier l'une à l'autre deux formes quelconques, par une série continue d'autres formes présentant des caractères intermédiaires, il donne le titre d'espèce à la plus commune, même parfois à la première décrite, et range les autres comme ses variétés. Mais il se présente des cas que je ne veux pas énumérer ici, où il devient extrêmement difficile de décider si une forme doit être ou n'être pas rangée comme variété d'une autre, même lorsqu'elles sont étroitement reliées par des formes intermédiaires ; d'autant que les formes intermédiaires sont communément regardées comme étant d'une nature hybride, ce qui ne tranche pas toujours la difficulté. Il arrive même souvent qu'une forme est considérée comme variété d'une autre, non parce que les liens intermédiaires sont actuellement connus, mais parce que l'analogie conduit l'observateur à supposer, ou qu'ils existent quelque part, ou qu'ils peuvent avoir existé jadis : une large porte s'ouvre alors aux doutes et aux conjectures.

Il en résulte que lorsqu'il s'agit de déterminer si une forme doit prendre le nom d'espèce ou de variété, l'opinion des naturalistes doués d'un jugement sûr et en possession d'une grande expérience semble devoir seule faire autorité. Il faut même, en beaucoup de cas, décider à la pluralité des voix entre les avis opposés; car il est peu de variétés bien marquées et bien connues qui n'aient été rangées au nombre des espèces au moins par quelques juges compétents.

On ne saurait même se refuser à reconnaître que ces variétés douteuses sont loin d'être rares. Si l'on compare les diverses flores d'Angleterre, de France ou des États-Unis, dressées par différents botanistes, on voit qu'un nombre surprenant de formes ont été rangées par les uns comme de véritables espèces et par d'autres comme de pures variétés. M. H. C. Watson, auquel je suis profondément obligé du concours qu'il m'a prêté de toutes manières, m'a fourni une liste de 182 plantes anglaises qui sont en général regardées comme des variétés, mais qui ont toutes été mises par quelques botanistes au rang d'espèces. Encore a-t-il omis beaucoup de variétés de peu d'importance, qui, néanmoins, sont rangées comme espèces par certains botanistes, et il a entièrement omis plusieurs genres polymorphes. Dans les genres qui comprennent les espèces les plus polymorphes, M. Babington compte 251 espèces, et M. Bentham seulement 112 : c'est une différence de 139 formes douteuses.

Parmi les animaux qui s'accouplent pour chaque parturition et qui jouissent au plus haut degré de la faculté de locomotion, les formes douteuses, mises au rang d'espèces par un zoologiste et de variétés par un autre, se trouvent rarement dans la même contrée, mais sont nombreuses en des stations séparées. Combien d'oiseaux et d'insectes du nord de l'Amérique et de l'Europe, qui diffèrent très-légèrement les uns des autres, ont été rangés par quelque naturaliste éminent comme autant d'espèces bien définies, et par un autre comme des variétés, ou même comme des races géographiques, ainsi qu'on les appelle souvent! Il y a bien des années que, comparant les oiseaux des îles Galapagos, soit les uns avec les autres, soit avec ceux de la terre ferme américaine, je fus vivement frappé du vague et de l'arbitraire de toutes les distinctions entre les espèces et les variétés. Sur les îlots du petit groupe de Madère, se trouvent beaucoup d'insectes décrits comme variétés dans l'admirable ouvrage de

M. Wollaston, mais qui certainement seraient élevés au rang d'espèces par beaucoup d'entomologistes. Même l'Irlande a quelques animaux qu'on regarde généralement comme des variétés, mais qui ont été considérés comme des espèces par quelques zoologistes. Plusieurs des ornithologistes les plus expérimentés considèrent notre Coq de Bruyère écossais (*Tetrao Scoticus*) seulement comme une race bien marquée de l'espèce norvégienne, tandis que le plus grand nombre en fait une espèce bien distincte et particulière à la Grande-Bretagne.

Une grande distance entre les stations occupées par deux formes douteuses dispose beaucoup de naturalistes à les ranger l'une et l'autre comme espèces distinctes. Mais quelle distance doit être regardée comme suffisante, s'est-on demandé avec juste raison? Si l'Amérique est assez éloignée de l'Europe pour justifier une distinction spécifique entre les formes de l'une et de l'autre contrée, en sera-t-il de même pour les Açores, Madère, les Canaries ou l'Irlande.

Quelques naturalistes soutiennent que les animaux ne présentent jamais de variétés; en conséquence, ils considèrent les plus légères différences comme ayant une valeur spécifique; et lors même qu'une forme identique se rencontre en deux contrées éloignées, ils vont jusqu'à supposer que deux espèces distinctes sont cachées sous le même vêtement.

En fin de compte, on ne saurait contester que beaucoup de formes considérées comme des variétés par des juges hautement compétents ont si parfaitement le caractère d'espèces, qu'elles sont rangées comme telles par d'autres juges d'égal mérite. Mais quant à discuter si des formes qui diffèrent si légèrement sont à juste titre appelées espèces ou variétés, avant qu'une définition de ces termes ait été universellement adoptée, ce serait prendre une peine inutile[1].

[1] L'auteur a supprimé ici un paragraphe qui se trouve dans les trois premières éditions anglaises et dans notre première édition française. Nous le reproduirons ici comme renseignements :

« Plusieurs variétés bien distinctes ou espèces douteuses méritent une attention particulière; car c'est en vain qu'on a voulu arguer tour à tour de leur distribution géographique, des analogies de leurs variations ou de leur caractère hybride pour déterminer leur rang. J'en citerai ici un seul exemple, ce-

Une investigation attentive amènerait les naturalistes à s'accorder, dans la plupart des cas, sur le rang à donner aux formes douteuses. Cependant, il faut reconnaître que c'est dans les contrées les mieux connues qu'elles se trouvent en plus grand nombre. J'ai été frappé de ce fait que, si quelque animal ou quelque plante à l'état de nature est d'une grande utilité à l'homme ou, par toute autre cause, attire son attention, il se trouve presque toujours qu'on en mentionne plusieurs variétés. Ces variétés, au surplus, sont souvent rangées par quelques auteurs comme des espèces. Ainsi, combien le Chêne commun n'a-t-il pas été soigneusement étudié ! Cependant un auteur allemand fait plus d'une douzaine d'espèces d'autant de formes presque universellement considérées comme des variétés, et l'on pourrait s'appuyer tour à tour sur les plus hautes autorités botaniques ou sur les praticiens les plus expérimentés de l'Angleterre pour établir que le Chêne à fleurs pédonculées et le Chêne sessiliflore sont deux espèces bien distinctes selon les uns, deux simples variétés selon les autres.

Lorsqu'un jeune naturaliste commence à étudier un groupe d'organismes qui lui est complétement inconnu, il est tout d'abord fort embarrassé pour distinguer les différences qu'il doit considérer comme de valeur spécifique, de celles qui n'indiquent que des variétés : car il ne sait quelle est la somme de variation moyenne dont le groupe est susceptible ; ce qui montre pour le moins combien il est général qu'il y ait un certain degré de variation. Mais s'il concentre son attention sur une seule classe

lui bien connu de la Primevère et du Coucou (*Primula vulgaris et veris*). Ces plantes diffèrent considérablment en apparence ; elles ont une différente saveur et un différent parfum ; elles fleurissent en des saisons un peu différentes ; elles croissent en de différentes stations, et s'élèvent sur les montagnes à de différentes hauteurs ; elles ont une extension géographique tout autre ; enfin il résulte d'expériences nombreuses faites pendant plusieurs années par Gærtner, cet observateur si scrupuleux, qu'elles ne peuvent être croisées qu'avec la plus grande difficulté. Il serait difficile de choisir un meilleur exemple de deux formes spécifiquement distinctes ; pourtant elles sont reliées par un grand nombre de formes intermédiaires dont on ne saurait affirmer l'origine hybride ; et de nombreuses preuves expérimentales établissent qu'elles descendent l'une et l'autre de parents communs , et, par conséquent, qu'elles doivent être rangées comme deux variétés. » D'autres passages de l'ouvage faisant allusion à ce paragraphe ont également été supprimés ou modifiés par l'auteur. *Trad.*

dans une seule contrée, il parvient assez vite à ranger selon leur ordre les formes douteuses. Il aura une tendance générale à faire beaucoup d'espèces, parce que, comme l'amateur de Pigeons ou d'autres volatiles dont j'ai déjà parlé, il sera sous l'impression de la différence des formes qu'il a constamment sous les yeux; et il n'aura par contre, pour corriger cette première impression, qu'une connaissance superficielle et un sentiment moins vif des variations analogues des autres groupes en d'autres contrées. A mesure qu'il étendra le cercle de ses recherches, il rencontrera des difficultés plus nombreuses, car il aura à considérer un plus grand nombre de formes étroitement alliées. S'il multiplie beaucoup ses observations, il deviendra capable à la fin de déterminer à peu près ce qu'il doit appeler variété ou espèce; mais il n'y parviendra qu'à la condition d'admettre dans les formes spécifiques une grande variabilité qui sera souvent contestée par d'autres naturalistes. De plus, s'il se met à étudier les formes alliées apportées de contrées actuellement discontinues, en quel cas il ne peut guère s'attendre à trouver les liens intermédiaires entre les formes douteuses, il devra s'en rapporter entièrement à l'analogie, et la difficulté croît alors à l'infini.

Il est certain qu'aucune ligne de démarcation n'a encore été tracée entre les espèces et les sous-espèces, c'est-à-dire les formes qui, dans l'opinion de quelques naturalistes, s'approchent beaucoup, mais n'arrivent pas tout à fait au rang d'espèces, de même qu'entre celles-ci et les variétés bien marquées, ou encore entre les variétés moins distinctes et les différences individuelles. Ces différences se fondent les unes dans les autres en une série insensiblement graduée : or, toute série imprime en l'esprit l'idée de passage ou de transition.

C'est pourquoi j'estime que les différences individuelles, bien que de peu d'intérêt pour le classificateur, sont de la plus haute importance pour nous, en ce qu'elles sont le premier écart vers ces variétés légères qu'on trouve à peine dignes d'être mentionnées dans les ouvrages d'histoire naturelle. Je considère les variétés un peu plus distinctes et plus permanentes, comme les degrés qui conduisent à des variétés plus permanentes et plus fortement tranchées encore ; et ces dernières enfin comme formant le passage aux sous-espèces et aux espèces. La transition d'un degré de différence à un autre plus élevé peut être attribuée simplement, en quelques cas, à l'action longtemps continuée des conditions physiques en deux différentes régions ; mais je n'ai pas une grande confiance en l'action de tels agents ; et j'attribue plutôt les modifications successives d'une variété, qui passe d'un état très-peu différent de celui de l'espèce mère à une forme qui en diffère davantage, à la sélection naturelle agissant de manière à accumuler dans une direction donnée des différences d'organisation presque insensibles, ainsi que je l'expliquerai bientôt plus longuement.

Je crois donc qu'une variété bien tranchée doit être considérée comme une espèce naissante ; mais on ne pourra juger de la valeur de cette opinion que d'après l'ensemble des considérations et des faits contenus dans cet ouvrage.

Il n'est pas besoin, du reste, de supposer que toutes les variétés ou espèces naissantes atteignent nécessairement le rang d'espèce. Elles peuvent s'éteindre à l'état naissant ou peuvent se perpétuer comme variétés pendant de longues périodes, ainsi que M. Wollaston l'a démontré pour certaines coquilles terrestres fossiles de Madère. Si une variété vient à s'accroître jusqu'à excéder en nombre l'espèce mère, celle-ci prendra alors le rang de variété et la variété celui d'espèce. Une variété peut même arriver à exterminer et à supplanter l'espèce mère, ou l'une et l'autre peuvent coexister comme espèces indépendantes. Mais nous reviendrons plus loin sur ce sujet.

Il suit de ces observations, que je ne considère le terme d'espèce que comme arbitrairement appliqué pour plus de commodité à un ensemble d'individus ayant entre eux de grandes ressemblances, mais qu'il ne diffère pas essentiellement du terme de variété donné à des formes moins distinctes et plus variables. De même, le terme de variété, en comparaison avec les différences purement individuelles, est appliqué non moins arbitrairement et encore par pure convenance de langage.

V. **Les espèces dominantes, c'est-à-dire les espèces com-**

**munes, très-répandues sur un vaste habitat, sont les plus variables.** — Guidé par des considérations théoriques, je pensais qu'on pourrait obtenir d'intéressants résultats, concernant la nature et les rapports des espèces qui varient le plus, en dressant des tables de toutes les variétés mentionnées dans plusieurs flores bien faites. Cette tâche semble très-simple au premier abord ; mais M. H. C. Watson, auquel je dois d'importants conseils et une aide précieuse sur cette question, m'eut bientôt convaincu qu'elle présente de nombreuses difficultés. Le docteur Hooker m'a exprimé depuis la même opinion en termes plus forts encore. Je réserverai donc pour mon prochain ouvrage la solution de ces difficultés, ainsi que les tables des nombres proportionnels d'espèces variables. Je suis, du reste, autorisé par le docteur Hooker à ajouter qu'après avoir lu avec attention mes manuscrits et examiné ces tables, il juge que les principes que je vais poser tout à l'heure sont suffisamment établis. Cependant la brièveté avec laquelle cette question doit être traitée ici est d'autant plus embarrassante, qu'elle nécessite quelques allusions à la *concurrence vitale*, à la *divergence de caractères* et à quelques autres questions qui ne seront discutées que plus tard.

Alphonse de Candolle et d'autres ont démontré que les plantes qui ont une grande extension géographique présentent en général de nombreuses variétés. On aurait pu le préjuger, par cette raison qu'elles sont exposées à des conditions physiques diverses et qu'elles entrent en concurrence avec différentes séries d'êtres organisés, ce qui est de la plus haute importance, ainsi que nous le verrons plus loin. Mais, de plus, mes tables prouvent que, dans toute contrée limitée, les espèces les plus communes, c'est-à-dire les plus nombreuses en individus, et les espèces les plus répandues dans leur contrée natale, circonstance qu'il ne faut pas confondre avec une grande extension géographique ni jusqu'à un certain point avec le grand nombre de leurs individus, sont celles qui donnent le plus souvent naissance à des variétés suffisamment tranchées pour avoir mérité une mention particulière dans des ouvrages de botanique. Ce sont donc les espèces les plus florissantes ou, comme on pourrait les appeler, les espèces dominantes, c'est-à-dire celles qui ont une grande extension géographique, qui sont les plus répandues dans les contrées qu'elles habitent, ou qui sont les plus nombreuses en individus, qui produisent aussi le plus souvent ces variétés bien marquées que je considère comme des espèces naissantes.

La théorie aurait pu prévoir ces résultats : car les variétés, pour acquérir un certain degré de permanence, ont nécessairement à lutter avec les autres habitants de la même contrée ; or, les espèces qui sont déjà dominantes ont aussi plus de chance de laisser une postérité qui, bien que modifiée en quelque degré, hérite cependant des avantages qui assurent à l'espèce mère la domination sur les autres espèces ses compatriotes.

Ces observations sur la prédominance des espèces ne s'appliquent, on doit le comprendre, qu'aux formes organiques qui entrent en concurrence les unes avec les autres, et plus particulièrement aux représentants du même genre et de la même classe qui ont à peu près les mêmes habitudes de vie. Ainsi, ce n'est qu'entre les espèces d'un même groupe qu'il faut établir la comparaison du nombre d'individus de chacune d'elles. Une plante peut être considérée comme dominante, si elle est plus nombreuse en individus et plus répandue que presque toutes les autres plantes de la même contrée, qui n'exigent pas des conditions de vie très-différentes. Une telle plante n'en est pas moins dominante, dans le sens que nous donnons ici à cette expression, parce que quelque Conferve aquatique ou quelque Champignon parasite est infiniment plus nombreux en individus et plus généralement répandu ; mais, si une espèce de Conferve ou de Champignon surpasse ses alliés à tous égards, ce sera l'espèce dominante de sa classe.

VI. **Les espèces des plus grands genres varient partout plus que les espèces de genres moins riches.** — Si l'on divise en deux séries les plantes qui peuplent une contrée et qui sont décrites dans sa flore, plaçant dans l'une tous les plus grands genres et dans l'autre tous les genres de moindre importance, un nombre supérieur d'espèces dominantes très-communes et très-répandues se trouvera du côté des plus grands genres. On aurait encore pu le présumer d'avance : ce seul fait qu'un grand nombre d'espèces du même genre habitent une même contrée, montre qu'il y a quelque chose dans les conditions organiques ou inorganiques de cette contrée, qui leur est particulièrement favorable ; et, conséquemment, il était à prévoir qu'on trouverait dans les plus grands genres, c'est-à-dire parmi ceux qui renferment le plus grand nombre d'espèces, un nombre proportionnellement plus grand d'espèces dominantes.

Mais tant de causes tendent à contre-balancer ce résultat que je m'étonne de ce que mes tables montrent même une faible majorité du côté des plus grands genres. Je ne veux mentionner ici, en passant, que deux de ces causes contraires. Les plantes d'eau douce et d'eau salée ont généralement une grande extension géographique et sont très-répandues en chacune des contrées qu'elles habitent ; mais cela semble résulter de la nature des stations qu'elles occupent et n'a que peu ou point de rapport à la grandeur des genres auxquels ces espèces appartiennent. De plus, des plantes placées très-bas dans l'échelle de l'organisation sont généralement beaucoup plus répandues que des plantes d'organisation plus élevée ; et là encore il n'existe aucune relation nécessaire avec la grandeur des genres. Nous reviendrons sur la cause de la grande expansion des plantes d'organisation inférieure dans le chapitre où nous traiterons de la distribution géographique.

En partant de ce principe que les espèces ne sont que des variétés bien tranchées et bien définies, je fus conduit à supposer que les espèces des plus grands genres en chaque contrée doivent aussi présenter un plus grand nombre de variétés que les espèces des plus petits genres ; car, partout où un grand nombre d'espèces étroitement alliées, c'est-à-dire du même genre, ont été formées, beaucoup de variétés ou espèces naissantes doivent, en règle générale, être actuellement en voie de formation. Où il croît beaucoup de grands arbres, on peut s'attendre à trouver beaucoup de jeunes plants ; où plusieurs espèces d'un genre se sont formées par voie de variation, c'est que les circonstances ont favorisé la variabilité ; et on peut en inférer avec probabilité qu'en général les circonstances lui seront encore actuellement favorables. D'autre part, si l'on considère chaque espèce comme le produit d'un acte spécial de création, il n'y a aucune apparence de raison pour qu'il se trouve un plus grand nombre de variétés en un groupe renfermant beaucoup d'espèces, qu'en un groupe qui en renferme peu.

Pour vérifier la vérité de cette induction, j'ai disposé les plantes de douze contrées et les insectes Coléoptères de deux districts en deux masses à peu près égales, plaçant les espèces des plus grands genres d'un côté et celles des plus petits genres de l'autre. Il s'est invariablement trouvé une proportion supérieure d'espèces variables du côté des plus grands genres. De plus, parmi les espèces des grands genres qui présentent des variétés, le nombre moyen de ces variétés est invariablement supérieur à celui que renferment les espèces des plus petits genres.

Ces résultats restent encore les mêmes selon une autre division, c'est-à-dire lorsque tous les plus petits genres qui ne renferment qu'une à quatre espèces, sont retranchés des tables.

Ces faits ont une haute signification, s'il est vrai que les espèces ne soient que des variétés permanentes et bien tranchées : car, partout où de nombreuses espèces du même genre ont été formées, c'est-à-dire partout où les causes de leur formation ont eu une grande activité, nous devons généralement nous attendre à les trouver encore en action, d'autant plus que nous avons toute raison pour croire que le procédé de formation des espèces nouvelles est extrêmement lent.

Tel est certainement le cas, si les variétés sont des espèces naissantes ; car mes tables établissent clairement qu'en règle générale, partout où beaucoup d'espèces d'un genre se sont formées, les mêmes espèces présentent un nombre de variétés ou d'espèces naissantes au-dessus de la moyenne.

Ce n'est pas cependant que tout grand genre soit actuellement très-variable et en train d'accroître ainsi le nombre de ses espèces, ou qu'aucun petit genre ne soit en voie de variation et d'accroissement. S'il en était ainsi, c'eût été chose fatale à ma théorie; car la géologie nous apprend que de petits genres se sont considérablement accrus dans le cours des temps, et que de grands genres sont arrivés à leur période maximum, puis ont décliné et ont disparu. Tout ce qu'il nous est nécessaire de constater, c'est que, partout où beaucoup d'espèces d'un genre ont été formées, beaucoup se forment généralement encore, et il y a là pour nous un solide argument.

VII. **Beaucoup d'espèces des plus grands genres ressemblent à des variétés en ce qu'elles sont étroitement, mais inégalement, alliés les unes aux autres et en ce qu'elles sont géographiquement très-circonscrites.** — Il est encore d'autres rapports importants entre les espèces des grands genres et les variétés qui en dépendent. Nous avons vu qu'il n'est point de critère infaillible à l'aide duquel on puisse distinguer les espèces des variétés bien tranchées, et que, dans les cas où les liens intermédiaires entre deux formes douteuses ne se retrouvent point, les naturalistes sont obligés d'en déterminer le rang d'après la somme des différences qu'elles présentent, jugeant par analogie si elles sont, oui ou non, suffisantes pour donner à l'une d'entre elles ou à toutes les deux le titre d'espèce. La somme de ces différences est donc l'un des plus importants critères que nous ayons pour décider si deux formes doivent être considérées comme espèces ou comme variétés.

Maintenant Fries a remarqué parmi les plantes, et Westwood parmi les insectes, que dans les grands genres la somme des différences entre les espèces est parfois excessivement petite. J'ai essayé d'établir cette proportion mathématiquement à l'aide de moyennes, et, aussi loin que mes calculs incomplets ont pu me conduire, ils la confirment entièrement. J'ai aussi consulté quelques observateurs expérimentés et perspicaces et, après mûr examen, ils ont confirmé ces résultats. Sous ce rapport, les espèces des plus grands genres ont donc plus de ressemblance avec des variétés que celles des genres plus pauvres.

On peut retourner la formule en lui donnant un autre sens, et dire que dans les genres les plus riches, où un nombre de variétés ou d'espèces naissantes, supérieur à la moyenne, sont en train de se former, beaucoup des espèces déjà formées ressemblent encore en une certaine mesure à des variétés : car elles se distinguent les unes des autres par une somme de différence au-dessous de la moyenne.

De plus, les espèces des grands genres ont entre elles les mêmes rapports que les variétés dans chacune de ces espèces. Aucun naturaliste ne prétend que toutes les espèces d'un genre soient également distinctes les unes des autres ; elles peuvent généralement se diviser en sous-genres, sections ou moindres groupes encore. Ainsi que Fries l'a remarqué avec raison, de petits groupes d'espèces sont généralement pressés comme des satellites autour de quelques espèces centrales. Et que sont les variétés, sinon des groupes de formes en relations inégales de ressemblance les unes par rapport aux autres, et qui se pressent autour d'une forme unique qui est leur souche commune? Indubitablement, il y a une distinction importante à faire entre les variétés et les espèces : c'est que la somme des différences entre les variétés, qu'on les compare, soit entre elles, soit avec leur espèce mère, est beaucoup moins grande qu'entre les espèces du même genre. Mais lorsque nous en viendrons à discuter le principe que j'ai nommé de la *divergence des caractères*, nous verrons comment on peut l'expliquer, et comment les moindres différences qui distinguent les variétés tendent à s'accroître pour former les différences plus profondes qui séparent les espèces.

Il est un autre point digne d'attention. Les variétés ont généralement une extension très-bornée : c'est d'une telle évidence qu'on pourrait se dispenser de le constater, car une variété se trouverait-elle avoir une extension supérieure à celle de l'espèce qu'on lui attribue pour souche, que leurs dénominations auraient été réciproquement inverses. Mais il y a aussi quelque raison de croire que les espèces qui sont très-voisines de quelque autre, et qui sous ce rapport ressemblent à des variétés, ont aussi fort souvent une extension très-restreinte. Ainsi, M. H. C. Watson a pris la peine de m'indiquer, dans le catalogue botanique de Londres (4e édition) si soigneusement dressé, soixante-trois plantes qu'on y trouve mentionnées comme espèces, mais qu'il considère comme si semblables à d'autres espèces voisines, que leur valeur spécifique est fort douteuse. Ces soixante-trois espèces s'étendent en moyenne sur 6.9 des provinces ou districts botaniques, entre lesquels M. Watson a divisé la Grande-Bretagne. D'autre part, dans le même catalogue, on trouve cinquante-trois variétés, bien reconnues pour telles, qui s'étendent sur 7.7 de ces provinces, tandis que les espèces dont ces variétés dépendent s'étendent sur 14.3 provinces. Si bien que les variétés certaines ont une extension moyenne, égale et même un peu plus élevée que ces formes alliées que M. Watson m'a indiquées comme espèces douteuses, mais qui sont presque universellement considérées par des botanistes anglais comme de bonnes et véritables espèces.

VIII. **Résumé.** — Finalement, les variétés ne peuvent avec certitude se distinguer des espèces, excepté : premièrement, par la découverte de formes intermédiaires qui les relient les unes aux autres, et la découverte de pareils liens n'affecte pas les formes qu'ils réunissent ; secondement, par une certaine somme de différences, car deux formes qui ne diffèrent que très-peu sont généralement rangées comme variétés, lors même que des liens intermédiaires n'ont pas été découverts ; mais la somme de différences considérée comme nécessaire pour donner à deux formes le rang d'espèces est complétement indéfinie.

Dans les genres qui possèdent un nombre d'espèces au-dessus de la moyenne, en quelque contrée que ce soit, les espèces de ces genres renferment un nombre de variétés aussi supérieur à la moyenne.

Dans les grands genres, les espèces sont susceptibles d'être étroitement, mais inégalement, alliées les unes aux autres, formant de petits amas autour de certaines autres espèces. Les espèces étroitement alliées à d'autres espèces paraissent avoir une extension restreinte. Sous ces divers rapports, les espèces des grands genres présentent de fortes analogies avec les variétés. Et nous pouvons concevoir aisément ces analogies, si chaque espèce a existé d'abord comme variété, et s'est formée de la même manière ; elles sont inexplicables, au contraire, si chaque espèce a été créée séparément.

Nous avons vu aussi que ce sont les espèces les plus florissantes, c'est-à-dire dominantes, des plus grands genres dans chaque classe qui, en moyenne, varient le plus ; et leurs variétés, ainsi que nous le verrons plus tard, tendent à se convertir en espèces nouvelles et distinctes. Les plus grands genres ont ainsi une tendance à devenir plus grands encore. Et dans toute la nature les formes vivantes, maintenant dominantes, manifestent une tendance à le devenir de plus en plus, en laissant beaucoup de descendants dominateurs modifiés. Mais, comme nous l'expliquerons plus tard, par suite des phases successives de ce mouvement d'accroissement, les plus grands genres tendent aussi à se briser en des genres moindres. C'est ainsi que les formes vivantes à travers le monde entier se divisent par degrés en groupes subordonnés à d'autres groupes.

---

# CHAPITRE III

## CONCURRENCE VITALE.

I. Ses effets sur la sélection naturelle. — II. Ce terme doit être employé dans une large acception. — III. Progression géométrique d'accroissement. — IV. Rapide accroissement des plantes et des animaux naturalisés. — V. Des obstacles à la multiplication : concurrence universelle. — VI. Effets du climat. — VII. Protection provenant du nombre des individus. — VIII. Rapports complexes des animaux et des végétaux dans la nature. — IX. Concurrence vitale plus sérieuse entre les individus et les variétés de la même espèce, souvent sérieuse entre les espèces du même genre. — X. Les rapports d'organisme à organisme sont les plus importants de tous.

I. **Effets de la concurrence vitale sur la sélection naturelle.** — Avant d'aborder le sujet de ce chapitre, je dois faire quelques observations préliminaires sur la manière dont la concurrence vitale appuie le principe de sélection naturelle.

On a vu, dans le chapitre précédent, que, parmi les êtres organisés à l'état de nature, il y a des variations individuelles, et je ne crois pas en vérité que personne l'ait jamais contesté. Il nous importe fort peu qu'une multitude de formes douteuses reçoivent les noms d'espèces, sous-espèces ou variétés, et quel rang, par exemple, les deux ou trois cents espèces douteuses de plantes anglaises doivent tenir, si l'existence de variétés bien tranchées est une fois admise. Mais l'existence de variations individuelles et de quelques variétés bien tranchées, bien que le fondement nécessaire de notre théorie, ne nous est cependant que de peu de secours pour expliquer comment les espèces arrivent à se former naturellement. Comment se sont perfectionnées, par exemple, ces admirables adaptations des organes entre eux et aux conditions de vie? Ces merveilleuses adaptations nous frappent d'étonnement dans le Pic et le Gui; elles existent, bien que moins apparentes, dans le plus humble parasite qui s'attache aux poils d'un quadrupède ou aux plumes d'un oiseau, dans la structure du Coléoptère qui plonge sous l'eau, dans la graine ailée que la moindre brise emporte : en un mot, dans le monde organique tout entier, comme en chacun de ses détails nous voyons d'admirables harmonies.

On peut encore se demander comment les variétés, que j'ai nommées des espèces naissantes, se transforment plus tard en des espèces bien distinctes, qui, dans les cas les plus nombreux, diffèrent les unes des autres beaucoup plus que ne le font ordinairement les variétés d'une même espèce; comment aussi se forment ces groupes d'espèces qui constituent ce que l'on appelle des genres distincts et qui diffèrent les uns des autres plus que les espèces de chaque genre ne diffèrent entre elles. Tous ces effets résultent de la concurrence vitale, ainsi que nous le verrons dans le prochain chapitre.

Grâce au combat perpétuel que tous les êtres vivants se livrent entre eux pour leurs moyens d'existence, toute variation, si légère qu'elle soit, et de quelque cause qu'elle procède, pourvu qu'elle soit en quelque degré avantageuse à l'individu dans lequel elle se produit en le favorisant dans ses relations complexes avec les autres êtres organisés ou inorganiques, tend à la conservation de cet individu et, le plus généralement, se transmet à sa postérité. Celle-ci aura de même plus de chances de survivance; car, entre les nombreux individus de toute espèce qui naissent périodiquement, un petit nombre seulement peut survivre. J'ai donné le nom de *sélection naturelle* au principe en vertu duquel se conserve ainsi chaque variation légère, à condition qu'elle soit utile, afin de faire ressortir son analogie avec la méthode de sélection de l'homme.

Nous avons vu que l'homme, à l'aide de cette méthode de sélection, peut certainement produire de grands résultats et peut adapter les êtres organisés à ses propres convenances en accumulant les variations légères, mais utiles, qui lui sont fournies par la main de la nature. Or, de même que toutes les œuvres de la nature sont infiniment supérieures à celles de l'art, la sélection naturelle est nécessairement prête à agir avec une puissance incommensurablement supérieure aux faibles efforts de l'homme.

Il nous faut examiner maintenant avec plus de détails le principe de la concurrence vitale. Cette question sera traitée dans mon prochain ouvrage avec tous les développements qu'elle exige. Aug. P. de Candolle et Lyell ont philosophiquement et complétement démontré que tous les êtres organisés sont soumis aux lois d'une sérieuse concurrence. Nul n'a traité ce sujet avec plus d'esprit et d'habileté que W. Herbert, doyen de Manchester, en ce qui concerne les plantes. C'était évidemment le résultat de ses grandes connaissances en horticulture. Rien n'est plus aisé que d'admettre en théorie la vérité de la concurrence vitale universelle ; mais rien n'est plus difficile, du moins l'ai-je ainsi trouvé à l'expérience, que de garder constamment cette loi présente à l'esprit. Cependant, à moins de l'avoir sans cesse présente à la mémoire, on risque de n'entrevoir qu'obscurément ou même de ne pouvoir en aucune façon comprendre l'économie entière de la nature, avec tous ses phénomènes de distribution, de rareté, d'abondance, d'extinction et de variation. Nous apercevons celle de ses faces qui brille de bonheur, nous y voyons souvent un surcroît d'abondance ; nous oublions que, parmi tant d'oiseaux qui chantent à loisir autour de nous, la plupart ne vivent que d'insectes ou de graines, et par conséquent ne vivent que par une constante destruction d'êtres vivants ; nous ne voyons pas dans quelle effrayante mesure ces chanteurs, leurs œufs ou leur couvée sont détruits par des oiseaux ou des bêtes de proie ; et nous ne pensons pas toujours que, s'ils ont en certains moments une surabondance de nourriture, il n'en est pas de même en toutes les saisons de chaque année.

II. **Le terme de concurrence vitale doit être employé dans une large acception.** — Je dois avertir ici que j'emploie le terme de concurrence vitale dans un sens large et analogique, comprenant les relations de mutuelle dépendance des êtres organisés, et, ce qui est plus important, non pas seulement la vie de l'individu, mais les probabilités qu'il peut avoir de laisser une postérité. Deux Canides, en un temps de famine, peuvent être, avec certitude, considérés comme ayant à lutter entre eux à qui obtiendra la nourriture qui lui est nécessaire pour vivre. Une plante au bord d'un désert doit lutter aussi contre la sécheresse, ou plutôt mieux vaudrait dire qu'elle dépend de l'humidité. Une plante qui produit annuellement un millier de graines, parmi lesquelles une seule en moyenne parvient à maturité, plus véritablement encore doit lutter contre les plantes d'espèces semblables ou différentes qui recouvrent déjà le sol. Le Gui dépend du Pommier et de quelques autres arbres : on peut dire qu'il lutte contre eux; car, si un trop grand nombre de ces parasites croissent sur l'un de ces arbres, celui-ci languit et meurt. Plusieurs semences de Gui, croissant les unes près des autres sur la même branche, avec plus de vérité encore, luttent les unes contre les autres. Comme le Gui est disséminé par les oiseaux, il est dans leur dépendance; et on peut dire par métaphore qu'il lutte avec d'autres plantes, en offrant comme elles ses fruits à l'appétit des oiseaux pour que ceux-ci en disséminent les graines plutôt que celles d'autres espèces. En ces différentes acceptions, qui se fondent les unes dans les autres, je fais usage, pour plus grande commodité, du terme général de concurrence vitale (*struggle for life*).

III. **Progression géométrique d'accroissement des espèces.** — La concurrence vitale résulte inévitablement de la progression rapide selon laquelle tous les êtres organisés tendent à se mutiplier. Chacun de ces êtres qui, durant le cours naturel de sa vie, produit plusieurs œufs ou plusieurs graines, doit être exposé à des causes de destruction à certaines périodes de son existence, en certaines saisons ou en certaines années; autrement, d'après la loi de progression géométrique, l'espèce atteindrait à un nombre d'individus si énorme, que nulle contrée ne pourrait suffire à les contenir. Or, puisqu'il naît un nombre d'individus supérieur à celui qui peut vivre, il doit donc exister une concurrence sérieuse, soit entre les individus de la même espèce, soit entre les individus d'espèces distinctes, soit enfin une lutte contre les conditions physiques de la vie. C'est une généralisation de la loi de Malthus, appliquée au règne organique tout entier, mais avec une force décuple, car en ce cas il ne peut exister aucun moyen artificiel d'accroître les subsistances, ni aucune abstention prudente dans les mariages.

Bien que quelques espèces soient actuellement en voie de s'accroître en nombre, plus ou moins rapidement, il n'en saurait être de même pour la généralité, car le monde ne les contiendrait pas. Cependant c'est une règle sans exception que chaque être organisé s'accroisse selon une progression si rapide, que la terre serait bientôt couverte par la postérité d'un seul couple, si des causes de destruction n'intervenaient pas. Même l'espèce humaine, dont la reproduction est si lente, peut doubler en nombre dans l'espace de vingt-cinq ans; et, d'après cette progression, il suffirait de quelques mille ans pour qu'il ne restât plus la moindre place pour sa multiplication ultérieure. Linné a calculé que, si une plante annuelle produit seulement deux graines, et il n'est point de plante qui soit si peu féconde, si ces deux graines, venant à germer et à croître, en produisent chacune deux autres l'année suivante, et ainsi de suite, en vingt années seulement l'espèce possédera un million d'individus. On sait que l'Éléphant est le plus lent à se reproduire de tous les animaux connus, et j'ai essayé d'évaluer au minimum la progression probable de sa multiplication. C'est rester au-dessous du vrai que d'assurer qu'il se reproduit dès l'âge de trente ans, et continue jusqu'à quatre-vingt-dix ans, après avoir donné trois couples de petits dans cet intervalle. Or, d'après cette supposition, au bout de cinq cents ans, il y aurait quinze millions d'Éléphants vivants descendus de la première paire.

IV. **Rapide accroissement des plantes et des animaux naturalisés.** — Mais nous avons d'autres preuves de cette loi que des calculs purement théoriques : ce sont les cas nombreux d'une multiplication étonnamment rapide chez divers animaux à l'état sauvage, lorsque les circonstances leur ont été favorables pendant deux ou trois saisons successives seulement. L'exemple de plusieurs d'entre nos races domestiques redevenues sauvages en diverses parties du monde est encore plus frappant. Si les faits constatés dans l'Amérique du Sud et dernièrement en Australie, sur la multiplication des Bœufs et des Chevaux, n'étaient parfaitement authentiques, ils seraient incroyables.

Il en est de même des plantes : on peut citer des espèces végétales nouvellement introduites en certaines îles où elles sont devenues très-communes en moins de dix années. Plusieurs plantes, telles que le Cardon culinaire et un grand Chardon qui sont maintenant extrêmement communs dans les vastes plaines de la Plata, où ils recouvrent des lieues carrées de surface presque à l'exclusion de toute autre plante, ont été importées d'Europe; et je tiens du Dr Falconer que, dans l'Inde, certaines plantes qui s'étendent aujourd'hui depuis le cap Comorin jusqu'à l'Himalaya, ont été importées d'Amérique depuis sa découverte.

En pareils cas, et l'on pourrait multiplier sans fin les exemples, nul n'a jamais supposé que la fécondité de ces plantes ou de ces animaux se fût soudainement et temporairement accrue d'une manière sensible. La seule explication satisfaisante de ce fait, c'est d'admettre que les conditions de vie leur ont été extrêmement favorables, qu'il y a eu conséquemment une moindre destruction des individus vieux ou jeunes, et que presque tous ces derniers ont pu se reproduire à leur tour. En pareille occurrence, la raison géométrique de multiplication, dont le résultat ne manque jamais d'être surprenant, rend compte de l'accroissement extraordinaire et de la grande diffusion de ces espèces naturalisées dans leur nouvelle patrie.

A l'état de nature, presque chaque plante produit des graines, et parmi les animaux il en est peu qui ne s'accouplent pas annuellement. On peut en toute sécurité en inférer que toutes les espèces de plantes ou d'animaux tendent à se multiplier en raison géométrique, que chacune d'entre elles suffirait à peupler rapidement toute contrée où il leur est possible de vivre, et que leur tendance à s'accroître selon une progression mathématique doit être nécessairement contre-balancée par des causes de destruction à une période quelconque de leur existence.

Nous sommes induits en erreur par l'observation habituelle de nos animaux domestiques. Nous ne les voyons pas exposés à de fréquents dangers, et nous oublions qu'il en est des millions qui sont annuellement tués pour notre nourriture. A l'état de nature il faudrait également que, d'une manière ou d'une autre, il en pérît un grand nombre.

La seule différence entre les organismes qui produisent annuellement des œufs ou des graines par milliers, et ceux qui n'en produisent qu'un petit nombre, c'est que les plus lents reproducteurs auraient besoin de quelques années de plus pour peupler une contrée entière, si étendue qu'elle fût, les circonstances étant favorables.

Le Condor produit une couple d'œufs, et l'Autruche une vingtaine; et cependant en une même contrée le Condor peut être l'espèce la plus nombreuse des deux. Le Fulmar Pétrel (*Procellaria glacialis*) ne pond qu'un seul œuf ; néanmoins c'est l'espèce la plus nombreuse que l'on connaisse parmi les oiseaux. Une Mouche dépose une centaine d'œufs, et une autre, l'Hippobosque, un seul ; mais cette différence ne décide nullement du nombre d'individus des deux espèces qu'un même district peut nourrir.

Il est de quelque utilité pour les espèces qui se nourrissent d'aliments dont la quantité est rapidement variable, d'être très-fécondes, parce que cette fécondité leur permet de s'accroître en nombre avec une rapidité égale à celle de leurs moyens d'existence. Mais l'avantage réel qu'elles retirent d'un grand nombre d'œufs ou de graines, c'est de pouvoir contre-balancer de grandes causes de destruction à certaine période de l'existence de leurs représentants individuels, période dans la plupart des cas plus ou moins hâtive. Si un animal est capable de protéger ses œufs ou ses petits, il peut n'en produire qu'un petit nombre, et cependant le contingent moyen de l'espèce demeurera au complet ; mais si beaucoup d'œufs ou de petits sont exposés à être détruits, il faut qu'il en soit produit une grande quantité, autrement l'espèce s'éteindrait. Pour maintenir constamment en même nombre les représentants d'une espèce d'arbres, vivant mille ans en moyenne, il suffirait qu'une seule graine fût produite en ces mille ans, supposant que cette graine ne fût jamais détruite, et germât sûrement en lieu convenable : de sorte qu'en tous cas, le contingent moyen de chaque espèce animale ou végétale ne dépend que très-indirectement du nombre des œufs ou des graines que peut produire chacun de ces individus.

Lorsqu'on observe la nature, il est de la dernière nécessité d'avoir toujours présent à l'esprit que chaque être organisé qui vit autour de nous doit être regardé comme s'efforçant dans toute la mesure de son pouvoir de multiplier son espèce ; que chaque individu ne vit qu'en raison d'un combat livré à quelque période de sa vie et dont il est sorti vainqueur ; et qu'une loi de destruction inévitable décime, soit les jeunes, soit les vieux, à chaque génération successive, ou seulement à des intervalles périodiques. Que l'obstacle à la multiplication s'allége ou que les causes de destruction diminuent, si peu que ce soit, et l'espèce s'accroîtra presque instantanément en nombre, sans limites nécessaires déterminables.

V. **Des obstacles à la multiplication. Concurrence universelle.** — Les causes qui mettent obstacle à la tendance naturelle des espèces à se multiplier sont fort obscures. Plus une espèce est vigoureuse, plus elle se multiplie, et aussi plus sa tendance à se multiplier rapidement devient puissante. Nous ne connaissons exactement aucun des obstacles qui arrêtent son développement progressif, et l'on ne peut s'en étonner si l'on songe combien nous sommes ignorants à cet égard, même en ce qui concerne l'Humanité, que nous connaissons cependant mieux qu'aucune autre espèce. Plusieurs auteurs ont habilement traité ce sujet ; et dans mon prochain ouvrage je discuterai longuement quelques-unes de ces causes répressives de la multiplication indéfinie des êtres, plus particulièrement à l'égard des animaux domestiques retournés à l'état sauvage dans l'Amérique du Sud.

Je ne veux faire ici que quelques remarques, afin de rappeler à l'esprit du lecteur certains points principaux.

Il semble généralement que ce soient les œufs ou les petits

des animaux qui doivent souffrir le plus des causes diverses de destruction : cette règle n'est pas sans exception. Parmi les plantes, il y a une énorme destruction de graines; mais, d'après quelques observations que j'ai faites, je crois que les jeunes plantules ont à souffrir davantage encore en ce qu'elles germent dans un sol déjà suffisamment fourni d'autres plantes plus âgées. Ces plantules ont aussi à redouter de nombreux ennemis : ainsi, sur une surface de sol de trois pieds de long et de deux de large, bien bêchée et sarclée, de manière qu'aucune plante ne pût leur faire obstacle, j'observais tous les germes de nos herbes locales à mesure qu'ils levaient, et sur les 357 que je comptais, il n'y en eut pas moins de 295 qui furent détruits, principalement par les Limaces et les insectes. Si on laisse croître un gazon qui pendant longtemps a été périodiquement fauché ou brouté de près par des quadrupèdes, les plantes les plus vigoureuses tuent peu à peu celles qui le sont moins, toutes parvenues qu'elles soient à la force de l'âge adulte. Sur vingt espèces croissant sur une petite place gazonnée de trois pieds sur quatre, neuf périssent ainsi par cela seul qu'on a laissé croître librement les autres.

La quantité des subsistances propres à chaque espèce marque donc naturellement la limite extrême de son accroissement; mais très-fréquemment ce n'est pas autant le manque de nourriture que l'appétit d'autres animaux qui détermine le nombre moyen des individus d'une espèce. Ainsi, on ne peut douter que la quantité des Perdrix, des Coqs de bruyère et des Lièvres qui vivent sur un grand domaine, ne dépende principalement de la destruction de la vermine. Si, pendant vingt années, on n'abattait pas une seule pièce de gibier en Angleterre, mais que d'autre part la vermine ne fût pas détruite, selon toute probabilité le gibier serait plus rare qu'aujourd'hui; et cependant ces animaux sont annuellement tués par centaines de mille. D'un autre côté, en quelques cas assez rares, tel que l'Éléphant, par exemple, aucun individu de l'espèce ne devient la proie d'autres animaux, car même le Tigre de l'Inde n'ose que très-rarement attaquer un jeune Éléphant protégé par sa mère.

VI. **Effets du climat.** — Le climat joue un rôle important dans la détermination du nombre moyen d'individus de chaque espèce, et le retour périodique de saisons extrêmement froides ou extrêmement sèches semble le plus puissant des obstacles à leur multiplication. J'ai calculé, principalement d'après le nombre très-réduit des nids du printemps, que l'hiver de 1854-55 détruisit les cinq sixièmes des oiseaux sur mes propres terres; et l'on voit que c'est une somme de destruction effrayante, lorsqu'on songe qu'une mortalité de dix pour cent est extraordinaire dans les épidémies humaines. L'action du climat paraît à première vue sans relation avec la concurrence vitale ; mais pour autant que le climat peut agir principalement en diminuant les subsistances, il cause une lutte des plus intenses entre les individus, soit de même espèce, soit d'espèces diverses, qui vivent des mêmes aliments. Même lorsque le climat, soit par exemple un froid extrêmement rigoureux, agit directement, ce sont les sujets les moins vigoureux, ou ceux qui n'ont pu se procurer qu'une moindre quantité de nourriture pendant la durée de l'hiver, qui souffrent le plus. Quand on voyage du sud vers le nord, ou qu'on passe d'une région humide à une région sèche, on observe invariablement que quelques espèces deviennent de plus en plus rares, et finissent par disparaître complétement; et le changement du climat étant quelque chose de frappant à première vue, nous sommes disposés à attribuer entièrement cette disparition à son action directe. Mais ce serait faire erreur : nous oublions que chaque espèce, même dans les lieux où elle est le plus répandue, subit toujours une destruction considérable à certaines phases de la vie individuelle de ses représentants et du fait de leurs ennemis ou de leurs compétiteurs pour la même place au soleil et pour la même nourriture. Si ces ennemis ou ces concurrents sont le moins du monde favorisés par un léger changement de climat, ils s'accroîtront en nombre, et, comme chaque région est déjà peuplée d'un nombre suffisant d'habitants, les autres espèces devront décroître. Si, voyageant vers le sud, nous voyons une espèce décroître en nombre, nous pouvons demeurer certains que c'est autant parce que d'autres espèces se trouvent favorisées par le climat, que parce qu'elle seule, entre toutes les autres, en souffre directement. Il en est de même si nous avançons vers le nord, mais en un degré un peu moindre : car le nombre total des espèces de toutes sortes, et par conséquent des concurrents, diminue quand la latitude s'élève. Il suit de là qu'en allant vers le nord ou en gravissant une montagne, nous rencontrons plus souvent de ces formes rabougries, qui sont *directement* dues à l'action nuisible du climat, qu'en avançant vers le sud ou en descendant une montagne. Quand on atteint les régions arctiques, celles des neiges éternelles ou de véritables déserts, la lutte vitale n'a plus lieu que contre les éléments.

Une preuve évidente que le climat agit principalement d'une manière indirecte en favorisant d'autres espèces, c'est que nous voyons dans nos jardins une prodigieuse quantité de plantes supporter parfaitement notre climat, sans qu'elles puissent jamais s'y naturaliser à l'état sauvage, parce qu'elles ne pourraient ni soutenir la concurrence avec nos plantes natives, ni se défendre efficacement contre nos animaux indigènes.

Quand, par suite de circonstances particulièrement favorables, une espèce se multiplie extraordinairement dans un district très-limité, des épidémies en résultent souvent ; du moins c'est ce qu'on a constaté parmi les espèces qui composent notre gibier. Il y a donc ici une cause de limitation indépendante de la concurrence vitale. Mais ces épidémies elles-mêmes paraissent dues à des vers parasites, qui, par une cause quelconque, et par suite peut-être de la facilité plus grande avec laquelle ils peuvent se multiplier parmi des animaux vivant en foule plus pressée sur un même espace, se sont trouvés disproportionnellement favorisés : ici encore il y a donc une sorte de lutte entre les parasites et leur proie.

VII. **Protection provenant du grand nombre des individus.** — D'un autre côté, il arrive fréquemment qu'un grand nombre d'individus de la même espèce, relativement au nombre de ses ennemis, est absolument nécessaire à sa conservation. Ainsi nous pouvons obtenir une grande quantité de Blé et de Navette, etc., dans nos champs, parce que la semence est en considérable excès, par rapport au nombre des oiseaux, qui s'en nourrissent ; et parce que les oiseaux, bien que se trouvant avoir une surabondance de nourriture en cette saison, ne peuvent s'accroître en nombre proportionnellement à cet excès de nourriture, leur nombre étant périodiquement diminué chaque hiver. Mais chacun sait, parmi ceux qui l'ont essayé, combien il est difficile d'obtenir de la semence de quelques grains de Blé, ou d'autres plantes semblables, dans un jardin : en pareil cas, j'ai chaque fois perdu les graines que j'avais semées seules.

Cette nécessité d'une grande masse d'individus pour la conservation de l'espèce explique, je pense, quelques faits singuliers dans la nature : ainsi quelques plantes très-rares sont extrêmement abondantes dans les endroits disséminés où elles se trouvent ; tandis que quelques plantes sociales demeurent telles, c'est-à-dire abondantes en individus, même aux derniers confins de leur station. Nous aurions pu croire, au contraire, qu'une plante pouvait exister seule où les conditions de vie lui étaient assez favorables pour que beaucoup puissent exister ensemble afin de sauver ainsi l'espèce d'entière destruction.

Je dois ajouter que les heureux effets de croisements fréquents et les effets fâcheux des fécondations entre individus proches parents jouent aussi leur rôle en pareil cas ; mais je ne veux pas m'étendre ici sur cette difficile question.

VIII. **Rapports mutuels et complexes des êtres organisés dans la nature.** — Des faits nombreux montrent combien les relations mutuelles des êtres organisés et les obstacles réciproques à la multiplication des espèces qui ont à lutter les unes contre les autres en une même contrée sont complexes et imprévus. Je n'en veux donner qu'un exemple, qui, bien que fort simple, m'a vivement intéressé. Dans le comté de Stafford, sur les domaines d'un parent où je jouissais de nombreux moyens d'investigation, il y avait une lande extrêmement stérile qui jamais n'avait été remuée de main d'homme ; mais plusieurs centaines d'acres du même terrain avaient été enclos vingt-cinq ans auparavant et plantés de Pins d'Écosse. La végétation indigène de la portion de la lande qui avait été plantée offrait un contraste remarquable, et plus frappant qu'on ne l'observe généralement en passant d'un sol à un autre sol tout à fait différent ; non-seulement le nombre proportionnel des pieds de Bruyère était complétement changé, mais douze espèces de plantes, sans compter les Graminées et les Carex, florissaient dans la plantation et ne se trouvaient pas dans la lande. Le changement produit dans la population des insectes devait encore avoir été plus grand, car six expèces d'oiseaux insectivores étaient communs dans la plantation et n'habitaient point la lande qui, par contre, était fréquentée par deux ou trois espèces distinctes. Nous voyons donc ici combien l'introduction d'un seul arbre a eu de puissants effets, rien de plus n'ayant été fait, sinon que la terre plantée avait été enclose afin que le bétail ne pût y entrer.

Mais de quelle importance est la clôture en pareil cas, c'est ce que j'ai pu constater avec évidence près de Farnham en Surrey. Là s'étendent de vastes landes parsemées de quelques massifs de vieux Pins d'Écosse, qui couronnent les sommets des collines. Pendant ces dix dernières années, de vastes espaces ayant été enclos, des Pins s'y sont semés d'eux-mêmes et y croissent maintenant en nombre considérable, si pressés les uns contre les autres, que beaucoup d'entre eux sont étouffés. Quand je me fus assuré que ces jeunes arbres n'avaient été ni semés ni plantés, je fus d'autant plus surpris de leur nombre, qu'en examinant des centaines d'acres de lande libre, je ne pus littéralement apercevoir un seul Pin, excepté dans les massifs anciennement plantés. Cependant, en regardant de plus près entre les tiges de Bruyère, je trouvai une multitude de jeunes plants et de petits arbres qui avaient été broutés ras par le bétail au fur et à mesure qu'ils croissaient. Dans un *yard* carré [1], à la distance de quelques cents mètres de l'un des vieux massifs, je comptai jusqu'à trente-deux jeunes Pins ; et l'un d'eux, marquant vingt-six anneaux de croissance, avait durant autant d'années essayé d'élever sa cime au-dessus des tiges de Bruyère sans pouvoir y parvenir. Il n'est donc point étonnant qu'aussitôt la terre enclose

[1] Mesure anglaise équivalente à 90 centimètres environ.

elle se couvrit de rangs épais de jeunes Pins croissant avec vigueur. Pourtant cette lande était si stérile et si vaste, que nul ne se serait jamais imaginé que le bétail en quête de nourriture pût réussir à la dépouiller avec tant de soin et aussi complétement.

Ici nous venons de voir le bétail décider absolument de l'existence du Pin d'Écosse ; mais en diverses contrées, certains insectes déterminent l'existence du bétail. C'est peut-être le Paraguay qui offre l'un des plus curieux exemples de ce fait. En ce pays ni le Bœuf, ni le Cheval, ni le Chien ne se sont naturalisés, bien qu'ils s'étendent vers le nord et vers le sud à l'état sauvage. Or, Azara et Rengger ont montré qu'une certaine Mouche, très-commune en cette contrée, dépose ses œufs dans le nombril de ces animaux nouveau-nés et les fait périr. La multiplication de ces Mouches, si nombreuses qu'elles soient, doit être habituellement limitée par quelque moyen, et probablement par d'autres insectes parasites détruits à leur tour sans doute par certains oiseaux. Il s'ensuit que, si de certains oiseaux insectivores diminuaient de nombre au Paraguay, les insectes parasites ennemis des Mouches s'accroîtraient; de sorte que, le nombre de ces dernières venant à diminuer, elles n'empêcheraient plus les Bœufs de vivre à l'état sauvage. Or, d'après les observations que j'ai pu faire dans l'Amérique du Sud, l'existence du bétail à l'état sauvage modifierait profondément la végétation. Cette modification affecterait les insectes ; ceux-ci agiraient à leur tour sur les oiseaux insectivores, comme nous l'avons vu tout à l'heure dans le comté de Stafford ; et ainsi de suite, l'effet produit croîtrait toujours en s'agrandissant suivant des cercles de plus en plus enchevêtrés. Nous avions commencé cette série par les oiseaux insectivores, et nous l'avons terminée en revenant à eux ; mais qu'on ne croie pas que dans la nature tous les rapports mutuels soient toujours aussi simples. Batailles sur batailles se livrent constamment avec des succès divers ; et cependant l'équilibre des forces est si parfaitement balancé dans le cours des temps, que l'aspect de la nature demeure le même pendant de longues périodes, bien qu'il suffise souvent d'un rien pour donner la victoire à un être organisé au lieu d'un autre. Néanmoins, notre ignorance est si profonde, et notre présomption si haute, que nous nous émerveillons d'apprendre la destruction d'une espèce ; et parce que nous n'en voyons pas la cause, nous supposons des cataclysmes pour désoler le monde, ou inventons des lois sur la durée des formes vivantes.

Je suis tenté de donner encore un exemple pour montrer comment les plantes et les animaux les moins élevés dans l'échelle naturelle sont reliés ensemble par un réseau de relations complexes. J'aurai plus loin l'occasion de montrer que le *Lobelia fulgens* exotique n'étant jamais visité par des insectes en certaine partie de l'Angleterre, il résulte de sa structure particulière qu'il ne peut jamais produire de graines. La visite des papillons est absolument nécessaire à beaucoup de nos Orchidées pour mouvoir leurs masses polliniques et les féconder. Des expériences constatent que les Bourdons sont presque indispensables à la fécondation de la Pensée (*Viola tricolor*), car les autres Abeilles ne la visitent pas. J'ai aussi constaté que les visites des Abeilles sont nécessaires à la fécondation de quelques espèces de Trèfle : par exemple 20 têtes de Trèfle hollandais (*Trifolium repens*) donnèrent 2,290 graines, tandis que 20 autres têtes protégées contre les Abeilles n'en donnèrent pas une. De même 100 têtes de Trèfle rouge (*T. pratense*) produisirent 2,700 graines, mais le même nombre de têtes protégées n'en produisirent aucune. Les Bourdons visitent seuls le Trèfle rouge ; les autres Abeilles n'en peuvent atteindre le nectar. On a émis l'idée que les Papillons pouvaient aider à la fécondation des Trèfles ; mais je doute que ce soit possible à l'égard du Trèfle rouge, leur poids ne paraissant pas suffisant pour déprimer les ailes de la corolle. De là on peut inférer comme probable que, si le genre entier des Bourdons s'éteignait en Angleterre, la Pensée et le Trèfle rouge y deviendraient très-rares ou disparaîtraient totalement.

Le nombre des Bourdons, en quelque district que ce soit, dépend beaucoup du nombre des Mulots, qui détruisent leurs rayons et leurs nids ; et M. H. Newmann, qui a observé pendant longtemps les habitudes des Bourdons, croit que « plus des deux tiers d'entre eux sont détruits de cette manière en Angleterre. » Maintenant le nombre des Mulots dépend, comme chacun sait, du nombre des Chats ; et M. Newmann dit que, près des villages et des petites villes, il a trouvé des nids de Bourdons en plus grand nombre que partout, ce qu'il attribue au grand nombre de Chats qui détruisent les Mulots. Il est donc très-probable que la présence d'un animal félin, en assez grand nombre dans un district, peut décider, au moyen de l'intervention des Souris d'abord et ensuite des Abeilles, de la multiplication de certaines fleurs dans ce même district.

La multiplication de toute espèce est donc toujours entravée par diverses causes qui agissent à différentes périodes de la vie, et qui, en différentes saisons de l'année, jouent leur rôle tour à tour ; quelques-unes sont plus puissantes, mais toutes concourent à déterminer le nombre moyen des individus ou l'existence même de chaque espèce. En quelques cas on peut prouver que dans des districts différents ce sont de très-différentes causes qui mettent obstacle à l'existence d'une même espèce. Quand on considère les plantes et les arbustes qui recouvrent un fourré, on est tenté d'attribuer leur nombre proportionnel et leurs espèces à ce que l'on appelle le hasard. Mais quelle erreur profonde ! Chacun a entendu dire que, lorsqu'on abat une forêt américaine, une végétation toute différente surgit soudain ; mais on a remarqué que les anciennes ruines indiennes du midi des États-Unis, qui doivent avoir été un jour dépouillées d'arbres, déploient maintenant la même admirable diversité et les mêmes essences en même proportion que les forêts vierges environnantes. Quel combat doit s'être livré pendant de longs siècles entre les différentes espèces d'arbres, chacune d'elles répandant annuellement ses graines par milliers ! Quelle guerre d'insecte à insecte ; et des insectes, limaçons et autres animaux contre les oiseaux et bêtes de proie ; tous s'efforçant de multiplier, et tous se nourrissant les uns des autres, ou vivant des arbres, de leurs graines, de leurs jeunes plants, ou des autres plantes qui d'abord couvraient la terre et empêchaient par conséquent la croissance des arbres ! Qu'on jette en l'air une poignée de plumes, et chacune d'elles tombera à terre d'après des lois définies ; mais combien le problème de leur chute est simple auprès de celui des actions et réactions des plantes et des animaux sans nombre qui ont déterminé, pendant le cours des siècles, les nombres proportionnels et les espèces des arbres qui croissent maintenant sur les ruines indiennes !

IX. **Concurrence vitale plus sérieuse entre les individus et les variétés de la même espèce ; souvent sérieuse encore entre les espèces du même genre.** — La dépendance d'un être organisé par rapport à un autre, telle que celle du parasite par rapport à sa proie, se manifeste généralement entre des êtres très-éloignés les uns des autres dans l'échelle de la nature. Tel est souvent le cas parmi les animaux qui peuvent être considérés comme luttant les uns contre les autres pour leurs moyens d'existence, comme par exemple les Sauterelles et les quadrupèdes herbivores. Mais presque toujours la lutte est encore beaucoup plus intense entre les individus de la même espèce, car ils fréquentent les mêmes districts, exigent de la même nourriture, et sont exposés aux mêmes dangers. Entre les variétés d'une même espèce, la lutte doit être en général presque également sérieuse, et nous voyons souvent la victoire bientôt décidée : si par exemple plusieurs variétés de Blé sont semées ensemble, et si la semence mêlée en est ressemée, celles d'entre ces variétés qui conviennent le mieux au sol et au climat, ou qui sont par nature les plus fécondes, l'emportent sur les autres, donnent plus de graines, et conséquemment supplantent celles-ci en peu d'années. Pour maintenir en masse un mélange de variétés, même aussi voisines que le sont les Pois de senteur (*Lathyrus odoratus*) de diverses couleurs, il est nécessaire de les récolter chaque année séparément et d'en mêler la semence en proportion convenable ; autrement les essences les plus faibles décroissent rapidement en nombre jusqu'à disparition complète. Il en est de même des variétés de Moutons : il a été constaté que certaines variétés de montagnes affament à tel point les autres, qu'on ne peut les garder ensemble dans les mêmes pâturages. On a remarqué le même effet parmi les différentes variétés de Sangsues médicinales nourries dans les mêmes réservoirs. I est même douteux que toutes le variétés de nos plantes cultivées ou de nos animaux domestiques aient si exactement les mêmes formes, les mêmes habitudes et la même constitution, que les proportions premières d'une masse mélangée puissent se maintenir pendant une demi-douzaine de générations, si rien n'empêche la lutte de s'établir entre elles, comme entre les races sauvages, et si les graines et les petits ne sont annuellement assortis.

Comme les espèces du même genre ont habituellement, mais non pas invariablement, quelques ressemblances dans leurs habitudes et leur constitution, et toujours dans leur stucture, la lutte est généralement plus vive entre ces espèces proches alliés, lorsqu'elles entrent en concurrence, qu'entre les espèces de genres distincts. Nous voyons un exemple de cette loi dans l'extension récente en certaines provinces des États-Unis d'une espèce d'Hirondelle qui a causé la décadence d'une autre espèce. L'accroissement récent de la Draine (*Turdus viscivorus*) en certaines parties de l'Écosse a causé la rareté croissante de la Grive commune (*Turdus musicus*). Combien n'arrive-t-il pas fréquemment qu'une espèce de Rat prenne la place d'une autre sous les plus différents climats ! En Russie, la petite Blatte d'Asie (*Blatta orientalis*) a partout chassé devant elle sa grande congénère. Notre Abeille, nouvellement importée en Australie, est en train d'y exterminer rapidement la petite Abeille sans aiguillon qui y est indigène [1]. Une espèce de Moutarde en supplante une autre, et ainsi de suite. Nous pouvons concevoir à peu près pourquoi la concurrence est plus vive entre des formes alliées qui remplissent presque la même place dans l'économie de la nature ; mais il est probable que nous ne pourrions dire en un seul cas précisément pourquoi une espèce a remporté la victoire sur une autre dans la grande bataille de la vie.

X. **Les rapports d'organisme à organisme sont les plus importants.** — Un corollaire de la plus haute importance peut se déduire des remarques précédentes : c'est que la structure de chaque être organisé est dans une dépendance nécessaire, bien que souvent très-difficile à découvrir, de la structure des autres êtres organisés qui lui font concurrence pour la nourri-

[1] Ce paragraphe, ajouté par l'auteur, manque aux éditions antérieures à 1866 sauf la seconde édition allemande. *Trad.*

ture ou la résidence, qui lui servent de proie ou contre lesquels il doit se défendre. Cette loi est évidente dans la structure des dents et des griffes du Tigre et dans celle des pieds et des crochets de l'insecte parasite qui grimpe aux poils de son corps. Mais la belle aigrette plumeuse des graines de la Chicorée sauvage, ainsi que les pieds aplatis et frangés des Coléoptères aquatiques, ne semblent en relation directe qu'avec les milieux ambiants, c'est-à-dire avec l'air et avec l'eau. Cependant une graine plumeuse est sans nul doute un avantage lorsque le sol est déjà très-fourni d'autres plantes; parce que la graine peut alors plus aisément se répandre au loin avec plus de chances de tomber sur un terrain inoccupé. Chez les Coléoptères aquatiques, la structure des pieds, si bien disposés pour plonger, leur permet de soutenir la concurrence contre d'autres insectes, de chasser aisément leur propre proie et d'échapper au danger de devenir la proie d'autres animaux.

La quantité de substance nutritive contenue dans les graines de beaucoup de plantes, comme par exemple les Pois et les Fèves, semble d'abord indifférente et sans aucune relation directe avec leurs succès sur les autres plantes; mais la vigueur de séve que manifestent les jeunes sujets issus de telles graines, lorsqu'ils germent et lèvent au milieu de hautes herbes, peut faire supposer que la nourriture contenue dans la graine a principalement pour but de favoriser la jeune plante, pendant qu'elle lutte avec d'autres espèces qui croissent vigoureusement autour d'elle.

Pourquoi chaque forme végétale ne multiplie-t-elle pas dans toute l'étendue de sa région naturelle, jusqu'à doubler ou quadrupler le nombre de ses représentants? Nous savons qu'elle peut parfaitement supporter un peu plus de chaleur ou de froid, d'humidité ou de sécheresse; car autre part elle croît en des districts plus chauds ou plus froids, plus secs ou plus humides. Mais, en pareil cas, il est évident que, si notre imagination suppose à une plante le pouvoir de s'accroître en nombre, elle devra lui supposer aussi quelque avantage sur ses concurrents ou sur les animaux qui s'en nourrissent. Sur les confins de sa station géographique, un changement de constitution en rapport avec le climat lui serait d'un avantage certain; mais nous avons toute raison pour croire que seulement un très-petit nombre de plantes ou d'animaux s'étendent assez loin pour être détruits par la seule rigueur du climat. C'est seulement aux confins extrêmes de la vie, dans les régions arctiques ou sur les bords d'un désert, que cesse la concurrence. Que la terre soit très-froide ou très-sèche, et cependant il y aura concurrence encore entre quelques rares espèces, et enfin entre les individus de la même espèce pour les endroits les plus humides ou les plus chauds.

On peut déduire de là que, si une plante ou un animal est placé dans une nouvelle contrée parmi de nouveaux compétiteurs, lors même que le climat serait parfaitement identique, les conditions d'existence de l'espèce n'en sont pas moins généralement changées d'une manière essentielle. Si nous souhaitons accroître, dans sa nouvelle patrie, le nombre moyen de ses représentants, ils devront être modifiés d'une autre manière et dans une autre direction que si nous voulions obtenir un pareil résultat dans leur contrée natale ; car il nous faudrait leur procurer l'avantage sur un ensemble de compétiteurs ou d'ennemis tout différents.

Mais s'il est aisé de donner ainsi en imagination à une forme quelconque certains avantages sur les autres, fort probablement dans la pratique réelle nous ne saurions en une seule occasion ni ce qu'il faudrait faire, ni comment y réussir. C'est ce qui achèverait de nous convaincre de notre ignorance, à l'égard des relations mutuelles des êtres organisés, conviction aussi nécessaire que difficile à acquérir. Tout ce qui nous est possible, c'est d'avoir constamment à l'esprit que tous les êtres vivants s'efforcent perpétuellement de se multiplier en raison géométrique ; mais que chacun d'eux, à certaines périodes de la vie, en certaines saisons de l'année, pendant le cours de chaque génération ou à intervalles périodiques, doit lutter contre de nombreuses causes de destruction. La pensée de ce combat universel est triste ; mais, pour nous consoler, nous avons la certitude que la guerre naturelle n'est pas incessante, que la peur y est inconnue, que la mort est généralement prompte et que ce sont les êtres les plus vigoureux, les plus sains et les plus heureux qui survivent et qui se multiplient.

# CHAPITRE IV

## SÉLECTION NATURELLE.

I. Sélection naturelle : comparaison de son pouvoir avec le pouvoir sélectif de l'homme. — II. Son influence sur les caractères de peu d'importance. — III. Son influence à tout âge et sur les deux sexes. — IV. Sélection sexuelle. — V. Exemple de sélection naturelle. — VI. De la généralité des croisements entre individus de la même espèce. — VIII. Circonstances favorables ou défavorables à la sélection naturelle, telles que les croisements, l'isolement ou le nombre des individus. — VIII. Action lente. — IX. Extinction causée par sélection naturelle. — X. Divergence des caractères en connexion avec la diversité des habitants de chaque station limitée et avec la naturalisation. — XI. Effets de sélection naturelle sur les descendants d'un père commun, résultant de la divergence des caractères et des extinctions d'espèces. — XII. Elle rend compte du groupement des êtres organisés. — XIII. Progrès de l'organisation. — XIV. Persistance des formes inférieures. — XV. Examen des objections. — XVI. Multiplication indéfinie des espèces. — XVII. Résumé.

**I. Sélection naturelle : comparaison de son pouvoir avec le pouvoir sélectif de l'homme.** — Nous venons d'examiner, beaucoup trop superficiellement, dans le chapitre précédent, la loi de concurrence vitale. Il s'agit maintenant de savoir comment elle agit à l'égard de la variabilité. Si l'on pouvait appliquer à l'état de nature le principe de sélection que nous avons vu si puissant entre les mains de l'homme, quels n'en pourraient pas être les immenses effets !

On se souvient du nombre infini de variétés obtenues parmi nos produits domestiques et des variations moins apparentes des races sauvages ; on se rappelle aussi quelle est la force de tendances héréditaires. On peut dire qu'à l'état de domesticité l'organisation tout entière devient en quelque sorte plastique.

Mais, ainsi que l'ont remarqué avec justesse Hooker et Asa

Gray, ce n'est pas nous qui produisons directement les variations que l'on constate journellement dans nos produits domestiques. Nous ne pouvons ni causer les variations, ni les empêcher de se produire, mais seulement conserver et accumuler celles qui se produisent. Le plus souvent sans intention nous exposons les êtres organisés à des conditions de vie nouvelles, et des variations s'ensuivent; mais des changements semblables dans les conditions d'existence ne peuvent-ils avoir lieu à l'état de nature et produire les mêmes effets?

Nous avons vu aussi combien les relations mutuelles des êtres organisés sont étroites et compliquées et, par conséquent, combien de variations très-diverses peuvent être utiles à tout être qui se trouve soudain placé dans de nouvelles conditions de vie. Nous avons constaté l'apparition fréquente de variations qui peuvent être utiles à l'homme de différentes manières; il y a donc toute probabilité qu'il se produit quelquefois, dans le cours de plusieurs milliers de générations successives, d'autres variations utiles aux animaux eux-mêmes dans la grande bataille qu'ils ont à soutenir les uns contre les autres au sujet de leurs moyens d'existence. Ces variations venant à se produire, si d'autre part il est vrai qu'il naisse toujours plus d'individus qu'il n'en peut vivre, il ne saurait être douteux que les individus doués de quelque avantage naturel, si léger qu'il soit, n'aient plus de chance que les autres de survivre et de propager leur race. D'un autre côté, il n'est pas moins certain que toute déviation, si peu nuisible qu'elle soit aux individus chez lesquels elle se produit, causera inévitablement leur destruction. Or, cette loi de conservation des variations favorables et d'élimination des déviations nuisibles, je la nomme *Sélection naturelle.*

Des variations sans utilité, des déviations qui ne sauraient nuire ni aux individus ni à l'espèce, ne peuvent être affectées par cette loi et demeureraient à l'état d'éléments variables : c'est ce qu'on observe peut-être chez les espèces polymorphes.

Plusieurs écrivains ont critiqué ce terme de *sélection naturelle;* c'est probablement qu'ils l'ont mal compris. Quelques-uns se sont imaginé que la sélection naturelle produisait la variabilité, lorsqu'elle implique seulement la conservation des variations accidentellement produites, quand elles sont avantageuses aux individus dans les conditions particulières où ils se trouvent placés. Nul ne proteste contre les agriculteurs, lorsqu'ils parlent des puissants effets de leur sélection systématique; cependant, en pareil cas, les différences individuelles qu'ils choisissent dans un but particulier doivent avoir été produites préalablement par la nature. D'autres ont objecté que le terme de sélection implique un choix conscient chez les animaux qui se modifient, et on a même argué de ce que, les plantes n'ayant aucune volonté, la sélection naturelle ne leur était pas applicable! Dans le sens littéral du mot, il n'est pas douteux que le terme de sélection naturelle ne soit un contre-sens; mais qui a jamais protesté contre les chimistes lorsqu'ils parlent des affinités électives des diverses substances élémentaires [1] ? Et cependant, à parler strictement, on ne peut dire non plus qu'un acide élise la base avec laquelle il se combine de préférence. On a dit que je parlais de la sélection naturelle comme d'une puissance divine; mais qui trouve mauvais qu'un auteur parle de l'attraction ou de la gravitation comme réglant les mouvements des planètes? Chacun sait ce que signifient ces expressions métaphysiques presque indispensables à la clarté succincte d'une exposition. Il est de même très-difficile d'éviter toujours de personnifier le mot de nature; mais par nature j'entends seulement l'action combinée et le résultat complexe d'un grand nombre de lois naturelles, et par lois, la série nécessaire des faits telle qu'elle nous est connue aujourd'hui. Des objections aussi superficielles sont sans valeur pour tout esprit déjà un peu familiarisé avec le langage de la science [2].

On comprendra plus aisément l'application de la loi de sélection naturelle, en prenant pour exemple une contrée en

[1] Nous faisons remarquer ici que le mot français : *élection*, que nous avions adopté dans notre première édition et qui est déjà adopté en chimie, était si bien équivalent au mot anglais *sélection*, que tout ce passage n'a plus de sens par l'adoption de ce dernier. Nous avons voulu suivre la loi de la majorité ; c'est un exemple de plus qui prouvera combien cette loi est souvent susceptible d'erreur en fait de langue comme en autre chose. *Trad.*

[2] Cette page est la complète réfutation du petit livre de M. Flourens sur le Darwinisme. *Trad.*

train de subir quelques changements physiques, tel que serait un changement de climat. Les nombres proportionnels des représentants de chacune des espèces qui l'habitent changeraient presque immédiatement : quelques-unes de ces espèces prendraient une plus grande extension, tandis que d'autres pourraient s'éteindre. De ce que nous avons vu concernant les rapports étroits et complexes qui unissent les uns aux autres les habitants d'une même contrée, nous pouvons inférer que tout changement dans les proportions numériques des individus de quelques espèces affecteraient sérieusement la plupart des autres, toute influence du nouveau climat mise à part. Si la contrée était ouverte, de nouvelles formes immigreraient, ce qui troublerait encore plus profondément les relations réciproques des habitants primitifs. Nous avons vu déjà quelle peut être la puissante influence de l'introduction d'un seul arbre ou d'un seul mammifère dans un district. Mais dans une île ou dans une contrée entourée de barrières naturelles, que d'autres formes mieux adaptées ne pourraient aisément franchir, il y aurait dans l'économie locale des places vacantes qui seraient mieux remplies si quelques-uns des habitants indigènes venaient à se modifier de quelque manière, puisque, si la contrée avait été ouverte, ces places vacantes auraient été saisies par des immigrants. En pareil cas, toute modification légère qui dans le cours des âges pourrait se produire, aurait toute chance de se perpétuer, pourvu qu'elle fût de quelque façon avantageuse à l'espèce en l'adaptant plus exactement à ses conditions d'existence, parce que la sélection naturelle aurait ainsi des matériaux disponibles pour son œuvre de perfectionnement.

Nous avons établi dans le premier chapitre qu'un changement dans les conditions de vie, en agissant spécialement sur le système reproducteur, cause ou accroît la variabilité ; or, dans le cas dont il s'agit ici, on suppose que les conditions de vie ont subi quelques modifications ; ce serait donc un moment favorable à la sélection naturelle, puisqu'il y aurait plus de chance pour que des variations avantageuses se produisissent, et que sans ces variations avantageuses la sélection naturelle ne peut rien.

Ce n'est pas non plus qu'une variabilité considérable soit nécessaire : de même qu'un éleveur peut obtenir de grands résultats en accumulant seulement dans une direction donnée des différences individuelles, de même la sélection naturelle peut agir à l'aide de ces mêmes différences, et d'autant plus aisément qu'elle dispose d'un laps de temps incomparablement plus long. Je ne crois pas davantage qu'il faille nécessairement de grands changements dans le climat ou un isolement complet, rendant impossible toute immigration, pour produire dans l'économie d'une contrée de nouvelles lacunes à remplir par la sélection naturelle de quelque variété perfectionnée des ancien habitants. Puisque tous les êtres vivants d'une même région luttent constamment entre eux avec des forces à peu près balancées, il peut suffire d'une modification insensible dans l'organisation ou les habitudes de l'un d'entre eux pour lui assurer l'avantage sur les autres. D'autres modifications de la même nature pourront souvent accroître encore cet avantage, aussi longtemps que l'espèce continuera de vivre dans les mêmes conditions et jouira des mêmes moyens de se nourrir et de se défendre.

On ne saurait citer une seule contrée dont les habitants indigènes soient actuellement si bien adaptés les uns aux autres et aux conditions physiques sous lesquelles ils vivent, que nul d'entre eux ne puisse en quelque chose être plus parfait ; car en toute contrée les espèces natives ont été si complétement vaincues par des espèces naturalisées qu'elles ont laissé ces étrangères prendre définitivement possession du sol. Des races étrangères ayant ainsi battu partout quelques-unes des indigènes, on en peut conclure, en toute sûreté, que celles-ci auraient eu avantage à se modifier de manière à résister à cet envahissement de leur domaine.

Puisque l'homme peut produire et qu'il a certainement produit de grands résultats par ses moyens de sélection méthodique ou inconsciente, que ne peut faire la sélection naturelle ? L'homme ne peut agir que sur des caractères visibles et extérieurs ; la nature, si toutefois l'on veut bien nous permettre de personnifier sous ce nom la loi selon laquelle les individus variables et favorisés sont protégés dans le combat vital, la nature, disons-nous, ne s'inquiète point des apparences, sauf dans les cas où elles sont de quelque utilité aux êtres vivants. Elle peut agir, sur chaque organe interne, sur la moindre différence d'organisation ou sur le mécanisme vital tout entier. L'homme ne choisit qu'en vue de son propre avantage, et la nature seulement en vue du bien de l'être dont elle prend soin. Elle accorde un plein exercice à chaque organe nouvellement formé ; et l'individu modifié est placé dans les conditions de vie qui lui sont les plus favorables. L'homme garde les natifs de divers climats dans la même contrée ; il exerce rarement chaque organe nouvellement acquis d'une manière spéciale et convenable ; il nourrit des mêmes aliments un Pigeon à bec long ou court ; il n'exerce pas un quadrupède à jambes courtes ou longues d'une façon particulière : il expose des Moutons à laine épaisse ou rare au même climat ; il ne permet pas aux mâles les plus vigoureux de combattre pour s'approprier les femelles ; il ne détruit pas rigoureusement tous les individus inférieurs, mais, autant qu'il est en son pouvoir de le faire, il protége en toute saison tous ses produits ; enfin, il commence souvent son action sélective par quelque forme à demi monstrueuse ou au moins par quelque modification assez apparente pour attirer son attention ou pour lui être immédiatement utile. Sous la loi de nature, la plus insignifiante différence de structure ou de constitution suffit à faire pencher la balance presque équilibrée des forces, et peut ainsi se perpétuer. Les caprices de l'homme sont si changeants, sa vie est si courte ! Comment ses productions ne seraient-elles pas imparfaites en comparaison de celles que la nature peut perfectionner pendant des périodes géologiques tout entières? Nous ne pouvons donc nous émerveiller de ce que les espèces naturelles soient beaucoup plus franchement accusées dans leurs caractères que les races domestiques, qu'elles soient infiniment mieux adaptées aux conditions d'existence les plus compliquées et portent en tout le cachet d'une œuvre beaucoup plus parfaite.

On peut dire par métaphore que la sélection naturelle scrute journellement, à toute heure et à travers le monde entier, chaque variation, même la plus imperceptible, pour rejeter ce qui est mauvais, conserver et ajouter tout ce qui est bon ; et qu'elle travaille ainsi, insensiblement et en silence, partout et toujours, dès que l'opportunité s'en présente, au perfectionnement de chaque être organisé par rapport à ses conditions d'existence organiques et inorganiques. Nous ne voyons rien de ces lentes et progressives transformations, jusqu'à ce que la main du temps les marque de son empreinte en mesurant le cours des âges, et même, alors, nos aperçus à travers les incommensurables périodes géologiques sont si incomplets que nous voyons seulement une chose : c'est que les formes vivantes sont différentes aujourd'hui de ce qu'elles étaient autrefois.

Pour que de grandes modifications se produisent dans la succession des siècles, il faut qu'une variété, après s'être une fois formée, varie encore, bien que peut-être au bout d'un long intervalle d'années, que celles d'entre ces variations qui se trouvent avantageuses soient encore conservées, et ainsi de suite. Aucun naturaliste ne niera que des variétés plus ou moins différentes de la souche mère ne se forment de temps en temps; mais que le cours de ces variations puisse se prolonger indéfiniment, c'est une généralisation inductive dont il faut peser la valeur d'après les phénomènes généraux de la nature et la facilité qu'elle offre pour les expliquer. D'autre part, l'opinion généralement adoptée que la quantité de variation possible chez une espèce est strictement limitée, n'est pareillement qu'une généralisation tout à fait hypothétique.

II. **Influence de la sélection naturelle sur des caractères de peu d'importance.** — Quoique la sélection naturelle ne puisse agir qu'en vue du bien de chaque être vivant, cependant certains caractères ou certains organes, considérés comme peu importants, peuvent être l'objet de son action. Quand on voit des insectes phytophages affecter la couleur verte, et d'autres qui se nourrissent d'écorce, un gris pommelé ; le Lagopède Ptarmigan ou Perdrix des neiges (*Tetrao lagopus*) blanc en hiver, le Coq de Bruyère ou Tétras écossais (*T. Scoticus*) couleur de bruyère et le Tétras Berkan ou petit Coq de Bruyère (*Tetrao Tetrix*) couleur de tourbe, il faut bien admettre que ces nuances particulières sont utiles à ces espèces qu'elles protégent contre certains dangers. Si les Tétras n'étaient fréquemment détruits à quelqu'une des phases de leur existence, ils multiplieraient à l'infini. On sait qu'ils ont pour ennemis les Faucons, qui sont guidés vers leur proie par un regard perçant. Je ne puis donc douter que la sélection naturelle n'ait été cause de la couleur affectée par chaque espèce de Tétras, et n'ait continué d'agir pour la rendre permanente une fois acquise. C'est par des raisons analogues qu'en certains pays on évite d'avoir des Pigeons blancs, parce qu'ils sont plus exposés à devenir la proie des oiseaux rapaces.

Il ne faut pas croire non plus que la destruction accidentelle des individus de couleur particulière ne puisse produire que peu d'effet sur une race. Nous avons déjà vu combien il est essentiel dans un troupeau de Moutons blancs de détruire tout agneau portant les plus petites taches noires, et qu'en Floride la couleur décide de la vie ou de la mort des Porcs exposés à manger d'une certaine racine [1] ? Chez les plantes, les botanistes considèrent le duvet qui recouvre les fruits ou la couleur de leur chair comme des caractères négligeables, et cependant nous tenons d'un habile horticulteur, Downing, qu'aux États-Unis les fruits à peau lisse souffrent beaucoup plus que ceux à peau velue des attaques d'une espèce de Charençon ; que les Prunes pourprées sont plus sujettes que les jaunes à une maladie qui leur est particulière, tandis qu'une autre attaque au contraire les Pêches à chair jaune beaucoup plus que celles dont la chair est autrement colorée. Si, malgré le secours de l'art, des différences si légères décident du sort des variétés cultivées, assurément, à l'état de nature, où chaque arbre doit lutter contre d'autres arbres et contre une armée d'ennemis, ces mêmes différences doivent évidemment suffire à décider quelle variété de fruit, lisse ou velue, à chair pourpre ou jaune, l'emportera finalement sur les autres.

Lorsqu'il s'agit d'évaluer de légères différences entre les

[1] Voir ch. I, p. 20.

espèces, il ne faut pas oublier que le climat, la nourriture, etc., ont sans doute quelque effet direct, et que certaines dissemblances qui nous semblent sans aucune importance peuvent au contraire être d'une nécessité vitale absolue sous un certain ensemble de conditions de vie. Il est encore plus indispensable de tenir compte des diverses lois de corrélation, encore inconnues, qui gouvernent la croissance, de sorte qu'une partie de l'organisation venant à se modifier par suite de la variabilité naturelle et de l'action accumulatrice de la sélection naturelle, il peut se produire par l'effet de ces lois les modifications corrélatives les plus imprévues.

III. **Influence de la sélection naturelle à tout âge et sur les deux sexes.** — Les variations, qui se manifestent à l'état domestique chez certains individus à une époque particulière de la vie, tendent à réapparaître chez leurs descendants à la même époque. Il en est ainsi de la forme, de la taille et de la saveur des graines dans les nombreuses variétés de nos plantes culinaires et agricoles, des variations du Ver à soie à l'état de chenille ou à l'état de cocon, des variations des œufs de nos volailles et de la couleur du duvet des petits ou des cornes de nos Moutons et de nos Bœufs approchant de l'âge adulte. Toutes ces variations se reproduisant toujours pendant la même phase de développement organique, de même, à l'état sauvage, la sélection naturelle peut agir sur les êtres organisés aux diverses époques de leur vie, par l'accumulation de variations avantageuses à l'une de ces époques seulement et par leur transmission héréditaire se manifestant à l'âge correspondant.

S'il est avantageux à une plante que ses graines soient plus facilement disséminées par le vent, il est aussi aisé à la sélection naturelle de produire un semblable perfectionnement, qu'au planteur d'augmenter et d'améliorer le coton dans les gousses du Cotonnier au moyen de la sélection méthodique. La sélection naturelle peut modifier et adapter la larve d'un insecte à des circonstances complétement différentes de celles où devra vivre l'insecte adulte. Sans nul doute que celui-ci ne sera pas sans être affecté aussi par ces modifications de sa larve : cela résulte des lois de la corrélation de croissance. Quant à ces insectes qui vivent quelques heures seulement et ne prennent aucune nourriture sous leur dernière forme, il est probable que leur conformation tout entière n'est que le résultat des modifications successives que la structure de leurs larves a subies. Réciproquement, les modifications chez l'adulte affecteront probablement fort souvent la structure de la larve ; mais, en tous les cas, la sélection naturelle mettra obstacle à ce que ces modifications, qui peuvent se produire ultérieurement et à une autre époque de la vie par suite de modifications premières, soient en quelque chose, et si peu que ce soit, nuisibles à l'espèce : car, sans cela, elles en amèneraient l'extinction.

La sélection naturelle doit modifier l'organisation des petits par rapport à leurs parents et celle des parents par rapport à leurs petits. Chez les animaux qui vivent en société, elle approprie la structure de chaque individu au bénéfice de la communauté, à condition que chacun d'eux profite de ce changement survenu par sélection.

Mais ce que la sélection naturelle ne saurait faire, c'est de modifier une espèce sans lui donner aucun avantage propre et exclusivement au bénéfice d'une autre espèce. Quoique des ouvrages d'histoire naturelle fassent quelquefois mention de pareils faits, je n'en connais pas un seul qui puisse à l'examen supporter une pareille interprétation.

Un organe ne serait-il utile qu'une seule fois dans tout le cours de la vie d'un animal, il peut cependant, surtout s'il est de grande importance, se modifier, si profondément que ce soit, sous l'action sélective de la nature. Telles sont par exemple les grandes mâchoires dont certains insectes se servent exclusivement pour ouvrir leurs cocons ou l'extrémité cornée du bec des jeunes oiseaux, qui les aide à briser leur œuf pour en sortir. Il paraîtrait que parmi les plus beaux spécimens de Pigeons culbutants à bec court, il en périt un plus grand nombre, dans l'œuf, qu'il n'en est qui réussissent à en sortir, si bien que les amateurs sont obligés de guetter le moment de leur éclosion pour les secourir au besoin. Dans le cas où il serait avantageux à un oiseau vivant à l'état sauvage d'avoir, comme nos Culbutants, un bec très-court, cette modification ne pourrait se produire que très-lentement ; et une sélection rigoureuse s'exercerait parmi les jeunes oiseaux encore dans l'œuf, choisissant ceux dont le bec serait le plus dur et le plus fort, tandis que ceux à bec faible périraient inévitablement ; ou bien, encore, ce seraient les petits sortis des coquilles les plus fragiles qui seraient choisis, l'épaisseur de ces coquilles pouvant varier autant que tout autre organe.

IV. **Sélection sexuelle.** — A l'état domestique certaines particularités apparaissent quelquefois chez l'un des sexes, et deviennent héréditaires chez celui-là seul. Le même fait se produit probablement à l'état de nature ; et, s'il en est ainsi, la sélection naturelle doit pouvoir modifier un sexe, soit dans ses relations organiques avec l'autre, soit dans ses habitudes, qui deviennent ainsi plus ou moins différentes chez le mâle et chez la femelle, comme on en trouve de fréquents exemples chez les insectes. Ceci m'amène à dire quelques mots de ce que j'appelle la *sélection sexuelle.*

Les effets de cette loi ne dépendent plus de la lutte soutenue pour les moyens d'existence, mais de la lutte qui a lieu entre les mâles pour la possession des femelles. Il n'en résulte pas toujours la mort du concurrent malheureux, mais seulement qu'il ne laisse après lui qu'une postérité peu nombreuse ou même aucune. La sélection sexuelle est donc moins rigoureuse que la sélection naturelle [1]. Généralement, les mâles les plus vigoureux, ceux qui sont le mieux adaptés à leur situation dans l'économie naturelle, laissent une plus nombreuse postérité. Mais dans des cas fréquents la victoire dépend moins de la vigueur générale de l'individu que des armes spéciales qu'il possède et qui sont le plus souvent particulières au sexe mâle. Un Cerf sans bois ou un Coq sans éperon n'aurait que peu de chance de laisser une postérité. La sélection sexuelle,

[1] Qui serait peut-être mieux nommée sélection spécifique. La sélection spécifique et la sélection sexuelle forment ensemble la sélection naturelle, loi ou principe général du progrès organique. *Trad.*

en permettant toujours au vainqueur de reproduire sa race, peut sûrement donner à celle-ci, à l'aide du cours du temps, un courage plus indomptable, un éperon plus long, une aile plus forte pour frapper son pied éperonné, aussi bien que le brutal éleveur de Coqs de combat peut en améliorer la race par un choix rigoureux des plus beaux individus.

Jusqu'où descend dans l'échelle de la nature cette loi de guerre? Je l'ignore. Des voyageurs nous ont raconté des combats d'Alligators mâles au temps du rut. Ils nous les représentent poussant des mugissements et tournant en cercle avec une rapidité croissante, comme font les Indiens dans leurs danses guerrières. On a vu des Saumons combattre pendant des jours entiers. Les Cerfs-volants portent quelquefois la trace des blessures que leur ont faites les larges mandibules d'autres mâles. M. Fabre, cet observateur inimitable, a vu fréquemment les mâles de certains insectes Hyménoptères combattre pour une certaine femelle qui restait spectatrice en apparence indifférente du combat, mais qui ensuite suivait le vainqueur [1]. La guerre est plus terrible encore entre les mâles des animaux polygames. Aussi sont-ils, plus généralement que les autres, pourvus d'armes spéciales. Les mâles des animaux Carnivores sont déjà de leur nature suffisamment armés; et cependant la sélection sexuelle peut encore leur donner, comme aux autres, des moyens particuliers de défense, tels que la crinière chez le Lion, le coussinet de poils qui protége l'épaule du Sanglier et la mâchoire à crochet du Saumon mâle : car le bouclier peut être aussi utile pour la victoire que l'épée ou la lance.

Chez les oiseaux, la lutte offre souvent un caractère plus paisible. Tous ceux qui se sont occupés de ce sujet ont constaté une ardente rivalité entre les mâles de beaucoup d'espèces pour attirer les femelles par leurs chants. Les Merles de roche de la Guyane, les Oiseaux de Paradis et quelques autres espèces encore s'assemblent en troupe; et tour à tour les mâles étalent leur magnifique plumage et prennent les poses les plus extraordinaires devant les femelles qui assistent comme specta-

[1] Ce paragraphe, ajouté par l'auteur, manque à toutes les éditions antérieures à 1866, sauf à la seconde édition allemande. *Trad.*

trices et juges de ce tournoi, puis à la fin choisissent le compagnon qui a su leur plaire.

Tous les amateurs de volières savent bien que les oiseaux sont très-susceptibles de préférences et d'antipathies individuelles. Sir B. Héron a remarqué un Paon panaché qui était tout particulièrement préféré par toutes les femelles de son espèce. Il peut sembler puéril d'attribuer quelque effet à des moyens en apparence si faibles. Je ne puis entrer ici dans les détails nécessaires pour en prouver toute l'importance ; mais si nous parvenons, en un laps de temps assez court, à donner l'élégance du port et la beauté du plumage à nos Coqs Bantam, d'après le type idéal que nous concevons pour cette espèce, je ne vois pas pourquoi les femelles des oiseaux, en choisissant constamment, durant des milliers de générations, les mâles les plus beaux ou ceux dont la voix est la plus mélodieuse, ne pourraient produire un résultat semblable. Quelques lois bien connues, concernant la dépendance réciproque qui existe entre le plumage des oiseaux mâles et femelles et celui des petits, peuvent s'expliquer en supposant que les modifications successives du plumage sont dues principalement à la sélection sexuelle, qui agit surtout lorsque les oiseaux sont arrivés à l'âge de se reproduire et pendant la saison des amours. Ces modifications, ainsi causées accidentellement, ont ensuite été héritées à l'âge correspondant et en même saison, soit par les mâles seuls, soit par les mâles et les femelles. Mais l'espace me manque pour développer ce sujet.

Pour me résumer, je crois pouvoir dire que, toutes les fois que les mâles et les femelles d'une espèce animale ont les mêmes habitudes, mais diffèrent en conformation, en couleur ou en parure, ces différences résultent principalement de la sélection sexuelle : c'est-à-dire que certains individus mâles ont eu pendant une suite non interrompue de générations quelques avantages sur d'autres mâles, soit dans leurs armes offensives ou défensives, soit dans leur beauté ou leurs attraits, et qu'ils ont transmis ces avantages à leur postérité mâle exclusivement. Cependant je ne voudrais pas attribuer toutes les différences sexuelles à cette cause ; car nous voyons se produire chez nos races domestiques des singularités qui deviennent propres au sexe mâle, bien qu'on ne puisse les croire utiles aux mâles dans leurs combats ou agréables aux femelles. Tel est, par exemple, le barbillon des Pigeons Messagers mâles ou les protubérances en forme de corne chez les Coqs de certaines races, etc. Des exemples analogues se présentent à l'état sauvage : ainsi la touffe de poils pectoraux du Dindon mâle ne saurait ni lui être de quelque avantage, ni lui servir d'ornement. Pareille singularité eût apparu à l'état domestique, qu'on l'eût considérée comme une monstruosité.

V. **Exemples de sélection naturelle.** — Afin de faire comprendre plus clairement de quelle manière, selon moi, agit la loi de sélection naturelle, je demande à mes lecteurs la permission de leur donner un ou deux exemples.

Supposons une espèce de Loup, se nourrissant de divers animaux, s'emparant des uns par ruse, des autres par force et des autres par agilité; supposons encore que sa proie la plus agile, le Daim, par exemple, par suite de quelques changements dans la contrée, se soit accrue en nombre ou que ses autres proies aient au contraire diminué pendant la saison de l'année où les Loups sont le plus pressés de la faim. En de pareilles circonstances, les Loups les plus vites et les plus agiles auront plus de chance que les autres de pouvoir vivre. Ils seront ainsi protégés, élus, pourvu toutefois qu'avec leur agilité nouvellement acquise ils conservent assez de force pour terrasser leur proie et s'en rendre maîtres, à cette époque de l'année ou à toute autre, lorsqu'ils seront mis en demeure de se nourrir d'autres animaux. Nous n'avons pas plus de raisons pour douter de ce résultat que de celui que nous obtenons nous-mêmes sur nos Lévriers, dont nous accroissons la légèreté par une soigneuse sélection méthodique ou par une sélection inconsciente, provenant de ce que chacun s'efforce de posséder les meilleurs Chiens sans avoir aucune intention de modifier la race.

Sans même supposer aucun changement dans les nombres proportionnels des animaux dont notre Loup fait sa proie, un louveteau peut naître avec une tendance innée à poursuivre de préférence certaines espèces. Une telle supposition n'a rien d'improbable : car on observe fréquemment de grandes différences dans les tendances innées de nos animaux domestiques : certains Chats, par exemple, s'adonnent à la chasse des Rats, d'autres à celle des Souris. D'après M. Saint-John, il en est qui rapportent au logis du gibier ailé, d'autres des Lièvres ou des Lapins, d'autres chassent au marais, et, presque chaque nuit, attrapent des Bécasses ou des Bécassines. On sait enfin que la tendance à chasser les Rats plutôt que les Souris est héréditaire. Si donc quelque légère modification d'habitudes innées ou de structure est individuellement avantageuse à quelque Loup, il aura chance de survivre et de laisser une nombreuse postérité. Quelques-uns de ses descendants hériteront probablement des mêmes habitudes ou de la même conformation, et par l'action répétée de ce procédé naturel une nouvelle variété peut se former et supplanter l'espèce mère ou coexister avec elle.

De même, encore, les Loups qui habitent des districts montagneux, et ceux qui fréquentent les plaines, sont naturellement forcés de chasser différentes proies ; et de la conservation continue des individus les mieux adaptés à chacune de ces stations, il doit résulter deux variétés distinctes. Ces variétés pourraient, il est vrai, se mélanger par des croisements, si elles venaient à se rencontrer ; mais nous aurons bientôt à revenir sur ce sujet. J'ajouterai encore, d'après M. Pierce, qu'aux États-Unis, dans les montagnes de Catskill, il existe deux variétés de Loups : l'une, de forme élancée, assez semblable au Lévrier, poursuit les bêtes fauves ; l'autre, plus massive, attaque plus fréquemment les troupeaux.

Prenons maintenant un exemple moins simple. Quelques plantes sécrètent une liqueur sucrée, apparemment pour éliminer de leur séve des substances nuisibles. Cette sécrétion est effectuée à l'aide de glandes situées à la base des stipules dans quelques Légumineuses et sur le revers des feuilles du Laurier commun. Cette liqueur, quoique en très-petite quantité, est recherchée avidement par les insectes. Or, supposons qu'un peu de suc ou de nectar soit sécrété par la base des pétales d'une fleur : en pareil cas, les insectes en quête de ce nectar se couvriront de la poussière pollinique et la transporteront souvent d'une fleur sur le stigmate d'une autre. Deux individus distincts se trouveront croisés par ce fait ; et nous avons de fortes raisons pour croire, ainsi que nous le prouverons pleinement un peu plus loin, que de ce croisement naîtront des jeunes plants particulièrement vigoureux, qui auront en conséquence les plus grandes chances de fleurir et de se perpétuer. Quelques-uns de ces jeunes plants auront certainement hérité de la faculté de sécréter du nectar. Les sujets qui auront les glandes ou nectaires les plus considérables, et qui sécréteront la plus grande quantité de suc, seront aussi ceux que les insectes visiteront le plus souvent, ceux qui, par conséquent, seront le plus souvent croisés et qui, dans la suite des générations, l'emporteront de plus en plus.

Les fleurs dans lesquelles les étamines et les pistils seront placés, par rapport à la taille et aux habitudes des insectes qui les visitent, de manière à favoriser en quelque chose le transport de leur pollen d'une fleur à une autre, seront pareillement avantagées et élues.

Nous aurions pu choisir pour exemple des insectes qui visitent les fleurs en quête de pollen au lieu de nectar. De ce que le pollen a pour seul objet la fécondation, il semble au premier abord que sa destruction soit une véritable perte pour les plantes. Cependant, la première fois qu'un peu de pollen fut transporté d'une fleur à l'autre par des insectes, agissant d'abord par hasard et ensuite par instinct, et que des croisements s'ensuivirent, bien que les neuf dixièmes du pollen de ces fleurs fussent ainsi perdus, ce fut cependant un avantage immense pour chacune de ces espèces ; il dut en résulter que les individus qui produisirent une quantité de pollen de plus en plus grande et qui eurent des anthères de plus en plus grosses, furent successivement élus.

Lorsque ces espèces, par suite de cette conservation ou sélection naturelle continue des fleurs les plus riches en pollen, furent de plus en plus recherchées par les insectes, ceux-ci, agissant de leur côté inconsciemment, continuèrent à transporter régulièrement le pollen de fleur en fleur ; et je pourrais aisément prouver, par les plus frappants exemples, combien ce rôle des insectes dans la fécondation des fleurs a d'importance.

Je n'en citerai qu'un, non qu'il soit des plus remarquables, mais parce qu'il servira de plus à montrer comment peut s'effectuer par degrés la séparation des sexes dans les plantes dont nous allons avoir à parler. Quelques Houx portent seulement des fleurs mâles pourvues d'un pistil rudimentaire et de quatre étamines qui ne produisent qu'une petite quantité de pollen. D'autres individus ne portent que des fleurs femelles ; celles-ci ont un pistil complétement développé et quatre étamines avec des anthères recroquevillées qui ne sauraient produire un seul grain de pollen. Ayant trouvé un arbre femelle à la distance de soixante *yards* d'un arbre mâle, je plaçai sous le microscope les stigmates de vingt fleurs recueillies sur diverses branches. Sur chacun d'eux, sans exception, je constatai la présence de grains de pollen, et sur quelques-uns en profusion. Ce pollen ne pouvait avoir été transporté par le vent, qui avait soufflé, depuis plusieurs jours, de l'arbre femelle à l'arbre mâle. Le temps avait été froid et tempétueux ; il n'avait donc pas été favorable aux Abeilles ; et néanmoins chacune des fleurs femelles que j'examinai avait été effectivement fécondée par ces insectes qui, tout couverts de poussière pollinique, avaient volé d'arbre en arbre en quête de nectar.

Aussitôt qu'une plante attire suffisamment les insectes pour que son pollen puisse être porté de fleur en fleur, une autre série de faits peut commencer à se produire. Il n'est pas un naturaliste qui révoque en doute les avantages de ce qu'on a nommé *la division du travail physiologique*. On en peut inférer qu'il est avantageux à une espèce végétale que les étamines et les pistils soient portés par des fleurs ou, mieux encore, par des individus distincts. Parmi les plantes cultivées et placées sous de nouvelles conditions de vie, quelquefois les organes mâles, d'autres fois les organes femelles, deviennent plus ou moins impuissants. Or, si nous supposons que des cas analogues puissent se produire quelquefois à l'état de nature, comme le pollen est déjà régulièrement transporté de fleur en fleur, et qu'en vertu du principe de la division du travail une séparation plus complète des sexes des plantes leur est avantageuse, les individus chez lesquels cette tendance irait s'accroissant de plus en plus seraient continuellement favorisés et choisis, jusqu'à ce qu'une complète séparation des sexes se fût effectuée.

Les insectes anthophiles, et les plantes dont ils se nourrissent, exercent les uns sur les autres une action réciproque qui peut être plus ou moins puissante. Ainsi, nous pouvons supposer que l'espèce chez laquelle la quantité de nectar s'est accrue lentement, ainsi que nous le disions tout à l'heure, par suite d'une sélection continue, est une plante très-répandue, et que certains insectes dépendent en grande partie de son nectar pour subsister. Je pourrais montrer par de nombreux exemples combien les Abeilles sont économes de leur temps ; je rappellerai seulement les incisions qu'elles ont coutume de faire à la base de certaines fleurs pour en atteindre le nectar, lorsque avec un peu plus de peine elles pourraient y entrer par le sommet de la corolle. Il n'est donc point douteux qu'une déviation accidentelle dans la taille et la forme du corps d'un insecte quelconque, ou dans la courbure et la longueur de sa trompe, bien qu'inappréciable pour nous, pourrait lui être avantageuse, au point qu'un individu ainsi doué, pouvant se procurer plus aisément sa nourriture, aurait plus de chance que les autres de vivre et de laisser de nombreux descendants, qui hériteraient probablement de la même particularité de structure.

Ainsi, les tubes des corolles du Trèfle rouge commun et du Trèfle incarnat (*Trifolium pratense* et *T. incarnatum*) au premier coup d'œil ne paraissent pas différer de longueur; cependant l'Abeille domestique peut aisément atteindre le nectar du Trèfle incarnat, mais non celui du Trèfle rouge commun, qui n'est visité que par les Bourdons. Si bien que des champs entiers de Trèfle rouge offriraient en vain une abondante récolte de nectar à notre Abeille domestique. C'est un fait d'autant plus remarquable qu'en automne elle visite souvent les champs de Trèfle rouge, parce qu'en cette saison elle peut atteindre le nectar des fleurs à travers des trous perforés par les Bourdons à la base de la corolle [1]. Il serait donc très-avantageux à l'Abeille domestique d'avoir une trompe un peu plus longue ou différemment construite, de manière à atteindre le nectar des corolles imperforées.

D'autre part, la fertilité du Trèfle dépend, ainsi qu'on l'a déjà vu, de ce que les Abeilles en remuent les pétales, de manière à pousser le pollen sur la surface du stigmate. Il résulte donc encore de là que, si les Bourdons devenaient rares en certaines contrées, il serait très-avantageux au Trèfle rouge d'avoir un tube plus court ou une corolle plus profondément divisée, de sorte que l'Abeille domestique puisse en visiter les fleurs.

On voit ainsi comment une fleur et un insecte peuvent simultanément ou l'un après l'autre se modifier et s'adapter mutuellement de la manière la plus parfaite, au moyen de la conservation continue d'individus présentant des déviations de structures particulières et réciproquement avantageuses.

Je sais trop que cette théorie de sélection naturelle, basée tout entière sur des exemples analogues à celui que je viens de donner, peut soulever les mêmes objections qu'on avait d'abord opposées aux idées victorieuses de sir Ch. Lyell, lorsqu'il a expliqué pour la première fois les transformations géologiques de la croûte terrestre par l'action des causes actuelles. Mais aujourd'hui nul ne s'avise plus guère de traiter l'action des vagues côtières comme une cause insuffisante pour rendre compte de l'excavation de vallées profondes ou de la formation de longues

[1] Une modification faite par l'auteur à ce paragraphe nous a conduit à supprimer ici une note de notre première édition dont le texte, par suite d'une première modification de l'auteur à la troisième édition anglaise, était ainsi conçu :

« C'est un fait d'autant plus remarquable qu'en automne elle visite souvent les « champs de Trèfle rouge, attirée qu'elle est par une certaine sécrétion qu'elle « trouve entre les fleurs, mais sans jamais tenter de sucer les fleurs elles-mêmes. »

Dans le texte de la troisième édition anglaise, on lisait au contraire : « La « différence de longueur de la corolle qui détermine ou prévient les visites de « l'Abeille domestique doit être bien petite, car on m'a informé que, lorsque le « le Trèfle rouge a été fauché, les fleurs de la seconde coupe sont un peu plus « petites ; et ces dernières sont fréquemment visitées par nos Abeilles. » *Trad.*

murailles de rochers à pic. De même la sélection naturelle ne peut agir que lentement, par la conservation et l'accumulation de variations légères transmises par voie de génération et constamment avantageuses à chaque être modifié et conservé. Comme la géologie contemporaine a presque complétement renoncé à l'hypothèse des grandes vagues diluviennes, la sélection naturelle, si le principe sur lequel elle repose est vrai, doit aussi bannir à jamais l'idée que de nouveaux êtres organisés soient périodiquement créés, ou que des modifications profondes puissent se manifester soudainement dans leur structure.

VI. **De la généralité des croisements entre individus de la même espèce.** — Je dois permettre ici une courte digression. A l'égard des animaux ou des plantes à sexes séparés, il est de toute évidence, sauf le cas si curieux et encore si peu connu de la parthénogénèse, que la coopération de deux individus est toujours nécessaire à l'acte de la fécondation. Mais l'existence de cette loi est au contraire fort loin d'être aussi évidente chez les hermaphrodites. Néanmoins, j'incline fortement à croire que, même chez ces derniers, deux individus, soit habituellement, soit au moins de temps à autre, doivent concourir à la reproduction de leur espèce. Cette idée me fut suggérée pour la première fois par Andrew Knight; nous en verrons tout à l'heure l'importance. Mais je dois traiter ici ce sujet avec une extrême brièveté, bien que j'aie à ma disposition des matériaux suffisants pour soutenir une discussion approfondie. Tous les animaux vertébrés, tous les insectes et quelques autres grands groupes d'animaux s'accouplent pour chaque fécondation. De récentes recherches ont beaucoup diminué le nombre des hermaphrodites supposés; et même parmi les vrais hermaphrodites, il en est beaucoup qui s'apparient néanmoins : c'est-à-dire que deux individus s'unissent pour se féconder mutuellement, ce qui suffit à notre objet. Cependant plusieurs animaux hermaphrodites ne s'accouplent certainement pas habituellement, et parmi les plantes la grande majorité est dans ce cas. Quelle raison a-t-on donc de supposer que, même alors, deux individus concourent à l'acte reproducteur? Comme il est impossible d'entrer ici dans les détails, je dois m'en tenir à des considérations toutes générales.

D'abord, j'ai recueilli un ensemble considérable de faits montrant, d'accord avec l'opinion presque universelle des éleveurs, que parmi les animaux et les plantes un croisement entre des variétés différentes ou entre des individus de la même variété, mais d'une autre lignée, rend la postérité qui en naît plus vigoureuse et plus féconde; et que d'autre part les reproductions entre proches parents diminuent d'autant cette fécondité et cette vigueur. Ces faits suffisent à eux seuls pour me disposer à croire que c'est une loi générale de la nature, quelque ignorants du reste que nous soyons sur le pourquoi d'une telle loi, que nul être organisé ne peut se féconder lui-même pendant un nombre infini de générations; mais qu'un croisement avec un autre individu est indispensable de temps à autre, quoique peut-être quelquefois à de très-longs intervalles.

Cette loi naturelle peut nous aider à comprendre certaines grandes séries de faits que nulle autre ne suffit à expliquer. Tous les horticulteurs qui ont opéré des croisements savent combien il est difficile de féconder une fleur exposée à l'humidité; et cependant quelle multitude de fleurs ont leurs anthères et leurs stigmates pleinement exposés aux intempéries atmosphériques! Mais si un croisement est indispensable de temps à autre, cette exposition désavantageuse peut avoir pour but d'ouvrir une entrée complétement libre au pollen d'un autre individu, d'autant plus que les anthères de la plante elle-même sont généralement placées si près de son propre pistil que la fécondation de l'un par les autres semble presque inévitable. D'autre part, beaucoup de fleurs ont leurs organes sexuels parfaitement renfermés, comme dans la grande famille des Papilionacées ou Légumineuses. Mais dans la plupart de ces fleurs on remarque aussi une adaptation très-curieuse entre leur structure et les habitudes ou les instincts des Abeilles qui, en suçant leur nectar, poussent le pollen de la fleur sur le stigmate, ou bien déposent sur celui-ci du pollen d'une autre fleur. Les visites des Abeilles sont si nécessaires à beaucoup de fleurs Papilionacées, que de nombreuses expériences ont montré que leur fécondité diminue considérablement quand ces visites sont empêchées. Or, il est presque impossible que les Abeilles volent de fleur en fleur sans transporter du pollen de l'une à l'autre, pour le plus grand bien de la plante, à ce que je crois. Les Abeilles agissent alors comme le pinceau du poil de Chameau avec lequel il suffit de toucher d'abord les anthères d'une fleur et ensuite le stigmate d'une autre pour assurer la fécondation. Mais qu'on ne suppose pas pour cela que les Abeilles produisent une multitude d'hybrides entre espèces distinctes; car, s'il se trouve sur la même brosse du pollen de la plante mêlé avec celui d'une autre espèce, le premier annulera complétement l'influence du pollen étranger, ainsi que l'a démontré Gærtner.

Il semble que ce soit pour mieux assurer la fécondation d'une fleur par elle-même que les étamines s'élancent par une détente soudaine vers le pistil, ou se meuvent lentement vers lui l'une après l'autre. Il n'est pas douteux qu'une pareille adaptation n'ait son utilité ; mais l'action des insectes est souvent nécessaire pour déterminer la déhiscence des anthères ou le déroulement de leurs filets. Kœlreuter l'a démontré au sujet de l'Épine-vinette, où tout semble disposé pour garantir la fécondation de la fleur par elle-même ; et cependant, lorsque plusieurs variétés ou même plusieurs espèces de ce même genre sont plantées les unes près des autres, il est presque impossible d'élever des plants de race pure, tant elles se croisent naturellement.

D'après mes observations et par les écrits de C. C. Sprengel, je pourrais démontrer qu'en beaucoup de cas, bien loin que rien contribue à aider la fécondation d'une plante par elle-même, plusieurs circonstances, au contraire, empêchent que le stigmate d'une fleur reçoive le pollen de ses propres étamines. Ainsi, dans le *Lobelia fulgens*, par un remarquable ensemble de dispositions, les anthères de chaque fleur laissent échapper leurs granules en nombre immense, avant que le stigmate de cette même fleur soit prêt à les recevoir. Comme les Abeilles ne visitent jamais cette plante, au moins dans mon jardin, il en résulte qu'elle ne donne jamais de graines. Cependant, j'ai réussi à en obtenir une grande quantité en plaçant du pollen d'une fleur sur le stigmate d'une autre. Un Lobélia, d'espèce différente qui croît tout à côté, mais qui est visité par les Abeilles, fructifie librement.

Lors même que nul obstacle mécanique n'empêche le stigmate d'une fleur de recevoir le pollen de ses propres étamines, cependant, comme C. C .Sprengel l'a démontré et comme je puis le confirmer moi-même, il arrive souvent que les anthères lancent leur pollen avant que le stigmate soit prêt pour la fécondation, ou c'est au contraire le stigmate qui arrive à maturité avant les anthères. En pareil cas, les plantes ont par le fait des sexes séparés, puisqu'elles doivent nécessairement se féconder réciproquement entre fleurs, sinon entre sujets distincts. N'est-il pas étonnant que le pollen et le stigmate de la même fleur, bien que placés si près l'un de l'autre, comme pour assurer la fécondation de l'un par l'autre, se soient cependant en des cas fréquents réciproquement inutiles? Une telle anomalie apparente s'explique aisément, si l'on admet que des croisements accidentels entre individus distincts sont avantageux ou même indispensables de temps à autre à la perpétuité de l'espèce ou à sa vigueur.

J'ai observé que, si plusieurs variétés de Choux, de Radis, d'Oignons ou de quelques autres plantes, croissent et montent en graine les unes près des autres, le plus grand nombre des jeunes plants qui naissent des graines, ainsi obtenues, sont des métis. Ainsi j'ai recueilli 233 plants de Choux provenant de quelques sujets de variétés diverses, qui croissaient les unes près des autres, et, sur ce nombre, il ne s'en est trouvé que 78 de race pure, encore quelques-uns d'entre eux étaient-ils légèrement altérés. Cependant le pistil de chaque fleur de Chou est entouré, non-seulement de ses six étamines, mais de toutes les étamines des autres fleurs de la même plante; et le pollen de chaque anthère tombe aisément sur son propre stigmate sans l'intervention des insectes, puisque j'ai trouvé à l'expérience qu'un sujet, soigneusement défendu contre leurs atteintes, produisait un nombre complet de siliques. Si donc des variétés différentes se croisent si aisément entre elles par ce seul fait qu'elles croissent les unes auprès des autres, il faut supposer que le pollen d'une variété distincte peut être doué d'un pouvoir fécondant plus fort que le propre pollen de la plante ainsi fécondée. Ce ne serait du reste qu'une application particulière de la loi générale selon laquelle le croisement entre des individus distincts de la même espèce est propice à sa multiplication. Au contraire, quand le croisement s'opère entre des espèces distinctes, l'effet est inverse, parce que le propre pollen d'une plante l'emporte presque toujours en puissance sur un pollen trop étranger. Mais nous aurons à revenir sur ce sujet dans un prochain chapitre.

On pourrait faire une objection à cette règle : c'est que le pollen d'un arbre immense couvert d'innombrables fleurs ne peut que bien rarement être transporté sur un autre. On pourrait tout au plus admettre ce transport entre les fleurs du même arbre, qui ne peuvent être considérées comme des individus distincts qu'en un sens très-limité [1]. Cette objection a quelque valeur ; mais la nature y a suffisamment répondu en donnant aux arbres une forte tendance à porter des fleurs unisexuelles. Or, quand les sexes sont séparés, quoique les fleurs mâles et femelles soient portées par un même sujet, il faut bien que le pollen soit habituellement transporté d'une fleur à l'autre, ce qui donne plus de probabilité pour qu'il le soit aussi d'arbre en arbre. J'ai constaté que, dans nos contrées, les arbres ont plus fréquemment des sexes séparés que les arbustes ou les plantes herbacées appartenant aux mêmes ordres. A ma requête, le docteur Hooker a dressé la liste des arbres de la Nouvelle-Zélande, et le docteur Asa Gray s'est chargé du même travail pour ceux des États-Unis : les résultats ont été tels que je les avais prévus. Cependant le docteur Hooker m'a informé depuis que cette règle ne lui semble pas devoir s'étendre à l'Australie, et je n'ai fait ces quelques remarques sur les sexes des arbres que pour appeler l'attention sur ce sujet.

[1] Cependant il est généralement admis aujourd'hui en physiologie végétale que l'individu c'est le bourgeon. *Trad.*

Parmi les animaux terrestres on ne trouve qu'un nombre très-limité d'hermaphrodites, tels que les mollusques aériens et les Lombrics : tous s'accouplent néanmoins. On ne connaît donc pas encore un seul animal terrestre qui se féconde lui-même. Cette loi générale contraste singulièrement avec ce qu'on observe chez les plantes et ne s'explique que par la nécessité de croisements, intervenant de temps à autre, entre des individus distincts. En effet, considérant la nature de la matière fécondante des animaux à respiration aérienne et celle du milieu où ils vivent, ces croisements ne peuvent s'opérer que par la coopération volontaire de deux individus ; car il n'existe aucun moyen, analogue à l'action des insectes et du vent à l'égard des plantes, qui puisse leur être applicable.

Parmi les animaux aquatiques, on connaît au contraire un grand nombre d'hermaphrodites qui peuvent se féconder eux-mêmes ; mais ici les courants marins ne leur offrent pas moins une occasion facile de croisements fréquents; et, parmi eux, comme parmi les fleurs, je n'ai pu trouver une seule espèce chez laquelle les organes reproducteurs fussent si parfaitement internes que tout accès fût absolument fermé à l'influence extérieure d'un autre individu, de manière à rendre tout croisement impossible. Le professeur Huxley, dont l'autorité est d'un si grand poids en pareille matière, est arrivé sur ce point aux mêmes résultats que moi. Les Cirripèdes me parurent longtemps faire exception à cet égard ; mais, grâce à un heureux hasard, j'ai déjà pu prouver autre part que deux individus, tous deux hermaphrodites et capables de se féconder eux-mêmes, se croisent cependant quelquefois.

N'est-il pas étrange de voir, parmi les animaux et parmi les plantes, des espèces, non-seulement de la même famille, mais du même genre, qui sont les unes, hermaphrodites, et les autres, unisexuelles, bien que souvent très-semblables en tout le reste de leur organisation? Cependant si tous les hermaphrodites se croisent de temps à autre, la différence entre les hermaphrodites et les espèces unisexuelles devient peu de chose, au moins sous le rapport des fonctions.

Ce qui ressort, comme conséquence de ces diverses considérations, ainsi que d'un grand nombre d'autres faits que j'ai recueillis, mais que je ne puis mentionner ici, c'est que, soit dans le règne animal, soit dans le règne végétal, les croisements, au moins accidentels, entre individus distincts, sont une loi générale de la nature. Cette opinion soulève, je le sais, quelques difficultés que je m'efforce actuellement de résoudre. En fin de compte, on peut conclure que chez la plupart des êtres organisés la coopération de deux individus est d'une nécessité absolue pour chaque fécondation ; que chez beaucoup d'autres espèces elle n'est indispensable qu'à intervalles plus ou moins longs ; mais que chez aucune, du moins à ce que je crois, la fécondité ne peut se continuer à perpétuité, sans que, de temps à autre, intervienne quelque croisement entre des individus plus ou moins distincts.

VII. **Des circonstances favorables à la sélection naturelle.** — Nous abordons ici une question bien obscure. Une grande variabilité est évidemment favorable à l'action sélective de la nature ; mais il est probable que des différences purement individuelles lui suffisent pour produire de grands résultats.

Un grand nombre d'individus, en offrant plus de chances de variations avantageuses dans un même temps donné, doit compenser une moindre somme de variations sur chacun de ces individus et peut être, par conséquent, considéré comme un élément de haute importance dans la formation des nouvelles espèces.

Quoique la nature emploie de longs siècles à son travail de sélection, cependant elle ne laisse pas un laps de temps indéfini à chaque espèce pour se transformer ; car, tous les êtres vivants étant obligés de lutter pour se saisir des places vacantes dans l'économie de la nature, toute espèce qui ne se modifie pas à son avantage, aussi vite que ses concurrentes, doit être presque aussitôt exterminée.

A moins que les variations favorables qui surviennent ne soient transmises au moins à quelques-uns des descendants de l'individu modifié, la sélection naturelle ne peut rien. L'intransmissibilité de tout nouveau caractère acquis est, en fait, la même chose que le retour au type des aïeux ; et l'on ne saurait douter que cette tendance à revenir au type des ancêtres n'ait souvent arrêté ou empêché l'action sélective. Cependant, quelques auteurs en ont considérablement exagéré l'importance. Si la réversibilité des caractères n'a pas empêché l'homme de créer d'innombrables races héréditaires dans le règne animal et dans le règne végétal, pourquoi mettrait-elle une entrave absolue aux procédés sélectifs de la nature ?

Un éleveur choisit un but déterminé pour en faire l'objet de sa sélection méthodique ; et le libre croisement suffirait pour anéantir ses résultats acquis ; mais quand beaucoup d'hommes, sans avoir l'intention d'altérer la race, ont un idéal commun de perfection et que tous s'efforcent de se procurer les plus beaux sujets et de les multiplier, des modifications et des améliorations profondes doivent résulter lentement, mais sûrement, de ce procédé de sélection inconsciente, nonobstant une grande somme de croisements avec des sujets inférieurs. Il en doit être de même à l'état de nature ; car dans une région bien close, dont l'économie générale présenterait quelques lacunes, la sélection naturelle tiendrait constamment à conserver tous les individus qui varieraient dans une certaine direction déterminée, bien qu'à divers degrés, comme étant les plus propres à remplir les places vacantes. Si cette région était vaste, ses différents districts présenteraient certainement diverses conditions de vie ; et la sélection naturelle modifierait et améliorerait les espèces d'une manière différente dans chacun d'eux. Il est vrai qu'alors il y aurait sur leurs limites communes des croisements fréquents entre ces variétés nouvelles de même espèce. En pareil cas, les effets de ces croisements seraient donc difficilement contre-balancés par la sélection naturelle, tendant à modifier tous les individus de chaque district de la même manière par rapport aux conditions physiques de chaque localité, et d'autant plus que dans une région continue ces conditions seraient insensiblement graduées d'un district à un autre. Ces effets du croisement seraient surtout puissants sur les animaux qui s'accouplent pour chaque fécondation, qui vagabondent beaucoup et qui ne multiplient pas dans une progression très-rapide. Parmi de telles espèces, par exemple chez les oiseaux, les variétés seraient généralement confinées en des régions complétement séparées les unes des autres. Parmi les hermaphrodites qui ne croisent qu'accidentellement, de même que chez les animaux qui s'apparient pour chaque fécondation, mais qui vagabondent peu et qui peuvent multiplier rapidement, une variété nouvelle et supérieure pourrait se former en un lieu déterminé et s'y maintenir en corps, parce que les croisements qui surviendraient, quels qu'ils fussent d'ailleurs, auraient lieu principalement entre les individus de cette nouvelle variété. Or, une variété locale, une fois formée ainsi, pourrait ensuite se répandre lentement et de proche en proche en d'autres districts.

C'est d'après ces principes que les jardiniers préfèrent toujours les graines recueillies sur des massifs assez considérables de plantes de la même variété, parce que les probabilités de croisements avec d'autres variétés se trouvent ainsi diminuées.

De même à l'égard des animaux, à reproduction lente, qui s'accouplent pour chaque fécondation, il ne faut pas exagérer le pouvoir des croisements, pour entraver l'action sélective de la nature. Je pourrais produire une longue liste de faits montrant que, dans une même région, les variétés d'une même espèce animale peuvent rester longtemps distinctes, soit qu'elles aient coutume de hanter des stations différentes, soit que le temps du rut varie légèrement pour chacune d'elles, soit enfin que les individus semblables préfèrent s'apparier entre eux.

Les croisements jouent un rôle très-important dans la nature, en ce qu'ils conservent chez les individus de la même espèce ou de la même variété la pureté et l'uniformité typiques. Évidemment ils agissent avec plus d'efficacité sur les animaux qui s'apparient pour chaque fécondation ; mais nous avons vu tout à l'heure que des croisements ont lieu de temps à autre chez tous les animaux et chez toutes les plantes ; et, lors même qu'ils n'ont lieu qu'à de longs intervalles, les sujets qui en naissent y gagnent un tel accroissement de vigueur et de fécondité, comparativement à la postérité des individus non croisés, qu'ils ont toutes chances de survivre et de propager leur espèce au détriment de ces derniers. Par suite du cours longtemps continué des choses, cette influence des croisements, si rares qu'ils soient, doit avoir un effet puissant sur les progrès de l'espèce.

S'il existe des êtres organisés chez lesquels il n'y ait jamais de croisement entre individus distincts, l'uniformité et la pureté typiques doivent se maintenir parmi eux aussi longtemps qu'ils restent soumis aux mêmes conditions de vie, parce que, d'une part, le principe d'hérédité tend à reproduire toujours les caractères des aïeux, et que, de l'autre, la sélection naturelle détruit tous les sujets qui s'en éloignent. Mais si leurs conditions de vie viennent à changer et qu'ils subissent en conséquence quelques modifications, leur postérité ne peut arriver à l'uniformité typique qu'en vertu de la sélection naturelle agissant de manière à ne conserver dans la même localité que les sujets modifiés de la même manière.

L'isolement est encore un élément de haute importance dans la formation des espèces par sélection naturelle. Ainsi, dans une région fermée ou peu étendue, les conditions de vie organiques ou inorganiques ont généralement une très-grande uniformité, de sorte que la sélection naturelle tend à y modifier tous les individus d'une espèce variable de la même manière. De plus, les croisements entre les individus de même espèce, qui autrement eussent habité les districts environnants sous d'autres conditions d'existence, ne peuvent avoir lieu. Il est probable que l'isolement agit encore avec une efficacité plus grande en mettant obstacle à l'immigration d'organismes mieux adaptés, dès qu'un changement physique, tel qu'une modification de climat ou une élévation du sol, etc., ouvre dans l'économie naturelle de la contrée de nouvelles places vacantes auxquelles les anciens habitants ne peuvent s'adapter que par des modifications d'organismes. Enfin, l'isolement, en empêchant l'immigration et par conséquent la concurrence, donne à chaque variété le temps qui lui est nécessaire pour progresser, circonstance qui peut être d'une haute importance dans la formation de nouvelles espèces. Si pourtant une région isolée était très-étroitement limitée, soit qu'elle fût entourée de barrières naturelles, soit que les conditions de vie y fussent toutes spéciales, elle ne pourrait contenir qu'un très-petit nombre d'individus, ce qui retarderait considérablement le procédé de transformation en diminuant les chances de variations favorables sur lesquelles la sélection naturelle pourrait agir.

La seule longueur du temps ne peut rien par elle-même, ni pour ni contre la sélection naturelle. J'énonce cette règle, parce qu'on a dit à tort que j'accordais au temps lui-même une part importante dans le procédé de transformation des espèces, comme si elles se modifiaient constamment et nécessairement par le fait de quelque loi innée. Le cours prolongé du temps n'a d'importance qu'en ce qu'il offre plus de probabilités que des variations avantageuses par rapport aux conditions de vie organiques ou inorganiques lentement changeantes se manifestent, soient élues, accumulées et fixées. Il favorise pareillement l'action *directe* des circonstances physiques changeantes et des conditions de vie nouvelles qui en résultent.

Si nous interrogeons la nature, pour lui demander la preuve des règles que nous venons de formuler, et que nous considérions quelque région étroite et isolée, telle, par exemple, qu'une île océanique, quoique le nombre total des espèces qui l'habitent soit très-petit, ainsi que nous le verrons dans notre chapitre sur la distribution géographique, cependant un grand nombre de ces espèces se trouvent être autochthones [1], c'est-à-dire formées dans la localité même et nulle autre part. Au premier abord, il semblerait, d'après cela, qu'une île dût être très-favorable à la production d'espèces nouvelles ; mais une pareille généralisation pourrait être erronée, car, pour assurer qu'une région étroite et isolée est plus favorable à la formation de nouveaux types organiques qu'une autre région vaste et ou-

[1] La langue de l'histoire naturelle est loin encore d'être bien fixée. Il faut convenir du reste que le vague ou l'impropriété des mots indique presque toujours le vague et l'inexactitude des idées. Tels sont les termes : *endémique*, *aborigène*, *indigène*, *autochthone*, dont la valeur est loin d'être exactement déterminée. J'emploierai donc ici *endémique* dans le sens propre ou spécial à la race sans considération des milieux, *aborigène* comme signifiant une espèce que l'on peut croire créée dans une localité, pour elle ou par elle, parce qu'on ne l'avait pas encore trouvée autre part lors de la première exploration de la contrée ; *indigène*, pour les espèces qui se sont acclimatées dans un pays et y vivent librement

verte, tel que serait un continent, il faudrait pouvoir établir la comparaison entre des temps égaux, ce qu'il nous est impossible de faire.

Quoique l'isolement d'une région soit certainement favorable à la formation d'espèces nouvelles, cependant, en somme, je crois qu'une contrée vaste et ouverte est plus favorable encore, surtout à l'égard des espèces capables de se perpétuer pendant de longues périodes et d'acquérir une grande extension. Sur un vaste continent et parmi la multitude d'individus qui peuvent y vivre, non-seulement il y a plus de probabilités pour qu'il apparaisse des variations favorables; mais encore les conditions de vie et les rapports d'organisme à organisme y sont infiniment plus compliqués par suite du grand nombre d'espèces rivales qu'il renferme. Et si quelques-unes d'entre elles se modifient et progressent, les autres devront progresser à un degré correspondant, sous peine d'être bientôt détruites. De plus, chaque nouvelle forme aussitôt modifiée peut se répandre dans toute la contrée, entrant ainsi en concurrence avec beaucoup d'autres. Il suit de là qu'il y aura plus fréquemment des lacunes dans l'économie totale de la contrée et que la concurrence pour les remplir sera plus vive. Au surplus, de vastes régions, aujourd'hui continentales par suite de récentes oscillations de niveau, doivent avoir existé antérieurement à l'état d'archipels, de sorte que les heureux effets de l'isolement ont dû concourir pour leur part à former leur population actuelle. Finalement, je conclus que certaines localités très-restreintes ont pu être quelquefois très-favorables à la formation de nouvelles espèces, mais que pourtant l'œuvre de transformation doit en général être plus rapide dans de vastes régions continues et, ce qui est

à l'état sauvage, mais ne lui sont pas exclusivement propres. On conçoit combien souvent, du reste, en pareille matière, ce terme peut rendre une idée fausse, ainsi une espèce peut paraître *indigène* dans sa patrie natale par suite de sa rapide extension en d'autres contrées ; par contre, une espèce peut paraître *aborigène* en une contrée, par suite seulement de son extinction ou de son existence inconnue dans sa vraie patrie d'origine. C'est pourquoi, en nous servant du terme *aborigène*, pour désigner les espèces spéciales à une contrée, nous lui laisserons un certain sens indéterminé à l'égard de l'origine de ces espèces, et nous garderons celui d'*autochthone* pour désigner les races que l'on sait historiquement ou par preuves certaines être natives d'une contrée particulière. *Trad.*

plus important, c'est que les nouvelles formes produites en de vastes contrées, ayant déjà triomphé de nombreux compétiteurs, seront celles qui prendront l'extension la plus rapide, qui donneront naissance à plus de variétés et à plus d'espèces et qui joueront ainsi le rôle le plus important dans l'histoire changeante du monde organisé.

En partant de ce principe, peut-être pourrions-nous expliquer quelques faits au sujet desquels nous reviendrons du reste dans notre chapitre sur la distribution géographique. Par exemple, nous comprendrons pourquoi les productions du petit continent australien ont cédé et cèdent encore continuellement devant les produits des terres plus étendues d'Europe et d'Asie, et pourquoi aussi ce sont des espèces continentales qui partout se sont naturalisées en grand nombre sur des îles. C'est que sur un îlot le combat vital doit avoir été moins ardent et, par conséquent, il doit en être résulté moins de modifications et moins d'extinctions. C'est peut-être pourquoi la flore de l'île de Madère ressemble, d'après M. Oswald Heer, à la flore d'Europe. Tous les bassins d'eau douce rassemblés ne forment qu'une petite étendue en comparaison des mers et des terres, conséquemment la concurrence entre les productions d'eau douce a toujours dû être moins vive qu'autre part ; les nouvelles formes ont dû s'y former plus lentement et les anciennes y ont été plus lentement détruites. Or, c'est dans l'eau douce que nous trouvons sept genres de poissons Ganoïdes, seuls restes actuels d'un ordre autrefois prépondérant. C'est également dans l'eau douce que nous trouvons quelques-unes des formes les plus anormales qu'on connaisse dans le monde : telles sont l'Ornithorynque et le Lépidosirène, sortes de fossiles vivants qui servent, jusqu'à un certain point, de liens de transition entre des ordres zoologiques aujourd'hui profondément séparés dans l'échelle naturelle. Si ces formes anormales se sont conservées jusqu'aujourd'hui, c'est sans doute qu'elles ont habité une patrie isolée, où elles ont été exposées à une concurrence moins vive que tant d'autres de leurs congénères qui se sont éteintes avant elles.

Pour me résumer sur cette question, autant toutefois qu'un

problème aussi compliqué le permet, je conclurai qu'à l'égard des espèces terrestres un vaste continent, qui a subi plusieurs oscillations de niveau, et qui a conséquemment existé pendant de longues périodes à l'état de terres discontinues, plus ou moins éparses, a dû présenter les circonstances les plus favorables à la production successive d'un grand nombre de formes vivantes, capables de se perpétuer pendant longtemps et de se répandre dans de vastes stations. Durant sa première période continentale, ses habitants nombreux en individus et en espèces ont été soumis à une vive concurrence. Lorsqu'il fut transformé par voie d'affaissement en de vastes îles, beaucoup d'individus de la même espèce ont dû se maintenir sur chacune d'elles, de sorte que les croisements auront ainsi été empêchés entre les variétés bientôt devenues propres à chaque île. Après chaque changement physique, de quelque sorte que ce soit, toute immigration aura été prévenue, si bien que les places vacantes dans l'économie de ces districts isolés auront été offertes aux anciens habitants modifiés; et chaque variété nouvelle aura eu ainsi le temps suffisant pour se transformer et progresser. Lorsque, par un nouvel exhaussement du sol, ces îles se sont de nouveau converties en une région continentale, une ardente concurrence a dû recommencer entre les formes nouvelles et les anciennes; les variétés les plus favorisées et les mieux adaptées à leurs nouvelles conditions de vie ont pu se multiplier et s'étendre, et beaucoup des formes inférieures ont dû s'éteindre. Le continent renouvelé a changé encore d'aspect général, tandis que la sélection naturelle s'emparait de ce nouveau champ d'action pour faire faire de nouveaux progrès à ses habitants et former de nouvelles espèces.

VIII. **Action lente.** — Que la sélection naturelle agisse toujours avec une extrême lenteur, je l'admets pleinement. Son action dépend des places vacantes qui peuvent se présenter dans l'économie de la nature ou qui seraient mieux remplies, si les habitants de la contrée subissaient quelques modifications. Ces lacunes proviennent de changements physiques, en général lents à se produire, et des obstacles qui s'opposent à l'immigration de formes mieux adaptées. Mais l'action sélective est encore plus étroitement subordonnée aux lentes modifications subies par quelques-uns des habitants de la contrée, parce que les relations mutuelles de presque tous les autres en sont troublées. Enfin aucun effet ne peut se produire, à moins que des variations favorables ne surviennent; or ces variations elles-mêmes ne se manifestent que rarement, et leur transmission héréditaire peut être empêchée ou du moins considérablement retardée par de libres croisements.

Faut-il en conclure que ces diverses causes soient amplement suffisantes pour annuler l'action sélective? Je n'en crois rien ; mais j'admets que la sélection naturelle n'agit que très-lentement, souvent à de longs intervalles, et sur un très-petit nombre des habitants d'une même région à la fois. Du reste, cette action lente et intermittente s'accorde parfaitement avec ce que nous apprend la géologie sur le mouvement progressif de transformation des habitants du monde.

Quelque lent que soit pourtant le procédé de sélection, si l'homme peut faire beaucoup par ses faibles moyens artificiels, je ne puis concevoir aucune limite à la somme des changements qui peuvent s'effectuer dans le cours successif des âges par le pouvoir sélectif de la nature, de même qu'à la beauté ou à la complexité infinie des mutuelles adaptations des êtres organisés, les uns par rapport aux autres, et par rapport à leurs conditions physiques d'existence.

IX. **Extinction d'espèces.** — Nous examinerons la question d'extinction avec plus de détails dans notre chapitre sur la Géologie; mais il faut que nous l'abordions ici parce qu'elle est en connexion intime avec la sélection naturelle. Celle-ci n'agit qu'à l'aide de variations avantageuses accumulées et perpétuées jusqu'à devenir permanentes. Par suite de la haute progression géométrique, selon laquelle tous les êtres organisés se multiplient, la population de toute région donnée se maintient toujours à peu près au complet; et comme chaque région est toujours occupée par un assez grand nombre de formes diverses, il s'ensuit qu'à mesure qu'une forme élue ou favorisée s'augmente en nombre, généralement les formes les moins favorisées décroissent et deviennent de plus en plus rares. Or la rareté, d'après les observations géologiques, est le précurseur de l'extinction totale. Il est aisé de concevoir, du reste, que toute forme qui n'est plus représentée que par un petit nombre d'individus, exposés à des fluctuations inévitables dans la rigueur des saisons et dans le nombre de leurs ennemis, doit courir plus de chances qu'une autre d'être entièrement exterminée. Mais on peut aller plus loin : de nouvelles formes étant continuellement en voie de se produire, à moins qu'on n'admette que le nombre des espèces peut s'accroître indéfiniment, il faut bien qu'il y en ait de temps à autre qui s'éteignent. Or, que le nombre des formes spécifiques n'ait pas été perpétuellement en augmentant, la géologie nous le démontre; et nous allons essayer d'expliquer pourquoi ce nombre ne pouvait toujours s'accroître.

Nous avons vu que les espèces les plus nombreuses en individus ont aussi plus de chances que les autres de produire des variations individuelles favorables dans un même laps de temps donné. Cela résulte, du reste, de ce fait [1] : que les espèces les plus communes sont celles qui offrent le plus grand nombre de variétés reconnues ou d'espèces naissantes. Il suit de là que les espèces rares varient et progressent moins dans le même temps et, par conséquent, doivent être vaincues dans le combat de la vie par les descendants modifiés d'espèces plus répandues.

Il me paraît donc suffisamment établi par ces considérations que, comme de nouvelles espèces se sont formées dans le cours des temps par sélection naturelle, d'autres doivent aussi devenir de plus en plus rares et finalement s'éteindre. Toute espèce qui entre en vive concurrence avec une autre espèce en voie de subir des modifications avantageuses aura naturellement plus que toute autre à souffrir de ses progrès. Nous avons vu encore [2] que ce sont les formes les plus étroitement

[1] Chap. II, p. 65.
[2] Chap. III, p. 89.

alliées, les variétés de la même espèce, les espèces de même genre ou de genres voisins, et plus généralement tous les individus ayant plus ou moins de ressemblance dans leur structure, leur constitution ou leurs habitudes, qui se font la plus ardente concurrence. Conséquemment, chaque nouvelle variété ou espèce en voie de formation luttera surtout contre ses plus proches parentes et tendra à les exterminer. Parmi nos variétés domestiques, nous voyons une cause d'extinction analogue résulter du choix que fait chacune des races les plus utiles. On pourrait citer de fréquents exemple montrant avec quelle rapidité de nouvelles races de Bœufs, de Moutons et autres animaux, ou de nouvelles variétés de fleurs, se substituent à des races inférieures plus anciennes. Dans le comté d'York, on sait historiquement que l'ancien bétail noir a cédé la place aux Bœufs à longues cornes, et que ceux-ci ont été balayés à leur tour par les Bœufs à petites cornes, « comme par une peste meurtrière », dit un écrivain agronome.

X. **De la divergence des caractères dans ses rapports avec la diversité des habitants de chaque station limitée et avec la naturalisation.** — La loi que j'ai désignée par le terme de *divergence des caractères* est de la plus haute valeur, en ce qu'elle explique, je crois, plusieurs faits de grande importance.

Nous avons vu que certaines variétés présentent à un si haut degré les caractères d'espèces, qu'on se perd souvent en des doutes insolubles sur leur véritable rang. Pourtant ces variétés, même les mieux marquées, diffèrent moins les unes des autres en général que les espèces bien distinctes. A mon point de vue ces variétés sont des espèces en voie de formation ou, comme je les ai nommées, des espèces naissantes. Comment alors les moindres différences qui séparent les variétés s'accroissent-elles jusqu'à produire les différences plus grandes qui distinguent les espèces? Il faut cependant présumer que cette transformation a lieu graduellement, puisque nous voyons dans la nature un nombre considérable d'espèces bien tranchées, tandis que les variétés, prototypes supposés des espèces distinctes futures, ne présentent généralement que des différences mal définies.

Le hasard seul, ou ce qu'on appelle de ce nom, pourrait faire qu'une variété s'éloignât en quelque chose des caractères de ses parents, et que sa postérité différât encore de la souche mère sous les mêmes rapports, bien qu'à un plus haut degré. Mais on ne saurait expliquer de même des différences aussi considérables et aussi générales que celles qui distinguent les variétés bien marquées de la même espèce et les espèces du même genre.

Ainsi que je l'ai toujours fait dans les questions embarrassantes, cherchons la lumière dans ce que nous savons de nos espèces domestiques. Nous y trouverons quelque chose d'analogue. L'on admettra qu'une accumulation faite au hasard pendant quelques générations successives de variations semblables n'aurait jamais pu produire des races aussi différentes que nos Bœufs à petites cornes et nos Bœufs de Hereford, que nos Chevaux de trait et nos Chevaux de courses ou que nos diverses races de Pigeons, etc. Mais qu'un amateur remarque chez un Pigeon un bec un peu plus court qu'à l'ordinaire, un autre amateur, au contraire, remarquera, chez un autre sujet, un bec d'une longueur en quelque chose inaccoutumée. D'après le principe reconnu que « nul amateur ne prise les types intermédiaires, mais seulement les extrêmes, » l'un et l'autre continueront de choisir et de multiplier tous les oiseaux dotés d'un bec de plus en plus long ou de plus en plus court. Nous pouvons supposer de même que, dès les temps les plus reculés, certains individus ont préféré les Chevaux les plus vites, et d'autres, les Chevaux les plus trapus et les plus forts. La différence première était peut-être insignifiante ; mais, dans le cours du temps, la sélection continuelle des Chevaux les plus agiles par certains éleveurs, et des plus robustes par les autres, a dû rendre cette différence assez prononcée pour qu'elle formât deux sous-races ; après des siècles écoulés, ces deux sous-races sont devenues deux races permanentes et bien distinctes. A mesure que ces différences devenaient plus frappantes, les sujets inférieurs, c'est-à-dire intermédiaires en caractères, ont dû être négligés et, par conséquent, ont dû disparaître. Nous voyons donc se manifester dans les productions de l'homme la loi de divergence des caractères. Cette loi a pour effet d'augmenter constamment des différences d'abord à peine appréciables, et de faire diverger les races de forme, de constitution et d'habitudes, soit entre elles, soit de la souche mère dont elles descendent.

Mais on peut demander comment une loi analogue peut agir à l'état de nature. Je suis convaincu qu'elle peut agir et agit avec toute efficacité. Il est vrai que je suis demeuré longtemps à chercher comment. Cette conviction ressort pour moi de ce seul fait : que plus les descendants d'une espèce quelconque se diversifient dans leur structure, leur constitution et leurs habitudes, plus ils deviennent capables de s'emparer des postes divers qui demeurent inoccupés dans l'ordre de la nature, et plus, par conséquent, ils sont à même de s'accroître en nombre.

Il est aisé de constater l'existence de cette loi à l'égard des animaux dont les habitudes sont assez simples. Prenons pour exemple une espèce de quadrupède Carnivore, arrivée depuis longtemps au maximum du nombre d'individus que chacune des contrées qu'elle habite peut nourrir. Supposons que ces diverses contrées ne subissent aucun changement physique et que l'espèce y déploie librement sa puissance de multiplication; elle ne peut s'accroître en nombre que si ses descendants se modifient de manière à s'emparer de places actuellement occupées par les représentants d'autres espèces. Quelques individus, par exemple, peuvent devenir peu à peu capables de se nourrir de nouvelles proies, soit mortes, soit vivantes, d'autres d'habiter de nouvelles stations, de grimper aux arbres, de fréquenter les eaux ou, enfin, quelques-uns peuvent devenir moins carnivores. En ce cas, l'espèce pourra s'accroître en nombre; et plus ses représentants se diversifieront dans leurs habitudes ou leur organisation, plus ils trouveront de places vacantes à remplir.

Ce qui s'applique ici à une seule espèce animale peut s'appliquer à toutes les espèces dans la suite des temps, à condition toutefois que les individus varient : car autrement la sélection naturelle ne peut rien.

Il en est absolument de même pour les plantes. L'expérience a démontré qu'une même étendue du même sol, ensemencée de plusieurs genres d'herbes très-distincts, produit un plus grand nombre de plantes et un poids plus considérable de foin que si l'on n'y sème qu'une seule espèce. On est arrivé au même résultat en semant une seule variété de blé ou plusieurs en d'égales portions de terrain. Il résulte de là que, si quelque espèce végétale se met à varier avec continuité et que ces variations s'accumulent par sélection, bien que cette variété nouvelle, ainsi produite, ne diffère pas autant de l'espèce mère que des espèces ou des genres distincts le feraient entre eux, cependant sa formation aura pour résultat qu'un plus grand nombre d'individus de cette espèce, y compris tous ses descendants modifiés, pourront vivre sur la même étendue de sol. Or, nous savons que chaque espèce et chaque variété végétale sème annuellement sur le sol des graines sans nombre. On peut donc dire qu'elle s'efforce de se multiplier autant qu'il est en son pouvoir. Conséquemment, dans le cours de plusieurs milliers de générations, les variétés les plus tranchées de chaque espèce auront toujours les plus grandes chances de s'accroître en nombre et de supplanter ainsi des variétés moins distinctes ; et ces mêmes variétés, en devenant ainsi de plus en plus distinctes les unes des autres, prendront successivement le rang d'espèces.

Que la plus grande diversification possible d'organisation permette la plus grande somme de vie possible, c'est une loi dont la vérité éclate dans un nombre considérable de phénomènes naturels.

Ainsi, dans une région peu étendue, ouverte à l'immigration, et où par conséquent la lutte d'individu à individu doit être très-vive, on remarque toujours une très-grande diversité dans les espèces qui l'habitent. J'ai trouvé qu'une surface gazonnée de trois pieds sur quatre, qui avait été exposée pendant de longues années aux mêmes conditions de vie, nourrissait vingt espèces de plantes, appartenant à dix-huit genres et à huit ordres, ce qui montre combien ces plantes différaient les unes des autres. Il en est de même des plantes et des insectes sur de petits îlots uniformes, et de même encore dans de petits étangs d'eau douce. Les cultivateurs savent qu'ils obtiennent un produit total plus considérable par une rotation d'essences appartenant à des ordres très-tranchés : la nature suit ce qu'on pourrait appeler une rotation simultanée. La plupart des animaux ou des plantes, qui vivent autour d'une petite pièce de terre, pourraient l'occuper tout entière, supposant qu'elle ne soit pas d'une nature particulière, et l'on peut dire qu'elles s'efforcent d'y vivre dans la mesure de leur pouvoir ; mais aussitôt qu'elles entrent en libre concurrence pour la peupler, les avantages provenant de la diversité de stucture, ainsi que les différences correspondantes de constitution et d'habitudes, font que les espèces qui parviennent à s'y établir, après avoir jouté de près les unes contre les autres, appartiennent, en règle générale, à différents genres et même à différents ordres.

La même loi s'observe encore dans la naturalisation des plantes par l'action de l'homme dans des terres éloignées. On aurait pu s'attendre à ce que les plantes qui ont réussi à se naturaliser en une contrée quelconque fussent en général étroitement alliées aux indigènes ; car celles-ci sont communément regardées comme spécialement adaptées à leur propre patrie, et même comme créées pour elle; mais l'expérience prouve tout le contraire. M. Alph. de Candolle a fait observer dans son admirable ouvrage que, par l'effet de la naturalisation, les flores gagnent proportionnellement beaucoup plus de genres que d'espèces. J'en donnerai une seule preuve. Dans la dernière édition du *Manuel de la flore des États-Unis du Nord*, par le docteur Asa Gray[1], on trouve énumérées deux cent soixante plantes naturalisées qui appartiennent à cent soixante-deux genres. On voit donc que ces plantes naturalisées sont de natures très-diverses. Elles diffèrent surtout des indigènes : car sur les cent soixante-deux genres naturalisés, il n'y en a pas moins de cent qui n'ont aucun représentant natif dans la contrée, de sorte qu'une augmentation proportionnellement considérable de genres en résulte pour les États-Unis.

Si l'on considère la nature des plantes et des animaux qui ont lutté avec succès contre les indigènes d'une contrée quelconque, et qui sont parvenus à s'y naturaliser, on peut se faire

[1] *Manuel of the Flora of the Northern Unit l-States.*

une idée approximative de la manière dont quelques-unes des formes natives auraient pu se modifier, afin de l'emporter sur les autres ; ou du moins l'on peut inférer avec quelque certitude que des variations divergentes d'organisation, s'élevant jusqu'à de nouvelles différences génériques, leur auraient été avantageuses.

La diversité des caractères chez les habitants d'une même région a les mêmes avantages que la division du travail physiologique entre les organes d'un même individu. Ce sujet a été admirablement élucidé par M. Milne Edwards. Chaque physiologiste sait qu'un estomac, propre à digérer seulement des substances végétales ou seulement des substances animales, extrait une plus grande quantité de sucs nutritifs, soit des unes, soit des autres. De même, dans l'économie générale d'une contrée quelconque, plus les animaux et les plantes, qui la peuplent, sont diversifiés par leurs habitudes, plus aussi le nombre d'individus qui peuvent y vivre est considérable. Un certain ensemble d'espèces, peu différentes les unes des autres par leur organisation, pourrait difficilement soutenir la concurrence contre un autre ensemble plus diversifié. Ainsi, il est fort douteux que les Marsupiaux australiens, divisés, comme ils sont, en groupes peu tranchés, qui représentent faiblement, ainsi que M. Waterhouse et d'autres l'ont remarqué, nos groupes de Carnivores, de Ruminants et de Rongeurs, puissent avec succès soutenir la concurrence contre ces ordres si profondément distincts. Il semble donc que, chez les mammifères australiens, nous voyions une application de la loi de divergence des caractères à l'une des premières phases de son évolution incomplète.

XI. **Effets de la sélection naturelle sur les descendants d'un parent commun, résultant de la divergence des caractères et des extinctions d'espèces.** — L'examen de la question précédente aurait pu avoir beaucoup plus de développement ; cependant, nous pouvons conclure de ce que nous en avons dit : que les descendants modifiés d'une espèce quelconque réussissent d'autant mieux à se multiplier qu'ils se diversifient davantage, parce qu'ils deviennent ainsi plus capables d'empiéter sur les places occupées dans la nature par d'autres êtres.

Voyons maintenant quels peuvent être les résultats des avantages provenant de la divergence des caractères, combinés avec la loi de sélection naturelle. La figure ci-contre nous aidera à comprendre ce problème un peu difficile.

Supposons que les lettres depuis A jusqu'à L représentent les espèces d'un genre très-nombreux en espèces dans une certaine contrée. Ces espèces sont supposées inégalement différentes les unes des autres, ainsi qu'il arrive généralement dans l'ordre naturel, et comme le représente la figure sur laquelle les lettres sont placées à inégales distances. J'ai dit à dessein un genre très-nombreux en espèces, parce que nous avons vu[1] que, proportionnellement, un plus grand nombre d'espèces varient dans les grands genres que dans les petits, et que les espèces variables des grands genres présentent un plus grand nombre de variétés. Nous avons vu aussi que les espèces les plus communes et les plus répandues varient plus que les espèces rares dont la station est très-limitée. Que A soit donc une espèce commune, variable, très-répandue dans une vaste station et appartenant à un genre largement représenté dans la contrée. Le petit éventail de lignes pointées, divergentes et d'inégales longueurs, qui partent de A, peut représenter l'ensemble de sa postérité variable. Je suppose que ces variations sont légères, mais très-diverses de nature. Elles ne sont pas censées apparaître simultanément, mais peut-être à de longs intervalles, et peuvent être considérées comme se perpétuant durant des temps inégaux. Celles d'entre ces variations qui offrent quelque avantage aux individus chez lesquels elles se manifestent pourront seules se conserver et seront naturellement élues. C'est ici que l'importance du bénéfice dérivé de la divergence des caractères entre en jeu; car ce principe aura généralement pour conséquence que ce seront les variations les plus divergentes, c'est-à-dire les plus différentes, soit entre elles, soit par rapport à la souche mère, qui seront conservées

[1] Chap. II, p. 66.

et accumulées par sélection naturelle, ainsi que les lignes pointées de la figure le représentent. Chacune de ces lignes pointées, qui atteint l'une des lignes horizontales de la figure et s'y trouve marquée par une petite lettre, suppose qu'il a été accumulé une somme de variations suffisante pour former une variété bien tranchée et telle qu'elle mériterait d'être mentionnée dans un ouvrage systématique.

Chaque intervalle entre deux lignes horizontales de la figure peut ainsi représenter un millier de générations ; mais ce ne serait que mieux encore, s'il en représentait dix mille. On suppose donc qu'après mille générations l'espèce A a produit deux variétés bien tranchées, représentées par $a^1$ et $m^1$. Ces deux variétés continueront généralement d'être exposées aux mêmes conditions d'existence qui ont fait varier l'espèce mère ; et, la variabilité étant par elle-même héréditaire, elles tendront conséquemment à varier et à varier probablement dans la même direction que leurs ancêtres. De plus, ces deux variétés, n'étant que des formes légèrement modifiées, auront toutes chances d'hériter des avantages qui ont rendu l'espèce mère, A, dominante dans la contrée. Elles participeront également à ces avantages plus généraux qui ont fait du genre auquel elles appartiennent un genre nombreux en espèces dans cette même région. Et nous savons que toutes ces circonstances sont favorables à la production de variétés nouvelles.

Si donc ces deux variétés sont variables, leurs variations les plus divergentes seront probablement élues et se perpétueront pendant les mille générations suivantes. Après ce laps de temps, la figure suppose que la variété $a^1$ a produit la variété $a^2$, qui, grâce au principe de divergence des caractères, différera plus de A que ne le faisait la variété $a^1$. De même, on peut supposer que la variété $m^1$ a produit deux variétés, c'est-à-dire $m^2$ et $s^2$, plus différentes l'une de l'autre que de leur parent commun, A. On pourrait continuer la série à l'infini par le même procédé graduel et pour quelque période de temps que ce soit, quelques variétés produisant ainsi, après mille générations, une seule variété chacune, mais de plus en plus modifiée, quelques autres en produisant deux ou trois, et le reste n'en produisant aucune. Ainsi les variétés ou descendants modifiés du commun parent A iront toujours s'accroissant en nombre et divergeant de caractères. La figure représente la série continuée jusqu'à la dix-millième génération et, sous une forme simplifiée, jusqu'à la quatorze-millième génération.

Mais je n'entends pas dire que le procédé de transformation continue toujours d'agir aussi régulièrement que la figure le représente, bien que la figure elle-même soit à dessein irrégulière. Je suis loin de croire que les variétés les plus divergentes soient toujours celles qui prévalent et se multiplient infailliblement. Une forme intermédiaire peut se perpétuer longtemps et peut produire plus d'un descendant modifié ; car la sélection naturelle agit toujours d'après la nature des lieux et des lacunes inoccupées ou imparfaitement remplies par d'autres êtres ; or, cette circonstance dépend de rapports infiniment compliqués. Mais, en règle générale, plus les descendants d'une espèce peuvent se diversifier, plus ils sont aptes à remplir un plus grand nombre de vides différents, et plus leur postérité modifiée a chance de s'accroître.

Dans la figure, la ligne non interrompue de succession est brisée à intervalles réguliers, et chaque angle est marqué par de petites lettres numérotées, qui indiquent que les formes successives sont devenues suffisamment distinctes pour être mentionnées comme variétés; mais ces brisures sont purement imaginaires, et pourraient avoir été insérées partout autre part, pourvu que ce fût à intervalles suffisants pour avoir permis l'accumulation d'une somme considérable de variations divergentes.

Comme tous les descendants modifiés d'une espèce commune, très-répandue et appartenant à un grand genre, tendront à participer aux mêmes avantages qui ont assuré à leurs ancêtres leurs succès dans la vie, ils continueront en général à s'accroître en nombre aussi bien qu'à diverger en caractère : c'est ce que la figure représente par les diverses branches divergentes qui partent de A. La descendance modifiée des branches les plus parfaites, les plus élevées et les plus récentes dans la lignée généalogique, devra sans doute souvent prendre la place des branches plus anciennes et plus imparfaites, et par conséquent les exterminer : c'est ce qui est indiqué sur la figure par celle des branches inférieures qui n'atteignent pas les lignes horizontales supérieures.

En quelque cas, je ne doute pas que le procédé de modification ne soit limité à une seule ligne de descendance ; alors le nombre des descendants ne se sera pas accru, quoique la somme des variations divergentes entre les descendants modifiés et leur souche puisse s'être constamment augmentée dans les générations successives. Ce cas se trouverait représenté sur la figure, si toutes les lignes qui procèdent de A étaient supprimées à l'exception de la ligne qui va de $a^1$ jusqu'à $a^{10}$. C'est ainsi, par exemple, que le Cheval de course et le Chien d'arrêt anglais semblent avoir progressé lentement l'un et l'autre, en s'éloignant toujours du caractère de leur souche originale, sans que ni l'un ni l'autre aient donné naissance à quelque nouvelle branche ou race.

Au bout de dix mille générations, on peut donc considérer l'espèce A comme ayant produit trois formes, c'est-à-dire $a^{10}$, $f^{10}$ et $m^{10}$. Ces trois formes, après avoir divergé de caractères pendant cette longue suite de générations successives, sont arrivées à différer considérablement, mais peut-être inégalement, l'une de l'autre et de leur parent commun. Si nous supposons que la somme des modifications survenues entre chaque ligne horizontale de la figure soit extrêmement petite, ces trois formes peuvent n'être encore que des variétés bien marquées ; ou bien elles peuvent être arrivées à la catégorie douteuse de sous-espèces ; mais il nous faut seulement supposer que les degrés de modifications ont été plus importants ou plus fréquemment renouvelés, pour convertir ces trois formes ou espèces bien définies : la figure donne donc un exemple des degrés par lesquels les petites différences qui distinguent les variétés s'accroissent jusqu'à présenter les différences plus profondes qui distinguent les espèces. En continuant le même procédé pendant un grand nombre de générations, comme on le voit dans la partie supérieure de la figure sous une forme plus simple, nous obtenons huit espèces indiquées par les lettres $a^{14}$ à $m^{14}$, espèces qui descendent toutes de A. Tel serait donc, à ce que je crois, le mode naturel de la multiplication des espèces et de la formation des genres.

Mais, dans un grand genre, il est probable que plus d'une espèce varie. Sur la figure, j'ai supposé qu'une seconde espèce I a produit de même, après dix mille générations et par un procédé analogue, soit deux variétés bien marquées, soit deux espèces ($w^{10}$ et $z^{10}$), selon la valeur des changements qu'on suppose représentés entre chaque ligne horizontale; et, après quatorze mille générations, six nouvelles espèces, indiquées par les lettres $n^{14}$ à $z^{14}$, seront formées.

Dans un même genre, ce sont les espèces déjà très-différentes par leur structure ou leurs habitudes qui tendront généralement à produire le plus grand nombre de descendants modifiés, parce que ceux-ci auront plus de chances que d'autres de pouvoir remplir des postes plus divers dans l'économie de la nature; c'est pourquoi, dans la figure, ce sont les deux espèces A et I, dont l'une occupe l'extrémité de la série et dont l'autre est l'avant-dernière à l'extrémité opposée, que j'ai indiquées comme devant être le plus variables, et comme pouvant conséquemment donner naissance à de nouvelles variétés et à de nouvelles espèces. Les neuf autres espèces du genre originel que nous considérons, peuvent continuer pendant une longue période à produire des descendants inaltérés : c'est ce que la figure indique par les lignes pointées droites qui partent de ces neuf espèces indiquées par des lettres majuscules et que je n'ai pas prolongées plus haut, à cause du manque d'espace [1].

Mais, pendant la longue série de ces lentes modifications,

[1] Il est supposable d'ailleurs que ces lignées généalogiques directes doivent s'éteindre les unes après les autres par suite de l'extension des lignées généalogiques ramifiées, comme le montre la figure ; car de deux choses l'une : ou ces espèces ont une organisation invariable dont l'inflexibilité ne peut se prêter à des conditions de vie changeantes, et par conséquent elles doivent disparaître devant des organisations plus flexibles ; ou bien elles ont présenté des variations moins avantageuses qui n'ont pas été élues, et ce désavantage doit également tendre à les détruire. Il n'est qu'un seul cas où elles puissent se perpétuer aussi longtemps que les espèces variables; c'est celui où elles occuperaient des stations isolées à l'abri de la concurrence de leurs congénères. (*Trad.*)

telle qu'elle est représentée dans la figure, la loi d'extinction aura joué aussi un rôle important. Comme dans toute contrée déjà suffisamment peuplée, la sélection naturelle agit nécessairement au moyen des avantages acquis par la forme élue sur d'autres formes rivales, il y aura une tendance constante chez les descendants en progrès d'une espèce quelconque à supplanter et à exterminer à chaque génération leurs prédécesseurs et les représentants de leur souche originelle. Car il faut toujours se rappeler que la concurrence est en général d'autant plus vive que les formes en lutte sont plus étroitement alliées par leurs habitudes, leur constitution ou leur structure. Il s'ensuit que toutes les formes intermédiaires entre l'état primitif et l'état actuel, c'est-à-dire entre le plus et le moins parfait des états successifs d'une espèce, aussi bien que la souche originelle elle-même, doivent généralement s'éteindre. Il en est probablement de même à l'égard d'un grand nombre de lignées collatérales qui doivent être vaincues par d'autres lignées plus récentes et plus parfaites. Si cependant la postérité modifiée d'une espèce s'introduit dans quelque contrée distincte ou parvient à s'adapter rapidement à quelque station toute nouvelle, dans laquelle les ancêtres et les descendants n'entrent pas en concurrence, les uns et les autres peuvent continuer d'exister.

Si donc la figure qui précède est censée représenter une somme considérable de modifications, l'espèce A et toutes ses variétés les plus anciennes se seront éteintes successivement et auront été remplacées par huit espèces nouvelles (de $a^{14}$ à $m^{14}$), et l'espèce I aura été remplacée par six autres espèces (de $n^{14}$ à $z^{14}$).

XII. **La sélection naturelle rend compte du groupement des êtres organisés.** — Mais nous pouvons pousser notre argumentation plus loin. Nous avons supposé que les espèces originelles de notre genre se ressemblent les unes aux autres inégalement, ainsi qu'il arrive en général dans la nature. L'espèce A aurait donc été plus étroitement alliée à *B*, *C* et *D*, qu'aux autres espèces, et l'espèce I plus semblable à *G*, *H*, *K*, *L*, qu'aux premières. D'autre part, nous avons encore supposé que les deux espèces A et I étaient très-communes et très-répandues, de sorte qu'elles doivent en principe avoir possédé quelque avantage sur la plupart des autres représentants du genre. Or, leurs quatorze descendants modifiés à la quatorze-millième génération, auront sans doute hérité des mêmes avantages. Ils se seront même modifiés, et auront progressé en se diversifiant à chaque degré généalogique, de manière à s'adapter à des situations très-diverses dans l'économie naturelle de la contrée. Il semble dès lors extrêmement probable qu'ils auront pris la place, non-seulement de leurs souches-mères (A et I), mais aussi de plusieurs des espèces originelles qui étaient le plus étroitement alliées à ces souches, et les auront exterminées les unes et les autres. Il est donc probable que quelques-unes des espèces originelles seulement auront transmis leur postérité jusqu'à la quatorze-millième génération. Il nous est même permis de supposer qu'une seule de ces espèces F, élue parmi les moins proches alliées des neuf autres, a envoyé des descendants jusqu'à cette lointaine époque.

Les nouvelles espèces qui, selon la figure, descendent des onze espèces originelles, seraient donc, d'après cela, au nombre de quinze. Mais, par suite de la divergence de caractères qui résulte de la sélection naturelle, la somme totale des différences d'organisation entre les espèces extrêmes $a^{14}$ et $z^{14}$ serait devenue beaucoup plus grande qu'elle n'était en principe entre les plus tranchées des onze espèces originelles. De plus, ces nouvelles espèces seraient alliées les unes aux autres d'une manière toute différente. Parmi les huit descendants de A, les trois espèces $a^{14}$, $q^{14}$ et $p^{14}$ seraient très-voisines, s'étant tout récemment séparées de $a^{14}$; mais $b^{14}$ et $f^{14}$, ayant commencé à diverger de $a^{5}$, à une époque beaucoup plus reculée, seraient de quelques degrés plus distinctes que les trois premières; et enfin $o^{14}$, $e^{14}$ et $m^{14}$, seraient étroitement alliées ensemble, mais, ayant divergé des autres depuis l'origine de la série, elles seraient très-différentes et pourraient constituer un sous-genre ou même un genre distinct.

Les six descendants de I formeraient de même deux sous-genres ou peut-être deux genres. Mais comme l'espèce originelle I différait beaucoup de l'espèce originelle A, ces deux espèces étant placées presque aux deux extrémités de la série générique primitive, les six descendants de I, par le seul fait de l'hérédité, différeront considérablement des huit descendants de A, les deux groupes ayant été continuellement se modifiant selon deux directions divergentes. De même, et ceci est une considération de haute importance, les espèces intermédiaires qui reliaient les espèces originelles A et I se seront toutes éteintes, excepté E, sans laisser de descendants modifiés. Il suit de là que les six espèces nouvelles descendues de I et les huit procédant de A devront être rangées comme deux genres très-distincts, ou même comme deux sous-familles.

Par ce procédé de descendance modifiée longtemps continué, deux ou plusieurs genres peuvent dériver de deux ou plusieurs espèces d'un genre unique, et les deux ou plusieurs espèces mères peuvent descendre elles-mêmes d'une seule espèce d'un genre antérieur. Cette ramification généalogique se trouve représentée sur la figure, où des lignes brisées partent de chacune des lettres majuscules qui représentent les onze espèces considérées jusqu'ici comme originelles, et convergent par en bas vers un seul point représentant une seule espèce. Cette espèce éteinte et peut-être inconnue serait la souche unique de nos divers genres ou sous-genres nouveaux.

Arrêtons-nous un instant à considérer quel serait le caractère de la nouvelle espèce $F^{14}$. Nous supposons qu'elle ne s'est pas beaucoup éloignée de son type primitif, mais au contraire qu'elle a conservé la forme de F, soit sans aucune altération, soit légèrement altérée seulement. En pareil cas, ses affinités avec les quatorze autres espèces seront curieuses et compliquées. Dérivant d'une forme intermédiaire entre les espèces mères A et I, que nous supposons alors inconnues et éteintes, elle sera encore en quelque degré intermédiaire entre les deux groupes d'espèces descendues de ces deux souches. Mais, comme ces deux groupes sont allés constamment en divergeant et en s'éloignant du type de leurs ancêtres, la nouvelle espèce $F^{14}$ ne sera pas directement intermédiaire entre eux, mais plutôt entre leurs types originels. Or, tout naturaliste pourra sur-le-champ trouver quelques exemples d'un cas semblable.

Dans la figure, nous avons considéré jusqu'ici chaque ligne horizontale comme représentant mille générations ; mais chaque intervalle peut également en représenter un million ou même cent millions. Ces intervalles peuvent même encore figurer une section des divers terrains fossilifères qui forment la croûte du globe. Quand nous arriverons à notre chapitre sur la géologie, nous aurons, du reste, à revenir sur ce sujet. Nous verrons alors que cette théorie jette quelque lumière sur les affinités des êtres disparus, qui, bien qu'appartenant généralement aux mêmes ordres, familles ou genres que ceux qui vivent actuellement, sont cependant souvent en quelque degré intermédiaires entre des groupes existants. Ce fait s'explique si l'on songe que toutes les espèces éteintes ont vécu à des époques de plus en plus reculées, où les rameaux généalogiques étaient de moins en moins divergents.

Je ne vois aucune raison pour que ce procédé de modification, tel qu'il vient d'être exposé, soit nécessairement limité à la seule formation des genres. Si dans la figure nous supposons que la somme des changements représentée par chaque groupe successif de lignes divergentes est très-considérable, les formes indiquées par les lettres $a^{14}$ à $p^{14}$, $b^{14}$ et $f^{14}$, $o^{14}$ à $m^{14}$ formeront trois genres très-distincts. Nous aurons aussi deux genres distincts descendus de I ; et comme ces deux derniers genres, par suite de la divergence longtemps continuée des caractères et de la différence première de leurs types héréditaires distincts, seront très-différents des trois genres descendus de A, ces deux petits groupes de genres formeront deux familles, ou même deux ordres, selon la somme des modifications divergentes que l'on suppose représentée par les intervalles de la figure. Or, ces deux nouvelles familles, ou ordres, seront descendues de deux espèces du genre originel ; de même que ces deux espèces mères seront elles-mêmes dérivées d'une seule forme d'un genre encore plus ancien et peut-être inconnu.

Nous avons vu que dans chaque contrée ce sont les espèces des plus grands genres qui présentent le plus souvent des variétés ou espèces naissantes. On aurait pu préjuger cette loi; car la sélection naturelle agit toujours à l'aide d'une forme qui possède déjà, dans la concurrence vitale, quelques avantages sur d'autres formes; et l'étendue ou la richesse de formes d'un groupe est une preuve que les espèces qui le composent ont hérité en commun quelque avantage d'un commun ancêtre. La lutte, pour la production de descendants modifiés ou de variétés nouvelles, aura donc lieu principalement entre des formes dominantes qui s'efforcent constamment de s'accroître en nombre. Un groupe déjà puissant pourra seul vaincre un autre groupe, le réduire en nombre et diminuer ainsi ses chances de futures variations et de futurs progrès. Dans ce même groupe dominant, les sous-groupes les plus récents et les plus parfaitement adaptés, en divergeant de caractères pour s'approprier les places vacantes dans l'ordre de la nature, tendront constamment à supplanter et à détruire les sous-groupes les plus anciens et les moins développés; tandis que de petits groupes épars et des sous-groupes inférieurs finiront par disparaître.

Si nous essayons de préjuger l'avenir, nous pouvons prédire presque avec certitude que ce sont les groupes d'organismes aujourd'hui étendus et triomphants, ceux dont la série spécifique est la plus compacte, c'est-à-dire qui n'ont encore souffert que peu d'extinctions, qui continueront de s'accroître pendant une longue période. Mais quels sont ceux qui prévaudront en dernier résultat? Nul ne saurait le prévoir : car nous savons que des groupes nombreux, autrefois considérablement développés, sont aujourd'hui disparus. Nous pouvons de même prophétiser, d'après l'accroissement rapide et continu des groupes dominants, qu'une multitude de groupes inférieurs s'éteindront entièrement, sans laisser de descendants modifiés et, conséquemment, que, parmi les espèces vivantes à une époque donnée, il en est seulement un fort petit nombre qui enverront des descendants jusque dans un avenir très-éloigné.

J'aurai à revenir sur ce sujet dans le chapitre où je traiterai de la classification. J'ajouterai seulement, quant à présent, qu'en partant de ces deux principes : premièrement, qu'un très-petit nombre des plus anciennes espèces ont laissé des descendants ; secondement, que tous les descendants de la même espèce, par une évolution lente et successive, arrivent à former une classe ; il devient facile de comprendre pourquoi il n'existe qu'un très-petit nombre de classes dans chaque division du règne végétal et du règne animal ; et quoiqu'un très-petit nombre des plus anciennes espèces aient encore de nos jours une postérité vivante et modifiée, cependant, dès les plus anciennes époques géologiques, la terre peut avoir été peuplée d'un nombre d'espèces, de genres, de familles, d'ordres ou de classes aussi considérable qu'aujourd'hui [1].

XIII. **Du progrès organique.** — Comme nous l'avons vu, la sélection naturelle agit exclusivement par la conservation et l'accumulation successive des variations accidentelles qui sont en quelque chose avantageuses à chaque être, en raison des conditions de vie organiques ou inorganiques sous lesquelles il est appliqué à vivre. Elle a pour résultat final que toute forme vivante doit devenir de plus en plus parfaite, relativement à ses conditions d'existence. Or, ce perfectionnement continuel des individus organisés doit inévitablement conduire au progrès général de l'organisme, parmi la majorité des êtres vivants répandus à la surface de la terre.

Mais nous touchons ici à un problème très-compliqué : car les naturalistes n'ont pas encore défini, à la satisfaction les uns des autres, ce qu'on entend par progrès organique. Parmi les vertébrés, le degré d'intelligence et les ressemblances de structure avec la structure humaine entrent évidemment en compte. Au premier abord, on pourrait croire que l'importance des changements subis par les divers organes d'un être vivant, depuis le commencement de la vie fœtale jusqu'à l'âge adulte, sont une mesure de comparaison toujours exacte ; cependant il y a des cas où, comme chez certains crustacés parasites, divers organes deviennent moins parfaits pendant les dernières phases

[1] Seulement chacune de ces divisions et subdivisions devait être moins tranchée en vertu de la loi de divergence des caractères ; et c'est en effet ce qu'attestent les documents géologiques qui montrent une aussi grande richesse d'espèces avec une pauvreté relative de types extrême. (*Trad.*)

de leur développement, de sorte que l'animal adulte ne saurait être considéré comme plus élevé que sa larve. En définitive, c'est la norme adoptée par Von Baer, qui me paraît le plus généralement applicable et la meilleure. Elle consiste à évaluer le degré de supériorité d'un être organisé d'après la localisation et la différenciation plus ou moins parfaite de ses organes et leur adaptation spéciale à différentes fonctions ou, comme l'exprimerait M. Milne Edwards, d'après la division plus ou moins complète du travail physiologique.

Mais il faut bien reconnaître combien ce problème offre encore de sujets d'incertitude, quand on voit que, parmi les poissons, par exemple, quelques naturalistes placent au premier rang des genres tels que les Requins (Squales), parce qu'ils approchent le plus des reptiles; tandis que d'autres considèrent au contraire que les poissons osseux ordinaires, de l'ordre des Téléostéens, sont les plus élevés de la série, parce qu'ils en réalisent mieux le type et qu'ils diffèrent plus complétement des autres classes des vertébrés. Mêmes doutes à l'égard des plantes, chez lesquelles on ne retrouve plus l'intelligence pour servir de mesure et de guide; de sorte que certains botanistes donnent le rang supérieur aux plantes qui possèdent la série complète de leurs organes, c'est-à-dire des sépales, des pétales, des étamines et un pistil pleinement développés dans chaque fleur; d'autres au contraire, avec plus de vérité probablement, considèrent comme plus élevées dans l'échelle organique les plantes chez lesquelles les organes sont le plus différenciés, le plus localisés pour des fonctions spéciales, et en général moins nombreux pour la même fonction.

Si cette localisation des organes, qui comprend sous sa loi générale les développements successifs du cerveau comme organe intellectuel, est en réalité le critère le plus certain de la supériorité organique, il en résulte que la sélection naturelle tend constamment et nécessairement à élever l'organisation [1]. Car tous les physiologistes admettent que la localisation des organes, leur permettant de mieux remplir leurs fonctions spé-

[1] Ou du moins son niveau supérieur, et, par le fait, son niveau moyen. (*Trad.*)

ciales, est avantageuse à chaque être. Or, l'accumulation de variations accidentelles, tendant à localiser les organes chacun pour des fonctions particulières, est donc du ressort de la sélection naturelle.

D'un autre côté, d'après le principe que tous les êtres vivants luttent pour se multiplier en raison géométrique, et pour s'emparer de toute place imparfaitement remplie dans l'économie de la nature, il est aussi très-possible que la sélection naturelle adapte graduellement un être à une situation telle, que plusieurs de ses organes lui soient inutiles et superflus. En ce cas, il y aurait donc pour lui rétrogradation dans l'échelle des organismes.

En somme, l'organisation a-t-elle généralement progressé depuis les époques géologiques les plus anciennes jusqu'à nos jours? C'est une question que nous examinerons plus convenablement dans notre chapitre sur la *Succession géologique des êtres organisés.*

XIV. **Persistance des formes inférieures.** — Mais s'il est vrai que tous les êtres vivants tendent à s'élever dans l'échelle organique, on peut se demander comment il se fait qu'il existe encore sur toute la surface du globe une multitude de formes inférieures et pourquoi, dans chaque grande classe, quelques formes sont beaucoup plus élevées que d'autres. Pourquoi, en effet, les formes supérieures n'ont-elles pas partout supplanté et exterminé les inférieures? Lamarck, qui admettait chez tous les êtres organisés une tendance naturelle à progresser, semble avoir si bien compris le poids de cette objection qu'il a dû, pour y répondre, supposer que de nouveaux êtres d'ordre inférieur se formaient continuellement par voie de génération spontanée. J'ai à peine besoin de dire ici que la science, dans son état actuel, n'admet pas en général que des êtres vivants s'élaborent encore de nos jours au sein de la matière inorganique [1].

[1] Ceci répond suffisamment à certains critiques français qui ont confondu la question de l'origine des formes spécifiques par voie de modifications successives avec celle des générations spontanées. Il ne nous appartient pas de juger ici de la valeur des expériences et des opinions de M. Pouchet; nous voulons

D'après ma théorie, l'existence permanente d'organismes inférieurs n'offre aucune de ces difficultés; car la sélection naturelle n'implique aucune loi nécessaire et universelle de développement et de progrès. Elle se saisit seulement de toute variation qui se présente, lorsqu'elle est avantageuse à l'espèce ou à ses représentants par rapport à leurs relations mutuelles et complexes. Or, quel avantage pourrait-il y avoir pour un animalcule Infusoire, pour un Ver intestinal ou même pour un Ver de terre à être doué d'une organisation élevée? Si ces diverses formes vivantes n'ont aucun avantage à progresser, elles ne feront donc aucun progrès ou progresseront seulement sous de légers rapports, par suite de l'action sélective qui tend seulement à les adapter de mieux en mieux à leurs conditions d'existence, mais nullement à changer à ces conditions. De sorte qu'elles peuvent demeurer dans leur infériorité actuelle pendant une suite indéfinie d'époques géologiques. Et, en effet, nous savons, d'après les documents paléontologiques, que plusieurs des formes les moins élevées de la série organique, telles que les Infusoires et les Rhizopodes, sont demeurées, pendant d'immenses périodes, à peu près dans l'état où nous les voyons aujourd'hui. Mais il n'en faudrait pas conclure que la plupart des formes inférieures actuelles n'ont en rien progressé depuis la première aube de la vie terrestre; car tout naturaliste qui a disséqué quelques-uns des êtres aujourd'hui rangés aux degrés les plus bas de l'échelle naturelle, n'a pu manquer d'être frappé de la beauté réellement merveilleuse de leur organisation.

Les grandes différences qu'on observe entre les degrés divers d'organisation qui composent chaque groupe naturel pourraient donner lieu aux mêmes considérations. Comment expliquer autrement, par exemple, la coexistence des Mammifères et des Poissons parmi les Vertébrés, celle de l'Homme et de l'Ornithorynque parmi les Mammifères, ou parmi les poissons, celle du Requin, et de l'Amphioxus (*Branchiostoma*), qui, par l'extrême simplicité de sa structure anatomique, approche des

seulement dire qu'elles n'ont aucun lien nécessaire avec les théories de M. Darwin, qui, on le voit, n'admet pas que les générations spontanées soient un fait encore scientifiquement établi, sans préjuger qu'il ne puisse pas l'être un jour. (*Trad.*)

invertébrés? Mais les mammifères et les poissons entrent si rarement en concurrence, que le progrès de certains représentants de la première de ces deux classes, ou même de la classe tout entière jusqu'au plus haut degré possible d'organisation, ne la conduirait pas à prendre la place de la seconde et à l'exterminer. Il est admis en physiologie que le cerveau, pour acquérir une grande activité, a besoin d'être baigné de sang chaud, ce qui exige une respiration aérienne; de sorte que les mammifères à sang chaud qui habitent les eaux y vivent à quelques égards avec quelque désavantage, comparativement aux poissons. Parmi ces derniers, les membres de la famille des Requins n'ont probablement aucune tendance à supplanter l'Amphioxus; et la concurrence vitale ne doit guère exister pour ce dernier que contre des invertébrés. Les trois derniers ordres des mammifères, c'est-à-dire les Marsupiaux, les Édentés et les Rongeurs, habitent ensemble les mêmes régions de l'Amérique du Sud, avec de nombreux Singes, et, probablement, ils interfèrent peu les uns avec les autres. C'est pourquoi, bien qu'en somme le niveau supérieur de l'organisation se soit continuellement élevé et s'élève encore dans le monde, cependant l'échelle présentera toujours tous les degrés possibles de perfection; car les progrès de certaines classes tout entières, ou de certains membres de chaque classe, ne conduisent pas nécessairement à l'extinction des groupes avec lesquels ils n'entrent pas en concurrence. Si en quelques cas, ainsi que nous le verrons autre part, des organismes inférieurs semblent s'être perpétués jusqu'aujourd'hui, c'est sans doute grâce à ce qu'ils ont toujours habité des stations particulières complétement isolées, où ils ont été soumis à une concurrence moins vive, et où ils n'ont existé qu'en petit nombre, ce qui a retardé pour eux les chances de variations favorables, ainsi que nous l'avons déjà vu autre part.

En fin de compte, il y a plusieurs causes très-diverses pour que des organismes d'ordres inférieurs existent actuellement en grand nombre dans le monde entier. Des variations favorables peuvent ne s'être jamais présentées, de sorte que la sélection naturelle n'a pu agir en les accumulant. Il est probable même que le laps de temps écoulé entre la formation d'un type et son extinction ne suffit jamais à réaliser pour ce type toute la somme possible de progrès et de développement. Quelquefois seulement il peut y avoir eu ce qu'on peut appeler un développement rétrogressif de l'organisation vers des types inférieurs [1]. Mais la raison principale de la persistance des types inférieurs, c'est qu'une organisation très-élevée ne saurait être d'aucune utilité à des êtres destinés à vivre dans des conditions de vie très-simples, et pourrait même leur être nuisible, en ce que, d'une structure plus délicate, elle serait exposée à des désordres plus graves et plus fréquents.

On a fait une autre objection diamétralement opposée à celles que nous venons d'examiner. Quand on se reporte en esprit à l'aube de la vie terrestre, à l'époque où nous devons nous représenter tous les êtres organisés comme pourvus chacun de la plus simple structure possible, on se demande comment les premiers pas ont pu s'opérer vers la différenciation et la localisation des organes pour des fonctions de plus en plus spéciales. Je ne saurais résoudre complétement ce problème ; et, comme nous n'avons aucun fait pour nous guider dans la recherche d'une solution, on peut regarder toute spéculation sur ce sujet comme oiseuse et sans base. Mais rien ne fait supposer que la concurrence vitale n'ait pas existé alors comme aujourd'hui, et que la sélection naturelle, par conséquent, n'ait pu agir avant qu'un grand nombre de formes différentes fussent produites [2]. Des variations survenues chez une seule espèce confinée dans une région isolée peuvent lui être avantageuses ; et si ces variations se conservent et s'accumulent, toute la masse des individus peut s'en trouver modifiée, ou il peut en résulter

[1] Ce qu'il ne faut pas confondre avec la décadence de ces mêmes types, laquelle précède leur extinction. (*Trad.*)

[2] On peut même affirmer, au contraire, que la concurrence devait être d'autant plus vive que tous les êtres vivants étaient plus uniformes ; et comme, plus les espèces sont placées bas dans l'échelle des organismes, plus la raison géométrique de leur multiplication est élevée, il y a donc double raison pour que la sélection naturelle ait agi avec plus d'intensité autrefois qu'aujourd'hui ; et il se pourrait qu'en moyenne générale son mouvement progressif fût uniformément retardé, en raison directe du degré d'élévation du niveau supérieur de l'organisation. (*Trad.*)

deux formes très-distinctes. Mais, comme je l'ai déjà dit dans mon Introduction, nul ne doit s'étonner qu'il reste encore beaucoup de choses inexpliquées sur l'origine des espèces, si l'on songe à notre profonde ignorance concernant les relations mutuelles des habitants du monde, durant les époques successives de son histoire.

XV. **Examen de diverses objections.** — Je dois examiner ici diverses objections qu'on a faites à mes théories, d'autant plus que les questions précédentes en recevront encore quelque lumière. De ce qu'aucun des animaux ou des plantes de l'Égypte dont nous savons quelque chose n'a changé pendant ces derniers trois mille ans, on a voulu inférer qu'aucune autre espèce ne s'était modifiée en d'autres parties du monde. Mais les nombreux animaux qui sont demeurés sans modification depuis le commencement de la période glaciaire auraient pu fournir un argument incomparablement plus fort ; car ils ont été exposés à de grands changements de climats, et ont émigré à de grandes distances; tandis qu'en Égypte, depuis ces trois mille ans, les conditions de la vie, autant du moins que nous pouvons le savoir, sont demeurées parfaitement les mêmes. Cette absence de modifications depuis la période glaciaire serait un argument de quelque valeur contre l'hypothèse d'une loi de développement nécessaire et innée ; mais il est sans force contre la théorie de sélection naturelle, qui implique seulement que des variations, accidentellement produites dans une espèce quelconque entre toutes, se conservent sous de favorables conditions. Ainsi que l'a fait remarquer M. Fawcett, que penserait-on d'un homme qui, parce qu'il pourrait démontrer que le mont Blanc et les autres pics alpestres avaient exactement la même hauteur il y a trois mille ans qu'aujourd'hui, en conclurait que ces montagnes ne se sont jamais lentement soulevées, et que la hauteur d'autres montagnes et d'autres parties du monde ne s'est pas accrue lentement et récemment ?

Si la sélection naturelle est si puissante, pourquoi tel ou tel organe ne s'est-il pas depuis peu modifié et perfectionné ? Pourquoi la trompe de l'Abeille domestique ne s'est-elle pas allongée de manière à atteindre le nectar du Trèfle rouge? Pourquoi l'Autruche n'a-t-elle pas acquis la faculté de voler? Mais il serait vrai que chacun de ces divers organes eût accidentellement varié dans la direction voulue, et qu'il se fût écoulé un temps suffisant pour que le lent travail de sélection naturelle eût accumulé ces variations, entravé comme il l'aurait été par les croisements et la tendance de réversion ; qui prétendra connaître assez bien l'ensemble des rapports complexes sous lesquels peut vivre un être organisé quelconque, pour affirmer que telle ou telle modification lui serait avantageuse ? Sommes-nous sûrs qu'une trompe plus longue ne serait pas nuisible à l'Abeille domestique pour sucer le nectar des innombrables petites fleurs qu'elle butine? Sommes-nous sûrs encore qu'une longue trompe n'entraînerait pas, en vertu de la corrélation de croissance, l'accroissement des autres parties de la bouche, et ne mettrait pas obstacle au travail si délicat de la construction des cellules ? Quant à l'Autruche, un moment de réflexion suffira pour comprendre quel énorme accroissement de nourriture il faudrait à cet oiseau du désert pour acquérir la force de mouvoir dans les airs son énorme corps. Mais des objections si peu réfléchies sont à peine dignes d'examen.

L'éminent professeur de paléontologie Bronn a joint à la traduction allemande de cet ouvrage quelques objections à mes théories et des remarques qui les appuient. Parmi ses objections, quelques-unes me semblent de peu d'importance ; d'autres proviennent de malentendus; et j'ai répondu incidemment, en divers passages de cet ouvrage, à celles qui m'ont paru avoir quelque valeur. Le savant paléontologiste me prête à tort l'idée erronée que toutes les espèces d'une contrée se transforment en même temps, et demande avec raison pourquoi toutes les formes vivantes n'offrent pas une masse toujours changeante d'une inextricable confusion. Mais il nous suffit qu'un nombre de formes seulement varient à la fois, et nul ne contestera qu'il n'en soit ainsi. Il se demande comment il peut se faire, d'après la loi de sélection naturelle, qu'une variété nombreuse en individus vive à côté de l'espèce mère dont elle descend : puisque cette variété, pendant sa formation, doit avoir supplanté les formes intermédiaires entre elle et l'espèce mère, on ne peut comprendre qu'elle n'ait pas supplanté l'espèce mère elle-même. Mais si la variété et son espèce mère se sont adaptées à des habitudes de vie légèrement différentes, elles peuvent vivre ensemble, bien que, parmi les animaux qui croisent librement et se meuvent à volonté, les variétés semblent devoir être généralement confinées dans des localités distinctes. Peut-on soutenir d'ailleurs que des variétés végétales, ou appartenant aux ordres inférieurs du règne animal, soient souvent très-répandues à côté de la forme mère ? Laissant de côté les espèces polymorphes, dont les innombrables variations ne paraissent ni avantageuses ni nuisibles aux individus chez lesquelles elles se manifestent, et qui ne sont jamais devenues fixes ; laissant de côté aussi les déviations temporaires, telles que l'albinisme, etc., j'ai l'opinion que les variétés et leurs souches mères habitent, en général, soit des stations distinctes, telles que les montagnes et les plaines, les lieux humides ou les lieux secs, soit enfin des régions séparées.

Le professeur Bronn observe encore avec justesse que les espèces distinctes ne diffèrent pas les unes des autres en un seul de leurs caractères, mais le plus souvent en plusieurs ou même en un grand nombre, et il se demande comment la sélection naturelle peut avoir simultanément affecté plusieurs parties de l'organisation. Mais il n'est pas probable que toutes ces différences se soient produites à la fois, et les lois mystérieuses de la corrélation de croissance peuvent certainement rendre compte de beaucoup de modifications simultanées, sinon les expliquer toutes. Nous observons partout des faits analogues chez nos variétés domestiques : quoiqu'elles puissent différer des autres races de la même espèce en l'un de leurs organes principalement, cependant les autres parties de leur organisation offrent toujours quelques différences.

Le savant Allemand fait une autre objection d'une grande force : comment la sélection naturelle explique-t-elle que les diverses espèces de Souris ou de Lièvres, qui descendent, je dois le faire remarquer, d'un parent commun dont les caractères sont inconnus, ont la queue ou les oreilles plus courtes ou plus longues, et le poil de différentes couleurs? Comment explique-t-elle encore qu'une plante ait des feuilles pointues, et l'espèce voisine, des feuilles obtuses? Je ne saurais trouver de réponses précises à de semblables questions. Mais, d'après l'hypothèse des créations indépendantes, ces différences n'ont-elles aucune raison d'être? Qu'elles aient une utilité directe, ou qu'elles soient dues à la corrélation de croissance, elles peuvent résulter de la conservation par sélection naturelle de variations directement avantageuses ou de variations corrélatives. Je crois à la théorie de descendance modifiée, bien que tel ou tel changement particulier de l'organisation ne puisse encore être expliqué dans l'état actuel de nos connaissances, parce que cette théorie rattache les uns aux autres un grand nombre des phénomènes généraux de la nature, et qu'elle les explique en général, comme nous le verrons dans les derniers chapitres de ce livre.

Un botaniste distingué, M. H. C. Watson, pense que j'ai exagéré l'importance de la loi de divergence des caractères, dont il paraît cependant admettre l'existence; mais il croit que la convergence des caractères, comme on pourrait l'appeler, a aussi joué son rôle dans l'économie organique. C'est une question très-compliquée que je ne puis examiner ici. Je dirai seulement que, si deux espèces ou deux genres étroitement alliés produisent un grand nombre d'espèces nouvelles et divergentes, il est possible que parmi celles-ci il s'en trouve dans les formes extrêmes des deux séries qui approchent suffisamment les unes des autres pour être, par le fait de cette ressemblance, classées dans le même genre. Il en résulterait que ces deux genres se seraient ainsi fondus en convergeant dans un seul plus riche en formes; mais, en raison de la force du principe d'hérédité, il semble difficile que ces deux groupes d'espèces nouvelles ne forment pas au moins deux sections bien tranchées dans ce genre supposé unique [1].

1. D'autant plus qu'il s'établirait une concurrence si vive entre ces formes analogues, quoique non parentes, qu'elles ne pourraient coexister, à moins d'habiter des stations toutes différentes où cependant les conditions de vie seraient identiques; or, c'est là un cas extraordinaire qui ne peut se présenter que très-rarement, bien qu'il n'ait rien d'impossible et qu'il puisse servir à expliquer quelques faits exceptionnels. (*Trad.*)

XVI. **Multiplication indéfinie des formes spécifiques.** — M. Watson a objecté aussi que l'action continue de la sélection naturelle avec divergence de caractères tendrait à former un nombre indéfini des formes spécifiques. Pour ce qui concerne les conditions de vie purement inorganiques, il me semble qu'un nombre assez borné d'espèces suffirait à s'adapter à toutes les combinaisons possibles de chaleur, d'humidité, etc.; mais j'admets pleinement que les relations réciproques des êtres organisés ont une beaucoup plus grande importance; et qu'à mesure que le nombre des espèces en chaque contrée va s'accroissant, les conditions organiques de la vie doivent aussi devenir de plus en plus complexes. Il ne semble donc pas, au premier abord, qu'il existe de limites à la somme des diversifications profitables de structure, et, par conséquent, aucune borne à l'accroissement du nombre des espèces. Nous ignorons si même la contrée la plus féconde est peuplée au maximun des formes spécifiques qu'elle peut nourrir. Ainsi, au cap de Bonne-Espérance et en Australie, où vivent un nombre si étonnant d'espèces, beaucoup de plantes européennes se sont néanmoins naturalisées.

Cependant les documents géologiques établissent qu'au moins pendant la longue durée de la période tertiaire le nombre des espèces de Mollusques, et probablement de Mammifères, ne s'est pas beaucoup ou même pas du tout accru. Quel est donc l'obstacle qui s'oppose à la multiplication indéfinie du nombre des formes spécifiques? C'est que la somme totale de vie possible, dans une aire géographique quelconque, doit avoir une limite dépendante en grande partie des conditions physiques locales; et je ne veux pas parler ici du nombre des espèces, mais du nombre des individus en masse [1]. Si donc une contrée était

[1] Cette limite elle-même n'est pas absolue. La quantité de vie possible peut augmenter, et cette augmentation est justement une conséquence de la loi de divergence des caractères. Car la quantité de vie possible augmente avec la complexité des rapports mutuels des êtres organisés, c'est-à-dire en raison du nombre des degrés que comprend, dans un lieu donné, la série des êtres organisés qui vivent les uns aux dépens des autres. Or, plus la diversité organique est grande et plus les termes extrêmes de l'échelle des êtres vivants sont éloignés, plus les degrés de la série des êtres qui vivent aux dépens les uns des

habitée par un très-grand nombre d'espèces, chacune d'elles, ou au moins le grand nombre, ne pourraient être représentées que par un très-petit nombre d'individus. Or, de telles espèces seraient très-exposées à être exterminées, ne serait-ce que par suite des variations accidentelles qui surviennent dans le nombre de leurs ennemis ou dans la succession des saisons. Le procédé d'extinction en pareil cas serait donc rapide, tandis que la production d'espèces nouvelles serait très-lente. Qu'on se représente le cas extrême où l'Angleterre contiendrait autant d'espèces différentes qu'elle contient aujourd'hui d'individus, le premier hiver rigoureux, de même que le premier été un peu sec, exterminerait des milliers d'espèces.

Dans toute contrée où le nombre des espèces s'accroîtrait indéfiniment, chaque espèce deviendrait rare ; et, d'après les principes que nous avons posés, les espèces rares doivent, dans une période donnée, présenter très-peu de variations favorables ; de sorte que la formation d'espèces nouvelles se trouverait ralentie d'autant. Lorsqu'une espèce devient très-rare, les croisements entre proches parents, en la rendant moins féconde, viennent hâter son extermination : quelques naturalistes ont pensé que cette cause devait avoir contribué à l'extinction des Aurochs en Lithuanie, du Cerf en Écosse, des Ours en Norwége, etc.

Certains animaux sont exactement adaptés pour se nourrir d'autres êtres ; mais si ces autres êtres avaient été rares, il n'aurait été d'aucun avantage à de pareilles espèces d'être si bien adaptées à leur proie, de sorte que de pareilles espèces n'auraient pu être formées par sélection naturelle.

Mais l'argument le plus important de tous, c'est qu'une espèce dominante, qui a déjà vaincu beaucoup de concurrents dans sa contrée natale, doit tendre généralement à se multi-

autres sont nombreux et plus, par conséquent, la quantité de vie possible s'accroît, puisque c'est une loi presque générale que les êtres d'organisation inférieure servent de proie aux êtres d'organisation supérieure.

Il en résulte que la loi de divergence des caractères permet bien une certaine augmentation du nombre des espèces qui vivent dans un même lieu, de même qu'une augmentation du nombre total de leurs représentants : en somme, elle a donc pour résultat un accroissement de la quantité de vie possible. (*Trad.*)

plier d'autant plus vite et à en supplanter d'autres encore; car, ainsi que l'a démontré Alphonse de Candolle, plus une espèce se répand, plus elle tend généralement à se répandre. Conséquemment, elle aura chance d'exterminer plusieurs espèces en diverses régions, et d'arrêter ainsi l'accroissement anormal du nombre des formes spécifiques sur le globe. Le docteur Hooker a récemment démontré que dans le coin Sud-Est de l'Australie, où récemment de nombreux envahisseurs venus de différents points du monde se sont successivement établis, les espèces indigènes ont été de beaucoup réduites en nombre.

Quel poids faut-il accorder à chacune de ces diverses causes de limitation du nombre des espèces? Je ne prétends pas le décider, mais elles doivent agir conjointement pour entraver dans chaque contrée la tendance à leur multiplication indéfinie.

XVII. **Résumé.** — Si, durant le cours longtemps continué des temps et sous les conditions de vie variables, les êtres vivants varient, si peu que ce soit, dans les diverses parties de leur organisation, et je pense qu'on ne saurait le contester; si, d'autre part, il résulte de la haute progression geométrique, en raison de laquelle toute espèce tend à se multiplier, que tout individu, à certain âge, en certaines saisons ou en certaines années, doit soutenir une lutte ardente pour ses moyens d'existence, ce qui n'est pas moins évident; considérant, enfin, qu'une diversité infinie dans la structure, la constitution et les habitudes des êtres organisés, leur est avantageuse dans leurs conditions de vie; il serait extraordinaire qu'aucune variation ne se produisît jamais à leur propre avantage, de la même manière que se produisent les variations utiles à l'homme. Mais si des variations utiles aux êtres vivants eux-mêmes se produisent parfois, assurément les individus chez lesquels elles se manifestent ont les plus grandes chances d'être épargnés dans la guerre qui résulte de la concurrence vitale; et, en vertu du puissant principe d'hérédité, il y aura chez eux une tendance prononcée à léguer ces mêmes caractères accidentels à leur postérité. Cette loi de conservation, je l'ai nommée, pour être bref, *Sélection naturelle*. Elle tend au perfectionnement de chaque créature vivante, par rapport à ses conditions de vie organiques ou inorganiques, et, conséquemment, dans la plupart des cas, à ce qu'on doit regarder comme un progrès de l'organisation. Néanmoins des formes simples et inférieures peuvent se perpétuer pendant longtemps si elles sont convenablement adaptées à leurs simples conditions de vie.

La sélection naturelle, en vertu de ce principe que les particularités d'organisme s'héritent à des âges correspondants, peut modifier la graine, l'œuf ou les petits, aussi aisément que l'adulte. Parmi un grand nombre d'animaux, la sélection sexuelle vient en aide à la sélection spécifique, en assurant aux mâles les plus vigoureux et les mieux adaptés une postérité plus nombreuse. La sélection sexuelle agit en ce cas surtout pour donner aux mâles seuls les caractères particuliers qui leur sont utiles dans leurs luttes contres d'autres mâles.

Que la sélection naturelle ait réellement agi pendant toute la durée des siècles passés pour modifier et adapter les diverses formes vivantes à leurs diverses conditions de vie et à leurs différentes stations, on en devra décider d'après la teneur générale des chapitres qui vont suivre, et la valeur des preuves ou des probabilités qu'ils contiennent. Mais nous voyons déjà comment elle implique l'extinction successive des espèces, et la géologie nous apprend quel rôle important l'extinction a joué dans l'histoire du monde.

La sélection naturelle a encore pour conséquence la divergence des caractères ; car, plus les êtres organisés diffèrent par leur structure, leur constitution et leurs habitudes, plus aussi est grand le nombre de ceux qui peuvent vivre dans la même région. Nous en voyons la preuve chez les habitants d'un district limité quelconque, et chez les espèces naturalisées. Il en résulte que durant la période de modification des descendants d'une espèce quelconque, et en raison de la lutte incessante de toutes les espèces pour s'accroître en nombre, chacune au détriment des autres, plus les descendants de cette même espèce variable se diversifieront, plus aussi ils auront chance de l'emporter sur leurs rivaux dans la bataille de la vie. Aussi les petites différences qui distinguent les variétés de la même espèce tendent constamment à s'accroître, jusqu'à ce qu'elles égalent les différences plus profondes qui séparent les espèces du même genre, ou même les genres distincts.

Nous avons vu que ce sont les espèces communes, très-répandues dans de vastes et nombreuses régions, et appartenant aux plus grands genres de chaque classe, qui varient le plus. D'autre part elles tendent à transmettre à leur postérité modifiée cette supériorité qui les a rendues elles-mêmes dominantes dans les contrées qu'elles habitent. Nous venons de voir aussi que la sélection naturelle conduit à la divergence des caractères et à l'extinction fréquente des formes intermédiaires et moins parfaites. A l'aide de ces principes, on peut aisément expliquer les affinités naturelles des innombrables êtres organisés qui vivent à la surface de la terre, et les particularités plus ou moins caractéristiques qui distinguent chaque classe. Un fait vraiment merveilleux, mais que la grande habitude que nous avons de le voir nous fait souvent trop négliger, c'est que tous les animaux et toutes les plantes, à travers le temps comme à travers l'espace, soient en relation les unes avec les autres, de manière à former des groupes subordonnés à d'autres groupes. Ainsi, nous voyons d'abord les variétés de la même espèce aussi étroitement alliées que possible entre elles, puis les espèces de même genre moins étroitement et plus inégalement alliées. Les espèces de genres distincts sont beaucoup moins proches encore, et les genres plus ou moins semblables forment des sous-familles des familles, des ordres, des sous-classes et des classes. Les divers groupes subordonnés de chaque classe ne sauraient être rangés sur une seule ligne, mais semblent plutôt se rattacher en rayonnant à certains points ou centres, et ceux-ci à d'autres centres, et toujours ainsi, selon des cercles presque sans fin. Au point de vue de la création indépendante des espèces, je ne saurais trouver aucune explication raisonnable de ce grand fait de la clasification naturelle des êtres organisés ; tandis que, selon ma manière de voir, ce groupement des formes vivantes autour de centres dont elles s'éloignent en divergeant s'explique par l'hérédité et par l'action complexe de la sélection naturelle, impliquant la divergence des caractères, ainsi que nous l'avons montré dans le chapitre précédent.

On a quelquefois représenté les affinités des êtres de même classe sous la figure d'un grand arbre : cette comparaison est très-exacte. Les rameaux et les bourgeons représentent les espèces vivantes ; ceux qui ont végété et fleuri pendant les années précédentes représentent la succession des espèces éteintes. A chaque saison de croissance, tous les rameaux se sont efforcés de se ramifier encore de tous côtés, et de vaincre jusqu'à extermination les branches et rameaux voisins, de la même manière que les espèces et groupes d'espèces se sont efforcés de vaincre d'autres espèces dans la grande bataille de la vie. Les bifurcations du tronc divisées en grandes branches, et celles-ci en branches de moins en moins grosses, ont été elles-mêmes un jour, lorsque l'arbre était jeune, de simples bourgeons ; et cette connexion entre les bourgeons passés et présents, au moyen de branches ramifiées, représente parfaitement la classification de toutes les espèces vivantes et éteintes en groupes subordonnés à d'autres groupes. Des nombreux bourgeons qui florissaient lorsque l'arbre n'était qu'un arbuste, deux ou trois seulement, devenus maintenant de grandes branches, ont survécu et portent aujourd'hui encore toutes les autres branches ; de même, parmi les espèces qui vécurent à des époques géologiques très-reculées, un bien petit nombre ont encore aujourd'hui des descendants modifiés. Dès la première phase du développement de l'arbre, plusieurs des rameaux qui auraient pu devenir plus tard des branches principales se sont désséchés et sont tombés ; et ces branches perdues, de grandeurs diverses, peuvent représenter ces ordres entiers, ces familles, ces genres qui n'ont aujourd'hui aucun représentant vivant, et qui ne nous sont connus qu'à l'état fossile. Comme l'on voit ici et là un jet fragile et mince s'élancer d'un des nœuds inférieurs d'un arbre, et arriver plein de vie jusqu'à son sommet, lorsque des chances heureuses le favorisent ; de même nous voyons de rares animaux, tels que l'Ornithorynque et le Lepidosirène, qui, à quelques égards, rattachent l'un à l'autre par leurs affinités deux embranchements principaux de l'organisation, arriver jusqu'à notre époque, apparemment soustraits aux fatalités de la concurrence par la situation protectrice de leur station. Comme les bourgeons, en se développant, donnent naissance à de nouveaux bourgeons, et comme ceux-ci, lorsqu'ils sont vigoureux, végètent avec force et dépassent de tous côtés beaucoup de branches plus faibles; ainsi, par une suite de générations non interrompues, il en a été, je crois, du grand *arbre de la vie* qui remplit l'écorce de la terre des débris de ses branches mortes et rompues, et qui en couvre la surface de ses ramifications toujours nouvelles et toujours brillantes.

# CHAPITRE V

## LOIS DE LA VARIABILITÉ.

I. Effets des conditions extérieures. — II. Effets de l'usage ou du défaut d'exercice des organes en relation avec la sélection naturelle ; organes du vol et de la vue. — III. Acclimatation. — IV. Corrélations de croissance ; fausses corrélations. — V. Compensation et économie de croissance. — VI. Les organes multiples et rudimentaires sont très-variables. — VII. les organes extraordinairement développés sont très-variables. — VIII. Les caractères spécifiques sont plus variables que les caractères génériques. — IX. Les caractères sexuels secondaires sont très-variables. — X. Les espèces de même genre varient d'une manière analogue ou reviennent à d'anciens caractères perdus. — XI. Résumé.

I. **Effets des conditions extérieures.** — En général, j'ai considéré jusqu'ici les variations fréquentes et multiformes des êtres organisés à l'état domestique, et les variations moins profondes et plus rares qu'on observe à l'état de nature, comme purement dues au hasard. Mais cette expression n'est ici qu'un aveu de l'ignorance où nous sommes des causes de chaque variation particulière.

Quelques auteurs pensent que le système reproducteur a tout autant pour fonction de produire des différences individuelles ou de légères variations, que d'assurer à l'enfant la ressemblance exacte de ses parents. Mais comme la variabilité est beaucoup plus grande, et les monstruosités plus fréquentes à l'état domestique ou cultivé qu'à l'état sauvage, il faut bien admettre que les conditions de vie auxquelles les représentants d'une espèce sont exposés pendant plusieurs générations ont quelque influence sur les déviations de type de leurs descendants.

J'ai déjà établi [1], il est vrai sans pouvoir donner la longue

[1] Chap. I, p. 15.

liste des preuves que j'ai rassemblées à ce sujet, que le système reproducteur est éminemment susceptible d'être troublé dans ses fonctions par un changement dans les conditions de vie, et que le désordre de ce système chez les parents me paraît être la cause principale de la nature variable et plastique des descendants. C'est avant l'union nécessaire à la formation d'un nouvel être que l'élément sexuel, mâle ou femelle, semble généralement susceptible d'être affecté. Ainsi, chez les plantes folles, le bourgeon seul, qui dans ses premières phases ne diffère pas essentiellement d'un ovule, se ressent du trouble apporté aux conditions de vie de la plante mère. Mais pourquoi tel ou tel organe varie-t-il plus ou moins par suite du désordre survenu dans le système reproducteur ? C'est ce que nous ignorons complétement. Néanmoins nous pouvons çà et là surprendre quelque faible rayon de lumière pour nous guider dans nos recherches sur cette question, et pour nous donner au moins la certitude que toute variation de type, si légère qu'elle soit, a sa cause bien déterminée dans l'ordre de la nature.

Quel est l'effet direct que les différences de climat, de nourriture, etc., peuvent produire sur un être quelconque ? C'est une question bien difficile à résoudre. Cet effet me paraît beaucoup moins important sur les animaux que sur les plantes ; mais ce que nous pouvons affirmer en toute certitude, c'est que de tels agents ne peuvent être la cause unique des mutuelles adaptations d'organes, si étonnantes et si compliquées, qu'on rencontre à chaque pas dans la nature entre les êtres organisés. Il faut cependant leur accorder quelque influence : ainsi E. Forbes assure que les Mollusques, à la limite méridionale de leur station ou dans des mers peu profondes, varient et prennent des couleurs plus brillantes que ceux qui vivent plus au nord, ou à de plus grandes profondeurs. M. Gould pense de même que les oiseaux qui vivent dans une atmosphère sèche et transparente revêtent un plumage plus éclatant que sous le ciel nébuleux des îles ou des côtes. Wollaston est également convaincu que le voisinage de la mer altère les couleurs des insectes ; et Moquin-Tandon a dressé une liste de plantes dont les feuilles ont une tendance à devenir plus ou moins charnues, quand elles croissent dans le voisinage de la mer, bien qu'elles ne le soient nullement autre part. On pourrait citer encore d'autres exemples analogues.

Ce fait que, lorsque les variétés d'une espèce viennent à s'éteindre dans la zone habitée par d'autres espèces, elles acquièrent parfois quelques-uns des caractères de celles-ci, s'accorde avec notre conviction que toutes les formes spécifiques ne sont que des variétés permanentes et bien tranchées. Ainsi les espèces de Mollusques qui sont confinées dans des mers tropicales ou dans des mers peu profondes ont généralement des couleurs plus vives que celles qui vivent dans des mers froides ou profondes. Les oiseaux des continents sont, d'après M. Gould, plus brillamment colorés que ceux des îles. Tous les collectionneurs savent que les espèces d'insectes propres aux côtes sont souvent cuivrés ou lurides ; et de même les plantes qui vivent exclusivement sur les bords de la mer sont fréquemment charnues. Selon la théorie des créations distinctes pour chaque espèce, il faudrait admettre, par exemple, que tel mollusque a été créé avec de brillantes couleurs pour habiter une mer chaude ; mais que tel autre est devenu plus vivement coloré, par suite de variations, quand il s'est étendu dans des eaux moins froides ou moins profondes.

Quand une variation est de la moindre utilité à une espèce, il nous est absolument impossible de déterminer jusqu'à quel point il faut l'attribuer, d'un côté à l'action accumulatrice de la sélection naturelle, et de l'autre aux effets directs des conditions de vie. Ainsi, les pelletiers savent bien que les animaux de la même espèce ont une fourrure d'autant plus belle et plus épaisse que le climat sous lequel ils ont vécu a été plus rude. Mais qui peut dire quelle part de cette différence doit être attribuée à ce que les animaux les plus chaudement vêtus ont été favorisés et protégés durant un grand nombre de générations, et quelle part provient directement de la sévérité du climat? Ce qui paraît certain, c'est que cette action directe sur le pelage de nos animaux domestiques existe dans une certaine mesure.

On pourrait citer des cas où la même variété s'est reproduite sous des conditions de vie aussi différentes qu'on peut le concevoir, et, d'autre côté, différentes variétés sont parfois dérivées de la même espèce sous des conditions toutes semblables, au moins en apparence. De pareils faits montrent combien les conditions de vie agissent indirectement. Tout naturaliste sait encore qu'il existe d'innombrables espèces demeurées pures, sans aucune variation, quoique vivant sous les climats les plus opposés.

De telles considérations me disposent à accorder très-peu de valeur à l'action directe des conditions de vie. Indirectement, ainsi qu'on l'a déjà remarqué, elles semblent jouer un rôle important en affectant le système reproducteur, et en excitant ainsi la variabilité ; ensuite la sélection naturelle intervient pour accumuler les variations avantageuses, si légères qu'elles puissent être, jusqu'à ce qu'elles se soient suffisamment développées pour devenir appréciables pour nous [1].

[1] L'auteur ne paraît pas ici accorder toute sa valeur réelle à l'action locale des conditions de vie ou du milieu ambiant dont Geoffroy Saint-Hilaire et Lamarck ont les premiers reconnu la puissante influence. Si l'effet des conditions de vie se confond avec celui de la sélection naturelle, c'est peut-être qu'au fond ils ont l'un et l'autre une cause première identique, qui agit seulement d'une manière plus ou moins directe et à l'aide d'une série plus ou moins longue de causes secondaires.

Ainsi, la sélection naturelle ne peut accumuler que les variations accidentelles qui se présentent. Or, toute variation ne peut avoir que trois causes : 1° l'action directe des conditions locales ou du milieu ambiant sur les générations successives ; 2° la corrélation de croissance ; 3° l'hérédité, dont la réversion à des caractères plus ou moins anciens, et les variations résultant de croisements entre des variétés ou des individus plus ou moins distincts ne sont que les diverses conséquences.

Parmi ces variations, les unes sont plus ou moins utiles, d'autres sont nuisibles, les autres sont indifférentes. La sélection naturelle ne peut accumuler que les premières, elle détruit les secondes, et laisse subsister les troisièmes, que leurs causes soient du reste simples ou complexes, directes ou indirectes.

Il importerait donc peu de déterminer la part relative d'influence de la sélection naturelle et des conditions locales : mais la part relative d'action que les conditions de vie d'une part, la corrélation de croissance et l'hérédité de l'autre, ont prise dans la production des variations accidentelles qui se sont présentées et qui ont été élues et perpétuées.

Or, le climat ne peut en effet produire que des variations lentes, mais en général utiles, ou tout au moins indifférentes ; car, lorsque l'influence d'un climat est nuisible aux représentants d'une espèce, ils meurent le plus souvent sans se reproduire, surtout à l'état sauvage, ou ne se reproduisent que pendant un petit nombre de générations. D'ailleurs ils se reproduiraient plus longtemps avec des variations désavantageuses que la sélection naturelle interviendrait pour éteindre la variété naissante avant qu'elle eût pris des caractères distincts et d'une certaine fixité. Mais il en est tout autrement de la corrélation de croissance et de l'hérédité ou des croisements qui peuvent aisément produire des variations

On peut dire jusqu'à un certain point que les conditions de vie non-seulement causent la variabilité, mais comprennent également la loi de sélection naturelle ; car il dépend de la nature de ces conditions qu'une variété, plutôt que l'autre, soit conservée. Mais la sélection méthodique de l'homme nous montre ces deux éléments de variations comme bien distincts, les conditions de vie à l'état domestique causant la variabilité, et la volonté de l'homme, qu'elle agisse, soit consciemment, soit inconsciemment, accumulant les variations dans une certaine direction déterminée.

II. **Effets de l'usage ou du défaut d'exercice des organes en relation avec la sélection naturelle ; organes du vol et de la vue.** — Les faits rapportés dans le premier chapitre suffisent, je pense, à établir que, chez nos animaux domestiques, l'usage

considérables, rapides, souvent nuisibles, par rapport aux conditions locales, organiques ou inorganiques, et quelquefois même presque monstrueuses. La sélection naturelle doit donc avoir en ce cas plus à détruire qu'à accumuler ; et il me semble établi par cela même que les caractères de grande utilité, et ceux-là surtout qui présentent le caractère normal d'un développement successif et lent, ont en général pour cause première l'action directe et longtemps continuée des conditions locales ; que ces caractères sont transmis et fixés par l'hérédité qui devient leur cause seconde ; et qu'ils sont accumulés par la sélection naturelle qui n'agit qu'en troisième rang. Au contraire, les caractères secondaires, peu importants, en quelque chose anormaux, indifférents ou même nuisibles, ne peuvent être dus qu'à la corrélation de croissance et à l'hérédité, se manifestant dans des circonstances plus ou moins irrégulières, telles que des croisements entre des variétés assez tranchées pour provoquer un affolement de la race et un retour à d'anciens caractères perdus. Telle serait l'origine des organes rudimentaires ou inutiles, des organes de défense ou d'attaque, et, en général, des différences sexuelles affectant le squelette lui-même. Mais les caractères purement extérieurs, tels que la couleur, le nombre et la nature des poils, cornes, plumes, écailles ou téguments et plus généralement tous ceux qui tiennent à l'enveloppe cutanée doivent peut-être s'attribuer au climat, comme cause de leur apparition première dans la race où ils peuvent ensuite se transmettre par hérédité.

Mais l'hérédité, dans ses manifestations régulières ou irrégulières, ne peut guère agir que sur des caractères déjà anciennement acquis ; de sorte que toute modification organique ne doit en réalité avoir que deux causes. L'une est fondamentale et directe : c'est l'action du milieu ambiant, action toujours actuelle, continuée pendant la série complète des générations successives, et qui comprend comme conséquence l'usage ou le défaut d'exercice des organes, le changement des instincts et des habitudes, la concurrence vitale et ce qui s'ensuit. L'autre est indirecte et encore dépendante de la première : c'est la corrélation de croissance. L'hérédité ne peut que perpétuer les caractères acquis en vertu de ces deux causes, et les modifier au moyen de croisements entre individus distincts chez toutes les espèces uni-sexuelles ; ces croisements devant produire nécessairement des caractères nouveaux par le mélange conti-

fréquent ou continuel de certains organes tend à les développer ; tandis que le défaut d'exercice produit au contraire leur diminution et peu à peu leur atrophie. Toutes ces modifications sont de plus transmissibles par héritage.

A l'état de liberté naturelle, nous n'avons aucun point de comparaison d'après lequel nous puissions juger de l'effet produit par un constant exercice ou une longue inactivité, car nous ne connaissons pas les formes mères. Mais beaucoup d'animaux présentent une structure qui ne peut s'expliquer que par l'atrophie successive de certains organes. Ainsi que le professeur Owen l'a remarqué, il n'y a pas dans la nature de plus grande anomalie qu'un oiseau qui ne peut voler ; et cependant il en est un certain nombre qui sont dans ce cas. Une espèce de Canard de l'Amérique du Sud, le Microptère d'Eyton (*Anas brachyptera* ou *Micropterus brachypterus*) ne peut que battre la surface de l'eau avec ses ailes, qui sont presque réduites au même état que celles du Canard domestique d'Aylesbury. Les plus grands des oiseaux qui pâturent le sol ne prennent guère leur vol que pour échapper à quelque danger; de sorte que l'état presque rudimentaire des ailes de certaines espèces, confinées aujourd'hui ou autrefois dans quelques îles du grand Océan, qui ne renferment aucune bête féroce, semble devoir être le résultat

nuel de deux lignées généalogiques, elles-mêmes ramifiées à l'infini dans leur série de bifurcations successives. L'on voit ici que, les croisements entre individus favorisant certaines variations brusques, les espèces unisexuelles, ou les hermaphrodites qui croisent accidentellement, ont dû l'emporter sur les autres dans la concurrence vitale par le fait de leur plus grande variabilité.

La résultante de ces trois causes, qui dépendent d'une seule dans laquelle elles se résolvent, est ce qu'on peut appeler l'*innéité* d'un être. C'est cette innéité qui à chaque génération est soumise au contrôle de la sélection naturelle. Mais comme la sélection naturelle, dans toute contrée, n'est autre encore, à chaque moment donné, que la résultante de l'action toujours actuelle du milieu ambiant sur tous les êtres organisés d'un même lieu, c'est-à-dire des circonstances locales, ce sont donc bien ces circonstances, ou autrement les conditions complexes de la vie, qui, ainsi que l'a avancé hardiment Lamarck, déterminent et règlent toute variation, en premier comme en dernier ressort, médiatement ou immédiatement, par leur action directe sur les générations présentes ou par leur action transmise sur les générations passées, et qui forment ainsi l'Alpha et l'Oméga de la série des causes qui contribuent à la transformation des espèces.

Dans le paragraphe suivant, que l'auteur nous a envoyé lors de notre seconde édition, et qui a été inséré dans la seconde édition allemande, M. Darwin nous paraît avoir tenu compte de ces observations. (*Trad.*)

du défaut d'exercice. L'Autruche habite pourtant les continents, et s'y trouve exposée à des dangers auxquels elle ne peut échapper par le vol; mais elle peut se défendre contre ses ennemis à l'aide de ses vigoureux coups de pied, aussi bien que le pourrait faire tout autre quadrupède, mieux armé, mais plus petit. Il se peut que le progéniteur du genre Autruche ait eu des habitudes analogues à celle de l'Outarde, et que, la sélection naturelle ayant accru pendant une longue suite de générations la taille et le poids de son corps, il ait fait un plus fréquent usage de ses pieds et moins d'usage de ses ailes, jusqu'à ce qu'elles devinssent ainsi incapables de vol.

Kirby a remarqué, et j'ai observé moi-même, que le tarse ou pied antérieur de beaucoup de Bousiers, est souvent enlevé. Sur les dix-sept spécimens de sa collection, pas un n'en avait gardé le moindre vestige. Chez les *Onites apelles* les tarses sont si souvent enlevés, que l'on a décrit parfois ces insectes comme en étant privés. En quelques autres genres ils existent, mais dans un état rudimentaire. Chez l'Ateuchus ou Bousier sacré des Égyptiens, ils manquent totalement. Nous avons peu de preuves que des mutilations accidentelles se puissent transmettre par héritage; cependant Brown-Séquard a observé sur des Cochons d'Inde des cas d'épilepsie produits par une blessure à la moelle épinière, qui se sont transmis aux descendants des sujets malades. Cela suffit pour que nous nous tenions pour avertis de la possibilité de semblables héritages. Le plus sûr est donc de considérer l'absence totale des tarses antérieurs chez l'Ateuchus, et leur état rudimentaire chez quelques autres genres, comme résultant d'un long défaut d'exercice chez leurs ancêtres. Car si ces tarses manquent presque toujours chez beaucoup de Bousiers, c'est qu'ils se perdent généralement à un âge peu avancé; et, par conséquent, ils ne peuvent leur être d'une grande importance ou d'un grand usage.

Pourtant, nous pourrions aisément, en quelques cas, attribuer au défaut d'exercice des organes des modifications de structure entièrement, ou du moins principalement dues à la sélection naturelle. M. Wollaston a découvert ce fait remarquable :

que sur les 550 espèces de coléoptères qui habitent l'île de Madère, 200 ont des ailes tellement défectueuses qu'ils n'en peuvent faire usage; et que sur les 29 genres qui sont particuliers à cette île, non moins de 23 ont toutes leurs espèces en cet état. Plusieurs faits m'ont amené à penser que l'atrophie plus ou moins complète de l'organe du vol chez un si grand nombre des Coléoptères de cette station doit résulter de la sélection naturelle, mais probablement combinée avec les effets du défaut d'exercice de cet organe. Ainsi, on a remarqué en diverses contrées que des Coléoptères sont fréquemment emportés par le vent à la mer où ils périssent. Or, M. Wollaston a observé que les Coléoptères de Madère se tiennent bien cachés jusqu'à ce que le vent tombe et que le soleil brille, et que la proportion des espèces dépourvues d'ailes est plus grande dans les îles désertes, exposées au vent de mer, qu'à Madère même. M. Wollaston insiste surtout sur l'absence presque totale de quelques grands groupes d'insectes de cet ordre, qui ont des représentants très-nombreux autre part, mais dont les habitudes de vie nécessitent un vol fréquent. Or, rien n'est plus supposable que, durant une longue suite de générations, chaque insecte qui fit un moins grand usage de ses ailes, soit par suite de leur moindre développement, soit par suite d'habitudes indolentes, ait eu plus de chances de n'être pas emporté par le vent et de survivre; tandis que d'autre part, au contraire, ses congénères plus agiles, qui plus volontiers prenaient leur vol, étaient plus souvent jetés à la mer, où se noyait avec eux l'avenir de leur race.

Ces considérations offrent d'autant plus de probabilités que les insectes de Madère, tels que les Coléoptères anthophiles et les Lépidoptères, qui doivent forcément faire usage de leurs ailes pour se procurer leur subsistance, au lieu de les avoir le moins du monde réduites, les ont au contraire plus développées. C'est encore une conséquence de la sélection naturelle que M. Wollaston lui-même a prévue; car, dès qu'un nouvel insecte arriva dans l'île, la tendance de la sélection naturelle à agrandir ou à diminuer ses ailes dut dépendre de ce qu'un plus grand nombre d'individus furent sauvés en luttant avec succès contre le vent, ou en renonçant à toute tentative de résistance contre lui, c'est à-dire en ne volant plus ou en ne volant que rarement. C'est ainsi que pour des marins naufragés près d'une côte il serait avantageux aux bons nageurs de pouvoir nager plus longtemps encore ; tandis qu'il serait meilleur pour les faibles nageurs de ne pas savoir nager et de rester sur l'épave.

Les yeux des Taupes et de quelques Rongeurs fouisseurs restent toujours rudimentaires et quelquefois sont complétement recouverts de peau et de poil. Il est probable que cet état de l'organe visuel provient d'une atrophie graduelle résultant du défaut d'exercice, mais aussi de la sélection naturelle. Un mammifère Rongeur de l'Amérique du Sud, le Tuco-Tuco ou Ctenome (*Ctenomys Brasiliensis*) a des habitudes encore plus souterraines que la Taupe; et un Espagnol qui en a souvent attrapé m'a assuré qu'ils sont fréquemment aveugles. J'en ai possédé un vivant qui l'était complétement ; et, à la dissection, il me parut que son état de cécité devait avoir eu pour cause une inflammation de la membrane clignotante. Or, comme il est nuisible à tout animal d'être sujet à de fréquentes inflammations des yeux, et que cet organe n'est en aucune façon indispensable à des espèces qui ont des habitudes souterraines, une réduction quelconque dans sa grandeur, avec l'adhérence des paupières, et mieux encore une armure de poils pour le couvrir et le protéger, sont en pareil cas autant d'avantages. S'il en est ainsi, on conçoit donc que la sélection naturelle vienne constamment en aide au défaut d'exercice pour rendre l'atrophie de l'œil de plus en plus complète.

C'est un fait généralement connu que dans les cavernes de la Carniole et du Kentucky vivent des animaux appartenant aux classes les plus diverses, qui sont tous aveugles. Chez quelques Crabes, le pédoncule oculaire demeure, quoique l'œil soit enlevé. Le support du télescope est encore là, mais le télescope, avec ses verres, est perdu. Comme il est difficile d'admettre que des yeux, même inutiles, puissent être d'une façon quelconque nuisibles à des animaux qui vivent dans l'obscurité, je ne puis attribuer leur perte qu'au défaut d'exercice. Deux individus de l'une de ces espèces aveugles, le

Rat des cavernes (*Néotoma*), ont été capturés par le professeur Silliman, à environ un demi-mille de l'entrée du souterrain, et non, par conséquent, dans ses dernières profondeurs. Leurs yeux, bien que privés de la faculté visuelle, étaient cependant brillants et de grande dimension; et lorsque ces animaux eurent été exposés pendant un mois environ à une lumière graduellement croissante, ils devinrent capables de percevoir vaguement les objets qu'on leur présentait, et commencèrent à clignoter.

Il est difficile d'imaginer des conditions de vie plus identiques que de profondes cavernes calcaires sous un climat presque semblable; de sorte que, d'après l'opinion commune que les animaux aveugles qui les habitent ont été spécialement créés pour les cavernes soit d'Amérique, soit d'Europe, on devrait s'attendre à trouver entre eux d'étroites affinités et de grandes ressemblances d'organisation. Mais si l'on considère les deux faunes dans leur ensemble, on voit qu'il en est tout autrement. A l'égard seulement des insectes qu'elles présentent, Schiœdte affirme « que ce phénomène ne saurait être « considéré autrement que comme purement local; et que « la ressemblance qu'on trouve entre quelques-unes des « espèces de la caverne du Mammouth dans le Kentucky et « quelques-unes de celles qui vivent dans les cavernes de la « Carniole n'est que la simple conséquence de l'analogie « générale qui existe entre la faune d'Europe et celle de « l'Amérique du Nord. » A mon point de vue, il faut supposer que des animaux appartenant à la faune américaine, et doués d'une faculté visuelle ordinaire, ont émigré lentement et par générations successives du monde extérieur dans les profondeurs de plus en plus obscures des cavernes du Kentucky, comme firent, dans celles d'Europe, des animaux appartenant à la faune européenne. Nous avons les preuves de cette transformation des habitudes des animaux des cavernes, et Schiœdte adopte cette manière de voir.

« On doit considérer les faunes souterraines, dit-il, comme « autant de petites ramifications de la faune géographique-« ment circonscrite des contrées environnantes, qui, ayant

« pénétré peu à peu sous terre, se sont accommodées aux circonstances locales à mesure qu'elles s'étendaient dans une « obscurité de plus en plus complète. Ainsi, des animaux, pré« sentant à peu de chose près les caractères ordinaires, pré« parent la transition entre le domaine de la lumière et celui « des ténèbres; des espèces adaptées aux lueurs crépusculaires « viennent ensuite; et, les derniers de tous, apparaissent ceux « qui peuvent supporter une obscurité complète, et dont l'or« ganisation offre des caractères tout particuliers. » Les remarques de Schiœdte s'appliquent, bien entendu, non pas à une seule et même espèce, mais à des espèces considérées comme distinctes. Pourtant, lorsqu'un animal, après un nombre considérable de générations, atteignit enfin les profondeurs les plus obscures d'une habitation souterraine, on conçoit que l'inutilité et l'inactivité de son organe visuel en aient dû causer l'oblitération plus ou moins complète; et que, dans le même temps, la sélection naturelle ait le plus souvent effectué d'autres changements dans sa structure, tels que, par exemple, un accroissement de longueur de ses antennes ou de ses palpes, comme une compensation nécessaire à sa croissante cécité. Mais, nonobstant de semblables modifications, nous devons nous attendre à trouver chez les habitants des cavernes d'Amérique des affinités qui les rattachent aux autres animaux qui peuplent ce continent, et, chez les habitants des cavernes d'Europe, des affinités avec la faune européenne. Or, je tiens du professeur Dana que ces affinités existent chez quelques-uns des animaux des cavernes américaines, de même que plusieurs des insectes des cavernes d'Europe sont étroitement alliés à ceux de la contrée environnante. D'après l'hypothèse de la création indépendante de ces espèces, il serait impossible de trouver aucune explication rationnelle de leurs affinités respectives avec les autres habitants de chacun des deux continents où elles se trouvent. Que plusieurs des habitants des cavernes de l'ancien monde et du nouveau soient assez étroitement alliés, on peut le préjuger, au contraire, d'après la parenté générale bien connue de la plupart des autres productions naturelles de ces deux régions géographiques. Comme on trouve en abondance une espèce aveugle de Bathyscia à l'ombre des rochers qui environnent l'entrée des cavernes, on peut croire que la perte de la vue chez l'espèce qui en habite l'intérieur n'a point pour cause l'obscurité de sa demeure, et il semble tout naturel qu'un insecte déjà aveugle se soit accoutumé aisément à vivre dans une caverne [1].

Un autre genre d'insectes aveugles, l'Anophthalmus, présente une particularité remarquable. Il est exclusivement propre aux cavernes et ne compte de représentants nulle autre part. De plus, les diverses espèces qui le composent habitent chacune des cavernes distinctes, soit en Europe, soit en Amérique. Mais il n'est pas impossible que le progéniteur des progéniteurs de ces diverses espèces ait été autrefois répandu sur les deux continents, et que depuis, comme l'Éléphant des deux mondes, il se soit éteint partout, excepté dans les prisons souterraines qu'il habite aujourd'hui. Bien loin d'être étonné de voir certains animaux des cavernes présenter d'étranges anomalies, ainsi que M. Agassiz le fait remarquer à l'égard du poisson aveugle, l'Amblyopsis, ou, comme on le voit chez le Protée aveugle, par rapport aux autres reptiles actuels de l'Europe, je suis surpris, au contraire, que des restes plus nombreux de la vie ancienne ne se soient pas conservés dans ces sombres demeures dont les habitants ont dû être exposés à une concurrence moins sévère.

III. **Acclimatation.** — Les habitudes sont héréditaires chez les plantes, quant à l'époque de la floraison, quant à la quantité de pluie requise par la graine pour germer, quant au temps du

[1] N'est-il pas plus naturel de supposer que l'espèce aveugle de Bathyscia qui vit au dehors des cavernes descend de l'espèce aveugle qui en habite l'intérieur ; et que si la sélection naturelle a pu réussir à adapter celle-ci à ses conditions de vie, elle n'a pas encore eu le temps ou l'occasion d'agir sur l'autre pour lui rendre graduellement la vue ? On conçoit aisément, en effet, que de rares individus de la Bathyscia aveugle des cavernes aient pu accidentellement en sortir par quelque fissure, et qu'ils se soient multipliés au dehors, dans des endroits sombres qui leur rappellent un peu les conditions de vie de leurs ancêtres, et où il sont exposés à une concurrence moins vive de la part de rivaux ou d'ennemis clairvoyants. Aujourd'hui surtout que l'entrée de la caverne est accessible à l'homme, ce fait ne présente aucune difficulté, et il s'agirait de savoir s'il a été constaté avant que cette entrée fût libre. (*Trad.*)

sommeil, etc.; et ceci m'amène à dire quelques mots de l'acclimatation.

Comme il est extrêmement commun chez les espèces du même genre d'habiter des contrées très-chaudes ou très-froides, s'il est vrai, comme je le crois, que toutes les espèces d'un même genre soient les descendants modifiés d'un parent commun, il faut que l'acclimatation puisse s'effectuer aisément pendant la durée d'une longue suite de générations. Pourtant, il est notoire que chaque espèce est adaptée au climat de sa patrie : les espèces des zones polaires ou même des régions tempérées ne peuvent supporter un climat tropical, et réciproquement. Il est encore vrai que beaucoup de plantes grasses ne peuvent endurer un climat humide. Mais le degré d'adaptation de chaque espèce au climat sous lequel elle vit est souvent exagéré. Nous pouvons l'inférer, du moins, de l'incapacité où nous sommes de prévoir si une plante nouvellement importée pourra, oui ou non, s'accoutumer à notre climat, et du grand nombre de plantes et d'animaux, apportés de contrées plus chaudes, qui jouissent chez nous d'une bonne santé. Nous avons toutes raisons de croire que les espèces à l'état sauvage sont étroitement limitées dans leur extension, autant, ou même plus, par la concurrence d'autres êtres organisés, que par leur exacte adaptation à tel ou tel climat particulier. Nous avons d'ailleurs la preuve que cette adaptation n'est pas fort étroite en général, puisque plusieurs plantes ont pu, en une certaine mesure, s'habituer à des températures différentes, c'est-à-dire s'acclimater. Ainsi, des Pins et des Rhododendrons, venus de graines recueillies par le Dr Hooker sur des sujets croissant sur l'Hymalaya à différentes hauteurs, se trouvèrent posséder à divers degrés la faculté de résister au froid. M. Thwaites m'a fait part de faits analogues qu'il a observés à Ceylan; et des expériences semblables ont été faites par M. H.-C. Watson sur des plantes apportées des Açores en Angleterre. A l'égard des animaux, on pourrait citer plusieurs cas authentiques d'espèces qui, pendant la durée des temps historiques, se sont considérablement répandues des latitudes chaudes à des latitudes plus froides, et réciproquement. Nous ne pouvons savoir si ces animaux étaient strictement adaptés à leur climat natal, bien que nous le supposions ordinairement; et nous ne pouvons savoir davantage si elles se sont exactement acclimatées à leurs nouvelles demeures.

Il nous est permis d'admettre que nos animaux domestiques ont été originairement choisis par des peuples sans aucune civilisation, parce qu'ils pouvaient leur être de quelque utilité immédiate, et qu'ils se reproduisaient volontiers en réclusion. Mais nous n'avons pas le même droit pour supposer que leur choix a été déterminé par la faculté que possèdent ces animaux de supporter de lointaines transportations. Cette faculté extraordinaire, commune parmi nos animaux domestiques, de vivre sous les plus différents climats, et, en outre, ce qui est d'une beaucoup plus grande importance, d'y être parfaitement féconds, nous autorise à croire, comme très-probable, qu'un grand nombre d'autres animaux, qui vivent à l'état sauvage, pourraient aisément s'accoutumer à endurer des climats très-divers. Il ne faudrait cependant pas pousser trop loin la généralisation de cette règle, par la raison que plusieurs de nos animaux domestiques descendent probablement de plusieurs souches sauvages distinctes. Le sang d'un Loup ou d'un Chien des tropiques et du pôle, par exemple, est peut-être mêlé dans nos races domestiques. On ne peut mettre au rang des animaux domestiques le Rat et la Souris; pourtant ils ont été transportés, sinon par l'homme, du moins à sa suite, en diverses parties du monde, et ont acquis aujourd'hui une extension de beaucoup plus vaste que tous les autres Rongeurs, puisqu'on les voit vivre en liberté sous le froid climat des Féroë vers le nord, et des Falkland vers le sud, aussi bien que sur de nombreuses îles de la zone torride. De pareils faits me disposent à considérer la faculté d'adaptation à un climat quelconque comme pouvant dériver aisément d'une très-grande flexibilité naturelle de constitution commune au plus grand nombre des animaux. A ce point de vue, la faculté que possède l'homme et ses animaux domestiques de supporter les climats les plus divers, et le fait que d'anciennes espèces d'Éléphants et de Rhinocéros ont été capables de supporter un climat glacial, tandis que les espèces vivantes sont aujourd'hui tropicales ou subtropicales, ne doivent pas être regardés comme des anomalies, mais comme des exemples d'une flexibilité de constitution très-commune qui, dans des circonstances particulières, est amenée à entrer en jeu.

Mais dans l'acclimatation des espèces quelle part est due seulement à l'habituation ou à l'accoutumance, quelle part à la sélection naturelle des variétés douées d'une constitution innée un peu différente, et quelle part à la combinaison de ces deux causes? C'est une question très-difficile à résoudre. Que l'habituation ait quelque influence, il faut bien le croire, soit d'après toutes les analogies, soit d'après les conseils incessamment répétés dans les traités d'agronomie, et jusque dans l'ancienne Encyclopédie chinoise, de ne transporter les animaux d'un district dans un autre qu'avec la plus grande réserve. Comme il n'est pas vraisemblable que l'homme ait réussi à former tant de races et de sous-races ayant chacune une constitution spécialement adaptée à son propre district, il faut bien qu'une part de ce résultat soit due à l'influence de l'habituation. D'autre côté, je ne vois aucune raison de douter que la sélection naturelle ne tende continuellement à protéger et à conserver tous les individus dont la constitution est le mieux adaptée à leur contrée naturelle. Dans quelques traités sur diverses sortes de plantes cultivées, on indique certaines variétés comme supportant de préférence, soit un climat, soit un autre. Ces différences innées apparaissent d'une manière frappante dans quelques ouvrages publiés aux États-Unis sur les arbres fruitiers : on y recommande de choisir habituellement certaines variétés pour les États du Nord, et certaines autres pour les États du Sud. Comme la plupart de ces variétés sont d'origine très-récente, elles ne peuvent devoir ces différences de constitution à l'habituation.

L'Artichaut de Jérusalem, qui ne se propage jamais par graines, en Angleterre, et dont par conséquent on n'a pu obtenir de variétés nouvelles, étant aussi incapable aujourd'hui qu'autrefois de supporter la rigueur de notre climat, on le cite sans cesse en exemple pour prouver que toute acclimatation est impossible. Avec beaucoup plus de raison on cite encore tous les genres de Haricots comme s'étant refusés jusqu'à présent à la naturalisation. Mais jusqu'à ce que j'aie vu quelqu'un semer des Haricots pendant une vingtaine de générations successives, assez tôt pour qu'une grande partie des semences soient détruites par la gelée, recueillir ensuite les graines du petit nombre des survivants avec assez de soin pour prévenir les croisements accidentels, les réserver encore, et recueillir les graines de ce semis avec la même précaution, je ne puis considérer l'expérience comme ayant seulement été tentée. Qu'on ne suppose pas non plus qu'il n'apparaisse jamais aucunes différences dans la constitution des jeunes plantules de Haricots; on a publié un compte rendu constatant au contraire que certains semis se montraient beaucoup plus résistants que les autres.

En somme, on peut conclure, je pense, que l'habitude et l'usage ou le défaut d'exercice des organes ont quelquefois joué un rôle considérable dans les modifications de tempérament et de structure de divers organes, mais que les effets de l'usage ou du défaut d'exercice de ces organes se sont souvent combinés avec la sélection naturelle de variations innées, jusqu'à en être quelquefois dominés.

IV. **Corrélations de croissance; fausses corrélations.** — L'organisation tout entière forme un tout dont les parties sont en relations mutuelles si étroites pendant leurs diverses phases de croissance et de développement, que, lorsque des variations légères affectent accidentellement un organe quelconque et s'accumulent par sélection naturelle, d'autres organes se modifient aussi peu à peu, par une conséquence nécessaire. C'est cette loi de variations simultanées que j'entends exprimer par le terme de *corrélation de croissance*. Ce problème que nous abordons est donc de la plus haute importance; malheureusement, il est encore très-imparfaitement connu.

L'une des applications les plus remarquables de cette loi, c'est que, des modifications étant accumulées seulement au profit des petits ou des larves, il faut s'attendre à ce qu'elles affectent aussi la structure de l'animal parfait; de même qu'une déformation quelconque qui affecte le jeune embryon, affecte non moins gravement toute l'organisation de l'adulte, de même, encore, les diverses parties du corps qui sont homologues, et qui pendant les premières phases de la vie fœtale sont semblables, sont sujettes à présenter des variations analogues. Ainsi, le côté droit et le côté gauche du corps varient de la même manière ; les membres antérieurs et postérieurs varient simultanément ; le même lien existe encore entre les membres et la mâchoire, et l'on considère en effet la mâchoire inférieure comme étant homologue avec les membres. Je ne saurais douter que ces tendances ne puissent être dominées plus ou moins complétement par la sélection naturelle : ainsi il a existé une famille de Cerfs qui n'avaient de bois que d'un côté ; si une telle particularité avait été de quelque utilité à la race, elle aurait pu devenir permanente par suite de sélections successives.

Ainsi que l'ont remarqué plusieurs auteurs, les parties homologues ont une forte tendance à adhérer les unes aux autres. C'est ce qu'on observe souvent dans les monstruosités végétales. Rien n'est plus commun que la soudure des parties homologues parmi les structures normales : telle est, par exemple, la soudure plus ou moins complète des pétales de la corolle en forme de tube. De plus, les parties dures semblent influencer la forme des parties molles dont elles sont voisines : ainsi plusieurs auteurs pensent que la diversité remarquable qu'on observe dans la forme des reins des oiseaux provient de la diversité de forme de leur pelvis ; d'autres croient que, chez la femme, la forme du bassin influence par la pression la forme de la tête de l'enfant ; chez les Serpents, d'après Schlegel, la forme du corps et le mode de déglutition déterminent la position de plusieurs des plus importants viscères.

La nature du lien de corrélation entre les modifications simultanées de deux ou de plusieurs organes est fréquemment très-difficile à découvrir. Isidore Geoffroy-Saint-Hilaire a dû reconnaître que certaines déformations semblent s'appeler très-souvent les unes les autres, tandis que d'autres n'apparaissent que rarement ensemble, mais sans pouvoir assigner à ce fait aucune raison. Quoi de plus singulier que la relation qui existe chez les Chats blancs entre la couleur bleue des yeux et la surdité ; entre la couleur de l'écaille des Tortues femelles et leur sexe ; entre les pieds emplumés des Pigeons et la membrane qui, en ce cas seulement, relie leurs doigts externes ; entre la quantité plus ou moins grande du duvet des Pigeonneaux nouvellement éclos et la couleur future de leur plumage ; et, encore, entre les poils et les dents du Chien glabre de Turquie, bien qu'ici probablement la loi d'homologie joue son rôle ? Ce qui me ferait croire que ce dernier cas de corrélation n'est pas accidentel, mais l'effet d'une loi générale, c'est que les deux ordres de Mammifères les plus anormaux, quant à leur vêtement épidermique, c'est-à-dire les Cétacés et les Édentés (Tatous, Pangolins, etc.), sont aussi les plus anormaux sous le rapport de leur dentition.

La meilleure preuve que l'on puisse donner de l'importance des lois de corrélation pour modifier les parties les plus essentielles de l'organisme, indépendamment de leur utilité et par conséquent de la sélection naturelle, c'est la différence si marquée qu'on observe entre les fleurs extérieures et les fleurs centrales de quelques Composées et Ombellifères. Chacun sait la différence qui existe chez la Pâquerette, par exemple, entre les fleurons de la circonférence et les fleurs du centre. Cette différence est souvent accompagnée de l'avortement de quelques-uns des organes floraux. Mais, chez quelques Composées, les graines aussi diffèrent en forme et en structure ; et l'ovaire lui même, avec ses parties accessoires, est différent, ainsi que l'a constaté Cassini. Quelques auteurs ont attribué ces différences à la pression, et la forme des graines produites par les fleurons complets de quelques Composées semble appuyer cette supposition. Mais, à l'égard de la corolle des Ombellifères, le Dr Hooker a constaté que ce n'est nullement chez les espèces où les ombelles sont le plus serrées que les fleurs de la circonférence diffèrent le plus fréquemment de celles du centre. On pourrait penser que le grand développement des rayons ou pétales extérieurs cause l'avortement d'autres parties de la même fleur, en détournant la nourriture qui leur est destinée ; mais, chez certaines Composées, il y a une différence entre les graines du pourtour et du centre, sans aucune différence entre les corolles. Néanmoins plusieurs de ces différences peuvent provenir de ce que la séve afflue inégalement vers les fleurs centrales et les extérieures : nous savons du moins que, parmi les fleurs à corolle irrégulière, celles qui sont le plus près de l'axe de la plante sont plus souvent sujettes que les autres à être péloriées, c'est-à-dire à redevenir plus ou moins régulières. J'ai récemment observé chez quelques Géraniums de jardin un exemple de ce fait, et en même temps un cas frappant de corrélation : c'est que dans la fleur centrale de la cime les pétales supérieurs perdent souvent leurs mouchetures de couleur sombre ; lorsque pareil cas se présente, le nectaire correspondant est complétement avorté ; quand la moucheture manque seulement sur l'un des deux pétales supérieurs, le nectaire n'est que raccourci.

A l'égard des différences qu'on observe dans les capitules ou les ombelles entre la corolle des fleurs centrales et celle des fleurs extérieures, C. C. Sprengel a émis l'opinion que les fleurons de la circonférence servent à attirer les insectes dont l'intervention est avantageuse à la fécondation des plantes de ces deux ordres. Une pareille supposition ne me semble pas éloignée de la vraisemblance ; et, s'il résulte de ce fait quelque avantage pour ces plantes, la sélection naturelle peut être intervenue. Mais quant aux différences dans la structure interne ou externe des graines, différences qui ne semblent pas toujours en rapport direct avec la différence des fleurs, il me paraît impossible qu'elles soient de quelque avantage à la plante [1]. Cependant parmi les Ombellifères ces différences sont d'une importance si évidente, qu'Auguste-Pyrame de Candolle s'en est servi pour établir les principales subdivisions de l'ordre ; les graines étant quelquefois , selon Tausch, orthospermes dans les fleurs exterieures, et cœlospermes dans les fleurs centrales. Il suit de là que des modifications de structure, considérées par les classificateurs méthodistes comme étant d'une haute valeur, peuvent être entièrement dues aux lois de la corrélation de

[1] On peut supposer cependant qu'une fleur qui produit deux sortes de graines de différentes formes a double chance pour que les unes ou les autres parviennent à se ressemer et à germer sur un sol déjà occupé par les tiges, les feuilles et les détritus de beaucoup d'autres plantes ; et plus ces deux sortes de graines sont différentes, plus ces chances heureuses augmentent pour l'espèce qui les produit. (*Trad.*)

croissance, sans être, autant du moins que nous pouvons en juger, du plus léger service à l'espèce.

Nous sommes cependant exposés à attribuer faussement aux lois de corrélation des particularités de structure communes à des groupes entiers d'espèces, et qui, en réalité, sont dues à l'hérédité. Car un ancien progéniteur peut avoir acquis par sélection naturelle quelque particularité de structure, et, après un autre millier de générations, quelque autre particularité d'organisation indépendante de la première ; de sorte que les deux modifications, s'étant transmises l'une et l'autre à un groupe nombreux de descendants, doués d'habitudes diverses, nous sembleraient naturellement en corrélation d'une manière quelconque. De même certaines corrélations qu'on peut constater dans des ordres entiers ne sont apparemment dues qu'à la manière dont la sélection naturelle peut agir. Ainsi, M. Alph. de Candolle a remarqué que les graines ailées ne se trouvent jamais dans les fruits indéhiscents. On conçoit, en effet, que des graines ne puissent devenir graduellement ailées par sélection naturelle, que si les fruits qui les produisent s'ouvrent d'eux-mêmes. Dans ce cas, seulement, les plantes qui, individuellement, produisent les graines les mieux conformées pour être emportées au loin par le vent, ont quelque avantage sur celles qui produisent des graines moins propres à se disperser ; mais ce procédé ne saurait s'appliquer à des fruits indéhiscents.

V. **Compensation et économie de croissance.** — Étienne Geoffroy-Saint-Hilaire et Gœthe ont découvert presque simultanément la loi de compensation et de balancement de croissance : « Afin de dépenser d'un côté, disait Gœthe, la nature est forcée d'économiser de l'autre. » Cette règle me paraît s'appliquer assez exactement à nos espèces domestiques. Si la sève afflue avec excès vers un organe, elle afflue rarement, au moins avec excès, vers les autres : c'est ainsi qu'il est difficile d'obtenir une Vache qui donne beaucoup de lait et qui pourtant s'engraisse aisément. La même variété de Choux ne donne pas un feuillage abondant et nutritif, avec une quantité proportionnelle de graines oléagineuses. Quand les pepins de nos fruits s'atrophient, le fruit lui-même gagne beaucoup en grosseur et en qualité. Chez nos volailles, une grosse touffe de plumes sur la tête est généralement accompagnée d'une plus petite crête, et un collier de plumes entraîne la perte du barbillon charnu. Il est difficile d'établir que cette loi soit d'application universelle chez les espèces à l'état sauvage, mais de bons observateurs, et plus particulièrement les botanistes, la croient générale. Je n'en donnerai pourtant ici aucun exemple; parce que je ne vois guère le moyen de distinguer si le développement de certaines parties et la résorption des parties opposées sont un effet de la sélection naturelle et du défaut d'exercice, ou si l'excès de croissance de certains organes a seul attiré vers eux la nourriture destinée aux organes voisins[1].

Je soupçonne aussi que quelques-uns des cas de compensation organique qu'on a cités, et de même quelques autres faits, dérivent d'une loi plus générale : c'est que la sélection naturelle essaye continuellement d'économiser sur chaque partie de l'organisation. Ainsi, lorsque sous des conditions de vie changeantes un organe autrefois utile devient d'une moins grande utilité, la sélection naturelle s'empare des tendances de résorption, si légères qu'elles soient, qu'il manifeste, parce qu'il doit être avantageux à chaque individu de l'espèce de ne plus perdre autant de forces nutritives à construire un organe inutile. C'est ainsi que j'ai pu m'expliquer un fait dont j'ai été vivement frappé en étudiant les Cirripèdes, et dont on pourrait encore trouver beaucoup d'autres exemples : c'est que, lorsqu'un Cirripède est le parasite interne d'un autre, et que par cela même il se trouve protégé, il perd plus ou moins complétement sa propre coquille ou carapace. Tel est le cas de l'Ibla mâle ; et on l'observe chez le Protéolepas dans des circonstances encore plus

[1] C'est que ces deux effets ont encore une cause identique. Les circonstances locales décident de l'usage fréquent ou du défaut d'exercice des organes, et l'on sait que chez les animaux l'influx vital se porte de préférence vers les organes qui agissent beaucoup : cette règle doit s'étendre aux plantes. De sorte que l'abondance de nourriture et de vie que reçoit chaque organe dépend elle-même de son activité plus ou moins grande, et se trouve en corrélation intime, sinon avec les effets de la sélection naturelle, du moins, avec ses causes. (*Trad.*)

frappantes : chez tous les autres Cirripèdes, la carapace présente un énorme développement des trois segments antérieurs de la tête qui sont les plus importants de tous, en ce qu'ils sont généralement pourvus de gros nerfs et de muscles puissants ; au contraire, chez le Protéolepas, protégé par ses habitudes parasites, toute la partie antérieure de l'armure de la tête est réduite à de simples rudiments attachés à la base des antennes préhensibles. Or, il est évident que, lorsque par suite des habitudes parasites acquises par le Protéolepas, certains organes très-compliqués et très-développés lui devinrent superflus, l'épargne de ces organes, bien qu'effectuée lentement et peu à peu, a pu être décidément avantageuse à chacun des représentants successifs de l'espèce. Dans la lutte que chaque être doit soutenir contre d'autres êtres, ces Protéolepas ainsi modifiés devaient avoir plus de chance que les autres de l'emporter, ayant à perdre une moins grande quantité de forces nutritives au développement d'organes devenus inutiles à leur conservation.

Ainsi, selon moi, la sélection naturelle réussira toujours dans la longue suite des temps à réduire et à épargner tout organe, ou partie d'organe, qui aura cessé d'être nécessaire ou utile, sans que pour cela d'autres parties ou organes se développent en un degré correspondant, si ce développement est sans aucune utilité. Réciproquement, la sélection naturelle peut fort bien développer considérablement un organe quelconque sans nécessiter, en compensation, la réduction de quelque autre partie de l'organisme.

VI. **Les organes multiples, rudimentaires ou de structure imparfaite, sont très-variables.** — Ainsi que l'a remarqué Isidore Geoffroy-Saint-Hilaire, lorsque chez un même individu un même organe existe en nombre multiple, comme, par exemple, les vertèbres chez les Serpents ou les étamines dans les fleurs polyandres, il semble que ce soit une règle, soit chez les variétés, soit chez les espèces, que ce nombre varie très-fréquemment. Ce nombre est au contraire d'autant plus constant qu'il s'approche davantage de l'unité ou tout au moins de la paire.

C'est encore une remarque du même auteur et de plusieurs botanistes, que les organes très-multiples sont aussi très-sujets à des variations de structure. Comme cette *répétition végétative*, dirai-je, pour employer les propres termes du professeur Owen, semble être un signe d'infériorité organique, l'observation précédente semble d'accord avec l'opinion généralement adoptée par les naturalistes, que les êtres placés très-bas dans l'échelle naturelle sont plus variables que ceux qui sont plus élevés. Je présume qu'en pareil cas il faut regarder comme un signe d'infériorité une spécialisation très-imparfaite de chaque organe pour des fonctions particulières; et, aussi longtemps que le même organe doit servir à des fonctions diverses, on conçoit aisément qu'il doive demeurer variable : c'est-à-dire qu'en pareil cas la sélection naturelle protége ou rejette moins minutieusement chaque petite déviation de forme, que lorsque ce même organe sert seulement à une fonction à laquelle il est spécialement et étroitement adapté. C'est ainsi que la forme d'un couteau, destiné à couper toutes sortes de choses, est presque indifférente, tandis qu'un instrument construit pour quelque emploi particulier doit avoir une forme toute spéciale. Or, il ne faut jamais oublier que la sélection naturelle peut agir sur chaque organe, mais seulement pour le perfectionner de plus en plus.

C'est avec droit, je crois, que quelques auteurs considèrent les organes rudimentaires comme susceptibles de grandes variations. Nous aurons à revenir plus généralement sur cette question; je veux seulement ajouter ici que leur variabilité est probablement due à leur inutilité, et par conséquent à ce que la sélection naturelle n'a aucune action sur eux pour empêcher leurs variations de structure. Les organes rudimentaires ou atrophiés sont donc abandonnés au libre jeu des diverses lois de croissance, aux effets du continuel défaut d'exercice et aux tendances de réversion.

VII. **Les organes extraordinairement développés chez une espèce, en comparaison des autres espèces du même genre, sont très-variables.** — Il y a plusieurs années que je fus vivement frappé d'une remarque de M. Waterhouse ayant trait à la loi que j'énonce ici. Je crois aussi pouvoir inférer d'une observation du professeur Owen, au sujet de la longueur des bras de l'Orang-Outang, que ce naturaliste est arrivé à des conclusions analogues. Mais on ne saurait espérer convaincre qui que ce soit de la vérité de cette proposition sans donner la longue liste de faits que j'ai recueillis, et qui ne peuvent trouver place ici. Je puis seulement formuler ma conviction que c'est une règle de haute généralité. Je me tiens en garde contre diverses causes possibles d'erreurs, et j'espère avoir fait leur part.

Il faut bien comprendre avant tout que cette règle ne s'applique à aucun organe, quelque extraordinairement développé qu'il soit, lorsque ce développement n'a rien d'anormal par rapport à celui du même organe chez des espèces proches alliées. Ainsi, l'aile de la Chauve-Souris est d'une structure très-anormale dans la classe entière des Mammifères; mais la règle ci-dessus ne lui est pas applicable, parce qu'il existe un groupe entier de Chauves-Souris pourvues d'ailes analogues. Elle pourrait s'appliquer seulement à quelque espèce particulière de Chauves-Souris ayant des ailes remarquablement développées par rapport aux autres espèces du même genre.

Elle est encore d'une grande valeur à l'égard des caractères sexuels secondaires, lorsqu'ils affectent un développement inusité. Ce terme de *caractères sexuels secondaires* est employé par Hunter pour désigner des caractères attachés à l'un des deux sexes seulement, mais qui ne sont pas en connexion directe avec les fonctions génératrices. Cette règle est également applicable aux mâles et aux femelles ; mais comme les femelles offrent rarement des caractères sexuels secondaires remarquables, elle les concerne plus rarement [1]. Si de tels caractères tombent si évidemment sous une même loi, c'est sans doute une conséquence de leur grande variabilité, qui ne saurait, je pense, être contestée, que, du reste, ils soient ou non extraordinairement développés.

Mais que l'extension de cette règle ne soit pas limitée à des

[1] Voy. même chap., p. 190.

différences purement sexuelles, c'est ce que prouve avec toute évidence l'étude des Cirripèdes hermaphrodites. Je puis ajouter ici que, durant le cours de mes travaux sur les animaux de cet ordre, j'ai mis une attention toute particulière à vérifier la remarque que M. Waterhouse avait déja faite sur ce sujet, et j'ai pu me convaincre pleinement qu'elle était de valeur générale, du moins quant à ce groupe d'êtres organisés. Dans mon prochain ouvrage, je donnerai une liste des cas les plus remarquables parmi ceux que j'ai observés. Je n'en rapporterai qu'un seul ici, parce qu'il montre l'une des plus larges applications du principe.

Les valves operculaires des Cirripèdes sessiles (Balanes) sont certainement des organes de la plus haute importance, et elles diffèrent extrêmement peu, même dans les différents genres; mais, dans les diverses espèces du genre Pyrgoma, ces valves présentent une étonnante diversité : c'est au point que les valves homologues dans les différentes espèces sont quelquefois totalement dissemblables de forme; chez les individus de plusieurs de ces espèces, elles présentent de telles différences qu'on peut dire sans exagération que certaines variétés diffèrent plus les unes des autres, par les caractères variables de ces importants organes, que ne font dans la même famille certaines espèces de genres distincts.

Comme les oiseaux dans une même contrée ne varient que dans de très-étroites limites, je leur ai prêté une attention particulière, et j'ai trouvé que la même règle s'étendait à toute cette classe. Je n'ai pu constater qu'elle s'appliquât aux plantes, ce qui aurait beaucoup ébranlé ma confiance en sa valeur, si la grande variabilité des plantes ne rendait pas extrêmement difficile toute comparaison des degrés relatifs de cette variabilité.

Lorsqu'un organe présente chez une espèce un développement considérable ou en quelque chose anormal, il y a grande présomption qu'il est de haute importance à cette espèce; néanmoins il est encore en pareil cas éminemment sujet à varier. Et pourquoi en est-il ainsi? Si chaque espèce a été créée séparément et avec tous ses organes tels que nous les voyons aujourd'hui, je ne puis trouver aucune explication de ce fait. Mais si nos groupes spécifiques descendent d'autres espèces qui se sont modifiées par la sélection naturelle, il me semble possible d'éclaircir ce problème. Parmi nos races domestiques, si quelque organe, ou l'animal tout entier est négligé, et que le principe de sélection cesse d'être appliqué, cet organe, tel par exemple que la crête chez les volailles Dorking, ou même la race tout entière cesse de présenter une presque uniformité de caractères. Elle est alors réputée dégénérée. A l'état de nature, les organes rudimentaires, et ceux qui n'ont été que peu spécialisés pour des fonctions particulières, de même que les groupes polymorphes, nous offrent des exemples à peu près analogues. C'est qu'en pareil cas la sélection naturelle n'a pu entrer en jeu, et il en est résulté que l'organisation est demeurée dans un état flottant et variable.

Mais ce qui nous importe spécialement, c'est que ces mêmes organes qui, chez nos animaux domestiques, subissent actuellement des changements rapides par suite d'une sélection sévère et continue, sont éminemment sujets à des déviations de type. Ainsi, chez nos races de Pigeons, quelles prodigieuses différences n'observe-t-on pas dans le bec des Culbutants, dans le bec et les barbillons des Messagers, dans le port et la queue de nos Pigeons-Paons, etc. ? C'est que ces caractères particuliers sont ceux qui fixent actuellement l'attention des amateurs anglais. Même chez les sous-races, telles que le Culbutant à courte face, la difficulté de reproduire le type avec une irréprochable pureté est notoire, et, fréquemment, il naît des individus qui s'en éloignent considérablement. Il y a comme une lutte constante entre la tendance de réversion à un état moins modifié, compliquée d'une autre tendance innée à présenter des variations de toutes sortes, qui agit d'une part pour faire dévier la race, et le pouvoir de constante sélection qui agit d'autre part pour en maintenir la pureté. Dans la suite des générations, la sélection finit par l'emporter, et l'on ne saurait s'attendre à ce qu'un oiseau tel qu'un Culbutant commun naisse d'une bonne race de Courtes-Faces. Mais, aussi longtemps que l'action sélective va se continuant, on peut toujours s'attendre à voir se produire des variations fréquentes dans l'organe en voie de se modifier[1]. Il est utile aussi de noter que ces caractères variables, produits par l'action sélective de l'homme, deviennent quelquefois, et par des causes complétement inconnues, plus spécialement attachées à un sexe qu'à l'autre, et généralement au sexe mâle, comme on le voit à l'égard du barbillon des Messagers et du jabot des Grosses-Gorges.

Revenons maintenant à l'état de nature. Quand un organe est développé d'une manière extraordinaire chez une espèce quelconque, en comparaison des autres espèces du même genre, on peut en conclure que cet organe a subi une somme extraordinaire de modifications depuis l'époque où cette espèce s'est détachée du progéniteur commun du genre. Cette époque est rarement fort reculée, puisque chaque espèce ne vit guère au delà d'une période géologique. Une somme extraordinaire de modifications implique une variabilité considérable, inusitée et de longue durée, dont les effets avantageux se sont accumulés par sélection naturelle pour le bénéfice de l'espèce. Mais, par cette raison même que la variabilité de cet organe exceptionnellement développé a été considérable et qu'elle s'est continuée pendant longtemps à une période relativement récente, on peut s'attendre, en règle générale, à trouver encore actuellement dans cet organe plus de variabilité que dans tous les autres, qui sont demeurés constants depuis une époque beaucoup plus reculée. Or, tels sont les faits, j'en suis convaincu.

Que la lutte entre la sélection naturelle, d'une part, et la tendance de réversion ou la variabilité, d'autre part, doive cesser dans la suite des temps, et que même les organes les plus anormalement développés puissent devenir constants, je ne saurais voir de raison pour en douter. Conséquemment, lorsqu'un organe, quelque anormal qu'il puisse être, s'est transmis à peu près sans changements à un grand nombre de descendants modifiés, comme c'est le cas pour l'aile de la Chauve-Souris, d'après ma théorie, c'est qu'il doit avoir existé presque dans ce même état pendant une période immense, et qu'il

[1] Ces variations peuvent être, bien entendu, soit des déviations, soit des perfectionnements du type. A l'état sauvage elles pourrait être soient avantageuses, soit nuisibles aux représentants de l'espèce. (*Trad.*)

est arrivé ainsi à n'être pas plus variable que tous les autres. Ce n'est donc que dans le cas de modifications relativement récentes et extraordinairement grandes, que nous pouvons nous attendre à trouver ce qu'on pourrait appeler la variabilité générative encore présente et actuellement capable d'agir avec une certaine puissance ; parce qu'en pareil cas seulement la variabilité n'aura encore été que rarement anéantie par la sélection constante des individus variables d'une manière déterminée et selon le degré requis, et par la destruction de ceux qui tendaient à revenir à un état antérieur moins modifié.

VIII. **Les caractères spécifiques sont plus variables que les caractères génériques.** — On peut donner plus d'extension au principe que nous venons d'établir. Il est notoire que les caractères spécifiques sont plus variables que les caractères génériques. Un seul exemple suffira pour expliquer ce que j'entends par là.

Si quelques espèces d'un grand genre de plantes ont des fleurs bleues et que d'autres aient des fleurs rouges, la couleur des fleurs sera seulement un caractère spécifique, et nul ne serait surpris de voir l'une des espèces à fleurs bleues varier de manière à produire des fleurs rouges ou réciproquement. Mais si toutes ces espèces, sans exception, ont, au contraire, des fleurs bleues, la couleur deviendra un caractère générique, et ses variations seront regardées comme beaucoup plus extraordinaires. J'ai choisi cet exemple, parce que l'explication que donnent, en pareil cas, la plupart des naturalistes, n'explique rien[1]. D'après eux, les caractères spécifiques sont plus variables que les génériques, parce qu'ils sont empruntés d'organes d'une moindre importance physiologique que ceux qui servent communément à classer les genres. Cette explication n'est que partiellement et indirectement vraie. J'aurai, du reste, à revenir sur ce sujet dans le chapitre sur la Classification.

[1] L'invariabilité des caractères génériques relativement à la variabilité des caractères spécifiques, telle que la plupart des naturalistes l'admettent, n'est en réalité qu'un cercle vicieux. (*Trad.*)

Il serait presque superflu d'adjoindre des preuves à cette règle de la variabilité supérieure des caractères spécifiques, relativement à l'invariabilité reconnue des caractères génériques. Cependant, à plusieurs reprises, j'ai remarqué que, lorsqu'un auteur fait observer avec étonnement que quelque organe *important*, en général très-constant chez plusieurs groupes d'espèces, *diffère* considérablement en quelques espèces proches alliées, ce même organe est aussi variable chez les individus de quelques-unes de ces espèces. Un pareil fait suffit à prouver qu'un caractère quelconque, généralement considéré comme de valeur générique, peut diminuer de valeur et devenir seulement spécifique, ou même individuellement variable, sans que pour cela son importance physiologique ait changé. Il en est à peu près de même pour les monstruosités : du moins Isidore Geoffroy-Saint-Hilaire ne semble pas douter que plus un organe diffère régulièrement chez les différentes espèces du même groupe, plus aussi il est sujet à des anomalies individuelles.

Si chaque espèce a été créée indépendamment de toutes ses congénères, pourquoi un organe très-différent chez deux ou plusieurs espèces du même genre serait-il plus variable que les organes qui sont presque semblables chez ces mêmes espèces? Je ne vois pas qu'on puisse trouver une explication de ce fait. Mais si les espèces ne sont que des variétés mieux marquées et plus fixes, nous pouvons avec certitude nous attendre à voir souvent continuer de varier les parties de leur organisation qui ont déjà varié à une époque encore assez récente, et qui sont venues par cela même à différer chez des espèces proches alliées.

J'exposerai le fait d'une autre manière. Les points communs de ressemblance que toutes les espèces d'un même genre ont entre elles, et les points communs de dissemblance qui les distinguent des espèces des autres genres, constituent ce qu'on appelle leurs caractères génériques. J'attribue ces caractères communs à l'hérédité, c'est-à-dire à la descendance d'un même progéniteur; car il doit être extrêmement rare que la sélection naturelle modifie diverses espèces, adaptées à des habitudes de vie plus ou moins différentes, exactement de la même manière. Et comme ces mêmes caractères génériques se sont transmis sans aucune altération, ou n'ont varié que très-légèrement depuis une époque très-reculée, c'est-à-dire depuis l'époque où ces diverses espèces se séparèrent de leur progéniteur commun, il n'est pas probable qu'elles commencent actuellement à varier. D'autre part, les points de dissemblance qui distinguent les unes des autres les espèces du même genre constituent leurs caractères spécifiques; et comme ces caractères, dits spécifiques, ont varié et sont arrivés successivement à différer plus ou moins depuis l'époque où ces diverses espèces se sont séparées de leur progéniteur commun, il est probable qu'ils doivent encore être en quelque mesure variables, ou du moins plus variables que les parties de l'organisation qui, pendant une longue période, sont demeurés constants.

IX. **Les caractères sexuels secondaires sont plus variables que les caractères spécifiques.** — J'ai encore deux autres observations à faire sur la question qui nous occupe. On accordera, je pense, sans que j'entre dans les détails des preuves, que les caractères sexuels secondaires sont très-variables. On accordera encore que les espèces du même groupe diffèrent plus les uns des autres dans leurs caractères sexuels secondaires que dans toute autre partie de l'organisation. On peut comparer, par exemple, la somme des différences qui existent entre les mâles des Gallinacés, chez lesquels les caractères sexuels secondaires se déploient d'une manière si remarquable, avec la somme des différences qui distinguent les femelles, et l'on ne contestera plus la vérité de ces propositions. La cause originelle de la variabilité des caractères sexuels secondaires est assez difficile à découvrir; mais nous pouvons du moins nous expliquer pourquoi ces caractères n'ont pas acquis la constance et l'uniformité des autres parties de l'organisation : c'est que les caractères sexuels secondaires ont été accumulés par la sélection sexuelle moins rigide dans son action que la sélection spécifique, parce qu'elle n'entraîne pas la mort des mâles les moins favorisés, mais leur donne seulement une postérité moins nombreuse. Quelle que soit donc la cause de la variabilité des caractères sexuels secondaires, comme ils sont toujours très-variables, la sélection sexuelle doit avoir son large champ d'action, et peut ainsi donner rapidement aux espèces du même groupe une plus grande somme de différences dans leurs caractères sexuels que dans toute autre partie de leur organisation[1].

C'est un fait remarquable que les différences secondaires entre les deux sexes de la même espèce affectent généralement les mêmes organes par lesquels les différentes espèces du même genre diffèrent les unes des autres. Je donnerai deux exemples de ce fait, les premiers que je trouve inscrits sur ma liste, et

[1] Ne semble-t-il pas que la grande variabilité des caractères sexuels secondaires, évidente surtout chez le sexe mâle où ils sont plus marqués, peut provenir de ce que la force d'atavisme ou tendance héréditaire est, en général, plus grande chez les femelles, tandis que les mâles sont généralement plus variables, comme l'exprime cet axiome des éleveurs et horticulteurs : le mâle donne la variété, la femelle donne la race ? Du reste, sans avoir besoin d'invoquer une cause spéciale, pour expliquer la plus grande variabilité des caractères sexuels secondaires, il suffit de remarquer que ces caractères sont presque toujours analogues, dans une espèce, aux différences purement individuelles qui distinguent ces divers représentants. Ils sont seulement plus accusés et plus tranchés. Ces caractères sont le plus souvent externes, et sont rarement essentiels à la conservation de l'individu lui-même, sous les conditions de vie où il est placé, les dangers auxquels peuvent l'exposer ses relations sexuelles mis à part, bien entendu. De sorte qu'il pourrait le plus souvent vivre aussi bien sans les revêtir. Or, il résulte de leur peu d'importance pour la conservation des individus que la sélection spécifique n'a aucune prise sur eux pour les rendre fixes et permanents. Ils demeurent ainsi à l'état flottant et variable ; et leur grande variabilité peut donner la mesure exacte de la variabilité générale de tous les caractères organiques, quels qu'ils soient, sous l'action du milieu ambiant, de la corrélation de croissance, de la réversion, de l'hérédité et des croisements entre individus, si la sélection naturelle n'agissait pas constamment sur ceux qui ont le plus d'importance physiologique, et avec une intensité croissante en raison de cette importance, pour les rendre constants et héréditaires. Mais on conçoit que dans les caractères de grande importance physiologique la sélection naturelle doit souvent avoir à détruire. A l'égard des caractères sexuels secondaires, au contraire, toujours indifférents quand ils ne sont pas utiles, puisqu'ils ne sont jamais autre chose qu'une augmentation des différences individuelles indifférentes, et comme telles demeurées variables, la sélection n'a jamais qu'à accumuler les variations avantageuses qui se présentent, laissant toute modification indifférente à l'état variable. Or, une modification d'abord indifférente, quand elle n'est pas détruite, peut, à l'aide d'autres modifications ultérieures, devenir avantageuse, et offrir ainsi, soit à la sélection spécifique, soit à la sélection sexuelle de plus fréquentes occasions d'agir. C'est pourquoi les espèces qui présentent de grandes différences sexuelles doivent aussi, en ce qui concerne ces mêmes caractères, présenter de nombreuses variétés dans chaque espèce, et de nombreuses espèces assez tranchées sous ce même rapport en chaque genre. En effet, les Gallinacés, les Cerfs, les Moutons confirment cette règle. Lorsque ce grand nombre d'espèces n'existe pas, on peut être à peu près certain que le genre a déjà souffert beaucoup d'extinctions. (*Trad.*)

comme les différences y sont de nature fort étrange, leur connexion avec la loi que je pose ne saurait être accidentelle.

Plusieurs groupes considérables de Coléoptères ont pour caractère commun de présenter un même nombre d'articles aux tarses; mais chez les Engidés, ainsi que l'a remarqué Westwood, ce nombre varie considérablement et diffère aussi chez les deux sexes de la même espèce. De même, chez les Hyménoptères fouisseurs, la nervation des ailes est un caractère de la plus haute importance, parce qu'il est commun à des groupes entiers de formes spécifiques; mais, en certains genres, la nervation diffère chez chaque espèce, et pareillement chez les deux sexes de la même espèce. M. Lubbock a remarqué récemment que plusieurs petits crustacés offent d'évidentes applications de cette loi. « Chez les Pontella, par exemple, les caractères sexuels « sont marqués principalement par les antennes antérieures et « par la cinquième paire de pattes; les différences spécifiques « sont aussi principalement tirées de ces organes. » Ces rapports entre les caractères sexuels et les caractères spécifiques n'ont rien de surprenant pour moi. Partant du principe que toutes les espèces d'un même genre sont aussi sûrement descendues d'un progéniteur commun que les deux sexes d'une espèce quelconque, quel que soit l'organe qui, chez ce commun progéniteur ou chez ses descendants immédiats, soit devenu variable, les variations de cet organe auront très-probablement fourni à la sélection naturelle, sexuelle et spécifique, l'occasion d'agir; de sorte que les diverses espèces auront pu s'adapter successivement à diverses situations dans l'économie de la nature, de même que les deux sexes de chaque espèce l'un à l'autre; les mâles et les femelles d'une même espèce auront pu prendre des habitudes différentes; et enfin, les mâles auront acquis des armes pour lutter contre d'autres mâles pour la possession des femelles.

Finalement, il faut conclure que les caractères spécifiques manifestent une variabilité plus grande que les caractères génériques : c'est-à-dire que les caractères qui distinguent les unes des autres les espèces du même genre sont moins fixes que les caractères qu'elles possèdent en commun; que les organes extraordinairement développés chez une espèce, en comparaison avec l'état des mêmes organes chez ses congénères, sont fréquemment très-variables ; qu'au contraire un organe, quelque développé qu'il soit, est peu variable, s'il présente ce même développement extraordinaire chez tout un groupe d'espèces plus ou moins alliées ; que les caractères sexuels secondaires ont une grande variabilité dans chaque espèce ; mais que ces mêmes caractères présentent aussi de grandes différences entre les espèces proche-alliées, et que, chez un même groupe d'espèces, les différences sexuelles affectent généralement les mêmes parties de l'organisation que les différences spécifiques.

Or, ces diverses lois sont en étroite connexion les unes avec les autres. Elles dérivent toutes de quelques principes : c'est d'abord que les espèces du même groupe descendent d'un même progéniteur, dont elles ont hérité beaucoup en commun ; c'est ensuite que les organes qui ont varié récemment et considérablement sont plus exposés à varier encore que ceux qui se sont transmis pendant longtemps sans variations ; c'est enfin que la sélection naturelle a plus ou moins complétement, en raison du laps de temps écoulé, surmonté la tendance de l'espèce à revenir à d'anciens caractères ou à présenter des variations nouvelles, que la sélection sexuelle est moins rigoureuse que la sélection spécifique, et que les variations des mêmes organes ayant été accumulées par sélection naturelle, autant sexuelle que spécifique, ces variations sont devenues à la fois caractéristiques des sexes et des espèces.

X. **Les espèces de même genre varient d'une manière analogue ; les variétés d'une espèce assument les caractères d'une espèce alliée ou reviennent à d'anciens caractères perdus.** — Ce qu'on observe chez nos races domestiques suffit à prouver ces propositions. Ainsi, les races de Pigeons les plus distinctes, et dans les contrées les plus distantes, sont toutes susceptibles de produire des sous-variétés portant une houppe de plumes redressées sur la tête, ou des plumes aux pieds. Or, ces caractères n'appartiennent pas à l'espèce originelle, le Pigeon Biset (*C. livia*) ; ce sont donc des variations analogues chez des races très-distinctes. L'apparition fréquente de quatorze ou même seize plumes caudales chez le Grosse-Gorge peut être considérée comme une variation représentant la structure normale d'une autre race, celle des Pigeons-Paons. Nul ne doutera, je présume, que de pareilles analogies de variations ne soient dues à ce que les diverses races de Pigeons ont hérité d'un parent commun la même constitution et la même tendance à varier sous des circonstances semblables et inconnues.

Le règne végétal nous fournit aussi un exemple de cette loi dans la tige renflée, ou, comme on l'appelle communément, la racine du Navet suédois et celle du Rutabaga, deux plantes du genre Brassica que plusieurs botanistes rangent comme deux variétés produites par la culture et procédant d'un parent commun. S'il en est autrement, si elles n'ont pas une souche originelle identique, c'est alors un exemple de variations analogues chez deux espèces distinctes, auxquelles on peut en ajouter une troisième, le Navet commun. D'après l'hypothèse ordinaire de la création indépendante de chaque espèce, il nous faudrait attribuer le renflement de la tige de ces trois plantes, non plus à la *vera causa* d'une communauté d'origine, et à la tendance à varier de la même manière qui doit en être la conséquence, mais à trois actes de création distincts, quoique très-connexes.

Les Pigeons peuvent nous fournir encore un autre exemple : c'est la réapparition, si fréquente dans toutes les races, d'oiseaux d'un bleu ardoisé, avec un croupion blanc, deux barres noires sur les ailes, une barre noire sur la queue, et les plumes caudales extérieures bordées de blanc vers le côté externe de leur base. Or, on a déjà vu que toutes ces marques caractérisent la souche mère, c'est-à-dire le Pigeon Biset ; et nul ne doutera que ce ne soit ici un cas de réversion aux caractères d'un ancien progéniteur, et non un cas de variations analogues apparaissant soudain chez les diverses races. Nous pouvons adopter cette conclusion avec autant plus de confiance, qu'ainsi que nous l'avons vu autre part[1] ces marques sont éminemment sujettes à réapparaître chez la postérité croisée de deux races distinctes et très-diversement colorées ; et il est certain

[1] Chap, I, p. 33.

que les conditions extérieures de la vie ne peuvent causer en rien l'apparition de la couleur bleu-ardoise et des autres marques caractéristiques du Pigeon Biset, qui ne peuvent ainsi provenir que de l'influence du croisement et des lois de l'hérédité.

Sans nul doute, il est très-surprenant que des caractères perdus pendant un grand nombre et peut-être des centaines de générations réapparaissent ensuite. Mais quand une race a été croisée seulement une fois avec une autre, leur postérité mutuelle montre une tendance à revenir aux caractères de la race étrangère pendant plusieurs générations, et, selon quelques-uns, pendant une douzaine ou même une vingtaine de générations. Après douze générations, la proportion du sang mêlé entre les deux lignes d'ancêtres est seulement de 1 à 2,048 ; et cependant l'on admet généralement et l'on a constaté qu'il suffit de cette petite part de sang étranger pour qu'il se manifeste encore des tendances de réversion. Au contraire, chez une race qui n'a pas été croisée, mais chez laquelle les deux parents ont perdu quelque caractère possédé par un ancêtre commun, la tendance forte ou faible à reproduire le caractère perdu peut, ainsi que nous l'avons déjà vu, se transmettre pendant un nombre de générations presque indéfini. Lorsqu'un caractère réapparaît dans une race après avoir été perdu pendant un grand nombre de générations, on ne peut supposer comme probable que la postérité actuelle de cette race soit ainsi revenue tout à coup à la forme d'un ancêtre éloigné de cent générations, mais qu'il a toujours existé à chaque génération successive une tendance constante à en reproduire le caractère perdu, tendance qui, à la fin, et sous des circonstances favorables, a fini par l'emporter sur les tendances contraires. Par exemple, il est probable qu'à chaque génération le Pigeon Barbe, qui produit le plus rarement de tous des oiseaux bleus barrés de noir, a une tendance constante à revêtir cette couleur de plumage. C'est une hypothèse ; mais elle s'appuie sur quelques faits. D'ailleurs, je ne vois pas plus d'improbabilité dans la transmission héréditaire d'une tendance à reproduire les caractères d'un ancêtre pendant un nombre infini de générations, que dans la présence d'organes rudimentaires, complétement inutiles, qui cependant, chacun le sait, sont de même indéfiniment transmissibles, et d'autant plus qu'on a pu constater quelquefois une pure tendance héréditaire à produire quelque rudiment d'organe. Par exemple, chez le Muflier vulgaire (*Anthirrhinum*), une cinquième étamine rudimentaire apparaît si souvent, que cette plante doit avoir une tendance héréditaire à la produire.

Comme, d'après ma théorie, il faut supposer que toutes les espèces du même genre descendent d'un parent commun, il faut aussi s'attendre à les voir souvent varier d'une manière analogue; de sorte qu'une variété d'une espèce peut revêtir quelques-uns des caractères d'une autre espèce, cette autre espèce n'étant, selon moi, qu'une variété bien marquée et permanente. Mais des caractères ainsi obtenus doivent être assez probablement de peu d'importance, car la présence de tout caractère important doit être gouvernée par la sélection naturelle, d'après les habitudes des espèces, et ne peut être abandonné à l'action mutuelle des conditions de vie et des ressemblances héréditaires de constitution. On peut encore prévoir que les espèces du même genre manifesteront de temps en temps leur tendance constante à revenir aux caractères perdus des ancêtres. Cependant, comme nous ne connaissons pas exactement les caractères de l'ancêtre commun du groupe entier, nous ne pouvons distinguer les uns des autres les effets provenant de l'une ou l'autre de ces deux causes de variations [1]. Si, par exemple, nous ne savions pas que le Pigeon Biset n'est ni pattu ni huppé, nous ne pourrions décider si ces caractères chez nos races domestiques sont de simples réversions ou des analogies de variations; mais nous

[1] Ces deux causes sont au fond identiques sans doute. On peut présumer que lorsqu'une variété d'une espèce revêt quelque caractère d'une espèce alliée, ou que dans deux espèces il se produit des variations analogues, c'est toujours par une tendance héréditaire à revenir au caractère du progéniteur commun, tendance modifiée dans ses manifestations par la corrélation de croissance, les croisements et les conditions de vie ou les circonstances locales. Lorsque ces diverses causes ou influences favorisent l'hérédité, il y a réversion exacte aux caractères de l'ancêtre commun; lorsqu'elles la contrarient, la tendance de réversion devient une tendance à produire des variations analogues. En tous cas on peut dire que toute variation qui se produit chez un jeune individu et qui l'éloigne du type de ses parents n'est que la résultante des causes qui ont agi sur lui à travers les deux lignées généalogiques ramifiées de ses ancêtres paternels ou maternels. (*Trad.*)

aurions pu inférer que la couleur bleue était un cas de réversion, par le nombre des marques si caractérisées qui semblent en corrélation avec elle; car on ne pourrait supposer avec probabilité qu'elles proviennent toutes ensemble de simples variations accidentelles. Ce qui nous aurait encore amené à cette induction, c'est que la couleur bleue et les marques distinctives qui l'accompagnent, apparaissent surtout quand des races distinctes de diverses couleurs sont croisées. Or, bien qu'à l'état de nature on ne puisse jamais savoir avec certitude quels caractères doivent être attribués à la réversion au type d'ancêtres éloignés, et quels autres proviennent d'une analogie de variations; cependant, il résulte de ma théorie que, par l'une ou l'autre de ces deux causes, la postérité variable d'une espèce assume des caractères qui se trouvent déjà en quelques autres membres du même groupe. Or, c'est sans aucun doute ce que nous offre la nature.

L'une des plus grandes difficultés qu'il y ait à reconnaître dans la nature une espèce variable décrite dans nos ouvrages systématiques provient de ce que ses variétés miment en quelque sorte d'autres espèces du même genre. On pourrait dresser un immense catalogue de formes intermédiaires entre deux autres formes, qui pourraient elles-mêmes avec un doute égal être rangées comme espèces et comme variétés. Il faut donc, à moins de considérer chacune de ses formes comme indépendamment créées, que l'une en variant ait assumé quelques-uns des caractères de l'autre, de manière à produire des formes intermédiaires. Mais la meilleure preuve de cette loi, c'est que des organes importants et généralement fixes et uniformes varient accidentellement, jusqu'à acquérir en une certaine mesure les caractères de ces mêmes organes chez des espèces alliées. J'ai recueilli une longue liste de cas semblables; mais ici, comme autre part, j'ai le désavantage de ne pouvoir la donner à l'appui de mes opinions. Je ne puis qu'affirmer que de tels cas se présentent certainement et avec de remarquables circonstances.

Je citerai cependant un exemple curieux, non pas en ce qu'il affecte aucun organe important, mais en ce qu'il se présente chez plusieurs espèces du même genre, en partie à l'état domestique et en partie à l'état sauvage. Il y a toute apparence que c'est un cas de réversion. On remarque assez fréquemment sur les jambes de l'Ane des raies transversales très-distinctes pareilles à celles des jambes du Zèbre. On a dit qu'elles sont encore plus apparentes chez l'ânon, et, d'après mes renseignements personnels, je dois tenir cette opinion pour bien fondée. On sait encore que la raie scapulaire, qui est un signe si fréquent et presque caractérisque de l'espèce, est quelquefois double; elle est au moins certainement très-variable en longueur et en direction. On a cité un Ane blanc qui n'était point albinos et qui n'avait ni raie dorsale ni raie scapulaire. L'une et l'autre sont quelquefois très-peu visibles ou même complétement perdues chez les Anes de couleur sombre. On prétend qu'on a vu le Koulan de Pallas avec une double raie sur l'épaule. L'Hémione n'en a point ordinairement; mais, d'après M. Blyth et quelques autres, son pelage en laisserait quelquefois apparaître des traces; et je tiens du colonel Poole que les petits de cette espèce sont généralement rayés sur les jambes et légèrement sur les épaules. Le Couagga, quoique aussi bien rayé que le Zèbre sur le corps, ne l'est point sur les jambes. Cependant, le docteur Gray a dessiné un spécimen ayant des zébrures très-distinctes sur les jarrets.

La raie dorsale apparaît de même chez les Chevaux. J'en ai recueilli, en Angleterre, de nombreux exemples chez des individus de toutes couleurs et appartenant aux races les plus diverses. Des raies transversales sur les jambes ne sont pas rares chez les Chevaux gris-brun et gris-souris, et on en cite un exemple chez un Cheval châtain. Une légère raie scapulaire se voit quelquefois chez les Chevaux gris-brun, et j'en ai vu la trace chez un Cheval bai. Mon fils a examiné avec soin et même dessiné un Cheval de trait belge, gris-brun, qui avait une double raie sur chaque épaule et des raies sur les jambes. J'ai vu moi-même un Poney gris-brun de Devonshire qui portait quatre raies parallèles sur chaque épaule, et l'on m'a décrit un petit Poney gallois, de même nuance, comme ayant aussi les mêmes marques.

La race des Chevaux Kattywar, au nord-ouest de l'Inde, est si généralement rayée, d'après ce que je tiens du colonel Poole, qui a été chargé par le gouvernement des Indes de l'examiner, qu'un Cheval sans zébrure n'est pas considéré comme de race pure. La raie dorsale existe toujours ; la raie scapulaire est très-commune et quelquefois double ou même triple. Les jambes sont généralement rayées, et de plus les joues se couvrent parfois de rayures. Ces rayures sont souvent plus apparentes chez les poulains, et parfois elles disparaissent complétement chez les vieux Chevaux. Le colonel Poole a vu des Chevaux Kattywar gris et bais, naître distinctement rayés. J'ai aussi des raisons de croire, d'après les renseignements qui m'ont été fournis par M. W. W. Edwards que, chez les Chevaux de race anglaise, la raie dorsale se montre beaucoup plus communément chez les poulains que chez les Chevaux de pleine taille.

J'ai obtenu récemment un poulain d'une Jument baie, issue d'un étalon turcoman croisé avec une jument flamande, et d'un Cheval de sang anglais. Le poulain, âgé d'une semaine, portait sur le dos, près de la queue et sur son front, d'étroites zébrures ; ses jambes étaient très-faiblement zébrées ; mais toutes ces zébrures s'effacent et disparaissent à mesure qu'il prend de l'âge [1].

Sans entrer dans de plus longs détails, je puis dire que j'ai recueilli des exemples de Chevaux portant des rayures sur les jambes ou sur les épaules, dans les plus différentes races et en diverses contrées, depuis l'Angleterre jusqu'à la Chine orientale, et de la Norvége septentrionale à l'archipel Malais, vers le sud. Dans tous les pays, ces rayures apparaissent beaucoup plus souvent chez les individus gris-brun ou gris-souris que chez les autres ; mais ce terme de gris-brun laisse une assez grande marge, et comprend une échelle de tons très-divers depuis le brun-rouge et le noir jusqu'à la nuance de crème.

Le colonel Hamilton Smith, qui a écrit sur ce sujet, croit que les diverses races chevalines descendent de plusieurs espèces originelles, dont l'une, d'un pelage gris-brun, était rayée ;

[1] Ce paragraphe, ajouté par l'auteur, manque aux éditions antérieures à la seconde, sauf à la seconde édition allemande. (*Trad.*)

et que les marques accidentelles dont je viens de parler sont toutes dues à l'influence d'anciens croisements avec cette souche. Cette théorie ne saurait me satisfaire, et je répugnerais à l'appliquer à des races aussi distinctes que le pesant Cheval de trait belge, le Poney gallois, le Cob, la race élancée de Kattywar, etc., habitant des contrées aussi distantes.

Venons aux effets du croisement entre les diverses espèces du genre Cheval. Rollin assure que la Mule commune, provenant de l'Ane et du Cheval, est particulièrement sujette à avoir des raies sur les jambes. D'après M. Gosse, en certaines parties des États-Unis, environ neuf Mules sur dix ont les jambes rayées. J'ai vu moi-même une Mule dont les jambes l'étaient à tel point, que nul ne voulait croire tout d'abord qu'elle ne fût pas le produit d'un Zèbre ; et M. W. C. Martin, dans son excellent traité sur le Cheval, a donné la figure d'une Mule semblable. Dans les quatre dessins coloriés d'hybrides produits par l'Ane et le Zèbre que j'ai vus, les rayures étaient plus prononcées sur les jambes que sur le reste du corps, et l'un d'eux offrait une double raie scapulaire. Le fameux hybride de lord Morton, provenant d'une Jument châtain et d'un Couagga mâle, avait sur les jambes des rayures plus prononcées que chez le pur Couagga ; et même chez la postérité de race pure produite ensuite par la même jument avec un étalon arabe noir, on vit se reproduire les mêmes caractères. Un autre cas des plus remarquables, c'est un hybride provenant de l'Ane et de l'Hémione que le Dr Gray a dessiné, et il m'a informé depuis qu'il connaissait un second exemple semblable. Quoique l'Ane n'ait que quelquefois des raies sur les jambes, que l'Hémione n'en ait point, et n'ait pas même la raie scapulaire, cet hybride avait néanmoins les quatre jambes rayées, et trois courtes raies scapulaires comme celles du Poney gallois et du Poney du Devonshire dont j'ai parlé plus haut. Il avait même quelques zébrures sur les côtés de la tête. A l'égard de ce dernier fait, j'étais si convaincu que jamais une raie de couleur quelconque n'apparaît, grâce à ce qu'on appelle communément le hasard, que la seule inspection des raies de la tête de cet hybride provenu de l'Ane et de l'Hémione me fit demander au colonel Poole si de telles rayures n'apparaissent jamais sur les joues des Chevaux Kattywar, si remarquablement rayés, et sa réponse, ainsi qu'on l'a vu, fut affirmative.

Que devons-nous conclure de ces différents faits ? Nous voyons plusieurs espèces très-distinctes du genre Cheval qui deviennent, par simple variation, rayées sur les jambes comme le Zèbre, ou sur les épaules comme l'Ane. Chez le Cheval nous trouvons une forte tendance à présenter les mêmes caractères, partout où apparaît la teinte gris-brun, celle qui approche le plus de la couleur générale des autres espèces du genre. L'apparition des rayures n'est accompagnée par aucun changement de forme ou par aucun autre nouveau caractère. Cette tendance à revêtir un pelage rayé se manifeste avec plus de force encore chez les hybrides provenant de plusieurs espèces très-distinctes. Or, qu'avons-nous observé, en pareil cas, chez les diverses races de Pigeons ? C'est qu'elles sont toutes descendues d'une espèce comprenant deux ou trois sous-espèces ou races géographiques, qui sont toutes de couleur bleue, avec certaines raies ou autres marques ; et lorsqu'une race quelconque assume par simple variation la couleur bleue, ces raies ou autres marques réapparaissent invariablement, mais sans aucun autre changement de forme et de caractère. Quand des races de diverses couleurs sont croisées, même parmi les plus anciennes et les plus pures, les métis ont une forte tendance à prendre la couleur bleue et les marques caractéristiques. Or, j'ai déjà établi que l'hypothèse la plus probable pour rendre compte de la réapparition d'anciens caractères perdus, c'est qu'il existe chez chacune des jeunes générations successives de l'espèce une tendance perpétuelle à reproduire ces caractères, et que, par des causes inconnues, cette tendance prévaut quelquefois. Ainsi que nous l'avons vu tout à l'heure chez plusieurs espèces du genre Cheval, les rayures sont plus apparentes et plus fréquentes chez les jeunes sujets que chez les vieux. Qu'on appelle espèces nos races de Pigeons, ou celles du moins qui sont restées pures pendant des siècles, les faits observés parmi elles ne présenteront-ils pas des analogies frappantes avec les faits observés chez les espèces du genre Cheval ? Quant à moi, j'ose en toute confiance remonter en imagination des milliers de mille générations dans la suite des temps écoulés, et je vois dans un animal rayé comme un Zèbre, mais peut-être d'une organisation très-différente sous d'autres rapports, le parent commun du Zèbre, du Couagga, de l'Ane, de l'Hémione et de nos races diverses de Chevaux domestiques, que du reste ces dernières descendent d'une ou de plusieurs souches sauvages [1].

Lorsqu'on admet que chaque espèce du genre Cheval a été séparément créée, il faut admettre aussi que chacune d'entre elles a été créée avec une tendance à varier, soit à l'état de nature, soit à l'état domestique, de manière à présenter souvent les rayures qu'on observe chez d'autres espèces du genre ; et qu'elles ont toutes été douées d'une forte tendance à produire, en cas de croisements avec des espèces habitant des contrées très-éloignées, des hybrides qui ressemblent par leurs rayures, non pas à leurs propres parents, mais aux autres espèces du

[1] C'était cette conclusion que j'avais cru devoir défendre dans une note de ma première édition. M. Darwin m'a écrit que tel était le sens véritable qu'il avait voulu donner à une phrase que son obscurité m'avait fait comprendre autrement et que je donne ici textuellement : « *For myself, I venture* « *confidently to look back thousands of thousands of generations, and I see in an* « *animal striped like a zebra, but perhaps otherwise very differently construc-* « *ted, the common parent of our domestic horse, whether or not it be descended* « *from one or more wild stocks, of the ass, the hemionus, quagga and zebra.* » J'avais traduit ainsi que suit : « Quant à moi, j'ose en toute confiance re- « monter des milliers de mille générations dans la suite des temps écoulés, et « je vois le parent commun des races diverses de notre cheval domestique dans « un animal rayé comme un zèbre, mais peut-être d'une organisation très-diffé- « rente sous d'autres rapports, que, du reste, il descende ou non d'une ou plu- « sieurs souches sauvages, telles que l'hémione, l'âne, le couagga ou le zèbre. » J'avais cru devoir protester contre la supposition énorme, à mon avis, qui résultait de cette version ; c'est que l'ancêtre commun de tous nos chevaux domestiques et seulement de nos chevaux, ait pu être un animal rayé comme un zèbre, qui lui-même serait descendu d'une ou de plusieurs autres espèces sauvages du genre. J'ajoutais : « Il est beaucoup plus supposable que toutes les « espèces du genre cheval descendent d'un progéniteur commun qui était zébré « et qui a été le prototype du genre. De cette première souche seraient sorties « deux familles : l'une, comprenant le zèbre et le couagga, a conservé son pelage « rayé ; l'autre, comprenant l'hémione, l'âne et le cheval, peut-être par réversion « à de plus anciens caractères encore, a affecté un pelage de diverses nuances, « mais de plus en plus uni, à travers les variations duquel les rayures de l'ancêtre « zébré réapparaissent quelquefois, quand des croisements de race ou autres causes « de variation leur donnent l'occasion de se manifester. » Cette supposition était « donc parfaitement d'accord avec le sens que M. Darwin a voulu donner à sa phrase. *Trad.*)

genre. Or, admettre une pareille manière de voir, c'est, ce me semble, rejeter une cause réelle très-simple, très-naturelle et appuyée sur des faits, pour une cause sans réalité ou du moins entièrement hypothétique. C'est de plus faire des œuvres de Dieu une sorte de moquerie mensongère. Autant vaudrait croire, avec les ignorants cosmogonistes de l'antiquité, que jamais les coquilles fossiles n'ont été vivantes, mais qu'elles ont été créées comme une contrefaçon des coquilles actuellement vivantes sur le bord de nos océans.

XI. **Résumé.** — Convenons d'abord que notre ignorance concernant les lois de la nature est encore profonde. Il n'est pas un cas sur cent où nous puissions dire pour quelles raisons tel ou tel organe, chez un individu quelconque, diffère plus ou moins de l'état du même organe chez ses parents; mais, partout où nous avons le moyen d'établir des rapprochements et de comparer, les mêmes lois paraissent avoir agi pour produire, soit les moindres différences qui distinguent les variétés, soit les différences plus grandes qui caractérisent et séparent les unes des autres les espèces du même genre.

Les conditions extérieures de la vie, telles que le climat et la nourriture, etc., semblent avoir causé quelques modifications légères. Les habitudes en produisant des différences de constitution, le fréquent usage des organes en leur donnant plus de force et de développement, et leur défaut d'exercice en les affaiblissant, semblent avoir eu des effets beaucoup plus puissants.

Les parties homologues tendent à varier de la même manière. Des modifications dans des parties dures et externes affectent quelquefois des parties molles et internes.

Quand un organe est bien développé, il tend peut-être à absorber la nourriture des organes voisins; et la nature épargne sans cesse sur chaque partie de l'organisation tout entière, toutes les fois qu'elle peut le faire sans nuire à l'individu.

Des changements dans le jeune âge affectent généralement le même organe ou l'organe correspondant pendant les phases suivantes du développement de l'individu; et il existe beaucoup d'autres corrélations de croissance dont nous sommes encore absolument incapables de comprendre la nature.

Les parties multiples sont variables en nombre et en structure, peut-être par suite de ce que de telles parties n'ont pas été exclusivement adaptées à des fonctions toutes spéciales, de sorte que leurs modifications n'ont pas été strictement empêchées par la sélection naturelle. C'est probablement pour la même cause que les êtres organisés d'ordre inférieur sont plus variables que ceux dont l'organisation est plus élevée dans l'échelle naturelle, c'est-à-dire plus spécialisée et plus localisée. Les organes rudimentaires, étant inutiles, sont négligés par la sélection naturelle et par conséquent sont probablement très-variables.

Les caractères spécifiques, c'est-à-dire les caractères qui sont arrivés à différer depuis que les diverses espèces d'un même genre se sont séparées de leur souche commune, sont plus variables que les caractères génériques, c'est-à-dire que ceux qui se sont transmis pendant longtemps et qui n'ont pas varié depuis cette même époque.

Nous avons parlé ici d'organes spéciaux qui sont demeurés variables, parce qu'ils ont tout récemment varié, de manière à différer les uns des autres ; mais nous avons vu aussi autre part [1] que le même principe s'applique à l'individu tout entier ; car dans un district où coexistent plusieurs espèces d'un genre quelconque, et où, par conséquent, il s'est accompli autrefois une grande somme de variations et de différenciations, c'est-à-dire où la production de nouvelles formes spécifiques a été très-active, on peut s'attendre à trouver, dans ce même district et parmi ces espèces, un nombre moyen de variétés proportionnellement très-élevé.

Les caractères sexuels secondaires sont très-variables, et diffèrent beaucoup dans les espèces du même groupe. La variabilité des mêmes organes a généralement fourni les différences sexuelles entre les individus d'une même espèce et les différences spécifiques entre les espèces du même genre.

[1] Chap. II, p. 66.

Tout organe qui atteint une grandeur extraordinaire ou un développement en quelque chose anormal, par rapport à sa taille ou à ses caractères réguliers chez des espèces alliées, doit avoir passé par une série considérable de modifications depuis que s'est formé le genre. C'est ce qui nous explique pourquoi il est encore souvent beaucoup plus variable que d'autres parties de l'organisme ; car le procédé de variation va se continuant lentement et, en pareil cas, la sélection naturelle n'a pas encore eu le temps de surmonter, soit la tendance de réversion à un état moins modifié, soit la tendance à produire des variations ultérieures. Mais lorsqu'une espèce pourvue d'un organe particulier extraordinairement développé est devenue la souche de nombreux descendants modifiés, ce qui, à mon point de vue, doit être un procédé très-lent, requérant un laps de temps très-long, alors la sélection naturelle peut fort bien avoir déjà réussi à donner des caractères fixes à cet organe, quelle que soit l'anomalie de ses caractères.

Les espèces descendues d'un parent commun, héritant presque de la même constitution, doivent tendre naturellement, lorsqu'elles sont exposées à des influences semblables, à présenter des variations analogues, et quelques-unes d'entre elles peuvent accidentellement revenir à quelques-uns des caractères de leur ancien progéniteur. Quoique des modifications nouvelles et importantes ne puissent provenir de la tendance de réversion ou des analogies de variation, de telles modifications peuvent au moins ajouter encore à la diversité admirable et harmonieuse de la nature.

Quelle que puisse être la cause de chaque légère différence produite dans la postérité de communs parents, nous pouvons être certains que cette cause existe pour chacune d'elles ; et c'est l'accumulation constante par sélection naturelle de ces différences, lorsqu'elles sont avantageuses à l'individu, qui donne naissance aux plus importantes modifications de structure, auxquelles les innombrables êtres répandus à la surface de la terre doivent les moyens de lutter les uns contre les autres, de manière que les mieux adaptés à leur situation particulière puissent survivre.

# CHAPITRE VI

## DIFFICULTÉS DE LA THÉORIE.

I. Difficultés de la théorie de descendance modifiée. — II. Transitions, absence ou rareté des variétés intermédiaires. — III. Transitions dans les habitudes. — IV. Habitudes différentes parmi les individus de la même espèce, et très-différentes entre espèces proche-alliées. — V. Organes très-parfaits ou très-compliqués et moyens de transition. — VI. Cas difficiles : *Natura non facit saltum.* — VII. Organes peu importants. — VIII. Tout organe n'est pas absolument parfait. — IX. Résumé : La loi d'unité de type et celle des conditions d'existence sont comprises dans la théorie de sélection naturelle.

I. **Difficultés de la théorie de descendance modifiée.** Une foule d'objections se seront présentées à l'esprit de mes lecteurs bien avant qu'ils soient arrivés jusqu'à cette partie de mon travail. Quelques-unes de ces difficultés sont si graves, que moi-même, encore aujourd'hui, lorsque j'y songe, j'en suis parfois presque ébranlé. Cependant, autant que j'en puis juger, je crois que le plus grand nombre ne sont qu'apparentes; et même celles qui sont réelles ne me paraissent pas absolument inconciliables avec ma théorie.

Ces objections peuvent se ranger sous quelques chefs :

D'abord, si toutes les espèces descendent d'autres espèces antérieures, par des transitions graduelles insensibles, comment se fait-il que nous ne trouvions pas partout d'innombrables formes transitoires? Comment se fait-il que les espèces soient si bien définies et que tout ne soit pas confusion dans la nature ?

Secondement, est-il possible qu'un animal ayant, par exemple, les habitudes et la structure d'une Chauve-Souris, se soit formé par voie de modification de quelque autre animal ayant des habitudes entièrement différentes ? Pouvons-nous croire que la sélection naturelle réussisse à produire, d'un côté, des organes de peu d'importance, tels que la queue d'une Girafe pour lui servir de chasse-mouches, et, d'un autre côté, des organes d'une structure aussi merveilleuse que celle de l'œil, dont nous pouvons à peine encore comprendre l'inimitable perfection ?

Troisièmement, les instincts peuvent-ils s'acquérir et se modifier au moyen de la sélection naturelle? Que dirons-nous de cet instinct merveilleux qui porte l'Abeille à construire ses cellules, instinct par lequel elle semble avoir devancé les découvertes de profonds mathématiciens ?

Quatrièmement, comment pouvons-nous expliquer que les espèces croisées soient stériles, ou ne produisent qu'une postérité inféconde, tandis que la fertilité des individus qui proviennent d'un croisement entre variétés est augmentée ?

Nous discuterons dans ce chapitre les deux premières de ces objections, réservant les instincts et l'hybridité pour deux chapitres spéciaux.

II. **Transitions, absence ou rareté des variétés intermédiaires.** — La sélection naturelle n'agissant que par la conservation continuelle de modifications avantageuses, chaque forme nouvelle doit tendre en toute contrée suffisamment peuplée à exterminer et finalement à supplanter ses propres parents moins parfaits [1], ou toute autre forme moins favorisée avec laquelle elle entre en concurrence. Ainsi que nous l'avons déjà vu, le procédé d'extinction et celui de sélection naturelle marcheront de pair. Il suit de là que, si nous considérons chaque espèce comme descendant de quelque autre forme inconnue, la forme mère, de même que toutes les variétés transitoires, devront en général avoir été exterminées, par suite du procédé même de formation et de perfectionnement de cette forme nouvelle.

Mais comme, d'après cette théorie, d'innombrables formes transitoires doivent avoir existé, pourquoi ne les trouvons-nous

[1] Ou plutôt ses collatéraux descendus sans modification des mêmes ancêtres : car, à l'égard des parents eux-mêmes, cela va de soi qu'ils sont supplantés par leurs descendants. *Parents* est donc pris ici pour *souche mère*, ainsi qu'en plusieurs passages de cet ouvrage. (*Trad.*)

pas enfouies en nombre infini dans l'écorce terrestre ? Nous discuterons cette question plus à propos dans le chapitre sur l'*Insuffisance des documents géologiques*. Je dirai seulement ici que je crois ces documents beaucoup moins complets qu'on ne le suppose généralement ; et c'est la meilleure réponse qu'on puisse faire. Les lacunes de nos documents géologiques proviennent principalement de ce que les êtres organisés n'habitent pas les régions très-profondes des mers, et de ce que leurs restes enfouis ne peuvent être conservés pendant la série des âges géologiques dans des masses sédimentaires assez épaisses et assez étendues pour résister à de puissantes causes ultérieures de dégradation. Or, de telles masses fossilifères ne peuvent s'accumuler que lorsqu'une énorme quantité de sédiment se trouve déposée dans le lit d'une mer peu profonde pendant une période de lent affaissement. Un tel concours de circonstances doit se présenter rarement, et seulement à de longs intervalles. Au contraire, pendant que le lit de la mer demeure stationnaire ou pendant que son niveau s'élève, ou enfin lorsque la quantié de sédiment qui s'y dépose est insuffisante, il doit se trouver une lacune dans notre histoire géologique. L'écorce terrestre est un vaste musée dont les collections ont été rassemblées d'une manière intermittente et à des intervalles de temps immensément éloignés les uns des autres. Mais actuellement, dira-t-on, lorsque plusieurs espèces proche-alliées habitent un même territoire, ne devrions-nous pas trouver entre elles beaucoup de formes intermédiaires?

Prenons un exemple fort simple. Lorsqu'on voyage du Nord au Sud sur un même continent, on rencontre généralement, à intervalles successifs, des espèces représentatives, c'est-à-dire étroitement alliées, qui remplissent évidemment une place presque identique dans l'économie naturelle de chacune des contrées qu'elles habitent plus particulièrement. Ces espèces représentatives se rencontrent souvent et s'entremêlent sur les limites communes de leurs stations ; et, à mesure que les unes deviennent de plus en plus rares, les autres se montrent de plus en plus communes, jusqu'à ce que l'une remplace complétement l'autre. Mais, si l'on compare ces espèces dans les contrées où elles s'entremêlent, elles sont en général aussi distinctes les unes des autres en chaque détail de leur organisation que peuvent l'être les spécimens choisis dans le centre de leur habitat. D'après ma théorie, ces espèces alliées descendent d'un parent commun, et, pendant le cours du procédé de modification, chacune d'elles s'est de mieux en mieux adaptée aux conditions de vie particulières de sa propre station et a supplanté et exterminé sa souche originelle, ainsi que toutes les variétés transitoires qui ont dû se produire successivement entre son état passé et son état présent[1]. D'après cela, nous ne pouvons nous attendre à rencontrer actuellement de nombreuses variétés transitoires dans chacune de ces régions, bien qu'elles y aient certainement existé un jour, et qu'elles puissent y être enfouies à l'état fossile.

Mais dans la région moyenne, où se trouvent des conditions de vie intermédiaires, pourquoi ne trouvons-nous pas des variétés mixtes servant de lien entre les formes extrêmes ? Cette difficulté m'a arrêté longtemps. Pourtant on peut en grande partie la résoudre.

D'abord ce n'est qu'avec les plus grandes réserves que nous pouvons inférer de la continuité actuelle d'une région qu'elle est toujours demeurée continue depuis une époque très-reculée. L'observation géologique nous sollicite au contraire à croire que presque tous nos continents ont été brisés en îles pendant la dernière époque tertiaire. Or, en de telles îles, des espèces distinctes peuvent s'être formées séparément sans que la formation de variétés intermédiaires dans les zones moyennes ait été possible. De même, par suite de changements survenus dans la configuration des terres et dans le climat, des stations maritimes, maintenant très-vastes, doivent avoir existé récemment en des conditions beaucoup moins uniformes qu'aujourd'hui. Je ne doute donc pas que l'ancien état de discontinuité des régions dont les barrières naturelles ont aujourd'hui disparu

[1] On le comprend d'autant mieux qu'une variété qui a commencé à varier, varie assez rapidement et presque à chaque génération. De sorte que chacune des formes transitoires peut n'être représentée que par quelques individus ou même un seul. Il suffit donc de la suite même des générations pour les exterminer, sans avoir recours à la concurrence vitale et à la sélection naturelle. (*Trad.*)

n'ait joué un rôle important dans la formation d'espèces nouvelles, et plus spécialement parmi les animaux qui se meuvent librement et qui croisent à volonté. Mais je ne m'arrêterai pas plus longtemps à ce moyen d'échapper à la difficulté, car je crois que la formation d'espèces très-distinctes est possible dans de vastes régions parfaitement continues.

Si l'on observe la distribution actuelle des espèces dans une vaste région, on voit qu'en général elles sont très-communes sur une certaine étendue de territoire aux confins de laquelle elles deviennent assez soudainement de plus en plus rares, jusqu'à ce qu'elles disparaissent entièrement. Il suit de là que le territoire neutre entre deux espèces représentatives est généralement très-limité en comparaison de celui qui est propre à chacune d'elles. On constate le même ordre de faits lorsqu'on s'élève sur les montagnes; et il est remarquable, ainsi que l'observe Alph. De Candolle, combien la disparition d'espèces alpines très-communes est quelquefois soudaine. E. Forbes a pu faire encore les mêmes observations en draguant le littoral océanique. Or, ceux qui regardent le climat et les conditions physiques de la vie comme les causes dont l'action est le plus importante dans la distribution géographique des espèces, doivent s'étonner de semblables effets, puisque le climat, l'altitude des terres ou la profondeur des mers changent et croissent ou décroissent graduellement. Mais, au contraire, si nous nous rappelons que chaque espèce, même au centre de sa station, s'accroîtrait immensément en nombre sans la concurrence d'autres espèces; que presque toutes, ou se nourrissent d'autres espèces, ou leur servent elles-mêmes de pâture ; enfin, que tout être organisé, soit directement, soit indirectement, est dans la dépendance étroite d'autres êtres organisés; il nous faut bien convenir que la distribution des habitants d'une contrée quelconque ne peut dépendre exclusivement de changements insensibles dans les conditions physiques de la vie, mais résulte en grande partie de la présence d'autres espèces dont ils se nourrissent, qui les détruisent ou qui leur font concurrence. Comme ces espèces sont déjà bien définies, de quelque manière qu'elles le soient devenues, et qu'elles ne se fondent pas les unes dans les autres par des dégradations insensibles, l'extension d'une espèce quelconque, dépendant toujours de l'extension de toutes les autres, doit tendre aussi à être parfaitement définie et limitée. De plus, chaque espèce sur les confins de son habitat, où elle existe en moindre nombre, doit, en vertu des fluctuations du nombre de ses ennemis, de la quantité de ses moyens de subsistance ou des saisons plus ou moins extrêmes, être fréquemment exposée à une entière extinction; de sorte que les limites de son extension géographique en deviennent encore plus rigoureusement définies.

S'il est vrai, comme je le crois, que les espèces alliées ou espèces représentatives qui habitent une aire continue sont généralement distribuées de manière que chacune d'elles ait une assez vaste extension, et soit séparée des autres par un territoire neutre relativement assez étroit, où elle devient presque soudain de plus en plus rare; alors, comme les variétés ne diffèrent pas essentiellement des espèces, la même règle doit, sans nul doute, s'appliquer aux unes comme aux autres. Si donc nous imaginons une espèce variable quelconque, adaptée à une vaste région, il nous faudra aussi supposer que deux variétés de cette espèce seront adaptées à deux districts également vastes de cette région, et qu'une troisième variété s'adaptera à l'étroite zone moyenne qui les sépare. Mais cette variété intermédiaire, par cela même qu'elle habitera une aire moins étendue, sera représentée par un moins grand nombre d'individus : or, dans l'observation des faits, aussi loin que j'ai pu pousser mes recherches, cette règle s'applique exactement aux variétés à l'état de nature. J'ai trouvé de fréquents exemples de cette loi dans le genre des Balanes, parmi les variétés intermédiaires entre des variétés mieux tranchées. Il ressort aussi des renseignements que m'ont fournis M. Watson, le Dr Asa Gray et M. Wollaston, qu'en général, lorsqu'il se présente des variétés intermédiaires entre deux autres formes, elles sont numériquement beaucoup plus rares que les formes auxquelles elles servent de lien. Si nous pouvons nous fier à ces faits et à ces observations, et en conclure que les variétés intermédiaires entre deux formes quelconques ont toujours existé en moindre nombre que les formes qu'elles relient les unes aux autres, il nous devient aisé de comprendre pourquoi ces variétés transitoires ne peuvent se perpétuer pendant de longues périodes, et pourquoi, en règle générale, elles doivent être exterminées et disparaître plus tôt que les formes auxquelles elles ont originairement servi de passage.

En effet, toute forme représentée par un moins grand nombre d'individus doit, ainsi que je l'ai déjà fait remarquer, courir une plus grande chance d'extermination que d'autres plus nombreuses en représentants ; et particulièrement dans le cas où ces diverses formes alliées habitent une région continue, la variété la moins nombreuse doit être perpétuellement exposée aux invasions des variétés plus puissantes qui vivent à côté d'elle.

Mais une autre considération que je crois encore beaucoup plus importante, c'est que, pendant le procédé continu de modification, au moyen duquel deux variétés sont, d'après ma théorie, converties et perfectionnées en deux espèces distinctes, les deux formes qui existent en plus grand nombre, par suite de la plus grande étendue des régions qu'elles habitent, auront un avantage décisif sur toute variété intermédiaire confinée dans une zone moyenne étroite. Car toute forme très-nombreuse en individus aura toujours plus de chances, dans une même période donnée, de présenter des variations favorables dont la sélection naturelle puisse se saisir, que des formes plus rares qui existent en plus petit nombre. Les formes les plus communes doivent donc toujours tendre à l'emporter dans le combat de la vie sur les formes moins répandues, et conséquemment à les supplanter, parce que celles-ci ne se seront que plus lentement modifiées et perfectionnées [1].

[1] Cependant une espèce ou une variété peu nombreuse en individus, mais très-variable, peut avoir l'avantage sur des espèces ou des variétés très-fixes, surtout dans le cas d'un changement quelconque dans les conditions locales. En pareille circonstance, plus une espèce ou une variété très--variable serait exposée à une vive concurrence, c'est-à-dire plus les changements survenus dans l'économie de la contrée seraient considérables, plus la sélection naturelle de ses variations avantageuses serait puissante et ses résultats rapides. Il faut bien qu'il en soit ainsi, d'ailleurs, puisque toute espèce doit commencer par une variété, et toute

C'est, je crois, d'après le même principe que les espèces les plus communes dans chaque contrée présentent, en moyenne, un plus grand nombre de variétés bien tranchées que les espèces plus rares, ainsi que nous l'avons déjà vu autre part.

J'expliquerai mieux ma pensée en supposant trois variétés de Moutons dont l'une serait adaptée à une vaste région montagneuse, une seconde à une étroite zone de collines intermédiaires, et une troisième à une vaste plaine étendue à leur base. Supposons, d'autre part, que les habitants de chaque région s'efforcent tous avec une égale persévérance et une égale habileté d'améliorer leurs troupeaux par une sélection méthodique; toutes les probabilités de succès seront, en pareil cas, en faveur des possesseurs des grands troupeaux de la montagne et de la plaine qui amélioreront leur race plus rapi-

variété par une série de quelques générations d'individus variables. Or, si un petit nombre d'individus variables ne pouvait l'emporter sur des variétés ou espèces très-nombreuses, mais plus fixes, toute la théorie serait vaine.

L'avantage qu'une forme organique peut tirer du grand nombre de ses représentants ne vient donc qu'en seconde ligne après les avantages d'ordre supérieur qu'elle peut devoir à une grande variabilité ; et on peut dire que le grand nombre d'individus ou la grande étendue de l'habitat n'est un avantage qu'entre les formes douées d'une variabilité égale, et durant une période de fixité dans l'ensemble des conditions locales.

Mais, d'autre part, comme une forme très-variable peut s'accroître très-rapidement en nombre, on comprend que deux variétés extrêmes, se formant dans deux districts opposés d'une même région continue, doivent tendre constamment à restreindre le nombre et l'habitat de leur commune souche mère dans la zone de plus en plus étroite qui les sépare ; de sorte que, conformément à la théorie, cette forme mère, déjà en voie de s'éteindre, serait intermédiaire en caractère comme en station entre les deux lignées de ses descendants modifiés et encore variables. Or, ayant de son côté l'infériorité de la fixité, et de plus en plus l'infériorité du nombre, elle ne tarderait pas à disparaître complétement. Il doit résulter qu'une variété intermédiaire en caractère et en station entre deux formes préexistantes ne peut que bien rarement se former, et que toute forme qui se présente en de semblables circonstances peut presque à coup sûr être considérée comme une souche mère ou comme une variété plus ancienne déjà en voie d'extinction, et non comme une variété nouvellement formée par le procédé de descendance modifiée. Il en résulte encore que toute forme extrême, répandue sur un vaste habitat, aussi en quelque chose extrême, et nombreuse en individus, doit être, selon toute probabilité, plus variable que les formes intermédiaires, moins nombreuses et plus limitées quant à leur station, ainsi du reste que l'établit M. Darwin. (Voy. ch. II, § VII, p. 69.)

De cette manière l'absence actuelle de variétés intermédiaires se trouve encore plus complétement justifiée; mais il faut supposer en ce cas de plus grandes et plus nombreuses lacunes dans la série de nos documents zoologiques. Or, c'est un argument négatif auquel il est permis de donner toute la valeur qu'on veut. (*Trad.*)

dement que les petits pasteurs de la chaîne de collines intermédiaires. Conséquemment les deux races améliorées de la montagne ou de la plaine prendront bientôt la place de la race inférieure des collines, et les deux races qui existaient d'abord en plus grand nombre arriveront à être en contact immédiat l'une avec l'autre, sans interposition de la variété intermédiaire qui sera totalement supplantée.

En somme, je crois que les espèces arrivent assez vite à se définir et à se distinguer les unes des autres, pour ne présenter à aucune époque l'inextricable chaos de liens intermédiaires et variables.

D'abord les variétés nouvelles se forment très-lentement, les variations ne s'effectuent que pas à pas, et la sélection naturelle ne peut rien jusqu'à ce que des variations favorables se présentent et qu'il se produise dans l'économie naturelle de la contrée une lacune qui puisse être mieux remplie par quelques-uns de ses habitants modifiés que par leurs souches mères. Or, ces lacunes nouvelles dépendent de lents changements de climat, de l'immigration accidentelle de nouveaux habitants, et, probablement plus encore, des lentes modifications de quelques-unes des anciennes espèces indigènes : les nouvelles formes ainsi produites et les anciennes qui ont persisté agissant et réagissant les unes sur les autres. Si bien qu'en toute région et en tout temps, nous ne pouvons trouver qu'un très-petit nombre d'espèces en voie de subir des modifications légères, mais ayant quelque permanence : et c'est assurément ce qu'on observe dans l'ordre naturel.

Secondement, beaucoup de régions terrestres ou maritimes, aujourd'hui continues, ont dû former à une époque encore récente un certain nombre de stations isolées, où beaucoup de formes organiques peuvent être devenues suffisamment distinctes pour compter dorénavant comme autant d'espèces représentatives. Cette supposition a de la valeur surtout à l'égard des animaux qui s'accouplent pour chaque parturition, et qui sont doués de puissants moyens de locomotion. En pareil cas, les variétés intermédiaires entre ces diverses espèces représentatives, ainsi que leur parent commun, doivent avoir existé antérieurement dans l'une quelconque de ces stations séparées ; mais ces formes de transition ont été exterminées et supplantées par les procédés de sélection naturelle, de sorte qu'on ne peut plus s'attendre à les rencontrer vivantes.

Troisièmement, quand deux ou plusieurs variétés se sont formées en différents districts d'une région parfaitement continue, les variétés intermédiaires ont probablement existé antérieurement dans les zones moyennes, mais elles ont dû en général n'avoir qu'une existence éphémère [1]. Car il résulte des faits que nous avons déjà discutés, entre autres de ce que nous savons sur la distribution actuelle des espèces étroitement alliées ou représentatives, ainsi que des variétés bien tranchées, que ces variétés intermédiaires doivent avoir existé dans les zones moyennes en moindre nombre que les variétés auxquelles elles servent de passage. Par ce seul fait, elles ont dû se trouver plus exposées que d'autres à être exterminées par le concours de diverses causes accidentelles ; et pendant le cours des modifications continuelles qui résultent de l'action sélective, elles ont dû presque nécessairement être vaincues et supplantées par les formes qu'elles reliaient les unes aux autres. En effet, celles-ci, existant en beaucoup plus grand nombre, ont dû généralement présenter de plus fréquentes variations, progresser de plus en plus au moyen de la sélection naturelle, et acquérir ainsi successivement de nouveaux avantages.

Enfin, considérant, non pas une époque particulière, mais toute la succession des temps, si ma théorie est vraie, d'innombrables variétés intermédiaires, reliant étroitement les unes aux autres toutes les espèces d'un même groupe, doivent assurément avoir existé ; mais le procédé de sélection naturelle lui-même tend, comme nous l'avons déjà si souvent remarqué, à exterminer les formes mères et les formes intermédiaires. Conséquemment, on ne peut s'attendre à trouver des preuves de leur existence antérieure que parmi les débris fossiles qui se sont conservés jusqu'à nous par des moyens extrêmement

[1] Voir la note précédente, p. 212.

imparfaits et intermittents, ainsi que nous essayerons de le démontrer dans un prochain chapitre.

III. **Transitions dans les habitudes.** — Les adversaires de la théorie que j'expose ont demandé comment, par exemple, un animal carnivore terrestre peut avoir été transformé en animal aquatique. En effet, comment un tel animal aurait-il pu vivre pendant son état transitoire ? Il serait aisé de démontrer que, dans le même groupe, il existe des animaux carnivores qui présentent tous les degrés intermédiaires entre des habitudes véritablement aquatiques et des habitudes exclusivement terrestres. Comme chacun d'eux n'existe qu'en vertu d'une victoire dans la concurrence vitale, il est clair que chacun d'eux doit être convenablement adapté à ses habitudes et à sa situation dans la nature. Ainsi, le Vison (*Mustela vison*) de l'Amérique du Nord a les pieds palmés et ressemble à la Loutre par son pelage, ses jambes courtes et la forme de sa queue. Pendant l'été, il plonge et vit de poisson ; mais, pendant les longs hivers de la contrée, il s'éloigne des eaux glacées et se nourrit, comme les autres Martes, de Souris et d'autres animaux terrestres. Mais l'on aurait pu choisir d'autres exemples : si l'on avait demandé comment un quadrupède insectivore peut avoir été métamorphosé en une Chauve-Souris, capable de vol, la question eût été plus difficile à résoudre, et je n'aurais pu y répondre pour le moment d'une manière satisfaisante. J'ai la conviction cependant que de pareilles objections ont peu de poids, et que ces difficultés ne sont pas insolubles.

Ici, comme partout, j'ai contre moi le désavantage de ne pouvoir citer, parmi le grand nombre de faits analogues que j'ai pu recueillir, qu'un ou deux exemples de transitions dans les habitudes ou la structure des espèces étroitement alliées dans un même genre, et d'habitudes diverses, soit constantes, soit accidentelles, dans la même espèce. Cependant, une longue liste de tels faits pourrait seule amoindrir les objections auxquelles donnent lieu certains cas particuliers, tels que celui de la Chauve-Souris dont je viens de parler.

Ainsi, dans la famille des Écureuils, nous trouvons la série la plus parfaite, depuis les espèces à queue légèrement aplatie, ou qui ont seulement, d'après les observations de sir J. Richardson, la partie postérieure de leur corps un peu élargie et la peau de leurs flancs plus développée qu'à l'ordinaire, jusqu'aux Écureuils dits volants. Ceux-ci ont les membres et même la base de la queue reliés ensemble par une large expansion de la peau qui leur sert comme de parachute et leur permet de se soutenir dans l'air et de sauter d'arbre en arbre à de surprenantes distances. Nous ne saurions douter que chacune de ces particularités de structure ne soit individuellement de quelque avantage aux représentants de chaque espèce d'Écureuils, chacune dans sa contrée natale, en ce qu'elle leur donne quelque facilité de plus, soit pour échapper aux oiseaux de proie ou aux autres animaux carnivores, soit pour se procurer plus aisément leur nourriture, soit encore pour diminuer le danger de chutes accidentelles plus ou moins fréquentes. Mais il ne s'ensuit pas que la structure de chacun de ces Écureuils soit la meilleure qu'il soit possible de concevoir dans toutes les conditions naturelles possibles. Que le climat et la végétation changent, que d'autres concurrents de l'ordre des Rongeurs ou d'autres animaux de proie immigrent, que les anciens se modifient, et toutes les analogies nous solliciteront à croire qu'au moins quelques-unes de ces espèces d'Écureuils décroîtront en nombre ou seront exterminées, à moins qu'elles ne se modifient et perfectionnent leur structure d'une manière correspondante. Or, je ne puis voir aucune difficulté, surtout sous des conditions de vie changeantes, à ce que les effets accumulés de la sélection continuelle d'individus pourvus de membranes latérales de plus en plus complètes, chaque modification en ce sens étant utile et ayant toute chance de se propager, aient enfin produit un Écureuil volant parfait.

Considérons maintenant le Galéopithèque, ou Lémur volant, qui a d'abord été faussement rangé parmi les Chauves-Souris. Il est pourvu d'une membrane latérale extrêmement développée, qui s'étend de l'angle de la mâchoire jusqu'à la queue, et embrasse les membres avec leurs doigts allongés. Cette membrane elle-même est pourvue d'un muscle extenseur. Bien que la nature vivante ne nous offre actuellement dans la famille des Lémuridés aucune forme qui soit adaptée seulement pour se soutenir dans l'air, et qui présente des caractères intermédiaires rattachant le Galéopithèque aux autres espèces du groupe, cependant rien n'empêche d'admettre que ces espèces de transition n'aient existé à des époques antérieures à la nôtre, et que chacune d'elles ne se soit formée successivement en passant par les mêmes degrés d'organisation que les Écureuils volants actuels, chacun de ces progrès de structure accomplis dans leur organe du vol ayant dû être utile aux individus chez lesquels il s'est d'abord manifesté. Je ne vois encore aucune difficulté à ce que les doigts palmés et l'avant-bras du Galéopithèque puissent successivement s'allonger par sélection naturelle, ce qui le transformerait en Chauve-Souris, du moins en tout ce qui concerne les organes du vol. Chez les Chauves-Souris qui ont la membrane de l'aile étendue depuis le sommet de l'épaule jusqu'à la queue, de manière à embrasser les membres postérieurs, on aperçoit peut-être encore les traces d'un appareil originairement construit pour se soutenir dans l'air plutôt que pour y voler.

Si une douzaine environ de genres d'oiseaux étaient éteints ou inconnus, qui oserait s'aventurer jusqu'à soutenir qu'il en peut exister qui se servent de leurs ailes seulement en guise de rames pour frapper la surface de l'eau, comme le Microptère d'Eyton (*Micropterus brachypterus, Anas brachyptera* ou *Brevipenne stupide*), qui les emploient en guise de nageoires dans l'eau et de pieds antérieurs sur terre, comme le Manchot (*Aptenodytes*), ou en guise de voiles comme l'Autruche, et enfin qui n'en font aucun usage, comme l'Apteryx.

Cependant, la structure de chacun de ces oiseaux lui est utile dans les conditions de vie particulières où il est placé, puisque chacun d'eux ne vit qu'en vertu d'une lutte; mais elle n'est pas nécessairement la meilleure possible dans toutes les conditions de vie qui peuvent se présenter pour eux. Il ne faut pas inférer de ces observations que ces divers degrés d'imperfection dans la structure des ailes, imperfection qui peut être le résultat du défaut d'exercice, indiquent les degrés naturels au moyen desquels tous les oiseaux ont acquis leur parfaite puissance de vol actuelle; mais ils servent au moins à montrer quels moyens divers de transition sont possibles [1].

De ce qu'un petit nombre d'animaux appartenant à des ordres, en général, à respiration aquatique, tels que les crustacés et les molusques, sont adaptés à la vie terrestre; de ce que nous connaissons, outre les oiseaux, des mammifères volants et des insectes volants appartenant aux types les plus divers; de ce qu'il a existé aussi autrefois des reptiles volants; nous pouvons conclure avec quelque droit que les poissons volants, qui aujourd'hui se soutiennent seulement dans l'air, en ne s'élevant que fort peu et en tournant à l'aide des vibrations de leurs nageoires ou ailerons membraneux, auraient pu être modifiés jusqu'à devenir des animaux parfaitement ailés. Il en aurait été ainsi, qui jamais se fût imaginé qu'à un état transitoire antérieur ces animaux eussent été des habitants de la pleine mer, et n'eussent employé leurs naissants organes de vol que pour éviter d'être dévorés par d'autres poissons?

Lorsque nous observons un organe quelconque parfaitement adapté pour quelque habitude particulière, tel que l'aile d'un oiseau pour le vol par exemple, il faut nous rappeler sans cesse que les diverses formes organiques, qui ont servi de degrés de transition entre cet état de haute perfection et un état antérieur moins parfait, ne peuvent que par exception avoir subsisté jusqu'aujourd'hui; car elles doivent, en général, avoir toutes été supplantées en vertu même du procédé de perfectionnement par sélection naturelle. Bien plus, nous pouvons présumer que les variétés ou espèces transitoires entre des formes appropriées à des habitudes très-différentes ne se sont que rarement développées en grand nombre et sous de nombreuses formes subordonnées. Ainsi, pour en revenir à l'exemple du poisson volant,

[1] Ces exemples peuvent nous aider à comprendre aussi par quelles transitions successives d'habitudes des êtres ailés, oiseaux ou autres, ont pu se transformer, soit en animaux nageurs et plongeurs pour habiter exclusivement les eaux, soit en animaux exclusivement marcheurs pour habiter la terre ferme; et comment cette transformation a pu se faire aussi bien par une rétrogression que par une progression de leur organisme. (*Trad.*)

il ne me semble pas probable que des poissons, capables de véritable vol, aient pu se développer sous de nombreuses formes spécifiques, de manière à saisir par divers moyens diverses proies, soit sur la terre, soit sur l'eau, avant que leurs organes du vol eussent atteint un état très-parfait, capable de leur assurer un avantage décisif sur d'autres animaux dans la bataille de la vie. Nous pouvons donc d'autant moins espérer de découvrir les restes fossiles des formes transitoires de l'organisation que ces formes ont existé en moins grand nombre, relativement au nombre des représentants des espèces dont la structure est plus parfaite et mieux caractérisée[1].

[1] Nos poissons volants actuels, Exocets, Dactyloptères, Pégases, Trigles, ne sont probablement pas les débris dégénérés et en voie d'extinction de formes autrefois beaucoup plus nombreuses, mais ils nous montrent comment certains poissons ont pu s'adapter au vol et peut-être servir de souche à des formes plus élevées, plus parfaites et beaucoup mieux organisées pour un milieu aérien. On conçoit, en effet, que le premier poisson volant, ou, pour employer une expression moins définie, le premier vertébré volant qui put se soutenir à fleur d'eau, de manière à échapper ainsi à ses ennemis sous-marins, dut avoir toute chance de survivre à ses rivaux et de laisser après lui une postérité nombreuse modifiée comme lui, mais plus que lui. Il faisait ainsi la conquête d'un élément nouveau, d'un monde jusqu'alors peut-être indisputé, sinon complétement inoccupé, et où ne pouvait le poursuivre aucun ennemi ; mais où peut-être, au contraire, les premiers articulés volants, ébauches de nos insectes, lui offraient déjà une proie inhabile à se défendre.

Cependant si le règne de sa postérité fut absolu, il fut court ; car elle dut céder rapidement à des êtres mieux adaptés à un milieu atmosphérique. Il dut y avoir d'abord entre ces premiers vertébrés volants, sinon déjà ailés, une sélection sévère des variétés présentant quelques nouveaux progrès dans leur puissance de vol. Et l'on conçoit que l'exercice des organes, l'habitude, l'influence d'un milieu ambiant aérien, si différent d'un milieu aquatique, tout cela aidé des lois de corrélation, d'économie et de balancement de croissance, durent concourir à modifier plus ou moins vite leur organe respiratoire, leur appareil de circulation et de nutrition, de même que leurs organes de mouvement. Leur transformation interne et externe pouvait s'accomplir ainsi simultanément avec une tendance à leur faire revêtir une organisation nouvelle, intermédiaire peut-être entre celle du poisson et de l'oiseau ou de l'oiseau et du reptile, ou participant du caractère de ces trois ordres.

Si nous voulons essayer de nous représenter ces formes intermédiaires, n'évoquons pas l'image d'un être exclusivement adapté pour une respiration ni aquatique ni aérienne, ni pour un vol puissant, ni pour une puissance supérieure de natation, mais figurons-nous au contraire des êtres à respiration mixte ou plutôt double, mais doublement imparfaite, capable de s'effectuer tour à tour dans l'eau à l'aide de branchies de plus en plus rudimentaires et dans l'air au moyen d'une vessie natatoire en voie de se transformer en poumons. (Voir plus loin, ch. VI, § V.)

C'est de même de cette époque éloignée que dateraient les premiers essais de soudure successive des vertèbres peut-être encore un peu cartilagineuses du poisson, ou vertébré aquatique, et leur transformation lente en squelette d'oi-

IV. **Habitudes différentes parmi les individus de la même espèce, et très-différentes entre les espèces proche-alliées.** — Je citerai maintenant un ou deux exemples d'habitudes variables ou même très-différentes parmi les individus de la même espèce. Lorsque l'un et l'autre cas se présentent à la fois, on conçoit qu'il puisse être aisé à la sélection naturelle d'adapter, au moyen de quelques modifications de structure, tous les représentants de cette espèce, soit en général à des habitudes variables, soit exclusivement à l'une ou à l'autre de ces habitudes. Mais il est difficile de dire, et d'ailleurs de peu d'importance pour nous, si, en général, les habitudes changent d'abord

seau. Chez une série d'espèces, les vertèbres ont pu se souder ; chez d'autres au contraire seulement se modifier, s'élargir, changer de forme, et par suite altérer corrélativement la disposition relative des organes internes. Le bec résistant, corné, d'un groupe particulier de poissons déjà demi-aériens, a pu former la souche du bec des oiseaux en général ; et le bec membraneux d'un autre a pu produire quelque chose d'approchant du bec du canard ou de la gueule des reptiles. De même, les écailles des divers groupes, encore à l'état rudimentaire, ont pu ou disparaître, ou se transformer diversement, en plaques, en épines, en poils, ou s'agrandir, se franger, devenir mobiles et plumeuses de manière à augmenter le volume du corps pour l'aider à se soutenir, non-seulement dans l'air, mais sur l'eau.

La postérité de ce premier groupe, ainsi modifiée à différents degrés et en différents sens, dut multiplier rapidement ses variétés et ses espèces ; chaque variété et chaque espèce avantageusement modifiée ayant chance de se multiplier et de former d'autres variétés et espèces à leur tour avantageusement modifiables, de manière à former une série de groupes qui se supplantèrent l'un l'autre en se substituant complétement à la souche mère.

Car ces espèces de vertébrés ichthyo-erpétoïdes, ichthyo-ornithoïdes ou erpéto-ornithoïdes, très-proches parentes, puisqu'elles dérivaient d'une souche commune, ou du moins d'individus de même classe transformés dans le même milieu par des causes et moyens analogues, durent se livrer entre elles dans leur domaine nouvellement conquis, l'air, une concurrence d'autant plus vive qu'elles étaient plus étroitement alliées. Il résulta du principe de la divergence des caractères une sélection sévère des variations les plus extrêmes, procédé qui put produire, dans un laps de temps relativement assez court, plusieurs ordres rivaux.

L'un de ces ordres éteints et inconnus a pu être l'origine de l'ordre fossile des reptiles volants, dont un représentant tardif, le Ptérodactyle, se serait conservé jusque dans les dépôts de l'époque secondaire ; bien que rien n'empêche de croire que l'origine de ce genre ne soit relativement plus récente et qu'il procède directement de quelque reptile terrestre modifié, comme l'est encore aujourd'hui le Dragon volant, ou plutôt comme les Chauves-Souris par rapport aux Mammifères. Cet ordre de reptiles volants, lui-même, par une longue série de transformations inconnues, dont chaque degré aurait été représenté par des groupes nombreux, pourrait avoir, dans la suite des temps, donné directement naissance à notre ordre actuel des Chéiroptères ; car si l'on peut admettre, comme nous le verrons plus loin, qu'une forme erpétoïde peut par des transformations successives donner naissance à une forme de Mammifère,

et l'organisation ensuite, ou si de légères modifications de structure conduisent naturellement à des habitudes nouvelles. Ce qui paraît le plus probable, c'est que le changement des unes et de l'autre s'opère presque simultanément. A l'égard

une autre forme de Mammifère très-différente peut provenir d'une autre forme erpétoïde. Les moyens dont la nature dispose sont immensément variés, et ses voies sont multiples et diverses, bien que ses lois soient simples et uniformes.

Mais l'on conçoit aisément comment l'ordre des reptiles ichthyoïdes volants ou nageants, à la surface des eaux, de mieux en mieux adapté à un milieu aérien, dut supplanter rapidement et complétement l'ordre jusque-là dominant des poissons, de même volants ou nageants, mais avec une respiration aquatique peu modifiée.

Un autre groupe de transition, celui des reptiles-ornithoïdes, donna naissance, sans doute, mais beaucoup plus tard peut-être, à l'ordre des oiseaux, représentés par des genres encore très-imparfaits, mais qui, dans leur imperfection, devaient avoir assez d'avantage sur les poissons nageant à la surface, ou même sur les reptiles ichthyoïdes volants pour les exterminer, ou du moins pour diminuer de beaucoup le nombre de leurs représentants et de leurs espèces. Ce nouvel ordre vainqueur dut promptement se réserver à lui seul la domination du royaume de l'air en causant l'extinction de toutes les formes successives qui étaient devenues sa proie après lui avoir servi d'ébauche, et qui, par conséquent, ne peuvent être venues jusqu'à nous.

Nous ne pouvons douter, en voyant la chasse incessante de l'oiseau à la surface des mers, que l'accroissement de cet ordre et son adaptation de plus en plus parfaite à une vie à la fois aérienne et nautique, analogue à celle de la Frégate, n'ait contribué pour beaucoup à la disparition d'ordres entiers de mollusques ou de crustacés nageurs. L'oiseau peut avoir puissamment aidé les grands reptiles dans l'œuvre si complète de destruction des Ammonites et des Bélemnites de la période secondaire, et peut-être s'est-il chargé seul de détruire beaucoup de petits reptiles marins, souche de nos reptiles d'eau douce, qui nous sont restés inconnus, parce qu'ils ont pour la plupart trouvé leur tombe dans les entrailles des nombreux représentants de cet ordre devenu prédominant.

Mais tandis que l'oiseau, même encore imparfait, affermissait son règne au-dessus des eaux, des représentants de l'ordre vaincu des reptiles, renonçant au vol devenu trop dangereux pour eux, ou même à la surface aérienne des mers où l'oiseau les pourchassait avec acharnement, durent chercher un refuge sur les terres émergées, dans les terrains bas et marécageux, à l'abri des rochers, ou à l'ombre des épaisses forêts de la période primaire où l'on a cru retrouver, avec leurs restes, les empreintes des pieds de leurs ennemis qui les poursuivirent encore dans ces retraites profondes.

Du reste, pendant que certaines espèces de reptiles volants, ou seulement aériens, abandonnaient ainsi l'atmosphère ou la surface des mers pour vivre sur les continents, d'autres poissons modifiés en reptiles avaient dû de même quitter les eaux trop peuplées pour conquérir peu après, en rampant, un domaine terrestre sur les côtes. Le Lepidosirène semble nous rappeler les traits généraux et quelques détails possibles de l'organisation de pareils êtres et nous montre peut-être un de leurs derniers descendants.

Il se passa donc encore ici une succession de phénomènes analogues à ceux qui résultèrent de la conquête de l'air par le poisson volant. Le poisson reptiloïde terrestre rencontra sur la terre, soit comme ennemis, soit comme pâture, des mollusques et des articulés de divers ordres, dont il put se nourrir, mais contre

des changements qui peuvent survenir dans les habitudes, il suffit de parler des nombreux insectes d'Angleterre qui se nourrissent maintenant de plantes exotiques ou exclusivement de substances artificielles. On pourrait de même donner d'in-

lesquels il dut aussi lutter en se transformant et s'adaptant de mieux en mieux. Plus tard, enfin, le reptile terrestre devenu parfait entra en lutte avec ses congénères ailés, transformés par d'autres moyens et probablement très-différents, qui, dépossédés du royaume de l'air, vinrent lui disputer la domination de la terre, sur laquelle l'oiseau étendit en planant sa suprématie jusque-là souveraine.

Puis la classe des oiseaux, une fois victorieuse des reptiles volants, dut elle-même se diviser en partis rivaux ou espèces ennemies. De sorte que plusieurs d'entre les formes les moins bien adaptées pour le vol, c'est-à-dire probablement les plus anciennes, et par conséquent les plus proches de l'ordre des reptiles, cherchèrent, comme ces derniers, un refuge sur la terre et peuplèrent les déserts ou les forêts marécageuses, comme aujourd'hui l'Autruche, l'Apteryx et plusieurs de nos palmipèdes et échassiers, marcheurs ou plongeurs.

Plusieurs formes, restées encore intermédiaires entre les reptiles et les oiseaux, durent également se vouer à une vie tout amphibie ou toute terrestre, soit que leurs organes de vol se fussent résorbés peu à peu, soit que, chez quelques descendants collatéraux d'anciens reptiles, encore en voie d'affecter par degrés l'organisation interne des oiseaux, ils ne se fussent jamais développés. C'est à ces types de transition entre les reptiles, les oiseaux et les mammifères que se rattache peut-être la souche originelle de l'Ornithorynque, ce collatéral éloigné de nos classes actuelles, descendant isolé d'autres types sans doute autrefois nombreux qui semblent préparer les Marsupiaux et qu'on a nommé avec raison un véritable fossile vivant.

Ce fut vers le milieu de la période secondaire que la classe des mammifères elle-même, déjà formée, commençait à diviser entre les espèces alors dominantes de son rameau inférieur, les Marsupiaux, le royaume jusque-là possédé exclusivement par ses aïeux ou ses parents plus ou moins éloignés, les oiseaux et les reptiles.

N'oublions pas, dans ces considérations, de rappeler que ce ne sont jamais les formes les plus parfaites de chaque groupe qui ont donné naissance aux formes les plus parfaites des groupes supérieurs, mais, au contraire, les types les moins développés, les moins accusés, les moins bien adaptés à leurs conditions de vie par une localisation spéciale de leurs organes. Ainsi, le groupe de transition qui a donné naissance soit aux oiseaux, soit aux reptiles, peut avoir été un ordre de poissons d'une organisation très-inférieure dans leur classe, mal adaptée à la natation et à la respiration aquatique, types encore flottants peut-être entre l'invertébré et le vertébré. Ces types et groupes de types, devant la concurrence de types ichthyomorphes supérieurs, se seraient peu à peu réfugiés, les uns dans les vases de fond ou les sables de rivages, où ils ont peut-être envoyé jusqu'à nous l'un de leurs descendants, l'Amphioxus, presque encore à demi mollusque et qui a été d'abord classé parmi les Gastéropodes; tandis que les autres, au contraire, s'élevant dans les couches supérieures des eaux, préludaient par degrés successifs et par un nombre considérable de groupes transitoires de plus en plus élevés à l'organisation de l'être qui plus tard put devenir le rudiment de la classe des reptiles et de celle des oiseaux.

De même, ce ne sont point les reptiles parfaits comme type qui les premiers montrèrent quelque tendance à se modifier pour le vol aérien, mais plutôt, comme nous l'avons dit, des reptiles encore ichthyomorphes. De même, ce ne sont point des oiseaux de haut vol qui affectèrent les premiers l'organisation des

nombrables exemples d'habitudes variables. J'ai souvent vu, dans l'Amérique du Sud, un Tyran Gobe-Mouche (*Saurophagus sulphuratus*), planer au-dessus d'un lieu, de là passer à un autre, comme une Cresserelle (*Tinnunculus*); et d'autres fois demeurer immobile à l'affût au bord des eaux, puis s'y élancer soudain à la poursuite d'un poisson, comme un Martin-Pêcheur

Mammmifères, ni même des oiseaux marcheurs comme l'Aptéryx ; ce furent des types restés inférieurs, transitoires, encore douteux et flottants, ni reptiles ni oiseaux, mais un peu l'un et l'autre, qui eurent chance de devenir la souche d'un type supérieur. Supposons, par exemple, qu'un animal tel que l'Ornithorynque, mais de nouvelle formation et encore très-variable parce qu'il a varié récemment, poursuivi par trop d'ennemis ou de rivaux dans les marécages où il fait sa demeure, émigre de station en station de moins en moins humide, et de plateau en plateau plus élevé, jusqu'à ce qu'un de ses descendants, déjà considérablement modifié, arrive à s'établir dans une plaine élevée et aride ; ce descendant, après un long séjour dans cette nouvelle patrie, pourra être devenu, non pas tel ou tel Marsupial aujourd'hui vivant ou connu, mais un Marsupial quelconque, dont ceux que nous connaissons peuvent être les descendants.

L'on pourrait objecter qu'on n'a pas encore découvert à l'état fossile toutes ces formes transitoires, ou du moins que nous n'avons pas saisi les traces de ces premiers habitants de l'atmosphère comme nous avons retrouvé ceux de la mer et des continents ; mais ce n'est là qu'un argument d'une valeur purement négative, dont on peut voir la portée dans le chapitre de ce livre concernant l'*Insuffisance des documents géologiques*. D'ailleurs si l'on n'a pas encore trouvé ces formes transitoires à l'état fossile, on les trouvera peut-être. Assez de surprises semblables sont déjà enregistrées dans le domaine de la science. Constatons pour le moment qu'on en a trouvé, puisqu'on connaît à l'état fossile de nombreux Ptérodactyles et de rares poissons volants. D'autre part, les poissons ou reptiles volants ont moins de chances que d'autres animaux d'être ensevelis dans le limon des atterrissements. Ainsi parmi les oiseaux des époques primitives, on trouve beaucoup plus d'empreintes de pas que de squelettes. Or, il n'est pas du tout certain que nos premiers poissons ou reptiles volants eussent des pieds, qui se développèrent peut-être seulement chez ces derniers, et surtout chez les premiers oiseaux, par un effet de corrélation de croissance. Sans nul doute, ces premiers pieds furent adaptés d'abord chez les uns et les autres pour la natation, peut-être même pour le vol chez quelques groupes ; ils furent d'abord membraneux comme la nageoire des poissons, puis allongés en nageoire peut-être comme ceux des reptiles ou de certains amphibies, et ensuite courts et palmés. De sorte qu'on ne s'aurait s'attendre à rencontrer de pareils êtres autre part que dans des dépôts formés au fond de vastes mers ; et comme ils ont dû n'avoir qu'un poids spécifique assez faible pour leur permettre de se soutenir aisément dans l'air ou sur l'eau avec des organes de vol ou de natation très-imparfaits, leurs cadavres flottants ont dû nécessairement être rapidement dévorés ou décomposés et dispersés par suite du seul mouvement des vagues. Or leur organisation intérieure devant être intermédiaire entre celle des poissons et celle d'autres ordres plus élevés, les débris épars de leur squelette seraient classés par les zoologistes, tantôt dans l'une de ces classes, tantôt dans l'autre, selon leurs affinités mixtes, jusqu'à ce qu'on retrouvât leur squelette entier, pourvu de ses nageoires et de ses ailes membraneuses, ce qui ne peut se présenter que très-rarement, nous venons de le voir. Enfin, outre que cette première différenciation du grand embranchement des

(*Alcedo*). Dans nos contrées on voit parfois notre grosse Mésange charbonnière (*Parus major*) grimper aux arbres presque comme un Grimpereau (*Certhia*). Souvent elle tue de petits oiseaux en leur assénant de vigoureux coups de becs sur la tête, exactement comme la Pie-Grièche (*Lanius*), et bien des fois je l'ai entendue frapper à coups redoublés des graines d'if contre

vertébrés, résultant de la divergence des caractères, doit avoir été relativement très-rapide, elle remonte à une époque géologique très-ancienne dont nous sommes, sans doute, condamnés à ne jamais connaître que très-imparfaitement les couches fossilifères, puisque celles-ci sont presque partout recouvertes par une série de sédiments plus récents, et que nous ne pouvons explorer que leurs bords plus ou moins relevés sur le penchant des montagnes. Elle peut même remonter au delà des temps siluriens, époque à laquelle probablement les quatre types de vertébrés ou tout au moins les trois types inférieurs étaient déjà observés dans leurs traits généraux encore flottants. On peut supposer même que ce fut avant la première apparition des continents que toute une faune de vertebrés ichthyomorphes, s'élevant peu à peu sur les flots et dans l'air, y donna naissance aux formes de passage qui devinrent les souches des deux ordres rivaux des reptiles et des oiseaux. Or, avant la première émersion des continents, toute accumulation de sédiment était impossible comme nous le verrons autre part. (Notes du ch. IX, §§ VI et XI.)

Il est encore un autre ordre de considérations, c'est que ces formes de transition douées d'habitudes mal fixées, variables, mœurs intermédiaires entre celles de leurs ancêtres et celles de leurs descendants et d'une organisation également mixte et imparfaitement adaptée pour les unes ou les autres de ces habitudes, n'ont pu soutenir longtemps la concurrence, soit contre le poisson qui devenait de plus en plus parfait, relativement à ses habitudes aquatiques, et tel que nous le voyons dans le type si exclusivement ichthyomorphe du Téléostéen, ni contre les reptiles ou les oiseaux véritables, dont le type ne dut pas tarder à s'achever par une sélection rapide. De sorte que ces formes transitoires entre les classes les plus tranchées du règne animal n'ont jamais dû exister qu'en petit nombre et durant une période extrêmement courte, relativement à la longue série des temps. Cette période peut n'avoir pas été plus longue que celle qui sépare chronologiquement deux périodes géologiques considérées par nous comme successives ; et le nombre total des représentants de ces formes transitoires, non comme variétés ou espèces, mais comme individus, peut ne représenter qu'une fraction à peine appréciable de la totalité des êtres qui ont vécu depuis l'apparition de la vie sur le globe, fraction qu'on grandirait peut-être en l'évaluant par les chiffres de $\frac{1}{1000000}$, $\frac{1}{1000000000}$ ou $\frac{1}{1000000000000}$.

Bien entendu que nous n'entendons pas déterminer ici d'une façon certaine la généalogie positive de nos diverses classes de vertébrés, mais indiquer seulement, en général, comment ils ont pu se former successivement. Il n'est point douteux que beaucoup des types primitifs de la vie animale ne se soient éteints sans nous laisser de vestiges reconnaissables, et ce sont probablement ces types déjà détruits de l'aurore de la vie organique qui ont donné naissance aux êtres si tranchés que nous connaissons aujourd'hui. Par poissons, reptiles ou oiseaux, nous n'avons donc entendu parler ici que de formes ayant quelques rapports avec l'organisation de ces classes aujourd'hui si nettement tranchées, mais que nous serions obligés aujourd'hui de nommer d'autres noms et d'enfermer dans des groupes très-distincts ; seulement ce que toute analogie, comme toute induction, nous permet d'affirmer, c'est que tout être vivant descend d'ancêtres aquatiques, c'est que toute vie est sortie de la mer. (*Trad.*)

une branche, et les briser ainsi, comme ferait le Casse-Noix (*Nucifraga caryocatactes*). Dans l'Amérique du Nord, Hearne a vu l'Ours noir nager pendant des heures, la bouche toute grande ouverte, comme une Baleine, pour attraper des insectes aquatiques.

Puisque l'on voit quelquefois certains individus d'une espèce affecter des habitudes très-différentes de celles qui sont propres à leurs semblables ou même à leurs congénères, on peut s'attendre, d'après ma théorie, à ce que ces individus donnent accidentellement naissance à de nouvelles espèces, ayant des habitudes anormales et une organisation légèrement ou même considérablement différente de celle de leur type. Et, en effet, la nature nous en offre parfois des exemples.

On ne pourrait trouver une adaptation de la structure aux habitudes plus frappante et plus complète que chez le Pic, si bien conformé pour grimper aux troncs des arbres et pour saisir des insectes dans les fentes de leur écorce. Cependant on trouve dans l'Amérique du Nord des Pics qui se nourrissent principalement de fruits, et d'autres pourvus de longues ailes qui chassent les insectes au vol. Je puis citer encore, comme un autre exemple des habitudes variables de la tribu, un Colaptes du Mexique, décrit par Henri de Saussure, qui creuse des trous dans les arbres à bois très-dur, pour y déposer une provision de graines destinée à sa consommation à venir. Dans les plaines de la Plata, où ne croît pas un seul arbre, vit un Pic (*Colaptes campestris*) qui a, comme les autres, deux doigts dirigés en avant et deux en arrière, la langue allongée et pointue, et les pennes caudales aiguës et roides, bien que pourtant un peu moins roides que chez le type du genre. Je l'ai vu de même employer sa queue en guise d'arc-boutant quand il se posait sur un plan vertical. Enfin, son bec est droit et fort, et quoiqu'un peu moins fort et moins droit que chez l'espèce européenne commune, il peut cependant lui permettre de perforer le bois. Le Colaptes de la Plata est donc bien un Pic par tous les caractères essentiels de son organisation, et, jusqu'à une époque encore toute récente, on l'a toujours classé dans le même genre que les autres. D'autres particularités de moindre importance, telles que sa couleur, le ton aigre de sa voix, son vol ondulatoire, tout enfin m'assure de son étroite parenté avec notre espèce commune; cependant, non-seulement d'après mes propres observations, mais encore d'après celles d'Azara, toujours si exactes, c'est un Pic qui ne monte jamais aux arbres.

Les Pétrels sont, plus que tous les autres oiseaux, des habitants exclusifs de l'air et de la mer. Pourtant, dans le tranquille détroit de la Terre de Feu, le *Puffinuria Berardi* pourrait passer aux yeux de tous pour un Pingouin (*Alca*) ou pour un Grèbe (*Podiceps*) par ses habitudes générales, par son étonnante faculté de plonger, et par sa manière de nager ou de voler, quand par hasard, et comme avec répugnance, il prend son vol. Néanmoins c'est bien un Pétrel; mais plusieurs parties de son organisation se sont profondément modifiées de manière à se mettre en rapport avec ses nouvelles habitudes de vie; tandis que le Pic de la Plata ne présente que des modifications très-légères, relativement aux autres Pics. De même, à l'égard du Merle d'eau (*Cinclus aquaticus*), le plus subtil observateur ne pourrait soupçonner, en examinant son cadavre, ses habitudes sub-aquatiques. Cependant ce membre anormal de la famille toute terrestre des Merles ne se nourrit qu'en plongeant, s'accrochant aux pierres avec ses pieds, et se servant de ses ailes sous l'eau.

Ceux qui admettent que chaque être a été créé tel que nous le voyons aujourd'hui, ne doivent-ils pas s'étonner de rencontrer parfois des animaux dont l'organisation et les habitudes sont en mutuel désaccord? Quoi de plus simple que les pieds palmés des Oies et des Canards aient été formés pour la natation? Et pourtant il y a des Oies terrestres qui ont, comme les autres, les pieds palmés, et qui, cependant, ne vont que rarement ou même jamais à l'eau. Audubon est le seul qui prétende avoir vu la Frégate (*Tachypetes*) s'abattre sur la surface de la mer, et la Frégate a ses quatre doigts palmés. D'autre part, les Grèbes (*Podiceps*) et les Foulques (*Fulica atra*) sont éminemment aquatiques, bien que leurs doigts soient seulement bordés d'une membrane. Ne semble-t-il pas aussi tout naturel que les longs pieds des Échassiers leur aient été donnés pour habiter les marécages et pour marcher sur les îlots de plantes flottantes? Cependant la Poule d'eau (*Gallinula chloropus*) est presque aussi aquatique que la Foulque et le Râle des Genêts (*Rallus crex*) presque aussi terrestre que la Caille ou la Perdrix. En pareils cas, et l'on en pourrait trouver beaucoup d'autres analogues, les habitudes ont changé sans qu'il y ait eu dans l'organisation des modifications correspondantes. On peut considérer les pieds palmés de l'Oie terrestre de Magellan (*Bern. Magellanica*, Steph.; *Anser Magellanica*, Cuv.), comme devenus rudimentaires en fonction, et non en structure, et la membrane largement échancrée qui s'étend entre les quatre doigts de la Frégate montre que cet organe est en voie de se modifier.

Ceux qui admettent des créations distinctes et innombrables diront qu'en ces divers cas il a plû au Créateur de faire prendre à un être appartenant à un type la place d'un être d'un autre type; mais il me semble qu'au fond c'est répéter exactement la même chose, seulement en un langage plus métaphorique. Lorsqu'on admet le principe de concurrence vitale et celui de sélection naturelle, il faut admettre aussi que chaque espèce vivante s'efforce constamment de se multiplier, et que si une espèce quelconque varie, si peu que ce soit, dans ses habitudes ou dans son organisation, et acquiert ainsi quelque avantage sur d'autres habitants de la contrée, cette espèce modifiée s'emparera de la place occupée dans l'économie naturelle par quelques-uns d'entre eux, lors même que cette situation serait très-différente de celle qu'elle occupe habituellement. En ce cas, on ne peut donc en aucune façon s'étonner qu'il y ait des Oies qui vivent sur la terre ferme, ou des Frégates à pieds palmés qui ne s'abattent que très-rarement sur l'eau; qu'il y ait des Râles à longs pieds qui fréquentent les prairies au lieu d'habiter les marécages; qu'il existe des Pics dans des contrées où pas un arbre ne croît; qu'il puisse y avoir des Merles plongeurs et des Pétrels qui ont les habitudes des Pingouins.

V. **Organes très-parfaits ou très-compliqués et moyens de transition.** — Au premier abord, il semble, je l'avoue, de la dernière absurdité de supposer que l'œil si admirablement construit pour admettre plus ou moins de lumière, pour ajuster le foyer des rayons visuels à différentes distances et pour en corriger l'aberration sphérique et chromatique, puisse s'être formé par sélection naturelle. Cependant lorsqu'on a dit pour la première fois que le soleil était immobile et que la terre tournait, le sens commun de l'humanité déclara de même la théorie fausse. Tous les philosophes savent bien qu'en fait de science on ne peut jamais se fier au vieux dicton *Vox populi, vox Dei*. La raison me dit que, si on peut démontrer qu'il existe de nombreux degrés de transition, depuis l'œil le plus parfait et le plus compliqué jusqu'à l'œil le plus imparfait et le plus simple, chacun de ces degrés de perfection étant utile à celui qui en jouit; si, de plus, l'œil varie quelquefois, si peu que ce soit, et si ces variations s'héritent, ce qui peut se prouver par des faits; si, enfin, les variations ou les modifications de cet organe ont jamais pu être de quelque utilité à un animal placé dans des conditions de vie changeantes; dès lors la supposition qu'un œil parfait et compliqué puisse s'être formé par sélection naturelle, tout en confondant notre imagination, peut, avec toute rigueur, être considérée comme vraie. Comment un nerf peut-il devenir sensible à la lumière? C'est un problème qui nous importe aussi peu que celui de l'origine première de la vie elle-même. Je dois dire seulement que plusieurs faits me disposent à croire que les nerfs sensibles au contact peuvent devenir sensibles à la lumière, et de même à ces vibrations moins subtiles qui produisent le son.

Dans la recherche des degrés successifs de perfection par lesquels un organe a passé successivement en se perfectionnant chez une espèce quelconque, il faudrait considérer exclusivement la série rétrogressive de ses ancêtres; mais il nous est presque impossible de remplir une telle condition. Nous sommes obligé de faire nos observations sur les espèces du même groupe, c'est-à-dire sur les descendants collatéraux de la même souche originelle, afin de voir quels sont les degrés possibles. Il y a ainsi quelque probabilité que certains degrés transitoires de perfection se soient transmis depuis les âges primitifs de la vie organique, sinon dans des conditions absolument identiques, du moins dans des conditions fort analogues.

Parmi les vertébrés vivants, nous ne trouvons que fort peu de différence dans la structure de l'œil, bien que pourtant le poisson Amphioxus ait un œil extrêmement simple et sans cristallin. Les espèces fossiles ne peuvent rien nous apprendre sur cette question. Dans ce grand embranchement zoologique, il nous faudrait probablement descendre beaucoup au-dessous des strates fossilifères les plus anciennes pour découvrir la trace des premiers progrès au moyen desquels l'œil s'est successivement perfectionné.

Dans l'embranchement des articulés, au contraire, nous pouvons partir d'un simple nerf optique revêtu seulement d'une couche de pigment qui forme quelquefois une sorte de pupille, mais qui est toujours dépourvue de lentilles ou de tout autre mécanisme optique. Depuis cet œil rudimentaire capable de distinguer seulement la lumière de l'obscurité, rien de plus, on trouve deux séries parallèles d'organes visuels de plus en plus parfaits, séries entre lesquelles, selon Müller, il existe des différences fondamentales. L'une est celle des yeux à stemmates nommés *yeux simples*, pourvus d'une lentille et d'une cornée ; l'autre est celle des *yeux composés*, qui agissent par exclusion des rayons qui viennent de tous les points du champ de la vision, excepté le pinceau lumineux qui arrive sur la rétine, suivant une ligne perpendiculaire à son plan. Dans les yeux composés, outre des différences sans fin dans la forme, les proportions et la position des cônes transparents revêtus de pigment qui agissent par exclusion des rayons de lumière trop divergents, nous avons encore l'adjonction d'appareils de concentration plus ou moins parfaits. Ainsi, dans l'œil du Meloé, les facettes de la cornée sont légèrement convexes, intérieurement et extérieurement, c'est-à-dire en forme de lentille. Chez beaucoup de crustacés, on observe deux cornées, l'extérieure unie, l'intérieure à facettes, et dans la substance desquelles, dit Milne Edwards, « des renflements lenticulaires paraissent s'être développés. » Quelquefois même ces lentilles peuvent se détacher dans une couche distincte de la cornée. Les cônes transparents revêtus de pigment, que Müller supposait ne devoir agir que pour exclure les pinceaux divergents de la lumière, adhèrent habituellement à la cornée ; mais il n'est pas rare qu'ils en soient séparés et qu'ils aient leurs extrémités libres convexes : en ce cas, ils doivent agir comme des lentilles convergentes. En somme, la structure de l'œil composé présente tant de diversité, que Müller en a fait trois classes principales avec non moins de sept subdivisions. Il fait des *agrégations de stemmates* une quatrième classe principale, qu'il regarde comme servant de transition entre les yeux composés en façon de mosaïque, dépourvus d'appareils de concentration, et les organes visuels qui en ont un.

Ces faits que j'expose ici, beaucoup trop brièvement, montrent cependant combien il existe de degrés divers dans la structure des yeux de nos crustacés vivants ; et si l'on se rappelle combien le nombre des espèces vivantes est peu de chose par rapport au nombre des espèces éteintes, je ne puis trouver de difficulté réelle, je ne puis trouver surtout une difficulté plus grande qu'à l'égard de tout autre organe, à croire que la sélection naturelle a pu transformer un simple appareil, formé d'un nerf optique revêtu de pigment et recouvert d'une membrane transparente, en un instrument optique aussi parfait que puisse le posséder un représentant quelconque de la grande famille des articulés.

Tous ceux qui me suivront jusque-là ne devront pas hésiter à aller plus loin encore, si d'autre part ils trouvent dans le cours de cet ouvrage un vaste ensemble de faits inexplicables autrement que par la théorie de descendance modifiée. Ils admettront que même un organe aussi parfait que l'œil de l'Aigle peut s'être formé par sélection naturelle, bien qu'en pareil cas nous ne connaissions aucun des degrés de transition au moyen desquels cet organe a successivement acquis toute sa perfection. La raison doit en cette circonstance dominer l'imagination ; mais j'ai moi-même éprouvé trop vivement combien cela lui est malaisé d'y parvenir, pour être le moins du monde surpris qu'on hésite à étendre jusqu'à des conséquences aussi étonnantes le principe de sélection naturelle.

Il semble tout naturel de comparer l'œil à un télescope. Or, nous savons que cet instrument a été perfectionné successivement par les efforts longtemps continués d'intelligences humaines d'ordre supérieur : et nous en inférons que l'œil doit avoir été formé par un procédé analogue. Une telle induction n'est-elle pas bien présomptueuse? Quel droit avons-nous donc d'affirmer que le Créateur travaille à l'aide des mêmes facultés intellectuelles que l'Homme? D'ailleurs, si nous tenons à comparer l'œil à un instrument d'optique, alors il faut nous représenter un nerf sensible à la lumière placé derrière une épaisse couche de tissus transparents renfermant des espaces pleins de fluides; puis nous supposerons que chaque partie de cette couche transparente change continuellement et lentement de densité, de manière à se séparer en couches partielles différentes par leur densité et leur épaisseur, placées à différentes distances les unes des autres, et dont les deux surfaces changent lentement de forme. De plus, il faut admettre qu'il existe un pouvoir intelligent, et ce pouvoir intelligent, c'est la sélection naturelle, constamment à l'affût de toute altération accidentellement produite dans les couches transparentes, pour choisir avec soin celle d'entre ces altérations qui, sous des circonstances diverses, peuvent, de quelque manière et en quelque degré, tendre à produire une image plus distincte. Nous pouvons supposer encore que cet instrument a été multiplié par un million sous chacun de ces états successifs de perfection, et que chacune de ces formes s'est perpétuée jusqu'à ce qu'une meilleure étant découverte, l'ancienne fût presque aussitôt abandonnée et détruite.

Chez les êtres vivants, la variabilité produira les modifications légères de l'instrument naturel, la génération la multipliera ainsi modifiée presqu'à l'infini, et la sélection naturelle choisira avec une habileté infaillible chaque nouveau perfectionnement accompli. Que ce procédé continue d'agir pendant des millions de millions d'années, et chaque année sur des millions d'individus de toutes sortes, est-il donc impossible de croire qu'un instrument d'optique vivant puisse se former ainsi jusqu'à acquérir sur ceux que nous construisons en verre toute la supériorité que les œuvres du Créateur ont généralement sur les œuvres de l'homme ?

Si l'on pouvait démontrer qu'il existe un seul organe si compliqué qu'il ne puisse avoir été formé par une série de modifications légères, nombreuses et successives, ma théorie s'écroulerait tout entière. Mais je n'en saurais trouver un seul exemple. Nous ignorons, il est vrai, quels ont été les divers états transitoires de beaucoup d'organismes très-parfaits, et plus particulièrement à l'égard de certaines espèces isolées autour desquelles, suivant ma théorie, il doit y avoir eu déjà de nombreuses extinctions d'espèces. Il en est de même d'un organe commun à tous les membres d'une grande classe ; car, en pareil cas, cet organe doit s'être développé antérieurement à la formation du groupe, c'est-à-dire à une époque extrêmement éloignée de nous, et depuis laquelle tous les nombreux représentants de cette classe se sont transformés. Pour découvrir les degrés primitifs de transition à travers lesquels cet organe a passé, il nous faudrait rechercher les formes ancestrales les plus anciennes qui se sont éteintes depuis longtemps.

Nous ne saurions mettre trop de réserve à conclure qu'un organe ne peut s'être formé au moyen de perfectionnements graduels. On pourrait citer, parmi les animaux inférieurs, des exemples nombreux d'un même organe remplissant à la fois des fonctions très-distinctes. Ainsi, le canal alimentaire respire, digère et excrète chez les larves de la Libellule et chez le poisson Cobitis (Loche). On peut retourner l'Hydre comme un gant ; la face extérieure digérera et l'estomac respirera. En pareil cas, la sélection naturelle peut, si quelque avantage en dérive pour l'individu, adapter à une seule fonction une partie ou un organe qui, jusque-là, en a rempli plusieurs, et transformer ainsi, plus ou moins complétement, les caractères de l'espèce par insensibles degrés.

Quelques plantes, telles que certaines Légumineuses et certaines Violacées, etc., portent deux espèces de fleurs ; les unes présentent la structure normale de la famille, et l'on observe chez les autres une déviation ou une dégénérescence du type, bien qu'elles soient quelquefois plus fertiles que les autres. Si la plante cessait de produire des fleurs normales, et l'on a observé ce phénomène pendant plusieurs années sur un spécimen d'Aspicarpa importé en France, une transition soudaine et importante se trouverait ainsi effectuée dans la nature de la plante.

De même, dans le règne animal, deux organes distincts remplissent parfois simultanément des fonctions identiques chez un seul individu. On peut citer comme exemple certains Poissons pourvus d'ouïes ou de branchies qui respirent l'air dissous dans l'eau, en même temps qu'ils respirent l'air atmosphérique par leur vessie natatoire, ce dernier organe ayant un conduit pneumatique destiné à le remplir et étant divisé par des cloisons essentiellement vasculaires. Or, il est aisé de concevoir qu'en pareille occurrence l'un des deux organes peut s'être successivement modifié et perfectionné de manière à faire à lui seul tout le travail, en demeurant aidé par l'autre dans ses fonctions pendant le cours des modifications; et enfin cet autre organe peut de son côté s'être modifié pour remplir une autre fonction entièrement distincte, ou s'être plus ou moins totalement atrophié par le défaut d'usage.

La vessie natatoire des poissons est bien l'un des meilleurs exemples qu'on puisse trouver pour démontrer, avec toute évidence, ce fait si important qu'un organe originairement construit pour un but, celui d'aider à la flottaison, peut se transformer en un autre ayant un tout différent objet, c'est-à-dire la respiration.

La vessie natatoire s'est aussi modifiée pour servir d'organe accessoire d'audition chez certains poissons, ou bien, car je ne sais laquelle des deux opinions est adoptée aujourd'hui par la généralité des naturalistes, une partie de l'appareil auditif s'est transformée en un complément de la vessie natatoire. Tous les physiologistes admettent que la vessie natatoire est homologue, c'est-à-dire « idéalement similaire » en position et en structure avec les poumons des vertébrés supérieurs. Il ne me semble donc pas extraordinaire que la sélection naturelle ait métamorphosé successivement la vessie natatoire en poumons ou en un organe exclusivement destiné à la respiration.

On peut inférer de ce point de départ que tous les vertébrés qui ont de vrais poumons descendent par voie de génération normale d'un ancien prototype dont nous ne savons rien, sinon qu'il était pourvu d'un appareil flotteur ou vessie natatoire. Il nous devient aisé d'expliquer le fait étrange, constaté par le professeur Owen, que chaque particule de nourriture solide ou liquide que nous avalons doit passer sur l'orifice de la trachée, avec risque de tomber dans les poumons, nonobstant l'admirable combinaison au moyen de laquelle se ferme la glotte. Chez les vertébrés supérieurs, les branchies ont complétement disparu : les fentes sur les côtés du cou et les arcs aortiques continuent seulement à marquer chez l'embryon leur position primitive. Mais il est à présumer que la branchie, aujourd'hui complétement perdue, doit s'être graduellement transformée par sélection naturelle pour quelque fonction tout à fait distincte [1]. De même que, selon quelques naturalistes, les branchies et les écailles dorsales des Annélides sont homologues avec les ailes et les élytres des insectes, il est probable que des organes qui, à une époque très-reculée, servaient à la respiration, sont actuellement transformés en organes de vol.

Dans le problème des transitions possibles d'organes, il est si important d'avoir toujours présentes à l'esprit les probabilités de conversion entre des fonctions très-distinctes, que j'en citerai encore un autre exemple. Chez les Cirripèdes pédonculés, on observe deux petits plis de la peau que j'ai nommés les *freins ovigères*, parce qu'ils servent, au moyen d'une sécrétion visqueuse, à retenir les œufs dans le sac ovarien jusqu'à ce qu'ils soient prêts à éclore. Les Cirripèdes pédonculés n'ont point de branchies : toute la surface du corps et du sac, y compris le

[1] Nous avons vu (note de la page 220) que de si nombreux groupes de poissons, ou mieux de vertébrés ichthyoïdes ont autrefois nagé à la surface des mers aussi souvent qu'au sein même des eaux, un organe de respiration aérienne leur était aussi nécessaire qu'un organe de respiration aquatique. La vessie natatoire serait donc bien originairement construite pour servir à la respiration, et se serait au contraire transformée pour aider seulement à la flottaison, aide qui a été contestée par plusieurs naturalistes, au moins chez certaines espèces. Ce serait, en réalité, un organe devenu rudimentaire en fonction par défaut d'exercice chez des espèces autrefois semi-aquatiques, semi-aériennes, et devenues aujourd'hui exclusivement sub-aquatiques; tandis qu'au contraire, chez d'autres espèces de mieux en mieux et de plus en plus exclusivement adaptées à la vie aérienne, ce sont les branchies qui sont devenues rudimentaires par résorption et défaut d'exercice, tandis que la vessie natatoire s'est développée en poumon. (*Trad.*)

frein lui-même servant à la respiration. D'autre part, les Balanides ou Cirripèdes sessiles n'ont point de freins ovigères, les œufs reposant libres au fond du sac dans la coquille entièrement close. Mais, dans la même position relative, elles ont de grandes membranes à plis amples et nombreux qui communiquent librement avec les lacunes circulatoires du sac et du corps, et qui sont considérées comme des branchies par le professeur Owen et par tous les autres naturalistes qui ont traité ce même sujet. Personne, je pense, ne contestera d'après cela que les freins ovigères dans l'une des familles ne soient srictement homologues aux branchies de l'autre famille; d'autant plus que, en réalité, elles se graduent insensiblement l'une dans l'autre. Je ne puis donc douter que les deux petits plis de la peau, qui originairement servaient de freins ovigères, mais qui aidaient aussi un peu aux fonctions respiratoires, n'aient été graduellement converties en branchies par sélection naturelle. Du reste, cette modification peut avoir résulté simplement d'un accroissement de proportions et d'une oblitération des glandes adhérentes.

Les Cirripèdes pédonculés ont déjà subi beaucoup plus d'extinctions d'espèces que les Cirripèdes sessiles ; si les premiers étaient tous éteints, qui jamais se fût imaginé que les branchies des seconds eussent existé originairement chez les premiers sous la forme d'organes destinés à empêcher leurs œufs d'être emportés du sac par l'action des eaux ?

VI. **Cas difficiles : Natura non facit saltum.** — Bien que nous ne devions affirmer qu'avec la plus grande circonspection qu'un organe quelconque ne peut avoir été formé par des modifications successives et des perfectionnements graduels ; cependant, sans aucun doute, il se présente des cas d'une difficulté toute particulière que je ne pourrai convenablement discuter que dans mon prochain ouvrage.

L'un des plus graves est celui des insectes neutres, qui, très-souvent, présentent, soit avec les mâles, soit avec les autres femelles fertiles, de grandes différences d'organisation. Mais nous examinerons plus complétement cette objection dans le prochain chapitre.

L'organe électrique de certains poissons offre un autre exemple d'une difficulté toute spéciale. Il est impossible d'imaginer par quels degrés successifs d'aussi merveilleux organes se sont formés. Cependant, le professeur Owen et quelques autres ont fait observer que leur structure intime ressemble beaucoup à celle des muscles ordinaires ; et comme on a démontré dernièrement que les Raies ont un organe très-analogue à l'appareil électrique, mais qui cependant, à en croire les assertions de Matteucci, ne décharge aucune électricité, il faut bien convenir que nous sommes beaucoup trop ignorants pour affirmer que nulle transition d'aucune sorte n'est possible [1].

Les organes électriques des poissons offrent une autre difficulté plus sérieuse encore ; car ils s'observent seulement chez une douzaine d'espèces, parmi lesquelles il en est plusieurs dont les affinités sont très-éloignées. Généralement, quand un même organe apparaît chez plusieurs représentants de la même classe, et particulièrement chez ceux qui ont des habitudes de vie très-différentes, nous pouvons attribuer sa présence chez ces derniers aux tendances héréditaires léguées par un ancêtre commun, et son absence chez tous les autres à l'atrophie résultant du défaut d'exercice et de la sélection naturelle. Mais si tous les organes électriques des poissons se sont transmis héréditairement depuis quelque ancien progéniteur qui en était pourvu, toutes les espèces de poissons électriques devraient être assez étroitement alliées les unes aux autres ; ce qui n'est pas. La géologie ne nous induit pas non plus à croire que primitivement la majeure partie des poissons aient eu des organes électriques que le plus grand nombre de leurs descendants auraient perdus [2].

[1] Des expériences récentes de M. Ch. Robin, le savant professeur d'histologie à la Faculté de médecine de Paris, ont établi récemment que l'appareil observé chez les Raies est également producteur d'électricité, et que désormais ce genre entier doit être compris dans le nombre des poissons électriques. (*Trad.*)

[2] Il semble difficile que la géologie puisse fournir quelques données certaines à ce sujet, attendu que les parties dures des animaux se conservent seules à l'état fossile, que, sur les roches schisteuses qui ont conservé les traces des faunes ichthyoïdes anciennes, les organes électriques n'ont pu même laisser d'empreintes bien évidentes et qu'on ne peut conséquemment affirmer leur absence qu'en vertu d'inductions et d'analogies qui peuvent être trompeuses.

Sans que la plupart des poissons aient primitivement possédé des organes élec-

La présence d'organes lumineux chez quelques insectes, ap-

triques, il suffirait que toutes les souches mères des genres de poissons chez lesquels on les observe aujourd'hui en eussent été pourvues, et que cette particularité ne se fût conservée que dans une seule lignée de leurs descendants, en se perdant chez toutes les autres. Or, le principe de divergence des caractères appuierait cette supposition : car entre variétés proche-alliées, également armées d'un appareil électrique, celle qui eut l'appareil le plus fort dut facilement exterminer les autres ; tandis que des appareils d'égale force entre des formes rivales ne pouvaient être d'aucun avantage à l'une aux dépens des autres ; par conséquent, devenant sans importance, ils devaient tendre à s'atrophier. A mesure que cet organe s'atrophiait ainsi par le défaut d'usage ou d'exercice chez certains descendants de la souche mère, il devait aussi acquérir plus de perfection chez d'autres variétés auxquelles il devenait d'autant plus avantageux qu'elles en demeuraient seules pourvues. Par le fait, il se pourrait donc qu'il eût toujours existé à peu près le même nombre d'espèces de poissons électriques. De plus, toutes ces souches mères pouvaient elles-mêmes à l'origine être moins différentes les unes des autres que ne le sont leurs descendants actuels, encore en vertu de la divergence des caractères.

S'il est vrai que les poissons électriques appartiennent à des ordres très-divers, rangés dans des classes différentes, on sait combien, en ichthyologie, nos principes de classification sont contestés et flottants. Dans une classe d'êtres qui ont vécu depuis les temps géologiques les plus anciens, qui, par conséquent, ont varié en sens divers et souffert beaucoup d'extinctions et plusieurs renouvellements complets à travers la série des âges, les groupes doivent nécessairement se montrer reliés les uns aux autres par des affinités tortueuses et inexplicables pour nos moyens actuels d'observation. L'on sait de quelle importance sont en classification les caractères tégumentaires ; or, tous les poissons électriques ont la peau nue, et, dans une système de classification reposant sur cette base, ils seraient tous placés dans le même ordre. Nous sommes loin de dire par là que cette classification les grouperait suivant leurs véritables affinités, ni que ce fait qu'ils ont tous la peau nue établit qu'ils proviennent tous d'une même souche. Rapprochés par la nature de leurs téguments, les poissons électriques sont fort éloignés par tous leurs autres caractères, puisque les uns, comme les Torpilles, sont cartilagineux et se rapprochent des Raies et des Squales, tandis que les autres sont osseux, tels que le Gymnote qui se groupe avec les Silures et les Murènes. Ce caractère d'avoir la peau lisse, qui semble les rapprocher, peut donc être tout simplement lié à la présence de leurs organes électriques par une loi de corrélation inconnue.

Cependant on peut faire de graves objections à cette hypothèse de la transmission héréditaire des organes électriques chez quelques espèces seulement depuis un ou plusieurs ancêtres communs plus ou moins reculés. Outre que les organes électriques sont très-différents entre eux, outre que les poissons qui en sont pourvus n'ont que des affinités très-éloignées ; cette supposition serait encore contraire au principe de division du travail physiologique, et en général à toutes les données de la théorie. Ne pourrait-on chercher autre part quelque lumière ?

La structure interne des organes électriques n'est pas essentiellement différente de celle des muscles ordinaires, et l'on peut concevoir un passage graduel de l'une à l'autre. De plus, les expériences de Matteucci ont établi « que les muscles sont incessamment parcourus par des courants électriques. La cause de « ces courants, dit le savant physicien, réside dans les états électriques opposés « qui se produisent par les actions chimiques de la nutrition du muscle. Le « sang chargé d'oxygène et la fibre musculaire qui se transforme au contact du « liquide composent les éléments d'une pile : le liquide acide est le zinc. Dans « l'état normal du muscle, il ne peut y avoir que des courants moléculaires pro-

partenant à différentes familles ou ordres, offre des difficultés semblables [1].

« duits par la formation et la destruction d'états électriques contraires dans les « mêmes points ; mais si un grand nombre de points de la fibre musculaire, « sont mis en communication par un bon conducteur avec d'autres de nature « différente, c'est-à-dire qui ne subissent pas la même action chimique de la part « du sang, le courant électrique devra alors circuler. » Ces faits établis par l'expérience montrent comment des courants électriques, latents, moléculaires, insensibles dans un muscle ordinaire, peuvent devenir par degrés sensibles et de plus en plus puissants dans un muscle affectant par degrés la disposition myologique des organes électriques. Les expériences de Matteucci démontrent encore que les analogies entre la contraction musculaire et la décharge électrique sont complètes ; tout ce qui détruit, augmente ou modifie l'une, agissant en même sens sur l'autre. La faculté électrique de certains animaux n'est donc point un fait isolé, en dehors des coutumes de la vie.

Plus encore ; il résulte des expériences de Matteucci que les phénomènes électriques manifestés par la fibre musculaire diminuent d'intensité à mesure que l'animal sur lequel on expérimente occupe une place plus élevée dans l'échelle des êtres. Ainsi les piles formées avec des muscles de Mammifères et d'oiseaux cessent au bout de peu d'instants de présenter des signes sensibles de courant ; tandis que celles qui sont faites avec des muscles de Batraciens et de Poissons (Grenouilles et Anguilles) en donnent encore plusieurs heures après leur mort. On peut induire de ce fait que les phénomènes électriques ont dû avoir une tendance à s'affaiblir et à disparaître dans toute la série animale, et, en même temps, à se localiser dans des organes spéciaux à quelques espèces ; que ces espèces ont dû être autrefois beaucoup plus nombreuses qu'aujourd'hui ; et que peut-être, chez les formes primitives de la vie organique, tout muscle, et même tout tissu organisé a pu être plus ou moins électrique et produire de faibles décharges, de même que chez les animaux inférieurs toute la surface de l'être digère, sécrète et respire, mais avec moins de perfection que les organes plus spécialement adaptés à ces fonctions.

Il y aurait donc eu autrefois des êtres entièrement quoique beaucoup plus faiblement électriques. Par suite du travail successif de diversification et de localisation des organes, la plupart des muscles ont pu perdre leur faculté de produire des courants, tandis que cette faculté se concentrait en quelques autres avec une intensité d'autant plus grande ; mais on conçoit que cette localisation ne se soit pas nécessairement faite partout dans le même organe ou dans le même muscle. Quelle que soit donc la diversité actuelle des organes électriques des poissons, on peut supposer que cette diversité a pu être encore beaucoup plus grande autrefois, et que plusieurs d'entre ces anciennes organisations électriques se sont éteintes. Il n'y aurait ainsi aucune difficulté à concevoir qu'il ait pu exister un nombre suffisant de prototypes électriques pour expliquer la présence de nos espèces actuelles.

Par suite de la division du travail physiologique, la faculté électrique a dû se localiser d'une manière quelconque, d'abord dans chaque individu ; plus tard, en vertu des deux principes de divergence des caractères et de sélection naturelle, cette faculté a dû devenir spéciale à certaines espèces, de moins en moins nombreuses, mais en se perfectionnant toujours de manière à ne se perpétuer que chez celles où elle avait atteint le plus haut degré possible de force et de perfection, tandis qu'elle s'atrophiait de plus en plus chez les autres : à peu près aussi comme les espèces ailées, aujourd'hui vivantes, sont admirablement appropriées pour le vol, ou, comme les Coléoptères de Madère, renoncent complétement à l'usage de leurs ailes pour éviter les dangers qu'ils courent à en faire usage. (*Trad.*)

[1] Elles peuvent se résoudre à peu près de la même manière qu'à l'égard des

On pourrait encore citer d'autres cas analogues parmi les plantes : ainsi chez les Orchidées et chez les Asclépiades, familles aussi éloignées les unes des autres qu'il est possible, parmi les plantes phanérogames, on retrouve également le curieux assemblage de grosses masses polliniques portées sur un pédoncule terminé par une glande visqueuse. Cependant, toutes les fois que deux espèces très-distinctes sont pourvues d'un organe anormal en apparence semblable, bien que l'appararence générale et les fonctions en soient identiques, il présente toujours dans l'une et l'autre espèce des différences fondamentales. Je

organes électriques. Ainsi, Matteucci a établi par des expériences ingénieuses et variées que la phosphorescence du *Lampyris italica* est un simple phénomène de combustion, qui, par conséquent, ne diffère pas essentiellement de celui de la respiration et rentre dans l'ordre général des phénomènes physiologiques. Ce phénomène de phosphorescence, bien que paraissant, comme la décharge des poissons électriques, dépendre en une certaine mesure de la volonté de l'animal, n'est pas essentiellement lié à sa vie. De même que l'organe électrique, séparé du poisson, produit encore des décharges électriques, de même les segments lumineux du Lampyre, détachés de son corps, restent longtemps phosphorescents. De plus, les mêmes causes que nous avons vues augmenter, diminuer ou modifier la production des courants électriques musculaires et la puissance des organes électriques, agissent en même sens sur la phosphorescence du Lampyre.

Chez cet insecte, la phosphorescence est localisée, comme la puissance électrique chez les poissons, et semble liée à la présence d'un organe particulier, sécrétant une substance *sui generis*, douée d'une odeur particulière, mais elle ne cesse pas pour cela d'être un phénomène d'ordre général. « L'exemple « d'une substance organique qui brûle à l'air n'est pas nouveau, observe Mat- « teucci, c'est le cas du bois en putréfaction, du coton graissé, du charbon très- « divisé et de tant d'autres combustions spontanées. Si, dans le cas dont nous « nous occupons, la chaleur qui devrait accompagner la combustion manque, « il est facile de s'en rendre compte. La quantité d'acide carbonique qui, des « segments lumineux de chacun de ces insectes, se dégage en un temps donné, « est tellement petite, que la chaleur développée ne peut s'y accumuler, et la « phosphorescence du bois, dont je parlais tout à l'heure, ainsi qu'un grand « nombre d'autres faits d'émission de lumière qui accompagne des modifications « chimiques, prouvent avec toute évidence qu'il peut très-bien y avoir dégage- « ment de lumière sans augmentation sensible de chaleur. Celle-ci a besoin d'ê- « tre accumulée pour que sa présence soit dévoilée au moyen de nos instru- « ments et c'est ainsi que nous nous sommes rendu compte du manque de chaleur « des animaux dits à sang froid... »

Quant aux autres cas de phosphorescence animale, il ajoute : « On sait que « l'on aperçoit pendant la nuit sur la mer de grandes traînées lumineuses, et que « ce fait, attribué autrefois à l'entre-choquement des vagues, à l'électricité, aux « gaz phosphorés formés par la putréfaction des mollusques, paraît aujourd'hui « dépendre de la présence d'un grand nombre d'animalcules microscopiques phos- « phorescents. Mais personne ne sait quelles sont les conditions physico-chimi- « ques sous l'influence desquelles ces infusoires deviennent phosphorescents.

« Il est indubitable que les poissons en putréfaction deviennent lumineux, et suis porté à croire que, comme deux hommes ont souvent fait simultanément, mais indépendamment l'un de l'autre, la même découverte, de même la sélection naturelle, travaillant pour le bien de chaque être et prenant avantage de variations analogues, peut avoir parfois modifié deux organes presque de la même manière chez deux êtres vivants qui ne doivent presque aucune ressemblance de structure à l'héritage d'ancêtres communs.

Bien qu'en des cas fréquents il soit très-difficile de conjecturer par quelles transitions certains organes sont arrivés à

« cette cause-ci pourrait encore, dans quelques cas, produire une certaine phos-« phorescence sur la mer; le peu d'expériences que j'ai faites m'ont prouvé que « dans le vide ou l'acide carbonique cette phosphorescence cesse pour recom-« mencer à l'air, comme à l'égard de l'organe lumineux du Lampyre italien.

« Il existe dans les annales de la médecine des faits bien constatés de flam-« mes aperçues sur le corps de certains malades; on a parlé de transpiration « phosphorescente aux pieds, et il est curieux d'avoir à noter l'analogie qui se « présente entre l'odeur de la substance phosphorescente du ver luisant et « celle de la sueur ordinaire des pieds. Tous ces faits de phosphorescence res-« tent jusque aujourd'hui sans explication.

« Les botanistes assurent que, dans plusieurs plantes, l'inflorescence est ac-« compagnée d'une phosphorescence. Mais ce phénomène est aussi trop rare « pour pouvoir être convenablement étudié. Dans la floraison, il y a absorption « d'oxygène, dégagement d'acide carbonique, combustion en un mot, et c'est « pour cette raison que beaucoup de chaleur se développe aussi dans certains « cas de floraison. Peut-être aussi quelque huile volatile séparée de la fleur « phosphorescente, brûlant à la température ordinaire, peut être la cause de « cette lumière. »

Matteucci rappelle, en finissant, la belle expérience faite par M. de Quatrefage sur la phosphorescence des Annélides et des Ophiures. Ce dernier a constaté, au moyen du microscope, que la phosphorescence de ces animaux appartenait à la fibre musculaire, était intermittente, comme chez les Lampyres, et, comme chez ces derniers aussi, devenait plus vive quand on irritait la fibre; et qu'en obligeant celle-ci à se contracter, elle cessait pendant un certain temps, puis se reproduisait quand on laissait l'animal se reposer.

Matteucci enfin, en terminant, signale un fait qui nous semble de la plus grande importance pour notre objet. « Voici encore, dit-il, un point d'analogie « qu'il ne faut pas perdre de vue ; c'est que la vie des muscles, leurs fonc-« tions, sont accompagnées de dégagement de chaleur et de lumière ; et cepen-« dant cette vie, ces fonctions sont immédiatement dépendantes de l'agent ner-« veux. » (*Leçons sur le phénomène physique des corps vivants*, VIII$^{e}$ leçon.)

D'après tout cela, on ne peut douter que les phénomènes lumineux observés chez certains animaux, de même que les phénomènes électriques constatés chez d'autres, ne soient le résultat des lois ordinaires et fondamentales des fonctions de la vie, et qu'ils peuvent être arrivés à se localiser avec une plus grande intensité dans certains états ou dans certains organes spéciaux de certaines espèces, par la vertu de la loi de sélection naturelle. (*Trad.*)

leur état actuel; cependant, considérant combien la proportion des êtres vivants et des formes fossiles connues est minime en comparaison des formes éteintes et inconnues, j'ai été surpris de constater combien il est rare qu'on ne puisse trouver quelque degré intermédiaire de structure conduisant progressivement à tel organe qu'on voudra nommer. Il est bien certainement faux que de nouveaux organes apparaissent soudainement en une classe d'êtres quelconques, comme s'ils étaient créés à dessein pour quelque emploi spécial. C'est ce qu'affirme d'ailleurs l'axiome d'histoire naturelle, souvent mal compris ou exagéré : *Natura non facit saltum*. On retrouve cette règle dans les écrits de presque tous les naturalistes expérimentés. Ainsi que Milne Edwards l'a si bien exprimé, la nature est prodigue de variétés, mais avare d'innovations. Or, pourquoi en serait-il ainsi d'après la théorie des créations spéciales? Pourquoi toutes les parties de l'organisation chez tant d'êtres indépendants, et supposés créés chacun séparément pour occuper sa place particulière dans la nature, seraient-elles si communément reliées les unes aux autres par des transitions graduelles? Pourquoi la nature n'aurait-elle pas fait un saut de structure à structure? D'après la théorie de sélection naturelle, il est aisé de comprendre pourquoi elle ne le peut pas : puisque la sélection naturelle ne peut agir qu'en profitant de légères variations successives, elle ne fait jamais de sauts, mais elle avance à pas lents.

VII. **Organes peu importants en apparence.** — Comme la sélection naturelle agit par la vie et la mort, qu'elle décide de la conservation des individus favorisés par quelque variation que ce soit, et de la destruction de ceux qui présentent la moindre déviation défavorable dans leur organisation, l'origine de particularités très-simples, et dont l'importance ne me semblait pas suffisante pour causer la conservation des individus chez lesquels elles s'étaient successivement développées, m'a quelquefois semblé difficile à expliquer. J'ai souvent trouvé cette difficulté aussi grande, quoiqu'elle fût de nature tout opposée, que lorsqu'il s'agissait de rendre compte de la formation d'un organe aussi compliqué et aussi parfait que l'œil.

D'abord, nous sommes beaucoup trop ignorants à l'égard de l'économie générale de chaque être organisé pour décider avec certitude quelles sont les modifications qui peuvent lui être de grande ou de petite importance. J'ai déjà donné, dans un des chapitres qui précèdent, quelques exemples de particularités peu importantes en apparence, telles que le duvet des fruits ou la couleur de leur chair et la couleur de la peau ou des poils des quadrupèdes, qui, par suite de corrélations cachées avec certaines différences de constitution, ou parce qu'ils provoquent les attaques de certains insectes, tombent assurément sous l'action sélective de la nature [1].

La queue de la Girafe ressemble à un chasse-mouches artificiellement construit, et il semble d'abord incroyable qu'elle ait été adaptée à sa fonction actuelle par des modifications légères et successives, chacune réalisant un progrès, et tout cela dans un but aussi peu important en apparence que celui de chasser les Mouches. Cependant il ne faut pas trancher sans longue réflexion une question semblable ; car nous avons vu [2] que, dans l'Amérique du Sud, la distribution géographique et l'existence des Bœufs sauvages et d'autres animaux dépendent de leur faculté plus ou moins grande de résister aux attaques des insectes, de sorte que des individus qui auraient quelques moyens de se défendre contre de si petits ennemis pourraient s'étendre dans de nouveaux pâturages et gagner ainsi un avantage immense sur des variétés rivales. Ce n'est pas que nos grands quadrupèdes actuels, sauf en de rares circonstances, soient aisément détruits par les Mouches ; mais ils en sont au moins continuellement harassés, épuisés, si bien qu'ils deviennent sujets à plus de maladies ou moins capables, en cas de famine, de chercher leur nourriture ou d'échapper aux animaux de proie.

Des organes de peu d'importance aujourd'hui ont été probablement en bien des cas d'une grande utilité à quelque ancien

[1] Chap. I, page 20, et chap IV, p. 100.
[2] Chap. III, p. 86.

progéniteur, et, après s'être perfectionnés à une époque antérieure, se sont transmis presque sans changer d'état, bien que devenus de peu d'usage. En ce cas, toute déviation ou déformation nuisible, qui aurait pu ou pourrait actuellement provenir dans leur structure, serait empêchée ou arrêtée par la sélection naturelle.

Sachant donc de quelle importance organique est la queue comme organe de locomotion chez la plupart des animaux aquatiques, sa présence générale et son utilité pour différentes fonctions chez tant d'animaux terrestres, qui, par leurs poumons ou leur vessie natatoire modifiée, trahissent leur origine aquatique, peuvent s'expliquer par l'hérédité des caractères. Une queue bien développée s'étant formée d'abord chez un animal aquatique, elle peut avoir été utilisée et modifiée ultérieurement pour différents desseins, comme chasse-mouches, comme organe de préhension ou comme un gouvernail chez le Chien, bien qu'en ce dernier cas elle n'aide que fort peu aux mouvements de l'animal, car le Lièvre qui n'a qu'une queue très-courte peut doubler tout aussi vite.

En second lieu, on peut quelquefois attribuer de l'importance à des caractères qui réellement n'en ont que fort peu, et qui doivent leur origine à des causes toutes secondaires, indépendantes de la sélection naturelle. Il faut nous rappeler que le climat, la nourriture, etc., ont probablement quelque influence directe sur l'organisation ; que certains caractères réapparaissent parfois en vertu de la loi de réversion au type des aïeux ; que la corrélation de croissance doit avoir eu la plus puissante influence pour modifier divers organes ; et enfin que la sélection sexuelle a dû souvent intervenir pour modifier profondément les caractères extérieurs des animaux doués de volonté et pour donner l'avantage à certains mâles dans leurs combats contre d'autres mâles, ou pour leur assurer la préférence des femelles.

Au surplus, quand une modification de structure s'est produite pour la première fois par l'une des causes que je viens d'énumérer ou par toute autre cause inconnue, elle peut n'avoir été d'aucun avantage immédiat à l'espèce ; mais elle peut être devenue postérieurement avantageuse à ses descendants placés sous de nouvelles conditions de vie, avec des habitudes nouvellement acquises.

On peut appuyer ces observations de quelques exemples. S'il n'existait que des Pics de couleur verte, ou si nous ignorions qu'il y en a des noirs et des bigarrés, j'ose affirmer que nous eussions regardé la couleur verte comme une admirable adaptation de la nature destinée à dérober aux regards de ses ennemis cet habitant des forêts. En conséquence, nous l'aurions considérée comme un caractère de haute importance qui pouvait avoir été acquis par sélection naturelle. Au contraire, dans l'état actuel des choses, et surtout grâce à la connaissance que nous en avons, nous ne saurions douter que cette couleur ne soit due à quelque autre cause, et probablement à la sélection sexuelle. Un Palmier traînant de l'archipel Malais grimpe au sommet des arbres les plus élevés à l'aide de crampons admirablement construits qui sont posés autour de l'extrémité de ses branches. Cette particularité d'organisation est sans nul doute de la plus grande utilité pour la plante, mais comme on observe des crampons très-semblables chez plusieurs plantes qui ne sont nullement grimpantes, ceux qu'on observe chez cette espèce peuvent s'être produits en vertu de lois de croissance encore ignorées, et n'ont profité que postérieurement à ses représentants, lorsque, après avoir subi de nouvelles modifications, ils commencèrent peu à peu à grimper [1].

On considère généralement la peau nue de la tête du Vautour comme une adaptation pour permettre à cet oiseau de se vautrer dans des matières en putréfaction. Il en peut être ainsi, comme il se peut encore que ce soit un effet causé par l'action des matières putrides elles-mêmes. Lorsque nous voyons que le Dindon mâle, qui pourtant vit d'aliments sains, a pareillement

[1] Il paraîtrait aussi probable que l'espèce grimpante le soit devenue en acquérant par sélection les crampons qu'elle possède ; et que les autres espèces qui sont aujourd'hui pourvues de crampons sans être grimpantes soient les descendants modifiés d'espèces qui, dans des circonstances favorables, ont peu à peu cessé de grimper, tout en gardant, en vertu de l'hérédité des caractères, les crampons d'un ancêtre grimpant qui en était pourvu. (*Trad.*)

la tête dénudée, nous devenons forcément plus réservés dans nos conclusions sur cette question.

Les sutures du crâne des jeunes Mammifères ont été regardées comme une adaptation remarquable qui aide à l'acte de la parturition. Sans nul doute elles le facilitent, et peuvent même actuellement lui être indispensables ; mais comme des sutures analogues se retrouvent dans le crâne des jeunes oiseaux et des reptiles, qui n'ont qu'à sortir d'un œuf brisé, il nous faut donc conclure que cette particularité anatomique provient des lois mêmes de la croissance, et que chez les Mammifères elle est devenue un avantage en facilitant la parturition.

En général, nous ne savons rien des causes qui peuvent produire ces variations légères et de peu d'importance qui se présentent fréquemment chez les diverses formes de l'organisation. Pour acquérir la conscience parfaite de notre profonde ignorance à ce sujet, il suffit de songer aux différences qui distinguent nos races domestiques de différentes contrées, et surtout des contrées les moins civilisées, où la sélection systématique de l'homme a eu peu d'action. Les animaux domestiques que possèdent les sauvages de divers pays ont souvent à lutter pour leurs propres moyens de subsistance, et subissent ainsi jusqu'à un certain point l'action sélective de la nature ; de sorte que des individus doués de constitution un peu différente doivent mieux réussir les uns que les autres sous des climats différents. Un bon observateur a constaté que le bétail est plus ou moins sensible aux attaques des Mouches d'après sa couleur, comme il est aussi plus ou moins susceptible de résister à l'action des poisons végétaux ; de sorte que même la couleur dépendrait ainsi de la sélection naturelle [1]. D'autres observateurs sont convaincus qu'un climat humide affecte la croissance des poils, et que les poils sont en relation étroite avec les cornes. Les races de montagne diffèrent toujours des races de plaines, et une contrée montagneuse doit affecter la forme des membres postérieurs en les exerçant davantage, et peut-être même la forme du bassin ; enfin, en vertu de la loi d'homologie des

[1] Chap. I, page 20, et chap. IV, page 100.

variations, les membres antérieurs et la tête se trouveraient par suite modifiés. La forme du bassin peut aussi affecter par pression la tête de l'embryon dans la matrice. L'activité de la respiration dans les régions élevées doit accroître la largeur de la poitrine, et encore ici la loi de corrélation jouerait son rôle. Les effets d'une diminution d'exercice avec un accroissement de nourriture doivent être plus importants encore sur l'organisation tout entière; et, selon que l'a démontré dernièrement H. Von Nathusius, telle serait la principale cause des grandes modifications subies par les races de Porcs.

Mais le peu que nous savons ne peut nous permettre de spéculer sur l'importance relative des diverses lois de variation connues ou inconnues. J'y fais allusion ici seulement pour montrer que, si nous sommes incapables de nous rendre compte des différences caractéristiques de nos races domestiques, que cependant nous considérons généralement comme ayant été produites par voie de génération ordinaire, nous ne devons pas ajouter trop d'importance à notre ignorance sur les causes précises des différences analogues qui distinguent les espèces sauvages. Je pourrai en appeler encore, à ce même propos, à la différence qui existe entre les races humaines, si fortement tranchées. Il serait même possible de répandre quelque lumière sur l'origine de ces différences, principalement dues à une application particulière du principe de sélection sexuelle; mais, à moins d'entrer dans d'énormes détails, mes assertions sembleraient frivoles.

VIII. **Tout organe n'est pas toujours absolument parfait.** — Plusieurs naturalistes ont protesté récemment contre la doctrine utilitariste qui admet que chaque détail de la structure d'un être a pour but le bien de son possesseur. Ils ont soutenu, au contraire, qu'un grand nombre de particularités ont été créées dans le seul but de plaire aux yeux de l'homme, ou seulement pour multiplier les formes de la vie. Si cette doctrine était vraie, elle serait fatale à ma théorie. Cependant, j'admets pleinement que certains organes ne sont pas d'une utilité directe à leurs possesseurs. Les conditions physiques ont probablement exercé leur influence sur l'organisation tout à fait indépendamment du bien qu'elles pouvaient produire. La corrélation de croissance a sans doute joué un rôle important, et des modifications utiles dans un seul organe auront eu souvent pour conséquence de produire dans les autres divers changements sans utilité directe. De même, des caractères autrefois utiles, ou qui peuvent être apparus primitivement en vertu des lois de la corrélation de naissance, ou de toute autre cause inconnue, peuvent réapparaître par un effet de la loi de réversion, bien que n'étant actuellement d'aucune utilité. Les effets de la sélection sexuelle, lorsqu'ils ne produisent qu'une beauté extérieure qui plaît aux femelles, ne peuvent être considérés comme utiles que dans un sens un peu forcé. Mais la considération la plus importante, c'est que l'organisation est, en majeure partie, due simplement à l'hérédité, conséquemment, quoique chaque être vivant soit toujours suffisamment adapté à sa situation dans l'ordre naturel, il est aussi évident que certains organes n'ont aucune relation directe avec les habitudes actuelles des espèces qui en sont pourvues. Ainsi nous ne saurions admettre que les pieds palmés de l'Oie terrestre de Magellan ou de la Frégate soient d'une utilité quelconque à l'un ou à l'autre de ces oiseaux ; encore bien moins que l'homologie des os dans le bras du Singe, dans la jambe antérieure du Cheval, dans l'aile de la Chauve-Souris et dans la nageoire du Veau marin, soit un avantage particulier pour les représentants de ces divers ordres : c'est à l'hérédité seule que nous pouvons en toute sûreté attribuer ces ressemblances. Mais, sans nul doute, des pieds palmés ont été utiles à l'ancien progéniteur de l'Oie de Magellan ou de la Frégate, comme ils sont utiles aujourd'hui à la plupart des oiseaux aquatiques existants. De même, il est possible que le progéniteur du Veau marin n'eût pas de nageoires, mais un pied avec des doigts convenables pour la marche ou la préhension. Nous pouvons supposer de plus que les divers os homologues des membres du Singe, du Cheval ou de la Chauve-Souris, qui sont un héritage d'un ancien progéniteur commun, ont été autrefois chacun d'une utilité plus spéciale à cet ancêtre ou aux aïeux de cet ancêtre, qu'ils ne le sont aujourd'hui à des animaux ayant des habitudes si différentes [1].

Nous pouvons donc conclure que les diverses parties homologues du squelette des mammifères peuvent avoir été acquises au moyen de la sélection naturelle, dépendante autrefois, comme aujourd'hui, des lois diverses d'hérédité, de réversion aux caractères des aïeux, de corrélation de croissance, etc. En accordant quelque chose à l'action directe des conditions physiques, chaque détail d'organisation dans toute créature vivante peut être considéré comme ayant été avantageux à l'une de ses formes antérieures, ou comme étant aujourd'hui d'une utilité spéciale aux descendants de cette forme ancienne, soit directe-

[1] On peut regarder comme certain que l'homologie générale des parties du squelette des vertébrés terrestres à respiration aérienne est l'héritage commun qu'ils doivent au premier vertébré inconnu qui quitta la mer pour s'aventurer sur les côtes de son élément natal ; et que l'homologie plus parfaite des os du squelette des mammifères est l'héritage qu'ils se sont transmis les uns aux autres depuis un premier prototype de la classe qui commença à s'éloigner de l'organisation du reptile, sans doute en abandonnant les habitudes amphibies pour une vie toute terrestre (V. p. 244).

Il est évident que le premier vertébré qui quitta la mer pour les côtes n'eut pas du premier coup des pieds parfaits, mais des nageoires modifiées qui lui permirent seulement de ramper plus ou moins vite, et que dans cet état transitoire il dut donner naissance à de nombreuses formes que des formes mieux adaptées à la marche ont dû détruire. C'est en remontant les fleuves que les Amphibies ont dû conquérir peu à peu le domaine terrestre, et c'est dans les déserts arides, sur les plateaux élevés, sur les montagnes que les premiers mammifères ont pu s'adapter à leur vie toute terrestre sans une concurrence trop vive de la part d'autres organismes. C'est de là qu'ils seront redescendus pour commencer l'extermination de la classe jusqu'alors dominante des reptiles. Mais on comprend que certaines formes transitoires, encore à demi amphibies, ont pu se perpétuer dans des stations lacustres isolées, et que de là elles ont pu gagner la mer en descendant les fleuves, et s'adapter ensuite peu à peu à une vie toute maritime, comme les Phoques et les Cétacés en général, cherchant dans l'Océan une retraite contre les reptiles mieux adaptés à la vie amphibie et contre d'autres mammifères mieux adaptés à la vie terrestre.

Les mammifères Amphibies pourraient donc en effet devoir leur origine à une rétrogression partielle de leur organisme vers la classe inférieure et antérieure des reptiles, ou même vers celle des poissons; c'est-à-dire à un phénomène de réversion à d'anciens caractères perdus dont la sélection naturelle aurait pris avantage pour les adapter à de nouvelles conditions de vie. Cette théorie serait parfaitement d'accord avec l'apparition tardive des représentants de cet ordre dans les couches géologiques. (*Trad.*)

ment, soit indirectement, en raison des lois si complexes de la croissance.

La sélection naturelle ne peut absolument causer aucune modification chez une espèce exclusivement pour le bien d'une autre espèce, bien que dans la nature certaines espèces profitent incessamment des avantages que leur offre l'organisation des autres. Mais la sélection naturelle peut produire et produit souvent des organes directement nuisibles à d'autres espèces, comme nous l'observons dans les crochets à venin de la Vipère et dans la tarière ou oviscapte de l'Ichneumon, qui lui permet d'introduire ses œufs dans le corps vivant d'autres insectes.

Si l'on pouvait prouver qu'un organe a pu quelquefois se développer chez une espèce quelconque, exclusivement pour le bien d'une autre espèce, cela renverserait ma théorie, car un tel organe n'aurait pu se former par sélection naturelle. Bien que les naturalistes recourent souvent à cette explication contre nature pour rendre compte de certains faits constatés, il n'est pas une de leurs assertions à cet égard qui soit de quelque poids à mes yeux. Ainsi, l'on admet que le Serpent à sonnettes a des crochets à venin pour se défendre et pour tuer sa proie : mais quelques auteurs supposent qu'en même temps la sonnette de sa queue lui a été donnée à son détriment pour avertir cette même proie du danger qui la menace. Autant vaudrait dire que le Chat, prêt à s'élancer sur la Souris qu'il guette, remue la queue pour l'avertir qu'il va la manger, si elle ne se sauve. Mais je n'ai pas le loisir de m'étendre ici sur un tel sujet et sur d'autres analogues.

La sélection naturelle ne produira jamais chez un être rien qui lui soit nuisible, car elle n'agit que pour le bien de chaque individu. Ainsi que l'a remarqué Paley, elle ne produira donc jamais un organe ayant pour but de causer des douleurs à son propre possesseur ou de lui nuire en quoi que ce soit.

L'on dresserait une balance exacte du bien et du mal qui dérivent pour un être quelconque de chaque détail de son organisation, on trouverait qu'en résultante chacun de ces détails lui est avantageux. Après un certain laps de temps et sous des conditions de vie nouvelles, si l'une de ces particularités d'organisation lui devient nuisible, elle se modifie ; ou si les modifications nécessaires ne peuvent s'effectuer, l'espèce s'éteint, comme des myriades se sont déjà éteintes.

La sélection naturelle ne peut que rendre chaque être organisé aussi parfait, ou seulement un peu plus parfait que les autres habitants de la même contrée, qui vivent dans le même milieu et contre lesquels il doit lutter sans cesse pour vivre. Or, tel est bien en effet le degré de perfection atteint par la nature. Les productions indigènes de la Nouvelle-Zélande, par exemple, sont parfaites si on les compare entre elles : mais elles sont en train de disparaître rapidement devant les légions croissantes de plantes et d'animaux venant d'Europe. La sélection naturelle ne saurait produire la perfection absolue ; et, autant que j'en puis juger, je ne crois pas non plus qu'on puisse la rencontrer dans la nature. Nos autorités scientifiques les plus compétentes ne jugent pas encore parfaite la correction de l'aberration de la lumière dans l'œil, le plus parfait cependant de tous les organes. Si le témoignage de notre raison nous fait admirer avec enthousiasme dans la nature vivante une foule de combinaisons d'un mécanisme inimitable pour nos faibles moyens artificiels, néanmoins, cette même raison nous montre aussi d'autres combinaisons organiques plus défectueuses, bien que toutefois il faille avouer que nos jugements peuvent errer dans l'un comme dans l'autre cas.

Pouvons-nous considérer l'aiguillon de la Guêpe ou de l'Abeille comme parfait, lorsque, grâce aux dentelures en scie dont il est armé, ces insectes ne peuvent le retirer du corps de leurs ennemis, de sorte qu'ils ne peuvent fuir qu'en s'arrachant les viscères, ce qui cause inévitablement leur mort ? Mais si l'on admet que l'aiguillon de l'Abeille ait existé originairement chez un ancien progéniteur à l'état de tarière ou de scie, ainsi qu'on le voit chez tant d'autres membres du même ordre ; que depuis il se soit modifié, mais non perfectionné, pour sa fonction actuelle ; que de même un venin originairement destiné à remplir un tout autre but, tel que de produire des excroissances sur les tissus végétaux, soit devenu de plus en plus actif, il nous devient aisé de comprendre comment il peut se faire que la mort de l'insecte puisse résulter si souvent de l'usage qu'il fait de son aiguillon. Si, en résultat général, une pareille arme de défense est utile à la communauté, bien qu'elle cause la mort de quelques-uns de ses membres, elle remplit toutes les conditions requises par la sélection naturelle qui agit surtout pour le bien de l'espèce au moyen de chacun des individus qui la représentent [1].

Si l'étonnante finesse d'odorat à l'aide de laquelle les mâles de beaucoup d'insectes trouvent leurs femelles mérite à juste titre notre admiration, pouvons-nous admirer de même la création de milliers de faux bourdons, entièrement inutiles à la communauté des Abeilles, et qui ne semblent nés en dernière fin que pour être massacrés par leurs laborieuses mais stériles sueurs, puisqu'un seul d'entre eux ou quelques-uns tout au plus sont nécessaires à la fécondation des jeunes reines nées dans la même communauté ? Nous devrions admirer aussi, bien que cela nous puisse paraître difficile, la haine sauvage et instinctive qui pousse la reine-Abeille à détruire les jeunes reines, ses filles, aussitôt qu'elles sont nées, ou à périr elle-même dans le combat ; sans doute, c'est le bien de la communauté qui l'exige, et la haine maternelle peut provenir comme l'amour, bien que par bonheur plus rarement, de ce même principe inexorable de sélection naturelle.

[1] D'après une observation qui nous a été faite par M. de Filippi, il ne serait pas exact de dire que l'Abeille ne puisse absolument retirer son aiguillon de la blessure qu'elle vient de faire à son ennemi, et soit nécessairement la victime de son courage. Ce n'est que dans le cas où cet ennemi cherche et parvient à la chasser avant de lui avoir donné le temps de se dégager que l'aiguillon reste dans la piqûre, avec les viscères de l'insecte, dans ce cas, il est vrai, mais dans ce cas seulement, blessé à mort. Des naturalistes ont eu le courage de se laisser piquer, et, sans troubler l'animal, de le laisser assouvir sa colère et partir ensuite en paix, et toujours ils l'ont vu retirer aisément son aiguillon de la piqûre où il ne laissait que son venin, et s'envoler ensuite parfaitement capable de vivre et de voler à d'autres combats. Il n'en résulte pas pour cela que cet organe soit absolument parfait, et l'observation de M. Darwin subsiste ; car on comprend que, dans la plupart des cas, l'animal que pique une Abeille cherche à s'en défendre et à la chasser, soit avec l'un de ses membres, mobiles chez les animaux supérieurs, soit avec sa queue, comme chez les ruminants ou les pachydermes, soit en se roulant à terre ou en se frottant contre les arbres et les rochers De sorte qu'il serait avantageux à l'Abeille de pouvoir dégager son aiguillon plus vite, ou mieux encore d'avoir les viscères plus solidement retenus dans leur cavité, de manière à ne pas les perdre aussi aisément. (*Trad.*)

Si, enfin, nous regardons comme admirable l'ingénieux mécanisme au moyen duquel les fleurs des Orchis et de beaucoup d'autres plantes sont fécondées par l'intermédiaire des insectes, pouvons-nous considérer comme une combinaison ingénieuse et également parfaite, que nos Sapins élaborent chaque année des nuages de pollen inutile, pour que seulement quelques-uns de leurs granules soient emportés au hasard de la brise sur les ovules qu'ils fécondent ?

IX. **Résumé : La loi d'unité de type et celle des conditions d'existence sont contenues dans la théorie de sélection naturelle.** — Nous venons d'examiner dans ce chapitre plusieurs des objections qu'on peut élever contre ma théorie. Quelques-unes sont graves ; mais je pense que la discussion a jeté quelque lumière sur plusieurs faits, qui, d'après la théorie de création, demeurent entièrement inexplicables.

Nous avons vu que les espèces, à quelque époque que ce soit, ne sont ni indéfiniment variables, ni reliées les unes aux autres par une multitude de degrés intermédiaires. Ce résultat provient en partie de ce que le procédé de sélection naturelle est toujours très-lent et agit seulement sur quelques formes à la fois, en partie parce que ce même procédé implique presque nécessairement l'extinction successive des variétés intermédiaires, continuellement supplantées par des variétés supérieures. Les espèces proche-alliées qui vivent aujourd'hui dans une région continue, doivent souvent s'être formées à une époque où cette même région était discontinue, et lorsque les conditions de vie ne s'y dégradaient pas insensiblement les unes dans les autres. Lorsque deux variétés se forment dans deux districts d'une région continue, il se forme souvent une variété intermédiaire appropriée à la zone moyenne ; mais, par suite de causes particulières, cette variété intermédiaire doit généralement être moins nombreuse que les deux formes extrêmes auxquelles elle sert de lien : conséquemment, ces deux dernières, pendant le cours de leurs modifications ultérieures, et par ce fait même qu'elles existent en plus grand nombre, auront un grand avantage sur la variété intermédiaire moins nombreuse, et réussiront ainsi généralement à l'exterminer et à la supplanter [1].

Nous avons vu aussi dans ce chapitre avec quelle réserve nous devons conclure que les habitudes de vie les plus différentes ne peuvent se fondre graduellement les unes dans les autres ; et qu'une Chauve-Souris, par exemple, ne peut s'être formée par sélection naturelle d'un animal qui d'abord pouvait seulement se soutenir dans l'air.

Nous avons vu encore qu'une espèce peut, sous des conditions de vie nouvelles, changer ses habitudes, ou acquérir des habitudes diverses dont quelques-unes diffèrent complétement des habitudes de ses congénères les plus proches. Sachant d'ailleurs que tout être organisé s'efforce sans cesse de vivre partout où la vie lui est possible, nous comprenons ainsi comment il se peut faire qu'il y ait des Oies terrestres avec des pieds palmés, des Pics qui vivent en plaine, des Merles qui plongent et des Pétrels qui ont les habitudes des Pingouins.

Je sais combien il est difficile, au premier abord, d'admettre qu'un organe aussi parfait que l'œil ait jamais pu se former par sélection naturelle ; cependant, si nous connaissons une série de degrés intermédiaires de complication et de perfection, pouvant représenter les divers états transitoires qu'un organe quelconque a successivement revêtus, chacun de ces états étant avantageux à ses possesseurs, dès lors il n'y a plus aucune impossibilité logique à ce que, sous des conditions de vie changeantes, il acquière graduellement par sélection naturelle le plus haut degré de complication et de perfection qu'on puisse concevoir. Dans le cas où nous ne connaissons aucun de ces états intermédiaires, nous devrons mettre la plus grande réserve à conclure qu'ils ne peuvent avoir existé ; car les homologies de beaucoup d'organes et leurs états intermédiaires montrent qu'il peut se produire d'étonnantes métamorphoses dans les fonctions. Par exemple, une vessie natatoire a, selon toute apparence, été convertie en un poumon pour respirer l'air atmosphérique [2] : le même organe, après avoir rempli simulta-

[1] Voir la note p. 212.
[2] Voir la page 264 et les notes des pages 235 et 220.

nément des fonctions très-différentes, a été ensuite spécialement adapté à une seule ; et deux organes très-distincts, ayant rempli en même temps le même emploi, l'un a pu se transformer pendant qu'il était aidé par l'autre, ce qui doit souvent avoir facilité beaucoup les transitions.

Dans la plupart des cas, nous sommes beaucoup trop ignorants pour pouvoir affirmer qu'un organe quelconque est de si peu d'importance pour le bien général de l'espèce, que des modifications dans sa structure ne peuvent s'être lentement accumulées par sélection naturelle. Mais nous pouvons admettre comme certain que beaucoup de modifications entièrement dues aux lois de la croissance, et d'abord sans aucune utilité à une espèce, sont devenues plus tard avantageuses à ses descendants modifiés. Nous sommes assurées encore qu'un organe autrefois de grande importance chez des formes anciennes s'est souvent conservé chez leurs descendants modifiés ; bien qu'il soit devenu pour ceux-ci de si peu d'importance qu'il ne puisse en son état présent avoir été acquis par sélection naturelle, c'est-à-dire par la conservation de variations avantageuses dans la lutte vitale. La queue des animaux aquatiques conservée chez leurs descendants terrestres est un exemple frappant de cette loi.

La sélection naturelle ne peut modifier une espèce quelconque exclusivement pour le bien ou le mal d'une autre espèce, quoiqu'elle puisse parfaitement contribuer à former certains organes, à favoriser certaines tendances, certaines habitudes, certaines sécrétions très-nuisibles ou très-utiles, et même indispensables à d'autres espèces, mais en même temps toujours utiles à leurs propres possesseurs.

Comme en toute contrée déjà bien peuplée, la sélection naturelle agit principalement au moyen de la concurrence que ses habitants se font les uns aux autres ; elle ne peut produire qu'une supériorité relative dans la bataille de la vie ; c'est-à-dire un degré de perfection mesuré aux ressources locales. Il suit de là que les habitants d'une contrée quelconque, et généralement d'autant plus qu'elle est plus limitée, devront souvent céder le pas, comme du reste on le constate souvent, aux habitants d'une autre contrée, et surtout d'une contrée plus vaste. Car dans une contrée très-étendue, où il a pu vivre un plus grand nombre d'individus et des formes plus diversifiées, la concurrence a dû aussi être plus vive, et, par conséquent, le niveau supérieur du perfectionnement organique s'y sera élevé d'autant. Mais la sélection naturelle ne saurait nécessairement produire la perfection absolue ; et, autant que nous en pouvons juger avec nos facultés bornées, cette perfection absolue ne se trouve en effet nulle part.

D'après la théorie de sélection naturelle, nous pouvons aisément comprendre le sens complet de ce vieil axiome d'histoire naturelle : *Natura non facit saltum.* A ne considérer que les habitants actuels du monde, cet axiome ne serait pas strictement exact ! mais si nous comprenons dans son ensemble tous les êtres des temps antérieurs, il serait, d'après ma théorie, de la plus stricte exactitude.

Il est généralement admis que le développement de tous les êtres organisés est gouverné par deux grandes lois : l'une est l'*unité de type ;* l'autre, les *conditions d'existence.* Par l'unité de type, il faut entendre cette ressemblance fondamentale que l'on constate dans la structure de tous les êtres organisés de la même classe, ressemblance qui semble complétement indépendante de leurs habitudes de vie. Selon ma théorie, l'unité de type s'explique par l'unité d'origine. Les conditions d'existence, sur lesquelles a tant insisté l'illustre Cuvier, sont de même pleinement comprises dans la loi de sélection naturelle ; puisque cette loi agit toujours, soit par des adaptations actuelles des parties variables de chaque être à ses conditions de vie organiques ou inorganiques, soit au moyen d'adaptions depuis longtemps effectuées pendant quelqu'une des longues périodes géologiques écoulées. Ces adaptations sont facilitées en quelques cas par l'usage ou le défaut d'exercice des organes ; elles sont légèrement influencées par l'action directe des conditions extérieures de la vie, et sont toujours subordonnées aux effets provenant des diverses lois de la croissance. Il suit de là qu'en fait la loi des *conditions d'existence* est la loi suprême, et qu'elle comprend, au moyen de l'hérédité des adaptations antérieures, celle d'*unité de type.*

# CHAPITRE VII

## INSTINCT.

I. Les instincts comparables aux habitudes, mais différents dans leur origine. — II. Gradation des instincts. — III. Aphis et Fourmis. — IV. Instincts variables et héréditaires. — V. Instincts domestiques et leur origine. — VI. Instincts naturels du Coucou, de l'Autruche et des Abeilles parasites. — VII. Instinct esclavagiste des Fourmis. — VIII. L'Abeille domestique et son instinct constructeur. — IX. Les changements d'instincts et de structure ne sont pas nécessairement simultanés. — X. Difficultés de la théorie de sélection naturelle par rapport aux instincts : insectes neutres ou stériles. — XI. Résumé.

I. **Les instincts comparables aux habitudes, mais différents dans leur origine.** — J'aurais pu traiter des instincts dans le chapitre précédent, mais j'ai pensé qu'il était préférable de leur consacrer un chapitre spécial; d'autant plus que l'instinct merveilleux qui porte l'Abeille à construire ses cellules se sera présenté à l'esprit de beaucoup de lecteurs comme une objection suffisante pour renverser toute ma théorie.

Je dois déclarer d'abord que je ne prétends point rechercher l'origine première des facultés mentales des êtres vivants, pas plus que l'origine de la vie elle-même. Nous n'avons à nous occuper ici que de la diversité des instincts et autres facultés psychiques des animaux dans la même classe.

Je n'essayerai pas non plus de définir l'instinct. Il serait aisé de démontrer que plusieurs actes intellectuels distincts sont communément désignés sous ce terme; pourtant chacun comprend de quoi il est question quand on dit que l'instinct porte le Coucou à émigrer et à déposer ses œufs dans le nid des autres oiseaux. Un acte que nous ne pourrions accomplir qu'à l'aide de la réflexion et de l'habitude, lorsqu'il est accompli par un animal, surtout par un animal très-jeune et sans aucune expérience, ou lorsqu'il est accompli de la même manière par beaucoup d'individus sans qu'ils semblent en prévoir le but, est en général regardé comme instinctif. Mais je pourrais prouver qu'aucun de ces signes caractéristiques de l'instinct n'est universel. Une petite dose de jugement ou de raison, ainsi que l'exprime Pierre Huber, entre souvent en jeu, même chez les animaux placés très-bas dans l'échelle de la nature.

Frédéric Cuvier, et avant lui, du reste, plusieurs des plus anciens métaphysiciens, ont comparé l'instinct à l'habitude. Cette comparaison donne, je crois, une notion très-exacte de la disposition mentale en vertu de laquelle s'accomplit une action instinctive, mais nullement de son origine. Combien d'actes habituels n'accomplissons-nous pas inconsciemment, et souvent même en dépit de notre volonté réfléchie! Cependant la volonté ou la raison peut réagir sur eux et les modifier. Certaines habitudes s'associent aisément avec d'autres, comme avec certaines époques du jour ou avec certains états du corps; et, une fois acquises, elles persistent avec constance pendant toute la vie. On pourrait encore faire ressortir d'autres points de ressemblance entre l'instinct et l'habitude : comme on répète une chanson bien connue, de même une action instinctive en suit une autre avec une sorte de régularité rhythmique. Si une personne est interrompue quand elle chante ou quand elle récite quelque chose de mémoire, elle est presque toujours obligée de revenir en arrière pour retrouver la suite d'idées qui lui était accoutumée. Pierre Huber a constaté qu'il en était absolument de même d'une certaine chenille qui se construit une sorte de hamac très-compliqué. S'il plaçait dans un hamac, achevé seulement jusqu'au premier tiers, une chenille qui eût déjà achevé son propre réseau jusqu'aux deux tiers, elle recommençait tout simplement à construire le second tiers. Si, au contraire, il enlevait une chenille à un réseau filé jusqu'au premier tiers seulement, pour la placer dans un autre achevé jusqu'aux deux tiers, de sorte qu'une part de son ouvrage se trouvât ainsi faite d'avance, loin d'évaluer à bénéfice cette économie de travail, elle paraissait fort embarrassée; pour compléter ce réseau d'emprunt, elle ne semblait pouvoir partir que du premier tiers où elle avait laissé le sien, et s'essayait en vain à refaire l'ouvrage déjà achevé.

Si, comme je le crois, on pouvait prouver qu'une habitude peut être héréditaire, dès lors la ressemblance entre ce qui à l'origine était une habitude et ce qui actuellement est un instinct deviendrait si complète, que toute distinction absolue s'effacerait entre l'une et l'autre faculté. Si Mozart, au lieu de jouer du clavecin dès l'âge de trois ans, après très-peu de temps d'exercice, eût joué une mélodie sans aucune étude préalable, on aurait pu assurer en toute vérité qu'il le faisait instinctivement. Mais on tomberait dans une grave erreur si l'on supposait que le plus grand nombre des instincts ont été acquis par habitude, et transmis ensuite héréditairement aux générations suivantes. Il est de toute évidence que les plus merveilleux instincts que nous connaissions, tels que ceux de l'Abeille domestique et de beaucoup de Fourmis, ne peuvent s'être développés ainsi exclusivement par habitude héréditaire.

II. **Gradation des instincts.** — Chacun admettra que les instincts sont d'aussi grande importance au bien de chaque espèce, sous ses conditions de vie particulières, que peuvent l'être les organes corporels. Sous des conditions de vie nouvelles, il est donc au moins possible que de légères modifications d'instincts soient avantageuses à une espèce; et si l'on peut prouver que les instincts varient quelquefois, si peu que ce soit, dès lors je ne vois aucune difficulté à ce que la sélection naturelle conserve et accumule continuellement toute variation d'instinct en quelque chose avantageuse à chaque espèce, sans qu'il soit possible de poser une limite fixe où son action doive nécessairement s'arrêter. Telle serait donc, selon moi, l'origine de tous les instincts les plus compliqués et les plus merveilleux.

On a vu que les modifications des organes corporels apparaissent accidentellement, se développent par l'usage ou l'habitude, et diminuent ou se perdent par l'inactivité; je ne puis douter qu'il n'en soit de même pour les modifications des instincts. Mais dans ce cas encore je crois que l'habitude seule a des effets beaucoup moins importants que la sélection naturelle des variations accidentelles de l'instinct : c'est-à-dire que la sélection et l'accumulation continuelles des modifications avantageuses survenues dans l'organisation mentale, par les mêmes causes qui produisent des modifications légères dans l'organisation physique ou par d'autres causes inconnues, est aussi, dans ma théorie, la plus puissante cause des transformations et des acquisitions d'instincts.

Aucun instinct complexe ne saurait se développer par sélection naturelle, sans une lente et graduelle accumulation de variations nombreuses, légères, mais avantageuses. Il suit de là, comme à l'égard de l'organisation physique, que nous devrions trouver dans la nature, non pas les degrés transitoires eux-mêmes par lesquels chaque instinct complexe a successivement passé, car ils ne peuvent avoir existé que dans la lignée des ascendants directs de chaque espèce, mais seulement quelques vestiges de transitions analogues dans les diverses lignées collatérales aujourd'hui vivantes. Nous devrions au moins pouvoir prouver que ces transitions sont possibles d'une façon quelconque, et c'est ce que nous pouvons faire aisément. J'ai constaté avec surprise combien il était aisé de découvrir des degrés de transition conduisant d'instincts très-simples aux instincts les plus complexes et les plus merveilleux qui existent, en dépit cependant du petit nombre d'observations qui ont encore été faites à ce sujet, excepté en Europe et dans l'Amérique du Nord, et de l'impossibilité où nous sommes de rien savoir concernant les instincts des races éteintes.

Les changements d'instincts peuvent être surtout rendus faciles, lorsque les mêmes espèces ont des instincts très-différents à différentes époques de la vie, selon les saisons de l'année, ou lorsqu'elles se trouvent placées en des circonstances différentes. En pareils cas, soit l'un de ces instincts, soit l'autre, peut se perpétuer exclusivement par la sélection naturelle : or cette diversité d'instincts chez la même espèce se rencontre encore assez fréquemment [1].

III. **Aphis et Fourmis.** — De même encore que pour l'orga-

[1] Voy. chap. vi, §§ III et IV, p. 216-228.

nisation physique, et conformément à ma théorie, tout instinct est toujours utile à l'espèce qui en est douée; mais, autant que nous en pouvons juger, aucun instinct n'est donné à une espèce pour le bien exclusif d'autres espèces. Parmi les exemples, à moi connus, d'animaux qui, en apparence, accomplissent un acte quelconque à l'avantage d'une autre espèce, l'un des plus remarquables, c'est celui des Aphis ou Pucerons qui, d'après les observations faites pour la première fois par Huber, cèdent volontairement aux Fourmis la liqueur sucrée qu'ils excrètent. Qu'ils le fassent volontairement et non par force, cela ressort du fait suivant. J'enlevai toutes les Fourmis pressées autour d'un groupe d'environ une douzaine d'Aphis sur une plante d'Oseille, et j'empêchai leur retour pendant plusieurs heures. Après ce temps écoulé, j'étais sûr que les Aphis devaient avoir besoin d'excréter. Je les guettai pendant quelque temps à la loupe, mais pas un seul n'excréta. Alors je les chatouillai en les frappant légèrement avec un cheveu, autant que je pus, de la même manière que les Fourmis avec leurs antennes, l'excrétion n'eut pas encore lieu.

Enfin, je les laissai approcher par une Fourmi qui, d'après l'activité avec laquelle elle se mit à aller et venir, me parut parfaitement au fait de la riche trouvaille qui lui incombait. Elle commença alors à battre de ses antennes l'abdomen de chaque Aphis l'un après l'autre, et chacun d'eux, aussitôt qu'il sentait le contact de la Fourmi, levait son abdomen et excrétait une goutte limpide de liqueur sucrée que la Fourmi dévorait avidement. Même les tout jeunes Aphis se comportaient de la même manière, ce qui me prouva qu'ils agissaient bien par instinct, et non par expérience. Il est certain, d'après les observations de P. Huber, que les Aphis ne montrent aucune aversion pour les Fourmis. C'est qu'en effet, lorsque la présence de ces dernières leur manque, ils sont obligés, tout au moins, de se débarrasser eux-mêmes de leur excrétion ; mais, comme elle est extrêmement visqueuse, il leur est probablement plus commode qu'elle leur soit enlevée par un secours étranger. Il est donc probable qu'ils n'excrètent pas instinctivement pour le seul bien des Fourmis [1].

Mais, bien qu'il n'y ait aucune preuve qu'un animal quelconque accomplisse un acte exclusivement pour le bien d'une autre d'espèce distincte, néanmoins, chaque espèce essaye de tirer quelque avantage des instincts des autres, comme elle profite de leur faiblesse relative d'organisation. De même encore, en quelques cas, certains instincts ne peuvent être regardés comme absolument parfaits : mais comme des détails sur ce sujet et sur quelques autres analogues ne sont pas indispensables, je les supprimerai ici.

IV. **Instincts variables et héréditaires.** — Comme la sélection naturelle ne peut agir sur les instincts à l'état de nature sans

[1] Il se peut qu'aujourd'hui ce soit un besoin et presque une nécessité pour les Aphis de se laisser traire par les Fourmis. A ce point de vue, cette abondante excrétion, qui les tient dans la dépendance d'une autre espèce, est donc un désavantage ; mais il se peut que l'espèce même doive sa conservation et sa multiplication à ce désavantage apparent. Les Aphis se trouvent vis-à-vis des Fourmis dans la même situation que notre bétail par rapport à nous ; et il est certain que nos meilleures vaches laitières seraient fortement incommodées par l'abondance de leur lait si elles recouvraient la liberté de l'état sauvage, sans variations correspondantes qui les fissent revenir à leur ancien type. Comme il n'est en aucune façon certain que cette réversion eût lieu rapidement et d'une manière complète, il pourrait donc leur être utile que certains animaux, par suite de quelques variations d'instincts, remplissent auprès d'elles l'office de nos laitières.

Il en est peut-être de même à l'égard des Aphis. On a des preuves de leur existence aussi loin que la période des terrains Wealdiens, et, d'autre part, on sait que durant la période tertiaire Pliocène les Fourmis étaient si nombreuses en Europe, qu'on pourrait appeler cette époque géologique l'ère des Fourmis. Le professeur Heer n'en a pas compté moins de cinquante espèces dans les seuls gisements de Radoboj et d'Œningen, dont quarante appartiennent au genre actuel des Fourmis, et neuf au genre Ponera, une seule étant d'un genre éteint. Les Fourmis se trouvent également en grand nombre dans l'ambre de la Baltique. Leurs instincts étaient sans doute aussi développés qu'aujourd'hui, et plus multiples, en raison même de la plus grande concurrence qu'elles devaient se faire. Il se peut qu'alors elles aient commencé par la force ou la contrainte, ou enfin par des moyens un peu analogues à ceux que nous employons aujourd'hui, la domestication des Aphis. Comme c'est une loi physiologique que l'activité d'une fonction organique s'accroisse par l'habitude d'un exercice graduellement augmenté, il se peut que les Fourmis, en suçant autrefois les Aphis de force, aient développé chez eux cette surabondance d'excrétion, au point qu'ils en soient aujourd'hui incommodés et qu'ils aient besoin du secours des Fourmis pour se soulager. Ce serait, en ce cas, une acquisition nouvelle d'instinct chez les Fourmis, et une nouvelle habitude avantageuse contractée par elles qui aurait causé chez les Aphis une variation désavantageuse d'organisation, et une variation correspondante d'instinct. Car, du moment où la Fourmi devenait nécessaire à l'Aphis, celui-ci devait se prêter volontiers à une succion qu'il n'a peut-être subie au principe que par force. (*Trad.*)

une certaine variabilité de ces instincts et sans l'hérédité de ces variations, il serait bon de donner ici autant d'exemples que possible de ces altérations héréditaires ; malheureusement les proportions de cet extrait ne me le permettent pas. Tout ce que je puis, c'est d'affirmer que certainement les instincts varient, soit en intensité, soit en direction, et jusqu'à disparition ou transformation complète. Ainsi, les nids d'oiseaux varient, en partie, d'après leur situation particulière et selon la nature et la température de la contrée, mais souvent aussi par des causes qui nous sont complétement inconnues. Audubon a constaté des différences très-remarquables entre les nids d'oiseaux de la même espèce dans les États-Unis du Nord et du Sud.

Mais si l'instinct est variable, pourquoi l'Abeille n'a-t-elle pas reçu la faculté d'user de quelque autre substance que la cire, quand celle-ci vient à lui manquer? On pourrait demander par contre quelle autre substance les Abeilles pourraient employer? Je les ai vues travailler de la cire durcie avec du vermillon, ou amollie avec du lard. D'après une expérience d'Andrew Knight, des Abeilles, au lieu de recueillir laborieusement la propolis, ont employé un ciment de cire et de térébenthine dont il avait enduit des arbres dépouillés de leur écorce. On a observé dernièrement que les Abeilles, au lieu d'aller chercher le pollen de fleur en fleur, emploient très-volontiers diverses substances, et entre autres du gruau [1].

La crainte de certains ennemis est certainement instinctive, comme on peut le voir chez les oiseaux nicheurs. Mais il n'est pas moins certain qu'elle peut diminuer ou s'augmenter par l'expérience, et comme par une sorte de contagion à la vue de la même crainte chez d'autres animaux. Ainsi que je l'ai établi

[1] Récemment, en un district de Prusse, on remarquait que les Abeilles prospéraient extraordinairement bien depuis quelque temps ; c'est qu'elles avaient pris l'habitude de s'introduire dans des fabriques de sucre des environs qu'elles dévalisaient à l'envi, et où elles savaient parfaitement choisir le sucre de la meilleure qualité. Les propriétaires de ces exploitations, pour se délivrer de ces bandes de pillards ailés et se faire restituer ce qu'elles leur avaient enlevé, n'ont eu d'autre moyen que de leur fermer les issues, de les saisir et de les écraser par milliers. D'ailleurs, c'est un fait connu de tous qu'en hiver on est souvent obligé de nourrir artificiellement des Abeilles avec du sucre, ou autres substances sucrées. (*Trad.*)

autre part, la crainte de l'homme s'acquiert peu à peu par divers animaux qui habitent des îles désertes, à mesure qu'ils expérimentent nos moyens de destruction. On peut en voir un exemple, même en Angleterre, où les grands oiseaux sont comparativement beaucoup plus farouches que les petits, sans doute parce qu'ils ont été partout et toujours beaucoup plus persécutés par l'homme. La preuve que cette différence n'a pas d'autre cause, c'est que dans les îles inhabitées les grands oiseaux ne sont pas plus craintifs que les autres, et la Pie, si peureuse en Angleterre, est apprivoisée en Norvége, de même que la Corneille mantelée en Égypte.

Une multitude de faits établissent que les individus de même espèce, nés à l'état sauvage, diffèrent extrêmement dans leur caractère et leurs dispositions instinctives. On pourrait de même citer plusieurs habitudes extraordinaires qui se manifestent seulement chez quelques représentants d'une espèce, et qui, dans le cas où elles leur seraient avantageuses en telles circonstances données, pourraient donner naissance par sélection naturelle à des instincts entièrement différents de ceux de la souche mère. Mais je sais trop que sans le secours de longs détails ces observations générales sont d'un faible poids pour entraîner la conviction. Je ne puis que répéter une fois de plus que je n'avance rien sans de solides preuves.

V. **Instincts domestiques et leur origine.** — Quelques observations faites sur les animaux domestiques tendent encore à prouver que les variations de l'instinct à l'état de nature sont héréditaires. Elles nous mettent de plus à même d'évaluer la part respective que l'habitude et la sélection peuvent prendre dans les modifications des facultés mentales de ces animaux. On pourrait citer un nombre infini d'exemples curieux et parfaitement authentiques de l'hérédité des goûts, des tempéraments et des caractères les plus divers, et même des façons d'agir ou des manières d'être les plus étranges, parfois associées avec certaines dispositions mentales ou avec certaines époques.

Il suffit de songer à ce qu'on observe chez nos diverses races de Chiens. On ne saurait contester que de jeunes Chiens couchants ne tombent souvent d'arrêt dès la première fois qu'on les lance, et mieux parfois que d'autres depuis longtemps exercés. J'en ai vu moi-même un exemple frappant. Le sauvetage est de même héréditaire chez les races dressées à cet effet, comme chez les Chiens de berger l'habitude de tourner autour du troupeau, au lieu de lui courir sus. Je ne saurais voir aucune différence entre ces divers actes et ceux qu'accomplit le pur instinct à l'état sauvage : chacun d'eux est accompli sans le secours de l'expérience, par les jeunes individus comme par les vieux, à peu près par tous de la même manière, et par tous avec passion. Bien plus, tous paraissent les accomplir sans avoir l'intelligence de leur fin : car le jeune Chien ne sait pas plus qu'il arrête pour aider son maître, que le Papillon blanc ne sait pourquoi il dépose ses œufs sur les feuilles du Chou. De tels actes sont donc bien évidemment instinctifs. Si nous voyions un Loup, encore jeune et sans aucune éducation préalable, demeurer immobile comme une statue la première fois qu'il sent ou aperçoit sa proie, et ramper ensuite vers elle avec une démarche toute particulière ; si nous voyions au contraire une autre espèce tourner autour d'un troupeau de Daims, au lieu de le poursuivre, et le chasser ainsi vers un point déterminé, assurément nous attribuerions de tels actes à l'instinct. Il est vrai que les instincts domestiques, ainsi qu'on peut les appeler, sont généralement moins fixes que les instincts naturels ; mais aussi ils ont été soumis à une sélection moins rigoureuse, et se sont transmis héréditairement depuis une époque beaucoup moins reculée sous des conditions de vie moins constantes.

Lorsque différentes races de Chiens sont croisées, on voit encore mieux quelle est la force héréditaire de leurs instincts, de leurs habitudes et de leurs dispositions, par le curieux mélange qui s'en fait souvent chez les métis. On sait qu'un croisement avec un Boule-Dogue a augmenté pendant de nombreuses générations le courage et la ténacité d'une race entière de Lévriers, de même qu'un seul croisement avec un Lévrier a donné à toute une famille de Chiens de berger une disposition marquée à chasser les Lièvres. Du reste, les instincts domestiques, ainsi altérés par le croisement, ressemblent en cela aux instincts sauvages, qui se mélangent de la même manière ; de sorte que pendant une longue suite de générations la variété croisée montre les traces héréditaires des instincts différents qu'elle tient des deux souches dont elle provient. Le Roy décrit un Chien qui avait pour arrière-grand-père un Loup, et qui n'avait hérité de cet ancêtre sauvage qu'une seule particularité de caractère : c'est qu'il ne venait jamais en droite ligne vers son maître, quand celui-ci l'appelait.

On parle souvent des instincts domestiques comme n'étant devenus héréditaires que par suite d'une longue habitude acquise par contrainte. Une pareille supposition n'est pas admissible. Qui jamais aurait songé à enseigner à un Pigeon à faire la culbute? Qui jamais d'ailleurs aurait pu y réussir? C'est si bien un instinct héréditaire de la race, que j'ai vu moi-même de jeunes sujets accomplir dans l'air leur saut périlleux, sans qu'ils l'eussent jamais vu faire à d'autres Pigeons. Tout ce qu'on peut supposer, c'est qu'un Pigeon quelconque, ayant montré des dispositions naturelles à prendre cette étrange habitude, et ayant légué la même tendance à sa race, la sélection longtemps continuée à travers les générations successives des sujets chez lesquels cette tendance prit de plus en plus de force, a pu rendre peu à peu les Pigeons culbutants tels que nous les voyons aujourd'hui. Je tiens de M. Brewer que près de Glascow il y a des Pigeons culbutants de volière qui ne peuvent voler à dix-huit pouces de hauteur sans tourner sur eux-mêmes.

Il serait fort étrange que quelqu'un se fût jamais imaginé d'apprendre à un Chien à tomber d'arrêt, si quelques Chiens n'avaient montré une tendance naturelle à le faire ; or l'on sait qu'une pareille tendance se manifeste quelquefois chez diverses races, et je l'ai constatée moi-même chez un pur Terrier. La posture de l'arrêt peut n'être que l'exagération de celle que prendrait tout naturellement l'animal en se préparant à s'élancer sur sa proie : telle est du moins l'opinion assez généralement adoptée. Dès que la disposition à arrêter fut devenue assez forte dans une race pour être remarquée et appréciée, la sélection méthodique, avec ses effets héréditaires, et l'éducation, avec ses moyens de contrainte, agissant sur chaque génération successive, eurent bientôt achevé l'œuvre de transformation. Enfin la sélection inconsciente, agissant constamment, et de nos jours encore, a dû fixer l'instinct nouvellement acquis et le perfectionner par ce seul fait que chacun, sans avoir aucun dessein d'améliorer la race, cherche sans cesse à se procurer les chiens qui arrêtent le mieux.

D'autre part, cependant, l'habitude peut quelquefois suffire. Ainsi, rien n'est si difficile que d'apprivoiser les petits des Lapins sauvages; et, au contraire, il n'est peut-être pas d'animal plus aisé à apprivoiser que les petits du Lapin domestique. Pourtant, je ne suppose pas que les Lapins domestiques aient jamais été choisis à cause de leur facilité à s'apprivoiser, et je présume qu'il faut attribuer entièrement ce changement remarquable de l'extrême sauvagerie à l'extrême domesticité, à une longue habitude et à une longue réclusion héréditaires [1].

Les instincts naturels se perdent à l'état domestique. Nous avons un remarquable exemple de cette loi dans certaines races de Poules qui ne demandent jamais à couver. C'est l'accoutumance qui nous empêche de remarquer les changements considérables qui se sont effectués dans les facultés mentales de nos animaux familiers par le fait de la domestication. On ne peut guère douter que l'affection pour l'homme ne soit généralement devenue instinctive chez le Chien. Les Loups, les Renards, les Chacals et les diverses espèces félines qu'on a essayé d'apprivoiser, se montrent tous acharnés à la poursuite des

[1] La sélection, au contraire, a dû jouer en ce cas un rôle très-important. Les Lapins n'ont guère, il est vrai, été gardés en domesticité que pour servir d'aliments, mais ils ont été le plus souvent gardés par de pauvres familles, ou du moins par des familles de paysans, et le soin en a presque toujours été laissé aux femmes et aux enfants. Or, si dans une portée un petit a montré plus de gentillesse ou moins de sauvagerie, il aura été privilégié et gardé pour la reproduction, tandis que tous les autres auront été impitoyablement vendus ou tués. Comme ces animaux se multiplient très-vite, les effets de l'accumulation sélective ont dû être d'autant plus rapides et plus intenses qu'elle se renouvelait plus fréquemment ; de sorte qu'entre les Lapins apprivoisés on n'a jamais gardé que les plus apprivoisés comme reproducteurs mâles ou femelles, et d'autant plus qu'une grande docilité exigeait une réclusion moins sévère et moins étroite, et par conséquent moins de soins et moins de surveillance. (*Trad.*)

Poules, des Moutons et des Porcs. Cette tendance s'est de même trouvée incurable chez les Chiens qui avaient été apportés tout jeunes en Europe de contrées telles que l'Australie et la Terre-de-Feu, où les sauvages ne possèdent aucune de ces espèces d'animaux domestiques. Au contraire, combien est-il rare que nous soyons obligés d'accoutumer nos Chiens civilisés à ne pas attaquer nos Poules, nos Moutons et nos Porcs ! Ils les pourchassent bien quelquefois, sans nul doute ; mais comme ils sont châtiés d'abord et tués ensuite, s'ils se montrent incorrigibles, il en résulte que l'habitude, jointe à une certaine action sélective, a concouru à les civiliser héréditairement.

D'autre part, les jeunes Poulets ont perdu, et cette fois entièrement par habitude, la crainte des Chiens et des Chats originairement instinctive dans leur espèce. Je tiens du capitaine Hutton que dans l'Inde cette crainte se manifeste encore chez les jeunes poussins sauvages du *Gallus bankiwa* ou coq d'Inde commun, que l'on considère comme la souche mère de toutes nos races domestiques, lors même que ces poussins ont été couvés par une Poule domestique, et l'on constate le même fait chez les jeunes Faisans [1]. Ce n'est cependant pas que nos Poulets aient perdu toute crainte, mais seulement la crainte de nos Chiens et de nos Chats : car si la couveuse jette le cri d'alarme, ses poussins s'échappent de dessous ses ailes et vont se cacher dans l'herbe ou dans les fourrés voisins. Cet instinct est encore plus prononcé chez les Dindons, et il est de toute évidence qu'il a pout but de permettre à la mère de s'envoler, comme nous voyons qu'il arrive chez les oiseaux sauvages. Mais un pareil instinct chez nos poussins domestiques est maintenant sans utilité, les mères ayant perdu presque complétement l'usage de leurs ailes par l'effet de la domesticité.

[1] Dans la 5e édition anglaise on lisait ici : « D'autre part, les jeunes poulets « ont perdu, entièrement par habitude, la crainte des chiens et des chats qui, « on n'en peut douter, était originairement instinctive dans leur espèce, comme « on la voit encore si évidemment instinctive chez les jeunes Faisans, lorsmême « qu'ils sont couvés par une poule domestique. »

Ce paragraphe a déjà été modifié dans mes deux premières éditions françaises et dans la première édition allemande. (*Trad.*)

Nous pouvons donc conclure de l'ensemble de ces faits qu'à l'état domestique nos diverses espèces d'animaux familiers ont perdu quelques-uns de leurs instincts naturels, mais ont acquis en revanche de nouveaux instincts qui leur sont devenus propres. Cette transformation s'est faite grâce à l'habituation lente, successive, mais héréditaire, de l'espèce à ses nouvelles conditions de vie, et surtout grâce au pouvoir de sélection et d'accumulation de l'Homme qui, à chaque génération successive, a constamment choisi, pour les conserver et les reproduire, les individus manifestant certaines manières d'être ou d'agir toutes particulières que nous appelons accidentelles, dans l'ignorance où nous sommes des lois fixes qui les causent. Parfois les habitudes contraintes de la réclusion et de la domesticité ont suffi pour déterminer chez certains individus des instincts nouveaux qui se sont ensuite transmis héréditairement à leur postérité ainsi modifiée. En d'autres cas, la contrainte des habitudes n'est entrée pour rien dans un résultat entièrement obtenu à l'aide de la sélection poursuivie, soit méthodiquement, soit inconsciemment; mais, dans la plupart des cas, il est probable que l'habitude et la sélection ont agi concurremment.

VI. **Instincts naturels du Coucou, de l'Autruche et des Abeilles parasites.** — Peut-être comprendrons-nous mieux comment les instincts peuvent se modifier à l'état de nature en étudiant quelques cas tout particuliers. J'en choisirai trois seulement parmi tous ceux que j'examinerai dans mon prochain ouvrage : c'est d'abord l'instinct qui porte le Coucou et quelques autres animaux à déposer leurs œufs dans le nid d'autres espèces ; c'est ensuite l'instinct esclavagiste de certaines Fourmis ; c'est enfin l'instinct constructeur de l'Abeille domestique. Or, on sait que ces deux derniers surtout sont généralement et bien justement considérés par tous les naturalistes comme les plus merveilleux de tous les actes instinctifs que l'on connaisse.

Il est généralement admis aujourd'hui que la cause immédiate et finale de l'instinct particulier de la femelle du Coucou, c'est qu'elle ne pond pas ses œufs quotidiennement, mais à intervalles de deux ou trois jours ; de sorte que, si elle construisait elle-même son nid pour couver ses propres œufs, il faudrait qu'elle laissât les premiers pondus quelque temps sans être couvés, sinon il se trouverait des œufs et des oisillons de différents âges réunis ensemble dans le même nid. Il en résulterait que l'incubation et l'éclosion de la couvée entière la retiendraient trop longtemps, inconvénient d'autant plus grave pour elle qu'elle doit émigrer de très-bonne heure. Il faudrait, de plus, que les premiers oisillons éclos fussent nourris par le mâle seul, la femelle ne pouvant quitter ses autres œufs prêts à éclore pour aller chercher des aliments. Telles sont cependant les mœurs du Coucou d'Amérique qui fait son propre nid, et qui a tout à la fois des œufs et des petits qui éclosent à intervalles successifs. On a prétendu que le Coucou d'Amérique pondait aussi ses œufs dans le nid d'autres oiseaux ; mais je tiens du docteur Brewer, dont le témoignage fait autorité en pareille matière, que cette opinion est erronée. Néanmoins, je pourrais citer plusieurs exemples d'oiseaux d'espèces très-diverses qu'on a vus quelquefois déposer leurs œufs dans le nid d'autres oiseaux. Supposons maintenant que l'ancien progéniteur de notre Coucou d'Europe ait eu les habitudes du Coucou américain, mais qu'il n'ait que rarement pondu ses œufs, et peut-être les premiers ou les derniers de ses couvées dans le nid d'autres oiseaux. Si l'oiseau adulte a tiré quelque avantage de cette circonstance, ou si les jeunes oisillons abandonnés sont devenus plus vigoureux en profitant ainsi des méprises de l'instinct chez une mère adoptive, qu'en demeurant aux soins de leur propre mère, gênée, comme elle ne pouvait guère manquer de l'être, entre ses œufs et ses oisillons de différents âges qu'il lui fallait à la fois couver et nourrir, et de plus, pressée qu'elle était d'émigrer à une époque hâtive et bien avant la saison froide, on conçoit qu'un fait d'abord accidentel ait pu devenir peu à peu une habitude avantageuse à l'espèce. Car toute analogie nous sollicite à croire que les jeunes oiseaux ainsi couvés et nourris par des parents étrangers auront hérité plus ou moins de la déviation d'instinct qui a porté leur mère à les abandonner. Ils seront donc devenus de plus en plus disposés à déposer à leur tour leurs œufs dans le nid d'autres oiseaux, et d'autant plus que leurs couvées auront mieux réussi par cette éducation d'emprunt. L'origine de l'étrange instinct du Coucou s'explique ainsi tout naturellement par la continuation de ce procédé pendant de longues générations. Ce qui appuie encore une pareille supposition, c'est que, d'après le témoignage du docteur Gray et de quelques autres observateurs, le Coucou européen n'aurait pas entièrement perdu tout amour maternel ni toute sollicitude pour ses petits.

Cette habitude d'aller pondre dans les nids d'autres oiseaux de la même espèce ou d'espèces distinctes n'est pas rare chez les Gallinacés. Cela peut nous rendre compte d'un singulier instinct qu'on observe chez le groupe voisin des Autruches. On a observé, du moins chez l'espèce américaine, que plusieurs femelles s'entendent pour pondre chacune quelques œufs dans un nid commun, puis dans un autre, et ainsi de suite, jusqu'à la fin de la ponte. Les œufs sont ensuite couvés par les mâles seuls. Cet instinct doit provenir de ce que l'Autruche femelle pond un assez grand nombre d'œufs, mais, comme la femelle du Coucou, à intervalles de deux ou trois jours. Cependant cet instinct de l'Autruche américaine n'a sans doute pas encore eu le temps de se fixer et de se perfectionner ; car un nombre considérable d'œufs de ces oiseaux demeurent semés çà et là dans les plaines, si bien qu'en un seul jour de chasse j'en ai trouvé au moins une vingtaine ainsi perdus et gâtés.

Beaucoup d'Abeilles sont de même parasites et déposent leurs œufs dans les nids d'autres espèces. C'est un cas encore plus remarquable que celui du Coucou ; car, chez les Abeilles, non-seulement les instincts, mais aussi l'organisation entière a été modifiée de manière à s'accorder avec cette habitude. Ainsi, elles ne possèdent point l'appareil destiné à recueillir le pollen qui leur serait indispensable si elles avaient à prendre le soin de nourrir leur progéniture. Quelques espèces de Sphégides sont également parasites d'autres espèces. La *Tachytes nigra* construit en général son propre terrier et l'approvisionne de proies paralysées pour nourrir ses larves. Cependant, d'après M. Fabre, lorsqu'elle trouve un terrier déjà creusé et approvisionné par une autre guêpe, elle profite de la prise et devient ainsi à l'occasion parasite. En pareil cas, de même que nous l'avons vu pour le Coucou, je ne vois aucune difficulté à ce qu'un instinct, d'abord accidentel, devienne habituel et permanent par sélection naturelle, s'il profite en quelque chose à l'espèce parasite, sans toutefois causer l'extinction de l'espèce dont elle s'approprie ainsi traîtreusement le nid et les provisions.

VII. **Instinct esclavagiste des Fourmis.** — La découverte de ce remarquable instinct a été faite d'abord chez le Polyergue roussâtre (*P. rufescens*) par Pierre Huber, si possible encore meilleur observateur que son célèbre père lui-même. Ces Fourmis sont dans la dépendance absolue des services de leurs esclaves au point que, sans leur aide, l'espèce s'éteindrait certainement tout entière dans une seule année. Les mâles et les femelles fécondes ne font aucun travail, et les ouvrières ou femelles stériles, bien que déployant beaucoup d'énergie et de courage dans la capture des esclaves, ne font non plus jamais autre chose. Les unes comme les autres sont incapables de se construire une demeure et de nourrir leurs larves. Quand leur ancienne fourmilière leur devient incommode et qu'elles sont forcées d'émigrer, ce sont les esclaves qui décident l'émigration et qui transportent leurs maîtres entre leurs mandibules. Ces derniers sont si complétement incapables de se subvenir à eux-mêmes que, Huber en ayant enfermé une trentaine avec une provision des aliments qu'ils préfèrent, mais sans un seul esclave, et bien qu'il leur eût laissé leurs larves et leurs œufs pour les stimuler au travail, ils ne purent se décider à rien faire, pas même à manger seuls, et beaucoup d'entre eux se laissèrent ainsi périr de faim. Huber introduisit alors une seule esclave (*Formica fusca*). Elle se mit aussitôt à l'œuvre, donna la pâture aux survivants et les sauva, construisit quelques cellules, donna ses soins aux jeunes larves, enfin remit toutes choses en bon ordre. Quoi de plus extraordinaire que de pareils faits? Et cependant il n'en est point de plus authentiques. Si nous ne connaissions d'autres espèces de Fourmis douées d'instincts esclavagistes un peu différents et de moins en moins prononcés, il serait vain de vouloir spéculer sur l'origine d'un instinct aussi étrange et sur les causes de ses perfectionnements successifs.

Pierre Huber fut encore le premier à constater qu'une autre espèce, la Fourmi sanguine, avait aussi des esclaves, bien qu'en moindre nombre. Cette espèce est très-répandue dans le sud de l'Angleterre, et ses mœurs ont été observées avec persévérance et décrites avec détail par M. F. Smith, du Musée britannique, auquel je dois de nombreux renseignements sur ce sujet. Bien que plein de confiance dans les observations de Huber et de M. Smith, j'ai voulu constater les faits par mes propres yeux, et c'est même avec une disposition d'esprit un peu sceptique que j'en abordai l'examen. Mais chacun m'excusera certainement d'avoir douté d'abord de la réalité d'un instinct aussi étrange et aussi odieux que l'instinct esclavagiste. Je rapporterai donc mes observations personnelles avec quelques détails.

Sur quatorze fourmilières de Fourmis sanguines que j'ouvris, chacune contenait au moins quelques esclaves. Les mâles et les femelles fécondes de l'espèce esclave, la Fourmi noir-cendré (*F. fusca*), ne se trouvent que dans leurs propres communautés, et l'on n'en rencontre jamais dans les cités de Fourmis sanguines. Les esclaves sont noires et moitié plus petites que leurs maîtres, qui sont de couleur rouge, de sorte que le contraste est trop grand pour qu'aucune méprise soit possible. Quand le nid n'est qu'un peu dérangé, les esclaves sortent parfois; de même que leurs maîtres, elles paraissent très-agitées pour défendre la cité ; et lorsque le trouble survenu est plus important, et que les larves et les œufs sont en danger, elles travaillent avec ardeur pour les transporter en lieu de sûreté. Il suit évidemment de là qu'elles se sentent parfaitement chez elles et comme en famille. Pendant les mois de juin et de juillet de trois années consécutives, je suis souvent demeuré durant de longues heures à observer plusieurs fourmilières, dans les comtés de Surrey et de Sussex, sans jamais voir une seule esclave entrer dans le nid ou en sortir. Comme, à cette époque de l'année, il n'y en a que très-peu dans les nids, je pensai qu'elles se conduisaient peut-être autrement quand il y en avait un plus grand nombre ; mais M. Smith m'a dit que dans le comté de

Surrey et le Hampshire, il a lui-même observé des fourmilières à diverses heures du jour, en mai, juin et août, et durant ce dernier mois où les esclaves sont très-nombreuses, et ne les a jamais vues quitter le nid ou y rentrer. On peut donc, en toute certitude, les considérer comme des esclaves exclusivement domestiques. Au contraire, on voit sans cesse les maîtres aller et venir, transporter des matériaux pour la construction ou des provisions alimentaires de toutes sortes. Pendant l'année 1860, cependant, je fis la découverte d'une communauté qui renfermait un nombre inusité d'esclaves, et j'en observai quelques-unes qui, en compagnie de leurs maîtres, quittèrent l'habitation et suivirent la même route vers un grand Pin, éloigné de vingt-quatre mètres, dont ils firent tous ensemble l'ascension, probablement en quête d'Aphis ou de Cochenilles. Selon Huber, qui avait en Suisse de nombreux moyens d'observation, les esclaves travaillent habituellement avec leurs maîtres à construire la fourmilière ; elles seules en ouvrent les entrées le matin et les referment le soir ; mais, d'ordinaire, leur principale occupation serait la chasse aux Aphis. Cette différence dans les habitudes des maîtres et des esclaves des deux pays dépend probablement de ce que les Fourmis de Suisse capturent un plus grand nombre d'esclaves que celles d'Angleterre.

J'eus un jour la bonne fortune d'assister à une migration de Fourmis sanguines d'un nid dans un autre. C'était un curieux spectacle que de voir les maîtres porter soigneusement leurs esclaves entre leurs mandibules, au lieu d'être portés par elles, comme on le voit chez le Polyergue roussâtre. Un autre jour, mon attention fut attirée par une vingtaine de Fourmis sanguines qui se rassemblaient en troupe vers un même lieu. Elles approchèrent d'une communauté indépendante de Fourmis noir-cendré dont elles furent vigoureusement repoussées. Quelquefois trois ou quatre défenseurs de la tribu menacée grimpaient aux pattes d'une des esclavagistes. Celle-ci tuait sans pitié ses petits adversaires, les uns après les autres, et emportait ensuite leurs cadavres, comme nourriture ou butin de guerre, dans sa fourmilière, éloignée d'environ vingt-sept mètres. Cependant les Fourmis sanguines ne purent réussir à enlever des nymphes pour les élever à titre d'esclaves. Alors, je déterrai dans une autre fourmilière de Fourmis noir-cendré un petit nombre de nymphes et les semai sur un terrain nu auprès du lieu du combat. Elles furent aussitôt enlevées par les esclavagistes qui, peut-être en les saisissant, s'imaginèrent qu'elles étaient demeurées victorieuses dans leur dernière bataille.

Je plaçai ensuite au même endroit un fragment de nid enlevé à une fourmilière de *Formica flava*, et, outre les nymphes qu'il contenait, quelques individus adultes y adhéraient encore. Ce sont de petites Fourmis jaunes qui, d'après M. Smith, sont quelquefois, quoique rarement, réduites en esclavage. Malgré leur petite taille, elles sont très-courageuses, et je les ai vues attaquer avec fureur d'autres espèces. Une fois, par exemple, je trouvai à ma grande surprise une communauté indépendante de *Formica flava* établie sous une pierre au-dessous d'une fourmilière de Fourmis sanguines esclavagistes, et lorsque, sans le vouloir, j'eus porté à la fois le trouble dans les deux nids, les petites Fourmis jaunes attaquèrent leurs grosses voisines avec une audace surprenante. J'étais donc curieux de savoir si les Fourmis sanguines pourraient distinguer les nymphes des Fourmis noir-cendré, qu'elles réduisent habituellement en esclavage, des nymphes de *Formica flava*, qu'elles ne font que très-rarement captives; et j'acquis la certitude qu'elles en faisaient la distinction à première vue. Car, tandis qu'elles s'étaient emparées avec précipitation des nymphes des Fourmis noir-cendré, au contraire elles parurent tout d'abord terrifiées au seul aspect de celles de *Formica flava*, et même les parcelles de terre enlevées au nid de celles-ci suffisaient à les effrayer et à les faire fuir en toute hâte dès qu'elles les rencontraient sous leurs pas. Cependant au bout d'un quart d'heure, et peu de moments après que les quelques *Formica flava* qui étaient demeurées attachées au fragment de leur nid se furent retirées, les esclavagistes reprirent courage, revinrent chercher les nymphes et les emportèrent dans leur fourmilière.

Un soir que j'allais visiter une autre communauté de Fourmis sanguines, j'en trouvai une troupe qui revenait au logis.

Ce n'était pas une migration, car elles portaient des cadavres de Fourmis noir-cendré et un grand nombre de nymphes avec lesquelles elles rentrèrent dans leur fourmilière. Toutes étaient chargées de butin, et je pus suivre leur file sur une longueur de trente-six mètres environ, jusqu'à un épais fourré de Bruyère d'où je vis la dernière sortir portant une nymphe. Mais au milieu des touffes de Bruyère je ne pus découvrir le nid ravagé. Il ne pouvait cependant être bien loin, car deux ou trois Fourmis noir-cendré couraient çà et là dans la plus grande agitation; et l'une d'elles se tenait immobile à l'extrémité d'un brin de Bruyère, tenant sa nymphe entre ses mandibules, véritable image du désespoir sur les ruines de la patrie désolée.

Tels sont les faits que moi-même j'ai constatés. Du reste, il n'était pas besoin que je vinsse confirmer de nouveau la réalité de l'instinct esclavagiste dans la nature; assez d'autres l'avaient fait avant moi.

Mais arrêtons-nous un instant à comparer les habitudes opposées des Fourmis sanguines et des Polyergues roussâtres. Ceux-ci ne construisent pas leur propre demeure; ils ne décident pas eux-mêmes leurs migrations; ils ne recueillent pas leur propre nourriture ni celle de leurs petits, et ne peuvent pas même manger sans aide; ils sont dans la dépendance absolue de leurs esclaves. Les Fourmis sanguines, d'autre part, font beaucoup moins d'esclaves, et au commencement de chaque été elles n'en ont même qu'un très-petit nombre. Ce sont les maîtres qui décident où et quand un nouveau nid doit se construire; et, quand ils émigrent, ce sont eux qui portent leurs esclaves. En Suisse comme en Angleterre, les esclaves semblent avoir exclusivement soin des larves, et les maîtres seuls vont à la chasse aux esclaves. En Suisse seulement, les esclaves et les maîtres travaillent ensemble à rassembler des matériaux pour le nid et à le construire; les uns et les autres, mais surtout les esclaves, prennent soin des Aphis, et sont chargés de les traire; de sorte que les uns comme les autres recueillent des subsistances pour la communauté. En Angleterre, au contraire, les maîtres seuls sortent de la fourmilière pour recueillir les matériaux de construction et la nourriture qui leur est nécessaire pour eux, pour leurs esclaves et pour leurs larves. Les Fourmis sanguines de ce pays demandent donc beaucoup moins de services à leurs esclaves qu'on ne l'observe chez la variété suisse.

Par quelle série de degrés transitoires l'instinct de la Fourmi sanguine s'est-il développé? Je n'entreprendrai pas de le conjecturer. Cependant, comme j'ai vu parfois des Fourmis, qui d'ordinaire ne font point d'esclaves, emporter des nymphes d'autres espèces, lorsqu'elles les trouvent éparses aux alentours de leur nid, il n'est pas impossible que quelques-unes de ces nymphes, mises en réserve comme nourriture, soient venues à éclore, et que ces Fourmis étrangères, en suivant leurs propres instincts, aient rempli dans leur nid d'adoption les fonctions dont elles étaient capables. Si leurs services se sont trouvés de quelque utilité à l'espèce au milieu de laquelle elles sont ainsi nées par hasard, au point qu'il fût plus avantageux à cette espèce de capturer des travailleurs que de les procréer, l'habitude acquise de recueillir ou de dérober des œufs étrangers seulement pour s'en nourrir pourrait en être devenue plus forte ou s'être transformée par sélection naturelle, de manière à avoir pour but principal d'élever des esclaves.

Une fois l'instinct acquis, si faible qu'il pût être d'abord, et moins prononcé même que chez les Fourmis sanguines anglaises, qui reçoivent moins de services de leurs esclaves que la variété suisse de même nom, la sélection naturelle peut avoir suffi à l'accroître et à le modifier, toujours dans l'hypothèse que chaque modification ait été avantageuse à l'espèce, jusqu'à ce qu'il se soit enfin produit une variété de Fourmis aussi entièrement dépendante du travail de ses esclaves que l'est aujourd'hui le Polyergue roussâtre.

VIII. **Instinct constructeur de l'Abeille domestique.** — Je n'entrerai point dans de longs détails sur ce sujet; je résumerai seulement les conclusions auxquelles je suis arrivé. Il faudrait manquer de sens pour ne pas être pénétré d'une admiration profonde, quand on examine avec soin la structure si singulière d'un rayon de miel, structure surtout si parfaitement adaptée au but qu'elle doit remplir. Les mathématiciens avouent que les Abeilles ont pratiquement résolu, bien longtemps avant eux, l'un des plus difficiles problèmes de la géométrie, en ce qu'elles ont trouvé le moyen de faire leurs cellules de manière qu'elles pussent contenir la plus grande quantité possible de miel, en employant la moins grande quantité possible de cire. Un ouvrier habile, pourvu d'instruments de précision et de mesures exactes, aurait encore une grande difficulté à exécuter en cire des cellules de forme identique à celles qu'un essaim d'Abeilles construit au fond d'une ruche obscure. Qu'on leur accorde tout l'instinct qu'on voudra, il semble encore incompréhensible, au moins au premier abord, qu'elles réussissent à tracer les angles et les plans nécessaires, ou même qu'elles puissent savoir s'ils sont corrects. Pourtant, l'explication d'une telle merveille n'est pas à beaucoup près aussi difficile qu'on le croit généralement, et tout cet admirable travail peut résulter de la combinaison de quelques instincts très-simples.

C'est à M. Waterhouse que je dois d'avoir étudié cette question. Il a pleinement démontré que la forme de chaque cellule dépend de la présence d'autres cellules contiguës; et ce que j'ai à dire n'est qu'une modification de sa théorie. Ayons encore ici recours au principe des transitions graduelles, et voyons si la nature ne nous révèle pas elle-même sa méthode de création. Si nous cherchons à établir une série, peu étendue, il est vrai, de degrés transitoires, nous trouvons l'un des termes extrêmes représenté par les Bourdons, qui déposent leur miel dans leurs vieux cocons, en y ajoutant quelquefois de courts tubes de cire. D'autres fois ils construisent aussi des cellules isolées, d'une forme globuleuse irrégulière. A l'autre extrémité nous avons au contraire les cellules parfaites de l'Abeille domestique, construites sur deux rangs parallèles. On sait que chacune de ces cellules a la forme d'un prisme hexagone avec les bases de ses six côtés taillés en biseau, de manière à permettre l'adaptation d'un pointement pyramidal formé par trois rhombes. Ces rhombes présentent certains angles déterminés, et les trois faces de la pyramide, qui forment d'un côté la base d'une seule cellule, entrent dans la composition des bases pyramidales de trois cellules contiguës situées du côté opposé.

Entre les cellules parfaites de l'Abeille domestique et la grossière simplicité des cellules du Bourdon, on trouve, comme degré de perfection intermédiaire, les cellules de la Mélipone domestique du Mexique, qui ont été soigneusement décrites par Pierre Huber. La Mélipone elle-même est intermédiaire par sa structure entre l'Abeille et le Bourdon, mais plus voisine de celui-ci. Elle construit un rayon de cire presque régulier, composé de cellules cylindriques dans lesquelles les larves éclosent, et, de plus, quelques grandes cellules destinées à recevoir la provision de miel. Ces dernières sont presque sphériques, à peu près d'égales grandeurs et sont agrégées en une masse irrégulière. Mais ce qu'il y a de plus important à remarquer, c'est qu'elles sont toujours construites à telle distance les unes des autres, que, si les sphères étaient parfaites, elles interféreraient les unes avec les autres. Au lieu de cela, elles se limitent réciproquement, et, partout où elles tendent à interférer, elles sont séparées les unes des autres par des cloisons de cire parfaitement planes. Chaque cellule est donc composée extérieurement d'un segment sphérique, et intérieurement de deux ou trois sections planes, ou même davantage, selon que la cellule est contiguë à deux, trois cellules ou plus encore. Quand une des cellules est en contact avec trois autres, ce qui arrive très-fréquemment et même nécessairement, toutes les fois que les sphères sont à peu près de même grandeur, les trois surfaces planes internes se réunissent de manière à former une pyramide. Ainsi que l'a remarqué Huber, cette pyramide est évidemment une ébauche grossière de la pyramide trièdre qui sert de base aux cellules de l'Abeille domestique; et, de même que dans celles-ci, les trois sufaces planes d'une cellule de Mélipone entrent nécessairement dans la construction de trois autres cellules contiguës. Il est évident qu'un pareil plan de construction épargne à cet insecte une certaine quantité de cire, parce que les cloisons planes qui séparent les cellules adjacentes ne sont pas doubles, mais exactement de la même épaisseur que les segments sphériques extérieurs, et cependant chaque cloison plane sert à enclore à la fois deux cellules.

En réfléchissant à ces faits, il me vint à l'idée que, si la Mélipone construisait ses sphères à égales distances les unes des autres, qu'elle les fît de la même grandeur, en les disposant symétriquement sur deux rangs, il en résulterait une structure aussi parfaite que celle du rayon de l'Abeille domestique.

J'en écrivis au professeur Miller de Cambridge, et, d'après les renseignements qu'il a eu l'amabilité de me fournir, je puis garantir l'exactitude du théorème suivant.

Un certain nombre de sphères étant disposées de manière que tous leurs centres soient situés sur deux plans parallèles, et que le centre de chacune de ces sphères soit à une distance égale au rayon $\times \sqrt{2}$, c'est-à-dire le rayon $\times 1,41421$, ou à quelque autre moindre distance du centre de chacune des six sphères contiguës situées dans le même plan, et à la même distance des centres de chacune des sphères adjacentes qui sont situées dans l'autre plan parallèle ; si des plans d'intersection sont tirés entre les diverses sphères des deux rangées parallèles, il en résulte un double rang de prismes hexagones, unis les uns aux autres par des bases pyramidales formées de trois rhombes. Chacun des angles de cette pyramide trièdre, de même que les côtés du prisme hexagone, seront parfaitement identiques aux angles et aux côtés de la cellule de l'Abeille domestique, d'après les mesures les plus exactes qu'il ait été possible d'en donner [1].

Nous pouvons conclure de là en toute sécurité que, si les instincts actuels de la Mélipone, qui n'ont rien de fort extraordinaire, étaient susceptibles de quelques légères modifications, cet insecte pourrait arriver peu à peu à construire des cellules d'une perfection aussi merveilleuse que celles de notre Abeille domestique. Car il suffit de supposer qu'elle fasse ses cellules complétement sphériques et d'égale grandeur, ce qui n'aurait rien de très-surprenant, puisqu'elles sont déjà à peu près telles, et puisque tant d'insectes parviennent à creuser dans le bois des trous parfaitement cylindriques, apparemment en tournant

[1] La condition principale de cette symétrie, c'est que les sphères des deux rangs opposés ne soient jamais placées sur un même plan perpendiculaire au plan du rayon, mais sur des plans perpendiculaires régulièrement alternes, ou sur un même plan oblique. (*Trad.*)

sur eux-mêmes autour d'un même point fixe. Il faudrait, il est vrai, supposer encore que la Mélipone disposât toutes ses cellules de niveau, comme elle le fait déjà de ses cellules cylindriques; et de plus, ceci est peut-être moins aisé, qu'elle pût de quelque manière juger exactement de la distance à laquelle elle doit rester de ses compagnes de travail, lorsque plusieurs de ces insectes construisent ensemble leurs sphères. Mais elle paraît déjà suffisamment capable d'apprécier cette distance, puisqu'elle dispose toujours ses sphères de manière qu'elles interfèrent considérablement avec les sphères voisines, et qu'elle ferme ensuite les plans d'intersection par des cloisons parfaitement planes. Il faut encore supposer, une fois des prismes hexagones formés par l'intersection des sphères contiguës situées dans le même plan, qu'elle puisse les prolonger jusqu'à ce qu'ils atteignent la longueur requise par la quantité de miel qu'ils doivent renfermer; mais ceci ne présente plus aucune difficulté. Car c'est ainsi que le grossier Bourdon ajoute des cylindres de cire à l'ouverture circulaire de ses vieux cocons. A l'aide de semblables modifications d'instincts déjà préexistants, et qui, en eux-mêmes, n'ont rien de plus étonnant que celui qui guide un oiseau dans la construction de son nid, il me semble donc aisé que l'Abeille domestique ait acquis successivement par sélection naturelle son inimitable talent d'architecte [1].

[1] Quand on voit les enfants ou les peuples sauvages beaucoup plus habiles que les adultes et que les peuples civilisés à tous les jeux d'adresse, de même qu'à l'exercice du lasso, de l'arc, ou du simple jet de la main, il faut bien avouer que la juste évaluation des distance est infiniment plus aisée à l'instinct qu'à l'intelligence, et que l'habitude des sens vaut mieux dans la pratique que le calcul de la réflexion et les études mathématiques. Dans la construction des cellules de l'Abeille, il faut tenir compte de cet élément de succès, ainsi que des lois despotiques de la nécessité, qui la forcent, si elle se trompe dans les proportions de sa cellule, à recommencer son travail ou à le voir détruit en partie par d'autres Abeilles qui travaillent près d'elle. On comprend donc qu'aussitôt que les cellules d'une espèce ont commencé à affecter une forme régulière, elles ont dû tendre assez vite à devenir de plus en plus régulières et d'autant plus que le plan général de construction était plus compliqué et plus parfait. La Mélipone peut encore errer selon son caprice en bâtissant ses cellules ; l'Abelle domestique ne le peut plus; il faut qu'elle défasse et refasse jusqu'à ce que sa cellule concorde exactement avec les cellules voisines déjà construites ou en voie de construction. (*Trad.*)

La vérité de cette théorie peut, du reste, se prouver par expérience. Suivant en cela l'exemple de M. Tegetmeier, je plaçai entre deux rayons déjà construits d'une ruche une bande de cire épaisse, allongée et rectangulaire. Immédiatement les Abeilles commencèrent à y creuser de petites excavations circulaires; et, à mesure qu'elles avançaient à l'ouvrage, ces excavations devenaient à la fois plus profondes et plus larges, jusqu'à ce qu'elles prissent la forme de petits bassins présentant exactement à l'œil la surface en creux d'un segment sphérique et à peu près le diamètre d'une cellule. Il était reellement remarquable d'observer que, partout où plusieurs Abeilles avaient commencé à creuser leurs excavations les unes près des autres, elles les avaient disposées juste à telles distances que, lorsque les bassins eurent atteint la largeur ordinaire d'une cellule, et une profondeur égale environ au sixième du diamètre de la sphère dont elles formaïent un segment, leurs bords commencèrent à interférer de manière qu'ils communiquassent ensemble. Mais, aussitôt que les Abeilles s'en aperçurent, elles cessèrent de creuser, et se mirent en devoir d'élever des cloisons de cire parfaitement planes sur chaque ligne de mutuelle intersection entre deux bassins contigus. Chaque prisme hexagone fut ainsi construit sur les bords ondulés d'un bassin aplani, au lieu de l'être sur les bords droits des faces d'une pyramide trièdre, comme dans le cas des cellules ordinaires.

Alors, je remplaçai dans la ruche la bande de cire épaisse et rectangulaire par une lame étroite et mince de cire colorée avec du vermillon. Les Abeilles se mirent à y creuser des deux côtés de petits bassins placés les uns près des autres, comme dans l'expérience précédente, mais la lame de cire était si mince que, si les bassins eussent été creusés à la même profondeur que la première fois, ceux d'un côté eussent communiqué avec ceux du côté opposé. Mais les Abeilles surent prévenir ce résultat et arrêtèrent leur travail d'excavation en temps opportun; de sorte qu'aussitôt que les bassins eurent été un peu creusés, leurs fonds devinrent planes; et chacun de ces fonds planes, formés d'une mince couche de cire colorée que les Abeilles avaient laissée subsister sans la ronger, était situé, autant au moins que l'œil en pouvait juger, exactement dans le plan d'intersection imaginaire qui devait séparer les bassins des deux côtés opposés de la lame de cire, de sorte que leur profondeur d'un côté et de l'autre fût égale. En quelques endroits, des fragments plus ou moins considérables de rhombes avaient été laissés entre les bassins opposés ; mais par suite des conditions anormales dans lesquelles s'était accompli ce travail, il n'avait pu être aussi bien exécuté qu'à l'ordinaire. Pour que les Abeilles aient réussi à laisser subsister des cloisons planes entre les bassins des deux côtés opposés de la couche de cire colorée, il faut qu'elles aient toutes travaillé fort à peu près avec la même vitesse à les ronger circulairement et à les creuser, de manière à suspendre leur travail dès qu'elles arrivaient d'un côté ou de l'autre au plan imaginaire d'intersection qui devait séparer les deux bassins[1].

Je ne vois rien d'impossible à ce que des Abeilles, travaillant des deux côtés d'une plaque de cire, s'aperçoivent qu'elles l'ont rongée jusqu'à lui donner l'épaisseur qu'elle doit garder, et arrêtent aussitôt leur travail sur ce point. Si l'on songe à la malléabilité d'une mince couche de cire, on admettra qu'il n'est pas même nécessaire qu'elles travaillent exactement des deux côtés avec la même vitesse. Dans les rayons ordinaires j'ai cru remarquer que parfois le travail avance plus d'un côté que de l'autre, car j'ai trouvé à la base de cellules à peine commencées des cloisons rhomboïdales légèrement concaves du côté où je devais supposer que les Abeilles avaient creusé

[1] Il sera à jamais impossible de rendre complétement compte du travail des Abeilles, tant qu'on leur refusera toute intelligence, toute liberté d'action et surtout le sentiment esthétique de la forme et de la mesure. Je sais que ce sont là autant de facultés qu'on prétend nous réserver exclusivement en apanage. Combien cependant les choses s'expliqueraient plus aisément avec moins de préjugés et d'orgueil de notre part! Souvent, parce qu'on s'obstine à ne pas vouloir reconnaître à un animal l'ombre d'une ressemblance mentale avec nous, il faut, pour en expliquer les actes, recourir à des montagnes d'hypothèses, supposer au dehors de lui le moteur qui est en lui, et demander la cause de faits constants aux contingences les plus hasardeuses, les plus compliquées, et par conséquent les moins probables. Quand donc partira-t-on de ce principe : qu'il n'y a pas deux raisons, deux logiques dans le monde, mais une seule dont les lois éternelles gouvernent tous les êtres, et dont les manifestations ne varient en eux que par leur intensité et nullement par leur nature? (*Trad.*)

trop vite, et convexe du côté opposé, où sans doute elles avaient travaillé trop lentement. Une fois que je constatai un exemple frappant de ces irrégularités, je replaçai les rayons dans la ruche, et laissai les Abeilles reprendre pendant quelque temps leur travail interrompu. Quand j'examinai de nouveau la cellule, je trouvai que la cloison irrégulière avait été complétée et était devenue parfaitement plane. Il était cependant impossible, tant elle était mince, qu'elles l'eussent redressée en rongeant le côté convexe; et je dus supposer que les Abeilles, se plaçant dans la cellule opposée, avaient poussé et fait céder la cire chaude et ductile, ainsi que j'ai réussi à le faire moi-même aisément, de manière à la ramener dans le plan d'intersection qu'elle devait occuper entre les deux cellules.

Cette seconde expérience prouve que, si les Abeilles construisaient elles-mêmes une mince muraille de cire, elles donneraient aux cellules qu'elles y creuseraient la forme accoutumée en commençant leur travail exactement à la distance les unes des autres exigée par la théorie, et qu'elles travailleraient à peu près avec la même vitesse des deux côtés en s'efforçant de faire toutes leurs excavations exactement sphériques, sans souffrir que ces sphères anticipent les unes sur les autres de manière à communiquer. Mais, ainsi qu'on peut le voir lorsqu'on examine le bord d'un rayon en construction, les Abeilles font d'abord une muraille grossière ou rebord tout autour de la circonférence du rayon, et elles le creusent ensuite en le rongeant des deux côtés, travaillant toujours circulairement à mesure qu'elles creusent chaque cellule. Elles ne font pas non plus à la fois les trois rhombes de la base pyramidale de chaque cellule, mais seulement celui ou ceux de ces rhombes qui se trouvent contigus au bord extrême du rayon croissant, et jamais elles n'achèvent les bords supérieurs des rhombes de la base pyramidale d'une cellule que les faces du prisme hexagone ne soient commencés.

Je puis me faire garant de l'exactitude de ces observations, bien qu'elles diffèrent un peu de celles du célèbre François Huber; et si l'espace ne manquait ici, je démontrerais qu'elles n'ont rien de contradictoire avec ma théorie.

Ainsi, autant que j'ai pu le constater, il n'est pas parfaitement exact que la première cellule d'un rayon soit toujours creusée dans un petit mur de cire, à face parallèle, ainsi que l'affirme François Huber ; j'ai toujours vu, au contraire, que le point de départ du travail des Abeilles était un petit capuchon de cire [1]. Du reste, je n'entrerai pas dans tous ces détails.

On a vu quel rôle important joue le travail d'excavation dans la construction des cellules ; mais ce serait faire erreur que de supposer les Abeilles incapables d'élever une cloison de cire où il en est besoin, c'est-à-dire dans le plan d'intersection de deux sphères contiguës. J'ai des preuves que ce travail leur est familier. Même dans la muraille ou le grossier rebord de cire qui borde la circonférence des rayons en construction, on observe souvent des dépressions qui correspondent par leur position aux faces rhomboïdales de la base des futures cellules. Mais cette muraille primitive doit toujours être retravaillée et amincie par les Abeilles qui la rongent ensuite des deux côtés, jusqu'à ce qu'elle ait l'épaisseur voulue.

Le mode de construction employé par les Abeilles est assez curieux. Le premier mur qu'elles élèvent a toujours de dix à vingt fois l'épaisseur de la mince cloison qui doit seule subsister. C'est comme si des maçons empilaient d'abord un amas informe de ciment pour enlever ensuite des deux côtés, et jusqu'au ras du sol, tout ce qui excède la muraille mince et unie qui doit demeurer dans le plan médian, entassant toujours sur le sommet de cette construction le ciment enlevé à ses flancs mêlé à du ciment frais. Il en résulterait un mur léger et mince qui s'élèverait constamment en demeurant toujours couronné d'un faîte énorme et massif.

Toute cellule achevée ou en voie de construction étant ainsi revêtue d'un solide couronnement de cire, les Abeilles peuvent se rassembler et courir sur le rayon sans crainte d'endommager les délicates cloisons de leurs prismes.

Le professeur Miller a eu l'obligeance de mesurer l'épaisseur

[1] Les observations de François Huber peuvent avoir été de même parfaitement exactes ; et cette différence des témoignages prouverait seulement la variabilité des mœurs des Abeilles. (*Trad.*)

de ces cloisons et l'a trouvée très-variable. La moyenne de douze observations faites sur les côtés des hexagones et près des bords du rayon a donné $\frac{1}{353}$ de pouce anglais, tandis que, d'après vingt et une observations, les faces rhomboïdales de la base des cellules auraient une épaisseur de $\frac{1}{229}$ de pouce, c'est-à-dire supérieure à celle des cloisons latérales dans la proportion de 3 à 2.

Il résulte de cet étrange mode de construction que le rayon acquiert constamment une grande force de résistance avec une grande économie de matériaux.

Il semble d'autant plus difficile de comprendre comment se bâtissent les cellules, qu'une multitude d'Abeilles y travaillent ensemble : un de ces insectes travaillant quelque temps à une cellule, puis à une autre et ainsi de suite, de sorte que, comme l'a constaté François Huber, une vingtaine d'individus participent dès le commencement à la construction de la première cellule. J'ai pu établir par expérience la preuve de ce fait : j'ai recouvert le tranchant des cloisons latérales d'une seule cellule ou le bord extrême du pourtour d'un rayon en voie de construction d'une couche très-mince de cire fondue avec du vermillon : peu après j'ai toujours trouvé la cire colorée épandue aussi délicatement que par la brosse d'un peintre tout autour du point où je l'avais placée, des atomes de cette cire ayant été employés dans la construction de toutes les cellules voisines qui avaient été achevées postérieurement à l'opération. La construction d'un rayon est donc une sorte de résultante générale du travail d'un grand nombre d'individus, qui se mettent tous instinctivement à l'œuvre à la même distance les uns des autres, tous s'efforçant de construire des sphères égales et élevant des cloisons, ou s'abstenant seulement de ronger la cire dans les plans d'intersection de ces sphères. Il est réellement curieux d'observer dans les cas difficiles, tels que la rencontre de deux rayons sous un angle quelconque, combien de fois il arrive que les Abeilles renversent une cellule déjà construite, et la reconstruisent d'une autre manière, pour revenir quelquefois à une forme qu'elles avaient d'abord rejetée.

Lorsque les Abeilles sont logées de manière qu'elles puissent travailler dans une position commode : par exemple, lorsqu'un barreau de bois se trouve directement placé sous un rayon en voie de construction et parallèlement à son plan, de manière que ce rayon doive descendre sur l'une de ces faces ; en ce cas, dis-je, les Abeilles peuvent jeter les fondements des murs de nouveaux hexagones, exactement dans leur position voulue, et les projeter vers les autres cellules déjà complètes. Il suffit pour cela qu'elles soient capables d'évaluer la distance à laquelle elles doivent rester les unes des autres, ainsi que des dernières cellules construites, parce qu'alors, décrivant des sphères imaginaires, elles peuvent élever une cloison médiane entre deux sphères contiguës [1]. Mais, autant du moins que j'ai pu l'observer, elles n'achèvent jamais de ronger et de finir les angles d'une cellule jusqu'à ce que cette cellule et les cellules adjacentes soient en grande partie construites.

Cette faculté que possèdent les abeilles d'élever un mur grossier juste dans le plan d'intersection entre deux cellules encore inachevées est importante à constater, en ce qu'elle s'appuie sur un fait qui semble, au premier abord, complétement en opposition avec ma théorie : c'est que les cellules externes des rayons de la Guêpe sont quelquefois parfaitement hexagones, mais le manque d'espace me défend encore d'entrer dans de longs détails à ce sujet. Il ne me semble pas non plus difficile qu'un insecte isolé, tel qu'une Guêpe-reine, construise des cellules hexagones, s'il travaille alternativement à l'intérieur et à

[1] Il se peut que les ingénieurs pourvus de leur compas emploient de pareils moyens et une telle méthode ; mais il est plus probable que chez des insectes il faut accorder davantage à ce que les dessinateurs appellent le coup d'œil, c'est à-dire une certaine entente intuitive de la symétrie des lignes, qui fait qu'une main sûre et exercée, par la seule habitude plutôt que par la réflexion, trace une sphère ou une série d'hexagones, soit en allant de proche en proche, soit même en travaillant alternativement aux diverses parties du dessin pour les faire avancer à la fois. Depuis le temps que de génération en génération les Abeilles construisent des hexagones, il est beaucoup plus probable qu'elles ont le sentiment instinctif des angles et des plans qui les composent, que celui des proportions et des propriétés de la sphère et de ses sections. J'accorderais aux Abeilles l'intelligence des sauvages bâtissant leurs huttes lacustres, plutôt que celle d'un professeur de mathématiques, et je croirais à leur art plus aisément qu'à leur science. C'est encore pour ne pas vouloir leur accorder assez qu'on leur accorde trop. (*Trad.*)

l'extérieur de deux ou trois cellules commencées en même temps, se tenant toujours à une juste distance des parois des cellules commencées pour décrire des sphères ou des cylindres imaginaires, et élevant ensuite des cloisons dans chaque plan d'intersection [1].

On peut même concevoir qu'un insecte puisse fixer d'abord le point d'origine d'une cellule et avancer ensuite successivement vers six autres points convenablement distants, soit les uns des autres, soit du point central, de manière à dessiner les plans d'intersection d'un hexagone isolé. Mais je ne crois pas que jamais pareil cas ait été observé ; et comme la construction d'un hexagone isolé exigerait une plus grande quantité de cire que celle d'un cylindre, il n'en résulterait aucun avantage pour l'insecte constructeur.

Comme la sélection naturelle n'agit que par l'accumulation de variations légères dans l'organisation ou les instincts, chaque modification nouvelle devant être avantageuse à l'individu variable par rapport à ses conditions de vie particulières, on peut

[1] Ces quelques faits suffiraient à prouver que l'Abeille ou même la Guêpe bâtit bien d'instinct et volontairement des hexagones et non des sphères; car, une fois cette habitude devenue héréditaire chez l'espèce, il faudrait de nouvelles variations et de nouveaux progrès pour que ces insectes parvinssent à donner la forme sphérique, seulement aux cellules extérieures et libres de leurs rayons, ce qui serait une économie de cire. De ce que des Abeilles ont commencé à creuser des bassins sphériques dans une couche de cire artificielle, il n'en résulte pas rigoureusement qu'en construisant leurs hexagones, elles aient l'intention de décrire des sphères, parce que le changement des circonstances peut altérer leurs instincts. Tout au plus serait-ce une preuve de la flexibilité de ces instincts, et un nouvel appui donné à la théorie de leur transformation. Si, en effet, l'instinct constructeur de l'Abeille domestique n'est qu'un déviation et un perfectionnement de l'instinct constructeur d'autres espèces antérieures, analogues à la Mélipone ou au Bourdon ; de ce que les Abeilles peuvent creuser dans un bloc de cire artificiel des bassins sphériques, on pourrait conclure qu'il se manifeste à l'occasion chez elles une sorte de réversion à d'anciens instincts perdus : toutes choses parfaitement d'accord avec la théorie. Mais entre leur manière de creuser dans un bloc de cire préparé d'avance, et leur manière de construire elles-mêmes les cloisons de leurs cellules, on ne peut guère établir de relation nécessaire et de comparaison rigoureuse : les deux cas sont trop différents. Il serait même permis de supposer, d'après la divergence des observations de François Huber et de M. Darwin, que, selon les circonstances, les Abeilles bâtissent surtout en creusant un mur de cire, préalablement construit, et d'autres fois en construisant tout d'abord, à peu près dans leurs positions respectives, des cloisons plus ou moins épaisses, qu'elles n'ont plus qu'à ronger pour les réduire à leurs justes proportions. (*Trad.*)

demander, avec quelque raison, comment de nombreuses variations successives et graduelles de l'instinct constructeur, tendant toutes à réaliser la perfection actuelle du plan de construction de notre Abeille domestique, peuvent avoir été avantageuses aux progéniteurs successifs de cette espèce. La réponse est aisée. On sait combien les Abeilles sont souvent à court de nectar. Je tiens de M. Tegetmeier qu'il est prouvé par expérience qu'un essaim d'Abeilles consomme au moins douze à quinze livres de sucre pendant qu'il sécrète une seule livre de cire. Une prodigieuse quantité de nectar liquide doit donc être recueillie et consommée par les Abeilles d'une ruche pendant qu'elles sécrètent la cire nécessaire à la construction de leurs rayons. De plus, un grand nombre d'Abeilles sont obligées de rester oisives pendant de longs jours en attendant que la cire de leurs rayons soit sécrétée. Enfin, la provision nécessaire à la nourriture d'un grand nombre d'Abeilles pendant l'hiver est considérable, et l'on sait que l'avenir de la ruche et sa prospérité dépendent principalement du grand nombre d'Abeilles qui parviennent à hiverner. Il suit de là qu'une épargne de cire, ayant pour conséquence une épargne de miel, est un élément de succès des plus importants pour une famille d'Abeilles.

Naturellement les succès d'une espèce d'Abeille peuvent dépendre aussi du nombre de ses parasites et de ses autres ennemis ou de toute autre cause, et par conséquent ne dépendre en aucune façon de la quantité de miel qu'elle peut recueillir. Mais supposons que cette dernière circonstance seulement détermine, comme cela doit arriver souvent, le nombre de Bourdons qui peuvent vivre en une contrée quelconque ; supposons encore, contrairement, il est vrai, aux faits observés dans nos contrées, que la communauté hiverne, et conséquemment qu'elle ait besoin d'une ample provision de miel : on ne peut douter qu'en pareil cas toute modification d'instinct qui amènerait nos Bourdons à construire leurs cellules assez près les unes des autres pour que leurs contours sphériques interfèrent un peu, leur serait de grand avantage, en ce qu'une cloison mitoyenne entre deux cellules contiguës leur épargnerait un peu de cire. Il serait donc de plus en plus avantageux aux Bourdons de construire leurs cellules de plus en plus régulières, de plus en plus rapprochées, et agrégées en une masse serrée comme celles de la Mélipone mexicaine ; car une grande fraction de la surface qui limite chaque cellule servirait ainsi à limiter d'autres cellules, ce qui réaliserait une économie de cire d'autant plus grande. Toujours, par la même raison, il serait avantageux à la Mélipone de construire ses cellules encore plus près les unes des autres et, de toutes façons, plus régulières qu'aujourd'hui, de manière que les surfaces sphériques disparussent complétement et fussent remplacées, ainsi que nous l'avons vu, par des surfaces planes. Le rayon de la Mélipone deviendrait ainsi peu à peu aussi parfait que celui de l'Abeille domestique. Mais la sélection naturelle ne saurait dépasser ce degré de perfection architectural ; car le rayon de l'Abeille domestique, autant du moins que nous en pouvons juger, est arrivé à la perfection absolue sous le rapport de l'économie des matériaux.

Ainsi, selon moi, l'on peut expliquer le plus merveilleux de tous les instincts connus, à l'aide de modifications successives, innombrables, mais légères, d'instincts plus imparfaits, dont la sélection naturelle aurait pris avantage pour amener, par de lents progrès, les Abeilles à décrire sur double rang des sphères égales, à une distance donnée les unes des autres, et à laisser subsister ou à bâtir de minces cloisons dans les plans de mutuelle intersection.

Naturellement, les Abeilles ne savent pas plus qu'elles décrivent leurs sphères à une distance particulière les unes des autres, qu'elles ne savent ce que c'est que les divers côtés d'un prisme hexagone ou les rhombes de sa base [1]. Le procédé de sé-

[1] C'est ce qu'on ne saurait ni affirmer ni nier : nous ne savons rien, absolument rien, de ce qui se passe ou peut se passer dans le cerveau d'une Abeille ou de tout autre animal ; nous ne pouvons donc en rien dire, surtout en rien assurer. Les phénomènes psychiques de la vie animale nous échappent complétement et nous échapperont peut-être toujours, ou du moins ne pourrons-nous jamais les connaître que par induction ou par analogie; mais il faut pour cela que même la psychologie humaine soit plus avancée et plus sûre d'elle-même, qu'elle ait procédé pendant longtemps de fait en fait par observation et par expérience, et non en se laissant dominer, comme elle l'a toujours fait jusqu'aujourd'hui, par des données *à priori* sur l'essence de l'âme, sur son origine et ses destinées. (*Trad.*)

lection naturelle ayant eu pour fin d'économiser autant de cire que possible tout en donnant aux cellules une force de résistance suffisante, avec des dimensions et une forme convenables pour l'éducation des larves, tout essaim particulier qui construisit des cellules de plus en plus parfaites, et qui consomma le moins de miel pendant la sécrétion de la cire, ayant dû mieux réussir que les autres et ayant probablement transmis ses nouveaux instincts économiques à d'autres essaims, ceux-ci ont dû avoir à leur tour les plus grandes chances de l'emporter sur leurs rivaux moins favorisés dans la concurrence vitale.

IX. **Les changements d'instinct et de structure ne sont pas nécessairement simultanés.** — On a objecté aux théories précédentes sur l'origine des instincts « que les variations de la structure et celles des instincts devaient nécessairement être simultanées et exactement adaptées les unes aux autres, parce qu'une modification dans les uns, sans un changement immédiat et correspondant de l'autre, ne pourrait manquer d'être fatal aux individus chez lesquels ce désaccord se produirait. » Toute la force de cette objection repose sur la supposition erronée que les changements de structure et d'instincts sont brusques et subits.

Nous avons vu, dans le chapitre précédent, que la Grande Mésange (*Parus major*) retient souvent la graine de l'If entre ses pieds sur une branche et la frappe de son bec à coups redoublés jusqu'à ce qu'elle ait mis l'amande à nu. Or, la sélection naturelle ne pourrait-elle conserver chaque légère variation tendant à adapter de mieux en mieux son bec pour une telle fonction, jusqu'à ce qu'il se produisît un individu, pourvu d'un bec aussi bien construit pour un pareil emploi que celui du Casse-noix, en même temps que l'habitude héréditaire, la contrainte du besoin ou l'accumulation des variations accidentelles du goût, rendraient cet oiseau de plus en plus friand de cette même graine ? En ce cas, nous supposons que son bec se serait modifié lentement par sélection naturelle, postérieurement à de lents changements d'habitudes, mais en harmonie avec eux. Qu'avec cela les pieds de la Mésange varient et augmentent de taille, proportionnellement à l'accroissement du bec, par suite des lois de corrélation, est-il improbable que de plus grands pieds excitent l'oiseau à grimper de plus en plus, jusqu'à ce qu'il acquière l'instinct et la faculté de grimper du Cassenoix (*Nucifraga caryocatactes*) ? Dans ce cas, au contraire, un changement graduel de structure aurait amené de nouvelles habitudes, et, par suite, un changement d'instinct.

On peut citer encore l'instinct si remarquable de la Salangane des Iles Orientales qui construit entièrement son nid de salive durcie. Quelques oiseaux bâtissent le leur avec de la boue que l'on croit humectée de même, et j'ai vu l'un des Martinets de l'Amérique du Nord faire le sien de menu bois agglutiné avec cette substance qu'il emploie aussi en plaques solidifiées comme son congénère océanien. Est-il donc impossible que la sélection naturelle des Martinets qui sécrétaient de la salive de plus en plus abondamment ait pu produire à la fin une espèce que son instinct a conduite à négliger tous les autres matériaux et à construire son nid exclusivement de salive durcie ?

Il en est de même en mille autres cas ; mais il faut admettre que la plupart du temps nous ne pouvons pas même conjecturer si c'est l'instinct ou la structure qui a commencé à varier légèrement, ni par quels degrés successifs beaucoup d'instincts se sont peu à peu développés, surtout lorsqu'ils sont en relation avec des organes, tels que les glandes mammaires, par exemple, sur la première origine desquels nous ne savons absolument rien.

X. **Difficultés de la théorie de sélection naturelle par rapport aux instincts. — Insectes neutres et stériles.** — Sans nul doute, on pourrait opposer à la théorie de sélection naturelle beaucoup d'instincts dont il est très-difficile de rendre compte. Il en est dont il serait impossible d'expliquer l'origine. Nous manquons de degrés de transition pour nous aider à conjecturer quelles ont pu être les phases de développement des autres. Il y a des instincts en apparence si peu importants, qu'on peut à peine comprendre qu'ils aient été acquis par sélection naturelle. On retrouve des instincts presque identiques chez des êtres si éloignés dans l'échelle organique, qu'il est impossible de supposer qu'une telle ressemblance soit l'héritage d'un parent commun; et il faut dès lors se résigner à admettre qu'ils ont été acquis chacun par une série de procédés sélectifs parfaitement indépendants. Je n'entrerai pas dans l'examen de ces cas divers; je ne m'étendrai que sur une seule difficulté, toute spéciale, qui me parut au premier abord insurmontable au point de renverser toute ma théorie. Je veux parler des neutres ou femelles stériles des sociétés d'insectes. Car ces neutres diffèrent parfois considérablement en instinct et en structure, soit des mâles, soit des femelles fécondes, et cependant, comme elles-mêmes sont stériles, elles ne peuvent propager leur race.

Un tel sujet mériterait d'être longuement discuté, mais je n'examinerai qu'un seul cas: celui des Fourmis ouvrières. Quelque difficulté qu'il y ait à concevoir comment elles ont pu devenir stériles, cette difficulté n'est cependant pas plus grande qu'à l'égard de toute autre structure un peu anormale: car on peut prouver que d'autres insectes, et plus généralement d'autres articulés, qui vivent isolés à l'état de nature, se trouvent parfois frappés de stérilité. De telles espèces auraient vécu à l'état social, et il eût été avantageux à la communauté qu'un certain nombre d'individus naquissent capables de travailler, mais incapables de se reproduire, je ne vois aucune impossibilité à ce que la sélection naturelle fût parvenue à établir un tel état de choses. Je passerai donc légèrement sur cette première objection.

Mais la grande difficulté consiste en ce que les Fourmis ouvrières diffèrent considérablement, soit des mâles, soit des femelles fertiles. Elles diffèrent non-seulement par les instincts, mais par la structure. Leur thorax est autrement conformé; elles sont dépourvues d'ailes et quelquefois même n'ont point d'yeux.

Pour ce qui concerne les instincts, la différence entre les ouvrières et les femelles fertiles est fort analogue à celle qu'on observe chez les Abeilles. Une Fourmi ouvrière, ou tout autre insecte neutre, se rencontrerait à l'état ordinaire que je n'hésiterais pas un instant à considérer tous ses caractères comme ayant été lentement acquis par sélection naturelle, c'est-à-dire à l'aide de modifications individuelles transmises par voie d'hérédité et accumulées dans la postérité des individus modifiés. Mais chez la Fourmi ouvrière nous voyons un insecte qui diffère considérablement de ses parents et qui est néanmoins complétement stérile ; de sorte qu'il ne peut jamais avoir transmis à ses descendants des modifications d'instinct ou de structure successivement acquises. On peut donc avec raison se demander comment on peut accorder un pareil fait avec la théorie de sélection naturelle.

Mais rappelons-nous d'abord que nous connaissons d'innombrables exemples, à l'état domestique et à l'état de nature, de différences de structure corrélatives, soit à certaines phases de la vie de l'individu, soit à l'un ou à l'autre sexe. Nous connaissons des différences corrélatives, non-seulement à l'un des sexes exclusivement, mais encore à cette courte période de la vie ou de l'année pendant laquelle le système reproducteur est actif : tel est le plumage nuptial de beaucoup d'oiseaux, et tel est encore le crochet de la mâchoire du Saumon mâle. Nous voyons même se manifester de légères différences dans les cornes de notre bétail en corrélation avec l'impuissance artificielle du sexe mâle ; car certains bœufs ont des cornes plus longues que les taureaux ou les vaches de la même race. Je ne puis donc regarder comme impossible qu'une particularité quelconque de l'organisation soit attachée exclusivement à l'état de stérilité de certains membres des sociétés d'insectes. La difficulté n'est pas là ; mais elle consiste en ce que de telles modifications corrélatives de structure se soient accumulées par sélection naturelle.

Cette difficulté, qui paraît au premier abord insurmontable, diminue quand on songe que le principe de sélection s'applique autant à la famille qu'à l'individu, et que la production d'êtres neutres peut être un avantage décisif pour la communauté. Ainsi, un légume savoureux est apprêté pour notre table, et par conséquent l'individu est détruit ; mais l'horticulteur sème un plus grand nombre de graines de la même race dans l'espérance d'obtenir la même variété. De même, les éleveurs visent à ce que le gras et le maigre soient convenablement entremêlés dans la chair de leurs animaux, et lorsqu'un sujet remplissant cette condition est abattu, ils cherchent à se procurer d'autres individus de la même souche et à les multiplier. J'ai une telle confiance dans la puissance du principe de sélection, que je ne doute en aucune façon qu'on ne puisse obtenir une race de bétail produisant constamment des bœufs à cornes extraordinairement longues, en prenant seulement le soin d'apparier constamment les vaches et les taureaux qui produisent ensemble les bœufs pourvus des cornes les plus longues ; et cependant aucun bœuf n'aurait jamais contribué lui-même à propager une telle race.

Il doit en avoir été de même, je pense, parmi les sociétés d'insectes. Une légère modification de structure ou d'instinct, corrélative à l'état de stérilité de certains individus, s'est sans doute trouvée avantageuse à la communauté : conséquemment les mâles et les femelles fécondes de la même communauté réussirent mieux dans la vie que ceux des communautés rivales, et transmirent à leur postérité féconde une tendance à reproduire des individus stériles doués des mêmes particularités d'organisation ou d'instinct. Ce procédé peut s'être continué jusqu'à ce qu'il se soit produit entre les femelles fécondes et les ouvrières stériles de la même espèce la prodigieuse différence que nous observons aujourd'hui chez beaucoup d'espèces sociales.

Mais nous n'avons pas encore abordé le point capital de la difficulté, c'est-à-dire ce fait étrange que chez plusieurs espèces de Fourmis les neutres diffèrent, non-seulement des mâles et des femelles, mais les unes des autres, et parfois à un degré presque incroyable, de manière enfin à être divisées en deux ou même trois castes bien distinctes. De plus, ces castes ne semblent pas généralement se confondre les unes dans les autres, mais sont au contraire parfaitement délimitées, étant aussi différentes les unes des autres que pourraient l'être deux espèces du même genre ou même deux genres de même famille. Ainsi, chez les Écitons, il y a les neutres ouvrières et les neutres soldats, armées de mâchoires et douées d'instincts complétement différents. On reconnaît les membres de l'une des castes neutres des Cryptocerus à une sorte de bouclier très-singulier qu'ils portent sur la tête et dont l'usage nous est complétement inconnu. Chez les Myrmecocytus du Mexique, les travailleuses d'une certaine caste ne quittent jamais le nid ; elles sont nourries par les travailleuses d'une autre caste, et leur abdomen énorme sécrète une sorte de miel qui remplace pour cette espèce la sécrétion des Aphis, c'est-à-dire du bétail domestique que nos Fourmis européennes s'approprient et tiennent prisonnier.

On m'accusera d'avoir une foi excessive en la valeur du principe de sélection naturelle ; mais je me refuse à admettre qu'aucun de ces faits, si merveilleux et si bien établis qu'ils soient, renverse en aucune façon ma théorie, ainsi du reste qu'on va le voir.

Dans le cas le plus simple où des insectes neutres d'une seule caste, c'est-à-dire tous semblables entre eux, sont peu à peu devenus différents des mâles et des femelles fertiles, ainsi que je le crois très-possible, en vertu du seul principe de sélection naturelle, nous pouvons admettre en toute sûreté, par analogie avec les variations ordinaires, que chacune des modifications légèrement avantageuses qui se sont produites successivement, n'a pas apparu à la fois chez tous les individus neutres d'un même nid, mais seulement chez quelques-uns. Par la sélection longtemps continuée des parents féconds qui produisirent le plus de neutres ainsi avantageusement modifiés, tous les neutres arrivèrent par degrés à présenter le nouveau caractère acquis. Mais si cette manière de voir est juste, nous devons trouver de temps à autre, dans la même espèce et dans le même nid, des neutres présentant diverses gradations de structure. Or, de pareils faits s'observent parfois et même souvent, peut-on dire, si l'on tient compte du peu de renseignements que nous possédons sur les insectes neutres des contrées situées hors de l'Europe.

M. F. Smith a constaté qu'il existe entre les neutres des diverses espèces de Fourmis anglaises de surprenantes différences, soit sous le rapport de la taille, soit sous celui de la couleur, et que les types les plus tranchés sont quelquefois parfaitement reliés les uns aux autres par des individus de caractères intermédiaires choisis dans le même nid. J'ai moi-même examiné des gradations semblables, et j'ai trouvé des séries presque parfaites. Mais il arrive souvent que les ouvrières les plus grandes et les plus petites sont les plus nombreuses, et que les ouvrières de taille moyenne sont au contraire très-rares. La *F. Flava* a de grandes et de petites ouvrières, et quelques-unes seulement de taille moyenne. M. F. Smith a observé que les grandes ont des yeux simples ou ocellés, qui, bien que de très-petite dimension, sont cependant visibles, tandis que les petites n'ont que des yeux rudimentaires. J'ai soigneusement disséqué plusieurs spécimens de ces deux castes de neutres, et je puis garantir que les yeux des individus de la petite caste sont proportionnellement beaucoup plus rudimentaires qu'on ne devrait s'y attendre d'après l'infériorité de leur taille. Je suis pleinement disposé à croire, bien que je ne puisse l'assurer positivement, que les neutres de taille moyenne ont aussi les yeux dans un état intermédiaire. De sorte que nous trouvons ici, dans un même nid, deux castes d'ouvrières stériles qui diffèrent, non-seulement par leur taille, mais par leur organe visuel, et qui néanmoins sont reliées l'une à l'autre par quelques individus intermédiaires en caractères. Je ferai remarquer en passant que, si les plus petites ouvrières s'étaient trouvées plus utiles à la communauté que les grandes, et qu'en conséquence il y ait eu une sélection constante des communautés dont les mâles et les femelles étaient doués d'une tendance marquée à multiplier de plus en plus les premières et de moins en moins les secondes, jusqu'à ce que toutes les ouvrières appartinssent à la petite caste, il en serait résulté une espèce de Fourmi dont les neutres eussent présenté la plus grande analogie avec celle des Myrmica ; les ouvrières de cette espèce n'ayant pas même d'yeux rudimentaires, quoique les mâles et les femelles fécondes aient des yeux simples bien développés.

J'étais si certain de trouver, entre les différentes castes de neutres de la même espèce, des traces de gradations de structure, même dans les organes les plus importants, que j'acceptai avec empressement l'offre que voulut bien me faire M. F. Smith, de me procurer de nombreux spécimens provenant d'un même nid d'Anomma ou Fourmis chasseresses de l'Afrique occidentale. Il me sera plus aisé de faire évaluer l'importance des différences que je constatai entre les ouvrières de cette tribu d'après des termes de comparaison exactement proportionnels, que d'après les mesures réelles. On peut donc se représenter une troupe d'ouvriers bâtissant ensemble une maison, quelques-uns ayant cinq pieds quatre pouces, et beaucoup d'autres seize pieds, mais supposant aux ouvriers les plus grands une tête quatre fois plus grosse qu'aux autres, au lieu de trois, et des mâchoires près de cinq fois aussi grandes. De plus, les mâchoires de ces Fourmis ouvrières différaient étonnamment de forme chez les individus de différentes tailles, de même que la forme et le nombre des dents. Mais le point le plus important à observer pour nous, c'est que ces neutres, bien que pouvant être classées en castes de différentes tailles, présentaient cependant une série complète de degrés de transition qui reliaient insensiblement ces castes l'une à l'autre, sous le rapport de la grandeur comme sous le rapport de la structure de la tête et des mâchoires. Je puis garantir l'exactitude de cette dernière observation, parce que M. Lubbock a bien voulu me dessiner à la chambre claire les mâchoires des ouvrières de différentes grandeurs que j'avais disséquées.

Appuyé sur ces faits, je crois pouvoir admettre que la sélection naturelle, en agissant sur les parents féconds, peut arriver successivement à former une espèce qui produira régulièrement des neutres, toutes de grande taille et pourvues de mâchoires d'une certaine forme, ou bien toutes de petite taille avec des mâchoires d'une autre structure, ou enfin, et c'est là le point difficile, présentant simultanément deux ordres de neutres, différentes par leurs proportions et leur structure. Seulement il faudrait admettre, en pareil cas, qu'une série complète de degrés intermédiaires a existé antérieurement comme elle existe aujourd'hui encore cher la Fourmi chasseresse, et qu'ensuite les deux formes les plus extrêmes, s'étant trouvées les plus utiles à la communauté, se sont de plus en plus multipliées par sélection naturelle des parents qui les procréaient, jusqu'à ce que tous les individus intermédiaires en caractères aient enfin cessé d'être reproduits.

Ainsi s'expliquerait, je crois, ce fait merveilleux que, dans un même nid, il puisse exister deux castes d'ouvrières stériles, très-différentes l'une de l'autre, ainsi que de leurs communs parents. L'utilité de leur présence dans une société d'insectes ressort de ce même principe de division du travail social dont l'homme civilisé a reconnu les immenses avantages. C'est, je pense, au moyen d'une sélection constante que la nature peut avoir effectué cette admirable répartition des fonctions dans les communautés de Fourmis. Mais je dois avouer que, malgré toute ma confiance dans la haute valeur de la loi de la sélection naturelle, je n'aurais jamais supposé qu'elle pût avoir des effets si puissants, si les insectes neutres n'avaient été là pour m'en convaincre. Je me suis un peu étendu sur l'examen de ces faits, afin de bien démontrer jusqu'où peut s'étendre l'efficacité du principe qui fait la base de mes théories, et parce qu'ils présentent la difficulté la plus sérieuse qu'on puisse leur opposer.

Ces faits ont encore un intérêt tout spécial en ce qu'ils démontrent que, parmi les animaux comme parmi les plantes, toute modification possible de l'organisation peut résulter de l'accumulation de variations légères et accidentelles, pourvu qu'elles soient nombreuses, successives et surtout avantageuses, sans que l'exercice des organes ou l'habitude intervienne en aucune façon. Car ni l'exercice des organes, ni l'habitude, ni la volonté, agissant chez les individus stériles d'une communauté d'insectes, ne pourraient en rien modifier la structure ou les insectes, des individus féconds, qui seuls laissent des descendants ; et je m'étonne que personne n'ait argué du cas des insectes neutres contre la théorie des habitudes héréditaires de Lamark [1].

[1] Les individus stériles d'une société d'insectes exercent cependant une action réciproque sur les individus féconds. La preuve en est que le Polyergue roussâtre serait dans l'impossibilité absolue de vivre sans ses esclaves. Il faut donc que la présence de ces derniers ait profondément modifié les instincts des maîtres qui les asservissent ; et l'on conçoit aisément que la présence d'individus neutres de la même espèce puisse exercer, par suite d'une longue habitude

XI. **Résumé.** — J'ai essayé de démontrer brièvement dans ce chapitre que les facultés mentales de nos animaux domestiques sont variables et que ces variations sont héréditaires. J'ai tâché d'établir plus brièvement encore que les instincts varient de même à l'état de nature, bien que plus légèrement.

et de la pression de la nécessité, la même influence sur les individus féconds, que les esclaves d'espèce différente sur les maîtres qu'elles avertissent.

L'existence des insectes neutres, au lieu d'ébranler la théorie des habitudes héréditaires, la confirme donc au contraire, puisque leurs instincts, leurs habitudes et jusqu'à leur stérilité, tout est héréditaire dans la race, en tenant compte seulement de cette loi étrange qui fait que les caractères endémiques réapparaissent, non pas régulièrement à chaque génération, mais par une sorte d'alternance plus ou moins périodique entre les générations successives.

Enfin il est probable que la stérilité des Fourmis ou des Abeilles ouvrières n'a pas toujours existé, du moins d'une manière aussi constante et aussi complète; et qu'elle a suivi, et non pas précédé, l'apparition de leurs instincts les plus remarquables, acquis d'abord, au moins jusqu'à certain degré, par une accumulation héréditaire chez d'anciens progéniteurs féconds. La stérilité aurait été en ce cas une variation corrélative.

On sait, en effet, que le développement du cerveau est généralement en raison inverse de la faculté procréatrice, c'est-à-dire du nombre des petits qui naissent à chaque portée, ou plus généralement de la raison géométrique selon laquelle l'espèce tend à se multiplier. De sorte que plus les animaux s'élèvent dans l'échelle des intelligences, moins cette progression est rapide. Cette règle s'applique même aux diverses races humaines, et aux divers représentants de ces races; car les nations les moins avancées comme civilisation, et les individus les moins développés sous le rapport intellectuel, multiplient plus rapidement que les autres, ou plutôt comptent plus de naissances avec plus de morts, ce qui leur donne une vie moyenne moins élevée, et les soumet ainsi à une sélection naturelle plus rigoureuse. Au contraire, les peuples plus avancés entretiennent le nombre de leurs générations au complet avec un très-petit nombre de naissances, et une vie moyenne très-longue. Parmi ces peuples, il est même à remarquer que les individus doués d'une intelligence remarquable, soit parmi les hommes, soit parmi les femmes, ne laissent en général qu'une postérité très-peu nombreuse, au point que, si l'espèce ne comptait que de ces intelligences supérieures, elle décroîtrait rapidement. Ne peut-on conclure de là que la stérilité des insectes neutres dans les sociétés d'hyménoptères n'est en réalité qu'un effet de la loi de balancement de croissance, c'est-à-dire une conséquence de la prédominance anormale du cerveau sur les organes homologues de la génération? Elle proviendrait enfin du grand développement de leurs facultés intellectuelles que nous nous obstinons à appeler leurs instincts, parce que notre amour-propre spécifique ne peut s'accoutumer à leur reconnaître les mêmes dons qu'à nous. Mais tout cela prouverait que très-probablement l'atrophie des organes reproducteurs a été la conséquence et non la cause du développement de leurs facultés économiques, qui n'ont fait depuis que s'accroître, en corrélation directe avec cette croissante stérilité. De cette façon toutes les difficultés de la théorie disparaîtraient à la fois. Cette supposition est d'autant plus probable, que les Fourmis existaient déjà à l'état social et en grand nombre pendant la période géologique qui a précédé celle-ci. (Voy. note précéd., p. 262.) Leurs instincts ont donc eu tout le temps de se modifier, ainsi que leurs organes reproducteurs. (*Trad.*)

Nul ne contestera que les instincts ne soient de la plus haute importance pour chaque animal. Je ne puis donc voir aucune difficulté à ce que, sous des conditions de vie changeantes, la sélection naturelle accumule de légères modifications, en quelque direction et jusqu'à quelque degré que ce soit.

Je ne prétends pas que les faits rapportés dans ce chapitre fortifient en aucune façon ma théorie; mais les difficultés qu'ils soulèvent ne peuvent non plus, à mon avis du moins, la renverser.

D'autre part, il est évident, je crois, que les instincts ne sont pas toujours absolument parfaits, mais sont parfois susceptibles d'erreurs; que nul instinct n'a jamais pour but exclusif le bien d'une espèce différente, mais que chaque animal fait tourner l'instinct des autres espèces à son profit toutes les fois qu'il le peut; que l'axiome d'histoire naturelle : *Natura non facit saltum* s'applique aussi parfaitement aux instincts qu'à l'organisation physique; qu'en outre cet axiome trouve aisément sa raison d'être dans les principes qui forment la base de ma théorie, tandis qu'il demeure inexplicable autrement : tout enfin s'accorde pour prouver la valeur et la vérité de la loi de sélection naturelle.

Quelques autres phénomènes concernant les instincts viennent encore appuyer plus fortement mes opinions. Tel est le cas où des espèces étroitement alliées, mais pourtant bien distinctes, présentent à peu près les mêmes instincts, bien que vivant en des contrées très-distantes les unes des autres et sous des conditions de vie très-différentes. Ainsi, il nous devient aisé de comprendre pourquoi le Merle de l'Amérique du Sud bâtit son nid avec de la boue, de la même manière que notre Merle anglais; pourquoi les Calaos mâles de l'Afrique et de l'Inde ont, les uns comme les autres, l'habitude de murer leurs familles dans le creux d'un arbre en ne laissant dans la maçonnerie qu'une étroite ouverture à travers laquelle ils donnent la pâture à la mère et à ses petits; pourquoi les Roitelets ou Troglodytes mâles de l'Amérique du Nord bâtissent des « nids de coqs » où ils perchent comme les mâles de nos Roitelets communs, d'espèce bien distincte, habitude qu'on n'a constatée chez aucun autre oiseau connu.

En somme, et lors même que ce ne serait pas en vertu d'une déduction rigoureusement logique, il me paraîtrait encore plus satisfaisant pour l'esprit de considérer des instincts, tels que celui du jeune Coucou, qui repousse hors du nid ses jeunes frères d'adoption, celui des Fourmis esclavagistes, ou celui des larves de l'Ichneumon qui se nourrissent dans le corps de la Chenille, non pas comme le résultat d'autant d'actes créateurs spéciaux, mais comme de petites conséquences contingentes d'une seule loi générale ayant pour but le progrès de tous les êtres organisés, c'est-à-dire leur multiplication, leur transformation, et enfin la condamnation des plus faibles à une mort certaine, mais généralement prompte, et la sélection continuelle des plus forts pour une vie longue et heureuse, continuée par une postérité nombreuse et florissante.

# CHAPITRE VIII

## HYBRIDITÉ.

I. Distinction entre la stérilité des premiers croisements et celle des hybrides. — II. La stérilité varie en degré ; elle n'est pas universelle ; les croisements entre proches parents l'augmentent et la domestication la diminue. — III. Lois de la stérilité des hybrides. — IV. La stérilité n'est pas une propriété spéciale, mais une conséquence des différences organiques. — V. Cause de la stérilité des premiers croisements et des hybrides. — VI. Parallélisme entre les effets des changements dans les conditions de vie et ceux des croisements. — VII. La fertilité des variétés croisées et de leur postérité n'est pas universelle. — VII. Comparaison des hybrides et des métis indépendamment de leur fécondité. — IX. Résumé.

I. **Distinction entre la stérilité des premiers croisements et celle des hybrides.** — C'est une opinion généralement adoptée parmi les naturalistes que les croisements entre espèces distinctes sont frappés de stérilité en vertu d'une loi spéciale, afin d'empêcher le mélange et la confusion de toutes les formes vivantes. Au premier abord, cette opinion semble, en effet, très-probable, car les espèces qui vivent dans une même contrée demeureraient bien difficilement distinctes, s'il leur était possible de croiser librement. Quelques écrivains récents n'ont pas accordé, je crois, à la stérilité très-générale des hybrides toute la valeur qu'un tel fait mérite. Dans la théorie de sélection naturelle, ce fait acquiert encore une importance toute spéciale, en ce que la stérilité des hybrides ne peut en rien leur être avantageuse, et ne peut, par conséquent, avoir été acquise par la conservation continue des progrès successifs de cette stérilité. J'espère néanmoins réussir à démontrer que la stérilité n'est ni un don spécial, ni une propriété directement acquise par sélection, mais qu'elle est la conséquence d'autres différences peu connues successivement développées chez les espèces de même genre et de même origine [1].

Presque tous ceux qui ont traité cette question ont généralement confondu deux classes de faits, qui présentent des différences fondamentales : c'est d'une part la stérilité d'un premier croisement entre deux espèces bien distinctes, et d'autre part la stérilité des hybrides qui proviennent de ce premier croisement.

Des espèces pures ont leurs organes reproducteurs en parfait état ; néanmoins, quand on les croise, elles ne produisent que peu ou point de postérité. Les hybrides, au contraire, ont leurs organes reproducteurs absolument impuissants, ainsi qu'on peut le constater surtout à l'égard de l'élément mâle, soit chez les plantes, soit chez les animaux, bien que ces organes eux-mêmes aient une structure parfaitement normale, autant au moins que le microscope peut aider à s'en assurer. Dans le premier cas, les deux éléments sexuels qui concourent à former l'embryon sont en parfait état ; dans le second ils sont ou complétement rudimentaires, ou plus ou moins atrophiés. Bien que cette distinction soit importante dans la recherche des causes de la stérilité également constatée dans l'un et l'autre cas, elle a été négligée probablement parce qu'on préjugeait en général que la stérilité des croisements entre espèces différentes était une loi absolue dont les causes étaient au-dessus de notre intelligence.

La fécondité des croisements entre variétés, c'est-à-dire entre des formes que l'on sait ou que l'on croit descendues de communs parents, de même que la fécondité de leurs métis, est d'aussi grande importance pour ma théorie que la stérilité des espèces ; car ces deux ordres de phénomènes si opposés semblent établir une ligne de démarcation large et bien définie entre les variétés et les espèces.

[1] La stérilité des hybrides, comme celle des métis, n'est point un avantage pour les individus, mais c'en est un pour l'espèce dont elle maintient la pureté typique et les adaptations locales. Elle peut donc à ce point de vue avoir été acquise par sélection naturelle, comme la stérilité des neutres ; les espèces rebelles à tout mélange avec des espèces alliées ayant généralement dû être élues de préférence aux espèces folles ou polymorphes. (*Trad.*)

Examinons d'abord la stérilité des croisements entre espèces différentes, ainsi que la stérilité de leur descendance hybride. Deux observateurs consciencieux, Kœlreuter et Gærtner, ont consacré leur vie presque entière à l'étude de cette importante question, et il est impossible de lire les divers mémoires ou traités qu'ils ont publiés à ce sujet, sans acquérir la conviction profonde que le plus généralement les croisements entre espèces sont jusqu'à un certain point frappés de stérilité. Kœlreuter considère cette loi comme universelle, mais il tranche quelquefois le nœud de la question ; car, en dix cas différents, où il a trouvé à l'expérience que les croisements entre deux formes, considérées par le plus grand nombre des auteurs comme des espèces distinctes, étaient parfaitement féconds, il a, en conséquence et sans hésitation, déclaré ces formes des variétés. Gærtner admet aussi l'universalité de la même loi ; de plus, il conteste les résultats des dix expériences de Kœlreuter et nie que ce dernier ait obtenu une fécondité parfaite. Mais, pour prouver cette diminution de fécondité, il en est réduit à compter soigneusement les graines provenant de ces croisements. En ce cas, il compare toujours le nombre maximum des graines produites par les deux espèces croisées et par leur postérité hybride, avec le nombre moyen produit par les deux espèces pures à l'état de nature.

Mais il me semble qu'il y a ici une source de graves erreurs. Une plante, pour être artificiellement fécondée, doit auparavant être châtrée et, ce qui est de plus grande importance encore, tenue en soigneuse réclusion, afin d'empêcher que du pollen d'autres plantes ne lui soit apporté par des insectes. Presque tous les sujets sur lesquels Gærtner a fait ses expériences étaient en pots et probablement placés dans une chambre. Or, on ne peut mettre en doute qu'un pareil traitement ne nuise à la fécondité d'une plante. La preuve en est que sur une vingtaine d'espèces que Gærtner a fécondées artificiellement avec leur propre pollen, après les avoir préalablement châtrées, une moitié environ subirent une diminution de fécondité, exclusion faite de plantes, telles que les Légumineuses, qui opposent des difficultés toutes particulières à une semblable opération. D'autre part, comme Gærtner a [1] trouvé absolument stérile tout croisement entre le Mouron rouge et le Mouron bleu (*Anagallis arvensis* et *A. cærulea*) que les meilleurs botanistes rangent comme deux variétés; comme enfin, il est arrivé aux mêmes résultats en plusieurs autres cas analogues, il me semble de même permis de douter que les croisements entre beaucoup d'autres espèces soient réellement aussi stériles que Gærtner paraît le croire.

II. **La stérilité varie en degré; elle n'est pas universelle; les croisements entre proches parents l'augmentent, et la domestication la diminue.** — Il est certain, d'une part, que la stérilité des croisements entre espèces diverses varie considérablement en degré et disparaît insensiblement; d'autre part, que la fécondité des espèces pures est très-aisément affectée par diverses circonstances; de sorte que rien n'est plus difficile que de déterminer pour un but pratique où finit la fécondité parfaite et où commence la stérilité. On ne saurait trouver de meilleure preuve de ce fait que les résultats absolument contradictoires obtenus à l'égard des mêmes espèces, par deux observateurs aussi inexpérimentés que Kœlreuter et Gærtner. Il ne serait pas moins instructif de comparer les assertions de nos meilleurs botanistes, au sujet de certaines formes douteuses, que les uns rangent comme espèces et les autres comme variétés d'après les expériences faites sur leur faculté de croisement fécond, soit par différents observateurs, soit par un seul pendant plusieurs années; mais je ne puis entrer dans de pareils détails. Cependant tous ces faits démontreraient que ni la stérilité ni la fécondité ne peuvent fournir le moyen de distinguer sûrement les espèces des variétés : les preuves qu'on en peut tirer s'effaçant graduellement et donnant lieu aux mêmes doutes que celles qui dérivent des autres différences de l'organisation.

[1] L'auteur a effacé ici un paragraphe. Notre première édition portait, comme la troisième édition anglaise et la première édition allemande : « Comme Gærtner a renouvelé pendant plusieurs années ses essais de croisement sur la Primevère et le Coucou, que nous avons tant de bonnes raisons de croire deux variétés, et qu'il n'a réussi que deux ou trois fois à obtenir des graines fécondes; comme il a trouvé..... etc. (*Trad.*)

A l'égard de la fécondité des hybrides pendant plusieurs générations successives, bien que Gærtner ait pu les reproduire entre eux pendant six ou sept générations, et une fois même pendant dix générations, les préservant avec soin de tout croisement avec l'une ou l'autre des deux espèces pures, il affirme cependant que jamais leur fécondité ne tend à s'accroître, mais au contraire à diminuer. Je ne doute point qu'en effet la fécondité d'une variété hybride ne décroisse soudainement pendant les quelques premières générations. Néanmoins, je suis persuadé qu'en chacune de ces expériences la fécondité s'est toujours trouvée diminuée par une cause indépendante : c'est-à-dire par les croisements entre des sujets très-proches parents. J'ai recueilli une masse considérable de faits prouvant que ces alliances entre proches diminuent la fécondité ; tandis qu'au contraire un croisement avec un autre individu ou avec une variété distincte l'augmente. Je ne saurais douter de l'exactitude de cette observation qui a presque la force d'un axiome parmi les éleveurs. Il est rare que des hybrides soient élevés en grand nombre par les expérimentateurs ; et, comme les deux espèces mères, ou d'autres hybrides alliés, croissent généralement dans le même jardin, il faut empêcher la visite des insectes au temps de la floraison. Il résulte de là que chaque fleur d'un hybride est généralement fécondée par son propre pollen ; ce qui nuit certainement à sa fécondité déjà diminuée par le fait de son origine hybride.

Un fait observé à plusieurs reprises par Gærtner me fortifie encore dans cette conviction : c'est que, si les hybrides, même les moins féconds, sont artificiellement fécondés avec du pollen hybride de la même variété, leur fécondité, en dépit des mauvais effets si fréquents de l'opération, augmente parfois très-visiblement et va toujours en augmentant. Or, je sais, d'après ma propre expérience, que dans le cas d'une fécondation artificielle, il arrive aussi souvent qu'on prenne par hasard du pollen provenant des anthères d'une autre fleur que de la fleur même qu'on veut féconder ; si bien qu'il en résulte un croisement entre deux fleurs, quoique probablement appartenant à la même plante. Au surplus, pendant le cours d'une série d'expériences compliquées, un observateur aussi soigneux que Gærtner ne peut avoir omis de châtrer ses hybrides ; de sorte qu'un croisement avec le pollen d'une autre fleur appartenant à la même plante ou à une plante distincte, mais toujours de race hybride, aurait eu sûrement lieu à chaque génération. L'étrange accroissement de fécondité qu'on remarque chez les générations successives des hybrides artificiellement fécondés pourrait donc s'expliquer par ce fait que les croisements entre proches seraient ainsi évités.

Arrivons maintenant aux résultats obtenus par un troisième expérimentateur non moins habile que les précédents, l'honorable et révérend W. Herbert. Or, il prétend que les hybrides sont parfaitement féconds, aussi féconds, dit-il, que les pures souches mères ; et il soutient ses conclusions avec autant d'assurance que Kœlreuter et Gærtner, qui considèrent au contraire que la loi universelle de la nature est que tout croisement entre espèces distinctes soit frappé d'un certain degré de stérilité. La différence des faits constatés d'un côté et d'autre peut s'expliquer, je pense, d'abord par la grande habileté de W. Herbert en horticulture, ensuite parce qu'il pouvait disposer de serres chaudes. Parmi ses plus importantes observations, j'en citerai une seule : c'est que dans une gousse de *Crinum capense*, fécondé par le *C. revolutum*, chaque ovule produisit une plante, « ce que je n'ai jamais vu, ajoute-t-il, dans le cas d'une fécondation naturelle. » De sorte que nous avons ici une fécondité parfaite, ou même plus parfaite qu'à l'ordinaire dans un premier croisement entre deux espèces distinctes.

Cet exemple m'amène à rappeler ce fait singulier que, dans certaines espèces de Lobélies ou de quelques autres genres, il se rencontre des sujets qui peuvent beaucoup plus aisément être fécondés par le pollen d'une espèce distincte que par leur propre pollen. Tous les individus de presque toutes les espèces d'Hippéastrum sont en ce cas. On a constaté que ces plantes donnaient des graines lorsqu'elles étaient fécondées avec du pollen d'une espèce distincte, quoique complétement stériles sous l'action de leur propre pollen, et bien que celui-ci fût en parfait état et capable de féconder d'autres espèces. De sorte que certains sujets, ou même tous les individus de certaines espèces, se prêtent mieux à un croisement qu'à la fécondation naturelle. Ainsi, un bulbe d'*Hippeastrum aulicum* produisit quatre fleurs, dont trois furent fécondées par W. Herbert avec leur propre pollen, et la quatrième fut postérieurement fécondée avec le pollen d'un hybride descendu de trois autres espèces distinctes. « Les ovaires des trois premières fleurs cessèrent bientôt de se développer, et après quelques jours ils périrent ; tandis que la gousse imprégnée du pollen de l'hybride crût avec vigueur, arriva rapidement à maturité et donna de bonnes graines qui germèrent parfaitement. » Dans une lettre que W. Herbert m'écrivait en 1839, il me disait avoir tenté l'expérience pendant cinq ans ; il l'a continuée encore pendant plusieurs années consécutives, toujours avec le même résultat. Ces faits sont, du reste, confirmés par d'autres observateurs, à l'égard de l'Hippéastrum avec ses sous-genres, et à l'égard d'autres genres encore, tels que les Lobélies, les Passiflores et les Molènes (*Verbascum*). Bien que les plantes soumises à ces expériences parussent en parfaite santé, et que les ovules et le pollen de chaque fleur fussent également sains et actifs sous l'action récipropre des ovules et du pollen d'espèces distinctes ; cependant, comme chacun de ces deux organes était impuissant à remplir ses fonctions dans le cas d'une fécondation naturelle de chaque fleur par elle-même, il faut donc en conclure que ces plantes n'étaient pas dans leur état normal. Néanmoins, ces faits montrent de quelles causes mystérieuses, et sans importance apparente, peut dépendre la plus ou moins grande fécondité des croisements entre espèces, en comparaison de la fécondité des mêmes espèces naturellement fécondées par elles-mêmes.

Les expériences pratiques des horticulteurs, bien que faites sans la précision requise par la science, méritent cependant quelque attention. Il est notoire que presque toutes les espèces de Pelargonium, Fuchsia, Calceolaria, Petunia, Rhododendron, etc., ont été croisées de mille manières, et cependant plusieurs de ces hybrides produisent régulièrement des graines. W. Herbert affirme qu'un hybride de *Calceolaria integrifolia* et

*C. plantaginea*, deux espèces aussi dissemblables qu'il est possible par leurs habitudes générales, « s'est reproduit aussi régulièrement que si c'eût été une espèce naturelle des montagnes du Chili. » J'ai voulu m'assurer de la fécondité de quelques Rhododendrons hybrides provenant des croisements les plus compliqués, et j'ai acquis la certitude que beaucoup d'entre eux sont parfaitement féconds.

Ainsi, M. C. Noble m'a assuré qu'il élevait pour la greffe un grand nombre de sujets d'un hybride entre les *Rhod. Ponticum* et *Rhod. Catawbiense*, et que cet hybride donnait des graines « aussi abondamment qu'il est possible de l'imaginer. » Les hybrides, convenablement traités, iraient en décroissant de fécondité à chaque génération que le fait serait notoire pour les jardiniers. Mais il est vrai que les horticulteurs élèvent des massifs considérables des mêmes hybrides qui, seulement dans ce cas, se trouvent recevoir un traitement convenable. Par l'intermédiaire des insectes, les différents individus de la même variété hybride peuvent alors croiser librement, de manière à prévenir l'influence nuisible des croisements entre proches. Chacun peut aisément se convaincre de l'efficacité de l'action des insectes en examinant les fleurs des Rhododendrons hybrides les plus stériles qui ne produisent aucun pollen, et dont les stigmates sont cependant toujours couverts de pollen provenant d'autres fleurs.

On a tenté à cet égard beaucoup moins d'expériences sur les animaux que sur les plantes. Cependant si nous pouvons nous fier à la valeur de nos classifications systématiques, c'est-à-dire si les genres zoologiques sont aussi distincts les uns des autres que nos genres botaniques, nous pouvons inférer des faits constatés que, chez les animaux, des individus beaucoup plus éloignés les uns des autres dans l'échelle naturelle peuvent être plus aisément croisés que parmi les plantes; mais les hybrides eux-mêmes sont, je crois, par contre, plus stériles.

Il est douteux qu'on connaise aucun exemple bien authentique d'un animal hybride parfaitement fécond. Mais il faut aussi mettre en compte que très-peu d'animaux se reproduisant volontiers en reclusion, très-peu d'expériences ont été convenablement tentées : ainsi le Serin a été croisé avec neuf autres Passereaux ; mais, comme aucune de ces neuf espèces ne se reproduit en reclusion, nous ne pouvons nous attendre à ce que le premier croisement entre elles et le Serin, ou entre leurs hybrides, soit parfaitement fécond. Quant à la fécondité des générations successives des animaux hybrides les plus féconds, je ne sais si une seule fois on a songé à élever en même temps deux familles d'hybrides provenant de deux croisements entre différents individus des deux souches pures, pour éviter pendant les quelques premières générations les fâcheux effets des croisements entre proches parents. Au contraire, les frères et les sœurs ont presque toujours été appariés ensemble à chaque génération successive, contrairement aux avis incessamment répétés des maîtres éleveurs. En pareil cas, il n'est donc en aucune façon surprenant que la stérilité inhérente à la nature des hybrides aille toujours croissant. Si l'on agissait de même à l'égard de quelque espèce pure que ce soit, ayant, pour une cause ou pour une autre, la moindre disposition à la stérilité, la race s'éteindrait inévitablement en quelques générations.

Quoique je ne connaisse aucun cas bien authentique d'animaux hybrides parfaitement féconds, j'ai cependant des raisons de croire que les hybrides des *Cervulus vaginalis* et *Reevesii*, et du *Phasianus colchicus* avec le *Ph. torquatus*, sont parfaitement féconds [1]. Il est certain que ces deux dernières espèces, c'est-à-dire le Faisan commun et le Faisan à collier, se sont mélangées dans les bois de diverses parties de l'Angleterre. Il semble résulter d'expériences faites récemment sur une grande échelle, que des espèces aussi distinctes que le Lièvre et le Lapin, si l'on parvient à les faire se reproduire ensemble, donnent une postérité presque parfaitement féconde [2]. Les hybrides entre

[1] Paragraphe modifié par l'auteur depuis la troisième édition anglaise et inséré dans les deux éditions allemandes et dans notre première édition française. La troisième édition anglaise ajoute que le *Ph. versicolor* a donné des croisements avec le *Ph. colchicus*, et que « ces trois espèces de faisans se sont mélangés dans les bois de l'Angleterre. » (*Trad.*)

[2] Paragraphe ajouté par l'auteur depuis la troisième édition anglaise et inséré déjà dans la seconde édition allemande. (*Trad.*)

l'Oie commune et l'Oie de Chine (*A. cygnoïdes*), deux espèces si différentes qu'on les range généralement comme des genres distincts, se sont souvent reproduits en nos contrées avec l'une des deux souches pures, et une seule fois *inter se*. Cette expérience est due à M. Eyton, qui avait élevé deux hybrides provenant des mêmes parents, mais de différentes pontes ; et de ses deux oiseaux, il réussit à élever non moins de huit hybrides d'une seule couvée, qui se trouvaient être ainsi les petits enfants de deux espèces pures. Dans l'Inde, ces Oies de races croisées doivent être beaucoup plus fécondes ; car je tiens de deux témoins irrécusables en pareille matière, c'est-à-dire de M. Blyth et du capitaine Hutton, que des troupeaux entiers de ces Oies hybrides existent en diverses provinces de ce pays ; et, comme on les garde pour leur produit, dans des endroits où ni l'une ni l'autre des espèces mères n'existent, il faut nécessairement qu'elles soient très-fécondes.

D'après une opinion dont Pallas a été le promoteur, et qui a été adoptée depuis par beaucoup de naturalistes, la plupart de nos animaux domestiques descendent de deux ou plusieurs espèces sauvages mélangées par voie de croisement. A ce point de vue, les espèces originales devraient avoir produit tout d'abord des hybrides parfaitement féconds, ou tout au moins ils devraient l'être devenus par suite de la domestication pendant les générations suivantes. Cette dernière supposition semblerait la plus probable, et j'incline fortement à la croire vraie, bien qu'elle ne s'appuie sur aucune preuve directe. Je crois, par exemple, que nos Chiens descendent de plusieurs souches sauvages ; et cependant, à l'exception peut-être de certains Chiens domestiques, indigènes de l'Amérique du Sud, tous sont parfaitement féconds ensemble ; et l'analogie m'oblige à douter beaucoup que les diverses espèces originelles aient tout d'abord croisé librement et produit des hybrides parfaitement féconds. De même nous savons que les croisements entre nos Bœufs européens et les Zébus de l'Inde sont parfaitement féconds. Cependant il résulte de diverses considérations et des faits qui m'ont été communiqués par M. Blyth, qu'ils doivent être considérés comme des espèces distinctes. En tout cas, si l'on suppose à la plupart de nos animaux domestiques une semblable origine, il faut, ou cesser de croire à la stérilité presque universelle des croisements entre espèces animales distinctes, ou considérer la stérilité, non comme un caractère indélébile, mais comme un phénomène contingent que la domesticité peut faire disparaître.

Finalement, si l'on considère dans leur ensemble tous les faits bien établis concernant les croisements des plantes ou des animaux, on en doit conclure que, soit les premiers croisements, soit les produits hybrides, sont très-généralement frappés d'une certaine stérilité relative ; mais que cette stérilité ne peut, dans l'état actuel de la science, être considérée comme absolue et universelle.

III. **Des lois qui gouvernent la stérilité des premiers croisements et des hybrides.** — Nous entrerons maintenant dans quelques détails sur les circonstances et les lois qui gouvernent la stérilité des premiers croisements et des hybrides. Notre principal objet sera de rechercher si ces lois indiquent que ces croisements et leurs produits ont été spécialement frappés d'infécondité, pour empêcher le mélange et la confusion des formes spécifiques. Les règles et conclusions qui vont suivre sont presque toutes extraites de l'admirable ouvrage de Gærtner sur l'hybridation des plantes. Je me suis efforcé, autant qu'il m'a été possible, de déterminer jusqu'à quel point ces règles s'appliquent aux espèces animales ; et, considérant combien nous savons peu de choses à l'égard des animaux hybrides, j'ai été surpris de trouver que ces mêmes règles gouvernent généralement les deux règnes du monde organisé.

On a déjà remarqué que le degré de fécondité, soit des premiers croisements, soit des hybrides, se gradue insensiblement d'une complète stérilité à une fécondité parfaite. On est étonné de voir de combien de manières différentes et curieuses cette loi de gradation peut se prouver ; mais je ne puis donner ici qu'une sèche et rapide esquisse des faits.

Lorsque le pollen d'une plante est placé sur le stigmate d'une autre plante de famille distincte, son action est aussi nulle que pourrait l'être celle d'une égale quantité de poussière anorganique. Depuis ce zéro absolu de la fécondité, le pollen des différentes espèces du même genre déposé sur le stigmate de l'une de ces espèces produit un nombre de graines qui varie de manière à donner une série graduelle presque parfaite entre ce point de départ et une fécondité plus ou moins parfaite, et même, ainsi que nous l'avons vu en certains cas anormaux, une fécondité supérieure à celle que le pollen de la plante elle-même peut produire.

De même, parmi les hybrides, il y en a qui n'ont jamais produit et probablement ne produiront jamais une seule graine féconde, même sous l'action du pollen de l'une des deux espèces pures. Mais quelquefois on voit en pareil cas se produire une première trace de fécondité : c'est-à-dire que la fleur de l'hybride, ainsi à demi fécondée par l'une des deux espèces mères, se flétrit un peu plus tôt qu'elle n'eût fait, si elle était demeurée absolument insensible à l'excitation générative ; car chacun sait que le signe certain de la fécondation de l'ovaire, c'est la rapidité avec laquelle la corolle se fane. Or, depuis ce degré extrême de la stérilité, nous avons des hybrides féconds entre eux produisant un nombre de graines de plus en plus considérable jusqu'à une fécondité parfaite.

Les hybrides provenant de deux espèces très-difficiles à croiser et dont les premiers croisements sont très-rarement féconds, sont généralement très-stériles. Pourtant ce parallélisme entre la difficulté d'opérer un premier croisement et la stérilité des hybrides qui en proviennent, deux classes de faits trop généralement confondues, n'est pas d'une stricte exactitude. On connaît beaucoup d'exemples d'espèces qui peuvent être croisées avec la plus grande facilité et qui produisent de nombreux hybrides ; et cependant ces hybrides sont absolument stériles. D'autre côté, il y a des espèces qu'on ne peut, au contraire, que très-rarement réussir à croiser ensemble, mais dont les hybrides, une fois produits, sont très-féconds. On voit même les deux cas opposés se présenter dans un seul et même genre : tel est, par exemple, le genre Dianthus (œillet).

La fécondité, soit des premiers croisements, soit des hybrides, est plus aisément affectée par des conditions de vie défavorables que celle des espèces pures. Mais le degré de cette fécondité est également variable en vertu d'une prédisposition innée; car elle n'est pas toujours égale chez tous les individus des mêmes espèces, croisés dans les mêmes conditions, et paraît dépendre beaucoup de la constitution particulière des sujets qui ont été choisis pour l'expérience. Il en est de même des hybrides dont la fécondité se trouve souvent très-différente chez les divers individus provenant du même fruit et exposés aux mêmes conditions. Par le terme d'affinités systématiques, on entend les ressemblances de structure et de constitution que les espèces ont entre elles, et plus particulièrement dans des organes de haute importance physiologique qui, en général, diffèrent peu entre des espèces proche-alliées. Or la fécondité des premiers croisements entre espèces distinctes et celle des hybrides qui en proviennent semble être surtout gouvernée par ces mêmes affinités. Cela ressort évidemment du fait que jamais on n'a vu obtenir d'hybrides entre des espèces rangées par nos classifications en des familles distinctes; tandis que des espèces très-proche-alliées peuvent, en général, être croisées aisément. Mais ce n'est pas dire qu'il y ait entre les affinités systématiques et la fécondité des croisements une exacte corrélation. On pourrait citer une multitude d'exemples d'espèces très-voisines qu'on n'a que très-rarement ou même jamais pu faire se reproduire ensemble; tandis que, d'autre part, des espèces très-tranchées s'allient avec la plus grande facilité. On peut trouver dans la même famille un genre, tel que les Dianthus, dont beaucoup d'espèces croisent très-aisément, et un autre genre, tel que les Silènes, dont les efforts les plus persévérants n'ont jamais pu obtenir un seul hybride, même entre les espèces les plus semblables. Dans les limites du même genre, on rencontre les mêmes différences. Ainsi, les diverses espèces de Nicotiana (tabac) ont peut-être donné lieu à de plus nombreux croisements que tout autre genre; mais Gærtner a trouvé que la *N. acuminata*, qui cependant n'a rien qui la distingue particulièrement de ses congénères, était obstinément rebelle à ses expériences, et se refusait à féconder non moins de huit autres espèces de Nicotiana ou à se laisser féconder par elles. On pourrait encore citer un grand nombre de faits analogues.

Nul jusqu'ici n'a encore pu découvrir quelle est la nature ou le degré des différences apparentes, ou du moins reconnaissables, qui empêchent deux espèces de pouvoir s'allier. On peut prouver que des plantes, très-différentes par leurs habitudes ou par leur aspect général et présentant des différences tranchées en chacun de leurs organes floraux, même dans leur pollen, leur fruit et leurs cotylédons, peuvent être croisées ensemble. Des plantes annuelles et vivaces, des arbres à feuilles caduques ou persistantes, des plantes habitant des stations diverses et adaptées à différents climats peuvent quelquefois être facilement croisées.

Par croisement réciproque entre deux espèces, il faut entendre, par exemple, le cas où, d'une part, un étalon est croisé avec une ânesse, et, d'autre part, un âne avec une jument. Ces deux espèces peuvent alors être dites réciproquement croisées. Or, il y a souvent les plus grandes inégalités possibles dans la facilité avec laquelle diverses espèces se prêtent aux croisements réciproques. Ces inégalités capricieuses sont de la plus haute importance; car elles prouvent que la faculté que deux espèces possèdent de pouvoir s'allier peut être complétement indépendante de leurs affinités systématiques ou de toute différence reconnaissable dans leur organisation totale. D'autre côté, ces mêmes inégalités prouvent que la faculté de croisement est en connexion intime avec des différences de constitution inappréciables pour nous et qui, sans doute, affectent exclusivement le système reproducteur. Il y a déjà longtemps que ces différences dans les résultats des croisements réciproques avaient frappé Kœlreuter. Pour en donner un exemple, la *Mirabilis jalapa* (Belle-de-nuit jalap) peut aisément être fécondée par le pollen de la *Mirabilis longiflora* (Belle-de-nuit à grandes fleurs), et les hybrides ainsi obtenus sont médiocrement féconds; mais Kœlreuter essaya vainement plus de deux cents fois, pendant le cours de huit années consécutives, de féconder réciproquement la *Mirabilis longiflora* avec le pollen de la *Mirabilis jalapa* sans jamais y réussir. On pourrait citer d'autres exemples non moins frappants. Thuret a observé les mêmes faits chez certaines plantes marines ou Fucus. De plus, Gærtner a reconnu que cette différence dans la facilité d'opérer des croisements réciproques est très-commune à un moindre degré. Il l'a remarquée entre deux formes aussi étroitement alliées que les *Matthiola annua* et *glabra*, rangées par beaucoup de botanistes comme deux variétés. C'est encore un fait remarquable que les hybrides obtenus par un croisement réciproque, bien que provenant de deux mêmes espèces, chacune d'elles ayant alternativement fourni le père et la mère, diffèrent généralement un peu en fécondité et quelquefois même considérablement.

Quelques autres lois ont encore été établies par Gærtner. Quelques espèces ont une facilité remarquable à se croiser avec d'autres; certaines espèces d'un même genre ont le don particulier de léguer leur ressemblance à leur postérité hybride; mais l'une de ces facultés n'amène ou ne suit pas nécessairement l'autre. Certains hybrides, au lieu de présenter des caractères intermédiaires entre leurs parents, comme c'est le cas le plus général, ressemblent toujours beaucoup plus à l'un d'eux; et de tels hybrides, bien que si semblables extérieurement à l'une des souches pures dont ils proviennent, sont si souvent frappés d'une stérilité presque absolue, que les exceptions à cette règle sont des plus rares. De même, parmi les hybrides habituellement intermédiaires en structure entre leurs parents, il naît quelquefois des individus exceptionnels, très-ressemblants à l'une des deux espèces pures; et, comme dans le cas précédent, ils sont presque toujours absolument stériles, lors même que les autres sujets provenant des graines du même fruit sont très-féconds. De tels faits montrent combien la fécondité des hybrides est complétement indépendante de leurs ressemblances extérieures avec l'un ou l'autre de leurs parents d'espèce pure.

IV. **La stérilité n'est pas une propriété spéciale, mais une conséquence des différences organiques.** — D'après les diverses lois que nous venons d'exposer comme gouvernant la fécondité des premiers croisements et des hybrides, nous voyons que, lorsque des formes, considérées comme autant d'espèces bien distinctes, sont croisées, leur fécondité croît depuis zéro jusqu'à une fécondité parfaite, et même, dans certaines circonstances, jusqu'à une fécondité exceptionnelle ; que leur fécondité est éminemment susceptible de s'accroître ou de diminuer sous des conditions favorables ou défavorables, et en outre qu'elle varie par suite de prédispositions innées ; que la fécondité des premiers croisements n'est en rien corrélative à celle des hybrides qui en proviennent ; que la fécondité de ces hybrides n'est point en connexion avec les ressemblances extérieures plus ou moins grandes qu'ils ont avec l'un ou l'autre de leurs parents ; et qu'enfin la facilité d'opérer un premier croisement entre deux espèces quelconques ne dépend pas toujours de leurs affinités systématiques ou de leurs ressemblances extérieures. Cette dernière loi est prouvée avec toute évidence par les résultats si différents des croisements réciproques entre deux espèces ; car, selon que l'une ou l'autre fournit le père ou la mère, il y a en général quelque différence, et parfois la plus grande différence possible, dans la facilité qu'on trouve à effectuer le croisement. De plus, les hybrides provenant de croisements réciproques, diffèrent souvent en fécondité.

Ces lois si complexes et si singulières indiquent-elles que les croisements entre espèces ont été frappés de stérilité, afin d'empêcher que les formes organiques se confondent par leur mélange ? Mais pourquoi donc alors le degré de stérilité est-il si différent, selon que le croisement a lieu entre telle ou telle espèce ? N'est-il pas également important d'empêcher le mélange de celles-ci et de celles-là ? Pourquoi donc encore le degré de stérilité est-il variable, par prédisposition innée, chez les individus de la même espèce ? Pourquoi quelques espèces croisent-elles avec facilité, et cependant ne produisent que des hybrides stériles, quand d'autres espèces, très-difficiles à croiser, produisent des hybrides très-féconds ? Pourquoi une si grande différence dans les résultats des croisements réciproques entre les deux mêmes espèces ? Enfin, on peut demander pourquoi la production d'hybrides est possible ? Douer les espèces de la faculté toute spéciale de produire des hybrides et ensuite arrêter la propagation subséquente par différents degrés de stérilité, qui ne sont en aucune façon corrélatifs à la facilité avec laquelle s'accomplit une première alliance entre leurs parents, tout cela me paraît un bien étrange arrangement.

D'autre part, les règles et les faits qui précèdent me semblent au contraire indiquer clairement que la stérilité des premiers croisements, ainsi que celles des hybrides, est simplement une conséquence qui dépend de différences inconnues, affectant principalement le système reproducteur des deux espèces croisées. Ces différences sont d'une nature si particulière et si bien déterminée que, dans les croisements réciproques entre deux espèces, il arrive souvent que l'élément mâle de l'une agisse aisément sur l'élément femelle de l'autre, sans que l'alliance contraire soit possible.

J'expliquerai mieux, à l'aide d'un exemple, ce que j'entends, quand je dis que la stérilité n'est qu'une conséquence des différences des deux organisations génératrices et non une propriété spéciale dont les espèces seraient douées.

La faculté que possèdent certaines plantes de pouvoir être greffées ou écussonnées sur d'autres est si évidemment indifférente à leur prospérité à l'état de nature, que personne ne supposera, je présume, qu'elle leur ait été donnée comme une propriété spéciale ; mais chacun admettra au contraire qu'elle doit dépendre incidemment de quelques rapports inconnus dans les lois de croissance de ces plantes. Quelquefois il nous est même possible de discerner pourquoi tel arbre ne peut se greffer sur tel autre, soit qu'il y ait quelque différence dans la vitesse de leur développement, dans la dureté de leur bois, dans la nature de leur séve, dans l'époque où elle afflue, etc., mais en une multitude de cas, au contraire, il nous est impossible d'assigner une raison quelconque à la répulsion des deux essences l'une pour l'autre. Pourtant, que la taille des deux plantes soit très-différente, que l'une soit ligneuse et l'autre herbacée, à feuilles persistantes ou caduques, qu'elles soient adaptées à des climats très-divers : quelquefois rien de tout cela n'empêche une greffe de réussir.

Mais les affinités systématiques ont ici, comme à l'égard des croisements, une tout autre importance ; car nul n'a jamais pu greffer l'un sur l'autre deux arbres appartenant à des familles distinctes ; tandis que des espèces proche-alliées, et les variétés de la même espèce, se prêtent ordinairement, mais non pas invariablement à la greffe. Cependant, de même encore que pour l'hybridation, le succès des greffes n'est pas absolument dépendant des affinités systématiques. Quoique beaucoup de genres distincts dans la même famille aient été greffés l'un sur l'autre, en d'autres cas des espèces du même genre se refusent à une semblable opération. La Poire peut être beaucoup plus aisément greffée sur le Coing, généralement considéré comme un genre distinct, que sur la Pomme, qu'on regarde comme une espèce du même genre. Même les diverses variétés de la Poire ne prennent pas avec une égale facilité sur le Coing. Il en est de même des différentes variétés de l'Abricotier et du Pêcher sur le Prunier.

De même que Gærtner a trouvé des différences individuelles innées dans les mêmes espèces sous le rapport de la faculté de croisement, de même aussi Sageret pense que les différents individus des deux mêmes espèces ne se prêtent pas également bien à la greffe ; et comme à l'égard des croisements réciproques la facilité d'effectuer l'alliance est bien loin d'être égale chez les deux couples d'éléments sexuels, aussi deux espèces réciproquement greffées l'une sur l'autre ne réussissent pas également bien. C'est ainsi que la Groseille à maquereau ne peut se greffer sur la Groseille à grappe, tandis que celle-ci prend, bien qu'avec difficulté, sur celle-là.

Nous avons vu que la stérilité des hybrides, dont les organes reproducteurs sont imparfaits et impuissants, est tout autre chose que la difficulté d'unir deux espèces pures dont les organes reproducteurs sont en parfait état ; mais que, cependant, il y a un certain parallélisme entre ces deux phénomènes distincts. Quelque chose d'analogue s'observe à l'égard de la greffe : car Thouin a constaté que trois espèces de Robinia (Acacia) qui donnaient des graines en abondance sur leur propre tige pouvaient se greffer assez facilement sur une autre espèce, mais qu'alors elles devenaient stériles. D'autre côté, certains Sorbiers (*Sorbus*), greffés sur d'autres espèces, donnaient deux fois autant de fruit que sur leur propre tige. Pareil fait nous fait ressouvenir de l'aptitude extraordinaire des Hippéastrums, des Lobélies, etc., à donner plus de graines, quand on les féconde avec le pollen d'une espèce distincte, que sous l'action de leur propre pollen.

Quoiqu'il y ait une différence évidente et fondamentale entre la simple adhérence d'une tige greffée, et l'union des éléments mâle et femelle dans l'acte de la reproduction, cependant nous venons de voir qu'il existe un certain parallélisme dans les effets de la greffe et de l'hybridation entre espèces distinctes. Et comme les lois curieuses et complexes qui décident du succès avec lequel des arbres peuvent être greffés l'un sur l'autre ne peuvent être considérées que comme dérivant de différences inconnues dans leur organisation végétative ; de même, je crois que les lois, plus complexes encore, qui gouvernent la faculté de croisement, dépendent de différences aussi inconnues dans leurs organes reproducteurs. Ces différences, en l'un comme en l'autre cas, semblent jusqu'à un certain point en corrélation, comme du reste on pouvait s'y attendre, avec les affinités systématiques au moyen desquelles on a pris à tâche d'exprimer, autant que possible, toutes les ressemblances ou dissemblances qui peuvent servir à grouper les êtres organisés. Mais en aucune façon les faits ne semblent indiquer que la difficulté plus ou moins grande qu'on trouve à greffer l'une sur l'autre ou à croiser ensemble des espèces différentes, soit une propriété ou un don spécial ; bien qu'à l'état de nature la faculté de croisement ait autant d'importance, par rapport à la permanence et à la stabilité des formes spécifiques, que l'aptitude à être greffées les unes sur les autres est indifférente à leur prospérité générale [1].

[1] Bien que Gærtner ait établi que la faculté de croisement n'est pas en rapport constant avec celle de greffement, c'est-à-dire que les espèces capables d'être greffées les unes sur les autres ne sont pas toujours celles qui croisent le plus aisément et qui se montrent les plus fécondes, il reste néanmoins très-probable que la faculté générale, mais inégalement constatée chez les diverses espèces, de pouvoir être greffées les unes sur les autres, est une conséquence générale de leur faculté de croisement, c'est-à-dire que les deux ordres de phénomènes ont quelque chose de commun et dérivent des mêmes causes, tout en suivant jusqu'à un certain point d'autres lois. C'est ce qui semblerait résulter des analogies frappantes qu'on remarque entre l'ovule et le bourgeon, la greffe

**V. Causes de la stérilité des premiers croisements et des hybrides.** — Nous étudierons maintenant, d'un peu plus près, les causes probables de la stérilité des premiers croisements et des hybrides qui en proviennent. Ces deux cas présentent des différences fondamentales ; car, ainsi que nous venons de le voir, dans l'alliance de deux espèces pures les deux éléments sexuels sont en parfait état, tandis que chez les hybrides ils sont plus ou moins atrophiés ou impuissants.

Même à l'égard des premiers croisements, la difficulté plus ou moins grande d'effectuer l'alliance paraît dépendre de plusieurs causes distinctes.

Il y a parfois impossibilité physique à ce que l'élément mâle atteigne l'ovule : tel serait le cas où une plante aurait un pistil trop long pour que les tubes polliniques puissent atteindre l'ovaire. On a observé aussi que lorsque le pollen d'une espèce est placé sur le stigmate d'une espèce très-éloignée par ses affinités, bien que les tubes polliniques soient projetés sur la surface stigmatique, cependant ils ne la pénètrent pas. L'élément mâle peut encore atteindre l'élément femelle, mais il est impuissant à produire le développement de l'embryon : tel semble avoir été le cas dans quelques-unes des expériences de Thuret sur les Fucus. On ne saurait rendre compte de pareils faits, pas plus qu'on ne saurait dire pourquoi certains arbres ne peuvent être greffés sur d'autres. Enfin un embryon peut se former, et cependant périr à l'une de ses premières phases de développement. On n'a pas assez fait attention jusqu'ici à cette dernière possibilité ; et cependant, je crois, d'après des renseignements reçus de M. Hewitt, qui a fait une longue expérience des croisements entre Gallinacés, que la mort précoce de l'embryon est fréquemment la cause de la stérilité apparente des premiers croisements hybrides. J'étais d'abord peu disposé à admettre cette idée, par la raison qu'en général les hybrides, une fois nés, se portent bien et vivent longtemps, comme nous le voyons pour la mule. Mais les circonstances où se trouvent les hybrides avant et après

n'étant elle-même rien autre chose qu'un bourgeon enté sur un autre sujet de nature analogue à celui dont elle provient ; c'est enfin une graine plantée dans une tige au lieu de l'être dans le sol. (*Trad.*)

leur naissance sont bien différentes : une fois nés, s'ils demeurent dans la contrée où vivent leurs parents, ils sont généralement placés sous des conditions de vie convenables. Mais un hybride ne participe qu'à moitié de la nature et de la constitution de sa mère ; par conséquent, avant de naître, c'est-à-dire aussi longtemps qu'il est nourri dans la matrice, dans la graine, ou qu'il demeure dans l'œuf produit par sa mère, il peut être placé sous des conditions de vie nuisibles, et conséquemment exposé à périr à l'état d'embryon, et d'autant que plus un être vivant est jeune, plus en général il paraît sensible à l'influence des conditions de vie défavorables ou contre nature.

A l'égard de la stérilité des hybrides chez lesquels les organes sexuels sont plus ou moins atrophiés, le cas est tout différent. J'ai plus d'une fois fait allusion à un ensemble considérable de faits que j'ai recueillis, et qui montrent que lorsque les plantes et les animaux sont placés hors de leurs conditions naturelles, leur système reproducteur en est très-fréquemment et très-gravement affecté. En fait, c'est là l'obstacle principal à la domestication des animaux. Entre la stérilité qui résulte d'un tel changement dans les conditions de vie et celle des hybrides, il y a de nombreuses analogies. Dans l'un et l'autre cas, la stérilité est indépendante de la santé générale, et parfois même elle est accompagnée d'un accroissement extraordinaire de la taille ou d'une grande luxuriance de végétation. Dans l'un et l'autre cas, la stérilité est plus ou moins complète, et l'élément mâle est le plus sujet à être affecté ; quelquefois cependant, c'est l'élément femelle. Dans l'un et l'autre cas, la tendance à la stérilité semble jusqu'à certain point en connexion avec les affinités systématiques ; car des groupes entiers d'animaux ou de plantes deviennent impuissants à se reproduire sous les mêmes conditions de vie contre nature, comme des groupes entiers d'espèces ont une disposition innée à produire des hybrides stériles. D'autre côté, une seule espèce dans tout un groupe supportera de grands changements dans ses conditions de vie, sans que sa fécondité diminue ; et de même, certaine espèce d'un genre peut quelquefois produire des hybrides d'une fécondité extraordinaire. Nul ne peut dire avant l'expérience si tel animal se reproduira en reclusion, ou si telle plante exotique donnera des graines à l'état de culture ; également nul ne peut dire, avant preuve, si deux espèces d'un genre produiront des hybrides et si ces hybrides seront plus ou moins féconds. Enfin, lorsque des êtres organisés sont placés pendant plusieurs générations sous des conditions de vie nouvelles, ils sont extrêmement sujets à varier ; ce qui provient, je pense, de ce que leur système reproducteur a été spécialement affecté, bien qu'à un moindre degré que lorsque la stérilité en résulte. Il en est de même des hybrides qui sont aussi éminemment variables pendant le cours des générations qui suivent un premier croisement, ainsi qu'a pu l'observer tout expérimentateur.

Nous voyons donc que, lorsque des êtres organisés sont placés sous des conditions de vie nouvelles et contre nature, ou lorsque des hybrides sont produits par le croisement aussi contre nature de deux espèces distinctes, le système reproducteur des uns et des autres, indépendamment de l'état général de leur santé, est frappé de stérilité d'une manière parfaitement semblable. Dans l'un des cas, les conditions de vie ont été troublées, bien que parfois le changement soit à peine appréciable pour nous ; dans l'autre, c'est-à-dire à l'égard des hybrides, les conditions extérieures sont demeurées les mêmes, mais l'organisation a été troublée par le mélange de deux organisations différentes de structure et de constitution : car il est impossible que deux organisations se résument en une seule, sans qu'il en résulte quelque désaccord dans le développement, l'action périodique ou les relations mutuelles des divers organes, les uns par rapport aux autres ou par rapport aux conditions de vie locales. Lorsque des hybrides peuvent se reproduire *inter se*, ils transmettent à leur postérité, de génération en génération, la même organisation mixte ; il n'est donc point surprenant que leur stérilité, bien que variable à certain degré, diminue rarement.

Cependant il faut bien avouer que plusieurs faits concernant la stérilité des hybrides ne peuvent encore s'expliquer, sinon peut-être par de vagues hypothèses : telle est par exemple l'inégale fécondité des hybrides provenant de croisements réciproques, ou la plus grande stérilité des hybrides qui, par exception, ressemblent plus parfaitement à un de leurs parents. Je ne prétends pas non plus que les quelques remarques que j'ai rassemblées ici aillent jusqu'au fond de la question : rien ne peut nous expliquer pourquoi un organisme placé sous des conditions de vie contre nature devient stérile. Tout ce que je me suis efforcé de prouver, c'est que la stérilité résulte également de deux causes à quelques égards analogues : dans l'un des cas, ce sont les conditions de vie qui ont été troublées; dans l'autre, c'est l'organisme même qui a été altéré par le mélange de deux organisations en une seule.

VI. **Parallélisme entre les effets des changements dans les conditions de vie et les effets des croisements.** — Peut-être est-ce un jeu d'imagination, mais je soupçonne qu'un semblable parallélisme s'étend à une autre série de faits très-différents et cependant alliés. C'est une croyance bien vieille et bien universelle, fondée, à ce que je crois, sur un ensemble considérable de preuves, que de légers changements dans les conditions de vie sont avantageux à tous les êtres vivants. Nous voyons ce principe appliqué par les fermiers et les jardiniers, dans leurs fréquents échanges de graines, de bulbes, etc., d'un sol ou d'un climat à un autre et de celui-ci au premier. Pendant la convalescence des animaux, l'heureux effet produit par le moindre changement dans les habitudes est de toute évidence. De même, soit à l'égard des plantes, soit à l'égard des animaux, il y a de nombreuses preuves qu'un croisement entre individus très-distincts de la même espèce, c'est-à-dire entre des membres de différentes souches ou sous-races, donne une grande vigueur et une grande fécondité à la postérité qui en provient. On a vu qu'il résulte des faits mentionnés dans le quatrième chapitre que quelques croisements de temps à autre sont probablement indispensables, même parmi les hermaphrodites, et qu'une fécondation réciproque entre proches, continuée pendant plusieurs générations, surtout lorsque leurs représentants successifs demeurent constamment placés sous les mêmes conditions de vie, amène toujours dans la race une certaine débilité de constitution et une diminution de fécondité.

Il semble donc que, d'un côté, de légers changements dans les conditions de vie soient avantageux aux êtres organisés, et que, d'autre part, quelques croisements entre les mâles et les femelles de la même espèce, qui ont varié et sont devenus légèrement différents les uns des autres, donnent à la fois vigueur et fécondité à la race. Mais nous avons vu, au contraire, que des changements plus importants, ou des changements d'une nature particulière, rendent souvent les êtres organisés plus ou moins stériles : de même que des croisements plus accusés, c'est-à-dire opérés entre des mâles et des femelles qui sont devenus très-différents, ou même spécifiquement différents, ne produisent que des hybrides plus ou moins frappés de stérilité. Or, je ne puis me persuader que ce parallélisme soit ou l'effet du hasard, ou une illusion de mon esprit. Les deux séries de faits doivent se rattacher l'une à l'autre par quelque lien inconnu essentiellement corrélatif avec le principe même de la vie.

VII. **La fécondité des variétés croisées et de leurs postérités métisses n'est pas universelle.** — On pourrait penser qu'il doit nécessairement exister quelque distinction essentielle entre les espèces et les variétés, et qu'il ne peut manquer de s'être glissé quelque erreur dans les observations qui précèdent, puisque les variétés, quelque différentes qu'elles soient les unes des autres dans leur apparence extérieure, croisent avec la plus grande facilité et donnent une postérité parfaitement féconde. Avec les quelques réserves que je vais faire, j'admets pleinement que telle est en effet la règle très-générale. Mais la question est hérissée de difficultés, car en ce qui concerne les variétés produites à l'état sauvage, dès que deux formes, jusque-là réputées pour de simples variétés, se trouvent le moins du monde stériles dans leur croisement, elles sont aussitôt élevées au rang d'espèces par la plupart des naturalistes. Ainsi, le Mouron bleu et le Mouron rouge sont, par beaucoup de nos meilleurs botanistes, considérés comme des variétés ;

mais parce que Gærtner ne les a pas trouvées parfaitement fécondes dans leur croisement, il les range comme des espèces distinctes. Si nous argumentons ainsi en tournant toujours dans un cercle vicieux, il est certain que la fécondité des variétés produites à l'état sauvage devra être accordée.

Si nous étudions le problème sur des variétés formées à l'état domestique ou du moins qu'on suppose telles, nous sommes perdus dans les mêmes doutes ; lorsqu'il est constaté, par exemple, que le chien Spitz d'Allemagne s'allie plus aisément que d'autres races avec le Renard, ou que certain Chien domestique, indigène de l'Amérique du Sud, ne croise que difficilement avec des Chiens européens, la première explication que chacun donnera de ces faits, et probablement la vraie, c'est que chacune de ces races descend d'une espèce originairement distincte. Néanmoins, la fécondité parfaite de tant de variétés domestiques, si profondément différentes les unes des autres en apparence, telles, par exemple, que les diverses races de Pigeons, ou les variétés du Chou, est un fait réellement remarquable. Il semble encore plus frappant, lorsqu'on songe qu'il y a un nombre considérable d'espèces dont les croisements sont complétement stériles, bien qu'elles aient les unes avec les autres les plus étroites ressemblances.

Pourtant, quelques considérations suffisent à expliquer, du moins en partie, la fécondité si extraordinaire de nos variétés domestiques croisées. D'abord rappelons-nous toujours quelle est notre ignorance à l'égard des causes précises de la stérilité en général, qu'elle provienne, du reste, d'un croisement entre espèces ou d'un changement dans les conditions de vie des individus. Sur cette dernière question, je n'ai pu énumérer tous les faits remarquables que j'ai recueillis ; et, quant à la stérilité des croisements, qu'on songe à la différence des résultats obtenus lorsqu'ils sont réciproques, qu'on songe surtout à ce fait étrange qu'une plante puisse être plus aisément fécondée par un pollen étranger que par son propre pollen [1]. Quand

[1] Qu'on songe encore à ce fait si remarquable des variétés diversement colorées de Molènes (*Verbascum*), et aux autres exemples que l'auteur cite un peu plus loin. Voy. p. 330. (*Trad.*)

on réfléchit à de pareilles anomalies, il faut bien confesser notre ignorance et reconnaître combien il est peu probable que nous puissions jamais arriver à comprendre pourquoi les croisements entre certaines formes organiques sont féconds, tandis que d'autres sont stériles. Secondement, on peut démontrer avec toute évidence que les dissemblances purement extérieures entre deux espèces ne suffisent pas à décider de la plus ou moins grande stérilité de leurs croisements ; et l'on peut appliquer la même règle à nos variétés domestiques. Troisièmement, quelques naturalistes éminents pensent qu'une longue domesticité tend à faire disparaître toute trace de stérilité chez les générations successives des hybrides qui d'abord n'avaient été qu'imparfaitement féconds ; or, s'il en est ainsi, nous ne pouvons nous attendre à voir la stérilité apparaître et disparaître sous des conditions de vie à peu près les mêmes. Enfin, et ceci me semble la plus importante de toutes les considérations, les nouvelles races d'animaux domestiques et de plantes cultivées sont produites par la sélection méthodique ou inconsciente de l'homme, pour son utilité ou son agrément ; mais de légères différences dans le système reproducteur ou d'autres différences en corrélation avec ce système, ne sont jamais et même ne peuvent être l'objet de son action sélective. Les espèces domestiques sont moins étroitement adaptées au climat et aux autres conditions physiques de la contrée qu'elles habitent que les espèces sauvages, car elles peuvent en général se transporter impunément en d'autres contrées très-différentes sous le rapport du climat, du sol, etc. L'homme nourrit ses diverses variétés avec les mêmes aliments ; il les traite toutes de la même manière, et ne vise point à changer en rien leurs habitudes générales. La nature, au contraire, agit avec uniformité et lenteur pendant de longues périodes, sur l'organisation tout entière, et de toutes les façons possibles pour le propre avantage de chaque être ; elle peut ainsi, directement, ou, ce qui est plus probable, indirectement, en vertu des lois de corrélation de croissance, modifier le système reproducteur de quelques-uns des descendants d'une espèce. Si l'on songe à ces différences entre les procédés sélectifs de l'homme et ceux de la nature, on ne peut s'étonner le moins du monde de la différence des résultats.

J'ai considéré jusqu'ici les croisements entre variétés de même espèce comme constamment féconds ; pourtant il est impossible de nier qu'il ne se manifeste une certaine tendance à la stérilité dans quelques cas que je vais essayer de résumer brièvement. On admet la stérilité d'une multitude de croisements entre espèces sur des preuves qui ne sont certainement pas plus fortes ; et de plus, ces preuves de la stérilité des variétés croisées sont empruntées à des témoins hostiles, qui en tous les autres cas considèrent la fécondité ou la stérilité d'un croisement entre deux formes quelconques, comme le critère absolu des différences de valeur spécifique.

Gærtner a gardé pendant plusieurs années l'une près de l'autre, dans son jardin, une variété naine de Maïs à graines jaunes, et une variété de grande taille à graines rouges ; et quoique ces plantes aient des sexes séparés, elles ne croisèrent jamais naturellement. Alors il féconda artificiellement treize fleurs de l'une avec le pollen de l'autre, mais un seul épi donna des graines et n'en donna que cinq. L'opération ne peut guère avoir été nuisible chez une espèce dioïque. Cependant, je ne pense pas que nul ait jamais soupçonné que ces deux variétés de Maïs fussent deux espèces distinctes ; et les plantes hybrides provenant des cinq graines obtenues s'étant trouvées parfaitement fécondes, Gærtner n'osa s'aventurer jusqu'à avancer que ces deux variétés fussent spécifiquement distinctes.

Girou de Buzareingues a croisé trois variétés de Courges, qui, de même que le Maïs, ont des sexes séparés, et il assure que leur fécondation réciproque est d'autant plus difficile que leurs différences sont plus grandes. Jusqu'à quel point peut-on se fier à ces expériences ? Je ne sais trop ; mais ces mêmes formes sur lesquelles elles ont été tentées, sont aussi considérées comme des variétés par Sageret, dont la classification repose généralement sur la fécondité ou la stérilité des croisements.

Le fait suivant est encore beaucoup plus extraordinaire ; mais il ne saurait être douteux, car il est le résultat d'un nombre considérable d'expériences continuées pendant de longues années sur neuf espèces de Molènes (*Verbascum*), par Gærtner. Ce naturaliste, en ce cas témoin aussi hostile que soigneux observateur, a constaté que les variétés jaunes et blanches de la même espèce, étant croisées ensemble, produisent moins de graines que ces mêmes variétés, fécondées avec le pollen des variétés de même couleur. Il affirme de plus que lorsque des variétés jaunes et blanches d'une même espèce sont croisées avec les variétés jaunes et blanches d'espèces distinctes, les croisements entre fleurs de même couleur produisent plus de graines qu'entre des fleurs de couleur différente. Cependant ces variétés de Verbascum ne présentent d'autres différences que la couleur de leurs fleurs, et quelquefois une variété s'obtient de la graine d'une autre.

Si j'en crois les expériences que j'ai faites sur certaines variétés de Mauves, elles présenteraient des faits analogues.

Kœlreuter, dont l'exactitnde a été confirmée par tous les observateurs plus récents, a prouvé qu'une variété du Tabac commun est plus féconde que les autres en cas de croisement avec une espèce très-distincte. Il expérimenta sur cinq formes, communément réputées pour des variétés, et vérifia leur étroite parenté en les soumettant à l'épreuve du croisement réciproque. Leur postérité métisse se trouva toujours parfaitement féconde. Cependant ces cinq variétés étant réciproquement croisées avec la *Nicotiana glutinosa,* une seule d'entre elles, qu'elle ait fourni soit l'élément mâle, soit l'élément femelle, donna toujours des hybrides moins stériles que ceux qui proviennent du croisement des quatre autres variétés avec cette même *N. glutinosa*. Il faut en conclure que le système reproducteur d'une seule de ces variétés avait été exceptionnellement modifié de quelque manière ou en quelque degré.

Rien n'est donc plus difficile que d'établir la preuve de l'infécondité des variétés à l'état de nature ; parce que toutes les variétés supposées qui se trouveraient le moins du monde stériles en cas de croisement seraient aussitôt considérées comme des espèces distinctes. D'autre part, il est évident que dans la formation artificielle des variétés domestiques les plus tranchées, la sélection de l'homme ne peut agir que sur les caractères extérieurs, mais n'a jamais et ne peut avoir pour objet de produire des différences cachées dans les fonctions du système reproducteur. Il me semble donc impossible de prouver que la fécondité très-générale des croisements entre variétés soit une loi universelle établissant une distinction fondamentale entre les espèces et les variétés. Dans l'ignorance complète où nous sommes des causes qui déterminent la fécondité ou la stérilité des êtres vivants, la fécondité très-générale des variétés ne me paraît pas nécessairement contraire à ma manière de voir concernant la stérilité générale, mais non pas invariable, des premiers croisements et des hybrides qui en proviennent, c'est-à-dire que cette stérilité n'est pas une propriété distinctive des espèces, mais une simple conséquence des modifications lentes et cachées qui ont affecté peu à peu le système reproducteur des formes croisées.

VIII. **Comparaison des hybrides et des métis, indépendamment de leur fécondité.** — La question de fécondité mise à part, la postérité des espèces ou des variétés croisées peut donner lieu à d'autres points de comparaison. Gærtner, dont le plus grand désir eût été de trouver une ligne de démarcation bien tranchée entre les espèces et les variétés, n'a pu constater qu'un très-petit nombre de signes caractéristiques, et qui, selon moi, n'ont aucune importance, entre la postérité dite hybride des espèces et la postérité dite métisse des variétés. D'autre côté, au contraire, ces deux classes d'êtres se ressemblent étroitement à beaucoup d'égards et sous les points de vue les plus importants.

Je ne ferai cependant encore qu'effleurer cette question pour la résumer. Le principal signe de distinction qu'on puisse indiquer, c'est que les métis sont plus variables que les hybrides, mais Gærtner admet que les hybrides entre espèces depuis longtemps cultivées sont souvent très-variables pendant les premières générations ; et j'en ai vu moi-même de frappants exemples. Gærtner admet de plus que les hybrides entre espèces proche-alliées sont plus variables que ceux qui proviennent d'espèces très-tranchées ; ce qui montre avec toute évidence que la différence dans le degré de variabilité des uns et des autres tend à diminuer et à disparaître graduellement. Quand les métis et les hybrides les plus féconds se reproduisent pendant plusieurs générations, on constate dans leur postérité une variabilité excessive ; mais on pourrait citer quelques exemples, soit d'hybrides, soit de métis, qui ont gardé pendant longtemps l'uniformité de caractères. Cependant il se peut que, pendant les générations successives, les métis soient en somme plus variables que les hybrides.

Mais ce degré supérieur de variabilité chez les métis n'a rien de très-surprenant, car les parents des métis sont des variétés, et pour la plupart des variétés domestiques, très-peu d'expériences ayant pu être tentées sur des variétés naturelles ; or, ceci implique, dans la plupart des cas, qu'il y a eu dans les deux lignes d'ancêtres des variations récentes ; il faut donc tout naturellement s'attendre à ce que cette variabilité continue de se manifester, et à ce qu'elle s'augmente encore de ce que le croisement a pu y ajouter. La faible variabilité des hybrides nés d'un premier croisement, ou à la première génération, en opposition avec leur extrême variabilité pendant les générations suivantes, est un fait extrêmement curieux qui mérite d'arrêter notre attention. Rien ne confirme mieux ce que j'ai déjà dit sur les causes ordinaires de la variabilité, qui provient, selon moi, des altérations dont le système reproducteur est éminemment passible sous l'influence des moindres changements dans les conditions de vie, au point de devenir ou complétement impuissant, ou du moins incapable de remplir ses fonctions d'une manière normale et de produire une postérité identique à la forme mère. Or, les hybrides de la première génération descendent d'espèces qui, à l'exception des espèces depuis longtemps domestiquées, n'ont souffert aucune altération de leurs organes reproducteurs, et sont, par conséquent, peu variables ; tandis que les hybrides eux-mêmes, qui en proviennent, ont leurs organes reproducteurs gravement affectés, de sorte que leur postérité doit être extrêmement sujette à varier.

Pour revenir à notre comparaison commencée entre les hybrides et les métis, Gærtner prétend que ces derniers sont plus que les autres sujets à revenir à l'une des deux formes mères. Mais, si le fait est vrai, je puis affirmer que ce n'est qu'une différence de degré qui n'a rien d'absolu. Gærtner insiste surtout sur le fait que lorsque deux espèces quelconques, bien que très-proches alliées, sont croisées avec une troisième espèce, les hybrides diffèrent considérablement les uns des autres, tandis que, si deux variétés très-distinctes d'une espèce sont croisées avec une autre espèce, les hybrides sont peu différents. Mais, autant que je puis le savoir, cette règle est établie sur une seule expérience, et semble en opposition directe avec les résultats de quelques-unes des expériences de Kœlreuter.

Telles sont les seules différences que Gærtner ait pu découvrir entre les plantes hybrides et métisses. D'autre côté, les ressemblances des unes et des autres à leurs parents respectifs, et plus particulièrement chez les hybrides provenant d'espèces proche-alliées, suivent, selon lui, des lois identiques. Quand deux espèces sont croisées, l'une d'elles est quelquefois douée d'une puissance prédominante pour léguer sa ressemblance à l'hybride ; et il en est de même, je pense, des différentes variétés végétales. Chez les animaux, il est non moins certain qu'une variété a souvent la même prépondérance sur une autre variété. Les plantes hybrides provenant d'un croisement réciproque se ressemblent généralement beaucoup ; et il en est de même des sujets métis réciproquement croisés. Enfin, soit les hybrides, soit les métis, peuvent être ramenés à l'une des deux formes mères par des croisements répétés pendant plusieurs générations successives.

Ces diverses règles paraissent être également applicables aux animaux. Mais la question est excessivement compliquée, en partie à cause de la présence des caractères sexuels secondaires, et, plus encore, parce que l'un des sexes a presque toujours une prédisposition beaucoup plus forte que l'autre à léguer sa ressemblance au produit commun, que le croisement s'opère entre espèces ou qu'il ait lieu entre variétés. Ainsi c'est, je crois, avec tout droit que quelques auteurs soutiennent que l'Ane a la prépondérance sur le Cheval ; de sorte que, soit le Mulet, soit le Bardot, ressemblent plus au premier qu'au second. Cette prépondérance serait même encore plus forte chez l'Ane que chez l'Anesse, le Mulet qui provient de l'Ane et de la Jument ressemblant plus à l'Ane que le Bardot issu d'une Anesse et d'un Étalon.

Quelques auteurs ont ajouté beaucoup d'importance au fait, supposé vrai, que les animaux métis seulement naissaient très-semblables à l'un ou l'autre de leurs parents ; mais on peut démontrer qu'il en est quelquefois de même des hybrides, quoique pourtant moins fréquemment, je l'avoue. D'après les exemples que j'ai pu rassembler d'animaux croisés très-ressemblants à un seul de leurs parents, j'ai toujours vu que ces ressemblances se manifestaient, surtout à l'extérieur, dans des caractères particuliers très-visibles, ou d'une nature presque monstrueuse, et qui, en général, apparaissent soudainement dans les races, tels que l'albinisme, le mélanisme, l'absence de queue ou de cornes, et la présence de doigts ou d'orteils surnuméraires ; mais elles ne concernent guère, au contraire, les particularités les plus importantes de l'organisation qui ont dû être lentement acquises par sélection.

Conséquemment, des réversions soudaines au type parfait de l'un ou de l'autre parent doivent être plus fréquentes chez les métis descendus de variétés qui se sont souvent produites soudain et parfois à demi monstrueuses dans leurs caractères, que chez les hybrides descendus d'espèces déjà anciennes, et formées lentement et naturellement. En somme, je suis entièrement d'accord avec le docteur Prosper Lucas, qui, après avoir classé une masse énorme de faits concernant les généalogies des animaux, est arrivé à conclure que les lois de la ressemblance de l'enfant à ses parents sont absolument les mêmes, quel que soit le degré de ressemblance des parents entre eux, c'est-à-dire que l'union ait lieu entre deux individus de la même variété, entre deux variétés différentes, ou enfin entre deux espèces distinctes.

Laissant donc de côté la question de fécondité et de stérilité, à tous autres égards il semble y avoir une identité générale, étroite, entre la postérité de deux espèces croisées et celle de deux variétés. Si l'on considère les espèces comme provenant d'actes créateurs spéciaux, et les variétés comme produites par le jeu des lois secondaires, cette identité serait on ne peut plus surprenante. Elle s'accorde parfaitement, au contraire, avec l'idée qu'il n'existe aucune différence essentielle entre les espèces et les variétés.

IX. **Résumé.** — Nous venons de voir que les premiers croisements entre des formes suffisamment distinctes pour être rangées comme des espèces tranchées, ainsi que les hybrides qui en proviennent, sont très-généralement, mais non pas universellement stériles.

Cette stérilité est susceptible de présenter tous les degrés possibles, et elle est parfois si peu sensible, que les plus soigneux expérimentateurs qu'on connaisse sont arrivés à des conclusions opposées en classifiant les formes organiques d'après le critère qu'elle leur a fourni.

La stérilité varie chez les individus de la même espèce, en vertu de prédispositions innées ; et elle est éminemment susceptible d'être affectée par des conditions favorables ou défavorables.

Le degré de stérilité des croisements n'est pas toujours en relation directe avec les affinités systématiques ; mais il semble gouverné par diverses lois aussi curieuses que complexes. Les croisements réciproques entre les deux mêmes espèces sont généralement affectés d'une stérilité différente et parfois très-inégale. Elle n'est pas non plus égale ni même constante dans les cas de premiers croisements et chez les hybrides qui en proviennent. De même qu'à l'égard de la greffe la faculté dont jouit une espèce ou une variété de prendre sur une autre dépend de différences généralement inconnues dans leur organisme végétatif, de même dans les croisements, la facilité plus ou moins grande avec laquelle deux espèces s'allient dépend de différences inconnues dans leur organisme reproducteur. Mais il n'est aucune raison de penser que les croisements entre espèces aient été spécialement frappés d'un degré de stérilité, variable pour chacune d'entre elles, dans le seul but d'empêcher leur mélange et leur confusion dans la nature ; pas plus qu'on ne peut supposer que certains arbres ont été spécialement doués d'une incapacité, également variable en degré et sous d'autres rapports encore fort analogues, d'être greffés l'un sur l'autre, afin d'empêcher qu'ils ne s'entre-croisent et ne se greffent naturellement les uns sur les autres dans nos forêts.

Il semble que la stérilité des premiers croisements entre des espèces pures dont les organes reproducteurs sont en parfait état, dépende de circonstances très-diverses, et peut-être, en des cas fréquents, de la mort hâtive de l'embryon. Quant à la stérilité des hybrides dont les organes reproducteurs sont plus ou moins atrophiés, et chez lesquels l'organisation tout entière a été troublée par le mélange de deux organismes spécifiquement distincts, elle semble en rapport étroit avec la stérilité qui affecte très-fréquemment les espèces de race pure, quand leurs conditions de vie naturelles ont été troublées.

Cette supposition s'appuie encore sur une autre série d'analogies parallèles : de même qu'un croisement entre des formes peu différentes donne une vigueur et une fécondité toute particulière à la race qu'il produit, de même de légers changements dans les conditions de vie paraissent être très-favorables à la vigueur et à la fécondité de tous les êtres vivants.

Il n'est en aucune façon surprenant que la difficulté qu'on trouve à unir deux espèces, et la stérilité de leur postérité hybride se correspondent en général assez exactement, bien que provenant de causes très-distinctes ; parce que l'une et l'autre dépendent de la somme des différences de toute nature qui existent entre les deux espèces croisées. Il n'est point étonnant non plus que la facilité d'opérer un premier croisement entre deux espèces, la fécondité des hybrides qui en naissent, et même la faculté de pouvoir être greffées l'une sur l'autre, bien qu'elle dépende évidemment d'autres conditions très-différentes, augmentent ou diminuent cependant avec une sorte de corrélation directe, et parallèlement aux affinités sytématiques des formes soumises à ces expériences : les affinités systématiques ayant pour objet principal d'exprimer, autant que possible, toutes les ressemblances ou différences qui groupent ou séparent les espèces entre elles.

Les premiers croisements entre des formes bien connues pour

variétés, ou assez ressemblantes pour qu'on les croie telles, de même que leur postérité métisse, sont très-généralement, mais non pas, comme on l'a faussement affirmé, universellement féconds. Du reste, cette fécondité presque parfaite n'a rien de surprenant, si l'on songe combien nous sommes exposés à tourner dans un cercle vicieux au sujet des variétés à l'état de nature ; et lorsque nous nous rappelons que le plus grand nombre de nos variétés domestiques ont été formées par la sélection continuelle de différences purement extérieures, sans égard aux différences correspondantes, mais cachées du système reproducteur.

A tous autres égards, et la question de la fécondité mise de côté, on constate de grandes ressemblances générales entre les hybrides et les métis.

Enfin, même en dépit de l'ignorance profonde où nous sommes, en presque tous les cas, des causes précises de la stérilité chez les êtres vivants, les faits rassemblés et succinctement discutés dans ce chapitre ne me paraissent en aucune façon opposés à l'idée qu'il n'existe aucune distinction essentielle et fondamentale entre les espèces et les variétés.

---

# CHAPITRE IX

## INSUFFISANCE DES DOCUMENTS GÉOLOGIQUES.

I. De l'absence actuelle de variétés intermédiaires. — II. De la nature des variétés intermédiaires éteintes et de leur nombre. — III. De la longue durée des temps géologiques déduite de la lenteur avec laquelle les strates fossilifères se déposent ou se dénudent. — IV. De la pauvreté de nos collections paléontologiques. — V. De l'intermittence des formations géologiques et de la dénudation des roches granitiques. — VI. De l'absence de variétés intermédiaires dans chaque formation. — VII. Les documents géologiques prouvent suffisamment la gradation des formes. — VIII. De l'apparition soudaine de groupes entiers d'espèces. — IX. De leur apparition soudaine, même dans les strates fossilifères les plus anciennes. — X. Résumé.

I. **De l'absence actuelle de variétés intermédiaires.** — J'ai énuméré dans le sixième chapitre les objections principales qu'on peut, avec quelque raison, élever contre la théorie que j'expose dans cet ouvrage. J'ai déjà examiné la plupart d'entre elles. Il en est une dont l'importance est manifeste : comment expliquer que les formes spécifiques, au lieu d'être mélangées avec une inextricable confusion ou du moins parfaitement reliées les unes aux autres par d'innombrables formes de transition, soient au contraire si tranchées et si distinctes ? J'ai dit autre part pourquoi ces formes de transition ne pouvaient exister actuellement, même dans les circonstances en apparence les plus favorables à leur formation et à leur conservation, c'est-à-dire dans une vaste région continue présentant des conditions de vie graduellement différentes. J'ai montré comment l'existence de chaque espèce dépend beaucoup moins du climat que de la présence d'autres formes organiques déjà bien définies, et que, par conséquent, les conditions de vie véritablement efficaces et directrices ne se graduent pas insensiblement les unes dans les autres, comme la chaleur ou l'humidité. J'ai essayé aussi d'établir que les variétés intermédiaires, existant toujours en moindre nombre que les formes auxquelles elles servent de liens de transition, doivent généralement être vaincues et exterminées par celles-ci pendant le cours de leurs modifications successives et de leurs progrès subséquents. Si l'on ne rencontre pas partout et toujours dans la nature d'innombrables formes de transition, cela dépend donc principalement du procédé même de sélection naturelle, en vertu duquel les variétés nouvelles tendent constamment à supplanter et à exterminer leurs souches mères. Il est vrai que plus ce procédé d'extermination a dû agir sur une grande échelle, plus aussi le nombre des variétés intermédiaires qui ont existé autrefois sur la terre doit être énorme. Pourquoi donc alors chaque formation géologique, et même chaque souche stratifiée n'est-elle pas remplie de ces formes de transition ? Assurément la géologie ne nous révèle pas encore l'existence d'une chaîne organique aussi parfaitement graduée ; et c'est en cela peut-être que consiste la plus sérieuse objection qu'on puisse faire à ma théorie. Mais l'insuffisance extrême des documents géologiques suffit, je crois, à la résoudre.

II. **De la nature des variétés intermédiaires éteintes et de leur nombre.** — En premier lieu, il faut bien se représenter quelles sont les formes intermédiaires qui, d'après ma théorie, doivent avoir existé antérieurement. J'ai eu moi-même de la difficulté, en considérant deux espèces quelconques, à ne pas me représenter leur souche commune comme présentant des caractères exactement intermédiaires entre l'une et l'autre ; et cependant une telle supposition serait complétement erronée. Ce que nous devons toujours chercher, ce sont des formes intermédiaires entre les espèces actuelles et un ancien progéniteur commun peut-être inconnu, qui aura généralement différé à quelques égards de toute la lignée de ses descendants modifiés. Ainsi, pour donner un exemple de cette loi, le Pigeon-Paon et le Pigeon grosse-gorge descendent tous les deux du Pigeon

Biset. Si nous possédions toutes les variétés intermédiaires qui ont existé, nous aurions deux séries insensiblement graduées entre chacun de ces types et celui du Pigeon Biset; mais nous n'aurions aucune variété intermédiaire entre le Pigeon-Paon et le Pigeon grosse-gorge, c'est-à-dire qui présentât à la fois une queue plus ou moins étalée avec un jabot plus ou moins gonflé, traits caractéristiques des deux races. Ces deux races se sont modifiées si profondément que, si nous n'avions aucune preuve historique ou indirecte de leur origine, il nous serait impossible de décider, par le seul examen de leur structure, si elles descendent du Pigeon Biset (*C. livia*) ou de toute autre espèce alliée, telle que la *C. œnas*.

De même, à l'égard des espèces naturelles, si nous considérons deux formes très-distinctes, telles que le Cheval et le Tapir, nous n'avons aucun motif de supposer qu'il ait jamais existé des formes exactement intermédiaires entre l'un et l'autre, mais entre chacune d'elles et un commun ancêtre inconnu. Ce commun ancêtre doit avoir eu dans toute son organisation de grandes ressemblances générales avec le Tapir et le Cheval; mais il peut avoir différé considérablement de tous deux à quelques égards, et plus peut-être qu'ils ne diffèrent actuellement l'un de l'autre. En pareil cas, il nous est donc impossible de reconnaître la forme mère de deux ou plusieurs espèces quelconques, même en comparant minutieusement la structure de l'ancêtre avec celle de ses descendants modifiés, à moins que nous n'ayons pour nous guider une longue chaîne, presque parfaite, de toutes les variétés intermédiaires.

Il est cependant possible, d'après ma théorie, qu'entre deux formes vivantes l'une soit descendue de l'autre, par exemple qu'un Cheval soit issu d'un Tapir ; or, en ce cas, des chaînons directement intermédiaires doivent avoir existé entre eux. Mais une pareille supposition implique que l'une de ces formes soit demeurée invariable pendant une très-longue période, tandis que ses descendants auraient supporté une somme considérable de modifications. Le principe de concurrence entre les organismes voisins, ou entre les descendants et leurs ancêtres, a dû rendre un pareil cas très-rare ; car c'est une loi générale que les formes vivantes nouvelles et progressives tendent à supplanter les vieilles formes demeurées fixes.

D'après la théorie de sélection naturelle, toutes les espèces aujourd'hui vivantes sont en connexion avec la souche mère de chaque genre par une série graduée de différences à peu près égales à celles qui distinguent aujourd'hui les variétés de la même espèce ; comme chacune de ces souches mères, maintenant éteintes, en général, a été à son tour en connexion avec des espèces encore plus anciennes ; et ainsi de suite, selon une regression continuellement convergente vers le commun ancêtre de chaque grande classe. De sorte que le nombre des chaînons intermédiaires et transitoires entre les espèces vivantes et éteintes doit avoir été immense. Mais ma théorie n'est vraie qu'à la condition que ce nombre incalculable de variétés ait successivement vécu à la surface de la terre.

III. **De la longue durée des temps géologiques, déduite de la lenteur avec laquelle les strates fossilifères se forment et se dénudent.** — Outre que nous ne trouvons pas les restes fossiles de ce nombre presque infini de formes transitoires, on peut encore objecter que le temps doit avoir manqué pour une somme aussi considérable de changements organiques, chacun de ces changements ayant dû s'effectuer très-lentement par sélection naturelle. Il m'est impossible de rappeler ici à l'esprit de mon lecteur, qui peut ne pas être un praticien en géologie, tous les faits qui pourraient lui donner une faible idée de la longue durée des âges écoulés, mais il peut consulter sur ce sujet le grand ouvrage de sir Ch. Lyell sur les *Principes de géologie*, que les historiens futurs reconnaîtront comme ayant opéré une révolution dans les sciences naturelles. Quiconque pourrait le lire sans comprendre quelle doit avoir été l'incommensurable longueur des périodes géologiques, peut fermer ce volume dès les premières pages. Mais il ne suffit pas même d'étudier les *Principes de géologie* ou de lire quelques traités spéciaux écrits par divers observateurs sur telle ou telle formation et de prendre note des supputations de chaque auteur s'efforçant de donner une idée adéquate de la durée de chaque période, ou même du temps nécessaire à la formation de chaque couche ; il faut avoir examiné soi-même, pendant des années, de puissantes masses de strates superposées ; il faut avoir vu la mer à l'œuvre, rongeant continuellement les vieux rochers de ses plages pour en faire de nouveaux sédiments. Alors seulement on peut espérer de comprendre ce qu'ont dû être les divers âges géologiques, d'après les monuments qui en sont restés autour de nous.

Il faudrait surtout pouvoir errer le long des côtes de la mer, formées de roches plus ou moins dures, afin de constater sur place les progrès de leur lente désagrégation. Le flux, la plupart du temps, n'atteint les rochers que deux fois chaque jour et seulement pour quelques heures. Les vagues ne les rongent que lorsqu'elles sont chargées de sables et de graviers ; car on a de fortes preuves que l'eau seule est impuissante à user ou à dégrader les roches. La base de la falaise se mine d'abord peu à peu, puis enfin de grandes masses s'écroulent. Elles demeurent gisantes sur la plage pour y être désagrégées atome par atome, jusqu'à ce que, par degrés diminuées ou brisées en plus petits fragments, elles puissent être roulées à l'aventure par les vagues, et ensuite plus rapidement broyées en cailloux, en sable ou en boue. Mais le long des parois déchiquetées des côtes qui reculent pas à pas, souvent on observe d'énormes blocs arrondis, entièrement revêtus d'une couche épaisse de productions marines, qui montrent combien la vague est impuissante à les user et combien il est rare qu'elle les ébranle. Enfin, si l'on suit sur la longueur de quelques milles une rangée de falaises rocheuses, sur lesquelles la mer exerce actuellement son action destructive, on voit que seulement çà et là, autour d'un promontoire, ou sur des points plus exposés que le reste à l'action du flux et d'une étendue toujours restreinte, les rochers se désagrègent lentement ; mais autre part l'apparence de vétusté de la surface pierreuse et une végétation florissante montrent que des années entières se sont écoulées, depuis que les eaux lavent leurs fondements sans les détruire.

Quiconque étudie avec attention l'action de la mer sur nos rivages ne peut manquer de recevoir une impression profonde de la lenteur avec laquelle nos côtes rocheuses sont emportées. Hugh Miller et l'excellent observateur M. Smith de Jordan-Hill ont décrit ces phénomènes avec une vérité frappante. Une fois qu'on s'en est bien rendu compte, qu'on aille contempler des assises de conglomérat d'une puissance de plusieurs mille pieds, qui, bien que formées plus vite peut-être que beaucoup d'autres dépôts, ne sont cependant composées que de cailloux brisés ou arrondis qui, portant chacun la trace des siècles qui les ont usés ou polis, prouvent avec quelle lenteur la masse entière s'est accumulée. Dans les Cordillières, j'ai estimé à dix mille pieds l'épaisseur d'une de ces assises de conglomérat. Si l'on se souvient ensuite de cette observation si judicieuse de Lyell, que l'épaisseur et l'étendue des formations de sédiment sont le résultat des dégradations que la terre a subies autre part, et peuvent en donner la mesure, quelle somme énorme de dégradation n'indiquent pas les dépôts stratifiés de quelques contrées !

Le professeur Ramsay m'a donné une évaluation totale de l'épaisseur maximum de chaque formation dans les différentes provinces de l'Angleterre, d'après des mesures prises sur les lieux, dans la plupart des cas, et, pour le reste, d'après des estimations approximatives. En voici le résultat :

| | PIEDS ANGLAIS. |
|---|---|
| Terrains paléozoïques non compris les roches ignées. . . . | 57,154 |
| Terrains secondaires. . . . . . . . . . . . . . . | 13,190 |
| Terrains tertiaires. . . . . . . . . . . . . . . | 2,240 |
| Ensemble . . . . . . . . . . | 72,584 |

C'est-à-dire environ treize milles anglais et trois quarts. Quelques-unes des formations, qui ne sont représentées en Angleterre que par de minces couches de strates, ont plusieurs mille pieds de puissance sur le continent. De plus, si l'on en croit la plupart des géologues, il doit s'être écoulé entre chaque formation successive des périodes énormément longues, pendant lesquelles aucun dépôt ne s'est formé. De sorte que la masse imposante des roches sédimentaires de l'Angleterre ne donne qu'une idée très-incomplète du temps qui a dû s'écouler pendant leur accumulation; et cependant quelle longue succession d'âges leur formation n'a-t-elle pas dû exiger ! De bons observateurs ont supputé que le sédiment déposé par le Mississipi à son embouchure ne s'élèverait que de 600 pieds en cent mille années. Cette approximation n'a pas la prétention d'être strictement exacte. Cependant, si l'on songe à l'immense surface sur laquelle se répandent les alluvions plus ou moins ténues transportées par les courants sous-marins, le procédé d'accumulation sur une surface de quelque étendue doit être excessivement lent.

Mais la somme des dénudations que les strates ont subies en beaucoup d'endroits, indépendamment de la vitesse d'accumulation des matières transportées, offre peut-être les preuves les plus sûres de la longueur des temps écoulés. Je me souviens d'avoir été vivement frappé des traces de dénudation que présentent certaines îles volcaniques, qui ont été lentement rongées par les vagues, au point d'être entourées aujourd'hui d'une ceinture d'escarpements perpendiculaires d'une hauteur de 1,000 à 2,000 pieds : l'inclinaison en pente douce des torrents de lave refroidie dont ces îles sont formées indiquant, au premier coup d'œil, jusqu'où leur lit rocheux avait dû s'étendre un jour dans la mer.

Les failles nous racontent des chapitres non moins mémorables de l'histoire de la terre. Le long de ces immenses brisements de l'écorce du globe, les strates ont été soulevées d'un côté et se sont affaissées de l'autre à la hauteur ou à la profondeur de plusieurs milliers de pieds. Que, du reste, ces cataclysmes aient été soudains ou qu'ils se soient produits très-lentement et à maintes et maintes reprises, comme la plupart des géologues l'admettent aujourd'hui, il n'en est pas moins vrai que depuis l'époque du crevassement la surface du sol a été si parfaitement aplanie par l'action des eaux, qu'il ne reste aucune trace extérieurement apparente de ces énormes dislocations. Ainsi la grande faille du comté d'York, connue sous le nom de *Craven fault*, s'étend sur une étendue de plus de 30 milles, le long de laquelle le déplacement vertical des strates varie entre 600 et 3,000 pieds. Le professeur Ramsay a décrit un autre affaissement de 2,300 pieds dans l'île d'Anglesea, et je tiens de lui qu'il évalue à 12,000 pieds celui qu'on observe dans le comté de Merioneth. Cependant rien à la surface du sol n'indique ces prodigieux mouvements, les assises de rochers qui forment le côté saillant de la faille ayant été doucement rongées et successivement emportées. Quand on réfléchit à ces phénomènes, n'impressionnent-ils pas l'esprit, comme la pensée même de l'éternité?

Si je me suis un peu étendu sur ce sujet, c'est qu'il est de la plus haute importance d'arriver à nous faire une idée, quelque incomplète qu'elle soit, de la durée des temps géologiques. Car, pendant le cours de chaque année successive et dans le monde tout entier, la terre et l'eau ont été constamment peuplées d'innombrables hordes d'êtres vivants. Quel nombre de générations, impossible à saisir pour l'esprit, se sont donc succédé les unes aux autres pendant que les années se déroulaient ainsi lentement! Et cependant, si nous entrons dans nos plus riches musées géologiques, quel pauvre étalage nous y voyons!

IV. **De la pauvreté de nos collections paléontologiques.** — Il est admis par chacun que nos collections paléontologiques sont très-incomplètes. Il faudrait avoir constamment présente à l'esprit une observation de notre grand paléontologiste, Edward Forbes : c'est qu'une multitude de nos espèces fossiles sont décrites et nommées, d'après un seul spécimen, souvent brisé, ou d'après un petit nombre, recueillis dans un même lieu. Une très-petite partie seulement de la croûte terrestre a été géologiquement explorée, et nulle part encore avec un soin suffisant, ainsi que le prouvent les importantes découvertes qu'on fait encore chaque jour en Europe. Aucun organisme entièrement mou ne peut s'être conservé. Les coquilles et les ossements se détruisent et disparaissent complétement, lorsqu'ils se déposent au fond d'une mer où aucun sédiment ne s'accumule. Nous sommes continuellement dans la plus grande erreur quand nous partons de ce principe, tacitement admis par presque tous, qu'un immense dépôt de sédiment se forme à la fois sur presque toute l'étendue du lit de la mer, avec une vitesse d'accumulation suffisante pour recouvrir et conserver des débris fossiles. Sur une vaste étendue de la mer, la brillante teinte azurée des eaux en atteste la pureté. Les nombreux exemples connus de formations géologiques, complétement parallèles à d'autres plus récentes, qui ne les ont recouvertes qu'après une période de temps considérable, sans que les couches inférieures aient éprouvé dans l'intervalle aucune dénudation ou dislocation, ne peut s'expliquer qu'en admettant que le fond de la mer peut souvent demeurer sans aucun changement pendant des âges entiers. Lorsque des fossiles sont enfouis dans des sables et des graviers, les eaux pluviales, chargées d'acide carbonique, doivent souvent les dissoudre, en s'infiltrant dans les couches qui les renferment, pendant la période d'émersion de ces couches. Quelques-unes des nombreuses espèces d'animaux qui vivent sur les côtes entre les limites des hautes et basses eaux semblent devoir rarement se conserver. Par exemple, les diverses espèces de Chthamalinées, sous-famille de Cirripèdes sessiles, recouvrent les rochers du monde entier de leurs nombreuses tribus; elles sont exclusivement littorales, à l'exception d'une seule espèce méditerranéenne, qui vit dans les eaux profondes, et qu'on a trouvée fossile en Sicile. Or, nulle autre espèce ne s'est rencontrée jusqu'ici dans une formation tertiaire ; et cependant il est avéré que le genre Chthamalus existait à l'époque de la craie. Parmi les Mollusques, le genre Chiton offre un cas en partie analogue.

A l'égard des espèces terrestres qui vécurent pendant la période secondaire et la période paléozoïque, il est superflu de faire observer que nos collections fossiles présentent des lacunes considérables. Ainsi, nous ne connaissons pas une seule coquille terrestre ayant appartenu à l'une ou à l'autre de ces longues périodes, à l'exception d'une seule espèce, découverte par sir Ch. Lyell et le docteur Dawson dans les couches carbonifères du nord de l'Amérique, et dont on a recueilli aujourd'hui plus d'une centaine de spécimens. A l'égard des débris de Mammifères, un seul coup d'œil jeté sur la table historique publiée dans le *Supplément du Manuel de Lyell*, suffit à prouver, beaucoup mieux que de longues pages de détail, combien leur conservation est rare, et dépendante des circonstances locales. Cette rareté n'a rien de surprenant, si l'on songe d'une part qu'une proportion énorme d'ossements d'animaux tertiaires ont été découverts dans des cavernes ou des dépôts lacustres ; et de l'autre qu'on ne connaît pas une seule caverne ou un seul dépôt lacustre véritable qui appartienne à une formation secondaire ou paléozoïque.

V. **De l'intermittence des formations géologiques et de la dénudation des roches granitiques.** — Les nombreuses lacunes de nos archives géologiques résultent encore d'une autre cause beaucoup plus importante que les précédentes ; c'est que les différentes formations ont été séparées l'une de l'autre par de longs intervalles de temps. Cette opinion a été chaudement soutenue par beaucoup de géologues et de paléontologistes, qui, comme F. Forbes, nient formellement la transformation des espèces.

En étudiant la série des formations géologiques, telle qu'on la trouve dans les différentes tables qu'on en a dressées, ou lorsqu'on voit ces formations dans leur superposition naturelle, il est difficile de ne pas se laisser aller à croire qu'elles ont été strictement consécutives. Cependant nous savons, par le grand ouvrage de sir R. Murchison sur la Russie, quelles immenses lacunes on observe en cette contrée entre les diverses formations immédiatement superposées. Il en est de même dans le nord de l'Amérique et en beaucoup d'autres parties du monde. Le plus habile des géologues, s'il n'eût connu que ces vastes étendues de territoire, n'aurait jamais soupçonné que, pendant ces mêmes périodes complétement stériles pour son propre pays, d'énormes assises de sédiment, renfermant des formes organiques nouvelles et toutes spéciales, s'accumulaient autre part. Et si, dans chaque contrée, considérée séparément, on peut à peine se former une idée de la longueur des temps écoulés entre deux formations consécutives, on en peut inférer que nulle part une semblable évaluation n'est possible. Les changements fréquents et d'importance considérable qu'on peut constater dans la composition minéralogique des formations successives impliquent en général des changements non moins grands dans la géographie de terres environnantes auxquelles les particules de sédiment qui les composent ont dû être empruntées. Ces changements sont donc encore une forte preuve des longs intervalles de temps qui se sont écoulés entre chacune des formations superposées dans un même lieu.

Mais il y a une bien forte raison pour que toutes les formations géologiques d'une contrée quelconque soient presque invariablement plus ou moins intermittentes, c'est-à-dire pour qu'elles ne se soient pas succédé sans interruption. Rarement un fait m'a autant frappé que l'absence de tout depôt récent, d'une puissance suffisante pour pouvoir traverser seulement une courte période géologique, sur une longueur de plusieurs centaines de milles des côtes de l'Amérique du Sud qui ont été soulevées de plusieurs cents pieds pendant la période actuelle. Tout le long de la côte occidentale, habitée par une faune marine toute particulière, les couches tertiaires sont si peu développées, que plusieurs des faunes marines successives, toutes spéciales aux diverses formations de cette période, ne laisseront probablement aucune trace de leur existence aux âges géologiques futurs. Or, il suffit d'un peu de réflexion pour comprendre pourquoi, le long de cette côte, aujourd'hui en voie de soulèvement, aucune formation de quelque étendue, renfermant des fossiles diluviens ou tertiaires, ne peut avoir subsisté nulle part, bien que la quantité de sédiment accumulé ait dû être énorme, vu la dégradation constante des falaises et la présence de nombreux torrents boueux qui se déversent dans cette mer. En effet, il est évident que les dépôts du littoral sous-marin sont continuellement désagrégés et emportés par l'action des vagues côtières, à mesure que le soulèvement graduel du sol les fait lentement émerger.

Il faut bien admettre que des masses sédimentaires, considérables en étendue et en épaisseur, et en même temps d'une grande cohésion, peuvent seules résister à l'action incessamment destructive des flots, lors de leur première émersion et pendant les oscillations de niveau qui la suivent. De pareilles accumulations de sédiment peuvent se former de deux manières : elles peuvent se déposer à de grandes profondeurs ; mais si l'on en juge d'après les recherches d'E. Forbes, de pareilles stations ne sont habitées que par un très-petit nombre d'espèces, bien que les sondages opérés récemment, pour l'établissement des fils télégraphiques, aient prouvé qu'elles ne sont pas complétement dépourvues de vie ; conséquemment, lorsque la masse vient à se soulever, elle ne peut offrir qu'une collection bien incomplète des formes organiques qui ont vécu pendant sa formation : ou bien une couche de sédiment, de quelque étendue et de quelque épaisseur que ce soit, peut s'accumuler sur un bas-fond en voie de s'affaisser lentement ; en pareil cas, aussi longtemps que la vitesse d'affaissement et la vitesse d'accumulation se contre-balancent à peu près, la mer reste peu profonde et favorable à de nombreuses formes vivantes ; de sorte qu'une riche formation fossilifère, d'une assez grande épaisseur pour supporter une certaine somme de dégradation lors de son émersion, peut ainsi se former sans entraves.

J'ai la conviction que presque toutes nos formations anciennes, qui dans la plus grande partie de leur épaisseur sont riches en fossiles, se sont ainsi accumulées pendant une période d'affaissement. Depuis 1845 que j'ai publié mes vues sur ce sujet, j'ai suivi avec soin les progrès de la géologie, et j'ai été surpris de voir comment les auteurs, en traitant de telle ou telle grande formation, arrivaient tous les uns après les autres à conclure qu'elle s'était produite pendant une époque d'affaissement. J'ajouterai que la seule formation tertiaire de la côte occidentale de l'Amérique du Sud, qui ait été assez massive pour résister aux dégradations qu'elle a déjà subies, a certainement été déposée pendant une période d'affaissement du sol, et par ce moyen, elle a seule pu acquérir une épaisseur considérable.

Tous les faits géologiques nous prouvent clairement que chaque portion de la surface terrestre a subi des changements de niveau lents mais nombreux, et il paraîtrait que ces mouvements oscillatoires se sont manifestés à la fois sur de vastes étendues. Conséquemment, des formations riches en fossiles, d'une étendue et d'une épaisseur suffisantes pour résister aux dégradations qui ont dû accompagner leur période subséquente d'émersion, peuvent s'être déposées sur de vastes régions maritimes pendant leurs périodes d'affaissement; mais seulement dans les lieux où la vitesse d'accumulation du sédiment était suffisante pour contre-balancer la vitesse d'affaissement du fond, et empêcher que la profondeur des eaux ne s'accrût, en même temps que pour enfouir et conserver les débris organiques avant qu'ils aient eu le temps de se désagréger. D'autre côté, au contraire, aussi longtemps que le lit de la mer demeure stationnaire, d'épais dépôts ne peuvent s'accumuler dans les régions peu profondes qui sont les plus favorables à la vie. Encore bien moins serait-ce possible pendant les périodes intermédiaires de soulèvement; et même, pour parler plus exactement, il faudrait dire que les couches déjà accumulées dans ces mêmes stations en voie de soulèvement doivent généralement être détruites à mesure qu'elles émergent et qu'elles se trouvent ainsi successivement amenées dans le domaine d'action des vagues côtières.

Ces considérations s'appliquent principalement aux formations littorales ou sous-littorales. Mais, dans une mer étendue et peu profonde, telle que serait, par exemple, celle qui environne l'Archipel Malais et dont la profondeur varie entre 30, 40 et jusqu'à 60 brasses, une formation très-étendue peut au contraire s'accumuler pendant une période de soulèvement, et, cependant, ne pas souffrir une trop grande dégradation à l'époque de son émersion lente. Cependant, en raison même du mouvement ascensionnel, la puissance de la formation ne pourrait être considérable, et serait toujours moindre que la profondeur du fond où elle s'est accumulée, profondeur que nous avons dû supposer peu considérable. De plus, les dépôts ne sauraient être en général suffisamment solidifiés, et, n'étant protégés par aucune autre formation postérieure, ils courraient grand risque d'être désagrégés par l'action des eaux pluviales, des cours d'eau et des vagues côtières pendant les nouvelles oscillations de niveau du sol. M. Hopkins m'a fait observer, néanmoins, que, si après une première émersion une telle formation s'affaissait de nouveau avant d'avoir été dénudée, le dépôt formé pendant le mouvement ascensionnel, bien que de peu d'épaisseur, pourrait être protégé par de nouvelles accumulations et se conserver ainsi pendant de très-longues périodes. C'est en effet une considération que j'avais trop dédaignée [1].

M. Hopkins, développant son point de vue, ne peut croire qu'une couche de sédiment sensiblement horizontale et d'une certaine étendue soit aisément détruite ; mais j'ai moi-même admis que des formations puissantes, solides et d'une grande étendue, résistent aux causes de dénudation. D'ailleurs mes observations ne concernent que les couches riches en fossiles ; et il s'agit seulement de savoir si des formations très-étendues, riches en fossiles et d'une puissance suffisante pour traverser de longues périodes, peuvent s'être formées autrement que pendant

[1] Ces diverses considérations sont, en général, un peu trop absolues. Les circonstances dans lesquelles les couches de sédiment se déposent sont probablement beaucoup plus complexes qu'on ne le croit généralement ; mais toutes pourraient être ramenées à quelques lois générales, ou plutôt à des rapports entre la vitesse d'oscillation du sol et la vitesse d'accumulation des sédiments. Ainsi, lorsque le sol s'abaisse, si la vitesse d'affaissement est supérieure à la vitesse d'accumulation, non-seulement les formes organiques doivent changer de nature et diminuer de nombre, mais la vitesse d'accumulation elle-même doit augmenter progressivement en raison même des lois de la pesanteur, puisque l'inclinaison du courant qui apporte les alluvions est plus forte. Il doit donc en ce cas se manifester un changement des formes organiques qui n'a rien de nécessairement commun avec leur transformation par sélection naturelle. Mais quand le sol s'abaisse ainsi et plonge de plus en plus sous la mer, la formation gagne en puissance et en étendue, autant qu'elle perd en richesse.

Si, au contraire, le fond de la mer reste stationnaire, à mesure que la formation devient plus puissante, la vitesse d'accumulation doit progressivement diminuer ; mais elle doit aussi progressivement s'enrichir en formes organiques, et les espèces doivent encore changer, sans que leur changement ait pour cause leur transformation par sélection naturelle.

Enfin, quand le fond de la mer se soulève, la vitesse d'accumulation s'ajoutant à la vitesse de soulèvement, les phénomènes doivent se manifester dans le même ordre que dans le cas précédent, mais avec une rapidité et une intensité doubles.

Tout ceci se passe sous les eaux : dès qu'une formation émerge, une autre série de faits contraires commence.

C'est d'abord que si la vitesse de soulèvement est supérieure à la vitesse de dénudation des vagues côtières, il en résulte qu'une grande partie de la formation subsiste, d'autant plus que la différence des deux mouvements est plus grande ; si la différence est en sens contraire, non-seulement la formation récente, mais encore les anciennes, sont dégradées et détruites.

Il en est de même dans le cas où une terre émergée s'affaisse lentement ; mais alors, si la vitesse d'affaissement est supérieure à la vitesse de dénudation, la formation côtière est encore en partie conservée, parce qu'il ne saurait plus y avoir de dénudation au-dessous du niveau de la mer ; si, au contraire, c'est la vitesse de dénudation qui l'emporte sur la vitesse d'affaissement, la dénudation sera d'autant plus considérable, qu'à mesure qu'elle agira, d'autres

une période d'affaissement. Or, d'après mes impressions générales, je crois que le cas doit être au moins très-rare.

Puisque la question de dénudation complète a été soulevée par M. Hopkins, je ferai observer que tous les géologues, à l'exception du petit nombre de ceux qui croient voir dans les schistes métamorphiques le noyau primitif du globe en fusion, admettront problablement que ces mêmes roches doivent avoir subi une dénudation considérable. Car il n'est guère possible qu'elles se soient solidifiées et cristallisées à l'air libre; mais, si l'action métamorphique s'est effectuée dans les profondeurs de l'Océan, le revêtement primitif peut n'avoir pas été très-épais [1].

points du sol émergé viendront d'eux-mêmes se livrer à son action destructive.

On peut donc expliquer ainsi, sans de grands changements géographiques, les changements minéralogiques des formations successives. Supposons, par exemple, que la mer affleure un continent parallèlement à une grande faille entre deux de ses formations géologiques superposées, et même consécutives, mais très-différentes au point de vue minéralogique, ce qui doit être fréquent, il en résulte que tant que les vagues battent la formation supérieure, et jusqu'à sa dénudation ou sa disparition complète sous les eaux, les sédiments qui en proviennent, livrés aux courants marins, vont sans doute se déposer à quelque distance sur un fond également en voie de s'affaisser ou tout au plus stationnaire. La formation, qui s'accumule ainsi, participera donc de la nature minéralogique des terrains dénudés; mais aussitôt que la mer atteindra la ligne d'affleurement des deux terrains superposés, toutes choses demeurant, du reste, dans le même état et la région entière continuant de s'affaisser avec la même vitesse, il en résultera cependant un changement dans la nature minéralogique du dépôt en voie de s'accumuler, et probablement aussi une différence dans la vitesse d'accumulation, provenant d'une différence dans la vitesse de désagrégation des nouvelles formations côtières, qui peuvent être plus ou moins dures que les anciennes

Mais il est probable que pendant qu'une formation quelconque se dépose au sein de la mer, plusieurs de ces lois se combinent entre elles de manière à fournir un résultat extrêmement complexe et d'une analyse très-délicate, quant aux causes qui ont concouru à l'obtenir. Ainsi, la même région peut s'affaisser ou a s'élever alternativement ou plus ou moins vite; la nature des sédiments peut changer ainsi que la direction des courants sous-marins; le même dépôt peut recevoir alternativement ou concurremment des sédiments de l'orient et de l'occident, du nord et du midi, selon qu'il forme un fond plat et stationnaire entre deux aires de soulèvement ou une vallée d'affaissement entre deux plateaux stationnaires. Les causes d'intermittence dans la formation des dépôts sous-marins sont donc si nombreuses, qu'il faut attribuer à leur nombre même la difficulté et presque l'impossibilité où l'on est de distinguer leurs divers effets. (*Trad.*)

[1] Comme les plus hautes montagnes sont celles qui paraissent avoir subi la plus longue série de soulèvements, et que ce sont encore celles qui se sont le plus récemment soulevées; que, du reste, ces soulèvements aient été réels ou qu'ils ne soient, au contraire, que le résultat de l'affaissement des plateaux et

Si l'on admet que des roches, telles que le gneiss, le micaschiste, le granit, la diorite, etc., ont nécessairement été recouvertes autrefois d'autres terrains, comment peut-on expliquer l'existence en diverses parties du monde de régions immenses où ces rochers se montrent à nu et affleurent le sol, à moins d'admettre qu'elles ont été postérieurement dénudées?

Or, de pareilles régions existent sur plusieurs points du globe. Humboldt accorde à la région granitique de Parime une étendue égale à dix-neuf fois celle de la Suisse. Au sud du fleuve des Amazones, Boué en décrit une autre qui, selon lui, est aussi vaste que l'Espagne, l'Italie, la France, les îles Britanniques et une partie de l'Allemagne réunies. Cette région n'a encore été que mal explorée, mais d'après les témoignages

des plaines voisines, on peut toujours dire qu'en thèse générale les irrégularités de la surface du globe ont été constamment en augmentant, à travers toute la succession des âges géologiques. La distribution des eaux à la surface du globe dépendant essentiellement du relief de cette surface, la profondeur des mers a toujours été en raison inverse de leur étendue, de même qu'en raison directe de l'élévation des montagnes. Si donc l'action métamorphique a eu lieu à une époque très-reculée, comme il est plus que probable, elle n'a pu s'effectuer sous la pression de mers très-profondes, puisqu'il n'en existait probablement pas alors. Cependant cette action a sans doute été de beaucoup postérieure à la première apparition de la vie organique ; et, à moins de s'être effectuée immédiatement sous la couche d'eau, elle ne peut guère avoir été antérieure à la première émersion des continents. Néanmoins elle a dû s'effectuer lorsque les eaux formaient encore autour du globe une enveloppe d'une profondeur partout à peu près égale, parsemée d'îles rares, mais sans doute vastes et plates, dont les rivages ont fourni la matière des sédiments dont se sont revêtus peu à peu les schistes et les autres roches métamorphiques. L'action métamorphique elle-même n'aurait eu lieu que postérieurement à ces premiers dépôts qui, lors de leur première émersion, auraient été dénudés, laissant à découvert les formations cristallines ou semi-cristallines qu'ils avaient protégées de leur revêtement. On conçoit assez aisément la dénudation d'une seule formation encore récente, commençant aux points culminants d'îles en voie de lente émersion et se continuant aussi vite et aussi longtemps que le mouvement d'émersion lui-même ; mais la dénudation complète de couches superposées, de nature différente, et solidifiées depuis longtemps, est plus difficile à admettre, parce qu'elle exigerait un concours extraordinaire de circonstances toutes favorables.

Du reste, il est supposable que l'action métamorphique s'est renouvelée à plusieurs reprises, si même elle n'a été presque constante dans les profondeurs de la croûte terrestre ; mais il semble de toute évidence au moins que ses effets apparents, ou plutôt visibles pour nos moyens d'observation, ont toujours été en diminuant ; et il ne s'agit ici que de déterminer l'époque où cette action a commencé à manifester les effets prodigieux que nous constatons aujourd'hui sur les roches cristallines. (*Trad.*)

concordants des voyageurs, l'aire granitique doit être immense. Von Eschwege donne une coupe détaillée de ces roches qui s'étendent de Rio-Janeiro jusqu'à 260 milles géographiques dans le centre des terres en ligne droite. J'ai voyagé moi-même sur une longueur de 150 milles dans une autre direction, et je n'ai aperçu que du granit. On m'a montré de nombreux spécimens recueillis tout le long de la côte, depuis Rio-Janeiro jusqu'à l'embouchure de la Plata, c'est-à-dire sur une étendue de 1,100 milles géographiques, et tous appartenaient à la même classe de minéraux. A l'intérieur des terres, tout le long du rivage septentrional de la Plata, je n'ai vu, en outre des couches tertiaires modernes, qu'une étroite bande de rochers légèrement métamorphiques, qui seuls pouvaient avoir appartenu au revêtement originel de la série granitique. Examinons maintenant une région bien connue, c'est-à-dire les États-Unis et le Canada, d'après la belle carte géologique du professeur H. D. Rogers. J'ai évalué l'étendue proportionnelle des surfaces appartenant aux diverses formations en découpant la carte elle-même pour en peser le papier, et j'ai trouvé que les roches granitiques avec les roches métamorphiques, mais sans y comprendre les semi-métamorphiques, excédaient ensemble dans la proportion de 19 à 12,5, non-seulement l'étendue des vrais terrains carbonifères, qu'on sait si extraordinairement développés en ces contrées, mais encore toute la série des terrains paléozoïques supérieurs.

Dans beaucoup de régions, les roches métamorphiques et granitiques paraîtraient beaucoup plus étendues, si nous pouvions enlever toutes les formations de sédiment dont les couches ne reposent pas sur elles parallèlement à leurs flancs ou à leurs stratifications feuilletées, et qui à leur ligne de jonction avec ces roches n'ont pas été métamorphosées : ce qui prouve qu'elles n'ont pu faire partie du revêtement originel sous lequel les roches granitiques se sont cristallisées. Il ressort donc de là qu'en plusieurs parties du monde des formations entières et d'une étendue considérable, représentant au moins les sous-étages des diverses époques géologiques successives, ont été complétement dénudées sans qu'un seul vestige en soit resté[1].

Il est encore une observation qui mérite de prendre place ici. C'est que, pendant les périodes de soulèvement, la surface des terres et les bas-fonds environnants augmentent d'étendue, de sorte que de nouvelles stations sont offertes aux êtres vivants, circonstances éminemment favorables, ainsi que nous l'avons vu autre part, à la formation de nouvelles variétés et de nouvelles espèces; mais, pendant ce même temps, nous avons vu aussi qu'il y a généralement une lacune dans les archives géologiques. Au contraire, pendant les périodes d'affaissement, l'étendue des régions habitables allant en diminuant, le nombre de leurs habitants doit décroître, si l'on en excepte toutefois les espèces qui vivent sur le littoral d'un continent, quand il vient à se transformer en archipel. Conséquemment, pendant ces mêmes périodes, il devra y avoir de nombreuses extinctions d'espèces et peu de nouvelles formes pourront se produire. Or, c'est justement pendant les périodes d'affaissement que les dépôts les plus riches en fossiles peuvent s'accumuler. On peut donc dire que la nature elle-même a mis les plus invincibles obstacles à ce que nous puissions fréquemment découvrir les formes de transition insensiblement graduées au moyen desquelles elle crée les types les plus persistants.

VI. **De l'absence de variétés intermédiaires dans chaque formation successive.** — On ne peut douter, après ces diverses considérations, que l'ensemble des documents géologiques ne soit extrêmement incomplet; mais, si nous concentrons notre examen sur chaque formation séparément, il devient beaucoup

[1] Cette induction est de la plus haute importance pour la théorie, en ce qu'elle appuie sur de nouvelles probabilités la supposition que les terrains Siluriens, où l'on trouve déjà représentés les quatre embranchements principaux du règne animal, ne sont pas les plus anciennes couches fossilifères qui aient existé ; car nous avons vu précédemment (voy. note de la page 352), que, s'il y a eu dénudation complète des aires granitiques, ce ne peut être que très-anciennement, et lors de la première émersion de ces roches, lorsqu'elles n'étaient encore recouvertes que d'une seule formation récente et mal solidifiée, sur laquelle des eaux, peut-être plus chaudes, avaient une plus grande action dissolvante. (*Trad.*)

plus difficile de comprendre pourquoi nous n'y trouvons pas une série étroitement graduée de variétés intermédiaires entre les espèces qui vivaient au commencement et celles qui ont vécu à la fin. On connaît bien quelques exemples d'une même espèce présentant des variétés distinctes dans les divers étages d'une même formation ; mais, comme ils sont rares, on peut les négliger. Quoique chaque formation ait assurément requis un nombre considérable d'années pour s'accumuler, il y a cependant quelques fortes raisons pour qu'on n'y trouve pas les traces d'une série graduée de formes transitoires entre les espèces qui vivaient alors; mais je ne puis en aucune façon prétendre à assigner à chacune de ces raisons leur juste valeur dans le commun résultat.

Bien que chaque formation représente une période d'années d'une longueur considérable, pourtant chacune de ces périodes est peut-être courte en comparaison de celle qui est nécessaire à la transformation des formes spécifiques. Je sais pourtant que deux paléontologistes, dont les opinions ont un grand poids, je veux parler de Bronn et de Woodward, ont admis en règle générale que la durée moyenne de chaque formation est deux ou trois fois aussi longue que la durée moyenne des formes spécifiques. Mais il me semble que d'insurmontables difficultés nous empêchent d'arriver à aucune conclusion certaine sur ce point. Lorsque nous voyons une espèce apparaître pour la première fois vers le milieu d'une formation quelconque, ce serait une présomption extrême que d'en inférer qu'elle n'a pas existé auparavant quelque autre part. Et de même, quand une espèce semble avoir disparu avant que les strates supérieures de la formation soient déposées, il serait également présomptueux de supposer, d'après cela seulement, qu'elle soit entièrement éteinte. Nous oublions toujours combien la surface de l'Europe est peu de chose comparativement au reste du monde; nous oublions encore que la corrélation synchronique des divers étages de la même formation n'est pas même bien établie pour toute l'Europe seulement.

Parmi les animaux marins de toutes les classes, nous pouvons en toute sûreté présumer qu'il doit y avoir de grandes migrations sous l'influence des changements climatériques ou autres; et, lorsqu'une espèce apparaît pour la première fois dans une formation, il y a les plus grandes probabilités pour que ce soit seulement une immigration nouvelle dans la contrée et non une création. Il est bien constaté, par exemple, que certaines espèces ont quelquefois apparu plutôt dans les couches paléozoïques de l'Amérique du Nord, que dans les couches européennes correspondantes ; un certain temps ayant sans doute été nécessaire à leur migration des mers d'Amérique dans les mers d'Europe. Dans tous les dépôts les plus récents des diverses parties du monde, on a trouvé quelques espèces encore aujourd'hui vivantes, mais qui se sont éteintes depuis dans les mers les plus voisines des terrains qui renferment leurs restes fossiles; et, réciproquement, quelques-unes des espèces, très-rares ou même absentes dans ces mêmes dépôts, sont au contraire aujourd'hui très-abondantes dans les mers environnantes.

Il est bon de réfléchir mûrement aux nombreuses migrations bien prouvées des anciens habitants de l'Europe pendant l'époque glaciaire qui ne forme qu'une fraction de la période géologique actuelle. Il est non moins utile de songer aux oscillations du sol, aux changements extraordinaires du climat, à la prodigieuse longueur du temps, enfin à tout ce qui est compris dans cette même époque glaciaire. Il n'est pas certain qu'en aucune partie du monde des couches de sédiment, renfermant des débris fossiles, se soient accumulées avec continuité dans les mêmes lieux, pendant toute sa durée. Il n'est pas probable, par exemple, que les dépôts qui se forment encore actuellement à l'embouchure du Mississipi s'y soient continuellement accumulés pendant toute l'époque glaciaire, dans les limites de cette profondeur qui permet aux animaux marins de vivre et de prospérer. Car nous savons que d'importants changements géographiques ont eu lieu pendant ce même temps en d'autres parties de l'Amérique. Lorsque ces couches stratifiées, qui, pendant une partie de la période glaciaire, se sont déposées dans des eaux peu profondes, à l'embouchure du Mississipi, se seront soulevées, les débris organiques qu'elles renferment y feront sans doute leur première ou dernière apparition à différents niveaux, en raison des migrations d'espèces et des changements géographiques environnants. Si dans un avenir éloigné un géologue fouille ces strates, il sera peut-être tenté de présumer que la durée moyenne des espèces fossiles qu'il y trouvera enfouies a été inférieure à celle de l'époque glaciaire; tandis qu'en réalité elle aura été au contraire beaucoup plus longue, puisque ces espèces ont apparu avant cette époque et qu'elles ont pour la plupart continué d'exister jusqu'aujourd'hui.

Pour qu'on puisse trouver une série de formes parfaitement graduées entre deux espèces propres aux étages supérieurs et inférieurs de la même formation, il faudrait que le dépôt eût continué de s'accumuler pendant une très-longue période, afin qu'il se fût écoulé un temps suffisant pour que le lent procédé de variation pût avoir effectué des changements de valeur spécifique. Il suit de là que le dépôt devrait en général être très-épais. Il faudrait de plus que l'espèce en voie de se modifier eût continué à vivre dans la même région pendant toute la durée de cette période [1].

Mais nous avons vu qu'une formation puissante et riche en fossiles dans toute son épaisseur ne peut guère s'accumuler que pendant une période d'affaissement; et, pour que la mer garde à peu près la même profondeur, condition nécessaire pour que les mêmes espèces continuent à vivre dans le même lieu, la vitesse d'accumulation du sédiment doit être exactement contre-balancée par la vitesse d'affaissement [2]. Or, ce même mouvement d'affaissement doit le plus souvent tendre à restreindre l'étendue de la contrée dont le sédiment provient, et à en diminuer la quantité, tandis que la vitesse d'affaisse-

[1] Un tel ensemble de circonstances est, on le voit, presque irréalisable ; car si les conditions locales restent les mêmes, ce qu'il faut pour assurer la continuité du dépôt, les espèces n'ont aucune raison d'émigrer ou d'immigrer et en général de se modifier, puisqu'elles n'y sauraient trouver avantage. Or, de deux choses l'une : ou les espèces changeront, et le dépôt sera probablement interrompu, ou les espèces ne changeront pas, et alors il importe peu que le dépôt continue de s'accumuler. (*Trad.*)

[2] Il faut remarquer ici que, la profondeur venant à varier, il se peut que, par l'influence même de ce changement dans les conditions de vie, les espèces se modifient dans leur structure ou leurs habitudes, et peut-être dans celles-ci par suite des modifications de celles-là. (*Trad.*)

ment reste la même [1]. Une compensation parfaite entre la quantité de sédiment accumulé et la vitesse d'affaissement du fond sur lequel il s'accumule est donc très-probablement une circonstance des plus rares. Aussi, plus d'un paléontologiste a-t-il fait l'observation que les dépôts les plus puissants sont communément très-pauvres en fossiles, excepté vers leur limite inférieure ou supérieure.

Il semble même probable que chaque formation distincte, de même que toute la série des terrains superposés d'une contrée quelconque, se soit en général accumulée avec de fréquentes intermittences. Lorsque, par exemple, nous voyons encore assez fréquemment qu'une même formation est composée de couches différentes par leur composition minéralogique, ne nous est-il pas permis de supposer que l'accumulation en a été souvent interrompue, et qu'un changement dans les courants marins, ou dans la nature du sédiment déposé, a résulté de changements géographiques lentement effectués [2] ?

L'examen le plus scrupuleux qu'on pourrait faire d'une formation ne saurait donner aucune idée du temps que son accumulation a exigé. On pourrait citer beaucoup d'exemples de couches de quelques pieds d'épaisseur qui représentent, dans une contrée, des formations dont les puissantes assises atteignent autre part une hauteur de mille pieds, et qui doivent conséquemment avoir exigé un temps considérable pour leur accumulation. Cependant si l'observation n'eût révélé ce fait remarquable, qui aurait pu soupçonner quelle immense suite de siècles était représentée par quelques strates superposées ? On

[1] Mais si la pente augmentait proportionnellement à la diminution de la quantité de sédiment fourni par une même masse d'eau, ou en raison inverse de l'étendue des côtes en voie de dégradation, la quantité résultante de sédiment déposé dans le même temps pourrait rester la même. Or, il est constaté que fort souvent l'affaissement d'une côte est en réalité une augmentation d'inclinaison du sol qui a pour contre-partie un mouvement ascensionnel de ce même continent en quelque autre point. Tel est le cas pour la péninsule Scandinave. (*Trad.*)

[2] Nous avons vu autre part (note de la page 351) qu'un changement de composition minéralogique, dans une même formation, peut dépendre d'un changement dans la nature des terrains dénudés, sans qu'aucun changement géographique de quelque importance survienne dans la contrée, soit sur les terres, soit dans les mers. (*Trad.*)

pourrait encore prouver que parfois les couches inférieures d'une formation, après avoir été déposées, ont été soulevées et dénudées, puis submergées de nouveau, et enfin recouvertes par les couches supérieures de la même formation, autant de faits, trop souvent oubliés, qui montrent quelles longues intermittences en ont ralenti l'accumulation. En d'autres cas, de grands arbres fossiles, encore demeurés debout sur le sol où ils ont vécu, nous fournissent la preuve que de longs intervalles de temps se sont écoulés, et que de fréquents changements de niveau ont eu lieu pendant le procédé d'accumulation: ce que nul n'aurait jamais supposé, si ces muets témoins des choses passées ne s'étaient conservés par un heureux hasard. MM. Lyell et Dawson ont trouvé dans la Nouvelle-Écosse des couches carbonifères d'une épaisseur de quatorze cents pieds, renfermant d'anciennes racines qui portaient la trace de strates et qui étaient situées les unes au-dessus des autres, à soixante-huit niveaux différents. Lors donc qu'une espèce se montre au bas, au milieu et au sommet d'une telle formation, il est de toute probabilité qu'elle n'a pas vécu dans ce même lieu pendant tout le temps de l'accumulation des dépôts, mais qu'elle a disparu et reparu peut-être plusieurs fois, pendant cette même période géologique. De sorte que, si de telles espèces subissaient une certaine somme de modifications pendant une période géologique quelconque, une coupe de chacun des étages successifs qui la composent ne montrerait pas tous les degrés intermédiaires d'organisation que, selon ma théorie, elles devraient avoir revêtus, mais des changements de forme quelquefois soudains, bien que peut-être peu considérables.

VII. **Les documents géologiques prouvent suffisamment la gradation des formes.** — Il est de toute importance de se rappeler ici que les naturalistes n'ont aucune *règle d'or* pour distinguer les espèces de variétés. Ils reconnaissent tous quelque variabilité à chaque espèce ; mais aussitôt qu'ils rencontrent des différences un peu plus grandes entre deux formes, ils les rangent comme deux espèces distinctes, à moins qu'ils ne puissent les relier l'une à l'autre par quelques variétés intermédiaires très-voisines les unes des autres. Or, ce rapprochement est rarement possible dans une coupe géologique : car, si l'on suppose que B et C sont deux espèces, et qu'une troisième espèce, A, se trouve dans une couche inférieure plus ancienne, lors même que A serait exactement intermédiaire entre B et C, il serait tout simplement rangé comme une troisième espèce distincte, à moins qu'il ne puisse être étroitement relié avec l'une des deux formes plus récentes, ou avec toutes les deux par des variétés intermédiaires. Mais il ne faut pas oublier non plus que A peut avoir été le progéniteur de B et de C, et cependant n'être pas exactement intermédiaire entre eux dans tous ses caractères. De sorte que nous pouvons trouver l'espèce mère et les diverses variétés modifiées qui en descendent dans les couches inférieures et supérieures d'une même formation, et à moins que nous ne rencontrions de nombreuses formes de transition, qui rattachent évidemment les unes à l'autre, nous ne pourrons reconnaître leur étroite parenté, et nous serons par conséquent sollicités à les ranger toutes comme autant d'espèces distinctes.

On sait sur quelles différences presque insensibles beaucoup de paléontologistes ont fondé leurs espèces, et ils se montrent surtout disposés à les multiplier, lorsque les spécimens proviennent des différents étages d'une même formation. Quelques conchyliologistes expérimentés font aujourd'hui descendre au rang de variétés bon nombre des espèces établies par d'Orbigny et tant d'autres : ce qui nous fournit justement la preuve des changements que, d'après ma théorie, nous devons en effet pouvoir constater. Ainsi les derniers dépôts tertiaires renferment beaucoup de coquilles que la majorité des naturalistes croient identiques avec des espèces vivantes ; mais d'autres savants paléontologistes, tels que M. Agassiz et M. Pictet, soutiennent que les espèces tertiaires sont spécifiquement distinctes, tout en admettant que leurs différences sont très-légères. De sorte qu'à moins de supposer que des naturalistes aussi éminents ont été égarés par leur imagination, et que ces espèces tertiaires récentes ne présentent réellement aucune différence avec leurs représentants vivants, ou à moins d'admettre que la grande majorité des naturalistes ont tort, et que les espèces tertiaires sont toutes très-distinctes des espèces vivantes, nous avons la preuve que de légères modifications de formes, telles que la théorie les requiert, se sont effectuées.

Si nous embrassons des périodes chronologiques plus considérables, telles qu'il les a fallu pour accumuler les étages consécutifs d'une même grande formation, nous trouvons que les fossiles enfouis, quoique presque universellement considérés comme spécifiquement distincts, sont cependant beaucoup plus étroitement alliés les uns aux autres que ne le sont les espèces enfouies dans des formations chronologiquement plus éloignées les unes des autres. Nous avons donc une preuve indubitable de changements, si ce n'est strictement de variations, et ces changements ont eu lieu dans la direction requise par la théorie. Mais je reviendrai sur ce sujet dans le chapitre suivant.

Une autre considération mérite qu'on s'y arrête : parmi des animaux et des plantes qui peuvent se propager rapidement et qui ne se meuvent pas à volonté, il y a quelque raison de soupçonner, comme nous l'avons déjà vu, que les variétés sont d'abord locales, que ces variétés locales ne se répandent que lentement et ne supplantent leur souche mère que lorsqu'elles se sont considérablement modifiées et perfectionnées. D'après cela il y a peu de chances de découvrir dans une seule des formations d'une contrée quelconque toutes les formes de transition entre deux espèces successives : car chaque variété doit avoir été locale et confinée dans une étroite station. La plupart des animaux marins ont une très-grande extension, et nous avons vu que, parmi les plantes, ce sont les espèces les plus répandues qui présentent les plus nombreuses variétés. De même, parmi les Mollusques et autres animaux marins, il est très-probable que les espèces qui ont une grande extension, surpassant de beaucoup les limites des formations géologiques connues en Europe, sont celles qui, le plus souvent, donnent naissance, d'abord à des variétés locales et ensuite à de nouvelles espèces : ce qui diminue encore les chances que nous pouvons avoir de retrouver dans une seule et même formation géologique les états transitoires successifs entre deux formes mieux définies.

Il ne faut pas oublier que, même de nos jours, et à l'aide de spécimens vivants et complets, il est rare que deux formes puissent être reliées l'une à l'autre par des variétés intermédiaires, et attribuées ainsi à la même espèce, jusqu'à ce que de nombreux spécimens en aient été recueillis dans diverses contrées ; or, il est bien difficile aux paléontologistes d'arriver à un pareil résultat à l'égard des fossiles. Pour mieux comprendre combien il est improbable qu'on puisse découvrir à l'état fossile de nombreux liens intermédiaires rattachant l'une à l'autre deux espèces éteintes, on peut se demander si les géologues des temps futurs pourront prouver que nos différentes races de Bœufs, de Moutons, de Chevaux et de Chiens sont descendues d'une seule souche originelle ou de plusieurs ; ou encore si certaines coquilles marines des côtes de l'Amérique du Nord, que plusieurs conchyliologistes considèrent comme spécifiquement distinctes de leurs congénères d'Europe, et que d'autres regardent seulement comme de simples variétés de celles-ci, sont réellement des variétés ou des espèces. Leurs conclusions dépendraient uniquement du nombre de formes intermédiaires qu'ils pourraient découvrir, et la découverte à l'état fossile d'une pareille série bien graduée de spécimens est de la dernière improbabilité [1].

Les auteurs qui soutiennent l'immutabilité des formes spécifiques ont répété à satiété que la géologie n'avait fourni aucune forme de transition. Cette assertion est entièrement erronée. Comme l'a récemment remarqué M. Lubbock, « chaque espèce est un lien entre d'autres formes alliées. » Si nous considérons la série graduée des formes d'un genre représenté par une vingtaine d'espèces vivantes ou éteintes, et que nous retranchions quatre de ces formes sur cinq, il sera évident pour tous au premier coup d'œil que celles qui resteront, seront beaucoup plus distinctes les unes des autres. Si ce sont les formes

[1] Les géologues de l'avenir pourraient tourner dans le même cercle vicieux que certains géologues d'aujourd'hui qui ont conclu, soit de la spécialité des fossiles à la spécialité des terrains, soit de l'identité géologique des terrains à l'identité spécifique des fossiles. (*Trad.*)

extrêmes du genre qui ont ainsi été détruites, ce sera le genre lui-même qui, dans la plupart des cas, sera plus distinct d'autres genres alliés. Le Chameau et le Cochon, le Cheval et le Tapir sont aujourd'hui des formes parfaitement distinctes pour tous et à première vue ; mais, si nous intercalons entre eux les divers quadrupèdes fossiles qui ont été découverts dans les familles auxquelles ces genres appartiennent, ces animaux se trouvent rattachés les uns aux autres par des liens de transition déjà assez serrés.

La chaîne de ces formes transitoires ne forme cependant pas en ces divers cas, ou en aucun autre, une série droite d'une espèce vivante à l'autre, mais elle dessine un circuit irrégulier passant à travers les formes qui ont vécu antérieurement. Ce que les recherches géologiques n'ont pu nous révéler encore, c'est l'existence de nombreux degrés de transition, aussi serrés que nos variétés actuelles, et reliant entre elles toutes les espèces connues : telle est la plus importante des objections qu'on puisse élever contre ma théorie [1].

Il ne sera pas inutile de résumer les observations précédentes sur les causes de l'insuffisance des documents géologiques, au moyen d'un exemple supposé. L'Archipel Malais est à peu près de la même étendue que l'Europe, du cap Nord à la Méditerranée et des îles Britanniques à la Russie, et par conséquent il égale à peu près toutes les formations géologiques qui ont

[1] Quel est le géologue qui a vu de ses propres yeux tous les spécimens divers de chaque espèce fossile ou vivante? Et jusqu'à quel point peut-on s'en rapporter à des descriptions, où l'emploi forcé de termes généraux fait naître dans l'esprit de celui qui écoute ou qui lit une idée non adéquate à la pensée de celui qui décrit, et toujours un peu plus générale? C'est, du reste, un inconvénient inévitable de la forme logique des langues où le signe, moins particulier et moins analytique que l'idée, la remplace en l'altérant toujours plus ou moins. De sorte que par le moyen des descriptions écrites on doit acquérir un sentiment plus profond des ressemblances et préjuger l'identité lorsqu'il y a seulement analogie, de même qu'une opinion plus tranchée des différences que l'esprit tend à élever jusqu'à la valeur d'oppositions. Il faudrait donc, pour vider le débat avec toute connaissance de cause, recourir à des expositions ou à des congrès généraux ou particuliers de fossiles où chaque musée et chaque amateur enverrait ses collections, afin qu'il fût fait un classement général des espèces dans les genres, des variétés dans les espèces et des individus dans les variétés. De cette façon seulement on ne serait pas exposé à raisonner en vain et à conclure en l'air. (*Trad.*)

été étudiées jusqu'ici avec quelque exactitude, exception faite des États-Unis. Je reconnais pleinement avec M. Godwin-Austen que l'état actuel de l'Archipel Malais, avec ses îles vastes et nombreuses, séparées par des mers larges et peu profondes, représente probablement l'ancien état de l'Europe, à l'époque où la plupart de nos terrains s'accumulaient. L'Archipel Malais est l'une des régions les plus riches du globe en formes vivantes; et cependant, si toutes les espèces qui y ont vécu dans toute la série des temps étaient rassemblées, combien cette collection ne représenterait-elle pas encore imparfaitement l'histoire naturelle du monde !

Nous avons toutes raisons pour croire que les productions terrestres de cet archipel ne peuvent se conserver que d'une manière très-incomplète dans les formations qu'on y doit supposer en train de s'accumuler. Parmi les animaux qui vivent exclusivement sur le littoral ou sur des récifs sous-marins dénudés, je soupçonne qu'un très-petit nombre seulement sont recouverts de sédiment ; et ceux qui sont enfouis dans des graviers ou des sables ne s'y conservent pas jusqu'à une époque très-éloignée. Sur tous les points du lit de la mer où il ne se fait aucun dépôt, partout où le sédiment ne s'accumule pas assez vite pour préserver les corps organisés de la désagrégation, aucun débris fossile ne se conservera.

En règle générale, des formations riches en fossiles, d'une puissance suffisante pour résister à des dénudations subséquentes, et pour persister inaltérées pendant de longues périodes, telles enfin qu'ont été dans le passé les formations secondaires, ne peuvent s'accumuler dans un archipel que durant des périodes d'affaissement. Ces périodes sont nécessairement séparées les unes des autres par des intervalles considérables, pendant lesquels la région demeure stationnaire ou s'élève. Et, lorsqu'elle s'élève, les formations fossilifères des côtes les plus escarpées sont détruites, presque aussitôt qu'accumulées, par l'action incessante des vagues côtières, comme nous l'observons aujourd'hui sur les rivages de l'Amérique du Sud. Pendant les périodes de soulèvement, les couches de sédiment ne peuvent, même dans les mers vastes et peu profondes de l'archipel, acquérir une grande épaisseur, ou être revêtues et protégées d'autres dépôts postérieurement accumulés, de manière à pouvoir persister. Les périodes d'affaissement auront probablement été accompagnées de nombreuses extinctions d'espèces ; et, au contraire, pendant les périodes de soulèvement, il y aura eu beaucoup de variations ; mais, d'autre côté, les documents géologiques qui en sont restés sont beaucoup plus incomplets.

On peut douter que la durée d'une période d'affaissement, comprenant toute l'étendue ou seulement une partie de l'archipel, et contemporaine d'une grande accumulation de sédiment, puisse jamais excéder la durée moyenne des mêmes formes spécifiques ; cependant, un pareil accord des circonstances est indispensable à la conservation des formes intermédiaires entre deux ou plusieurs espèces. Si toutes ces formes intermédiaires n'étaient pas conservées, de simples variétés de transition paraîtraient autant d'espèces distinctes. Il est de même probable que toute grande période d'affaissement est de temps à autre interrompue par des oscillations du sol et par de légers changements de climat qui troublent l'économie générale de la contrée. Or, en pareil cas, les habitants de l'archipel émigreraient, et les preuves successives de leurs modifications ne pourraient se conserver toutes dans une seule et même formation.

Un grand nombre des espèces marines de l'archipel s'étendent aujourd'hui à des milliers de milles au delà de ses limites ; et l'analogie nous induit à penser que ce sont principalement ces espèces très-répandues qui produiront le plus souvent des variétés nouvelles. Mais ces variétés seront d'abord locales et confinées dans une étroite station. Seulement, si elles acquièrent quelque avantage décisif sur d'autres formes, par suite de nouvelles modifications et de nouveaux progrès, elles s'étendront peu à peu jusqu'à supplanter leur souche mère. Or, quand ces variétés reviendront dans leur ancienne patrie, comme elles différeront de leur état primitif d'une manière uniforme, bien que peut-être assez légèrement ; comme de plus elles se trouveront enfouies dans un autre étage de la même formation, beaucoup de paléontologistes, suivant les principes actuels, les rangeront comme des espèces nouvelles et distinctes.

Si ces observations ont quelque justesse, nous ne pouvons espérer trouver dans nos formations géologiques un nombre infini de ces formes transitoires qui, d'après ma théorie, ont relié les unes aux autres les espèces passées et présentes d'un même groupe dans la chaîne longue et ramifiée des êtres vivants. Nous ne devons nous attendre à découvrir que quelques chaînons détachés, très-inégalement distants les uns des autres, et tels enfin que nous les trouvons. Mais ces chaînons, si près voisins qu'ils soient, n'en seraient pas moins rangés par beaucoup de paléontologistes comme autant d'espèces distinctes, s'ils se trouvaient enfouis dans les différents étages d'une même formation. Je ne prétends pas, pourtant, que j'eusse jamais soupçonné nos coupes géologiques les mieux conservées de n'offrir qu'un tableau aussi incomplet des métamorphoses des êtres vivants, si l'absence d'innombrables formes intermédiaires entre les espèces qui apparaissent au commencement et à la fin de chaque formation n'avait fourni contre ma théorie une objection sur laquelle on a tant appuyé.

VIII. **De l'apparition soudaine de groupes entiers d'espèces alliées.** — Plusieurs paléontologistes et, entre autres, MM. Agassiz, Pictet et Sedgwick, ont encore argué de l'apparition soudaine de quelques groupes entiers d'espèces en certaines formations, comme d'un fait inconciliable avec l'hypothèse de la transformation des espèces. Si, en effet, des espèces nombreuses appartenant aux mêmes genres ou aux mêmes familles avaient réellement apparu tout à coup dans la vie, ce seul fait réduirait à néant la théorie de descendance modifiée par sélection naturelle. Car le développement d'un groupe quelconque de formes, toutes descendues de quelque progéniteur unique, ne peut s'être accompli qu'à l'aide d'un procédé extrêmement lent ; et ce premier progéniteur commun, et même les quelques premières souches spécifiques qui en sont sorties, doivent avoir vécu de longs âges avant leurs descendants modifiés. Mais nous ne pouvons nous empêcher de nous exagérer continuellement à nous-mêmes la richesse de nos archives géologiques, et nous concluons faussement de ce qu'on n'a encore trouvé aucun représentant de certains genres ou familles au-dessous de certaines formations, que ces familles ou ces genres n'existaient pas encore. On peut se fier complétement aux preuves paléontologiques dans tous leurs témoignages positifs ; mais les preuves négatives qu'on en veut tirer sont sans valeur, ainsi que l'expérience l'a souvent montré.

Nous paraissons oublier à chaque instant quelle est la grandeur du monde, en comparaison de l'étendue bornée des régions dont on a pu jusqu'ici étudier avec soin les formations géologiques. Nous oublions que des groupes d'espèces peuvent avoir longtemps existé autre part et s'y être lentement multipliés, avant d'immigrer dans les anciens archipels de l'Europe et des États-Unis. Nous n'estimons pas ce qu'ils valent les immenses intervalles de temps qui ont dû s'écouler entre nos formations en apparence consécutives, intervalles peut-être plus longs cependant, en beaucoup de cas, que le temps qui a été nécessaire à l'accumulation de chacune de ces formations ellesmêmes. Ces intervalles n'ont-ils pas dû suffire à la multiplication des espèces sorties d'une ou de plusieurs souches mères, espèces qui apparaîtront tout d'un coup comme un groupe soudainement créé ?

Je puis rappeler ici une observation déjà faite : c'est qu'il doit falloir une longue succession d'âges pour adapter une organisation à des habitudes de vie entièrement nouvelles, telles que celle du vol aérien, par exemple. Conséquemment, les formes de transition devront souvent rester pendant longtemps confinées dans une même région ; mais, quand cette adaptation a été une fois effectuée, et qu'un petit nombre d'espèces ont ainsi acquis de grands avantages sur d'autres organismes, il ne faut plus qu'un temps comparativement très-court pour produire un grand nombre de formes divergentes qui peuvent se répandre rapidement dans le monde entier. Le professeur Pictet, dans son article critique sur mon ouvrage [1], ne peut concevoir comment, chez

[1] *Archives des Sciences*, supplément à la *Bibliothèque universelle de Genève*. 1860. Nouvelle période, t. VII.

les formes de transition, et par exemple chez les premiers oiseaux, les modifications successives des membres antérieurs d'un prototype supposé peuvent avoir été de quelque avantage aux diverses variétés chez lesquelles elles se sont produites. Mais, pour répondre à cette objection, il suffit de citer les Manchots de la mer du Sud qui ont justement les membres antérieurs dans cet état intermédiaire, où ils ne sont « ni de véritables bras, ni de véritables ailes. » Cependant ces oiseaux maintiennent victorieusement leur place dans la bataille de la vie ; car ils existent en grand nombre et sous beaucoup de formes spécifiques diverses. Je ne suppose pourtant pas que nous voyions ici les véritables degrés transitoires par lesquels l'aile de l'oiseau a dû passer pour se former [1] ; mais je ne trouve aucune difficulté à admettre qu'il pourrait devenir avantageux aux descendants d'un Manchot quelconque, d'abord d'acquérir la faculté de battre l'eau, comme l'*Anas brachyptera*, et ensuite de s'élever à sa surface en se soutenant sur l'air seul [2].

J'en appellerai maintenant à quelques faits pour montrer combien nous sommes sujets à faire erreur, quand nous supposons que des groupes entiers d'espèces se sont produits soudainement. Même dans un laps de temps aussi court que celui qui s'est écoulé entre la première et la seconde édition du grand ouvrage de M. Pictet sur la paléontologie, éditions publiées en 1844-46 et en 1853-57, les conclusions de l'auteur sur la première ou dernière apparition de plusieurs groupes d'animaux se sont considérablement modifiées, et une troisième édition exigerait de nouveaux changements. Je puis rappeler ce fait bien connu que, dans les traités de géologie qui ont été publiés,

[1] Les premiers rudiments de l'organe du vol n'ont pu se développer chez une classe quelconque d'êtres organisés qu'à l'époque où aucune espèce de cette même classe n'en étant encore pourvue, la concurrence vitale n'existait pas pour les individus ainsi modifiés. (Voy. la note de la page 220. *Trad.*)

[2] Il est bon de faire remarquer ici que le genre entier des Manchots n'en disparaîtrait pas nécessairement pour cela en ce même lieu ou mieux encore en d'autres ; et telle est la réponse qu'on peut faire à ceux qui opposent à la théorie de la transformation des espèces, que l'Ibis d'Égypte est encore aujourd'hui tel qu'il était il y a cinq mille ans. Quelques Ibis égyptiens étant venus à émigrer auraient donné naissance à une variété nouvelle, que la souche demeurée en Égypte sous des conditions de vie constantes n'en aurait point été altérée. (*Trad.*)

il n'y a pas encore longtemps, toute la classe des Mammifères était considérée comme ayant apparu tout à coup au commencement de la série tertiaire. Et aujourd'hui l'un des dépôts les plus riches en fossiles de Mammifères que l'on ait encore découvert appartient aux étages moyens de la série secondaire. Un vrai Mammifère a même été découvert dans le nouveau grès rouge presque au commencement de cette grande série. Cuvier a plusieurs fois fait la remarque que les strates tertiaires ne renfermaient aucun Singe ; mais on en a trouvé depuis dans l'Inde, dans le sud de l'Amérique, et même en Europe de nombreuses espèces fossiles, qui ont dû vivre à une époque aussi ancienne que celle des terrains miocènes. Sans les traces de pieds d'oiseaux qui se sont conservées par un heureux hasard sur les strates du Nouveau Grès Rouge des États-Unis, qui se serait aventuré à supposer que, outre des reptiles, cette époque reculée eût possédé au moins une trentaine d'espèces d'oiseaux dont quelques-uns d'une taille gigantesque ? Pourtant on n'a pu découvrir un seul fragment d'os dans ces mêmes terrains. Et quoique le nombre des articulations et des doigts qu'indiquent les empreintes corresponde avec la forme des pieds des oiseaux vivants, quelques savants doutent cependant encore si ces empreintes sont bien réellement dues à des oiseaux ou à quelque autre classe d'animaux inconnus. Encore tout récemment ces mêmes savants auraient pu soutenir que la classe entière des oiseaux avait été soudainement appelée à l'existence au commencement de la période tertiaire ; et plusieurs d'entre eux l'ont soutenu ; aujourd'hui nous savons, au contraire, sur l'autorité du professeur Owen, qu'un oiseau incontestable a certainement vécu pendant l'accumulation du grès vert supérieur.

Je puis citer un autre exemple dont j'ai été vivement frappé, lorsque je l'ai constaté de mes propres yeux. Il s'agit des Cirripèdes sessiles fossiles. Vu le nombre extraordinaire d'individus qui représentent beaucoup d'espèces de cette famille dans le monde entier, depuis les régions arctiques jusqu'à l'équateur, et qui habitent des zones marines diverses, variables depuis la limite des hautes eaux jusqu'à une profondeur de

50 brasses ; vu le bon état de conservation des spécimens dans les couches tertiaires les plus anciennes ; vu la facilité avec laquelle on peut reconnaître même un fragment de valve ; j'avais cru pouvoir inférer de tant de circonstances réunies que si les Cirripèdes sessiles eussent existé pendant la période secondaire, ils se fussent sans nul doute conservés, et on en eût découvert un certain nombre. Mais comme jusque-là on n'en avait pas trouvé une seule espèce dans aucune des couches de cette série, j'en avais conclu, dans un mémoire sur cette classe de fossiles, que ce groupe remarquable s'était soudainement développé au commencement de l'époque tertiaire. Ce résultat ne m'était nullement agréable, car il venait encore ajouter un exemple de plus aux brusques apparitions de groupes entiers d'espèces ; du moins le pensais-je ainsi. Mais à peine mon travail avait-il été publié, qu'un habile paléontologiste, M. Bosquet, m'envoya le dessin d'un spécimen parfait et indiscutable de Cirripède sessile qu'il avait extrait lui-même de la craie de Belgique. Ce qui rendrait le cas plus remarquable encore, c'est que ce Cirripède sessile était un Chthamalus, grand genre, partout répandu et très-commun, dont pourtant aucun spécimen n'avait encore été découvert dans aucun terrain tertiaire. Il s'ensuivait très-positivement que des Cirripèdes sessiles avaient existé pendant la période secondaire ; et il se pouvait dès lors que ces anciennes espèces eussent été les ancêtres de nos nombreuses espèces tertiaires et modernes.

Le cas d'apparition subite d'un groupe entier d'espèces sur lequel les paléontologistes insistent le plus souvent, c'est celui des poissons Téléostéens, dans les étages anciens de l'époque de la Craie. Ce groupe comprend la majorité des espèces vivantes. Dernièrement, le professeur Pictet a fait remonter leur existence à un sous-étage encore plus reculé ; et quelques paléontologistes croient que quelques poissons beaucoup plus anciens, dont les affinités sont encore imparfaitement connues, sont réellement des Téléostéens. En accordant toutefois que le groupe entier a fait son apparition au commencement de l'époque de la Craie, comme M. Agassiz le pense, ce serait certainement un fait très-remarquable ; mais je ne saurais y voir une objection insoluble contre ma théorie, à moins qu'il ne soit possible de démontrer aussi que toutes les espèces de ce groupe ont apparu soudainement et simultanément dans toutes les mers du monde à la même époque. Il est presque inutile de rappeler que nous connaissons à peine un poisson fossile provenant du sud de l'équateur ; et il suffit de parcourir la *Paléontologie* du professeur Pictet, pour voir qu'il y a plusieurs formations européennes dont nous ne connaissons qu'un très-petit nombre d'espèces. Quelques familles de poissons ont actuellement une extension très-limitée; et il peut en avoir été ainsi tout d'abord pour les poissons Téléostéens qui, après s'être considérablement développés dans une mer quelconque, peuvent s'être ensuite très-rapidement répandus.

Nous n'avons pas davantage le droit de supposer que toutes les mers de l'ancien monde ont toujours été ouvertes et libres du sud au nord, comme elles le sont actuellement. Même aujourd'hui, l'Archipel Malais se transformerait en continent, que les régions tropicales de l'Océan indien formeraient un vaste bassin parfaitement fermé, dans lequel un groupe quelconque d'animaux marins pourrait se multiplier et où il demeurerait confiné jusqu'à ce qu'une de ses espèces, s'adaptant à un climat plus froid, pût doubler l'un des deux caps méridionaux d'Afrique ou d'Australie, pour gagner d'autres mers éloignées.

D'après ces diverses considérations ou quelques autres analogues, d'après notre ignorance complète au sujet de la géologie des contrées autres que l'Europe et les États-Unis, et surtout d'après la révolution que les découvertes faites depuis ces douze dernières années ont effectuée dans nos idées paléontologiques, il me semble aussi présomptueux de dogmatiser sur la succession des êtres organisés à travers le monde entier, qu'il le serait à un naturaliste de discuter du nombre et de la distribution des productions naturelles de l'Australie, après avoir pris terre pendant cinq minutes sur l'une des côtes les plus stériles.

IX. **De l'apparition soudaine de groupes entiers d'espèces alliées dans les strates fossilifères les plus anciennes.** — Il y a une autre difficulté en connexion avec la précédente, mais beaucoup plus grave. Je veux parler de ces nombreux groupes d'espèces, qui semblent faire soudainement leur apparition dans les roches fossilières les plus anciennes que l'on connaisse encore. Cependant la plupart des raisons qui m'ont convaincu que toutes les espèces d'un même groupe descendent d'un progéniteur commun s'appliquent avec une égale force aux espèces les plus anciennes. Je ne puis douter, par exemple, que tous les Trilobites siluriens ne soient descendus de quelque crustacé qui doit avoir vécu longtemps avant cette époque géologique, et qui différait probablement beaucoup de tous les animaux connus. Quelques-uns des fossiles siluriens les plus anciens, tels que le Nautile, la Lingule, etc., ne diffèrent que très-peu des espèces vivantes ; et, d'après ma théorie, on ne saurait supposer que ces anciennes espèces aient été les ancêtres de toutes les espèces des ordres auxquels elles appartiennent, car elles ne présentent nullement des caractères intermédiaires entre les diverses formes qui ont depuis représenté ces ordres. De plus, si elles avaient servi de souches à ces groupes, elles auraient probablement été depuis longtemps supplantées et exterminées par leurs nombreux descendants en progrès.

Conséquemment, si ma théorie est vraie, il est de toute certitude qu'avant la formation des couches Siluriennes inférieures, de longues périodes se sont écoulées, périodes aussi longues, et peut-être même plus longues que la durée entière des périodes écoulées depuis l'âge Silurien jusqu'aujourd'hui ; et, pendant cette longue succession d'âges inconnus, le monde doit avoir fourmillé d'êtres vivants.

Pourquoi ne trouvons-nous pas des preuves de ces longues périodes primitives ? C'est une question à laquelle je ne saurais complétement répondre. Plusieurs de nos plus éminents géologues, sir R. Murchison à leur tête, sont convaincus que nous voyons dans les restes organiques des couches Siluriennes inférieures l'aube de la vie sur notre planète. D'autres juges, non moins compétents, tels que Lyell et E. Forbes, combattent cette opinion. Ce qu'il ne faut pas oublier surtout, c'est qu'une très-petite partie du monde a été étudiée avec soin. M. Barrande a dernièrement ajouté au système Silurien un autre étage inférieur, très-abondant en espèces toutes spéciales à cette formation. Des traces de vie ont été découvertes dans les roches du Longmynd, au-dessous de la zone dite primordiale de M. Barrande. La présence de nodules de phosphate et de matières bitumineuses en quelques-unes des roches dites azoïques inférieures, semble indiquer qu'à cette époque existaient des êtres vivants. Cependant la difficulté de rendre compte de l'absence des puissantes assises de strates fossilifères qui, d'après ma théorie, doivent nécessairement avoir été accumulées avant l'époque Silurienne, est, je l'avoue, des plus graves. Si ces anciennes couches primitives avaient été complétement détruites par dénudation ou oblitérées par le métamorphisme, nous devrions retrouver seulement de faibles restes des formations qui les ont immédiatement suivies, et ces lambeaux devraient se présenter également à nous dans un état général d'altération métamorphique. Mais les descriptions que nous possédons actuellement des dépôts Siluriens, qui couvrent d'immenses contrées dans la Russie et dans l'Amérique du Nord, n'appuient aucunement cette supposition que plus une formation serait ancienne, plus aussi elle aurait nécessairement souffert de la dénudation et du métamorphisme [1].

[1] Il ne faut pas oublier de tenir compte ici de l'apparition première des continents qui dut changer complétement l'ordre des phénomènes à la surface du globe. Cette apparition première a sans nul doute été de beaucoup postérieure aux premiers développements de la vie organique sur la terre. Toute accumulation de sédiment supposant une dénudation correspondante, aucune formation sédimentaire de quelque puissance ne peut avoir eu lieu avant que des terres d'une certaine étendue n'aient été émergées. D'autre part, les accumulations fluviales augmentent avec la pente des continents, comme la dénudation des côtes avec leur inclinaison ; or, tout fait croire que l'étendue des terres émergées, de même que la pente des continents et l'inclinaison des côtes qui en est la suite, ont toujours été en augmentant depuis l'époque Silurienne jusqu'aujourd'hui. Il s'ensuit que les premières terres émergées, éparses à fleur d'eau dans des mers presque partout également profondes, n'ont pu donner lieu qu'à de premiers dépôts très-lentement formés. Si les formations de l'époque primaire présentent partout de puissantes assises, il faut l'attribuer, sans doute, d'une part, à la longueur incommensurable du temps qu'elles ont mis à s'accumuler, et, d'autre part, à la désagrégation facile des premières terres émergées, formées de sédiments précipités, plutôt que charriés dans des eaux chaudes et peu profondes, c'est-à-dire sous une pression relativement peu considérable. Mais avant l'émersion de ces mêmes terres, toutes les conditions d'une formation puissante et riche en fossiles manquaient à la fois ; et les dépôts, formés à cette

Le problème peut être insoluble quant à présent, et continuer à servir d'objection valable contre ma théorie. Cependant, pour bien montrer qu'il peut recevoir quelque jour sa solution, je me permettrai une hypothèse. D'après la nature des restes organiques qu'on trouve dans les diverses formations d'Europe et des États-Unis, il ne semble pas qu'ils aient habité des mers très-profondes ; et d'après la quantité énorme de sédiment qui forme ces dépôts d'une puissance de plusieurs milles, on peut inférer que, du commencement à la fin de la période, de larges îles ou langues de terre, auxquelles ce sédiment a pu

époque, ne pouvant provenir que des matières que la couche océanique tenait en suspension, devaient être partout égaux en puissance et se former partout à la fois sur le fond uni des mers, y laissant tout au plus la trace des stratifications feuilletées que nous retrouvons dans les schistes. Cependant, dès cette époque, la vie multipliait et progressait sans doute d'autant plus dans ces mêmes mers, que leur profondeur moyenne était moindre et plus égale ; mais aucune trace n'en pouvait être conservée, nulle part l'accumulation n'étant assez rapide pour recouvrir et protéger les débris des organismes contemporains. Plus tard seulement, lorsque ces dépôts précipités et véritablement azoïques, de même que les roches plutoniques et métamorphiques qu'ils ont sans doute recouvertes et protégées, commencèrent à émerger, leur dénudation fournit abondamment les sédiments qui forment les dépôts Siluriens inférieurs ; de sorte que partout où ces mêmes couches Siluriennes ne les ont pas recouverts, ils ont été invariablement détruits. Tout au plus en pourrait-on retrouver des lambeaux altérés par l'action de l'atmosphère sur les plateaux granitiques dénudés les plus anciennement soulevés, encore sous deux conditions : c'est d'abord que la vitesse de leur soulèvement primitif ait été supérieure à la vitesse de leur dénudation, et que depuis ils n'aient jamais été submergés de nouveau. Il faut dire, de plus, que ces dépôts de sédiments précipités devant avoir fort à peu près la même composition minéralogique que beaucoup des roches métamorphiques qu'ils ont recouvertes, puisqu'ils ont été tenus en suspension dans les mêmes mers et formés par les mêmes moyens, quoique un peu plus récemment, peut-être, il serait fort difficile de les distinguer de ces mêmes roches, avec lesquelles ils doivent partout se retrouver en contact immédiat.

De toute manière, on a donc très-peu de chance de retrouver des fossiles ayant appartenu à ces époques antérieures à la première émersion des terres. Leur conservation est encore d'autant moins probable, que les premières faunes ont dû être surtout très-riches en organismes gélatineux et complétement mous, et que les tests calcaires des rayonnés, des crustacés et des mollusques, de même que les cartilages des premiers poissons n'ont sans doute été que longtemps après élaborés par des animaux déjà comparativement très-avancés dans l'échelle organique du temps.

On suppose même qu'il a pu exister des faunes et des flores dont l'organisme élaborait des substances siliceuses, comme les faunes et les flores plus récentes ont élaboré le calcaire, et que leurs détritus seraient mêlés jusque dans les roches métamorphiques et granitoïdes, sans qu'il nous soit jamais possible d'en connaître ou d'en reconstruire les formes perdues. Peut-être même qu'une telle supposition devra demeurer à l'état de pure hypothèse, sans qu'il nous soit jamais possible d'en confirmer la vérité ou d'en prouver la fausseté. (*Trad.*)

être arraché, se trouvaient dans le voisinage de l'Europe et de l'Amérique du Nord qui formaient déjà à cette époque deux continents émergés. Mais nous ignorons quel a pu l'être l'état des choses pendant les longs intervalles qui ont séparé les formations successives ; nous ignorons si l'Europe et les États-Unis existaient à l'état de terres émergées ou d'aires sous-marines près des terres, mais sur lesquelles ne se formait aucun dépôt, ou enfin comme le lit d'une mer ouverte et insondable.

Si nous jetons un regard sur nos océans actuels, nous constatons d'abord qu'ils sont trois fois plus étendus que les terres, et, en outre, qu'ils sont parsemés d'un grand nombre d'îles. Mais aucune île océanique, sauf la Nouvelle-Zélande et le Spitzberg [1], si l'on peut les considérer comme telles, n'a jusqu'à présent livré à nos observations le moindre reste d'une formation paléozoïque ou secondaire quelconque. Nous pourrions peut-être inférer de là que, durant les périodes paléozoïques et secondaires, il n'existait ni continents ni grandes îles continentales où nos océans s'étendent maintenant ; car, s'il en avait existé, des couches paléozoïques ou secondaires se seraient probablement formées du sédiment provenant de leur dégradation et de leurs déchirements ; et, par suite des oscillations de niveau que nous devons supposer avoir eu lieu de temps à autre pendant de si longues périodes, ces formations eussent été au moins en partie soulevées. Si donc nous pouvons conclure quelque chose de ces faits, c'est que, dans le même lit où nos océans s'enferment aujourd'hui, des océans se sont de même étendus depuis les époques les plus reculées dont nous sachions quelque chose ; c'est, d'autre côté, que là même où nos continents s'élèvent, de vastes surfaces terrestres ont toujours existé, bien qu'avec de grandes oscillations de niveau, depuis l'époque la plus reculée. La carte jointe à mon volume sur les récifs de coraux me dispose à conclure qu'en général les grands océans sont encore aujourd'hui des aires d'affaissement, que les grands archipels sont toujours le théâtre des plus grandes oscillations

[1] Paragraphe modifié par l'auteur. Notre première édition portait, d'après la troisième édition anglaise : « Aucune île océanique n'a jusqu'à présent,... etc. » (*Trad.*)

de niveau et que les continents représentent les aires de soulèvement. Mais avons-nous le droit de supposer qu'un pareil état de choses a toujours existé depuis le commencement du monde? Nos continents semblent bien avoir été produits par une force de soulèvement prépondérante à travers de fréquentes oscillations ; mais les aires où cette même force s'exerce avec prépondérance ne peuvent-elles avoir changé dans le cours des âges ? A une époque incommensurablement reculée au delà des temps Siluriens, des continents peuvent avoir existé où des océans s'étendent aujourd'hui, tandis que des mers ouvertes et sans bornes peuvent avoir recouvert la place de nos continents actuels. Nous ne saurions non plus assurer que, si le lit de l'océan Pacifique, par exemple, était aujourd'hui soulevé et converti en continent, il offrirait à nos observations des couches plus anciennes que les terrains Siluriens, supposant même qu'elles s'y soient autrefois déposées ; car il se pourrait que des strates qui, par suite de leur affaissement, se seraient ainsi rapprochées de plusieurs milles du centre de la terre, et qui auraient été pressées sous le poids d'une énorme colonne d'eau, eussent subi une action métamorphique beaucoup plus intense, que des strates constamment demeurées plus près de la surface normale du globe. Les régions immenses de roches métamorphiques dénudées qui s'étendent dans l'Amérique du Sud, par exemple, et qui doivent avoir été soumises à une grande chaleur sous une énorme pression, m'ont toujours paru exiger quelque explication spéciale. Peut-être voyons-nous dans ces immenses régions rocheuses de nombreuses formations déposées longtemps avant l'époque Silurienne, mais complétement transformées par le métamorphisme, et subséquemment dénudées par l'action des eaux.

X. **Résumé.** — Je viens d'énumérer plusieurs des plus graves objections que soulève ma théorie : c'est d'abord que, quoique nous trouvions dans nos formations géologiques un grand nombre de chaînons intermédiaires entre les espèces qui vivent aujourd'hui et celles qui ont vécu antérieurement, cependant nous ne trouvons pas d'innombrables formes de transition, parfaitement reliées et graduées pour les rattacher les unes aux autres ; secondement, c'est l'apparition brusque dans nos formations européennes de groupes entiers d'espèces ; troisièmement, c'est l'absence presque complète, du moins jusqu'à présent, de formations fossilifères antérieures aux strates siluriennes. Toutes ces objections sont très-graves sans nul doute; si graves même que d'éminents paléontologistes, tels que Cuvier, Forbes, MM. Agassiz, Barrande, Pictet, Falconer, etc., de même que nos grands géologues, MM. Lyell, Murchison, Sedgwick, etc., ont unanimement, et parfois avec force, soutenu le principe de l'immutabilité des espèces. J'ai cependant des raisons de croire qu'un homme qui fait autorité parmi eux, sir Ch. Lyell, après plus mûre réflexion, a conçu des doutes sérieux sur cette question. Je reconnais combien il est téméraire à moi de m'opposer à de semblables témoins, surtout quand je songe que c'est à eux et à quelques autres encore que notre science moderne doit la plupart de ses progrès. Je sais aussi que tous ceux qui peuvent penser que nos documents géologiques sont tant soit peu complets, ou qui ne reconnaissent pas quelque poids aux faits et aux arguments divers rassemblés dans ce volume, rejetteront du premier coup ma théorie. Pour ma part, d'après une expression poétique de Lyell, je regarde les archives naturelles de la géologie comme des mémoires tenus avec négligence pour servir à l'histoire du monde et rédigés dans un idiome altéré et presque perdu. De cette histoire nous ne possédons que le dernier volume, qui contient le récit des événements passés dans deux ou trois contrées. De ce volume lui-même, seulement ici et là un court chapitre a été conservé, et de chaque page quelques lignes restent seules lisibles. Les mots de la langue lentement changeante dans laquelle cette obscure histoire est écrite, devenant plus ou moins différents dans les chapitres successifs, représentent les changements en apparence soudains et brusques des formes de la vie ensevelies dans nos strates superposées et pourtant intermittentes. Lorsqu'on regarde de ce point de vue les objections que nous venons d'examiner, ne semblent-elles pas moins fortes, si même elles ne disparaissent complétement ?

# CHAPITRE X

## DE LA SUCCESSION GÉOLOGIQUE DES ÊTRES ORGANISÉS.

I. De l'apparition lente et successive des espèces nouvelles. — II. De leur différente vitesse de transformation. — III. Les espèces une fois éteintes ne reparaissent plus. — IV. Les groupes d'espèces suivent dans leur apparition et leur disparition les mêmes lois que les espèces isolées. — V. De l'extinction des espèces. — VI. Des changements simultanés des formes organiques dans le monde entier. — VII. Des affinités des espèces éteintes, soit entre elles, soit avec les espèces vivantes. — VIII. Du degré de développement des formes anciennes, comparé à celui des formes vivantes. — IX. De la succession des mêmes types dans les mêmes régions, pendant la dernière période tertiaire. — X. Résumé de ce chapitre et du précédent.

I. **De l'apparition lente et successive des espèces nouvelles.** — Examinons maintenant si les divers faits constatés concernant la succession géologique des êtres organisés, de même que les lois qui la gouvernent, s'accordent mieux avec l'opinion commune de l'immutabilité des espèces, ou avec celle de leur modification lente et graduelle par voie de descendance et de sélection naturelle.

Ce qui frappe tout d'abord, c'est que la plupart des espèces ont toujours apparu très-lentement et les unes après les autres, soit sur la terre, soit dans les eaux. Lyell a prouvé que ce fait est incontestable pour les étages tertiaires. Chaque année tend à remplir les lacunes qui existent dans les populations successives de cette période, et à montrer que le nombre proportionnel des espèces qui s'éteignent est graduel, comme celui des espèces qui naissent. Dans quelques-unes des couches les plus récentes, bien que sans nul doute fort anciennes, si on mesure leur âge par années, une ou deux espèces seulement cessent de se montrer : et de même une ou deux espèces seulement sont nouvelles, c'est-à-dire apparaissent pour la première fois, soit dans la contrée, soit, autant que nous pouvons le préjuger, à la surface de la terre. Si l'on peut se fier aux observations de Philippi en Sicile, les changements successifs qui se sont opérés dans la faune marine de cette île sont nombreux et se sont opérés graduellement et très-lentement. Les formations secondaires présentent une chaîne moins continue; cependant, ainsi que l'a remarqué Brown, les nombreuses espèces qui les caractérisent n'ont jamais apparu ou disparu simultanément dans chaque formation successive.

II. **De leur différente vitesse de transformation.** — Il est à remarquer aussi que les espèces de genres distincts et de classes différentes ne paraissent pas avoir changé avec la même vitesse, ni s'être modifiées au même degré. Dans les couches tertiaires les plus anciennes, on peut encore trouver quelques coquillages analogues aux espèces actuellement vivantes, au milieu d'une multitude de formes éteintes. Un crocodile encore existant, découvert par M. Falconer, parmi les reptiles et les mammifères plus ou moins étranges des dépôts sub-himalayens, est un remarquable exemple de ces faits. La Lingule silurienne ne diffère que très-peu des espèces vivantes de ce même genre, tandis que la plupart des autres mollusques et tous les crustacés de la même époque ont considérablement changé. Les habitants de la terre semblent se transformer plus vite que ceux de la mer ; et l'on en a observé dernièrement un remarquable exemple en Suisse. Il y a quelques raisons pour supposer que les organismes assez élevés dans l'échelle naturelle se modifient plus rapidement que les organismes inférieurs, bien que pourtant il y ait des exceptions à cette règle. Ainsi que l'a remarqué M. Pictet, la somme des changements organiques accomplis ne correspond pas exactement à la succession de nos formations géologiques, de sorte qu'entre toutes nos formations consécutives considérées deux à deux, les formes vivantes présentent rarement des changements d'égale importance. Cependant, si nous comparons deux formations quelconques, sauf le cas où elles sont l'une avec l'autre en rapports étroits de succession, on constate que toutes les espèces qu'elles présentent ont subi quelques altérations.

Quand une fois une espèce a disparu de la surface de la terre, nous n'avons aucune raison de croire qu'elle puisse jamais y reparaître de nouveau. Le cas qui semblerait le plus faire exception à cette règle est celui des « colonies » décrites par M. Barrande, c'est-à-dire d'un certain nombre d'espèces qui font tout à coup invasion dans le milieu d'une formation plus ancienne, puis cèdent de nouveau la place aux anciennes formes. Mais Lyell me semble avoir donné une explication satisfaisante de cette anomalie apparente, en supposant que des migrations ont pu s'effectuer entre des provinces géographiques distinctes.

Chacun de ces faits s'accorde parfaitement avec ma théorie ; car je n'admets l'existence d'aucune loi fixe et nécessaire, obligeant tous les habitants d'une contrée à se transformer à la fois, également et brusquement. Je crois, au contraire, que le procédé de modification doit être extrêmement lent et que la variabilité de chaque espèce est complétement indépendante de la variabilité de toutes les autres. C'est un concours de circonstances parfois très-complexes qui détermine jusqu'à quel point la sélection naturelle se saisira des variations survenues par hasard pour les accumuler, les conserver et produire ainsi une somme plus ou moins considérable de modifications définitives dans l'espèce variable. Le résultat final dépend d'abord de la nature des variations et des avantages qu'elles peuvent offrir aux individus chez lesquels elles se produisent sous leurs conditions de vie particulières, ensuite de la plus ou moins grande faculté de croisement, de la raison progressive de multiplication, du changement lent des conditions physiques de la contrée, et surtout des nombres proportionnels et de la nature des autres habitants de cette même contrée avec lesquels l'espèce variable entre en concurrence. Il n'est donc en aucune façon surprenant qu'une espèce garde parfois la même forme beaucoup plus longtemps que d'autres, ou que, venant à changer, elle change moins.

Nous observons, du reste, le même fait à l'égard de la distribution géographique. Ainsi, les coquillages terrestres et les insectes Coléoptères de Madère sont devenus très-différents de ceux d'entre leurs plus proches alliés qui vivent sur le continent européen, tandis que les oiseaux et les coquillages marins sont demeurés les mêmes. Peut-être que la vitesse plus grande avec laquelle se modifient les animaux terrestres, et en général les animaux très-élevés dans l'échelle de la nature, en comparaison des animaux aquatiques et des organismes inférieurs, peut s'expliquer par les relations plus complexes des êtres supérieurs avec leurs conditions de vie organiques ou inorganiques, ainsi que nous l'avons déjà fait observer dans un chapitre précédent [1].

Lorsqu'un grand nombre des habitants de la même contrée se sont modifiés et perfectionnés, il ressort du principe de concurrence vitale, et des rapports d'organisme à organisme, si nombreux et si importants, que toute forme qui ne se modifie pas de quelque manière ou en quelque degré, doit être sujette à extermination. De là nous pouvons voir pourquoi toutes les espèces d'une même région finissent par se transformer au bout d'une période de temps plus ou moins longue, car celles qui ne changent pas doivent fatalement s'éteindre.

Parmi les membres d'une même classe, la moyenne des variations effectuées pendant des périodes égales et d'une grande longueur est peut-être à peu près la même ; mais, comme la formation des dépôts fossilifères, assez puissants pour résister aux dégradations ultérieures, dépend de la quantité de sédiment qui s'accumule sur des aires en voie d'affaissement, ces dépôts doivent nécessairement s'être formés à intervalles très-irrégulièrement intermittents. Conséquemment, la somme des changements constatés entre les fossiles enfouis dans deux formations consécutives ne peut être égale, et il s'ensuit que chaque formation ne représente pas un acte complet de la création, mais seulement une scène détachée au hasard dans ce drame perpétuel et lentement changeant.

III. **Les espèces une fois éteintes ne reparaissent plus.** — Il nous est aisé de comprendre pourquoi une espèce, une fois

[1] Ch. III, § VIII, p. 84 et suiv.

éteinte, ne saurait reparaître, même dans le cas où les mêmes conditions de vie, organiques ou inorganiques, viendraient à se reproduire de nouveau. En effet, quoique la postérité d'une espèce puisse parfaitement s'adapter de manière à remplir exactement la place d'une autre espèce dans l'économie de la nature et parvenir ainsi à la supplanter, comme le cas s'en est sans doute présenté très-souvent ; cependant la nouvelle forme ne pourrait jamais être parfaitement identique à l'ancienne, parce que l'une et l'autre auraient certainement hérité de leurs progéniteurs distincts des caractères différents. Le cas échéant par exemple où nos Pigeons-Paons seraient tous détruits, il se pourrait que des amateurs, en s'efforçant pendant de longues années de les reproduire, réussissent à la fin à refaire une race à peine reconnaissable de la race actuelle. Mais, si le Pigeon biset lui-même était détruit, et nous avons toutes raisons de croire qu'à l'état de nature toute souche mère est généralement exterminée et supplantée par ses descendants modifiés, il serait alors absolument incroyable qu'un Pigeon-Paon, identique aux nôtres, pût sortir d'aucune autre espèce sauvage, ou même des autres races de Pigeons domestiques suffisamment fixées pour se reproduire purement, car le nouveau Pigeon-Paon qu'on parviendrait peut-être à obtenir hériterait bien certainement de ses nouveaux progéniteurs quelques légères différences caractéristiques.

IV. **Les groupes d'espèces suivent dans leur apparition et leur disparition les mêmes lois que les espèces isolées.** — Les groupes d'espèces, c'est-à-dire les genres ou les familles, suivent les mêmes règles générales que les espèces elles-mêmes dans leur apparition ou leur disparition. De même, ils changent plus ou moins vite et se modifient plus ou moins profondément. De même encore, un groupe ne reparaît plus, lorsqu'il a une fois disparu ; c'est-à-dire que son existence, tant qu'elle se perpétue, est rigoureusement continue. Je sais cependant qu'on cite un petit nombre de faits qui semblent déroger à cette règle ; mais ces exceptions sont extrêmement rares, si rares que E. Forbes et MM. Pictet et Woodward, bien que fort opposés aux opinions que je soutiens ici, admettent néanmoins la généralité de cette loi, si remarquablement d'accord avec ma théorie. Car, si toutes les espèces d'un même groupe descendent d'une seule et même espèce antérieure, il est évident qu'aussi longtemps que des espèces appartenant à ce groupe apparaissent dans la longue série des âges, aussi longtemps quelques-uns de ses représentants ont dû continuer d'exister, afin de pouvoir donner naissance soit à des formes nouvelles et modifiées, soit aux formes anciennes perpétuées sans modifications. C'est ainsi, par exemple, qu'il doit avoir constamment existé pendant une suite continue de générations des espèces du genre Lingule depuis les couches Siluriennes les plus anciennes jusqu'à nos jours [1].

Nous avons vu dans le dernier chapitre que parfois les espèces d'un même groupe semblent faussement apparaître toutes à la fois et soudainement. J'ai tenté d'expliquer ce fait, qui renverserait complétement ma théorie s'il était bien constaté, mais de pareilles intrusions de groupes organiques sont tout à fait exceptionnelles. La règle générale est au contraire que, par un accroissement graduel du nombre de ses représentants, le groupe atteigne à son maximum de développement, et qu'ensuite, plus tôt ou plus tard, il commence de même graduellement à décroître. Si l'on représente le nombre des espèces d'un genre ou des genres d'une famille par une ligne verticale variable en épaisseur, s'élevant à travers les formations géologiques successives dans lesquelles ce groupe est représenté, il se peut

[1] Il n'est pas impossible qu'une variété descendue d'une espèce mère, et modifiée au point de présenter avec elle des différences de valeur spécifique, en puisse reproduire un jour exactement tous les caractères. Il ne faut pour cela que des réversions successives aux caractères des aïeux favorisées par des conditions de vie, sinon identiques, du moins équivalentes à celles qui ont autrefois déterminé la formation par sélection naturelle de l'espèce mère elle-même. On conçoit qu'un pareil concours de circonstances ne peut se présenter que rarement; mais il suffit que ce concours soit possible pour que, si le fait de la réapparition d'une espèce perdue était quelque jour bien constaté, il ne puisse fournir une objection valable contre la théorie de descendance modifiée. La reproduction exacte d'une forme vivante quelconque n'est absolument impossible que si toutes les formes qui en sont successivement sorties par voie de génération directe sont éteintes sans exception; mais tant qu'une seule variété subsiste, l'espèce mère peut renaître; tant que le genre a des représentants, l'ancêtre du genre peut accidentellement se reproduire, quoique plus difficilement, et enfin, tant que le groupe n'est pas éteint, le type du groupe entier peut à toute rigueur reparaître. (*Trad.*)

quelquefois que l'extrémité inférieure de cette ligne, au lieu de commencer par une pointe aiguë, semble faussement obtuse et large dès le principe. Elle s'élève ensuite en s'épaississant, gardant parfois pendant un certain temps une épaisseur égale. Enfin elle s'amincit en traversant les formations supérieures, indiquant par là le décroissement et bientôt l'extinction finale du genre ou de la famille. Cette multiplication graduelle des espèces d'un groupe est parfaitement d'accord avec ma théorie, selon laquelle les espèces d'un même genre et les genres d'une même famille ne peuvent se multiplier que lentement et progressivement. En effet, on a déjà vu que le procédé de modification d'où résulte la production d'un grand nombre de formes alliées est lent et graduel. On a vu qu'une espèce donne d'abord naissance à deux ou trois variétés qui se convertissent par degrés en espèces ; que celles-ci à leur tour produisent avec la même lenteur et pas à pas d'autres espèces ; et ainsi de suite jusqu'à ce que le groupe atteigne à son apogée, comme les ramifications d'un grand arbre proviennent toutes d'un premier rameau unique.

V. **De l'extinction des espèces.** — Nous n'avons encore parlé qu'incidemment de la disparition des espèces et de leurs divers groupes. D'après la théorie de sélection naturelle, l'extinction des formes anciennes et la production des formes nouvelles et plus parfaites sont en connexion intime. L'ancienne hypothèse, selon laquelle tous les habitants de la terre auraient été périodiquement détruits en masse par des catastrophes universelles, est généralement abandonnée aujourd'hui, même par des géologues tels que MM. Élie de Beaumont, Murchison, Barrande, etc., dont les vues générales aboutissent pourtant logiquement à de semblables conclusions. Il résulte au contraire de l'étude des formations tertiaires, que les espèces et groupes d'espèces disparaissent graduellement, l'un après l'autre, d'abord d'un lieu, ensuite d'un autre, et finalement du monde. Cependant, en quelques cas très-rares, tels que la rupture d'un isthme et l'irruption d'une multitude de nouveaux habitants qui en est la conséquence, ou par suite de l'immersion totale d'une île, le procédé d'extinction peut avoir été comparativement rapide.

Les espèces considérées isolément, de même que les groupes entiers, se perpétuent pendant des périodes d'une longueur très-inégale : ainsi, quelques groupes ont existé depuis la première aube de la vie jusqu'aujourd'hui, et quelques autres, au contraire, ont disparu avant la fin de la période paléozoïque. Aucune loi fixe ne semble donc gouverner la durée de l'existence des espèces et des genres. Il y a seulement quelques motifs de croire que l'extinction complète des espèces d'un groupe est généralement plus lente que leur production. Si, comme nous l'avons vu précédemment, l'on représentait l'apparition et la disparition d'un groupe d'espèces par une ligne verticale d'épaisseur variable, cette ligne tendrait à s'amincir plus graduellement vers son extrémité supérieure, qui indique le mouvement de décadence, qu'à son extrémité inférieure, qui représente l'apparition première du groupe et la multiplication progressive de ses espèces. En quelques cas, pourtant, la destruction de groupes entiers d'êtres vivants, tels que celui des Ammonites vers la fin de la période secondaire, semble avoir été extraordinairement brusque, relativement à celle de la plupart des autres groupes.

Ce problème de l'extinction des espèces a été jusqu'ici fort gratuitement obscurci d'inutiles mystères. Quelques auteurs ont été jusqu'à supposer que, comme l'individu n'a qu'une existence d'une longueur déterminée, de même les espèces ont une durée limitée. Nul, je crois, n'a plus que moi été frappé d'étonnement par le phénomène de l'extinction des espèces. Quelle ne fut pas ma surprise, par exemple, lorsque à la Plata je trouvai une dent de Cheval enfouie avec des restes de Mastodontes, de Mégathériums, de Toxodons et d'autres géants des faunes fossiles, qui tous ont coexisté, à une époque géologique toute récente, avec des coquillages encore aujourd'hui vivants! Le Cheval, depuis que les Espagnols l'ont importé dans l'Amérique du Sud, s'y est naturalisé à l'état sauvage; il s'est multiplié dans toute la contrée avec une vitesse de propagation sans pareille; je devais donc me demander quel pouvait avoir été la cause de son extinction première sous des conditions de vie en apparence si favorables. Combien cependant mon étonnement était mal fondé! Le professeur Owen constata bientôt que la dent que j'avais découverte, bien que très-semblable à celle de nos Chevaux actuels, devait pourtant avoir appartenu à une espèce éteinte. Cette espèce eût été vivante, mais assez rare, aucun naturaliste n'aurait été surpris de sa rareté ; car nombre d'espèces sont rares dans toutes les classes et dans tous les pays ; et, si l'on demande quelles sont les causes de leur rareté, nous répondons que sans doute les conditions de vie locales leur sont défavorables en quelque chose. Mais en quoi consiste ce quelque chose? C'est ce que nul ne saurait dire. Ce Cheval fossile eût encore été vivant, quoique rare, il eût semblé tout naturel de penser, d'après les analogies tirées des autres mammifères, même de l'Éléphant, ce lent reproducteur, et surtout d'après la naturalisation rapide du Cheval domestique dans cette même région, que sous des conditions de vie plus favorables cette même espèce aurait pu en peu d'années peupler le continent tout entier. Mais nous n'aurions pas su davantage quelles conditions de vie défavorables en avaient empêché jusqu'alors l'accroissement ; si une seule circonstance ou plusieurs avaient agi ensemble ou séparément ; en quel degré chacune d'elles avait agi et à quelle phase de la vie des individus. Ces mêmes circonstances seraient lentement devenues de moins en moins favorables, que nous ne nous en fussions certainement pas aperçus ; et cependant, ce Cheval aujourd'hui fossile, se serait montré de plus en plus rare et finalement se serait éteint, cédant sa place dans la nature à quelque compétiteur plus heureux.

Rien n'est plus malaisé que d'avoir sans cesse présent à l'esprit, que la multiplication de chaque forme vivante est constamment limitée par des circonstances nuisibles inconnues ; et que ces mêmes circonstances, quelque invisibles qu'elles soient pour nous, sont cependant très-suffisantes pour causer d'abord la rareté d'une espèce et finalement son extinction. On comprend si peu cette loi, que j'ai vu souvent des gens ne pouvoir revenir de l'étonnement que leur causait l'extinction de géants de l'organisation, tels que le Mastodonte ou le Dinosaure, comme si la seule force physique suffisait à donner la victoire dans la bataille de la vie. La grande taille d'une espèce, au contraire, peut quelquefois en amener plus vite la destruction, parce qu'elle nécessite pour chaque individu une somme beaucoup plus considérable de nourriture. Avant que l'homme habitât l'Inde ou l'Afrique, la multiplication progressive des Éléphants doit y avoir été limitée par quelque cause. Un juge très-compétent croit que, de nos jours, les insectes, en harassant continuellement ces animaux, les affaiblissent au point d'empêcher leur accroissement, et Bruce a exprimé une opinion analogue au sujet de la variété d'Abyssinie. Il est certain que la présence d'insectes de plusieurs sortes, et plus encore celle des Vampires, décide, en diverses régions de l'Amérique du Sud, de l'existence des plus grands quadrupèdes naturalisés.

L'étude des formations tertiaires récentes nous prouve que, très-généralement, la rareté précède l'extinction; et nous savons d'autre part qu'il en a été de même pour les animaux qui ont été détruits par l'homme, soit dans une contrée seulement, soit dans le monde entier. Je puis répéter ici ce que j'écrivais en 1845 : admettre que les espèces deviennent généralement rares avant de s'éteindre complétement, et ne point être surpris de leur rareté, mais cependant s'étonner lorsqu'elles achèvent de disparaître, c'est comme si l'on admettait que la maladie chez l'individu soit l'avant-coureur de la mort, mais que, voyant la maladie sans surprise, on s'émerveillât quand le malade meurt, jusqu'à soupçonner qu'il a dû mourir par quelque cause violente.

La théorie de sélection naturelle est fondée sur ce que chaque nouvelle variété et, par suite, chaque nouvelle espèce, se forme et se maintient à l'aide de quelque avantage qu'elle possède sur celles qui lui font concurrence : l'extinction des formes les moins favorisées en résulte inévitablement. Il en est de même de nos productions domestiques : lorsqu'une variété nouvelle et supérieure a été obtenue, elle supplante les autres variétés, d'abord dans les environs, et, à mesure qu'elle progresse davantage, elle est transportée de plus en plus loin, comme on a vu nos Bœufs à petites cornes prendre la place d'autres races en d'autres contrées. Ainsi l'apparition artificielle ou naturelle de nouvelles formes est en étroite connexion avec la disparition des anciennes. Il se peut qu'en certains groupes très-prospères le nombre des nouvelles formes spécifiques qui se produisent en un temps donné soit supérieur au nombre de celles qui se sont éteintes ; mais cette différence est compensée par les pertes d'autres genres ; car nous savons que le nombre total des espèces n'a pas indéfiniment continué de s'accroître, au moins pendant les dernières périodes géologiques ; de sorte qu'en ce qui concerne les époques les plus récentes, nous pouvons admettre que la production de formes nouvelles a causé l'extinction d'un nombre à peu près égal de formes anciennes.

Ainsi que nous l'avons déjà établi, la concurrence est en général d'autant plus sévère, entre les diverses espèces d'une même contrée, qu'elles sont plus semblables à tous égards. Il suit de là que les descendants modifiés et perfectionnés d'une espèce doivent presque toujours causer l'extinction de leur souche mère ; et, si un grand nombre de formes nouvelles sortent successivement d'une espèce quelconque, les formes les plus proche-alliées de cette espèce, c'est-à-dire les autres espèces du même genre, seront les plus exposées à être exterminées. C'est ainsi, je crois, qu'un certain nombre d'espèces nouvelles, descendues d'une seule espèce antérieure, arrivent à former un genre qui supplante un autre genre plus ancien appartenant à la même famille. Mais il peut aussi être souvent arrivé qu'une espèce nouvelle, appartenant à un groupe, ait pris la place d'une espèce appartenant à un groupe distinct, et causé ainsi son extinction ; et si un grand nombre de formes alliées sont sorties de cette même forme conquérante, un nombre égal de formes aura souffert dans le groupe vaincu, parce que généralement des formes alliées héritent en commun des mêmes infériorités. Du reste, que les espèces ainsi supplantées par d'autres, mieux adaptées aux conditions locales, appartiennent à la même classe ou à des classes distinctes, néanmoins il se peut toujours que quelques-uns des vaincus survivent et se perpétuent longtemps, grâce à des habitudes particulières, ou grâce à ce qu'ils habitent quelque contrée distante et isolée où ils ont échappé à la concurrence de leurs ennemis. Ainsi, une seule espèce de Trigonia, l'un des genres de mollusques les plus répandus des formations secondaires, a survécu jusqu'aujourd'hui dans les mers d'Australie; et un petit nombre de la grande famille des poissons Ganoïdes, maintenant presque entièrement éteinte, habitent encore nos eaux douces. On voit donc pourquoi l'entière extinction d'un groupe est généralement, ainsi qu'on l'a vu, plus lente que sa production.

Lorsque des familles ou même des ordres entiers paraissent s'être éteints subitement, comme par exemple les Trilobites à la fin de la période paléozoïque, et les Ammonites avec la période secondaire, il faut se souvenir des intervalles de temps considérables qui ont dû s'écouler entre chacune de nos formations en apparence consécutives, intervalles durant lesquels il peut y avoir eu un grand nombre d'extinctions lentes. De plus, lorsque, par suite d'une émigration soudaine ou d'un développement extraordinairement rapide, un grand nombre d'espèces d'un nouveau groupe ont pris possession d'une nouvelle région, elles doivent avoir causé une extermination correspondante et également brusque parmi les anciens habitants de cette région; or, les formes ainsi supplantées seront généralement assez proche-alliées, parce qu'elles posséderont quelque désavantage en commun.

Il me semble donc que le mode d'extinction des espèces, ou de leurs divers groupes, s'accorde parfaitement avec la théorie de sélection naturelle. Mais ce n'est pas de leur extinction même que nous pouvons être étonnés; ce serait plutôt de notre présomption, lorsque nous nous imaginons un seul instant que nous savons quelque chose du concours complexe des circonstances accidentelles dont l'existence des formes vivantes dépend. Si nous oublions un moment que chaque espèce tend à se multiplier à l'infini, mais que quelque obstacle, souvent caché, entrave sans cesse son accroissement, toute l'économie de la nature est incompréhensible. Jusqu'à ce qu'il nous soit possible de dire précisément pourquoi une telle espèce est plus nombreuse en individus que tel autre, et pourquoi une certaine forme plutôt qu'une autre peut être naturalisée en telle ou telle contrée, nous ne pouvons nous étonner avec droit de ne pouvoir nous rendre compte de l'extinction de certaines espèces ou de certains groupes.

VI. **Des changements simultanés des formes vivantes dans le monde entier.** — L'un des faits les plus étonnants que la paléontologie ait constaté, c'est que les formes de la vie changent presque simultanément dans le monde entier. Ainsi l'on peut reconnaître notre formation européenne de la Craie dans les contrées les plus distantes les unes des autres, sous les plus différents climats, et même sans qu'on puisse trouver le moindre fragment minéralogique analogue à la Craie elle-même. Je citerai en exemple les dépôts de l'Amérique du Nord, de la région équatoriale de l'Amérique du Sud, de la Terre de Feu, du cap de Bonne-Espérance et de l'Inde. En ces divers pays, si éloignés, les restes organiques de certaines couches présentent une ressemblance frappante avec ceux de nos formations crayeuses. Ce n'est pas cependant qu'on y retrouve les mêmes espèces; car parfois pas une espèce n'est parfaitement identique; mais elles appartiennent aux mêmes familles, aux mêmes genres et aux mêmes sections de genres, et sont même quelquefois caractérisés par les mêmes caractères superficiels, tels que la ciselure extérieure. De plus, d'autres formes, qui manquent à notre Craie d'Europe, mais qu'on trouve dans les formations, inférieures ou supérieures, manquent également dans les dépôts de ces diverses contrées. Plusieurs géologues ont observé un semblable parallélisme des formes de la vie dans les différentes formations paléozoïques superposées de la Russie, de l'ouest de l'Europe et de l'Amérique du Nord. Il en est de même encore, selon Lyell, des dépôts tertiaires de cette dernière contrée. Enfin, lors même que les quelques espèces fossiles qui sont communes au vieux monde et au nouveau seraient retranchées de l'ensemble, le parallélisme général des autres formes successives de l'organisation, pendant les périodes paléozoïques et tertiaires, serait cependant évident à première vue et suffirait pour établir la corrélation des diverses formations.

Mais il faut dire que ces observations concernent seulement les faunes marines des diverses parties du monde ; nous manquons de documents suffisamment anciens pour juger si les productions des terres et des eaux douces se transforment suivant la même loi de parallélisme en des contrées aussi distantes. Nous pouvons même douter qu'il en soit ainsi ; car, si le Mégathérium, le Mylodon, le Macrauchenia et le Toxodon avaient été transportés de la Plata en Europe sans aucune indication de leur position géologique, nul n'aurait soupçonné que ces diverses espèces eussent coexisté avec des mollusques encore vivants. Mais comme ces formes anormales et gigantesques vivaient avec le Mastodonte et le Cheval, on aurait pu au moins en inférer qu'elles appartenaient à l'une des dernières époques tertiaires.

Cependant, lorsqu'on dit que les faunes marines ont changé simultanément à la surface du monde entier, il ne faut pas supposer qu'on veuille parler du même millier, ou cent-millier d'années, ou même que cette expression ait en aucune façon un sens chronologique précis. Car, si tous les animaux marins qui vivent actuellement en Europe, joints à tous ceux qui vécurent dans cette même contrée pendant la période pléistocène, déjà si énormément reculée, si l'on compte son antiquité par le nombre des années, puisqu'elle comprend toute l'époque glaciaire; si ces animaux marins, dis-je, étaient comparés avec ceux qui vivent actuellement dans la mer de l'Amérique du Sud et de l'Australie, les plus habiles naturalistes seraient à peine capables de décider lesquels, des habitants de l'Europe, actuels ou Pléistocènes, ont plus de ressemblance avec la faune marine vivante de l'hémisphère méridional. De même encore plusieurs observateurs compétents croient que les productions actuelles des États-Unis sont en relation plus étroite avec celles qui ont vécu en Europe pendant les dernières époques tertiaires, qu'avec les formes européennes actuellement vivantes; or, s'il en est ainsi, il est évident que les couches fossilifères qui se déposent de nos jours sur les côtes de l'Amérique du Nord courront risque d'être classées plus tard par les géologues avec des couches européennes un peu plus anciennes. Néanmoins, si l'on embrasse une longue série d'âges à venir, il ne saurait être douteux que toutes nos formations marines les plus récentes, c'est-à-dire les terrains Pliocènes supérieurs et Pléistocènes, ainsi que les couches complétement modernes d'Europe, des deux Amériques et de l'Australie, pourront être, avec raison, considérées comme simultanées, dans le sens géologique du mot, par ce fait qu'elles contiendront des débris fossiles plus ou moins alliés, et qu'elles n'offriront aucune des formes propres aux dépôts inférieurs plus anciens.

Cette transformation simultanée des formes de la vie dans les diverses parties du monde, du moins, en laissant à cette loi la largeur et la généralité que nous venons de lui donner, semble avoir vivement frappé deux habiles observateurs, MM. de Verneuil et d'Archiac. Après avoir traité du parallélisme des formes organiques de la période paléozoïque en diverses parties de l'Europe, ils ajoutent : « Si, surpris d'une succession si extraordinaire, nous tournons notre attention vers l'Amérique du Nord, et y découvrons une série de phénomènes analogues, nous devrons regarder comme certain que toutes ces modifications d'espèces, leur extinction et l'introduction d'espèces nouvelles, ne sauraient être uniquement dues à des changements dans les courants marins, ou à toutes autres causes plus ou moins locales et temporaires, mais qu'elles dépendent des lois générales qui gouvernent le règne animal tout entier. » On doit à M. Barrande d'autres considérations de grande valeur, tendant à conclure précisément dans le même sens. En effet, on ne saurait sérieusement considérer les changements des courants, des climats ou des autres conditions physiques comme la cause de ces grandes mutations dans les formes de la vie, sur toute la surface du monde et dans les plus différentes régions. Il nous faut, comme le dit M. Barrande, chercher quelque loi spéciale. Cela ressortira encore avec plus d'évidence de ce que nous avons à dire de la distribution actuelle des êtres organisés, lorsque nous verrons combien il y a peu de rapports entre les conditions physiques des diverses contrées et la nature de leurs habitants.

Ce grand fait de la succession parallèle des formes de la vie à la surface du monde s'explique aisément par la théorie de sélection naturelle. De nouvelles espèces se forment de variétés qui naissent douées de quelques avantages sur des formes plus anciennes, et ce sont les formes qui sont déjà dominantes, c'est-à-dire qui ont déjà depuis longtemps l'avantage sur les autres formes de la même contrée, qui naturellement produisent le plus souvent des variétés nouvelles ou espèces naissantes. Celles-ci doivent avoir encore plus de moyens que les souches dont elles sortent, de l'emporter dans la grande bataille de la vie et de pouvoir se conserver et se perpétuer. Nous avons une preuve évidente de cette loi dans le grand nombre de variétés fournies par les plantes dominantes, c'est-à-dire les plus communes et les plus répandues dans le monde, qui sont proportionnellement beaucoup plus riches en formes subordonnées que les espèces végétales confinées dans une patrie étroite. Il est aussi naturel que les espèces dominantes, variables, répandues dans de nombreuses stations, c'est-à-dire qui ont déjà envahi fréquemment une partie du territoire d'autres espèces, soient celles qui ont le plus de chances de s'étendre encore, et de donner naissance, en de nouvelles contrées, à de nouvelles variétés et à de nouvelles espèces. Leur diffusion peut quelquefois être très-lente, car elle dépend de changements climatériques et géographiques, ou de circonstances extraordinaires, ou enfin de leur faculté d'acclimatation graduelle aux climats divers qu'elles doivent traverser pour s'étendre plus loin encore ; mais, dans le cours prolongé du temps, les formes dominantes ont généralement toutes chances de parvenir à se répandre au loin. Ce procédé de diffusion est probablement plus lent pour les habitants terrestres de continents distincts, que pour les faunes qui vivent dans des mers ouvertes et continues. Nous pouvons donc nous attendre à trouver, comme on l'observe en effet, un parallélisme de succession moins parfait chez les espèces terrestres que chez les espèces marines.

Des espèces, déjà dominantes dans une région quelconque, peuvent, en s'étendant, rencontrer sur leur chemin d'autres espèces plus dominantes encore, ce qui arrêtera leur marche conquérante et pourra même causer leur extinction dans un temps plus ou moins prochain. Nous ne savons pas précisément quelles sont les conditions les plus favorables à la multiplication des espèces nouvelles et dominantes ; mais nous pouvons cependant préjuger avec fondement qu'un grand nombre d'individus, en leur donnant plus de chances de variations favorables, et une sérieuse concurrence déjà soutenue heureusement contre un grand nombre d'autres formes, doivent leur être au moins d'aussi grand avantage que la faculté de se répandre dans de nouveaux territoires. Un certain état d'isolement, revenant à de longs intervalles, pourrait aussi leur être avantageux, ainsi que nous l'avons déjà vu autre part. Certaine partie du monde peut avoir été particulièrement favorable à la production de nouvelles espèces dominantes sur la terre, et quelque autre aux espèces dominantes de la mer. Si deux régions ont présenté pendant longtemps des circonstances également favorables à la vie, partout où leurs habitants viendront à se rencontrer, la bataille sera rude et longue, et quelques formes originaires de chacune de ces deux patries rivales pourront se partager la victoire. Mais, dans le cours des temps, les formes les mieux douées tendront à prévaloir, quel que soit leur lieu d'origine. A mesure qu'elles prévaudront, elles causeront l'extinction d'autres formes inférieures ; et, comme ces formes inférieures seront alliées en groupes par leurs caractères héréditaires, des groupes entiers tendront à disparaître, bien que çà et là un représentant isolé de ces familles vaincues puisse peut-être longtemps survivre à la ruine de ses congénères.

Il me semble donc que la succession parallèle et simultanée des mêmes formes vivantes dans le monde entier, prise dans un sens général, s'accorde parfaitement avec le principe selon lequel les nouvelles espèces seraient surtout produites parmi les espèces dominantes, variables et en voie de grande et rapide extension. Et comme les nouvelles espèces ainsi formées héritent des qualités qui ont assuré la domination à leurs souches mères, et que de plus elles ont déjà remporté quelque avantage sur leurs parents ou sur les autres espèces, elles peuvent à leur tour s'étendre, varier et produire des espèces nouvelles. De même, les formes vaincues, qui ont déjà cédé la place à de nouvelles formes victorieuses, étant généralement alliées en groupes par l'héritage commun de quelques causes d'infériorité, au fur et à mesure que des groupes nouveaux et en voie de progrès se répandront dans le monde, d'anciens groupes disparaîtront de proche en proche ; de sorte que, d'une manière comme de l'autre, la succession des formes organiques doit tendre au parallélisme et à la simultanéité.

Je crois encore utile de faire une observation à ce sujet. J'ai dit quelles raisons j'ai de croire que la plupart de nos plus importantes formations, riches en fossiles, se sont déposées pendant des périodes d'affaissement. On a vu qu'elles ont dû être séparées les unes des autres par de longs intervalles, pendant lesquels le lit de la mer était ou stationnaire ou en voie de se soulever, ou par d'autres lacunes provenant de ce que la quantité de sédiment accumulée ne suffisait pas à enfouir les débris organiques de manière à les conserver. Pendant ces longs intervalles négatifs, je suppose que les habitants de chaque partie du monde supportèrent une somme considérable de modifications et d'extinctions, et qu'il y eut aussi de fréquentes migrations d'une région dans l'autre. Comme nous avons des motifs de croire que de vastes régions du globe sont affectées à la fois par le même mouvement, il est probable que des formations exactement contemporaines ont été souvent accumulées sur de vastes espaces dans la même partie du monde, mais nous n'avons aucun droit de conclure qu'il en ait été ainsi à toutes les époques, et que de grandes régions aient toujours été affectées à la fois des mêmes mouvements. Lorsque deux formations se sont déposées en deux régions pendant à peu près la même période, mais non pas absolument durant le même temps, il résulte des causes que nous avons étudiées dans le paragraphe précédent que nous devons trouver en l'une et en l'autre la même succession générale des formes de la vie ; mais les espèces peuvent bien ne pas se correspondre exactement, car l'une de ces régions a eu un peu plus de temps que l'autre pour les modifications, les extinctions et les immigrations.

Je soupçonne que l'Europe peut nous offrir plusieurs exemples de ces faits. M. Prestwich, dans ses remarquables mémoires sur les dépôts Éocènes de France et d'Angleterre, a pu établir un étroit parallélisme entre les étages successifs des terrains des deux contrées ; mais, lorsqu'il compare certains terrains anglais avec les dépôts correspondants de France, bien qu'il trouve entre eux un curieux accord dans le nombre des espèces de chaque même genre, cependant les espèces elles-mêmes diffèrent d'une manière très-difficile à expliquer, si l'on prend en considération la proximité des deux régions. Pour en rendre compte, il faudrait supposer qu'un isthme a séparé deux mers, habitées par deux faunes contemporaines, mais bien distinctes. Lyell a fait des observations analogues sur quelques-unes des formations tertiaires les plus récentes. Barrande a montré de même qu'il existe un parallélisme général très-frappant dans les dépôts siluriens successifs de la Bohême et de la Scandinavie ; néanmoins il trouve des différences surprenantes dans les espèces. Si les diverses formations de ces deux régions ne se sont pas accumulées exactement en même temps, les unes, par exemple, ayant correspondu aux périodes d'inactivité de l'autre, et si dans les deux régions les espèces ont lentement continué de changer pendant les périodes d'accumulation et pendant les longues périodes d'inactivité qui les ont séparées ; alors, les différentes formations des deux contrées pourraient s'arranger dans un même ordre, d'accord avec la succession générale des formes de la vie, et cet ordre semblerait faussement parallèle ; néanmoins les espèces ne seraient pas toutes les mêmes dans les étages successifs, et, en apparence, correspondants des deux régions.

VII. **Des affinités des espèces éteintes entre elles et avec les espèces vivantes.** — Considérons un peu maintenant quelles sont les affinités mutuelles des espèces éteintes et vivantes. Il est évident qu'elles se groupent toutes ensemble dans un grand système naturel ; et ce fait s'explique tout d'abord par le principe de filiation généalogique. Plus une forme est ancienne, plus, en règle générale, elle diffère des formes vivantes. Mais, comme Buckland l'a remarqué il y a déjà longtemps, tous les fossiles peuvent être classés, soit dans les groupes encore vivants, soit entre eux. On ne saurait donc nier que les formes éteintes de la vie ne nous aident à remplir les lacunes considérables qui existent entre les genres, les familles et les ordres actuels, car, si nous considérons séparément, soit les formes vivantes, soit les formes éteintes, les deux séries sont beaucoup moins parfaites que si nous les combinons ensemble dans un seul système général. En ce qui concerne les vertébrés, on pourrait remplir des pages entières d'exemples empruntés à notre grand paléontologiste Owen, montrant comment les animaux éteints se placent naturellement entre des groupes de formes existantes. Cuvier considérait les Ruminants et les Pachydermes comme les deux ordres de mammifères les plus distincts; mais Owen a découvert entre eux de si nombreux liens de transition, qu'il a dû changer toute la classification de ces deux ordres et placer certains Pachydermes dans le même sous-ordre avec des Ruminants. Ainsi, par exemple, se trouve comblée la grande lacune qui existait entre le Cochon et le Chameau. A l'égard des invertébrés, Barrande, dont l'autorité est irrécusable en pareille matière, affirme que les découvertes de chaque jour prouvent que les animaux paléozoïques, bien qu'appartenant aux mêmes ordres, familles ou genres que ceux qui vivent actuellement, n'étaient cependant pas classés en groupes aussi distincts à cette époque reculée qu'aujourd'hui.

Quelques écrivains ont nié qu'aucune espèce éteinte, ou aucun groupe d'espèce pût être considéré comme intermédiaire entre des espèces ou des groupes vivants. Si l'on entend dire par là qu'aucune forme éteinte n'est exactement intermédiaire en tous ses caractères entre deux formes vivantes, l'objection est valable ; mais je prétends seulement que dans une classification parfaitement naturelle beaucoup d'espèces fossiles devraient être placées entre des espèces vivantes, et quelques genres éteints entre nos genres actuels, et même parfois entre des genres appartenant à des familles différentes. Le cas le plus commun, surtout à l'égard des groupes distincts, tels que les Poissons et les Reptiles, c'est que, supposant, par exemple, qu'ils se distinguent aujourd'hui l'un de l'autre par une douzaine de particularités caractéristiques, les anciens membres des mêmes groupes se distinguent par un nombre un peu moindre de caractères. De sorte que les deux groupes, bien qu'ayant toujours été très-distincts, étaient cependant autrefois un peu moins tranchés et moins éloignés l'un de l'autre qu'aujourd'hui.

C'est un fait admis maintenant que, plus une forme est ancienne, et plus elle tend à relier les uns aux autres par quelques-uns de ses caractères, des groupes aujourd'hui très-tranchés.

Cette observation ne s'applique évidemment qu'à ces groupes qui ont éprouvé de grands changements dans le cours des âges géologiques; et il serait difficile de prouver que cette proposition est de vérité générale; car, çà et là, on trouve un animal vivant, tel que le Lépidosirène, qui par ses affinités se rattache à des groupes extrêmement tranchés. Cependant, si nous comparons les Reptiles et les Batraciens les plus anciens, de même que les plus anciens Poissons et les plus anciens Céphalopodes, ou enfin les Mammifères éocènes, avec les représentants plus récents des mêmes classes, il faut bien admettre que cette observation renferme une grande part de vérité.

Voyons maintenant jusqu'où ces divers faits, et les inductions qu'on en peut tirer, s'accordent avec la théorie de descendance modifiée. Comme le sujet est assez complexe, je dois prier le lecteur de revenir à la figure du quatrième chapitre. Nous pouvons supposer que les lettres numérotées sont des genres, et que les lignes pointées qui s'en écartent en divergeant sont les espèces de chacun de ces genres. La figure se trouve ainsi trop simple, en ce qu'elle représente trop peu de genres et trop peu d'espèces ; mais ceci est sans importance pour la question. Les lignes horizontales peuvent représenter des formations géologiques successives, et toutes les formes au-dessous de la ligne supérieure seront supposées éteintes. Les trois genres vivants, $a^{14}$ $q^{14}$ $p^{14}$ formeront une petite famille ; $b^{14}$ et $f^{14}$ une famille proche-alliée ou sous-famille; et $o^{14}$, $e^{14}$, $m^{14}$ une troisième famille. Ces trois familles, réunies aux nombreux genres éteints qui ont formé les diverses lignées généalogiques divergentes depuis la souche mère A, formeront un ordre ; car tous auront hérité quelque chose en commun de cet ancien progéniteur. D'après le principe de continuelle divergence des caractères, dont cette figure a servi à démontrer les conséquences, plus une forme est récente, plus elle doit généralement différer de son ancien progéniteur. Nous pouvons par là comprendre aisément pourquoi les plus anciens fossiles sont ceux qui diffèrent le plus des formes actuelles. Il ne faudrait cependant pas considérer le principe général de la divergence des caractères comme une loi nécessaire ; il n'a de valeur qu'autant que les descendants modifiés d'une espèce deviennent ainsi plus capables de s'emparer de stations plus différentes et plus nombreuses dans l'économie de la nature. Il est donc parfaitement possible, comme nous l'avons vu dans le cas de quelques formes siluriennes, qu'une espèce puisse se perpétuer avec de très-légères modifications, en rapport avec des conditions de vie très-peu altérées, et garder ainsi à travers une longue série de périodes successives les mêmes traits caractéristiques. C'est ce que nous voyons représenté dans la figure par la lettre $F^{14}$.

Ainsi que nous venons de le dire, toutes les espèces éteintes et vivantes descendues de A forment un ordre ; et cet ordre, par suite des effets continus de l'extinction et de la divergence des caractères, est divisé en plusieurs familles ou sous-familles, dont on suppose que quelques-unes ont péri à différentes époques, tandis quelques-unes ont vécu jusqu'aujourd'hui.

Au seul examen de la figure, on peut voir que si un certain nombre de formes éteintes, qu'on suppose enfouies dans les formations successives, étaient découvertes à divers étages inférieurs de la série, les trois familles vivantes, représentées sur la ligne supérieure, deviendraient moins distinctes l'une de l'autre. Si par exemple les genres $a^1$, $a^5$, $a^{10}$, $f^8$, $m^3$, $m^6$, $m^9$, étaient retrouvés, ces trois familles seraient si étroitement reliées ensemble, qu'on les unirait probablement dans une même grande famille, à peu près de la même manière qu'on a dû le faire à l'égard des Ruminants et de certains Pachydermes. Cependant l'on aurait droit de contester que ces genres éteints fussent intermédiaires en caractères entre les genres vivants des trois familles qu'ils seraient ainsi venus relier entre elles; car ils ne seraient intermédiaires entre les genres vivants que d'une façon indirecte, et seulement par un circuit long et tortueux, à travers de nombreuses formes toutes différentes. Si beaucoup de formes éteintes venaient à être découvertes au-dessus de l'une des lignes horizontales moyennes qui indiquent les diverses formations géologiques, au-dessus de la ligne n° VI, par exemple, mais qu'on n'en trouvât aucune au-dessous de cette même ligne, alors les deux familles de gauche seulement, c'est-à-dire $a^{14}$, etc., et

$b^{14}$, etc., seraient fondues en une seule; tandis que les deux autres familles, c'est-dire $a^{14}$ à $f^{14}$, comprenant actuellement cinq genres, et $o^{14}$ à $m^{14}$, resteraient encore distinctes. Cependant ces deux familles seraient moins distinctes l'une de l'autre qu'elles ne l'étaient avant la découverte des genres fossiles. Si, par exemple, nous supposons que les genres vivants de ces deux familles diffèrent les uns des autres par une douzaine de particularités caractéristiques; à l'époque ancienne indiquée par la ligne nº VI ces genres différaient par un moins grand nombre de leurs caractères; car à ce degré généalogique reculé ils ne s'étaient pas encore écartés, à beaucoup près, autant qu'ils l'ont fait depuis, des caractères du commun progéniteur de l'ordre. C'est pourquoi divers genres éteints sont souvent en quelque chose intermédiaires en caractères entre leurs descendants modifiés, c'est-à-dire entre leurs parents collatéraux.

Dans la nature, les choses seraient infiniment plus compliquées que sur la figure, car les groupes seraient plus nombreux, ils se seraient perpétués pendant des périodes très-inégales et se seraient modifiés très-diversement et à différents degrés. Comme nous possédons seulement le dernier volume de nos archives géologiques, et que, de plus, ce volume est fort incomplet, nous ne pouvons nous attendre, excepté en des cas très-rares, à pouvoir remplir les profondes lacunes du système généalogique naturel de manière à relier parfaitement ensemble nos différents ordres ou familles. Tout ce que nous pouvons espérer avec quelque droit, c'est que ceux d'entre ces groupes qui, pendant le cours des périodes géologiques connues, ont subi de grandes modifications, soient rapprochées les uns des autres de quelques pas, par la découverte de quelques-uns de leurs ancêtres dans les formations les plus anciennes; de sorte que les plus anciens membres de la série diffèrent moins les uns des autres en quelques-uns de leurs caractères que les membres existants du même groupe. Or, d'après les témoignages concordants de nos plus savants paléontologistes, tel semble devoir être fréquemment le cas.

Ainsi, d'après la théorie de descendance modifiée, les faits principaux concernant les affinités mutuelles des formes éteintes, soit entre elles, soit avec les formes vivantes, me semblent s'expliquer d'une façon satisfaisante; tandis qu'ils me paraissent complétement inexplicables de tout autre point de vue.

D'après la même théorie, il est évident que la faune de chacune des grandes périodes de l'histoire de la terre doit être intermédiaire dans ses caractères généraux entre celle qui l'a précédée et celle qui l'a suivie. Ainsi, les espèces qui ont vécu pendant la sixième époque de filiation généalogique, représentée sur la figure, sont la postérité modifiée de celles qui vécurent pendant la cinquième époque, et les ancêtres de celles qui vécurent, en se modifiant toujours davantage, pendant la septième époque. Elles ne peuvent donc guère manquer d'être à peu près intermédiaires en caractères entre les formes organiques des formations inférieures et supérieures. Mais il faut aussi faire une part à l'entière extinction de quelques-unes des formes antérieures, et dans chaque région particulière à l'immigration de nouvelles formes venues d'autres régions. Il faut encore songer qu'une somme considérable de modifications a dû avoir lieu pendant les longs intervalles négatifs qui ont séparé les formations successives. Avec ces restrictions, la faune de chaque période géologique est assurément intermédiaire en caractères entre les faunes qui l'ont précédée et celles qui l'ont suivie. Pour en donner un seul exemple, il suffit de rappeler de quelle manière les fossiles du système devonien furent du premier coup reconnus par les paléontologistes comme intermédiaires en caractères entre ceux des terrains carbonifères qui les suivent et ceux du système silurien qui les précèdent.

Une fois qu'il est bien constaté que la faune de chaque période est, dans son ensemble, à peu près intermédiaire en caractères entre les faunes antérieures et postérieures, ce n'est pas une objection réelle à la vérité de cette loi générale que de lui opposer quelques genres qui semblent faire exception. Par exemple, les Mastodontes et les Éléphants ont été classés par le docteur Falconer en deux séries, l'une d'après leurs affinités organiques mutuelles, l'autre d'après l'époque présumée de leur existence ; et ces deux séries ne concordent pas parfaitement. Les espèces les plus extrêmes en caractères ne sont ni les plus anciennes ni les plus récentes ; et celles qui sont intermédiaires en caractères ne sont pas intermédiaires en âge. Mais supposant pour l'instant, en ce cas et en quelques autres, que le témoignage de la première et de la dernière apparition de l'espèce soit juste, nous n'avons aucune raison pour supposer que les formes successivement produites se perpétuent nécessairement pendant des temps égaux et exactement correspondants. Une forme très-ancienne peut, de temps à autre, durer beaucoup plus longtemps qu'une forme produite autre part plus récemment, surtout dans le cas d'espèces terrestres habitant des districts séparés. Si l'on me permet de comparer les grandes choses aux petites, je dirai que, si les principales races éteintes et vivantes du Pigeon domestique étaient classées, aussi bien qu'on pourrait le faire, suivant la série de leurs affinités, cet arrangement ne s'accorderait pas exactement avec l'ordre chronologique de leur production, et encore moins avec celui de leur disparition ; car la souche mère, le Pigeon biset vit encore, tandis que beaucoup de variétés entre le Pigeon biset et le Messager se sont éteintes; et les Messagers eux-mêmes, qui sont extrêmes en caractères sous le rapport de la longueur du bec, sont d'une origine beaucoup plus ancienne que les Culbutants à courte face, qui sont à l'extrémité opposée de la série sous le même rapport.

En connexion intime avec ce fait que tous les restes organiques d'une formation intermédiaire, quant au temps, sont aussi jusqu'à un certain point intermédiaires en caractères, tous les paléontologistes ont constaté que les fossiles de deux formations consécutives sont beaucoup plus étroitement alliés que les fossiles de deux formations chronologiquement très-séparées. M. Pictet en donne un exemple bien connu, dans la ressemblance générale des restes organiques des divers étages de la Craie, bien que les espèces de chaque étage soient distinctes. Cette loi seule, par sa généralité, semble l'avoir ébranlé dans sa ferme croyance à l'immutabilité des espèces. Quiconque est un peu familiarisé avec la distribution géographique des espèces vivantes à la surface du globe, n'essayera pas de rendre compte de l'étroite ressemblance des espèces, cependant bien distinctes, de deux formations, rigoureusement consécutives, par la persistance des conditions physiques de la vie dans les mêmes régions pendant de longues époques géologiques. Il ne faut pas oublier que les formes de la vie, au moins celles qui habitent les mers, ont changé presque simultanément dans le monde entier, et par conséquent sous les climats les plus différents et dans les circonstances les plus diverses. Il faut se rappeler que de prodigieuses vicissitudes de climats ont eu lieu pendant la période pléistocène, qui comprend la période glaciaire tout entière, et remarquer combien peu les formes spécifiques des habitants de la mer paraissent en avoir été affectées.

D'après la théorie de descendance modifiée, rien n'est plus aisé que de comprendre pourquoi les restes fossiles de formations rigoureusement consécutives, bien que rangés comme espèces distinctes, ont cependant des affinités étroites. L'accumulation de chaque formation ayant dû être souvent interrompue, et de longs intervalles négatifs s'étant écoulés entre les formations successives, ainsi que j'ai essayé de le démontrer dans le dernier chapitre, nous ne saurions nous attendre à trouver dans une même formation, ou dans deux formations en apparence consécutives, toutes les variétés intermédiaires entre les espèces qui apparurent au commencement et à la fin de ces périodes. Nous devons seulement trouver à intervalles très-longs, si on les mesure au nombre des années, mais relativement assez courts au point de vue géologique, des formes étroitement alliées, ou, comme les ont nommées quelques auteurs, des espèces représentatives. Or, c'est ce que nous constatons journellement. Nous trouvons enfin toutes les preuves, que nous pouvons espérer avec droit, de la mutation lente et à peine sensible des formes spécifiques.

VIII. **Du degré de développement des formes anciennes, comparé à celui des formes vivantes.** — Nous avons vu dans le quatrième chapitre que le degré de différenciation et de spécialisation des organes, chez les êtres vivants adultes, est la meilleure norme qu'on ait encore trouvée de leur perfection, et de leur supériorité relative. Nous avons vu aussi que la spécialisation des parties ou des organes est avantageuse à chaque être ; de sorte que la sélection naturelle doit tendre constamment à spécialiser de plus en plus l'organisation de chaque individu, et à la rendre sous ce rapport plus parfaite et plus élevée. Cela n'empêche pas qu'elle peut laisser, et laisse en réalité subsister un nombre considérable d'êtres d'une structure simple et peu développée, mais parfaitement adaptés néanmoins à de simples conditions de vie. Même, en quelques cas, elle simplifie l'organisation par une métamorphose rétrogressive qui la fait descendre dans l'échelle naturelle ; mais cependant elle laisse l'être ainsi dégradé mieux adapté à sa nouvelle manière de vivre [1]. Bien que nous sachions trop peu de choses à l'égard des relations mutuelles des êtres vivants, pour donner une explication suffisante de certains faits de ce genre, ils ne peuvent donc fournir d'objection valable à la théorie de sélection naturelle. Ainsi, nous ignorons pourquoi certains Brachiopodes ne sont que légèrement modifiés depuis les périodes géologiques les plus reculées, mais nous comprenons du moins comment ils ne sont pas nécessairement modifiés. Et lorsque le professeur Phillips demande pourquoi les mollusques d'eau douce sont restés presque invariables, depuis une époque très-reculée jusqu'à nos jours, nous pouvons répondre qu'ils ont dû être soumis à une concurrence moins vive que les mollusques qui vivent dans les stations plus vastes des mers. Plus généralement pourtant il résulte, de la théorie de sélection naturelle, que les espèces les plus récentes doivent tendre à prospérer et à s'élever plus haut que leurs souches mères, parce que chaque espèce ne peut se former qu'à l'aide de quelques avantages qu'elle possède dans la concurrence vitale sur d'autres formes antérieures.

S'il se pouvait que, sous un climat à peu près semblable à celui auquel ils ont été accoutumés, les habitants éocènes d'une partie du monde entrassent en concurrence avec les habitants actuels de la même région ou de toute autre, la flore et la faune éocènes seraient certainement vaincues et exterminées.

[1] Le paragraphe qui suit, jusqu'à… mers, a été ajouté par l'auteur depuis la troisième édition anglaise et déjà inséré dans la seconde édition allemande. (*Trad.*)

Une population secondaire serait également détruite par une éocène, comme une population paléozoïque par une secondaire. De sorte qu'en vertu de ce jugement de la victoire dans la lutte vitale universelle, aussi bien qu'au point de vue de la spécialisation plus ou moins parfaite des organes, les formes modernes, d'après la théorie de sélection naturelle, doivent être plus élevées que les formes anciennes. En est-il ainsi ? La grande majorité des paléontologistes répondraient affirmativement; mais, après avoir lu les discussions soutenues à ce sujet par Lyell et les opinions du Dr Hooker à l'égard des plantes, je ne saurais adopter cette manière de voir qu'avec quelques restrictions; néanmoins, on peut présumer que les recherches géologiques fourniront des preuves plus décisives de la loi de progrès général.

Le problème est de toutes façons extrêmement compliqué. Les archives géologiques, de tout temps imparfaites, ne s'étendent pas assez loin dans le passé, je crois, pour prouver avec une évidence indiscutable que, depuis les premiers commencements de l'histoire connue du monde, l'organisation ait considérablement avancé. Même aujourd'hui, si l'on compare entre eux les membres de la même classe, les naturalistes ne sont pas d'accord pour décider quelles sont les formes les plus élevées. Ainsi, les uns regardent les Sélaciens, ou Requins, comme les plus élevés dans la série des poissons, parce qu'ils s'approchent des reptiles par quelques particularités importantes de leur organisation. D'autres considèrent au contraire les Téléostéens comme les plus élevés. Les Ganoïdes sont placés par leurs affinités entre les Sélaciens et les Téléostéens; ces derniers sont aujourd'hui prépondérants quant au nombre; mais les Sélaciens et les Ganoïdes ont existé seuls pendant longtemps; et en ce cas, selon la norme de supériorité qu'il plaira de choisir, on pourra dire que les poissons ont rétrogradé ou progressé dans leur organisation. Il est complétement vain de vouloir juger de la supériorité relative des êtres de types bien distincts : qui, par exemple, décidera si une Seiche est plus élevée qu'une Abeille, cet insecte que Von Baer jugeait, « en fait, d'une organisation plus élevée qu'un poisson, bien que sur un autre type? » Dans le combat si complexe de la vie, il est tout à fait croyable que des crustacés, par exemple, et non pas même les plus élevés de leur classe, puissent vaincre des Céphalopodes, c'est-à-dire les mollusques les plus élevés; et de tels crustacés, bien que d'une organisation peu élevée, n'en seraient pas moins ainsi placés très-haut dans l'échelle des animaux invertébrés en vertu du plus décisif de tous les jugements, le jugement du combat. Les difficultés qu'on trouve à décider quelles sont les formes les plus parfaites, sous le rapport de l'organisation, se compliquent encore de ce qu'il ne s'agit pas seulement de comparer les membres les plus élevés d'une classe quelconque à deux époques plus ou moins éloignées, bien que ce soit cependant le fait le plus important à considérer dans la balance; mais il faut aussi comparer entre eux tous les membres de la même classe, inférieurs et supérieurs, qui ont vécu pendant l'une et l'autre période. A une époque reculée, les mollusques les plus bas et les plus élevés de la série, c'est-à-dire les Brachiopodes et les Céphalopodes, fourmillaient en nombre; aujourd'hui ces deux ordres ont beaucoup diminué, tandis que d'autres ordres intermédiaires, par le degré de leur organisation, se sont considérablement accrus. Conséquemment, quelques naturalistes ont soutenu que les mollusques étaient autrefois plus développés et plus élevés qu'aujourd'hui; mais on pourrait étayer plus fortement la conclusion toute contraire de ce que les mollusques inférieurs sont aujourd'hui beaucoup réduits en nombre, et d'autant plus que les Céphalopodes vivants, quoique très-peu nombreux, sont d'une organisation plus élevée que leurs anciens représentants. Il faut aussi considérer les nombres proportionnels des classes inférieures et supérieures dans la population totale du monde aux deux époques : si, par exemple, nous comptons aujourd'hui cinquante mille espèces d'animaux vertébrés, et si nous savons qu'à une époque antérieure il n'en a existé que dix mille, il faut tenir compte de cet accroissement de nombre des classes supérieures, qui implique au moins un grand déplacement des formes inférieures; c'est encore un progrès évident dans le monde organique, si l'on constate que ce sont les ordres les plus élevés plutôt que les moins élevés de l'embranchement des vertébrés qui se sont ainsi multipliés. Mais nous voyons par là quelle est la difficulté insurmontable qu'il y a et qu'il y aura peut-être toujours à comparer avec une parfaite exactitude, à travers des rapports aussi complexes, le degré de supériorité relative des organismes imparfaitement connus qui ont composé les faunes des périodes successives de l'histoire de la terre.

Nous apprécierons mieux encore l'un des côtés les plus sérieux de cette difficulté, en examinant quelques-unes des faunes et des flores actuelles. D'après la rapidité extraordinaire avec laquelle des productions européennes se sont récemment répandues dans la Nouvele-Zélande et se sont emparées des stations qui jusque-là devaient avoir été occupées par les indigènes, nous pouvons présumer que, si tous les animaux et toutes les plantes de la Grande-Bretagne étaient laissés libres de se multiplier dans la Nouvelle-Zélande, une multitude de formes anglaises s'y naturaliseraient complétement, et dans le cours des temps extermineraient un grand nombre des formes natives. D'autre côté, et bien contrairement à ce que nous venons de voir dans la Nouvelle-Zélande, à peine un seul habitant de l'hémisphère austral s'est naturalisé à l'état sauvage dans une contrée quelconque de l'Europe ; de sorte que, si toutes les productions de la Nouvelle-Zélande étaient laissées libres de se multiplier en Angleterre, il est au moins douteux qu'un nombre considérable d'entre elles puissent jamais s'emparer de stations aujourd'hui occupées par nos plantes ou nos animaux indigènes. A ce point de vue, les productions de la Grande-Bretagne peuvent donc être considérées comme plus élevées que celles de la Nouvelle-Zélande. Cependant le plus habile naturaliste, même à l'aide d'un scrupuleux examen des espèces des deux contrées, n'aurait pu prévoir ce résultat [1].

[1] Ce serait cependant faire erreur que de confondre la supériorité d'une espèce, considérée relativement à d'autres espèces, ou même la supériorité de chacun de ses individus dans le combat de la vie, contre d'autres individus, avec la supériorité d'un ensemble d'espèces coordonnées de manière à ne laisser entre elles aucune lacune, de sorte que l'absence même de ces lacunes leur défen-

M. Agassiz insiste fortement sur ce que les animaux anciens ressemblent jusqu'à un certain point à l'embryon des animaux de la même classe; de sorte que la succession géologique des formes éteintes est en quelque degré parallèle au développement embryogénique des formes récentes. Je crois, avec MM. Pictet et Huxley, que cette manière de voir est très-loin d'être prouvée. Cependant je m'attends à ce qu'elle se confirme de plus en plus chaque jour, du moins en ce qui concerne les groupes subordonnés, qui sont sortis les uns des autres par une suite de ramifications successives depuis des temps comparativement récents. Car cette opinion de M. Agassiz s'accorde parfaitement avec la théorie de sélection naturelle. Dans un chapitre, j'essayerai de montrer que l'adulte diffère de son embryon par suite de variations survenues pendant le cours de la vie des individus, et héritées par leur postérité à un âge correspondant. Ce procédé, pendant qu'il laisse l'embryon sans changements, accumule continuellement, durant une longue série de générations successives, des différences de plus en plus grandes chez l'adulte.

drait tout progrès. Ce qu'on observe en Europe, c'est en quelque sorte le rétrécissement des formes, quelque chose comme une démocratisation de la nature. En comparant nos Graminées, nos Liliacées, et nos Malvacées aux Bambous, aux Palmiers et aux Baobabs des tropiques, il semble que chez nous le nombre des individus croisse en raison inverse de leur taille, que la force collective remplace la force individuelle, et que la faculté de vivre de peu se soit substituée à la richesse des formes et à la luxuriance des proportions. Le caractère de notre nature tempérée, c'est une vitalité persistante, mais dénuée de grandeur et de beauté. C'est enfin quelque chose de semblable aux merveilles accomplies par nos foules industrielles et nos armées de piétons, comparées aux combats des héros d'Homère, aux conquêtes des hordes équestres du moyen âge, et aux chefs-d'œuvre des artistes grecs. Une certaine perfection de détail semble avoir remplacé les lignes amples et majestueuses des végétations tropicales modernes ou des flores tertiaires. Il est possible que ce soit un progrès pour l'espèce, ou, pour parler plus exactement, une condition de succès, un avantage dans la concurrence vitale, mais c'est bien certainement une décadence pour les individus. N'est-ce pas une loi générale dans la nature organique que la vigueur, la force, la grandeur des proportions individuelles soit pour l'espèce elle-même un signe de vitalité, de jeunesse, de progrès, d'exubérance expansive ; tandis que l'exiguïté de ces mêmes proportions, la perfection microscopique des organes, le même dessin exécuté avec moins de matière témoigne de leur période de dégénérescence? C'est ainsi que peut-être le monde microscopique représente aujourd'hui la photographie réduite des premières faunes ou flores créées, comme nos prêles et nos fougères nous offrent un diminutif des Calamites et des Lépidodendrons carbonifères. (*Trad.*)

L'embryon demeure ainsi comme une sorte de portrait, conservé par la nature, de l'état ancien et moins modifié de chaque animal. Une pareille loi peut être vraie, et cependant n'être jamais susceptible d'une preuve complète. Lorsqu'on voit par exemple que les mammifères, les reptiles ou les poissons les plus anciennement connus, appartiennent évidemment chacun à leur propre classe, bien que quelques-unes de ces anciennes formes soient en quelque chose moins distinctes les unes des autres que les membres typiques des mêmes groupes ne le sont aujourd'hui, il serait inutile de chercher des animaux réunissant les caractères embryogéniques communs à tous les vertébrés, jusqu'à ce que des formations de beaucoup antérieures aux terrains siluriens les plus inférieurs ne soient découvertes ; or une pareille découverte me semble, comme je l'ai déjà dit, fort peu probable.

IX. **De la succession des mêmes types dans les mêmes régions pendant les dernières périodes tertiaires.** — M. Clift a montré, il y a quelques années, que les mammifères fossiles des cavernes australiennes étaient étroitement alliés aux Marsupiaux de ce continent. Dans l'Amérique du Sud, une parenté semblable est évidente, même aux yeux les moins expérimentés, dans les fragments d'armures gigantesques, analogues à celle du Tatou, qu'on a trouvés en divers districts de la Plata. Le professeur Owen a démontré que la plupart des mammifères fossiles enfouis en grand nombre dans ces contrées ont des rapports frappants avec les types actuels qui peuplent l'Amérique du Sud. Cette parenté est encore plus apparente dans l'étonnante collection d'os fossiles rassemblée par MM. Lund et Clausen dans les cavernes du Brésil. Je fus si vivement frappé de ces faits, que, dès les années 1835 et 1846, j'insistai fortement sur cette « loi de succession des types » et sur « cette étonnante parenté entre les morts et les vivants du même continent. » Le professeur Owen a étendu depuis la même généralisation aux mammifères du vieux monde. Nous voyons la même loi dans ses *Restaurations* des anciens oiseaux gigantesques de la Nouvelle-Zélande. Nous la retrouvons encore dans les oiseaux des cavernes du Brésil. M. Woodward a montré qu'elle s'applique aux coquilles marines ; mais il résulte de la grande extension de la plupart des genres de mollusques qu'elle n'apparaît pas dans cette classe avec la même évidence. On pourrait encore citer beaucoup d'autres cas particuliers, tels que le rapport observé entre les coquilles terrestres éteintes et vivantes de Madère et entre les coquilles éteintes et vivantes des eaux saumâtres de la mer Aralo-Caspienne.

Que signifie cette remarquable loi de la succession des mêmes types dans les mêmes régions? Après avoir comparé le climat actuel de l'Australie et celui des différentes contrées de l'Amérique du Sud sous les mêmes latitudes, il faudrait être bien hardi pour oser, d'une part, rendre compte des dissemblances des habitants de ces deux continents par des dissemblances dans les conditions physiques, et, d'autre part, expliquer par les ressemblances de ces conditions l'uniformité des mêmes types dans chacune de ces régions pendant les dernières périodes tertiaires. Nul ne saurait prétendre non plus que ce soit en vertu d'une loi immuable que l'Australie a produit principalement et exclusivement des Marsupiaux, ou que l'Amérique de Sud a seule produit des Édentés et quelques autres types qui lui sont propres ; car nous savons qu'anciennement l'Europe a été peuplée de nombreux Marsupiaux, et j'ai déjà montré dans d'autres ouvrages que la distribution des mammifères terrestres a été très-différente de ce qu'elle est aujourd'hui. L'Amérique du Nord présentait autrefois beaucoup des caractères actuels de l'autre moitié méridionale de ce continent ; et celle-ci a été antérieurement beaucoup plus semblable à la première qu'elle ne l'est aujourd'hui. De même nous savons par les découvertes de MM. Falconer et Cautley que les mammifères de l'Inde septentrionale ont été à une époque antérieure en relation plus étroite avec ceux de l'Afrique qu'ils ne le sont aujourd'hui. On connaît des faits analogues dans la distribution des animaux marins.

D'après la théorie de descendance modifiée, cette grande loi de la succession longtemps continuée, mais non pas immuable, des mêmes types dans les mêmes régions s'explique du premier coup; car les habitants de chaque partie du monde doivent évidemment tendre à s'y perpétuer aussi longtemps qu'ils le peuvent pendant la période suivante, ou du moins à y laisser des descendants étroitement alliés, bien qu'en quelque chose modifiés. Si les habitants d'un continent ont autrefois beaucoup différé de ceux d'un autre continent, de même leurs descendants modifiés différeront presque de la même manière et en même degré. Mais après de longs intervalles et après des changements géographiques importants, permettant de nombreuses migrations réciproques, les types les plus faibles céderont la place à des formes dominantes; de sorte qu'il ne peut y avoir rien d'immuable dans les lois de la distribution passée ou actuelle des formes de la vie.

On demandera peut-être, par manière de raillerie, si je suppose que le Mégathérium et d'autres géants semblables ont laissé derrière eux dans l'Amérique du Sud, comme leurs descendants dégénérés, le Fourmilier timide et le Tatou indolent. On ne saurait s'arrêter un instant à une pareille supposition. Ces représentants gigantesques du même ordre se sont complétement éteints sans laisser de descendants modifiés. Ce que je prétends, c'est que dans les cavernes du Brésil il y a un grand nombre d'espèces étroitement alliées par la taille et par d'autres caractères aux espèces qui vivent actuellement dans l'Amérique du Sud; et quelques-unes de ces formes fossiles peuvent avoir été les ancêtres des espèces vivantes. Il ne faut pas oublier que d'après ma théorie toutes les espèces du même genre descendent d'une espèce unique; de sorte que, si l'on trouve, dans une formation géologique quelconque, six genres ayant chacun huit espèces, et dans la formation suivante six autres genres alliés ou représentatifs ayant chacun le même nombre d'espèces que les premiers, nous en pouvons conclure qu'une espèce seulement de chacun des genres les plus anciens a laissé des descendants modifiés qui forment les six nouveaux genres. Les sept autres espèces comprises dans les anciens genres ont dû périr sans laisser de postérité. Mais il serait plus probable encore que deux ou trois espèces, de deux ou trois seulement des anciens genres, eussent servi de souche aux six genres nouveaux; et que les autres espèces ou genres entiers eussent été complétement exterminés. Dans des ordres en voie de décadence, dont les genres et les espèces décroissent peu à peu en nombre, comme il semble que ce soit le cas pour les Édentés de l'Amérique du Sud, un plus petit nombre encore de genres et d'espèces doivent avoir laissé des descendants modifiés.

X. **Résumé de ce chapitre et du précédent.** — J'ai essayé de montrer que nos archives géologiques sont extrêmement incomplètes ; qu'une très-petite partie du globe seulement a été géologiquement explorée ; que seulement certaines classes d'êtres organisés ont été conservées à l'état fossile ; que le nombre des espèces et de leurs spécimens individuels, conservés dans nos musées, n'est absolument rien en comparaison du nombre incalculable de générations qui doivent s'être écoulées pendant la durée d'une seule formation ; que l'accumulation de dépôts riches en fossiles, d'une puissance suffisante pour résister à des dégradations ultérieures, n'étant guère possible que pendant des périodes d'affaissement du sol, d'énormes intervalles de temps doivent s'être écoulés entre la plupart de nos formations successives ; que les extinctions d'espèces ont probablement été plus fréquentes et plus rapides pendant les périodes d'affaissement, mais qu'il doit y avoir eu des variations plus considérables pendant les périodes de soulèvement, beaucoup moins favorables que les autres à l'enfouissement des fossiles, de sorte qu'elles forment autant de lacunes dans les archives de la terre ; que chaque formation elle-même s'est accumulée avec intermittence ; que la durée de chaque formation a peut-être été courte en comparaison de la durée des formes spécifiques ; que les migrations d'espèces ont joué un rôle important dans la première apparition des formes nouvelles en chaque région et en chaque formation ; que les espèces très-répandues sont les plus variables, et, conséquemment, celles qui doivent avoir le plus souvent donné naissance à des espèces nouvelles ; enfin que les variétés ou espèces naissantes ont presque toujours commencé par être locales. Il résulte de cet ensemble de causes si diverses que les archives géologiques doivent être extrêmement incomplètes, ce qui nous explique pourquoi, bien qu'elles nous aient déjà fourni jusqu'ici de nombreux liens de transition qui rattachent les uns aux autres les membres vivants des mêmes groupes et ces groupes entre eux, cependant nous ne trouvons pas parmi nos documents fossiles d'innombrables variétés, reliant les unes aux autres, par des transitions graduelles insensibles, toutes les formes organiques éteintes et vivantes.

Quiconque n'admet pas cette manière d'envisager la nature et l'étendue des secours que nous pouvons attendre des documents géologiques pour reconstituer une histoire complète du règne organique ne saurait admettre ma théorie ; car autrement on pourrait demander en vain où sont les innombrables formes intermédiaires qui doivent avoir autrefois formé les liens de transition entre les diverses espèces alliées ou représentatives qu'on découvre dans les étages successifs de chaque grande formation. On peut ne pas croire aux longs intervalles d'inactivité qui se sont écoulés entre nos formations consécutives ; on peut ne pas accorder toute son importance au rôle que les migrations doivent avoir joué, surtout lorsqu'on étudie séparément et exclusivement les formations de quelque grande région telle que l'Europe ; on peut enfin arguer de l'apparition soudaine de groupes entiers d'espèces nouvelles, bien que ces brusques invasions aient déjà souvent été reconnues fausses par suite de découvertes plus récentes. On peut aussi demander où sont les restes de ce nombre infini d'organismes qui doivent avoir existé longtemps avant que les couches inférieures du système silurien ne se soient déposées. Je ne puis répondre à cette dernière question que par une hypothèse : c'est qu'autant que nous pouvons le savoir, nos océans se sont étendus depuis des temps immensément reculés, à peu de chose près, dans le même lit et dans les mêmes lieux où s'élèvent aujourd'hui nos continents, leurs surfaces oscillatoires doivent avoir presque constamment existé depuis l'époque silurienne. Mais, longtemps avant cette époque, le monde a peut-être présenté un aspect tout différent ; les continents primitifs, formés de couches de sédiment plus anciennes que toutes celles que nous connaissons, peuvent être aujourd'hui passés à l'état métamorphique, ou peuvent dormir au fond des océans qui les recouvriront à jamais.

Passant condamnation sur ces quelques difficultés, les autres faits principaux de la science paléontologique me semblent se déduire aisément des principes de la théorie de descendance modifiée par sélection naturelle. Il nous devient facile de comprendre, à son aide, comment les nouvelles espèces apparaissent lentement et successivement, comment les espèces de différentes classes ne changent pas nécessairement ensemble, ni avec la même vitesse de transformation, ni en égal degré, bien que, dans le cours prolongé du temps, toutes subissent des modifications plus ou moins profondes. L'extinction des anciennes formes est ainsi une conséquence presque inévitable de la production des nouvelles. Nous pouvons comprendre encore pourquoi, une fois qu'une espèce a disparu, elle ne saurait plus reparaître avec des caractères identiques. Les groupes d'espèces s'accroissent lentement en nombre, et se perpétuent pendant des périodes inégales ; car le procédé de modification est nécessairement lent, et dépend d'un concours de circonstances accidentelles et complexes. Les espèces dominantes des groupes les plus considérables tendent à laisser un grand nombre de descendants modifiés ; d'où il résulte que de nouveaux groupes se forment peu à peu à l'aide de leurs modifications divergentes. Au fur et à mesure que ces nouveaux groupes dominants se forment, les espèces des groupes les moins vigoureux, ayant hérité d'un commun progéniteur certains désavantages, tendent à s'éteindre ensemble, sans laisser de descendants modifiés à la surface de la terre. Mais l'extinction complète d'un groupe entier d'espèces peut souvent être beaucoup plus lente que sa première formation, grâce à ce qu'un petit nombre de ses représentants peuvent souvent survivre et se perpétuer languissamment dans quelque station isolée et protectrice. Mais lorsqu'un groupe a une fois entièrement disparu, il ne saurait plus reparaître : le lien de ses générations a été rompu.

Nous pouvons comprendre maintenant comment l'extension considérable des formes dominantes de la vie, qui sont celles qui varient le plus souvent, doit tendre durant le cours prolongé des choses à peupler le monde entier de leurs descendants plus ou moins modifiés. Ceux-ci réussiront généralement de même à envahir les stations occupées par d'autres groupes d'espèces qui leur seront inférieures dans la concurrence vitale. D'où il suit qu'après de longs intervalles de temps les habitants du monde entier semblent avoir changé partout simultanément.

Les données de la théorie nous expliquent encore comment il se fait que toutes les formes de la vie, anciennes et récentes, forment un seul grand système; car elles sont toutes en connexion par le lien étroit de la filiation généalogique. Le principe de divergence continuelle des caractères nous explique pourquoi plus une forme est ancienne, plus, en général, elle diffère des formes vivantes; et pourquoi encore les formes anciennes et éteintes tendent souvent à remplir des lacunes qui existent entre les formes actuelles, quelquefois jusqu'à confondre en un seul groupe deux ordres, autrefois classés comme bien distincts, mais plus communément, les rapprochent seulement un peu plus près l'un de l'autre. Plus une forme est ancienne, plus souvent il arrive, au moins en apparence, qu'elle montre des caractères jusqu'à certain point intermédiaires entre des groupes aujourd'hui distincts; car plus une forme est ancienne, plus elle doit être en étroite connexion, et, par conséquent, plus elle doit avoir de ressemblance avec le commun progéniteur du groupe, depuis devenu successivement très-divergent. Les formes éteintes présentent rarement des caractères exactement intermédiaires entre les formes vivantes; car elles sont intermédiaires seulement au moyen d'un circuit généalogique plus ou moins long et plus ou moins tortueux, à travers beaucoup d'autres formes éteintes différentes, et le plus souvent inconnues. Si les restes organiques de deux formations consécutives sont plus étroitement alliés que ceux de deux formations plus éloignées dans la série, c'est qu'ils sont en connexion généalogique plus étroite; et c'est par une conséquence du même fait que les débris fossiles d'une formation intermédiaire en position entre deux autres sont également intermédiaires en caractères, entre les formes fossiles que recèlent les couches supérieures et inférieures.

Les habitants de chaque période successive dans l'histoire du monde n'ont pu exister qu'à la condition de vaincre leurs prédécesseurs dans la bataille de la vie. Ils sont, par ce fait, et autant qu'il a été nécessaire à leur victoire, plus élevés dans l'échelle de la nature, et généralement d'une organisation plus spécialisée. C'est ce qui peut rendre compte de ce sentiment général et mal défini qui porte beaucoup de paléontologistes à admettre que l'organisation a progressé, du moins quant à l'ensemble, à la surface du monde. Si l'on pouvait arriver un jour à prouver que les anciens animaux ressemblent, jusqu'à un certain point, à l'embryon des animaux vivants de la même classe, le fait n'aurait rien d'inexplicable. La succession des mêmes types d'organisation dans les mêmes régions pendant les dernières périodes géologiques cesse aussi d'être un mystère, et s'explique tout simplement par les lois de l'hérédité.

Si donc les archives géologiques sont aussi incomplètes que je le crois, et on peut au moins affirmer que la preuve du contraire ne saurait être fournie, les principales objections qu'on peut faire à la théorie de sélection naturelle sont beaucoup affaiblies ou même disparaissent. Et, d'autre part, toutes les lois principales de la paléontologie proclament hautement, à ce qu'il me semble, que les espèces se sont produites successivement par une génération régulière, et que les formes anciennes ont été supplantées par des formes vivantes nouvelles et plus parfaites, produites en vertu des lois de variations, qui continuent d'agir journellement autour de nous, et conservées par sélection naturelle.

# CHAPITRE XI

## DISTRIBUTION GÉOGRAPHIQUE

I. La distribution géographique actuelle des êtres organisés ne peut s'expliquer par les différences locales des conditions physiques. — II. — Importance des barrières. — III. Affinités des productions d'un même continent. — IV. Centres de création. — V. Les espèces naissent-elles d'un seul individu ou d'un seul couple, de plusieurs individus ou de plusieurs couples ? — VI. Moyens de dispersion provenant de modifications du climat ou de changements dans le niveau du sol. — VII. Moyens accidentels de dispersion. — VIII. Dispersion des formes organiques pendant la période glaciaire. — IX. Dispersion pendant la période pliocène. —X. Suite de l'influence de la période glaciaire sur la distribution des plantes et des animaux de l'époque actuelle.

I. **La distribution géographique des êtres organisés ne peut s'expliquer par les différences locales des conditions physiques.** — Si l'on considère la distribution des êtres organisés à la surface du globe, le premier fait dont on soit frappé, c'est que ni les ressemblances ni les dissemblances des habitants des diverses régions ne peuvent s'expliquer par des différences climatériques ou par d'autres conditions physiques locales. Presque tous les naturalistes qui, depuis peu, ont étudié cette question, sont arrivés à cette même conclusion. Il suffirait d'examiner l'Amérique pour en reconnaître la vérité ; car, si nous en retranchons les contrées boréales, où les terres circumpolaires sont presque continues, tous les auteurs s'accordent pour dire qu'une des divisions les plus fondamentales en distribution géographique est celle qu'on observe entre le Vieux monde et le Nouveau. Cependant, quand on voyage sur le continent américain, depuis les provinces centrales des États-Unis jusqu'à la pointe de l'Amérique du Sud, on rencontre les conditions locales les plus opposées : des districts très-humides,

des déserts arides, de hautes montagnes, des plaines herbeuses, des forêts, des marécages, des lacs, de grandes rivières et presque toutes les températures possibles. Il n'est guère de climat ou de conditions physiques, dans l'Ancien Monde, qui ne trouvent leurs semblables dans le Nouveau, du moins jusqu'à cette identité de conditions de vie que la même espèce exige en général; car c'est un cas des plus rares que de trouver un groupe d'organismes exclusivement confiné en quelque étroite station présentant des conditions de vie toutes particulières. Ainsi l'on pourrait bien indiquer, dans l'Ancien Monde, quelques régions plus brûlantes qu'aucune autre du Nouveau, et cependant elles ne sont nullement peuplées d'une faune ou d'une flore particulières. Nonobstant ce parallélisme des conditions physiques entre les deux continents, on constate les plus énormes différences dans leurs productions vivantes.

Dans l'hémisphère austral, si l'on compare les conditions climatériques de vastes territoires situés en Australie, dans le sud de l'Afrique et dans l'ouest de l'Amérique du Sud, entre les 25° et 35° de latitude, on peut trouver des régions on ne peut plus analogues à tous égards, et pourtant il serait impossible de trouver trois faunes et trois flores plus complètement différentes. Si, au contraire, on compare les productions de l'Amérique du Sud, qui vivent sous 35° de latitude méridionale, avec celles qui vivent sous 25° de latitude septentrionale, c'est-à-dire sous des climats très-différents, on constate entre elles de beaucoup plus grands rapports qu'entre les productions d'Australie et d'Afrique sous des climats semblables. Il y a des faits analogues concernant les habitants des mers.

II. **Importance des barrières.** — Un second fait non moins frappant, dans l'examen des lois générales du monde organisé, c'est que les barrières, de quelque sorte qu'elles soient, ou les obstacles de toute nature aux libres migrations des espèces, sont en connexion, de la manière la plus étroite et la plus importante, avec les différences qu'on observe entre les productions des diverses parties du monde. Cette loi apparaît tout d'abord dans les grandes dissemblances des productions terrestres du Nouveau Monde et de l'Ancien, excepté dans les contrées boréales, où les terres s'approchent de si près et où, sous des climats très-peu différents du climat actuel, les libres migrations ont dû être faciles pour les formes adaptées aux régions tempérées du Nord, comme elles sont encore possibles aujourd'hui pour les productions exclusivement arctiques. Le même fait apparaît dans les grandes différences des habitants de l'Australie, de l'Afrique et de l'Amérique du Sud sous les mêmes latitudes; car ces contrées sont aussi complétement séparées les unes des autres qu'il est possible. Sur chaque continent, on constate la même loi : sur les deux versants opposés des chaînes de montagnes élevées et continues, des deux côtés opposés de vastes déserts, et quelquefois sur les deux rives d'une large rivière, on trouve de très-différentes productions; bien que pourtant les chaînes de montagnes, les déserts, les rivières, n'étant pas aussi infranchissables que les océans, et n'ayant probablement pas existé depuis aussi longtemps dans leur état actuel, les différences que de telles barrières apportent dans l'aspect général du monde organisé ne soient pas aussi tranchées que celles qui caractérisent des continents distincts.

Dans les mers règne toujours la même loi. Il n'est pas deux faunes marines aussi distinctes que celles qu'on observe sur les côtes orientales et occidentales de l'Amérique du Centre et du Sud. A peine y pourrait-on trouver un poisson, un coquillage ou un crustacé qui fût commun à l'une et à l'autre; et cependant elles ne sont séparées que par l'isthme étroit mais infranchissable de Panama. A l'ouest des côtes de l'Amérique s'étend un océan vaste et ouvert, sans une île qui puisse servir de lieu de refuge ou de repos à des émigrants : c'est encore une autre sorte de barrière. Au delà on rencontre dans les îles orientales de la mer Pacifique une autre faune complétement distincte. De sorte que nous avons ici trois faunes marines s'étendant toutes les trois fort loin vers le nord et vers le sud, selon des lignes parallèles aux côtes américaines, peu éloignées l'une de l'autre et sous des climats correspondants; mais séparées qu'elles sont par des barrières infranchissables, c'est-à-dire par des terres continues ou par des mers profondes et ouvertes, elles sont complétement distinctes. Continuant toujours d'avancer vers l'ouest au delà des îles orientales de la région tropicale de l'océan Pacifique, nous ne rencontrons plus aucune barrière, et nous trouvons, au contraire, des côtes continues ou d'innombrables îles servant de lieux de relâche, jusqu'à ce qu'après avoir traversé un hémisphère entier, nous arrivions aux côtes d'Afrique. Sur toute cette vaste étendue, nous ne rencontrons aucune faune marine bien distincte et bien limitée. Bien qu'à peine un coquillage, un crustacé ou un poisson soit commun aux trois faunes dont je viens d'indiquer approximativement les limites, cependant de nombreux poissons s'étendent depuis l'océan Pacifique oriental jusque dans la mer des Indes, et beaucoup de coquillages sont communs aux îles orientales de l'océan Pacifique et aux côtes orientales de l'Afrique, presque sous des méridiens opposés.

III. **Affinités des productions d'un même continent.** — Un troisième grand fait, presque inclus du reste dans les deux précédents, c'est l'affinité remarquable de toutes les productions d'un même continent ou d'une même mer, bien que les espèces elles-mêmes soient quelquefois distinctes en ses divers points et dans des stations différentes. C'est une loi de la plus grande généralité et dont chaque continent peut offrir d'innombrables exemples. Un naturaliste, en voyageant du nord au sud, ne manque jamais d'être frappé de la manière dont des groupes successifs d'êtres organisés, spécifiquement distincts, et cependant en étroite relation les uns avec les autres, se remplacent mutuellement. Il voit des oiseaux analogues : leur ramage est presque semblable, leurs nids sont presque construits de la même manière, leurs œufs sont de la même couleur ; et cependant ce sont des espèces différentes. Les plaines qui avoisinent le détroit de Magellan sont habitées par une espèce de Rhéa, ou d'Autruche américaine, et au nord des plaines de la Plata par une autre espèce du même genre ; mais on ne rencontre ni la véritable Autruche ni l'Ému, qui vivent cependant sous les mêmes latitudes en Afrique et en Australie.

Dans ces mêmes plaines de la Plata vivent l'Agouti et la Viscache, représentants américains de nos Lièvres et de nos Lapins, ayant les mêmes habitudes et appartenant au même ordre des Rongeurs, mais présentant dans leur structure un type tout américain. Si nous gravissons les pics élevés des Cordillères, nous trouvons une espèce de Viscache alpestre ; si nous regardons les eaux, nous ne trouvons point le Castor ou le Rat musqué, mais le Couïa ou Coypu (*Myopotamus*) et le Cabiai (*Hydrochœrus Capybara*), Rongeurs de types américains. On pourrait citer ainsi des exemples innombrables.

Si nous examinons les îles des côtes américaines, quelque différentes qu'elles soient du continent par leur nature géologique, leurs habitants sont néanmoins essentiellement américains, bien qu'ils présentent parfois des espèces particulières.

Nous pouvons reculer jusqu'aux âges passés, et, ainsi que nous l'avons vu dans le chapitre précédent, nous trouverons encore que ce sont des types américains qui prévalent dans les formations géologiques d'origine terrestre ou marine, c'est-à-dire qui ont peuplé les anciens continents et les anciennes mers de cette partie du monde. On ne peut se refuser à voir dans des faits si constants le résultat de quelque nécessité organique se manifestant, à travers l'espace et le temps, sur les mêmes étendues de terre ou de mer, indépendamment de leurs conditions physiques. Il faudrait qu'un naturaliste fût bien peu susceptible de curiosité pour ne pas chercher quelle peut être cette loi si constante.

D'après ma théorie, cette loi n'est autre que celle de l'hérédité, qui seule, autant que nous en puissions juger jusqu'ici, produit dans les cas les plus fréquents des organismes tout à fait semblables entre eux, ou du moins presque semblables, comme on le voit dans le cas des variétés. La dissemblance des habitants de différentes régions peut être attribuée, au contraire, à des modifications résultant de la section naturelle, et en moindre degré à l'action directe des conditions physiques. Le degré de cette dissemblance doit dépendre de ce que les migrations des formes organiques dominantes ont pu s'effectuer d'une région à l'autre plus ou moins aisément, et à une époque plus ou moins éloignée. Il doit dépendre aussi de la nature et du nombre des premiers émigrants, ainsi que de leurs actions et réactions dans la concurrence mutuelle qu'ils se sont faite au sujet des moyens d'existence : les relations d'organisme à organisme ayant toujours les effets les plus puissants, ainsi que je l'ai déjà rappelé souvent.

C'est ainsi que les barrières naturelles, en mettant obstacle aux migrations, jouent un rôle presque aussi important que le temps lui-même le peut faire à l'aide du lent procédé de modification par sélection naturelle. Des espèces très-répandues et abondantes en individus, qui ont déjà triomphé de nombreux compétiteurs dans une vaste patrie, ont plus de chances que les autres de s'emparer de nombreuses stations lorsqu'elles pénètrent en de nouvelles contrées. Dans des pays nouvellement conquis, elles sont exposées à de nouvelles conditions, de sorte qu'elles doivent fréquemment s'y modifier et s'y perfectionner. Il en résulte qu'elles gagnent de nouvelles victoires et produisent des groupes de plus en plus nombreux de descendants modifiés. D'après ce seul principe de l'hérédité des modifications, nous pouvons donc comprendre pourquoi des sections de genres, des genres entiers ou même des familles sont si souvent, et avec une évidence si frappante au premier coup d'œil, confinés dans les mêmes régions.

Ainsi que je l'ai dit et répété, je ne crois à aucune loi nécessaire de développement. Comme la variabilité de chaque espèce est une faculté indépendante et très-variable en degré, et que la sélection naturelle ne s'empare des variations produites qu'autant qu'elles profitent à chaque individu dans la bataille complexe de la vie, il en résulte que la somme des modifications subies par différentes espèces n'est point une quantité constante. Si, par exemple, un certain nombre d'espèces, qui ont vécu pendant longtemps en concurrence mutuelle dans une même patrie, émigrent en corps dans une nouvelle contrée, qui plus tard se trouve isolée, elles seront sujettes à très-peu de modifications : car ni l'émigration ni l'isolement ne peuvent rien par eux-mêmes, et ne jouent un rôle qu'en changeant les relations des organismes entre eux, ou, en moindre degré, avec les conditions physiques environnantes. De même que nous avons vu dans le dernier chapitre que quelques formes ont gardé à peu près le même caractère depuis une période géologique extrêmement éloignée, de même certaines espèces ont émigré de contrée en contrée à de grandes distances, sans qu'elles se soient beaucoup modifiées ou même sans avoir subi aucun changement.

IV. **Des centres de création.** — En partant de ces principes, il devient évident que les diverses espèces du même genre, bien qu'habitant les contrées du monde les plus distantes, doivent originairement procéder de la même source, puisqu'elles descendent du même progéniteur. A l'égard de ces espèces qui pendant de longues périodes géologiques n'ont subi que peu de modifications, il n'y a aucune difficulté à croire qu'elles peuvent avoir émigré de la même région ; car, pendant le cours des changements géographiques et climatériques qui ont dû survenir depuis les temps les plus reculés, toutes les migrations ont été possibles de proche en proche. Mais en beaucoup d'autres cas, où nous avons des raisons de penser que les espèces d'un genre se sont produites à des époques comparativement récentes, cette question présente de grandes difficultés. Il est de même évident que tous les individus de la même espèce, bien qu'habitant des régions isolées et distantes, doivent avoir procédé de quelque lieu où leur parents vécurent ; car, ainsi que nous l'avons expliqué dans le dernier chapitre, il est incroyable que des individus absolument identiques proviennent par sélection naturelle de parents spécifiquement distincts.

Nous voici amenés à examiner une question qui a donné lieu à de grandes discussions parmi les naturalistes. Il s'agit de savoir si les espèces ont été créées sur un seul point de la surface de la terre ou sur plusieurs à la fois. Sans nul doute il y a de nombreux cas d'une difficulté extrême, lorsqu'il s'agit d'expliquer comment la même espèce peut avoir émigré d'un point unique jusqu'aux contrées isolées et distantes les unes des autres où nous la trouvons aujourd'hui répandue. Néanmoins cela semble si simple que chaque espèce se soit produite d'abord dans une contrée unique, que cette hypothèse captive aisément l'esprit. Quiconque la rejette est d'ailleurs conduit à rejeter la *vera causa* de la génération régulière, suivie de migrations postérieures, et à recourir à l'intervention d'un miracle [1].

[1] Cette conséquence est probablement trop absolue, du moins quant à la création séparée et indépendante des formes présentant entre elles des différences de valeur spécifique. Par les termes de parenté, d'ancêtres ou de progéniteurs communs, il ne faut pas entendre nécessairement un même individu ou même un seul couple, mais en général une même variété ou une même espèce. Or, d'après le principe des analogies de variation entre les représentants de la même espèce ou du même genre, et surtout d'après la loi de réversion aux caractères des aïeux, il se peut fort bien qu'une espèce, répandue dans une vaste région qui vient à être ultérieurement divisée par une barrière naturelle, donne naissance dans chacune de ces deux stations isolées à des variétés analogues, sinon identiques. Et si l'une ou l'autre de ces stations est ensuite mise en communication avec d'autres régions, l'une ou l'autre de ces variétés nouvelle pourra y émigrer et y produire à son tour d'autres variétés et d'autres espèces qui se répandront de proche en proche jusqu'aux contrées les plus éloignées. Mais ces diverses espèces, ainsi peu à peu répandues par le monde, et peut-être à travers plusieurs périodes ou fractions de périodes géologiques, pourront aussi bien converger que diverger dans leurs caractères. Car le principe de divergence n'a guère une valeur absolue qu'entre des formes en concurrence dans la même région. Au contraire, en des régions distinctes, et présentant néanmoins des analogies de climat ou d'autres conditions physiques, la sélection naturelle peut se saisir de toutes les variations qui proviennent de la tendance de réversion aux caractères des aïeux, et donner lieu à des variétés et à des espèces convergentes vers l'ancien type de la race. De sorte que les différences génériques pourraient ainsi être ultérieurement réduites à des différences purement spécifiques, et celles-ci à de simples variétés ou formes représentatives dont la présence en des contrées éloignées les unes des autres, et géographiquement séparées depuis longtemps, semblerait autrement inexplicable. Il est certain que les phénomènes de convergence des caractères doivent se présenter plus rarement que les phénomènes contraires de divergence, parce qu'ils exigent un concours de circonstances plus compliqué, et sans nul doute moins fréquent; mais ils peuvent servir à expliquer les quelques exceptions que l'on peut signaler à la grande loi de distribution géographique, selon laquelle les barrières naturelles tendent à diviser plus ou moins profondément les types de l'organisation. Or, pour qu'une théorie soit bonne et inébranlable, il faut, non-seulement qu'elle soit conforme aux lois générales, mais encore qu'elle explique les exceptions particulières que ces lois présentent.

Il est donc évident d'après cela qu'une même espèce peut quelquefois naître ou se reproduire, soit d'un seule espèce antérieure, soit de deux espèces proche-alliées, dans plusieurs districts très-séparés, mais présentant des conditions de vie analogues et des causes de variation sinon identiqnes, du moins équivalentes. Cependant, il faut avouer que, grâce aux relations complexes d'organisme à organisme, cette équivalence des circonstances locales doit être extrêmement rare. Il doit donc être beaucoup plus fréquent que l'ancêtre commun d'une espèce soit, non pas un seul couple ou un seul individu, mais un certain nombre d'individus ou de couples, appartenant soit à une même variété, soit à deux ou plusieurs variétés très-voisines, successivement ou réciproquement croisées dans la même localité. En ce cas, on pourrait donc dire avec toute rigueur que

Il est universellement admis que, dans la plupart des cas, l'aire habitée par une même espèce est parfaitement continue ; et lorsqu'une plante ou un animal habite deux points très-éloignés l'un de l'autre ou séparés par une barrière telle qu'elle ne saurait avoir été franchie par les représentants de cette même espèce, on considère le fait comme exceptionnel et extraordinaire. La faculté d'émigrer à travers la mer est plus limitée chez les animaux terrestres qu'à l'égard de tous les autres êtres organisés; et il s'ensuit que nous ne trouvons point d'exemple d'un même mammifère habitant des parties du monde séparées et distantes, fait qui serait complétement inexplicable. Aucun

le centre de création de l'espèce ou de la variété qui en résulte par la sélection naturelle est unique, quant au lieu, sinon quant au temps et quant aux individus : c'est-à-dire qu'il serait bien géographiquement unique.

Du reste, cette dispute sur les « centres des créations » tient de fort près aux argumentations en cercles vicieux auxquelles on s'est si souvent livré à propos des espèces et de leurs variétés. Si l'espèce n'est qu'une variété agrandie, et chaque variété une espèce naissante, et si enfin les espèces elles-mêmes sont la souche des genres subséquents, il est évident que la variété, l'espèce et le genre lui-même ont toujours eu un berceau unique, seulement plus ou moins reculé dans la série des temps géologiques; même dans le cas où une seule espèce, parfaitement identique, résulterait de deux variétés convergentes sorties de deux espèces distinctes, il faudrait admettre chez l'une et chez l'autre une tendance de réversion aux caractères des mêmes aïeux, ce qui suppose une origine commune. Il en est de même de l'ordre, il en est de même de la classe.

Par centre de création, on peut donc entendre beaucoup plus ou beaucoup moins, selon les cas. Le plus souvent la question est insoluble au point de vue pratique, à moins qu'il ne s'agisse d'espèces, de variétés et de races domestiques formées sous l'influence de l'homme, et dont la formation et les progrès sont attestés par des documents authentiques. Mais, à l'état de nature, le centre de création d'une variété, d'une espèce ou d'un genre ne peut être indiqué que d'une manière plus ou moins probable, puisque les formes procédant d'une même souche plus ou moins ancienne peuvent aussi bien avoir convergé que divergé, selon les cas, et toujours en vertu des mêmes lois d'hérédité, favorisées ou contrariées par la sélection naturelle sous l'influence des conditions locales. Tout ce qu'on peut affirmer, c'est que toute espèce ou toute variété établie dans une contrée depuis un certain temps, et en tant que représentée par ses membres vivants, est bien certainement locale, c'est-à-dire plus ou moins étroitement adaptée aux conditions de vie du lieu qu'elle habite ; mais il est beaucoup plus difficile, sinon impossible de savoir si ses ancêtres y sont venus tels que leurs descendants sont aujourd'hui, ou si dans la suite des générations ils se sont plus ou moins modifiés, jusqu'à quel point et en quel sens. Ce qu'on peut présumer, c'est que l'acclimatation d'une variété nouvellement émigrée doit être assez rapide, car si elle ne s'effectuait pas dans le cours d'un certain nombre de générations, elle serait vaincue dans la concurrence vitale et s'éteindrait nécessairement. (*Trad.*)

géologue ne peut trouver de difficulté à ce que la Grande-Bretagne, par exemple, ayant été autrefois réunie à l'Europe, elle possède en conséquence les mêmes quadrupèdes [1]. Mais si les mêmes espèces peuvent être produites en deux points séparés, pourquoi ne trouvons-nous pas un seul mammifère qui soit commun à l'Europe et à l'Australie ou à l'Amérique du Sud? Les conditions de vie sont cependant les mêmes, si bien qu'une multitude d'animaux ou de plantes d'Europe se sont naturalisés en Amérique et en Australie; et quelques-unes des plantes aborigènes sont absolument identiques en ces divers points si distants des deux hémisphères du Nord et du Sud. La réponse qu'on peut faire, c'est que les mammifères n'ont pu traverser des mers immenses, tandis que quelques plantes, grâce à leurs moyens divers de dispersion, ont pu être transportées de proche en proche et d'île en île à travers de vastes océans et par l'intermédiaire des flots eux-mêmes.

L'influence si considérable et si frappante des barrières natu-

[1] Dans l'hypothèse de l'invariabilité absolue des espèces et de leur création indépendante, renouvelée à chaque époque géologique successive, ces difficultés sont très-nombreuses. Si on peut admettre que pendant la série entière des âges géologiques, ou du moins pendant plusieurs époques consécutives, toutes les migrations ont eu le temps et la possibilité de s'effectuer, aussi bien que toutes les modifications; au contraire, toutes les formes vivantes auraient été détruites et renouvelées périodiquement, pour expliquer l'existence de beaucoup de formes actuelles en certaines contrées, il faudrait multiplier à l'infini les centres de créations hypothétiques, et croire à la formation indépendante, non-seulement des espèces, mais des variétés locales même les plus circonscrites. Car la distribution géographique actuelle serait en fréquent désaccord avec la géographie elle-même, c'est-à-dire avec la distribution des terres et des mers ou la nature des barrières qui divisent les continents. Des faits pareils à la rupture ou à la formation récente d'un isthme devraient donc être, en beaucoup de cas, supposés sans preuves, et même ne suffiraient pas quelquefois à rendre compte de tous les faits dans un temps si court; au lieu qu'en admettant la succession et la variation lente, de même que le remplacement graduel des formes vivantes à travers toute la série des temps écoulés, tous les phénomènes s'expliquent aisément et comme d'eux-mêmes. Ainsi il est assez probable que l'Angleterre a été non pas une seule, mais plusieurs fois, en partie ou en totalité, rejointe au continent européen pendant la durée de l'époque tertiaire et de la période glaciaire, puis, de nouveau isolée de l'Europe et rattachée peut-être à d'autres terres inconnues : ce qui permet d'expliquer les différentes affinités de ses faunes et de ses flores éteintes et vivantes, soit avec celles du Nord, soit avec celles du Sud, et comment il se peut faire qu'une partie des espèces qui la peuplent ont des parents en Islande et d'autres en Espagne. Ce n'est certes pas la rupture de la Manche, ni même une seule époque géologique qui peut expliquer tout cela. (*Trad.*)

relles de toute nature sur la distribution géographique des êtres organisés ne peut se comprendre que dans le cas où la majorité des espèces auraient été créées seulement d'un côté de ces obstacles, et incapables d'émigrer de l'autre côté. Quelques familles, beaucoup de sous-familles, un grand nombre de genres et un plus grand nombre encore de sections de genres sont confinés dans une seule région ; et plusieurs naturalistes ont remarqué que les genres les plus naturels, c'est-à-dire ceux dont les espèces sont le plus étroitement reliées les unes aux autres, sont généralement propres à une seule localité assez restreinte ou, s'ils ont une vaste extension, cette extension est continue. Ne serait-ce pas une étrange anomalie qu'en descendant un degré plus bas dans la série, jusqu'aux individus de la même espèce, une règle tout opposée prévalût, c'est-à-dire que les espèces, au lieu d'être locales, fussent formées à la fois en deux ou trois régions complétement séparées ?

Il me semble donc beaucoup plus probable, ainsi du reste qu'à beaucoup d'autres naturalistes, que chaque espèce se soit produite d'abord dans une seule contrée, et que de là elle ait successivement émigré aussi loin que ses moyens d'émigration et d'existence le lui ont permis, tant sous les conditions de vie présentes que sous les conditions de vie passées. Sans aucun doute, on connaît des cas nombreux où il est impossible d'expliquer comment les mêmes espèces peuvent avoir passé d'un point à un autre. Mais les changements géographiques ou climatériques qui ont certainement eu lieu depuis des époques géologiques relativement récentes, doivent avoir interrompu et brisé la continuité d'extension primitive de beaucoup d'espèces ; de sorte que nous n'avons plus qu'à examiner si les exceptions à la continuité d'extension des espèces sont assez nombreuses et d'une assez grande importance pour nous faire abandonner la croyance, rendue probable par tant de considérations générales, que chaque espèce s'est produite en une seule région, d'où elle a ensuite émigré aussi loin qu'il lui a été possible. Il serait aussi fatigant qu'inutile de discuter tous les cas exceptionnels où la même espèce vit sur des régions distantes et séparées ; et je ne prétends nullement qu'on en puisse trouver aucune explication complète et certaine. Mais après quelques considérations préliminaires, je discuterai seulement quelques-uns des faits généraux les plus frappants : telle est d'abord l'existence des mêmes espèces sur les sommets de chaînes de montagnes très-éloignées les unes des autres, et en des points très-distants des deux hémisphères, arctique et antarctique ; secondement [1], l'extension remarquable des productions d'eau douce, et troisièmement, la présence des mêmes espèces dans les îles et sur les continents les plus voisins, bien que parfois séparés par plusieurs centaines de milles de pleine mer. Si la présence des mêmes espèces en des points distants et séparés de la surface du globe peut, dans les cas les plus nombreux, s'expliquer par l'hypothèse que chaque espèce a émigré peu à peu d'un berceau unique ; alors, sachant d'autre part quelle est notre ignorance à l'égard des changements climatériques et géographiques qui ont eu lieu anciennement, ainsi que des moyens de transport accidentels et variés de chaque espèce, le plus sûr parti sera, ce me semble, de croire à l'universalité d'une telle loi.

L'examen de cette question nous permettra en même temps d'étudier une question connexe et également importante ; à savoir, si les diverses espèces d'un même genre, qui, d'après ma théorie, devaient toutes descendre d'un commun progéniteur, peuvent avoir émigré, en se modifiant plus ou moins, de la contrée habitée par celui-ci. Si l'on peut démontrer que, presque sans exception, une région, dont la plupart des habitants sont en relation mutuelle étroite avec des espèces d'une autre région ou appartiennent aux mêmes genres, a probablement reçu des immigrants de cette dernière région à quelque époque antérieure, ma théorie en sera mieux appuyée. Car on conçoit clairement, d'après le principe des modifications héréditaires, pourquoi les habitants d'une contrée quelconque doivent avoir de profondes affinités avec ceux qui peuplent la contrée dont ils sont originaires. Une île volcanique, par exemple, soulevée et peu à peu formée à une distance de quelques cents milles d'un continent, en recevra probablement dans le cours des temps un petit

[1] Chapitre XII.

nombre de colons ; et leurs descendants, bien que modifiés, seront cependant en étroite relation d'hérédité avec les habitants de ce continent. De semblables cas sont communs ; et, comme nous le verrons mieux un peu plus loin, ils sont inexplicables dans l'hypothèse des créations indépendantes. Cette manière d'envisager les relations mutuelles des espèces d'une région avec celles d'une autre diffère peu, en substituant le mot d'espèce à celui de variété, de celle que M. Wallace a exposée dernièrement dans un ingénieux mémoire où il conclut que « chaque espèce à sa naissance coïncide pour le temps et pour le lieu avec une autre espèce préexistante et proche-alliée. » J'ai su depuis, par une lettre de M. Wallace, qu'il attribue cette coïncidence à ce que la nouvelle forme naît de l'ancienne par voie de génération modifiée.

V. **Les espèces naissent-elles d'un seul individu ou d'un seul couple, ou de plusieurs couples ou individus ?** — Les remarques précédentes sur les « centres de créations uniques ou multiples » ne tranchent pas complétement une autre question : à savoir, si tous les individus de la même espèce descendent d'un seul couple, ou d'un seul hermaphrodite, ou, comme quelques auteurs le supposent, d'un certain nombre d'individus simultanément créés.

A l'égard des êtres organisés qui ne croisent jamais, si toutefois il en existe, les espèces, d'après ma théorie, doivent descendre d'une succession de variétés perfectionnées, qui ne se sont jamais mélangées avec d'autres variétés, mais se sont supplantées les unes les autres ; de sorte qu'à chaque phase successive de modification et de perfectionnement, tous les individus de chaque variété seraient descendus d'un seul parent. Mais, dans la majorité des cas, c'est-à-dire à l'égard de tous les organismes qui s'apparient habituellement pour chaque fécondation, ou qui croisent souvent, je penche à croire que, pendant le lent procédé de modification, tous les individus de l'espèce se maintiennent à peu près uniformes par suite de leurs croisements constants ; de sorte qu'un grand nombre d'individus seront allés toujours se modifiant simultanément, et que toute la somme des changements accomplis ne sera pas due, à chaque nouvelle phase de transformations, à l'héritage des variations d'un seul couple de parents, mais à l'accumulation héréditaire des variations d'un grand nombre. Pour donner un exemple de ce que je veux dire, je citerai notre Cheval de course anglais qui ne diffère que légèrement des Chevaux des autres races, et qui cependant ne doit point les différences et la supériorité qui le distinguent à la descendance d'un seul couple, mais au soin continuel que l'on a pris de choisir et de dresser un grand nombre d'individus pendant de nombreuses générations.

VI. **Moyens de dispersion des espèces résultant de modifications du climat et des changements de niveau du sol.** — Avant de discuter les trois classes de faits que j'ai choisis comme présentant les plus grandes difficultés qu'on puisse élever contre la théorie des « centres uniques de créations », je dois dire quelques mots des moyens de dispersion des espèces.

Sir Ch. Lyell et d'autres auteurs ont déjà traité admirablement cette question, et je ne donnerai ici qu'une brève esquisse des faits les plus importants. Les modifications de climat doivent avoir eu une influence puissante sur les migrations d'espèces. Certaine région qui, à une époque où le climat en était différent, peut avoir été une grande route de migration, est aujourd'hui infranchissable. J'aurai bientôt à discuter ce côté de la question avec quelque détail. Les changements de niveau du sol doivent avoir eu aussi la plus puissante influence : un isthme étroit sépare aujourd'hui deux faunes marines ; qu'il soit submergé ou qu'il l'ait été autrefois, et les deux faunes que, sans cela, il aurait limitées, se mélangeront ou se sont déjà mélangées. Où la mer s'étend actuellement, des terres peuvent avoir, à d'autres époques, relié des îles ou même des continents les uns aux autres, et permis ainsi à des productions terrestres de passer de l'un à l'autre. Aucun géologue ne conteste les changements considérables de niveau qui ont eu lieu dans la période actuelle et dont les organismes vivants ont été contemporains. Édouard Forbes a fortement insisté sur l'idée que toutes les îles de l'Atlantique doivent avoir été récemment reliées à l'Europe et à l'Afrique, de même que l'Europe à l'Amérique. D'autres auteurs ont également supposé des ponts sur tous les océans et rattaché ainsi presque chaque île à quelque terre continentale. Si l'on pouvait accorder une foi entière aux arguments employés par Forbes, il faudrait admettre qu'à peine il existe une seule île qui ne se soit pas détachée depuis peu de quelque autre terre plus étendue. Une pareille manière de voir tranche le nœud gordien de la question de dispersion des mêmes espèces jusqu'aux points les plus distants, et fait disparaître bien des difficultés; mais, autant que j'en puis juger, nous ne sommes pas autorisés par les faits à supposer que des changements géographiques aussi considérables aient eu lieu dans les limites de la période actuelle et de l'existence des espèces aujourd'hui vivantes [1]. Nous avons de nombreuses preuves des grandes oscillations du niveau de nos continents, mais non pas de changements tels dans leur position ou leur étendue, que nous ayons droit d'admettre qu'à une époque encore récente ils aient tous été reliés les uns aux autres, ainsi qu'aux diverses îles des océans qui les séparent. J'admets volontiers l'existence antérieure de nombreuses îles, maintenant cachées sous la mer, et qui ont pu servir de lieu de relâche pour les plantes et pour beaucoup d'animaux pendant leurs migrations. Dans les mers coralligènes, ces îles submergées sont encore indiquées aujourd'hui par les atolls, c'est-à-dire par les îlots ou récifs de coraux d'une forme plus ou moins circulaire qui les surmontent. Lorsqu'on admettra pleinement, comme on le fera un jour, je pense, que chaque espèce a rayonné d'un berceau unique, et lorsque, dans la suite des temps, nous aurons appris quelque chose de certain sur les moyens de dispersion des divers êtres organisés, nous pourrons spéculer avec plus de sûreté sur l'ancienne extension des terres. Mais je ne pense pas qu'on arrive jamais à prouver que, dans les limites de la période récente, des continents, aujourd'hui complétement séparés, aient été continus, ou même presque

[1] Voir la note de la page 427, même chapitre.

continus, et rattachés les uns aux autres, ainsi qu'aux nombreuses îles océaniques.

Plusieurs grands faits concernant la distribution géographique, tels, par exemple, que la grande différence des faunes marines des deux côtés opposés de chaque continent, l'étroite ressemblance des habitants tertiaires de plusieurs terres et même des mers avec leurs habitants actuels, une certaine connexité qu'on observe entre la distribution géographique des mammifères et la profondeur des mers intermédiaires, ainsi que nous le verrons ci-après, tous ces témoignages de l'observation et quelques autres analogues me semblent contraires à l'hypothèse que, pendant le cours de la période actuelle, il y ait eu des révolutions géographiques aussi prodigieuses que celles dont il faudrait admettre la réalité, d'après les vues de Forbes, adoptées depuis par ses nombreux disciples. La nature et les proportions relatives des habitants des îles océaniques me semblent également opposées à la supposition de leur continuité récente avec nos continents. Leur caractère presque universellement volcanique ne s'accorde pas davantage avec l'idée qu'elles soient les débris de continents submergés. Si ces îles avaient existé primitivement à l'état de chaînes de montagnes au milieu de terres étendues, au moins quelques-unes d'entre elles seraient formées, comme les autres sommets montagneux, de granit, de schistes métamorphiques et d'anciennes roches fossilifères ou autres analogues, au lieu de consister seulement en épaisses masses de matières volcaniques [1].

[1] La nature volcanique de ces îlots n'empêche point qu'ils puissent avoir autrefois formé les sommets de continents aujourd'hui complétement et profondément submergés; il ne faut qu'admettre un affaissement plus considérable de l'aire qu'ils occupent. Il se pourrait que, par l'effet même de cet affaissement, des bouches volcaniques se soient ouvertes subséquemment, de manière à former d'abord des volcans sous-marins le long des crêtes principales, ou lignes de brisement des couches terrestres. L'entassement des matières éjectées aurait depuis fait émerger d'endroit en endroit une île de lave, bâtie sur les flancs d'autres roches cachées sous les eaux, comme les îles de corail se sont elles-mêmes élevées sur ces cratères à fleur d'eau. Cette supposition s'accorderait avec la grande profondeur des bras de mer qui séparent ces îles ou chaînes d'îlots et les oscillations récentes de niveau, que M. Darwin a constatées dans ces parages. D'ailleurs, il faut bien admettre que ces îlots volcaniques ont une base quelconque, et les analogies ne permettent guère de supposer qu'ils s'élèvent isolément au milieu de vastes plaines sous-marines, mais plutôt sur un fond montagneux et accidenté. (*Trad*).

VII. **Moyens accidentels de dispersion.** — Je dois dire maintenant quelques mots de ce qu'on a nommé les moyens accidentels de dispersion, moyens qu'il vaudrait mieux appeler occasionnels. Je ne parlerai ici que des plantes.

Dans les ouvrages de botanique, on trouve telle ou telle plante désignée comme se prêtant mal à une grande dissémination; mais à l'égard de la plus ou moins grande facilité qu'elle peut avoir à traverser les mers, on peut dire qu'on n'en sait presque rien. Jusqu'à ce qu'avec l'aide de M. Berkeley j'eusse tenté moi-même quelques expériences, on ne savait pas même combien de temps des graines pouvaient résister à l'action nuisible de l'eau de mer. A ma grande surprise, j'ai trouvé que, sur 87 espèces, 64 ont parfaitement germé après une immersion de 28 jours, et quelques-unes supportèrent même une immersion de 137 jours. Il est bon de noter que certains ordres se montrèrent beaucoup moins capables que d'autres de supporter cette épreuve : j'expérimentai sur neuf Légumineuses, et, à l'exception d'une seule, elles résistèrent assez mal à l'eau salée : sept espèces des deux ordres alliés, les Hydrophyllacées et les Polémoniacées, furent toutes tuées par un mois d'immersion. Pour plus de commodité, j'avais choisi principalement des graines de petites dimensions, dépouillées de leur capsule ou de leur fruit ; mais, comme toutes allaient au fond en quelques jours, elles n'auraient pu traverser en flottant de larges bras de mer, qu'elles eussent été ou non endommagées par l'eau salée. Je tentai ensuite l'essai sur des capsules ou des fruits plus gros, et j'en trouvai quelques-uns qui flottèrent très-longtemps. On sait que le bois vert flotte beaucoup moins aisément que le bois sec ; et il me vint à l'esprit qu'une crue d'eau pouvait entraîner des plantes ou des branches et les déposer ensuite sur les rivages, où, après qu'elles s'étaient séchées, une crue nouvelle les reprenant les emportait à la mer. Cette idée me conduisit à faire sécher des tiges et des branches de 94 plantes, portant toutes des fruits mûrs, et je les plaçai ensuite sur de l'eau de mer. La plupart d'entre elles enfoncèrent rapidement ; mais quelques-unes de celles qui, vertes encore, n'avaient flotté que pendant un temps très-court, une fois sèches flottèrent beaucoup plus longtemps. Par exemple, des noisettes mûres allèrent immédiatement au fond, mais une fois sèches elles flottèrent durant 90 jours, et, plus tard, ayant été plantées elles germèrent. Une plante d'Asperge portant des baies mûres flotta 23 jours ; après avoir été séchée, elle en flotta 85, et les graines germèrent ensuite. Des graines mûres d'Hélosciadium s'enfoncèrent au bout de deux jours ; sèches, elles flottèrent plus de trois mois et germèrent encore. En somme, sur 94 plantes séchées, 18 flottèrent plus de 28 jours, et quelques-unes d'entre elles flottèrent beaucoup plus longtemps. De sorte que $\frac{64}{87}$ des graines que je soumis à l'expérience germèrent après une immersion de 28 jours, et parmi les plantes portant des fruits mûrs que je pris soin de faire sécher, mais qui n'appartenaient pas toutes aux mêmes espèces que dans l'expérience précédente, $\frac{18}{94}$ flottèrent pendant plus de 28 jours. Pour autant qu'il nous est permis d'inférer quelque chose d'un si petit nombre de faits, nous pouvons néanmoins en conclure que $\frac{14}{100}$ des plantes d'une contrée quelconque peuvent être entraînées par des courants marins pendant 28 jours et sans qu'elles perdent pour cela leur faculté de germination. D'après l'atlas physique de Johnston, la vitesse moyenne des divers courants atlantiques est de 33 milles par jour et quelques-uns atteignent la vitesse de 60 milles. Il en résulterait que les graines des $\frac{14}{100}$ des plantes d'une contrée quelconque pourraient être transportées en moyenne à travers 924 milles de mer dans une autre contrée, où, venant à aborder, elles pourraient encore germer, si un vent de mer les prenait sur le rivage et les transportait en un lieu favorable à leur développement.

Depuis mes expériences, M. Martens en a essayé d'autres, mais en de meilleures conditions ; car il plaça ses graines dans une boîte et la boîte même dans la mer ; de sorte qu'elles furent alternativement mouillées, puis exposées à l'air comme de véritables plantes flottantes. Il éprouva 98 sortes de graines, la plupart différentes des miennes ; mais il choisit beaucoup de gros fruits, et aussi quelques plantes qui vivent sur les côtes, ce qui devait augmenter la longueur moyenne de leur flottaison, ainsi que leur résistance à l'action de l'eau salée. D'autre côté, il ne prit pas le soin préalable de sécher les plantes ou les branches avec leurs fruits, ce qui, nous l'avons vu, en aurait fait flotter quelques-unes beaucoup plus longtemps. Le résultat fut que $\frac{18}{98}$ de ses graines flottèrent pendant 42 jours et furent ensuite capables de germer. Mais je ne doute pas que des plantes exposées aux vagues ne flottent moins longtemps que lorsqu'elles sont protégées contre tout mouvement violent, comme dans ces expériences. Il serait donc plus sûr d'admettre que les $\frac{10}{100}$ des plantes d'une flore, après avoir été séchées, peuvent flotter à travers un espace de mer large de 900 milles et de germer encore ensuite. Ce fait que de gros fruits flottent souvent plus longtemps que les petits n'est pas sans intérêt, vu que les plantes à grosses graines ou à gros fruits ne peuvent guère être dispersées par d'autres moyens. Et M. Alph. de Candolle a montré que de telles plantes ont généralement une extension limitée.

Mais des graines peuvent être de temps à autre transportées d'une autre manière. Du bois flotté est constamment jeté sur les côtes de la plupart des îles, même de celles qui sont situées au milieu des plus vastes océans ; et les natifs des îles de coraux de la mer Pacifique n'ont d'autres pierres pour leurs outils ou leurs armes, que celles qu'ils trouvent entre les racines de ces arbres échoués. Ces pierres sont cependant assez communes pour rapporter aux petits rois du pays un droit important. Or, j'ai trouvé à un examen scrupuleux que, lorsque des pierres de formes irrégulières sont insérées dans les racines d'un arbre, de petites parcelles de terres se trouvent très-fréquemment dans leurs interstices ou derrière elles, et quelquefois cette terre est si parfaitement enfermée, que pas un atome n'en saurait être entraîné par les eaux dans la plus longue traversée. Dans une petite parcelle de terre ainsi complétement entourée de bois dans un chêne d'environ cinquante ans, j'ai vu germer trois dycotylédones. Je suis donc certain de l'exactitude du fait. Je pourrais encore démontrer que des carcasses d'oiseaux, flottantes sur la mer, échappent quelquefois à une entière destruction ; or, les graines de beaucoup d'espèces peuvent retenir longtemps leur vitalité dans le jabot d'oiseaux flottants : ainsi des Pois et des Vesces meurent au bout de peu jours d'immersion dans l'eau de mer ; mais quelques-unes de ces graines recueillies dans le jabot d'un Pigeon qui avait flotté pendant trente jours sur de l'eau salée artificielle, à ma grande surprise, germèrent presque toutes.

Les oiseaux vivants ne peuvent manquer non plus d'avoir une importante action dans la dissémination des graines. Je pourrais citer des exemples nombreux qui prouvent que des oiseaux sont souvent emportés par un coup de vent à de grandes distances, à travers les océans. En de telles circonstances, leur vitesse de vol peut souvent être de trente-cinq milles à l'heure ; et quelques auteurs l'estiment à plus encore. Je n'ai jamais vu d'exemple qu'une graine nutritive ait passé inaltérée à travers les intestins d'un oiseau, mais les noyaux des fruits ou autres graines dures passent même à travers les organes digestifs d'un Dindon sans en être endommagés. Dans le cours de deux mois, j'ai recueilli dans mon jardin douze espèces de graines, provenant des excréments de petits oiseaux ; elles paraissaient en parfait état, et celles que je semai germèrent.

Mais le fait suivant a plus d'importance encore : le jabot des oiseaux ne sécrète point de suc gastrique, et l'expérience m'a prouvé que le séjour que des graines peuvent y faire ne les empêche nullement de germer ; on sait de plus, très-positivement, que lorsqu'un oiseau a trouvé une grande quantité de nourriture et l'a ingurgitée, toutes les graines ne passent pas dans le gésier avant douze ou même dix-huit heures. Un oiseau dans cet intervalle peut aisément être emporté par le vent à la distance de cinq cents milles, et comme l'on sait que les Faucons ont la coutume de guetter les oiseaux fatigués, le contenu du jabot déchiré de ces derniers peut ainsi être facilement disséminé. Certains Faucons et certains Hiboux avalent leur proie entière, et après douze à vingt heures ils dégorgent de petites pelotes renfermant des graines qui se sont trouvées propres à la germination, d'après les expériences faites au Jardin Zoologique de Londres. Quelques graines d'Avoine, de Blé, de Millet, de *Phalaris canariensis,* de Chènevis, de Trèfle et de Bette, germèrent après avoir passé de douze à vingt et une heures dans l'estomac de divers oiseaux de proie; et deux graines de Bette purent croître encore après y être demeurées deux jours et quatorze heures.

Les poissons d'eau douce avalent les graines de beaucoup de plantes terrestres ou aquatiques ; ces poissons sont fréquemment dévorés par des oiseaux ; des graines peuvent ainsi être transportées d'un endroit à un autre. Après avoir rempli de graines de plusieurs sortes l'estomac de poissons morts, je donnai leurs cadavres à des Aigles pêcheurs, à des Cigognes et à des Pélicans; après de longues heures, ces oiseaux dégorgèrent les graines en pelote ou les rejetèrent avec leurs excréments, et plusieurs de ces graines se trouvèrent avoir gardé leur faculté de germination. D'autres, cependant, ne résistèrent pas à cette épreuve.

Quoique le bec et les pieds des oiseaux soient en général parfaitement propres, cependant parfois des parcelles terreuses y adhèrent. Une fois j'ai retiré de l'un des pieds d'une perdrix soixante et un grains, et une autre fois vingt et un grains, d'une argile sèche qui renfermait une pierre aussi grosse qu'une graine de Vesce. Des graines peuvent donc ainsi être transportées à de grandes distances; car un grand nombre de faits prouvent que le sol est presque partout mélangé de graines. Qu'on songe un instant aux millions de Cailles qui annuellement traversent la Méditerranée, l'on ne pourra mettre en doute que la terre adhérente à leurs pieds ne renferme quelquefois de petites graines. Mais j'aurai bientôt à revenir sur ce sujet.

On sait que les glaces flottantes sont fréquemment chargées de terre et de pierres, et qu'elles transportent même parfois des broussailles, des os et des nids d'oiseaux terrestres ; on ne saurait donc douter qu'elles ne puissent de temps à autre transporter des graines d'un lieu à un autre des régions arctiques ou antarctiques, ainsi que Lyell en a suggéré l'idée. Pendant la période glaciaire ce moyen de dissémination a pu s'étendre dans nos régions aujourd'hui tempérées. Le nombre considérable de plantes européennes qu'on trouve aux Açores, en comparaison de celles qui croissent sur d'autres îles océaniques plus rapprochées du continent et, ainsi que l'a remarqué

M. H.-C. Watson, le caractère en quelque sorte septentrional de leur flore relativement à leur latitude, me fait croire que ces îles ont été peuplées en partie de graines apportées par les glaces flottantes pendant l'époque glaciaire. A ma requête, sir C. Lyell écrivit à M. Hartung pour lui demander s'il n'avait point observé de blocs erratiques dans ces îles, et il répondit qu'il s'y trouvait de gros fragments de granit et d'autres roches qui n'appartenaient point originairement à l'archipel. Nous en pouvons donc inférer que des glaces flottantes apportèrent autrefois leurs fardeaux rocheux jusque sur les bords de ces îles, et il est au moins possible qu'elles y aient apporté aussi des graines des plantes septentrionales.

De pareils moyens de transport, et tant d'autres qu'il nous reste sans doute à découvrir, ayant agi continuellement et d'année en année, pendant des dizaines et des centaines de mille ans, il serait miraculeux que beaucoup de plantes ne se fussent pas trouvées ainsi transportées et répandues. On considère à tort de tels moyens comme accidentels, car les courants de la mer n'ont rien que de très-fixe, et même la direction moyenne des vents est constante dans un même lieu. Il faut toutefois bien observer que presque aucun moyen de transport ne pourrait efficacement disséminer des graines jusqu'à de très-grandes distances ; parce qu'elles ne sauraient conserver leur vitalité si elles restaient longtemps exposées à l'action de l'eau de mer, et que, de même, elles ne pourraient demeurer longtemps dans le jabot ou les intestins d'un oiseau. De pareils moyens suffisent pour les transporter de temps à autre à travers des bras de mer de quelques centaines de milles de largeur, ou d'île en île, ou d'un continent aux îles voisines, mais non pas d'un continent à un autre très-éloigné. C'est pourquoi les flores de continents très-distants ne sauraient en aucune façon se mélanger par ce moyen, mais, au contraire, restent distinctes, comme le constatent les observations. Les courants, vu leur direction, ne transporteront jamais des graines du nord de l'Amérique en Angleterre, bien qu'ils puissent en porter et en portent en effet des Antilles aux côtés occidentales des îles Britanniques dont elles ne peuvent supporter le climat, lors même qu'une trop longue immersion dans l'eau de mer n'aurait pas détruit leur vitalité. Presque chaque année, un ou deux oiseaux terrestres sont poussés par les vents à travers l'Atlantique du nord de l'Amérique aux côtes occidentales de l'Irlande et de l'Angleterre ; mais des graines ne peuvent être apportées par ces voyageurs que mêlées à la terre de leurs pieds, ce qui est un cas assez rare. Il se présenterait, ne serait-ce pas un grand hasard, si les graines ainsi importées tombaient dans un sol favorable et arrivaient à maturité ? Mais parce qu'une île déjà bien peuplée, telle que la Grande-Bretagne, n'a pas, autant qu'on peut en juger, reçu pendant le cours des derniers siècles, par l'un ou l'autre de ces moyens occasionnels de transport, quelques immigrants d'Europe ou de quelque autre continent, ce qu'il est d'ailleurs assez difficile de prouver, il n'en faudrait nullement conclure, qu'une île pauvrement peuplée, bien que située beaucoup plus loin de la terre ferme, ne pût recevoir de colons par les mêmes moyens. Sur vingt espèces de graines ou d'animaux transportés dans une île, même beaucoup moins bien peuplée que la Grande-Bretagne, peut-être une seule au plus se trouverait assez bien adaptée à sa nouvelle habitation pour s'y naturaliser. Mais cet argument serait sans aucune valeur contre les résultats que ces moyens de transport occasionnels peuvent avoir produits pendant le cours immense des temps géologiques, dans une île peu à peu soulevée et avant qu'elle fût suffisamment peuplée. Sur presque toute terre encore stérile, que n'habite encore aucun insecte ou aucun oiseau destructeur, presque chaque graine transportée par hasard serait sûre de germer et de survivre, pourvu que le climat ne lui fût pas absolument contraire.

VIII. **Dispersion des formes organiques pendant la Période Glaciaire.** — L'identité de beaucoup de plantes et d'animaux qui vivent sur les sommets de chaînes de montagnes, séparées les unes des autres par des centaines de milles de basses terres où ces espèces alpines ne pourraient vivre, est l'un des cas les plus frappants qu'on connaisse d'espèces vivant en divers points du globe très-distants, sans qu'on puisse admettre la possibilité de leur migration successive d'un de ces points à l'autre. C'est un phénomène vraiment remarquable que de voir tant de plantes identiques vivre sur les sommets neigeux des Alpes et des Pyrénées, en même temps que dans les contrées septentrionales de l'Europe ; mais combien n'est-ce pas plus extraordinaire encore que les plantes des Montagnes-Blanches, aux États-Unis, soient les mêmes qu'au Labrador, et presque les mêmes, au dire du docteur Asa Gray, que celles des plus hautes montagnes de l'Europe. Ce sont de tels faits qui, dès l'année 1747, amenèrent Gmelin à conclure que les mêmes espèces devaient avoir été créées à la fois en plusieurs points distants du globe ; et peut-être qu'il nous eût fallu nous en tenir à cette hypothèse, si M. Agassiz et quelques autres n'avaient appelé une vive attention sur la Période Glaciaire, qui, ainsi que nous allons le voir, nous fournit une explication très-simple de ces faits étranges [1].

Nous avons de nombreuses preuves organiques et inorganiques que durant une période géologique très-récente l'Eu-

[1] Lorsqu'on nie la possibilité de la migration successive des espèces alpines d'une chaîne de montagne à l'autre, c'est qu'on part du principe que les espèces sont invariables dans leur structure, leur constitution, leurs habitudes, enfin dans tous leurs caractères les plus importants; car si, au contraire, les caractères spécifiques et même génériques des êtres organisés sont variables, leurs migrations peuvent devenir possibles au moyen de variations successives plus ou moins profondes. Ces migrations sont même d'autant plus probables que presque tous les espèces alpines ont actuellement, ou ont eu autrefois des congénères vivants dans les plaines. C'est dans le cas de telles migrations qu'il doit souvent y avoir eu des phénomènes de variations convergentes, par suite de réversions à d'anciens caractères, ou de variations analogues entre deux espèces ou variétés proche-alliées. Ainsi une espèce de plaine en montant simultanément ou successivement sur deux chaînes de montagnes très-distantes, mais présentant des conditions de vie semblables ou équivalentes sous la même latitude, peut avoir présenté des variations identiques et également avantageuses aux deux variétés ainsi formées. Ainsi que l'a observé M. Alph. de Candolle, l'altitude peut avoir en certains cas compensé la latitude pour rétablir l'identité des conditions de vie et des causes de variations par sélection naturelle. D'un autre côté, une espèce alpine peut encore avoir varié en descendant peu à peu dans les plaines de l'un ou de l'autre versant de la chaîne qu'elle habite ; et plus tard, répandues en d'autres plaines étendues au pied d'autres montagnes, les moindres phénomènes de réversion au type des aïeux auront donné à une variété modifiée le pouvoir de s'élever de nouveau et de conquérir cette station. Enfin, si l'espèce, la variété, ou même le genre vient à être peu à peu supplanté dans les plaines par d'autres concurrents, la présence des mêmes variétés ou des mêmes espèces, demeurées sur des montagnes distantes, semble au premier abord inexplicable. (*Trad.*)

rope centrale et l'Amérique du Nord supportèrent un climat arctique. Les ruines d'une maison incendiée n'en racontent pas le sort plus clairement, que les montagnes d'Écosse et de Galles, avec leurs flancs striés, leurs surfaces polies, leurs blocs perchés, ne témoignent de la présence des glaciers qui ont autrefois comblé leurs vallées. Le changement du climat de l'Europe a été si total que, dans le nord de l'Italie, des moraines gigantesques, laissées par d'anciens glaciers, sont aujourd'hui couvertes de vignes et de champs de maïs. Sur une grande partie du territoire des États-Unis, des blocs erratiques et des roches striées par des glaces flottantes ou côtières révèlent clairement l'existence d'une époque antérieure très-froide.

Cette influence d'un climat glacial sur la distribution des habitants de l'Europe, telle que l'a analysée avec une remarquable clarté Édouard Forbes, doit avoir été considérable. Nous en suivrons plus aisément les effets en supposant une nouvelle période glaciaire venant à commencer lentement, et à finir ensuite peu à peu, comme il doit être arrivé une première fois.

A mesure que le froid augmentera, chaque zone plus ou moins tempérée deviendra de plus en plus favorable aux formes arctiques, et de moins en moins propice à ses anciens habitants. Ces derniers devront être peu à peu supplantés par des productions de plus en plus septentrionales. Les habitants des régions tempérées s'avanceront de même vers le sud, à moins qu'étant arrêtés par des barrières, ils ne périssent et ne s'éteignent complétement. Les montagnes se couvriront de neige et de glace, et les anciennes espèces alpines descendront dans les plaines. Lorsque le froid aura atteint son maximum, nous aurons une faune et une flore uniformément arctiques, couvrant tout le centre de l'Europe jusqu'aux Alpes et aux Pyrénées et s'étendant même en Espagne. Les régions actuellement tempérées des États-Unis se couvriront pareillement de plantes et d'animaux arctiques, qui seront à peu près identiques à ceux d'Europe, parce que les habitants de la zone glaciale actuelle, qui auront été la souche des uns et des autres, sont d'une remarquable uniformité tout autour du pôle. Nous pouvons supposer que la période glaciaire commence dans l'Amérique du

Nord un peu plus tôt ou un peu plus tard qu'en Europe, de sorte que la migration méridionale soit de même un peu avancée ou un peu retardée, ce qui est sans importance quant au résultat général.

Lorsque la chaleur commencera de nouveau à croître, les formes arctiques battront en retraite vers le nord, suivies de près par les productions des régions plus tempérées. Et à mesure que la neige disparaîtra du pied des montagnes, les formes arctiques se saisiront du sol découvert et dégelé, toujours s'élevant de plus en plus haut, tandis que leurs semblables continueront leur voyage vers le pôle. Quand la chaleur sera complétement de retour, les mêmes espèces arctiques qui auront vécu ensemble en grandes masses sur les basses terres du vieux monde et de l'ancien, après avoir été exterminées partout jusqu'à une certaine altitude, ne se trouveront plus qu'isolées sur les sommets des montagnes éloignées, et dans les régions arctiques des deux hémisphères.

Ainsi s'explique l'identité de beaucoup de plantes en des points aussi éloignés les uns des autres que les montagnes des États-Unis et d'Europe. Ainsi s'explique le fait que les plantes alpines de chaque chaîne de montagne sont en connexion plus étroite avec les formes qui vivent plus au nord, exactement ou presque exactement sur les mêmes degrés de longitude ; car la première migration sous l'influence du froid croissant, et la seconde, due au retour de la chaleur, auront eu lieu du nord au sud et du sud au nord. Les plantes alpines d'Écosse, par exemple, comme l'a remarqué M. H.-C. Watson, et celles des Pyrénées, ainsi que l'observe Ramond, sont plus particulièrement alliées aux plantes du nord de la Scandinavie, celles des États-Unis à celles du Labrador, et celles des montagnes de Sibérie aux régions arctiques de cette contrée. Ces vues, appuyées comme elles le sont sur l'existence antérieure bien certaine d'une période glaciaire, me semblent expliquer d'une manière si satisfaisante la distibution actuelle des productions alpines et arctiques de l'Europe et de l'Amérique, que lorsqu'en d'autres régions nous trouvons les mêmes espèces sur les sommets de montagnes éloignées les unes des autres, nous pouvons presque en conclure, sans cette preuve, qu'un climat plus froid leur a permis autrefois de vivre dans les basses terres intermédiaires devenues depuis trop chaudes pour elles.

Si le climat, depuis la période glaciaire, a été pendant un certain temps plus chaud qu'aujourd'hui, ainsi que quelques géologues des État-Unis le supposent, alors les productions arctiques et tempérées auront dû, à une période toute récente, faire retraite encore un peu plus loin vers le nord, et depuis seront revenues à leurs stations actuelles; mais je n'ai trouvé aucune preuve satisfaisante de cette période intercalaire d'accroissement de chaleur depuis la période glaciaire.

Les formes arctiques, durant leur migration vers le sud et leur retraite vers le nord, ont dû être presque constamment exposées au même climat; et, comme il est bon de le remarquer, elles se seront toujours maintenues en masses. Conséquemment leurs relations mutuelles n'en auront pas été troublées; et, d'après les principes établis dans cet ouvrage, elles n'auront pas dû être sujettes à de grandes modifications. Mais à l'égard de nos productions alpines, demeurées isolées, depuis le retour de la chaleur, d'abord à la base et plus tard au sommet des montagnes, il en aura été tout autrement. Car il n'est guère probable que précisément toutes les mêmes espèces arctiques soient restées sur des chaînes de montagnes éloignées les unes des autres, et qu'elles aient pu y survivre depuis lors. Elles ont dû sans doute aussi se mélanger avec des espèces alpines plus anciennes qui doivent avoir existé sur les mêmes montagnes avant le commencement de la période glaciaire, et qui pendant la période du plus grand froid ont dû être temporairement chassées dans les plaines. Elles doivent aussi avoir été exposées à des conditions climatériques un peu différentes. Leurs relations mutuelles auront ainsi été troublées; de sorte qu'elles auront été sollicitées à se modifier plus ou moins. Or, c'est ce qu'on observe en effet; car, si l'on compare les formes alpines de plantes et d'animaux qui peuplent les différentes chaînes de montagnes de l'Europe, bien qu'un grand nombre d'espèces soient identiques, cependant quelques-unes présentent des variétés, et beaucoup sont des espèces distinctes, bien qu'étroitement alliées et représentatives.

IX. **Dispersion pendant la Période Pliocène.** — Dans cette relation hypothétique de ce qui doit avoir eu lieu pendant la période glaciaire, j'ai présumé qu'à son origine les productions arctiques avaient tout autour du pôle la même uniformité qu'aujourd'hui. Cependant les observations précédentes s'appliquent non-seulement à quelques formes exclusivement arctiques, mais aussi à beaucoup d'espèces subarctiques ou même à des formes septentrionales tempérées, car plusieurs de ces dernières se retrouvent identiques sur des montagnes moins élevées et dans les plaines du nord de l'Amérique et de l'Europe. L'on peut donc avec raison se demander comment je rends compte de l'uniformité nécessaire de ces formes septentrionales tempérées et subarctiques, tout autour des mêmes parallèles au commencement de la période glaciaire. Aujourd'hui ces formes, tempérées de l'ancien monde et du nouveau, sont séparées par l'océan Atlantique et par la partie septentrionale de l'océan Pacifique. Pendant la période glaciaire, elles vivaient plus au sud qu'aujourd'hui, elles étaient donc encore plus complétement séparées par de plus vastes océans. Mais je crois que la difficulté peut être levée à l'aide de changements de climats antérieurs et d'une nature opposée. Nous avons toutes raisons de croire que pendant la période du nouveau pliocène, avant l'époque glaciaire, et pendant que la majorité des habitants du monde étaient spécifiquement les mêmes qu'aujourd'hui, le climat dut être plus chaud qu'il n'est à présent. Nous pouvons donc supposer que des organismes qui vivent aujourd'hui sous 60° de latitude, vécurent pendant la période pliocène un peu plus loin vers le nord, sous le cercle polaire, entre 66° et 67° de latitude; et que les productions exclusivement arctiques étaient alors exilées sur les terres éparses encore plus près du pôle. Maintenant, si nous examinons une sphère, nous voyons que sous le cercle polaire les terres sont presque continues depuis l'Europe occidentale, à travers la Sibérie, jusqu'à l'Amérique orientale. De cette continuité des terres circumpolaires et des facilités de migration qui ont dû en résulter sous un climat plus favorable qu'aujourd'hui, dut, je crois, résulter, à une époque antérieure à la période glaciaire, une certaine uniformité entre les productions septentrionales subarctiques de l'Ancien Monde et du Nouveau [1]. Cette opinion a été adoptée par trois juges éminemment compétents, le professeur Asa Gray, le docteur Hooker et le professeur Olivez.

Par des raisons que j'ai déjà mentionnées, je crois pouvoir admettre que nos continents sont demeurés, depuis des temps très-reculés, à peu près dans la même position relative, bien que sujets à des oscillations de niveau considérables, mais partielles. Je suis donc fortement incliné à étendre encore les vues précédentes, et à supposer que, pendant quelque période encore plus ancienne et plus chaude, telle que l'ancien pliocène, un grand nombre de plantes et d'animaux semblables habitaient les terres presque continues qui environnent le pôle ; et que ces plantes et ces animaux, dans l'Ancien Monde comme dans le Nouveau, commencèrent à émigrer vers le sud, quand le climat devint un peu moins chaud, longtemps avant le commencement de la période glaciaire. Ce seraient leurs descendants, pour la plupart modifiés, que nous verrions aujourd'hui dans les parties centrales de l'Europe et des États-Unis ; et cette communauté d'origine et de patrie nous rendrait compte de la parenté des productions de l'Amérique du Nord et de l'Europe, parenté très-éloignée de l'identité, mais cependant remarquable, si l'on considère quelle est la distance des deux régions et combien leur séparation des deux côtés de l'océan Atlantique est complète. Nous comprendrons de plus ce fait singulier, constaté par plusieurs observateurs : c'est que, pendant les derniers étages tertiaires, les productions d'Europe et d'Amérique étaient en plus étroite connexion qu'aujourd'hui ; car, durant les chaudes périodes, les parties septentrionales de l'Ancien Monde et du Nouveau auraient été presque continuellement réunies par des terres qui pouvaient alors leur servir de ponts,

[1] Paragraphe ajouté par l'auteur depuis la troisième édition anglaise et inséré dans la seconde édition allemande. (*Trad.*)

mais que le froid a rendues depuis infranchissables aux migrations réciproques de leurs habitants.

Pendant la chaleur décroissante de la période pliocène, aussitôt que les espèces, alors communes aux deux mondes, commencèrent leur mouvement d'immigration vers le sud, elles durent aussi être de plus en plus complétement séparées les unes des autres. Cette séparation, en ce qui concerne les productions les plus tempérées des deux continents, doit être effectuée déjà depuis de longs âges. A mesure que ces plantes et ces animaux émigrèrent vers le sud, ils durent se mélanger en Amérique avec les productions américaines indigènes, et en Europe avec les espèces européennes ; de sorte qu'une vive concurrence dut s'établir entre les anciens habitants de ces deux grandes régions et les nouveaux immigrants. Toutes les conditions se trouvaient donc rassemblées pour favoriser des modifications profondes et plus importantes que celles que durent avoir à subir les productions alpines, lorsqu'à une époque beaucoup plus récente elles restèrent éparses et isolées sur les sommets des chaînes de montagnes et sur les terres arctiques des deux continents. Il suit de là que, si l'on compare les êtres vivants des régions tempérées du Nouveau Monde et de l'Ancien, l'on trouve très-peu d'espèces identiques, bien qu'un plus grand nombre cependant qu'on ne l'avait cru d'abord, ainsi que l'a dernièrement démontré Asa Gray ; mais on trouve dans chaque grande classe des formes que certains naturalistes regardent comme de simples races géographiques et que d'autres considèrent comme des espèces distinctes, et de plus une armée de formes proche-alliées ou représentatives que tous les naturalistes classent comme spécifiquement distinctes.

Dans les mers, comme sur la terre, la lente migration vers le sud d'une faune marine, qui, pendant la période pliocène ou un peu plus tôt, eût été presque uniforme le long des côtes continues du cercle polaire, rendrait compte, d'après la théorie de modification, de la présence de beaucoup de formes alliées qui vivent aujourd'hui dans des régions complétement détachées. C'est ainsi, je pense, qu'on peut expliquer l'existence de beaucoup de formes représentatives modernes ou tertiaires sur les côtes orientales et occidentales des régions tempérées de l'Amérique du Nord ; et le fait encore bien plus étonnant, mentionné dans l'admirable ouvrage de Dana, que des Crustacés, quelques Poissons et quelques autres animaux marins d'espèces proche-alliées se trouvent, d'un côté, dans la Méditerranée, de l'autre, dans la mer du Japon, c'est-à-dire dans deux stations marines séparées par un vaste continent et presque par un hémisphère d'océan équatorial.

Ces exemples de parenté, sans identité, entre des habitants de mers aujourd'hui si complétement séparées, de même qu'entre les habitants passés et présents des terres tempérées de l'Amérique du Nord et de l'Europe, sont inexplicables d'après la théorie de création. On ne peut dire qu'ils aient été créés semblables en raison de la ressemblance des conditions physiques des deux régions ; car, si l'on compare, par exemple, certaines contrées de l'Amérique du Sud avec les continents méridionaux de l'Ancien Monde, l'on voit des contrées absolument semblables en toutes leurs conditions physiques, mais dont les habitants sont cependant entièrement différents.

X. **Suite de l'influence de la Période Glaciaire sur la distribution des plantes et des animaux de l'époque actuelle.**— Mais revenons à notre sujet principal, la période glaciaire. J'ai la conviction que les idées émises par Forbes peuvent être largement généralisées.

En Europe, nous avons les preuves les plus évidentes de l'existence de la période glaciaire, depuis les côtes occidentales de la Grande-Bretagne jusqu'à la chaîne de l'Oural, et vers le sud jusqu'aux Pyrénées. Nous pouvons inférer de la présence d'animaux gelés et de la végétation des montagnes que la Sibérie eut le même sort. Le long de l'Himalaya, sur des points éloignés de 500 milles, des glaciers ont laissé les marques de leur lente descente dans les vallées ; et, dans le Sikkim, le docteur Hooker a vu croître du Maïs sur de gigantesques moraines. Au sud de l'équateur, nous savons maintenant, d'après les observations de MM. Haast et Hector, que, dans la Nouvelle-Zélande, les anciens glaciers sont autrefois descendus beaucoup au-dessous de leur niveau actuel, et les plantes identiques, qu'on trouve en cette île sur des montagnes très-éloignées les unes des autres, racontent la même histoire. D'après les faits qui m'ont été communiqués par le Rév. W. B. Clarke, cet infatigable géologue, il paraîtrait qu'il y a des traces évidentes d'une ancienne action glaciaire sur les montagnes du sud-est de l'Australie [1].

De même, dans l'Amérique du Nord, on a observé, sur le versant oriental, jusqu'à une latitude aussi basse que 35°,37°, des fragments de roches apportés par des glaces flottantes; sur les rivages du Pacifique, où le climat est aujourd'hui si différent, on a suivi le même phénomène jusqu'à 46° de latitude; on a trouvé aussi des blocs erratiques dans les Montagnes Rocheuses. Dans les Cordillères de la partie équatoriale de l'Amérique du Sud, des glaciers se sont autrefois étendus beaucoup plus bas qu'aujourd'hui [2]. Dans le Chili central, j'ai examiné un vaste amas de détritus, qui traverse la vallée de Portillo et que je crois provenir de l'action glaciaire. Du reste, nous aurons plus tard de précieux renseignements sur ce sujet

[1] Paragraphe modifié par l'auteur depuis la troisième édition anglaise. Notre première édition portait ici, d'après la troisième édition anglaise (p. 403) : « Nous avons aussi quelques raisons de croire à une ancienne action glaciaire dans la Nouvelle-Zélande, et les mêmes plantes..., etc. » Et plus loin, après « même histoire » on lisait : « Enfin si l'on peut se fier à la description qui en a été publiée, nous aurions des preuves évidentes de l'action glaciaire dans la partie sud-est de l'Australie. »

[2] Dans cette question du niveau des anciens glaciers, toujours relative au niveau de la montagne, il faut faire la part des oscillations possibles du sol. Les Andes équatoriales peuvent avoir été un moment plus élevées qu'aujourd'hui à la fin de leur dernier soulèvement général durant l'époque tertiaire, et s'être un peu affaissées depuis la période glaciaire par suite de la consolidation de leur équilibre après une longue période d'oscillations. Et si les couches tertiaires et autres, relevées sur leurs flancs, ont participé à ces lentes oscillations qui peuvent avoir affecté le continent entier, il ne resterait aucune preuve géologique de ces mouvements. Les oscillations dans le niveau relatif des divers points d'une même contrée ne sont peut-être rien en comparaison des oscillations de niveau qui, affectant des contrées entières, changent leur altitude générale par rapport au niveau de la mer, c'est-à-dire par rapport à la courbe idéale du globe terrestre sous ses différents méridiens ou parallèles. Si, comme nous le pensons (voir la note ci-après, p. 451), les pôles terrestres sont sujets à un déplacement périodique sensible, ces oscillations générales seraient considérables dans toute la région parcourue par l'équateur mobile de la terre. (*Trad.*)

par M. Forbes. Je tiens de lui qu'il a trouvé, dans les Cordillères, entre 13° et 30° de latitude sud, et environ à l'altitude de 12,000 pieds, des roches profondément sillonnées, semblables à celles qu'il avait accoutumé de rencontrer en Norvége, ainsi que de grandes masses de détritus renfermant des cailloux striés. Sur toute cette même partie de la chaîne des Cordillères, il n'existe pas aujourd'hui de vrais glaciers, même à des hauteurs beaucoup plus considérables. Beaucoup plus au sud, depuis la latitude de 41° jusqu'à l'extrémité méridionale du continent et sur ses deux versants, on trouve les preuves les plus évidentes de l'action glaciaire dans des blocs erratiques immenses transportés fort loin des lieux dont ils peuvent provenir.

Nous ne savons pas si la période glaciaire a été exactement simultanée en ces diverses contrées si éloignées les unes des autres et presque situées aux points opposés des deux hémisphères; mais nous avons des preuves suffisantes, en presque tous les cas observés, qu'elle est tout entière incluse dans les limites de la dernière époque géologique. Nous avons aussi d'excellentes raisons pour penser que les phénomènes glaciaires ont duré un temps considérable sur chaque point, si on l'évalue par le nombre des années. Le froid peut avoir commencé ou cessé plutôt sur un point du globe que sur l'autre; mais il ressort de la longue durée des phénomènes sur chaque point, ainsi que de leur contemporanéité géologique, que, selon toute probabilité, ils ont dû être simultanés dans le monde entier, au moins durant une partie de la période totale.

En attendant des preuves contraires, on peut admettre au moins comme probable que l'action glaciaire a été simultanée sur les deux versants est et ouest de l'Amérique du Nord, dans les Cordillères de l'équateur et des tropiques, même dans les régions les plus chaudes des zones tempérées et sur les deux versants de la partie méridionale du continent. Une fois ceci admis, il est difficile de s'empêcher de croire que pendant toute cette période la température du monde entier a été partout à la fois plus froide qu'elle n'est aujourd'hui. Mais il suffirait du reste à mes vues que la température se soit abaissée simultanément sur toute l'étendue de certaines larges bandes en longitude [1].

[1] Pour supposer avec quelque droit d'aussi grands effets et surtout des effets aussi généraux, il faut au moins en entrevoir les causes probables. Or, M. Ch. Lyell a bien démontré, dans ses *Principes de géologie*, que la distribution générale des terres et des mers pouvait influer beaucoup sur la distribution climatérique, et même sur la température générale ou plutôt moyenne du globe ; cependant, lors même que toutes les terres seraient émergées vers les pôles et toutes les mers accumulées vers l'équateur, ce qui, selon le géologue anglais, devrait causer le plus grand froid possible, une telle hypothèse n'expliquerait pas encore complétement tous les phénomènes de la période glaciaire, et, d'ailleurs, elle rendrait impossibles ces migrations des formes organiques d'un pôle à l'autre que suppose M. Darwin. Il en faut donc toujours revenir à chercher hors du globe terrestre, dans les mouvements périodiques des astres, les causes des variations climatériques à la surface de la terre.

Or, aucun des mouvements du ciel, observés jusqu'à ce jour, ne suffit à résoudre ce problème, et l'on en est réduit à rechercher parmi les hypothèses celle qui présente le plus de vraisemblance. M. Poisson a émis l'idée que le système solaire, en parcourant à travers les autres systèmes planétaires de notre amas d'étoiles l'orbite immense que, selon les calculs approximatifs de M. Maedler, il doit décrire en 19 millions d'années environ, peut traverser successivement des portions de l'espace inégalement froides où la terre perdrait par le rayonnement une portion plus ou moins grande de la chaleur solaire. Cette hypothèse rendrait compte du refroidissement général que M. Darwin suppose. Mais peut-on réellement admettre cette inégalité de température des espaces interstellaires ? Si ces espaces sont complétement vides, sont-ils susceptibles d'une chaleur quelconque ? Comment les rayons caloriques pourraient-ils exercer leur action autrement qu'à la rencontre d'une matière impénétrable quelconque, sinon nécessairement pondérable ? Si les espaces interstellaires sont absolument vides, n'en résulte-t-il pas que, par eux-mêmes, ils sont absolument froids, et incapables, par conséquent, de retenir une plus ou moins grande part de la chaleur des astres qui les traversent ? Si, au contraire, comme les astronomes le pensent aujourd'hui, d'après les irrégularités et les retards de la course des comètes périodiques, une matière éthérée très-subtile remplit l'espace interplanétaire, cette matière subtile ne doit-elle pas, depuis l'infini des temps qu'elle existe, être arrivée à peu près partout à l'équilibre de température ? Les grandes distances qui séparent les étoiles les unes des autres et leur dissémination, en général, assez régulière dans le ciel ne permettent pas de supposer que la différence de température des espaces qu'elles traversent toutes plus ou moins rapidement soit capable d'influer sensiblement sur la chaleur propre de ces astres et sur celle qu'ils reçoivent les uns des autres. La présence dans le ciel de nombreux astres obscurs ne saurait non plus en changer la température moyenne ; car si l'on en juge par notre système, des astres obscurs, qui ne recevraient la chaleur d'aucun soleil voisin, n'exerceraient aucun rayonnement sensible, même à la petite distance qui sépare la terre des autres planètes du système solaire. Si notre soleil, en décrivant son orbite, venait à croiser l'orbite d'une autre étoile, dans l'instant très-court où les deux astres s'approcheraient l'un de l'autre, notre terre jouirait momentanément de la chaleur et de la lumière de deux soleils très-inégalement distants, ce qui pourrait causer, non pas une diminution de chaleur, mais, au contraire, une augmentation considérable, très-passagère. Les deux astres courant tous deux avec une vitesse immense dans deux directions très-différentes, sinon même opposées, la durée du phénomène ne saurait

Partant de ce point de vue que le monde entier ou du moins de larges bandes longitudinales ont été simultanément plus

égaler la longueur d'une période géologique. D'ailleurs il est probable que, dans une pareille rencontre, la course des deux systèmes serait profondément troublée, et que le plus grand entraînerait le plus petit, de sorte qu'ils se confondraient sans doute en un seul pour former peut-être l'un de ces systèmes connus sous le nom d'étoiles doubles. Ce serait donc un cataclysme général qui en résulterait pour le système dévoyé, et non pas seulement un simple changement de climat. Or, comme, dans l'infini des temps écoulés, toutes les rencontres possibles entre les astres d'un même amas stellaire ont dû se réaliser, il en résulte qu'il ne peut plus y en avoir aucune à craindre, et que fort probablement toutes les orbites des étoiles de notre système sont assez exactement concentriques, comme les orbites des planètes de notre système solaire. Aucun astre ne saurait donc en croiser un autre d'assez près pour que leurs mouvements réciproques en fussent sensiblement troublés, et cette impossibilité d'un enchevêtrement confus des orbites stellaires est encore une preuve de plus de l'égalité de température au moins très approchée des divers points de l'espace. Les lois générales du ciel n'offrent ainsi aucune cause possible d'une diminution ou d'une augmentation de chaleur à la surface de notre globe ; car, à la distance où notre système est placé de toute étoile, la chaleur, même des plus prochaines, figure pour une quantité absolument nulle en comparaison de la chaleur solaire.

Tout récemment M. Babinet a mis en avant une autre hypothèse. Il suppose que des nuages cosmiques ont pu à certaines époques passer entre la terre et le soleil, et intercepter les rayons de cet astre. Cette hypothèse suivant lui expliquerait non-seulement le refroidissement de la période glaciaire, mais encore ces évanouissements du soleil dont la tradition s'est conservée dans l'histoire, et notamment les ténèbres qui couvrirent la terre le jour de la mort de Jésus. Pourquoi pas aussi le jour de la mort de César ? Le récit des *Géorgiques* a sur celui de l'Évangile l'avantage d'une authenticité incontestée. Mais passons et admettons que les évanouissements traditionnels du soleil pendant quelques heures aient un fondement vrai, et que l'interposition d'un nuage cosmique circulant à la façon des comètes entre la terre et le soleil en rendrait compte, ce qui nous paraît loin d'être vrai, mais ce que nous n'avons pas le temps de discuter ici. Mais un évanouissement du soleil pendant quelques heures ne causerait sur la surface de la terre aucun refroidissement appréciable, et les phénomènes de la période glaciaire supposent une période de froid d'une très-longue durée. Or, pour qu'un nuage cosmique eût pu en être la cause, il eût fallu qu'il circulât pendant plusieurs années autour du soleil dans une orbite concentrique à celle de la terre, et située dans le même plan ; il eût fallu de plus que le temps de sa révolution fût égal à celui de la révolution annuelle de la terre, bien que se mouvant dans une orbite sensiblement différente, ce qui est en contradiction avec les lois de Képler. Il résulte aussi des lois de la mécanique que, si cet état de choses avait pu se présenter une fois, il n'y aurait pas de raison connue pour qu'il ne continuât pas d'exister, et l'écran que M. Babinet, pour les besoins de son hypothèse, suppose tournant entre la terre et le soleil devrait y tourner encore avec la même vitesse et dans la même direction. Or rien de semblable n'existe. Faudrait-il donc supposer au nuage cosmique de l'honorable membre de l'Institut une course hyperbolique avec une très-petite vitesse, et un volume suffisant pour qu'à son passage à travers notre système il occupât tout l'espace du ciel compris dans l'orbite de la terre, de sorte que notre globe, en tournant autour du soleil pendant une ou plusieurs années, n'aurait pu apercevoir la lumière de cet astre ? Mais il serait résulté de cela beaucoup d'obscurité sur la

froides d'un pôle à l'autre, on peut jeter quelque lumière sur la distribution actuelle des espèces identiques ou alliées. En

terre, c'est vrai, mais toute autre chose qu'un grand froid ; car une substance gazeuse ou vaporeuse, interposée entre le soleil et la terre, serait beaucoup plus conductrice que le vide, et communiquerait à notre atmosphère une chaleur telle, qu'au lieu de tout glacer à la surface de notre globe, elle y aurait tout chauffé, tout cuit. L'océan serait entré en ébullition, et dans l'ombre, dans les ténèbres, tous les êtres vivants eussent été réduits à l'état de marrons ou de homards cuits en vases clos, ce qui serait bien loin d'expliquer la grande extension des glaciers. De plus cette grande masse de matière gazeuse, circulant avec une vitesse assez petite pour mettre plusieurs années à traverser notre système, aurait dû y être retenue par l'action de la pesanteur, de manière à être entraînée avec lui dans l'espace. Que serait-elle donc devenue, puisqu'elle a cessé de de nous faire ombre et de nous cuire ? A-t-elle été peu à peu absorbée par le soleil ? Mais comment rendre compte de cette absorption ? Des matières gazeuses ou vaporeuses se dilatent par la chaleur au lieu de se contracter, et cette masse de vapeur, en contact avec le soleil, serait bien vite arrivée à un état incandescent. Faudrait-il donc supposer que la matière desdits nuages cosmiques n'est ni pesante, ni conductrice de la chaleur, ni dilatable sous son influence ? M. Babinet n'aurait pas même la ressource de supposer à la matière de ses nuages cosmiques quelque analogie avec la matière des comètes, car la matière des comètes est pesante et dilatable. Nous ignorons, il est vrai, si elle est conductrice, mais nous savons par contre qu'une comète n'intercepte pas même les rayons lumineux des étoiles, et qu'à plus forte raison elle pourrait passer entre la terre et le soleil sans nous priver ni de la chaleur ni de la lumière de cet astre. Comme on le voit, pour accepter l'hypothèse des nuages cosmiques, issue de l'imagination inventive de M. Babinet, il faut leur supposer une nature *sui generis*, en vertu de laquelle ils seraient soustraits à toutes les lois physiques qui gouvernent la matière sur la terre et dans le ciel. Une hypothèse qui en suppose tant d'autres d'une telle hardiesse nous effraye.

Si l'hypothèse d'un abaissement temporaire de la température sur toute la surface de la terre ne présente aucune vraisemblance au point de vue astronomique, elle soulèverait de non moins grandes objections contre la théorie de M. Darwin elle-même, et ramènerait à supposer des créations et des destructions totales et périodiques des formes du monde vivant. Comment, en effet, expliquerait-on la persistance pendant la période glaciaire des formes intertropicales ? Puisqu'il est à peu près prouvé aujourd'hui que le froid de la période glaciaire a tué l'Éléphant en Sibérie, en Europe et dans l'Amérique du Nord, avec tant d'autres grands Pachydermes et tant d'autres grands Chats, aujourd'hui habitants exclusifs des zones torrides, comme elle a fait aussi disparaître les Palmiers des mêmes lieux, on se demande où les types des genres actuels se seraient réfugiés si les phénomènes glaciaires avaient été simultanés sur la surface du globe ou même sur les deux grandes routes que les deux continents tracent du sud au nord, ne fût-ce que pendant quelques années consécutives. Si tous ces types n'ont pas été recréés au commencement de l'époque actuelle, il faut bien qu'ils aient persisté en quelque point du monde pendant qu'ils étaient détruits sur d'autres. M. Darwin suppose un peu plus loin que ces formes se sont réfugiées sur les terres basses, dans les districts les plus chauds et les plus humides ; mais toutes les formes intertropicales ne se seraient pas prêtées également à un exil circonscrit ; et des Éléphants, des Lions, des Tigres ne sauraient, pendant toute une période géologique, s'accommoder dans d'étroites stations, concurremment avec les animaux plus faibles et la végétation luxuriante que les uns ou les autres exigent pour leur nourriture. La plupart des types des climats torrides

Angleterre, le docteur Hooker a montré qu'environ quarante à cinquante espèces de plantes phanérogames de la Terre de Feu, formant une partie considérable d'une flore aussi pauvre, se retrouvent en Europe en dépit de l'immense distance qui sé-

se seraient complétement éteints, de sorte qu'il ne nous serait plus possible de rendre compte de leur existence actuelle par des modifications héréditaires.

L'hypothèse d'un refroidissement partiel suivant des zones longitudinales n'est pas plus admissible. Dans l'état actuel des choses, et les mouvements connus de notre système planétaire étant supposés constants, aucune cause astronomique ne peut changer les climats sur un méridien quelconque, sans qu'un changement correspondant se fasse sentir sur tous les autres : et si de grandes modifications, dans la distribution relative des terres et des mers, peuvent avoir jusqu'à certain point ce résultat, une pareille cause ne saurait avoir des effet assez puissants pour expliquer les divers phénomènes glaciaires.

Mais connaissons-nous bien tous les mouvements de notre planète ? A son mouvement de rotation diurne, à son mouvement de translation dans l'espace, au double mouvement conique et oscillatoire de son axe qui résulte de la précession des équinoxes, combinée avec la nutation, et qui déplace les pôles terrestres de manière à leur faire décrire, en 25 870 ans environ, un cercle de 47 degrés de diamètre par rapport aux étoiles du pôle céleste, ne se joindrait-il pas quelque mouvement, plus lent encore, de son axe de rotation par rapport à ses pôles géographiques ? En un mot, cet axe perce-t-il constamment le sphéroïde terrestre aux mêmes points matériels ? C'est une question posée par Arago lui-même (*Astronomie populaire*, chap. XXII), et elle ne lui semble pas complétement résolue, malgré sa grande importance. En effet, si l'axe de rotation de la terre se déplace, l'équateur se déplace avec lui, et les latitudes terrestres sont variables ; mais la question ne saurait encore être décidée par la comparaison des mesures modernes avec les observations anciennes qui manquent de l'exactitude nécessaire. Laplace a bien démontré qu'aucune cause liée à l'attraction universelle ne peut déplacer l'axe de rotation du sphéroïde terrestre, mais Laplace, dans tous ces calculs, a toujours considéré les corps célestes comme des masses rigides parfaitement homogènes ou, tout au moins, formées de couches concentriques d'une parfaite homogénéité sur toute leur circonférence, de sorte que leur centre commun de gravité dût coïncider avec leur centre de figure. Supposons, au contraire, que dans notre globe, en grande partie *fluide*, ces deux points soient éloignés l'un de l'autre, de si peu que ce soit, et que l'un soit animé d'un mouvement périodique, autour de l'autre, il en résultera forcément une déviation correspondante de l'axe de rotation du sphéroïde dans son mouvement à travers l'espace ; de sorte que chacun de ses deux pôles géographiques se promènera circulairement autour d'un pôle moyen idéal, selon un mouvement plus ou moins lent. L'équateur suivra ce mouvement, bien que l'inclinaison de l'équateur sur l'écliptique puisse demeurer parfaitement constante ; et les climats, comme la latitude, changeront lentement et perpétuellement par toute la terre.

Ce qui apparaît avec toute évidence, c'est que les phénomènes glaciaires ont tous les caractères de phénomènes polaires. L'existence des glaciers, leurs effets, et, plus encore, ceux des glaces côtières et des glaces flottantes, le transport des blocs erratiques, tout cela s'observe aux pôles, bien qu'inégalement entre les deux pôles ; car on sait que les glaces flottantes atteignent dans l'hémisphère austral une latitude de 10° plus basse que dans l'hémisphère boréal. Supposons, par exemple, que les deux pôles de la terre décrivent lentement à sa surface

pare ces deux points du globe ; et que, de plus, on y constate encore beaucoup d'espèces proche-alliées. Sur les hautes montagnes de l'Amérique équatoriale se montre une multitude d'espèces particulières appartenant à des genres européens.

deux cercles dont le diamètre soit d'environ 50°. Le pôle nord passera successivement par la Nouvelle-Zemble, le nord de la Russie et de la Sibérie, le centre même de l'Europe, le massif des Alpes et les Pyrénées ; de là il gagnera les Açores, puis, en Amérique, la Nouvelle-Écosse ; il passera entre le Canada et le Labrador, il traversera la baie d'Hudson et la Nouvelle-Galles, et regagnera le point qu'il occupe actuellement par la Géorgie et la mer Polaire. Successivement la chaîne de l'Himalaya, les monts de la Perse, le Caucase et le Liban, l'Atlas en Afrique, les Andes équatoriales et les montagnes Rocheuses dans le Nouveau Monde auront eu le climat des Alpes ou même un climat encore plus froid. Les glaces flottantes auront pu s'étendre successivement dans toutes les mers sur un rayon de cinquante degrés tout autour du cercle décrit par le pôle, c'est-à-dire jusqu'au delà de l'équateur dans l'Atlantique. Le pôle sud aura de même fait son évolution à travers les vastes mers inexplorées qui s'étendent entre le pôle actuel et la Nouvelle-Zélande. Il aura atteint cette île elle-même, puis la terre de Van-Diémen, et sera revenu au pôle actuel en s'approchant des îles de Kerguelen. De sorte que les montagnes de l'Amérique du Sud, la Polynésie, l'Australie et les îles de Kerguelen auront successivement un climat plus ou moins glacial, et que Madagascar et le cap de Bonne-Espérance en auront eu un très-froid. De même, enfin, les glaces flottantes australes auront rayonné dans tout l'océan Pacifique, et s'y seront avancées au delà de l'équateur actuel.

La zone torride aura éprouvé un déplacement correspondant. Le tropique du Cancer se sera élevé jusqu'à la Sibérie et sera redescendu sur le méridien opposé jusqu'au delà de l'équateur. Le tropique du Capricorne aura touché la latitude actuelle du cercle polaire antarctique sur le méridien de l'île de Fer, et aura dépassé l'équateur actuel sous le méridien opposé. L'équateur lui-même, enfin, aura varié de 50° au sud dans l'océan Atlantique, et de 50° au nord dans l'océan Pacifique, c'est-à-dire qu'à l'époque la plus extrême, relativement à l'époque actuelle, il aurait traversé la Chine, l'Himalaya, Madagascar, le Cap, la Patagonie et remonté vers le nord parallèlement à la grande chaîne des Andes.

Déjà, du reste, le professeur Ramsay a cru reconnaître en Angleterre les traces de plusieurs périodes glaciaires beaucoup plus anciennes, et de même, en Suisse, on a constaté deux époques distinctes d'accroissement des anciens glaciers, séparés par une époque où ils durent disparaître presque complétement. Au lieu de voir dans cette action glaciaire, plusieurs fois renouvelée, un cataclysme revenant de temps à autre frapper la terre entière ou quelques-uns de ses points d'un refroidissement subit, et, par suite, d'une destruction plus ou moins complète de la vie organique, n'est-il pas plus simple d'y chercher un phénomène régulier et naturel qui s'est produit constamment à travers toutes les époques géologiques, et qui les a peut-être réglées et mesurées, comme une grande année qui aurait ses saisons et ses retours périodiques de chaleur et de froid. Ces changements, ces alternatives, qui pourraient être prévues par le calcul, comme celles des saisons de l'année solaire, cette fixité des mêmes mouvements et ce retour constant des mêmes phénomènes dans les mêmes lieux est certainement mieux d'accord avec les habitudes générales de la nature, que tous les accidents du hasard au moyen desquels on a voulu expliquer jusqu'ici le grand fait du changement des climats à la surface du globe. (*Trad.*)

Sur les montagnes les plus élevées du Brésil, Gardner a trouvé quelques genres européens qui n'existent nulle part dans les brûlantes contrées intermédiaires. De même, sur la Silla de Caracas, l'illustre Humboldt a vu, il y a déjà lontemps, des espèces appartenant à des genres caractéristiques des Cordillères. Sur les montagnes d'Abyssinie croissent plusieurs formes de caractère tout européen et un petit nombre d'espèces représentatives de la flore du cap de Bonne-Espérance. Au Cap même on trouve aussi quelques espèces d'Europe, que l'on ne croit pas introduites par l'homme, et, sur les montagnes, plusieurs formes représentatives des nôtres, qu'on n'a pas découvertes encore en d'autres parties intertropicales de l'Afrique[1]. Le docteur Hooker a établi dernièrement que plusieurs des plantes qui croissent dans la région supérieure de l'île montagneuse et élevée de Fernando-Po, dans le golfe de Guinée, sont en relations étroites, non-seulement avec celles qui vivent sur les montagnes d'Abyssinie, de l'autre côté du continent africain, mais encore avec les plantes de l'Europe tempérée. C'est là certainement un des faits les plus surprenants qu'on ait encore constatés en distribution géographique. Sur l'Himalaya et sur les chaînes de montagnes isolées de la péninsule de l'Inde, sur les hauteurs de Ceylan et sur les côtes volcaniques de Java se rencontrent beaucoup de plantes, soit identiques, soit représentatives les unes des autres, et en même temps représentatives de plantes européennes, qu'on ne retrouve plus nulle part sur les terres basses intermédiaires des contrées plus chaudes. Une liste des genres recueillis sur les pics les plus élevés de Java semble dressée d'après une collection faite sur une colline d'Europe. Plus frappante encore est la ressemblance entre les formes du sud de l'Australie et les plantes qui croissent sur les sommets de Bornéo. D'après ce que j'ai appris du docteur Hooker, quelques-unes de ces formes australiennes s'étendent le long des hauteurs de la péninsule de Malacca, et sont rares et éparses, d'un côté dans l'Inde, et de l'autre aussi loin vers le nord que le Japon.

[1] Paragraphe ajouté par l'auteur depuis la troisième édition anglaise et inséré dans la seconde edition allemande. (*Trad.*)

Sur les montagnes du sud de l'Australie, le docteur F. Müller a découvert des espèces européennes ; d'autres espèces, qui n'ont point non plus été introduites par l'homme, se rencontrent dans les basses terres; et, d'après ce que j'ai appris du docteur Hooker, on pourrait dresser une longue liste de genres européens trouvés en Australie, mais qui ne se rencontrent nulle part dans les régions torrides intermédiaires. Dans l'admirable *Introduction à la flore de la Nouvelle-Zélande* du docteur Hooker, on trouve des faits analogues et non moins frappants à l'égard des plantes de cette île. Nous voyons donc que sur toute la surface du monde les plantes qui croissent sur les plus hautes montagnes, et sur les basses terres des régions tempérées des deux hémisphères du nord et du sud, présentent quelquefois une parfaite identité, mais sont beaucoup plus souvent spécifiquement distinctes, bien qu'ayant toujours les unes avec les autres la parenté la plus remarquable.

Ce bref résumé concerne seulement les plantes ; mais l'on pourrait citer quelques faits parfaitement analogues à l'égard de la distribution des animaux terrestres. De même, dans les productions marines, des cas analogues se rencontrent : comme exemple, je citerai une remarque émanant de la plus haute autorité. « C'est un fait vraiment merveilleux, dit le professeur Dana, que les Crustacés de la Nouvelle-Zélande aient une plus étroite ressemblance avec ceux de la Grande-Bretagne, ses antipodes, qu'avec ceux de toute autre partie du monde [1]. » Sir J. Richardson parle aussi de la réapparition sur les côtes de la Nouvelle-Zélande, de la Tasmanie et d'autres contrées, de formes de poissons toutes septentrionales. Enfin cette analogie se retrouve jusque dans les Algues ; car le docteur Hooker m'a informé que vingt-cinq espèces sont communes à la Nouvelle-Zélande et à l'Europe, mais n'ont pas encore été trouvées dans les mers tropicales intermédiaires.

[1] D'après l'hypothèse de la périodicité des phénomènes glaciaires se renouvelant circulairement autour des deux pôles d'un axe idéal fixe, ce serait, au contraire, une chose assez naturelle que tous les pays antipodes l'un de l'autre eussent plus de ressemblance entre eux que tous les autres points des mêmes parallèles, puisque dans un même moment donné ils ont toujours dû avoir à peu près le même climat et présenter des conditions de vie analogues. (*Trad.*)

Il faut observer que les formes ou espèces septentrionales découvertes dans les contrées les plus méridionales de l'hémisphère austral ou sur les chaînes de montagnes des régions intertropicales ne sont pas arctiques, mais appartiennent aux zones tempérées du nord. Ainsi que l'a remarqué M. H.-C. Watson, « en avançant du pôle vers les latitudes équatoriales, la flore alpine ou de montagne devient réellement de moins en moins arctique. » Beaucoup des formes qui vivent sur les montagnes des plus chaudes régions de la terre et dans l'hémisphère austral sont de valeur douteuse, et sont rangées par quelques naturalistes comme spécifiquement distinctes, tandis que d'autres les considèrent comme des variétés; mais quelques-unes sont certainement identiques, et beaucoup, bien qu'en connexion étroite avec des formes septentrionales, sont bien spécifiquement distinctes.

Cherchons maintenant quelle lumière on peut jeter sur les différents faits qui précèdent en partant de l'hypothèse appuyée, comme nous l'avons vu, sur un ensemble considérable de preuves géologiques, que le monde entier, ou du moins une grande partie de sa surface, a subi un abaissement simultané de température pendant toute la durée de la période glaciaire. Cette période, mesurée au nombre des années, doit avoir été extrêmement longue, et lorsque nous nous souvenons que quelques plantes ou animaux naturalisés se sont répandus dans de vastes régions en quelques siècles, cette période doit avoir suffi pour quelque somme de migration que ce soit [1].

A mesure que la température baissa, toutes les plantes et autres productions tropicales firent retraite vers l'équateur, suivies à la remorque par les productions tempérées et celles-ci par les formes arctiques ; mais nous n'avons rien à faire avec ces dernières quant à présent. Les plantes tropicales souffrirent probablement de nombreuses extinctions : mais combien ? Nul

[1] Si les phénomènes glaciaires sont constants à la surface du globe et reviennent périodiquement aux mêmes lieux, il n'y a pas eu, à proprement parler, d'époque ou de période glaciaire. Il n'y a que des *saisons glaciaires* locales. Et il est probable que dans la distribution de la flore alpine il y a l'effet combiné de plusieurs périodes glaciaires ou années géologiques successives, c'est-à-dire de plusieurs retours du refroidissement polaire aux mêmes points. (*Trad.*)

ne saurait le dire. Peut-être qu'anciennement les tropiques nourrissaient autant d'espèces que nous en voyons aujourd'hui rassemblées en foule au cap de Bonne-Espérance et dans les parties tempérées de l'Australie. Comme on sait que beaucoup de plantes et d'animaux des tropiques peuvent supporter un froid déjà assez intense, un certain nombre peuvent avoir échappé à une destruction entière, malgré un abaissement modéré de la température, surtout en se réfugiant dans les districts les plus bas, les mieux protégés et les plus chauds. Mais le grand fait qu'il faut bien considérer, c'est que toutes les productions tropicales doivent avoir souffert jusqu'à un certain point. Les productions tempérées, en émigrant plus près de l'équateur, durent avoir moins à souffrir, bien que placées sous des conditions nouvelles ; car il est prouvé que beaucoup de plantes tempérées, lorsqu'elles sont protégées contre les invasions de trop nombreux compétiteurs, peuvent supporter un climat beaucoup plus chaud que celui qu'elles ont accoutumé.

En tenant compte de ce que les productions tropicales étaient en état de souffrance, et incapables de présenter un ferme front de défense contre les envahisseurs, il me semble donc possible qu'un certain nombre des formes tempérées les plus vigoureuses et les plus dominantes aient pénétré dans les rangs des natifs, et soient arrivées jusqu'à l'équateur et même au delà. L'invasion doit avoir été considérablement favorisée par les chaînes de montagnes, et peut-être par la sécheresse du climat ; car je tiens du docteur Falconer que c'est surtout la chaleur humide des tropiques qui nuit aux plantes vivaces des climats tempérés. Mais d'autre part les districts les plus humides et les plus chauds auront donné asile aux natifs des tropiques. Les chaînes de montagnes du nord-ouest de l'Himalaya et la longue ligne des Cordillères semblent avoir été deux grandes routes de migration. Ainsi le docteur Hooker m'a dernièrement communiqué ce fait étrange que toutes les plantes phanérogames, au nombre d'environ quarante-six, qui sont communes à l'Europe et à la Terre-de-Feu, vivent aussi dans l'Amérique du Nord, qui doit s'être trouvée sur le chemin de leur migrations. Nous pouvons supposer avec quelque droit que des formes tempérées ont traversé certaines contrées des tropiques qui ont pu avoir autrefois une altitude supérieure à celle qu'elles ont de nos jours [1]; mais, de telles conjectures ne reposant sur aucune preuve de fait, je suis forcé de croire que quelques productions tempérées ont pénétré même dans les plaines des tropiques et les ont traversées à l'époque où le froid était le plus intense, c'est-à-dire à l'époque où les formes arctiques, après avoir émigré sur une étendue d'environ vingt-cinq degrés de latitude au sud de leur contrée natale, couvrirent le sol jusqu'au pied des Pyrénées. J'admets qu'à cette époque d'extrême froid le climat des terres équatoriales, situées au niveau de la mer, était à peu près le même que celui qu'on trouve aujourd'hui à une altitude de cinq ou six mille pieds. Pendant cette période la plus froide, de vastes étendues de plaines tropicales étaient probablement couvertes d'une végétation moitié tropicale et moitié tempérée, semblable à celle qui croît aujourd'hui, avec une remarquable luxuriance, au pied de l'Himalaya, et dont le docteur Hooker a donné la description graphique.

M. Mann, en recueillant des plantes dans l'île de Fernando-Po, a commencé à voir apparaître à la hauteur de 5,000 pieds des formes appartenant à l'Europe tempérée. Sur les montagnes de Panama, à une altitude de 2,000 pieds seulement, le docteur Seeman a trouvé une végétation semblable à celle de Mexico « avec des formes de la zone torride harmonieusement mélangées avec des formes tempérées. » Nous voyons donc ici la preuve que sous certaines conditions climatériques il est certainement possible que des formes essentiellement tropicales puissent coexister pendant une période d'une longueur indéterminée avec des formes tempérées.

J'ai espéré quelque temps trouver la preuve que quelque part dans le monde les tropiques avaient échappé aux effets du

[1] Ce paragraphe, ajouté par l'auteur et déjà inséré dans la seconde édition allemande, nous paraît d'accord avec nos notes des pages, 451, 457, et 458. Nous sommes prêts à reconnaître que la supposition d'oscillations générales de la croûte terrestre se manifestant sur des contrées entières est hypothétique, en tant que système général se rattachant au déplacement périodique et lent des pôles; mais, comme phénomènes isolés et locaux, elle est appuyée sur les faits observés en plusieurs points du globe, et notamment en Suède, en Italie, en Océanie, sur la côte orientale de l'Amérique du Sud, et autre part encore. (*Trad.*)

refroidissement de la période glaciaire, et avaient pu présenter un sûr refuge aux productions tropicales menacées. Un tel refuge, nous ne pouvons le chercher dans la péninsule Hindoustanique, les formes tempérées y ayant atteint presque toutes les chaînes distinctes de montagnes, aussi bien que les monts de Ceylan ; nous ne pouvons le supposer non plus dans l'archipel Malais, car sur les cônes volcaniques de Java nous trouvons des formes européennes, et sur les hauteurs de Bornéo des productions tempérées de l'Australie. Si nous considérons l'Afrique, nous voyons que, non-seulement des formes de l'Europe tempérée ont traversé l'Abyssinie le long de son côté oriental jusqu'à son extrémité méridionale, mais nous savons maintenant que des formes tempérées ont également voyagé dans une direction transversale depuis les montagnes d'Abyssinie jusqu'à l'île de Fernando-Po, aidées peut-être en leur marche par des chaînes de montagnes dont on a raison de croire le continent Africain traversé dans une direction est-ouest. Lors même que nous accorderions que quelque grande région tropicale ait conservé sa haute température pendant la période glaciaire, cette supposition ne nous aiderait en rien, car les formes tropicales qui s'y seraient conservées ne pourraient s'être transportées dans les autres grandes régions tropicales pendant la durée d'une période si courte ; et d'autre part les productions tropicales du monde entier ne sont en aucune façon aussi uniformes qu'elles devraient l'être, si elles avaient toutes émigré d'un seul et même lieu de refuge.

Les plaines situées à l'est des contrées tropicales de l'Amérique du Sud sont celles qui paraissent avoir le moins souffert de la période glaciaire ; néanmoins là encore nous trouvons sur les montagnes du Brésil un petit nombre de formes tempérées qui doivent avoir traversé le continent depuis les Cordillères ; et il semble que durant la même période il y ait eu une émigration des Cordillères à la Silla de Caracas. Néanmoins M. Bates, qui a étudié avec tant de soins la faune entomologique de la région Guyano-Amazonienne, s'est élevé récemment avec force contre toute supposition d'un refroidissement récent du climat de ces contrées ; car il établit qu'elle abonde en formes toutes spéciales de Lépidoptères autochthones, fait qui paraît contraire à la supposition que les régions voisines de l'équateur aient souffert récemment beaucoup d'extinctions d'espèces. Jusqu'à quel point ces faits peuvent-ils s'expliquer dans l'hypothèse d'une presque entière annihilation d'une faune équatoriale pléistocène pendant la période glaciaire, et de la formation de la faune équatoriale actuelle par le mélange de deux faunes juxta-tropicales antérieures, je ne me fais pas fort de le dire [1].

Un nombre considérable de plantes, un petit nombre d'animaux terrestres et quelques productions marines auraient ainsi émigré, pendant la période glaciaire, des zones tempérées du nord et du sud jusque dans les régions tropicales et auraient même pu traverser l'équateur. Au retour de la chaleur, ces formes tempérées doivent naturellement s'être élevées sur le flanc des plus hautes montagnes et avoir été exterminées dans les basses terres. Celles qui n'avaient pas atteint l'équateur revinrent sur leurs pas, soit au nord, soit au sud, vers leur ancienne patrie ; mais les formes, en majeure partie d'origine septentrionale, qui avaient passé l'équateur, ont dû s'éloigner de plus en plus de leur sol natal vers les latitudes tempérées de l'hémisphère opposé. Quoique nous ayons des preuves géologiques que tout l'ensemble des coquillages arctiques n'ont supporté presque aucune modification pendant leur longue migration vers le sud et leur retour vers le nord, il peut en avoir été tout autrement des formes qui s'établirent, soit sur les montagnes intertropicales, soit dans l'hémisphère méridional. Entourées d'étrangers, elles ont eu à soutenir la concur-

[1] Ces trois derniers paragraphes que l'auteur nous a adressés, et qui ont déjà été insérés dans la seconde édition allemande, prouvent, avec plus d'évidence encore que tant d'autres faits analogues, que toute hypothèse, tendant à faire admettre une période de refroidissement totale et simultanée sur tout le globe, doit être définitivement abandonnée. Un mouvement de torsion oblique et en spirale des lignes isothermiques du globe terrestre, et de son renflement équatorial, en favorisant l'émersion et l'immersion alternative des terres intertropicales, est le seul qui puisse rendre compte de tous les faits si complexes de la distribution géographique des espèces vivantes, et expliquer, soit leurs migrations en latitude d'un pôle à l'autre, soit leurs migrations en longitude d'un méridien jusqu'au méridien opposé. (*Trad.*)

rence contre beaucoup de nouvelles formes vivantes ; et il est probable que des modifications avantageuses dans leur structure, leurs habitudes et leur constitution les auront successivement adaptées par sélection à leurs nouvelles stations en les transformant plus ou moins. Aussi bon nombre de ces émigrants, bien qu'en étroite parenté héréditaire avec leurs frères des deux hémisphères, sont arrivés à exister chacun dans leur nouvelle patrie comme autant de variétés bien marquées ou d'espèces distinctes.

C'est un fait remarquable et sur lequel ont beaucoup insisté le docteur Hooker, à l'égard de l'Amérique, et M. Alphonse de Candolle, à l'égard de l'Australie, que beaucoup plus de plantes identiques et de formes alliées paraissent avoir émigré du nord au sud, que dans une direction opposée. Nous voyons cependant quelques formes végétales du sud sur les montagnes de Bornéo et d'Abyssinie. Je soupçonne que cette migration prépondérante du nord au sud est due à la plus grande étendue des terres dans l'hémisphère septentrional, et de ce que les formes continentales du nord, ayant vécu dans leur patrie originaire en plus grand nombre, se sont, en conséquence, trouvées, grâce à une concurrence et à une sélection naturelle plus sévères, supérieures en organisation et douée d'un pouvoir de domination prépondérant sur celui des formes australes. De sorte que, lorsqu'elles se trouvèrent mélangées les unes avec les autres pendant la période glaciaire, les formes septentrionales durent vaincre les formes méridionales moins puissantes ; juste de la même manière que nous voyons aujourd'hui beaucoup de productions européennes couvrir le sol de la Plata ou, en moindre degré, de l'Australie, et jusqu'à un certain point vaincre les productions indigènes de l'une ou l'autre de ces contrées ; tandis qu'au contraire un très-petit nombre de formes méridionales se sont naturalisées en Europe, bien que des peaux, de la laine et d'autres objets, propres à transporter accidentellement des graines, aient été continuellement importés en Europe, depuis deux ou trois siècles de la Plata, et depuis trente ou quarante ans de l'Australie.

Les montagnes de Neilgherrie, dans l'Inde, semblent cependant offrir, à quelques égards, une exception, car je tiens du docteur Hooker que les formes australiennes sont en train de s'y semer rapidement et de s'y naturaliser [1]. Il n'est pas douteux qu'avant la période glaciaire les montagnes intertropicales ne fussent peuplées de formes alpines indigènes; mais celles-ci ont dû presque partout céder en grande partie la place à des formes plus dominantes, produites dans les contrées plus vastes, et dans les ateliers plus actifs du nord. En beaucoup d'îles, les productions natives sont à peu près égalées ou même surpassées en nombre par les productions naturalisées; et si les formes indigènes n'ont pas été totalement exterminées, elles sont du moins considérablement réduites en nombre, ce qui est toujours le premier pas vers l'extinction. Une montagne est une île sur la terre; or les montagnes intertropicales, avant la période glaciaire, doivent avoir été complétement isolées; et les productions de ces îles de la terre cédèrent à d'autres, qui avaient été élaborées dans les vastes régions du nord, de la même manière que les productions d'îles véritables ont récemment cédé presque partout à des formes continentales, naturalisées par l'intermédiaire de l'homme.

Je suis bien loin de supposer que ces hypothèses lèvent toutes les difficultés que présentent l'extension et les affinités des espèces alliées qui vivent dans les zones tempérées du nord et du sud et sur les montagnes des régions intertropicales. Il est très-difficile de comprendre comment un grand nombre de formes spéciales, confinées entre les tropiques, se seraient conservées pendant la période du maximum de froid de la période glaciaire. Le grand nombre des formes australiennes, qui ont des affinités avec les formes de l'Europe tempérée, mais qui en diffèrent à tel point qu'il est impossible de croire que leur transformation s'est opérée depuis la période glaciaire, nous indique peut-être l'existence d'une période glaciaire, beaucoup

[1] Ce passage a été modifié par l'auteur. La première édition portait : « Quelque chose de semblable dut avoir lieu à l'égard des montagnes intertropicales. Nul doute qu'avant la période glaciaire elle ne fussent peuplées, etc. » (*Trad.*)

plus ancienne, d'accord avec les spéculations récentes de quelques géologues [1].

Du reste, même à l'égard de la dernière époque glaciaire, il serait impossible d'indiquer avec quelque exactitude les routes et les moyens d'émigration, pour quelles raisons certaines espèces plutôt que d'autres ont émigré, et pourquoi certaines espèces se sont modifiées et ont donné naissance à de nouveaux groupes, tandis que d'autres sont demeurées sans variations. Nous ne saurions espérer pouvoir rendre compte de tels faits, jusqu'à ce que nous puissions dire pourquoi telle espèce plutôt que telle autre s'est naturalisée par l'intermédiaire de l'homme sur une terre éloignée ; et pourquoi l'une a une extension du double ou du triple, et compte le double et le triple d'individus sur un même espace, comparativement à une autre espèce, également considérée dans sa patrie naturelle.

J'ai dit qu'il restait beaucoup de difficultés à résoudre. Quelques-unes des plus importantes sont résumées avec une admirable clarté par le docteur Hooker dans ses ouvrages botaniques sur les régions antarctiques. Mais elles ne sauraient être discutées ici. Je dirai seulement qu'à l'égard des espèces identiques qu'on trouve en des points aussi éloignés les uns des autres que la terre de Kerguelen, la Nouvelle-Zélande et la Terre-de-Feu, je crois que, vers la fin de la période glaciaire, les glaces flottantes doivent avoir concouru pour beaucoup à leur dispersion, ainsi que l'a suggéré Lyell. Mais l'existence de plusieurs espèces tout à fait distinctes, appartenant à des genres exclusivement confinés dans le sud, en ces divers points et en quelques autres de l'hémisphère austral, est un fait bien autrement difficile à expliquer au point de vue de ma théorie de descendance modifiée. Car quelques-unes de ces espèces sont si distinctes, que nous ne saurions supposer que le temps écoulé depuis le commencement de la période glaciaire ait suffi à leur migration et aux modifications qu'elles auraient dû subir depuis leur éta-

[1] Ce dernier paragraphe a été ajouté par l'auteur. Si le fait déjà plusieurs fois supposé de plusieurs périodes glaciaires se confirmait, il y aurait toute raison de croire à la périodicité régulière du phénomène, qui d'ailleurs peut aider à expliquer une foule considérable de faits, autrement impossibles à relier entre eux par une loi. (*Trad.*)

blissement pour devenir si différentes de leur souche. Les faits me semblent indiquer que des espèces particulières et très-distinctes ont émigré en rayonnant de quelque centre commun, et je suis incliné à supposer que, dans l'hémisphère austral, comme dans l'hémisphère boréal, il a dû s'écouler une période plus chaude, antérieure à la période glaciaire, et pendant laquelle les terres antarctiques, aujourd'hui couvertes de glaces, ont nourri une flore isolée et toute particulière [1]. Je soupçonne qu'avant l'extinction complète de cette flore, à l'époque glaciaire, quelques-unes de ces formes ont été dispersées au loin, jusqu'en des points divers de l'hémisphère austral, par des moyens de transport occasionnels et à l'aide d'îles aujourd'hui submergées qui leur servirent alors de lieux de relâche ; de sorte que sur les côtes méridionales de l'Amérique, de l'Australie et de la Nouvelle-Zélande, les formes de la vie végétale ont pu, de cette manière, prendre une nuance toute particulière qui leur est commune entre elles.

Sir Ch. Lyell, dans des pages remarquables, a parlé, presque comme je le fais ici, des effets des grandes alternances du climat sur la distribution géographique. Le monde a probablement accompli récemment une de ses grandes révolutions périodiques de transformation ; et cette supposition, combinée avec les modifications effectuées par sélection naturelle, peut expliquer une multitude de faits dans la distribution actuelle des formes vivantes, alliées ou identiques. On peut dire que les eaux de la vie ont coulé pendant une courte période à la fois du nord et du sud vers l'équateur où elles se sont croisées ; mais elles ont coulé avec plus de force du nord, de manière à inonder le sud. Comme le flux dépose en lignes horizontales

[1] L'hypothèse du déplacement périodique et circulaire des pôles rendrait compte de cet accroissement de chaleur sur les points opposés des deux parallèles où se manifesteraient dans le même moment les phénomènes glaciaires. C'est ainsi que les Pyrénées et les Açores, qui un jour auraient été sous le pôle, jouissent maintenant d'un climat assez chaud. De même, à l'époque où la Chine était sous l'équateur et où la Sibérie était peuplée d'Éléphants, un climat tropical devait régner dans l'Amérique méridionale, la Terre-de-Feu, les îles Shetland et Sandwich ; et l'accroissement de chaleur de l'Amérique du Nord doit avoir eu son climat correspondant sur la terre de Kerguelen, avec un maximum de chaleur vers Madagascar et la pointe méridionale de l'Afrique. (*Trad.*)

les débris qu'il apporte sur les grèves, tout en s'élevant toujours de plus en plus haut sur les côtes où la marée a sa plus grande force; de même les flots de l'existence ont laissé leurs débris vivants sur les sommets de nos montagnes, suivant une ligne qui s'élève doucement depuis les basses terres arctiques jusque sous l'équateur où elle atteint sa plus grande hauteur. Les êtres ainsi abandonnés sur ces rivages peuvent être comparés à ces races humaines sauvages, qui, chassées dans les montagnes de chaque contrée, y survivent, comme en des forteresses, pour y perpétuer la trace et le souvenir, plein d'intérêt pour nous, des premiers habitants des basses terres environnantes.

# CHAPITRE XII

## DISTRIBUTION GÉOGRAPHIQUE (SUITE).

I. Distribution des productions d'eau douce. — II. Des habitants des îles océaniques. — III. Absence de Batraciens et de Mammifères terrestres dans les îles océaniques. — IV. Des rapports que les habitants des îles peuvent avoir avec ceux des continents les plus voisins. — De la colonisation émanant de la source la plus voisine avec des modifications subséquentes. — Résumé de ce chapitre et du précédent.

I. **Distribution des productions d'eau douce.** — De ce que les lacs et les systèmes de rivières sont séparés les uns des autres par des barrières terrestres, on croirait pouvoir conclure que les productions d'eau douce ne sauraient se répandre aisément, même dans les limites des contrées où elles vivent, et comme la mer semble être pour elles une barrière encore plus infranchissable, qu'elles ne peuvent non plus s'étendre jusqu'en des contrées éloignées. Cependant les faits prouvent tout le contraire. Non-seulement beaucoup d'espèces d'eau douce, appartenant aux classes les plus différentes, ont une extension très-vaste ; mais des espèces alliées prévalent, dans le monde entier, de la manière la plus remarquable. Je me souviens quelle fut ma surprise lorsqu'en collectionnant pour la première fois dans les eaux du Brésil j'ai dû constater que les insectes, les coquillages et autres organismes des eaux douces du pays avaient, avec ceux des îles Britanniques, les plus grandes analogies, fait d'autant plus étrange que les espèces terrestres étaient complétement différentes de nos espèces européennes.

Cette grande faculté d'extension des productions d'eau douce, quelque inattendue qu'elle soit, peut cependant s'expliquer, dans la plupart des cas, par l'utile habitude qu'elles ont acquise d'émigrer fréquemment, bien qu'à petite distance, d'étang à étang ou de cours d'eau à cours d'eau. Il en résulte presque nécessairement que de semblables espèces sont plus propres que d'autres à une dispersion lointaine et rapide.

Nous ne pouvons étudier ici que quelques exemples de cette loi. A l'égard des poissons, je ne crois pas que la même espèce se soit rencontrée dans les eaux douces de continents séparés et distants. Mais, sur le même continent, les espèces s'étendent souvent beaucoup et presque capricieusement; car deux systèmes de rivières auront parfois quelques espèces en commun et quelques autres très-différentes.

Certains faits semblent favoriser de temps à autre leur transport par des moyens accidentels. C'est ainsi que dans l'Inde des poissons vivants sont encore assez fréquemment apportés par des tourbillons. De plus, leurs œufs, même retirés de l'eau, n'en conservent pas moins une remarquable vitalité. Mais j'incline à attribuer principalement la dispersion des poissons d'eau douce à de légers changements survenus dans le niveau des terres, depuis une époque plus ou moins récente, et qui auront changé le système des rivières, en faisant communiquer ensemble des cours d'eau jusque-là séparés. On pourrait citer des exemples de pareils changements, arrivés pendant des inondations, même sans aucun mouvement du sol. Le lœss du Rhin nous fournit des preuves que des changements considérables dans le niveau des terres ont eu lieu à une époque géologique toute récente, et lorsque cette région était déjà peuplée de coquillages terrestres et d'eau douce appartenant à des espèces encore vivantes. La grande différence des poissons qui vivent sur les deux versants opposés d'une longue chaîne de montagnes qui, depuis une période très-reculée, doit avoir séparé des bassins différents et empêché la réunion de leurs différents cours d'eau, semble conduire aux mêmes conclusions. A l'égard des espèces alliées de poissons d'eau douce, qu'on retrouve sur des points du monde très-éloignés les uns des autres, sans nul doute il y a des cas nombreux présentant des difficultés qui ne sauraient, quant à présent, être résolues; mais, comme quelques poissons d'eau douce appartiennent à des formes très-anciennes, elles ont eu le temps et les moyens d'émigrer, dans toutes les directions et à quelque distance que ce soit, pendant les longues périodes écoulées et à l'aide des grands changements géographiques qui se sont successivement accomplis. En second lieu, les poissons de mer peuvent, avec quelques soins, être peu à peu habitués à vivre dans l'eau douce ; et, d'après Valenciennes, il est à peine un seul groupe de poissons exclusivement confinés dans les eaux douces ; de sorte qu'on peut admettre qu'une espèce marine appartenant à un groupe composé, en général, de poissons d'eau douce, puisse voyager longtemps le long des plages de la mer et plus tard s'adapter, en se modifiant, aux eaux douces d'une terre éloignée.

Quelques espèces de coquillages d'eau douce ont aussi une vaste extension, et des espèces alliées, qui, d'après ma théorie, descendent d'un commun parent et doivent être originaires d'une souche unique, prévalent dans le monde entier. Leur distribution me jeta d'abord dans une grande perplexité, car leurs œufs ne semblent guère propres à être transportés par des oiseaux, et, comme les adultes, ils sont immédiatement tués par l'eau de mer. Je ne pouvais pas même comprendre comment quelques espèces naturalisées s'étaient rapidement répandues dans la même contrée. Mais deux faits que j'ai observés jettent quelque lumière sur cette question, et, sans nul doute, il en reste nombre d'autres à découvrir. Deux fois j'ai vu un Canard émerger tout à coup d'un étang couvert de Lentilles d'eau, avec quelques-unes de ces plantes encore adhérentes aux plumes de son dos ; or, il m'est arrivé d'autre part qu'en transportant une plante de Lentille d'eau d'un vivier dans un autre, j'ai, sans intention, introduit dans celui-ci des coquillages qui, jusqu'alors, n'avaient vécu que dans le premier. Mais il est une autre intervention peut-être encore plus efficace : j'ai suspendu une patte de Canard dans un vivier où beaucoup d'œufs de coquillages d'eau douce étaient en train d'éclore, et je la trouvai bientôt couverte d'un grand nombre de petits coquillages tout fraîchement éclos qui rampaient à sa surface. Ils y adhéraient si fortement que je ne pus les en détacher, même en les secouant hors de l'eau, bien qu'à un âge plus avancé ils se fussent laissés tomber d'eux-mêmes. Ces jeunes mollusques nouvellement éclos, quoique exclusivement aquatiques par leur nature, survécurent cependant sur la patte du Canard, et dans l'air humide pendant douze à vingt heures. Or, en ce même temps, un Canard ou un Héron pourrait voler à une distance d'au moins six à sept cents milles, et ne manquerait pas de s'abattre sur un étang ou un ruisseau de l'île océanique ou de toute autre terre éloignée vers laquelle le vent l'aurait poussé à travers la mer. Je tiens de sir Ch. Lyell qu'un Dyticus a été pris emportant un Ancylus (coquille d'eau douce analogue aux Patelles), qui adhérait fortement à son corps; et j'ai vu moi-même un Colymbetes, c'est-à-dire un Coléoptère aquatique de la même famille, voler une fois à bord du *Beagle*, lorsque nous étions à une distance de quarante-cinq milles de la terre la plus voisine. Combien aurait-il pu voler plus loin encore, poussé par une brise favorable? Nul ne peut le dire.

Quant aux plantes aquatiques, on sait depuis longtemps quelle est l'extension immense de quelques espèces d'eau douce et même de marais, sur les deux continents et jusque dans les îles océaniques les plus éloignées. Le fait est remarquable surtout, ainsi que le fait observer M. Alph. de Candolle, parmi des groupes de plantes terrestres qui n'ont que quelques représentants aquatiques; car ces derniers semblent aussitôt acquérir une très-grande extension comme par une conséquence nécessaire de leurs habitudes. Des moyens favorables de dispersion expliquent ce fait. J'ai déjà dit autre part que parfois, quoique rarement, une certaine quantité de terre adhère aux pieds et au bec des oiseaux. Des échassiers qui fréquentent les rivages marécageux des étangs, venant soudain à être mis en fuite, sont les plus exposés à avoir souvent les pieds terreux. Or, les oiseaux de cet ordre sont généralement grands voyageurs, et on les a parfois trouvés sur les îles les plus stériles et les plus éloignées en pleine mer. Il est peu probable qu'ils s'abattent à la surface de la mer, de sorte que la terre de leurs pieds ne risque point d'être lavée pendant la traversée; et ils ne sauraient manquer, en prenant terre, de voler immédiatement jusqu'aux bords des eaux douces qu'ils ont accoutumé de fréquenter. Je ne sais si les botanistes savent bien jusqu'à quel point la vase des étangs est mélangée de graines. J'ai fait à ce sujet quelques expériences, mais je ne citerai ici qu'un des faits les plus frappants entre ceux que j'ai constatés. En février, je pris sous l'eau trois cuillerées de vase dans trois points différents des bords d'un petit étang. Cette vase séchée pesait seulement six onces trois quarts. Je la conservai dans mon cabinet pendant six mois, arrachant et comptant chaque plante à mesure qu'elle croissait. Ces plantes appartenaient à beaucoup d'espèces différentes, et j'en comptai en tout 537. Cependant la boue visqueuse au milieu de laquelle elles étaient mêlées était toute contenue dans une tasse à déjeuner ! D'après cela il faudrait s'étonner si des oiseaux aquatiques ne transportaient parfois les graines des plantes d'eau douce à de grandes distances, et si, en conséquence, l'extension de ces espèces n'était pas considérable. La même intervention peut avoir agi aussi efficacement à l'égard des œufs des animaux d'eau douce les plus petits.

D'autres causes ont aussi probablement joué leur rôle. J'ai dit que les poissons d'eau douce mangent quelques espèces de graines, mais ils en rejettent beaucoup d'autres espèces après les avoir avalées ; et même de petits poissons avalent des graines déjà d'une certaine grosseur, telles que celles du Lis d'eau à fleurs jaunes et du Potamogeton. Des Hérons et d'autres oiseaux ont, siècle après siècle, dévoré quotidiennement des poissons ; ils prennent leur vol ensuite et vont s'abattre sur d'autres eaux ou sont emportés par le vent à travers la mer, et nous avons vu que les graines qu'ils avalent peuvent encore avoir conservé leur faculté de germination, lorsque de longues heures après ils les dégorgent en pelotes ou les rejettent parmi leurs excréments. Lorsque je vis la grosseur des graines de ce beau Lis d'eau, le Nelumbium, me souvenant des remarques d'Alph. de Candolle au sujet de cette plante, je crus que sa distribution géographique devait rester à jamais inexplicable ; cependant Audubon affirme qu'il a trouvé les graines du grand Lis d'eau méridional (probablement le *Nelumbium luteum*, d'après le docteur Hooker) dans l'estomac d'un Héron. Bien que je n'aie pas constaté le fait, cependant l'analogie me fait admettre comme possible qu'un Héron volant d'étang en étang, et prenant en route un copieux repas de poissons, dégorge ensuite une pelote contenant les graines intactes du Nelumbium. Ou bien ne pourrait-il encore les laisser tomber en donnant la pâture à ses petits, comme on sait que tombent quelquefois de jeunes poissons?

Outre ces divers moyens de dispersion, il ne faut pas oublier que, lorsqu'un étang ou un cours d'eau se forme pour la première fois sur une île récemment émergée, cette station aquatique reste longtemps inoccupée ; de sorte qu'une seule graine ou un seul œuf a toute chance de réussir à se développer. Bien qu'il y ait toujours une certaine concurrence entre les individus des diverses espèces, si peu nombreuses qu'elles soient, qui occupent un étang, cependant, comme ces espèces sont en petit nombre en comparaison de celles qui vivent sur la terre, la concurrence est probablement moins vive entre les espèces aquatiques qu'entre les espèces terrestres. Conséquemment un immigrant, venu des eaux d'une contrée étrangère, aura plus de chance de rencontrer une place vide qu'un colon terrestre. Il faut aussi mettre en compte que parmi les productions d'eau douce plusieurs, et même un grand nombre, sont peu élevées dans la série des organismes ; et comme nous avons des raisons de croire que les êtres inférieurs changent et se modifient moins vite que d'autres plus élevés, il doit en résulter que les espèces aquatiques jouissent en moyenne d'un temps plus long que les autres pour accomplir leurs migrations. Il ne faut pas oublier que beaucoup d'espèces d'eau douce ont probablement eu antérieurement une extension aussi continue qu'il est possible à de telles formes, adaptées par leurs habitudes à des stations discontinues ; et qu'elles se sont éteintes depuis en beaucoup de régions intermédiaires. Mais je crois qu'il faut attribuer principalement la grande extension des plantes d'eau douce et des animaux lacustres ou fluviatiles inférieurs, soit que les espèces demeurent identiques ou qu'elles se modifient plus ou moins, à la dispersion de leurs graines ou de leurs œufs par des animaux et surtout par des oiseaux aquatiques, doués d'une grande puissance de vol, et qui naturellement voyagent sans cesse d'un système de cours d'eau à un autre souvent même très-éloigné. La nature, comme un jardinier habile, recueille ainsi ses graines sur un sol qui leur est particulièrement favorable, et ensuite les sème sur un autre qui leur convient également.

II. **Des habitants des îles océaniques.** — Nous arrivons à la dernière des trois classes de faits que j'ai choisis comme présentant les plus grandes objections qu'on puisse élever contre l'idée que tous les individus de la même espèce, ou même d'espèces alliées, sont descendus d'un premier parent unique, et par conséquent sont tous originaires d'un même berceau, quoique dans le cours prolongé des temps ils en soient arrivés à habiter les points les plus distants du globe. J'ai déjà dit que je ne saurais, en conscience, admettre les hypothèses de Forbes sur les anciennes extensions continentales, hypothèses dont les conséquences légitimement déduites conduiraient à admettre que pendant la durée de la période actuelle toutes les îles qui existent ont été jointes à quelque autre terre. Une telle manière de voir simplifierait beaucoup de difficultés, il est vrai, mais elle n'expliquerait aucun des faits relatifs aux productions insulaires. Dans les considérations qui vont suivre, je ne me renfermerai pas dans les limites de la seule question de dispersion ; mais j'examinerai quelques autres faits qui tendent à bien établir de quel côté est la vérité entre les deux théories de création indépendante et de descendance modifiée.

Les espèces de tout ordre qui habitent les îles océaniques sont en petit nombre, comparativement à celles qui peuplent des régions continentales d'égale étendue : M. Alph. de Candolle admet cette règle quant aux plantes, et M. Wollaston quant aux insectes. Si l'on considère la superficie et les stations variées de la Nouvelle-Zélande, qui couvre une étendue de 708 milles en latitude, et si l'on compare ses plantes phanérogames au nombre de 750 seulement, avec celles qui vivent sur une superficie égale au cap de Bonne-Espérance ou en Australie, il faut bien admettre qu'indépendamment de la différence des conditions physiques, des différences numériques aussi considérables doivent avoir une cause particulière. Même le comté de Cambridge, pourtant si uniforme, a 847 plantes, et la petite île d'Anglesea 764 ; mais quelques fougères et quelques plantes introduites par l'homme sont comprises, il est vrai, dans ces nombres, et la comparaison à d'autres égards n'est pas parfaitement juste. L'île stérile de l'Ascension ne possédait autrefois qu'une demi-douzaine de plantes phanérogames aborigènes ; mais, depuis, un grand nombre s'y sont naturalisées, comme elles l'ont fait aussi dans la Nouvelle-Zélande et sur toutes les îles océaniques qu'on pourrait citer. A Sainte-Hélène on croit que les plantes et les animaux naturalisés ont totalement ou du moins presque totalement supplanté beaucoup de productions indigènes. Si l'on adopte l'hypothèse de la création indépendante de chaque espèce distincte, il faut alors admettre que sur chaque île océanique il n'a pas été créé un nombre suffisant des plantes et des animaux les mieux adaptés aux conditions locales; car l'homme les a involontairement peuplées, beaucoup mieux et beaucoup plus abondamment que la nature, de formes provenant de sources très-diverses.

Bien que les îles océaniques soient en général peuplées d'un très-petit nombre d'espèces, la proportion des espèces autochthones, c'est-à-dire qu'on ne trouve nulle autre part, est souvent considérable. Si l'on compare d'un côté le nombre des coquilles terrestres propres à l'île de Madère, où les oiseaux tout particuliers de l'archipel des Galapagos, avec le nombre d'espèces appartenant à ces mêmes classes qui sont spéciales à un continent quelconque, et si d'autre côté on compare l'étendue de ce continent à l'étendue de ces îles, on voit ressortir la vérité de cette assertion.

C'est, du reste, une loi générale qu'on aurait pu prévoir d'après ma théorie ; car des espèces arrivant de temps à autre, et peut-être à de longs intervalles, dans un nouveau district isolé, et ayant à faire concurrence à de nouveaux associés, doivent être très-sujettes à subir des modifications plus ou moins profondes, et susceptibles de produire souvent des groupes entiers de descendants modifiés. Mais parce que dans une île presque toutes les espèces d'une certaine classe sont particulières à cette station, il ne s'ensuit nullement que les espèces d'une autre classe ou d'une autre section de la même classe doivent être nécessairement locales. Cette différence entre les espèces d'une même station semble dépendre en partie de ce que les formes qui ont immigré avec facilité et en masse ont eu leurs relations mutuelles peu troublées, de sorte qu'elles ne se sont point transformées. D'un autre côté, l'arrivée fréquente d'immigrants non modifiés, venant de la contrée mère et avec lesquels les immigrés se sont croisés, doit avoir concouru au même résultat. Car il ne faut pas oublier que les produits de ces croisements ont certainement dû y gagner une grande vigueur, de sorte qu'un croisement de temps à autre avec la souche mère aura eu sur la forme locale en train de se former des effets beaucoup plus puissants qu'on ne saurait le prévoir.

Ainsi, les îles Galapagos sont habitées par vingt-six espèces d'oiseaux terrestres, dont vingt et une, ou peut-être même vingt-trois, sont particulières à ces îles ; tandis que parmi les onze espèces marines on n'en compte que deux qui soient propres à l'Archipel. Or, il est évident que des oiseaux de mer peuvent arriver dans ces îles beaucoup plus aisément que des oiseaux de terre. Les Bermudes, au contraire, qui sont situées à peu près à la même distance de l'Amérique du Nord que les îles Galapagos de l'Amérique du Sud, et qui ont un sol tout particulier, ne possèdent pas un seul oiseau terrestre qui soit autochthone ; mais nous savons par la description que M. J.-M. Jones nous a donnée des Bermudes, qu'un grand nombre d'oiseaux américains, à l'époque de leurs migrations annuelles, visitent périodiquement ou de temps à autre ces îles. Presque chaque année, beaucoup d'oiseaux d'Europe ou d'Afrique sont emportés à Madère par le vent, d'après ce que je tiens de M. E.-V. Harcourt. Aussi cette île, habitée par quatre-vingt-dix-neuf espèces d'oiseaux, n'en compte-t-elle qu'un qui lui soit particulier, encore est-il en relation étroite avec une de nos espèces européennes. Trois ou quatre autres espèces sont confinées à Madère et aux Canaries[1]. Les Bermudes et Madère doivent donc avoir été peuplés par

[1] La troisième édition anglaise portait ici : « Madère ne possède pas un

des oiseaux qui, pendant de longs siècles, avaient déjà lutté ensemble dans leurs patries primitives, et qui s'étaient successivement adaptés les uns aux autres. Une fois établis dans leur nouvelle station, chaque espèce aura été maintenue par les autres dans ses propres limites et dans ses anciennes habitudes, et, conséquemment, n'aura pas dû subir beaucoup de modifications. Si quelques-unes de ces espèces avaient manifesté quelque tendance à se modifier, les croisements fréquents avec de nouveaux immigrants de race pure, venus de la contrée mère, l'auraient aussitôt arrêtée.

Mais Madère est, d'autre côté, habitée par un nombre surprenant d'espèces particulières de mollusques terrestres, tandis que pas une seule espèce de coquilles marines n'est confinée exclusivement sur ses rivages : or, quoique nous ne sachions pas par quels moyens les coquilles marines se dispersent, néanmoins, on peut présumer que, de temps en temps, leurs œufs ou leurs larves, attachés à une plante marine, à du bois flottant ou aux pieds des oiseaux échassiers, sont ainsi transportés plus aisément que ceux des coquilles terrestres jusqu'à trois ou quatre cents milles en pleine mer. Les différents ordres d'insectes qu'on trouve à Madère présentent encore des faits analogues.

Les îles océaniques sont quelquefois complétement dépourvues de certaines classes d'êtres vivants qui sont, en général, suppléés par quelques autres de leurs habitants. Les reptiles dans les îles Galapagos et dans la Nouvelle-Zélande de gigantesques oiseaux dépourvus d'ailes prennent la place des mammifères. Le docteur Hooker a montré que, parmi les plantes des Galapagos, les nombres proportionnels des divers arbres sont tout différents de ce qu'ils sont autre part. On explique généralement

seul oiseau qui lui soit particulier ; mais aussi presque chaque année beaucoup d'oiseaux européens ou africains y sont emportés par le vent, d'après ce que je tiens de M. E. V. Harcourt. » L'auteur a modifié une première fois ce passage et sa rectification a été insérée dans la première édition allemande et dans notre première édition française, qui portait : « Madère ne possède non plus qu'un seul oiseau particulier, que plusieurs regardent comme une simple variété ; mais aussi, etc., » le reste comme précédemment. Dans notre texte actuel nous avons tenu compte d'une seconde rectification de l'auteur, déjà insérée dans la seconde édition allemande. (*Trad.*)

ces différences par l'influence des conditions physiques de ces îles ; mais une pareille explication ne me paraît pas satisfaisante et les facilités d'immigration me semblent avoir eu au moins autant d'importance que la nature des conditions locales.

On pourrait citer un nombre considérable de faits de détail très-remarquables concernant les habitants d'îles très-éloignées. Ainsi, en certaines îles dépourvues de mammifères, quelques-unes des plantes autochthones ont de magnifiques graines à crochets ; et, cependant, il est peu de relations d'organisme à organisme qui soient plus frappantes que l'adaptation de ces graines à un transport occasionnellement opéré au moyen de la laine ou de la fourrure des quadrupèdes. Mais, d'après ma manière de voir, pareil cas ne présente aucune difficulté, car une graine à crochets peut être transportée dans une île par différentes voies ; la plante peut s'y modifier légèrement tout en gardant néanmoins ses graines typiques, et former une espèce autochthone, pourvue d'un appendice aussi inutile que pourrait l'être un organe rudimentaire, ou tel, par exemple, que sont, pour beaucoup de Coléoptères, les ailes plissées qu'ils gardent encore sous leurs élytres soudées.

Les îles possèdent souvent des arbres ou arbrisseaux appartenant à des ordres qui, en d'autres contrées, ne contiennent que des plantes herbacées ; mais M. Alph. de Candolle a démontré que les arbres ont, en général, une extension limitée, quelle que puisse être d'ailleurs la cause de cette loi. C'est qu'en effet les arbres semblent peu propres à émigrer jusque dans les îles océaniques éloignées, tandis qu'une plante herbacée, bien que fort incapable de lutter en stature avec un arbre déjà développé, lorsqu'elle vient à s'établir sur une île où elle n'a d'autres concurrents que des plantes herbacées comme elle, peut rapidement gagner l'avantage sur celles-ci par une disposition à acquérir une taille de plus en plus haute, jusqu'à couvrir ses rivales de son ombre. La sélection naturelle doit donc tendre souvent à augmenter la stature des plantes herbacées croissant sur une île encore dépourvue d'arbres, quel que soit l'ordre auquel elles appartiennent, et à les convertir ainsi d'abord en arbustes, puis enfin en arbres.

III. **Absence de Batraciens et de Mammifères terrestres dans les îles océaniques.** — Quant à l'absence de certains ordres entiers sur les îles océaniques, Bory-Saint-Vincent a remarqué depuis longtemps qu'aucun Batracien (Grenouille, Crapaud ou Salamandre) n'avait jamais été vu sur aucune des nombreuses îles dont le grand Océan est parsemé. J'ai voulu vérifier cette assertion, et je l'ai trouvée rigoureusement exacte, si l'on en excepte la Nouvelle-Zélande et l'île de Salomon, qui, du reste, ne sont pas très-éloignées de l'Australie[1]. Cette absence totale de Grenouilles, Crapauds ou Salamandres sur un si grand nombre d'îles ne saurait être une suite des conditions physiques locales. Il semble même que ces îles soient toutes particulièrement convenables à l'existence de tels animaux, car des Grenouilles ont été introduites à Madère, aux Açores et à l'île Maurice, et elles s'y sont multipliées au point de devenir un fléau. Mais comme ces animaux, de même que leur frai, sont immédiatement tués par le contact de l'eau de mer, leur transport accidentel à travers l'Océan présente les plus grandes difficultés, et, par conséquent, à mon point de vue, il est tout simple qu'elles n'existent sur aucune île océanique. Mais, d'après la théorie de création, pourquoi n'auraient-elles pas été créées là comme ailleurs ? Il me semble difficile de répondre à cette question.

Les mammifères offrent un autre cas semblable. J'ai compulsé avec soin les plus anciens voyages, et n'ai pas encore fini mes recherches ; mais jusqu'ici, à l'exception des quelques animaux domestiques que possèdent les indigènes, la Nouvelle-Zélande mise à part, je n'ai pas trouvé un seul témoignage certain de l'existence d'un mammifère terrestre sur des îles éloignées de plus de 300 milles d'un continent ou d'une grande île ; et beaucoup d'îles, situées à une distance beaucoup moindre, en sont de même totalement dépourvues. Les îles Falkland, habitées par une sorte de Renard-Loup, sont presque une exception ; mais ce groupe ne peut guère être considéré comme

[1] Paragraphe modifié par l'auteur depuis la troisième édition anglaise. Notre première édition portait : « Pourtant l'on m'a assuré qu'une grenouille vit sur les montagnes de la Nouvelle-Zélande, et je suppose que cette exception, si elle est réelle, peut s'expliquer par l'action glaciaire. (*Trad.*)

océanique, puisqu'il est entouré de bas-fonds reliés à la terre ferme dont il n'est éloigné que de 280 milles. De plus, des glaces flottantes ont autrefois déposé des blocs erratiques sur les rives occidentales de ces îles, où elles peuvent avoir transporté des Renards, ainsi que de nos jours on le voit arriver souvent dans les régions arctiques. Cependant, on ne saurait dire que de petites îles puissent nourrir de petits mammifères, car on en trouve en beaucoup d'autres parties du monde sur de très-petites îles, lorsqu'elles sont voisines d'un continent, et on pourrait à peine citer une île où nos plus petits quadrupèdes, une fois importés, ne se soient aisément naturalisés et rapidement multipliés. On ne saurait alléguer non plus, d'après la théorie des créations indépendantes, que le temps n'a pas été suffisant pour la création des mammifères. Beaucoup d'îles volcaniques sont suffisamment anciennes, comme le prouvent les énormes dégradations qu'elles ont souffertes, de même que leurs strates tertiaires. D'ailleurs, le temps a suffi à la production d'espèces autochthones appartenant à d'autres classes, et l'on sait que sur les continents, les mammifères paraissent et disparaissent plus vite que d'autres animaux inférieurs. Ce qu'il y a de plus remarquable encore, c'est que, quoique les îles océaniques ne renferment aucun mammifère terrestre, presque toutes ont des mammifères aériens. La Nouvelle-Zélande possède deux Chauves-Souris qu'on ne trouve nulle autre part. Il est vrai que cette île peut avec doute être classée au rang des îles océaniques; mais l'île de Norfolk, l'archipel Viti, les îles Bonin, les Carolines, les Mariannes et l'île Maurice possèdent toutes leurs Chauves-Souris particulières. Pourquoi la force créatrice n'a-t-elle donc produit sur ces îles que des Chauves-Souris et aucun autre mammifère ? D'après ma théorie, la question est vite résolue, car aucun animal terrestre ne peut être transporté accidentellement à travers une vaste étendue de mer, tandis que des Chauves-Souris peuvent la traverser en volant. On a vu des Chauves-Souris errer de jour sur l'océan Atlantique à une très-grande distance des côtes, et deux espèces de l'Amérique du Nord, régulièrement ou de temps à autre, visitent les Bermudes à une distance de 600 milles de la terre ferme. Je tiens de M. Tomes, qui a fait une étude spéciale de cette famille, que beaucoup d'espèces ont une extension considérable, et se trouvent également sur des continents et sur des îles très-éloignées. Il ne reste donc plus qu'à supposer que quelques-unes de ces espèces voyageuses se sont modifiées par sélection naturelle dans leur nouvelle patrie et d'après leur nouvelle situation : la présence de Chauves-Souris autochthones sur des îles nous sera ainsi expliquée avec l'absence des mammifères terrestres.

Outre que l'absence de mammifères terrestres dans des îles paraît dépendre de l'éloignement des continents, on constate encore un rapport, jusqu'à certain point indépendant de la distance, entre la profondeur du bras de mer qui sépare une île de la terre ferme la plus voisine, et la présence en l'une et en l'autre des mêmes espèces de Mammifères ou d'espèces alliées plus ou moins modifiées. M. Windsor Earl a fait quelques observations remarquables sur ce sujet dans le grand archipel Malais, traversé vers Célèbes par un détroit profond qui sépare deux faunes mammifères très-distinctes. Des deux côtés de ce détroit les îles sont situées sur des bancs sous-marins d'une profondeur moyenne, et elles sont habitées par des quadrupèdes identiques ou étroitement alliés. L'archipel entier présente bien sous ce rapport quelques anomalies ; et en quelques cas il est très-difficile de décider si la naturalisation de certains mammifères ne doit pas être attribuée à l'intervention de l'homme. Du reste, les recherches zélées de M. Wallace jetteront bientôt de grandes lumières sur l'histoire naturelle de cette région. Je n'ai pas encore eu le temps de poursuivre l'examen de cette question dans toutes les autres parties du monde ; mais, aussi loin que j'ai pu aller, j'ai trouvé que la règle était d'application générale.

Nous voyons l'Angleterre séparée de l'Europe par un chenal peu profond, et les mammifères sont les mêmes sur les deux rives. On constate des faits analogues sur beaucoup d'îles séparées de l'Australie par des détroits semblables. Les Antilles sont situées sur un bas-fond submergé à une profondeur de près de 1,000 brasses, et nous trouvons encore ici des formes américaines, mais les espèces ou même les genres sont distincts. Comme la somme des modifications subies dépend toujours jusqu'à certain point du temps écoulé et qu'il est évident que, pendant les oscillations du sol, les îles séparées de la terre ferme par des bras de mers peu profonds sont, plus que d'autres, dans le cas d'avoir été récemment unies au continent, le rapport fréquent qui existe entre la profondeur de la mer et le degré d'affinité que les mammifères qui habitent les îles ont avec ceux du continent le plus voisin, n'a plus rien que de très-naturel, tandis qu'une semblable connexion est inexplicable d'après la théorie des actes de création indépendants.

IV. **Des rapports que les habitants des îles peuvent avoir avec ceux des continents les plus voisins.** — Résumant toutes les remarques précédentes à l'égard des habitants des îles océaniques, c'est-à-dire le petit nombre des espèces, et la richesse proportionnelle des formes autochthones ou des classes et sections de classes toutes locales qu'elles contiennent, l'absence de groupes entiers, tels que les Batraciens et les mammifères terrestres, malgré la présence de Chauves-Souris, les proportions toutes particulières de certains ordres de plantes, les formes herbacées développées en arbres, etc., chacun de ces faits me semble s'accorder infiniment mieux avec l'idée que des moyens de transports occasionnels ont une efficacité suffisante pendant le cours prolongé des temps, pour peupler des îles, même très-éloignées, plutôt qu'avec la supposition que toutes nos îles océaniques ont été autrefois rattachées aux continents voisins par des terres continues ; car dans cette dernière supposition la migration aurait probablement été plus complète, et, en admettant la possibilité des modifications, toutes les formes vivantes auraient été plus également modifiées en raison de l'importance considérable des relations d'organisme à organisme.

Je ne nierai point qu'il ne reste encore beaucoup de questions à résoudre, et qu'il ne soit encore très-difficile de comprendre comment plusieurs habitants des îles les plus éloignées ont pu atteindre leur patrie actuelle, qu'ils aient gardé la même forme spécifique ou qu'ils se soient modifiés depuis leur arrivée. Mais une considération qu'il ne faut pas dédaigner, c'est que, selon toute probabilité, beaucoup d'îles aujourd'hui complétement submergées ont existé autrefois comme lieu de relâche [1]. Je citerai seulement un de ces cas difficiles. Presque toutes les îles océaniques, même les plus isolées et les plus petites, sont habitées par des coquilles terrestres, et généralement par des espèces autochthones, mais quelquefois aussi par des espèces qu'on trouve autre part. Le Dr Aug. A. Gould a fait connaître quelques faits observés parmi les coquillages terrestres du Pacifique qui sont intéressants à ce point de vue. Il est notoire que les coquillages terrestres sont très-aisément tués par l'eau salée; leurs œufs, ou du moins ceux que j'ai pu soumettre à l'expérience, enfoncent dans l'eau de mer et y périssent. Cependant, il faut, à mon

[1] L'hypothèse que d'anciennes terres continentales auraient existé entre des îles aujourd'hui isolées n'a rien de plus improbable que celle qui suppose l'existence antérieure d'îles ou d'archipels parsemés. Ce n'est qu'une question de niveau; et comme les îles sont toujours des points culminants du fond de la mer, partout où il n'existe aucun îlot ou aucun récif, mais, au contraire, des mers partout également profondes, il est probable qu'un changement de niveau ferait apparaître un continent plus ou moins étendu de terres basses et unies, plutôt que des archipels, toujours profondément accidentés. De même, la disparition d'un continent, entièrement ou en majeure partie formé de plaines, s'explique plus aisément et peut s'accomplir plus rapidement que celle d'îlots montagneux. C'est ainsi, par exemple, qu'il faudrait moins de temps pour submerger la Hollande, la Belgique, le nord de l'Allemagne et presque toute la France que pour faire disparaître l'Espagne, les Apennins, les Alpes, les monts de Saxe et de Bohème. C'est d'autant plus vrai que, si l'action volcanique agit généralement sur des points isolés, comme dans l'apparition du Monte Nuovo ou de quelques îlots méditerranéens, et ne peut guère produire que des îles peu étendues ou tout au plus des chaînes ou des groupes d'îles volcaniques, l'action soulevante, lente et continue, telle qu'elle agit actuellement en Suède, se manifeste généralement sur des régions considérables, ainsi que M. Darwin l'a constaté dans l'océan Pacifique. Il est donc plus aisé de croire à l'ancienne existence de vastes terres basses rattachant les unes aux autres les îles de l'Océanie, ou même dans des mers aujourd'hui complétement dépourvues de toute île, qu'à l'apparition d'autres îles encore éparses entre les archipels actuels ou dans des mers aujourd'hui vastes et vides.

Ainsi on peut tout aussi bien admettre, avec Ed. Forbes, qu'un ancien continent a rattaché autrefois l'Irlande et l'Espagne aux Açores, et celles-ci à l'Amérique, en s'étendant d'un côté vers le banc de Terre-Neuve, et de l'autre vers les Antilles, sur toute la mer des Sargasses, jusqu'aux limites marquées par le Gulf-Stream, que de supposer la vallée atlantique pointillée de pics sous-marins qui feraient peut-être à peu près l'effet du groupe alpestre s'élevant comme par enchantement des platines de la Beauce, de la Champagne ou de la Flandre. (*Trad.*

point de vue, qu'il y ait pour eux quelque moyen de transport très-efficace. De jeunes sujets tout nouvellement éclos ne peuvent-ils de temps à autre ramper sur les pieds des oiseaux lorsqu'ils dorment sur le sol, et, y demeurant attachés lorsqu'ils s'envolent, se trouver ainsi transportés au loin ? Il m'est venu à l'idée que des coquillages terrestres, lorsqu'ils hivernent et que la bouche de leur coquille est fermée d'un diaphragme membraneux, peuvent se trouver cachés dans les fentes des arbres flottants et traverser ainsi des bras de mer assez larges. J'ai constaté que plusieurs espèces peuvent en cet état résister à une immersion de sept jours dans de l'eau de mer sans en ressentir aucun mal. Parmi les coquilles sur lesquelles j'expérimentai était une *Helix Pomatia*, et, lorsqu'elle hiverna de nouveau, je la replaçai dans l'eau de mer pendant vingt autres jours, et elle supporta encore ce traitement sans paraître en avoir souffert. Comme cette espèce possède un épais opercule calcaire, je l'enlevai, et, dès qu'elle en eut formé un autre membraneux, je l'immergeai encore dans l'eau de mer pendant quatorze jours, et cependant elle en revint de même et se remit à ramper. Mais il serait bon qu'un plus grand nombre d'expériences fussent tentées à ce sujet.

Le fait le plus important pour nous, en ce qui concerne les habitants des îles, c'est leur affinité avec les habitants des terres fermes les plus voisines, sans cependant qu'ils soient de même espèce. On pourrait donner d'innombrables exemples de cette loi ; je n'en citerai qu'un, celui de l'Archipel Galapagos, situé sous l'équateur, entre 500 et 600 milles des rivages de l'Amérique du Sud. Presque chaque production de la terre ou de l'eau y porte l'empreinte évidente du continent américain. Nous avons vu déjà que sur vingt-six oiseaux terrestres qu'on y trouve, vingt et un et peut-être vingt-trois sont rangés comme des espèces distinctes qu'on suppose créées dans le lieu même ; pourtant rien n'est plus manifeste que les affinités de la plupart de ces oiseaux avec des espèces américaines, dans leurs habitudes, leurs mouvements, leur son de voix et presque en chacun de leurs caractères. Il en est de même des autres animaux et de presque toutes les plantes, ainsi que l'a montré le docteur Hooker dans son admirable Flore de cet archipel. A l'aspect des habitants de ces îles volcaniques, isolées dans l'océan Pacifique, le naturaliste sent cependant qu'il est encore sur une terre américaine. Pourquoi en serait-il ainsi? Pourquoi les espèces qu'on suppose créées dans l'archipel Galapagos, et nulle autre part, portent-elles l'empreinte d'une parenté étroite avec celles que l'on croit spécialement créées en Amérique ? Dans les conditions de vie que présentent ces îles, dans leur nature géologique, leur altitude et leur climat, de même que dans les proportions relatives des diverses classes d'êtres organisés qui les habitent, il n'y a rien de semblable à ce qu'on observe sur les côtes de l'Amérique du Sud; il y aurait même des différences remarquables à tous égards. Au contraire, la nature volcanique du sol, le climat, l'altitude et la grandeur de ces îles sont autant de points de ressemblance que les Galapagos ont avec les îles du Cap Vert; mais quelle différence complète entre leurs habitants! Les populations organiques des îles du Cap Vert sont en connexion aussi étroite avec celles de l'Afrique que les habitants des Galapagos avec ceux de l'Amérique. Ce fait important ne peut en aucune façon s'expliquer au point de vue ordinaire des créations indépendantes; tandis que, d'après les idées que j'ai exposées ici, il est de toute évidence que les îles Galapagos sont situées de manière à recevoir des colonies américaines, à l'aide de transports occasionnels. Rien d'impossible même à ce qu'elles aient été autrefois rattachées au continent par des terres continues. Les îles du Cap Vert peuvent de même avoir été aisément colonisées par des formes africaines. De telles colonies doivent avoir subi des modifications; mais, en vertu du principe d'hérédité, leur nationalité originaire se trahit toujours. Nombre d'autres faits analogues pourraient être cités; et c'est enfin une règle presque universelle que les productions autochthones des îles soient en parenté étroite avec celles des continents les plus rapprochés ou des autres îles voisines. Les exceptions à cette règle sont peu nombreuses, et la plupart d'entre elles s'expliquent aisément. Ainsi les plantes de la terre de Kerguelen, plus rapprochée de l'Afrique que de l'Amérique, sont cependant en relation très-étroite avec les formes américaines, d'après la description qu'en a faite le Dr Hooker ; mais s'il est vrai que cette île ait été principalement peuplée à l'aide de graines transportées avec de la terre et des pierres, par des glaces flottantes charriées par les courants prédominants, cette anomalie disparaît. Les plantes autochthones de la Nouvelle-Zélande ressemblent beaucoup plus à celles de l'Australie qu'à celles d'aucune autre région, ainsi du reste qu'on devait s'y attendre ; mais elles ont aussi des affinités évidentes avec celles de l'Amérique du Sud, qui, bien que venant immédiatement après l'Australie sous le rapport de la distance, est cependant si éloignée que ces affinités deviennent une anomalie. Mais la difficulté qu'on pourrait trouver à l'expliquer disparaît dans l'hypothèse que la Nouvelle-Zélande, l'Amérique du Sud et d'autres terres australes ont toutes reçu, il y a de longs âges, une partie de leur population d'un point intermédiaire, bien qu'éloigné, c'est-à-dire des îles antarctiques, à l'époque où elles étaient couvertes de végétation, avant le commencement de l'époque glaciaire. L'affinité, quelque faible qu'elle soit, qui existe entre le sud-ouest de l'Australie et le cap de Bonne-Espérance, et dont Hooker m'a bien affirmé la réalité, est encore plus étonnante, mais cette affinité reste bornée au règne végétal et s'expliquera sans nul doute quelque jour [1].

La loi en vertu de laquelle les habitants d'un archipel, bien que spécifiquement distincts, sont cependant alliés à ceux du

[1] Toutes ces anomalies apparentes s'expliquent très-naturellement par l'hypothèse de l'évolution circulaire du pôle, à condition que cette évolution ait eu lieu dans l'hémisphère austral de l'est à l'ouest, c'est-à-dire de l'Amérique par l'Australie à l'Afrique. Car, en effet, dans ce cas les formes glaciaires auront suivi le climat polaire dans sa marche, et auront émigré successivement de la pointe méridionale de l'Amérique aux terres émergées entre cette station et le pôle, alors très-rapproché de la Nouvelle-Zélande et de l'Australie, de là vers la terre de Kerguelen, et même, par l'intermédiaire de continents aujourd'hui disparus, jusqu'au cap de Bonne-Espérance. Mais, à mesure que le pôle aura avancé vers l'ouest, une végétation tempérée aura suivi la même route, chassant devant elle la végétation glaciaire, et suivie à la remorque par une végétation tropicale. Lorsque enfin le pôle aura commencé à redescendre vers le lieu qu'il occupe actuellement, l'immigration sera venue du nord, substituant des formes tropicales aux formes tempérées, et des formes tempérées aux formes glaciaires. De sorte que cette immigration tropicale ou tempérée aura envahi toute l'Aus-

continent le plus prochain, se retrouve, appliquée sur une plus petite échelle, mais d'une façon plus intéressante encore, dans les limites du même archipel. Ainsi les diverses îles du groupe des Galapagos sont habitées par des espèces dont les affinités sont réellement étonnantes, ainsi que je l'ai démontré dans mon *Journal de Voyage*. Les habitants de chaque île, quoique pour la plupart distincts, ont cependant des ressemblances beaucoup plus étroites les uns avec les autres qu'avec les habitants de toute autre partie du monde. C'est en effet ce qu'on devrait attendre d'après ma théorie, ces îles étant situées si près les unes des autres qu'elles ne peuvent guère manquer de recevoir des émigrants, soit de la même source originaire, soit les unes des autres. Mais on peut arguer contre mes vues des dissemblances qui existent entre les habitants autochthones de ces îles ; car on peut se demander comment il se fait que dans des îles situées en vue les unes des autres, ayant la même nature géologique, la même altitude, le même climat, etc., beaucoup des immigrants se soient différemment modifiés, quel que soit le degré de ces différences. Longtemps cette objection me parut difficile à lever. Mais elle me semble fondée principalement sur la supposition erronée, mais profondément enracinée dans notre esprit, que les conditions physiques d'une contrée ont l'influence la plus puissante sur la détermination de ses habitants. On ne saurait contester cependant que la nature des autres formes vivantes auxquelles chacun d'eux doit faire concurrence est au moins aussi importante et généralement même beaucoup plus importante à leur succès

tralie, mais n'aura atteint que partiellement la Nouvelle-Zélande et la terre de Kerguelen, dont les formes organiques durent par ce fait demeurer en étroite parenté avec celle de l'Amérique. L'affinité étrange constatée entre la végétation du sud-ouest de l'Australie et du cap de Bonne-Espérance s'expliquerait de la même manière par l'immigration facile des formes tempérées et tropicales sur ces deux continents, rattachés à la zone torride, l'un par des terres continues et l'autre par de nombreuses chaînes d'îles, et peut-être mis en communication réciproque par quelque terre émergée à une époque où le renflement équatorial, formant un angle considérable avec sa direction actuelle, devait porter la masse principale des eaux depuis la Chine, par le centre de l'Afrique, jusqu'à l'Amérique du Sud. Selon toute probabilité, un continent plus ou moins vaste aurait alors existé entre l'ouest de l'Australie et le sud de l'Afrique en laissant à l'écart la terre de Kerguelen. (*Trad.*)

dans la vie. Laissant de côté pour un moment les espèces autochthones qui ne peuvent être comprises ici avec justice, puisque nous avons à considérer comment elles se sont modifiées depuis leur arrivée, si nous examinons seulement ceux des habitants des Galapagos qu'on retrouve en d'autres parties du monde, nous trouvons des différences considérables entre les diverses îles. Cette différence aurait pu être prévue, comme une conséquence du fait que ces îles ont dû être peuplées par des moyens de transport occasionnels : telle graine, par exemple, étant une fois transportée dans une île et telle autre graine dans une autre île. Chaque nouvel immigrant, en s'installant sur une ou plusieurs d'entre ces îles, ou en se répandant subséquemment de l'une dans les autres, se sera trouvé exposé à différentes conditions de vie dans chacune d'elles, car il aura eu à soutenir la concurrence contre des groupes d'organismes tout différents. Une plante, par exemple, aura trouvé le sol le plus convenable pour elle, plus complétement occupé par des plantes distinctes dans une île que dans une autre, et elle se sera trouvée exposée aux attaques d'ennemis un peu différents ; il aura dû s'ensuivre que, cette plante venant à varier, la sélection naturelle aura favorisé dans chaque île des variétés différentes. Quelques espèces cependant ont pu s'étendre dans tout l'archipel, et néanmoins garder partout les mêmes caractères, de même que nous voyons sur nos continents quelques espèces prendre une grande extension et demeurer partout identiques.

Le fait réellement surprenant qu'on observe dans les îles Galapagos, et à un moindre degré en quelques autres cas analogues, c'est que les nouvelles espèces formées dans chacune des diverses îles de cet archipel ne se soient pas rapidement répandues dans les autres. Mais ces îles, quoique en vue les unes des autres, sont séparées par des bras de mer profonds, dans la plupart des cas, plus larges que la Manche ; et il n'y a aucune raison de supposer qu'elles aient jamais été réunies à une période géologique antérieure. Des courants très-rapides traversent l'archipel, et les coups de vent y sont extraordinairement rares ; de sorte que ces îles sont par le fait beaucoup plus efficacement séparées les unes des autres qu'elles ne le semblent sur la carte.

Néanmoins un assez bon nombre d'espèces, communes à d'autres parties du monde ou complétement locales, se trouvent à la fois dans plusieurs de ces îles ; et l'on pourrait inférer de certains faits qu'elles se sont répandues de l'une dans les autres. Mais nous nous formons souvent une opinion fort erronée, lorsque nous supposons que des espèces proche-alliées envahissent nécessairement le territoire l'une de l'autre dès que de libres communications s'établissent entre elles. Sans doute que si une espèce a quelques avantages sur une autre, elle la supplantera totalement ou partiellement dans un bref délai ; mais si l'une et l'autre sont également bien adaptées à leurs situations respectives dans la nature, toutes les deux garderont leur place et resteront séparées presque pour quelque période que ce soit. Parce que nous savons que beaucoup d'espèces, naturalisées par l'intermédiaire de l'homme, se sont répandues avec une étonnante rapidité sur des contrées nouvelles, nous sommes disposés à en inférer que la plupart des espèces doivent se répandre de même ; mais il faut se souvenir que des formes qui se sont ainsi naturalisées en de nouvelles contrées n'étaient pas en général très proche-alliées des habitants indigènes, mais sont, au contraire, des formes très-distinctes, et qui appartiennent, même en beaucoup de cas, à des genres jusque-là complétement inconnus dans ces mêmes stations, ainsi que l'a démontré M. Alph. de Candolle. Même beaucoup d'oiseaux de l'archipel des Galapagos, quoique si bien adaptés pour voler d'île en île, sont cependant distincts dans chacune d'elles ; ainsi l'on y connaît trois espèces du Merle moqueur, confinées chacune dans une île distincte. Supposons maintenant que le Merle moqueur de l'île Chatham soit poussé par le vent dans l'île Charles qui a son Merle moqueur spécial, pourquoi réussirait-il à s'y établir? On doit croire que l'île Charles est suffisamment peuplée par son espèce locale d'autant de Merles moqueurs qu'elle en peut contenir, car ils pondent annuellement plus d'œufs qu'il ne peut être élevé d'oiseaux ; et il est supposable également que l'espèce particulière à l'île Charles est au moins aussi bien adaptée à sa propre station que l'espèce particulière à l'île Chatham l'est à la sienne. Sir Ch. Lyell et M. Wollaston m'ont communiqué un fait remarquable en connexité avec cette même question : c'est que Madère et l'îlot voisin de Porto-Santo possèdent beaucoup de coquillages terrestres d'espèces distinctes, mais représentatives, parmi lesquelles il en est quelques-unes qui vivent dans les crevasses des pierres; et, quoique une quantité considérable de ces pierres soient annuellement transportées de Porto-Santo à Madère, cependant Madère n'a point été colonisé par les espèces de Porto-Santo, bien que l'une et l'autre île aient reçu des colonies de coquillages terrestres d'espèces européennes, qui sans doute avaient quelque avantage sur les indigènes. Il ressort de ces considérations que nous aurions tort de nous étonner de ce que les espèces autochthones et représentatives qui habitent les diverses îles Galapagos ne se soient pas répandues de l'une à l'autre. En beaucoup d'autres cas, et même entre les divers districts d'un même continent, le droit de premier occupant a probablement joué un rôle important en mettant obstacle au mélange des espèces proche-alliées sous les mêmes conditions de vie. Ainsi les parties sud-est et sud-ouest de l'Australie ont presque les mêmes conditions physiques, et sont reliées par des terres continues; cependant elles sont habitées par un très-grand nombre de plantes, d'oiseaux et de mammifères distincts.

V. **De la colonisation émanant de la source la plus voisine avec des modifications subséquentes.** — C'est donc un fait au moins très-général que la faune et la flore des îles océaniques, lors même que les espèces n'en sont pas identiques, soient cependant en relation étroite avec les habitants de la région qui peut le plus aisément leur avoir envoyé des colons, ces colons s'étant subséquemment modifiés et mieux adaptés à leur nouvelle patrie. Ce principe est susceptible des plus larges applications dans toute la nature; on en voit la preuve sur chaque montagne, dans chaque lac et dans chaque marais; car les espèces alpines, avec cette réserve toutefois que les mêmes formes, principalement parmi les espèces végétales, se sont répandues par le monde entier pendant l'époque glaciaire, ont plus ou moins de rapports avec celles des basses terres environnantes. Ainsi nous avons, dans l'Amérique du Sud, des espèces alpines d'Oiseaux-mouches, de rongeurs, de plantes, etc., qui appartiennent toutes aux formes américaines, et il est évident qu'une montagne, à mesure qu'elle se soulève lentement, doit tout naturellement être colonisée par les habitants des plaines voisines. Il en est de même des habitants des lacs et des marais, avec cette réserve que de plus grandes facilités de dispersion ont répandu les mêmes formes générales dans le monde entier. On constate encore une conséquence du même principe parmi les animaux aveugles qui habitent les cavernes de l'Amérique et de l'Europe ; et la liste des faits analogues pourrait être beaucoup plus longue. On reconnaîtra enfin, comme universellement vrai, que, lorsque, dans deux régions, quelque éloignées qu'elles soient l'une de l'autre, on trouve beaucoup d'espèces proche-alliées ou représentatives, on y trouve également quelques espèces identiques, montrant, d'accord avec les remarques précédentes, qu'à une époque antérieure il a existé entre elles quelques moyens de communication et de migration réciproque. De même, partout où l'on rencontre beaucoup d'espèces proche-alliées, on observe aussi beaucoup de formes rangées par quelques naturalistes comme des espèces et par d'autres comme des variétés : ces formes douteuses nous montrent les divers degrés successifs du procédé de modification.

Ce rapport entre la puissance de migration d'une espèce, soit dans les temps actuels, soit à une époque antérieure et sous différentes conditions physiques, et l'existence en des points du monde très-éloignés les uns des autres d'autres espèces proche-alliées, peut se démontrer encore d'une autre manière plus générale. M. Gould m'a fait observer, il y a longtemps, que, parmi les genres d'oiseaux les plus répandus dans le monde entier, beaucoup des espèces qui les composent ont aussi une extension très-vaste. On ne peut guère mettre en doute que cette règle ne soit vraie en général, bien qu'elle soit difficile à prouver. Parmi les mammifères, nous en trouvons une application frappante chez les Chauves-Souris, et, en moindre degré, chez les Félides et les Canides. Nous la retrouvons, en examinant la distribution des Papillons et des Coléoptères. Il en est de même de la plupart des productions d'eau douce, parmi lesquelles tant de genres sont répandus partout, et dont beaucoup d'espèces ont une extension si vaste.

Ce n'est pas cependant que, dans les genres répandus dans le monde entier, toutes les espèces aient toujours une grande extension, ni même qu'elles aient une grande extension moyenne; mais seulement que quelques-unes d'entre elles sont douées de cette faculté de se répandre partout; car la facilité avec laquelle les espèces très-répandues varient et donnent naissance à de nouvelles formes doit considérablement limiter leur extension moyenne. Ainsi, que deux variétés de la même espèce habitent l'Europe et l'Amérique, et l'espèce aura conséquemment une grande extension; mais que la variation soit plus considérable, et les deux variétés seront rangées comme espèces distinctes, de sorte que leur extension commune s'en trouvera diminuée de moitié.

Encore moins ai-je voulu dire qu'une forme qui possède en apparence la faculté de franchir toutes les barrières naturelles et de se répandre au loin, comme seraient par exemple certains oiseaux doués d'un vol puissant, doive nécessairement avoir une grande extension; car il ne faut jamais oublier qu'une grande extension implique, non-seulement la faculté de franchir les barrières naturelles, mais aussi le pouvoir de vaincre dans le combat de la vie des associés nouveaux dans des contrées éloignées. En partant du principe que toutes les espèces d'un même genre descendent d'un ancêtre unique, quoiqu'elles soient aujourd'hui distribuées dans les contrées du monde les plus distantes, nous devons pouvoir constater, et nous constatons généralement, en effet, qu'au moins quelques-uns de ces oiseaux ont une très-grande extension, car il est indispensable que la forme non modifiée soit très-répandue, afin que, se modifiant pendant sa diffusion, elle se trouve placée sous diverses conditions de vie favorables à la transformation de sa postérité, d'abord en variétés, puis ensuite en espèces distinctes.

Quand on considère la vaste extension de certains genres, on doit se rappeler que plusieurs d'entre eux sont extrêmement anciens, et que leurs diverses espèces doivent s'être séparées de l'ancêtre commun à une époque très-reculée ; de sorte qu'en pareil cas il s'est écoulé un temps suffisant pour que de grands changements climatériques et géographiques se soient accomplis, pour que toutes les occasions de transports aient pu se présenter, et, conséquemment, pour que quelques-unes de ces espèces aient pu émigrer dans tous les coins du monde, où elles peuvent ensuite s'être plus ou moins modifiées, d'après leurs nouvelles conditions de vie.

Il y a aussi quelques raisons appuyées sur les documents géologiques qui font supposer que les organismes inférieurs de chaque classe se modifient généralement moins vite que les formes plus parfaites, et, conséquemment, les formes inférieures auront plus de chance de se répandre beaucoup en gardant néanmoins partout le même caractère spécifique [1]. Ce fait,

[1] Cette loi de la moindre variabilité des organismes inférieurs n'est probablement que d'une vérité relative, c'est-à-dire une résultante moyenne de causes contingentes. De ce que les organismes inférieurs ont en général une grande extension dans chaque période géologique, et une grande persistance à travers la série de ces périodes, si l'on infère qu'ils se transforment lentement, il ne faut pas déduire ensuite de ce qu'ils se transforment lentement, qu'ils doivent avoir une grande extension. Il faudrait d'abord établir que ces deux ordres de faits sont nécessairement liés par quelque rapport pour conclure avec droit de l'un à l'autre.

D'après la théorie de M. Darwin, tous les organismes supérieurs descendent par voie de génération directe des organismes inférieurs ; il faut donc que ceux-ci aient beaucoup varié pour les produire ; et il ne s'agit plus que de savoir si le mouvement de variation se ralentit ou s'accélère, à mesure que l'organisation s'élève, et, si c'est possible, par quelles causes.

En vertu de la loi de divergence des caractères, les anciens organismes ont dû être moins différents les uns des autres que les organismes actuels ; et, si l'on va jusqu'au bout des conséquences du principe, il faut conclure qu'ils dérivent tous d'une forme unique. A l'origine l'extension aurait donc été absolue, puisqu'il n'y aurait eu qu'une seule forme vivante à la fois espèce, genre, classe, etc. Mais, d'autre côté, il faut admettre aussi comme probable que la forme d'atavisme ou de réversion aux caractères des aïeux était très-faible chez tous ces êtres nouvellement produits par une sorte de végétation spontanée ou d'enfantement de la planète. Les variations étaient donc probablement très-fréquentes et devaient offrir, presque au hasard, toutes les combinaisons de formes possibles à des êtres rudimentaires, dont toute l'organisation consistait sans doute en une simple agrégation de cellules. On en vient à conclure qu'ils étaient très-variables, et peut-être variables au point d'être amorphes, c'est-à-dire sans forme héréditaire déterminée, bien que peut-être ils aient été formés d'un aussi grand nombre d'éléments chimiques qu'aujourd'hui, et qu'ils aient présenté des aspects très-divers, quant à la couleur et à la texture, mais sans jamais s'éloigner beaucoup d'une apparence purement minérale et inorganique. Leur grande

joint à ce que les graines et les œufs de beaucoup de formes inférieures sont très-petits, et conséquemment susceptibles

variabilité de forme et d'aspect est d'ailleurs une conséquence de la loi de spécialisation progressive des organes ; car un être dont toutes les parties remplissent à la fois toutes les fonctions n'a aucune raison pour revêtir une forme déterminée. Entre tous ces individus semblables, mélangés dans une mer unique, sans courants, sans barrières, et peut-être à une très-haute température propre qui diminuait l'influence des climats, où les dangers étaient égaux, et toutes les conditions de vie identiques, il n'y avait aucune cause de choix ou de sélection naturelle pour fixer les variations d'après les circonstances locales organiques ou inorganiques. Cependant une sorte de concurrence universelle devait avoir lieu, tendant à fixer les lois générales de la vie à la surface de notre planète, selon les conditions partout uniformes qu'elle présentait alors ; et ces caractères généraux, acquis dès lors, seraient ceux-là mêmes qu'on observe encore aujourd'hui dans le règne organique tout entier, caractères peut-être contingents, en ce sens qu'ils sont exclusivement adaptés aux conditions de la vie terrestre, et que nous ne pouvons conséquemment étendre, que par une hypothèse toute gratuite, aux autres planètes du système solaire ou aux autres astres du ciel. La concurrence vitale devait donc tendre à cette époque primitive autant à unifier les caractères organiques qu'à les faire diverger, ou du moins elle peut avoir eu à la fois l'un et l'autre résultat, et dès le principe produit la diversité des types, des plans ou des formes de l'organisation en maintenant l'uniformité de ces lois générales.

Il n'existait sans doute alors que des êtres à génération scissipare, sans alternance, génération qui n'est autre que le bourgeonnement successif du végétal, c'est-à-dire, en réalité, la greffe ou la bouture naturelle, ou même encore la génération de la cellule par la cellule. Il ne pouvait donc y avoir de croisements entre des êtres si parfaitement hermaphrodites, qui végétaient plutôt qu'ils ne se reproduisaient, et dont l'organisation était sans doute intermédiaire entre les classes primordiales, aujourd'hui inconnues, du règne animal et du règne végétal. Tout individu faisait ainsi nécessairement souche, et les lois de l'hérédité, c'est-à-dire la ressemblance des petits à leurs parents, durent n'être d'abord que la ressemblance des parties au tout. Chaque souche, c'est-à-dire chaque individu, tendit par cela même à faire race, et par suite espèce ; de sorte qu'il en dut résulter une différenciation infinie mais peu importante des formes extérieures ou plutôt des groupements, avec une grande ressemblance intérieure et essentielle, et, par le fait, une grande identité d'habitudes sous des conditions de vie par tout le monde uniformes. Mais chaque souche individuelle, tendant à se multiplier dans un même lieu, entra, par le fait, en concurrence avec toutes les autres, et la localisation des climats et des autres conditions physiques de la vie aidant, la sélection naturelle dut commencer à agir pour fixer, déterminer et limiter les espèces qui restèrent encore longtemps très-variables. Les moyens de locomotion étaient bornés sans doute parmi ces êtres informes, et la première distinction divergente qui s'opéra fut peut-être celle des organismes fixés au sous-sol marin pour y végéter, et des organismes demeurés libres et flottants dans les eaux par agrégations plus ou moins nombreuses de centres vitaux, qu'on ne peut guère encore à cette époque appeler des individus. Tous ces types, aujourd'hui complétement inconnus, devaient être d'une simplicité extrême ; mais la concurrence universelle agissant avec une puissance croissante sur ces organismes encore si mal fixés, si mal spécialisés et si variables, en peu de temps les formes les mieux déterminées durent supd'être fréquemment transportés au loin, rend probablement compte d'une loi qu'on a constatée depuis longtemps, et que

planter les plus indéterminées. Les organismes fixés au sol durent se diviser en zoophytes et en phytozoaires, les uns destinés à devenir plus tard de vraies plantes et les autres de vrais animaux; tandis que d'autre côté les formes libres ou flottantes revêtirent successivement, et peut-être dans une période relativement courte pour de si grands changements, les quatre types principaux du règne animal, c'est-à-dire les rayonnés mous et gélatineux ou pierreux et testacés, ensuite les mollusques, puis les articulés qui donnèrent en se divisant les crustacés, les arachnides et les insectes, et, enfin, les types vertébrés qui, au lieu de se former une carapace, un test, ou une coquille, se sécrétèrent peu à peu un squelette intérieur. On conçoit que ces divers types ne purent sortir les uns des autres, mais se développèrent parallèlement en divergeant de plus en plus d'un type primordial commun, mal fixé, mal déterminé et très-variable, étant sans lois héréditaires; toutes les parties de ce cet être primitif, d'abord fonctionnellement identique, comme aujourd'hui encore chez les hydres, ayant pu successivement se localiser pour les mêmes fonctions dans un ordre différent et souvent inverse.

En tout cela on ne voit pas la plus petite raison pour que les organismes inférieurs primitifs aient été moins variables que les organismes supérieurs qui ont vécu depuis; et il faut, au contraire, supposer qu'ils ont été doués d'une très-grande variabilité pour arriver à se fixer et à former le nombre déjà considérable de types bien déterminés dont on constate l'existence dans les plus anciennes couches géologiques. Mais parce que les types inférieurs anciens et primitifs ont dû être très-variables, il n'en ressort pas nécessairement que les types inférieurs actuels le soient encore. Ici on trouve de fortes raisons pour et contre. Que ces organismes inférieurs aient persisté jusqu'aujourd'hui sans s'élever au point de vue de la spécialisation des organes, on ne peut s'en étonner, tant que les conditions de vie qui leur conviennent subsistent. Leur extension plus vaste ressort du seul fait que ces conditions de vie sont plus uniformément répandues sur le globe et l'ont toujours été, les mers ayant toujours été plus vastes que les terres, et probablement d'autant plus qu'on recule vers des époques plus éloignées de nous, et ces conditions de vie moins complexes demandant un concours de circonstances qui doit se reproduire plus fréquemment. La raison élevée de leur multiplication fait qu'un grand nombre d'individus peuvent être détruits sans que l'espèce périsse, parce qu'il suffit d'un petit nombre d'individus pour la reproduire et la multiplier de nouveau en peu de temps, de sorte que dans les mêmes circonstances où des organismes supérieurs périraient, faute de pouvoir se transformer, des organismes inférieurs souffrent seulement durant un temps, mais persistent, et cette persistance même, leur permettant d'acquérir plus aisément une vaste extension, leur donne ensuite de plus puissants moyens pour persister, parce que, s'ils sont détruits sur un point du globe, ils ont chance de se multiplier sur un autre. Enfin, s'il est vrai que les organismes supérieurs de chaque classe soient des branches collatérales modifiées des types inférieurs de même type, il s'ensuit que la force d'atavisme doit être beaucoup plus puissante dans les rameaux généalogiques restés sans modification, que dans ceux qui ont, au contraire, subi de nombreuses et profondes transformations successives. Il est évident qu'un mammifère n'est mammifère de père en fils que depuis la création de la classe, et qu'un Lion n'est Lion que depuis qu'il existe des Félides, comme l'homme n'est homme que depuis qu'une variété anthropomorphe ou pseudo-humaine a existé. Au contraire, un poisson n'a jamais été que poisson depuis les temps siluriens jusqu'aujour-

M. Alph. de Candolle a confirmée en ce qui concerne les plantes, c'est que, plus un groupe d'organisme est placé bas dans l'échelle de la nature, et plus il est susceptible d'acquérir une grande extension.

Les rapports que nous venons d'examiner peuvent se résumer par autant de lois naturelles : c'est d'abord, que les organismes peu élevés et lentement modifiables ont une plus grande

d'hui, quelques transformations que ses ancêtres successifs aient éprouvées dans les limites de cette classe. De même un mollusque descend de mollusques antérieurs; les ancêtres d'un articulé ont tous sécrété des anneaux testacés, et ceux d'un polype ont travaillé à un polypier depuis la première formation de ces types de l'organisation. De sorte que, si la faculté actuelle de variabilité est en raison directe de la somme des variations subies pendant la série totale des temps géologiques, il est de toute évidence que les êtres supérieurs doivent être plus variables que les inférieurs, et d'autant plus qu'ils sont plus élevés. Mais comme d'autre part la grande complication de leur organisme les rend beaucoup plus sujets à souffrir d'un changement dans leurs conditions de vie ; qu'il résulte de la raison géométrique moins élevée de leur reproduction une moindre destruction de germes, c'est-à-dire une sélection naturelle moins sévère dans le jeune âge; que l'étendue plus bornée de leurs stations suppose, avec un nombre d'individus, des variations moins fréquentes, et que les moyens de transport et de dispersion plus difficiles, surtout pour les espèces terrestres, en général supérieures dans toutes les classes aux espèces marines, ne leur permettent pas de prendre une extension rapide et de réparer leurs pertes en s'emparant de nouvelles contrées où elles pourraient vivre en se modifiant plus ou moins; il se pourrait que l'ensemble de ces causes d'invariabilité des types supérieurs compensât, sinon en totalité, du moins en partie, les causes d'invariabilité des types inférieurs actuels. Ce que la géologie prouve, c'est seulement la persistance des types inférieurs, c'est-à-dire que la durée moyenne de leurs genres est plus longue que la durée moyenne des genres de types plus élevés ; mais si les documents géologiques constatent les créations et les extinctions de formes, ils ne peuvent établir leur filiation. Il se peut donc que les formes inférieures varient aussi souvent ou même plus souvent que les formes supérieures, c'est-à-dire donnent plus souvent naissance à des formes nouvelles ; mais en vertu de leur grande extension géographique, les souches-mères ne s'éteignent pas pour cela ; tandis que parmi les espèces supérieures terrestres, enfermées dans des limites plus ou moins étroites, la vari été-fille supplante et extermine presque invariablement l'espèce-mère qui l'a produite.

En résultante générale, on pourra peut-être admettre, au moins comme probable, que si, en effet, actuellement et durant les périodes géologiques dont il nous reste des documents fossiles, les organismes inférieurs paraissent, en moyenne, avoir varié moins vite que les organismes supérieurs, cette invariabilité ne leur est pas essentielle, mais dépend de l'accumulation de la force d'atavisme ; de sorte qu'à mesure que le niveau supérieur de l'organisation s'élève et s'élève de plus en plus rapidement au moyen d'espèces progressives, formant comme les bourgeons terminaux de la cime et des principales branches de l'arbre de vie, la faculté générale de variabilité n'en suit pas moins dans tout le monde organique une sorte de mouvement uniformément retardé, et d'autant plus retardé que les types sont plus anciens, et sont restés invariables durant de plus longues périodes. (*Trad.*)

extension que les organismes supérieurs; c'est que les productions alpines et lacustres, ou celles de marais, sous réserve de quelques exceptions, sont en connexion avec celles des terres basses ou sèches environnantes, en dépit de la grande différence des stations; c'est que les espèces distinctes qui habitent les îlots d'un même archipel ont entre elles des affinités étroites; c'est surtout que les habitants de chaque archipel ou de chaque île isolée ont des rapports frappants avec ceux de la terre ferme la plus voisine. Or, chacune de ces lois est complétement incompréhensible d'après la théorie ordinaire de la création indépendante de chaque espèce; mais elles sont aisément explicables au point de vue de la colonisation de chaque station par les habitants de la région la plus voisine et la plus favorable aux migrations des espèces, combinées avec la faculté de modification et d'adaptation de ces colons à leur nouvelle patrie.

VI. **Résumé de ce chapitre et du précédent.** — Dans ces deux chapitres, j'ai essayé de montrer que, si nous tenons compte de notre ignorance quant aux effets si divers que peuvent avoir produits les changements de climat ou les oscillations de niveau du sol qui ont certainement eu lieu depuis une période récente, et de tous les autres changements qui peuvent s'être opérés pendant le même temps; si nous nous souvenons encore combien nous savons peu de chose des nombreux moyens de transports occasionnels, parfois si extraordinaires, qui existent, et qui offrent un sujet inépuisable d'investigations et d'expériences qui n'ont pas encore été convenablement tentées; si nous songeons combien il peut être arrivé souvent qu'une espèce se soit étendue sur de vastes régions continues, et qu'elle se soit ensuite éteinte dans quelques stations intermédiaires; il ne reste plus de difficulté insurmontable qui empêche d'admettre que tous les individus de la même espèce, en quelque lieu qu'ils vivent actuellement, ne soient descendus des mêmes parents. Nous sommes d'ailleurs amenés à cette doctrine, adoptée déjà par beaucoup de naturalistes, sous le nom de *Centres uniques de création*, par quelques considérations générales, et surtout par l'importance constatée des barrières naturelles et par les analogies que nous fournit la distribution géographique des sous-genres, genres et familles.

A l'égard des espèces distinctes du même genre, qui, d'après ma théorie, doivent procéder d'une source commune, si de même nous tenons compte de notre ignorance, et nous rappelons que quelques formes organiques changent très-lentement, un temps considérable leur étant ainsi accordé pour effectuer leurs migrations, je ne pense pas que les difficultés soient insurmontables, bien qu'elles soient souvent très-grandes, j'en conviens, en ce cas comme dans celui de la dispersion des individus de la même espèce.

Comme exemple des effets des changements climatériques sur la distribution géographique, j'ai essayé de montrer quelle a été l'influence puissante de la période glaciaire, qui, selon ma conviction, doit avoir affecté le monde entier, ou au moins de longues zones longitudinales de sa surface ; et, pour donner quelque idée de la diversité des moyens de transports occasionnels, j'ai discuté avec quelque étendue les moyens de dispersion des productions d'eau douce.

Si l'on ne trouve aucune difficulté insurmontable à admettre que dans le cours prolongé du temps les individus de la même espèce, de même que les espèces alliées, aient procédé de la même source ; alors, tous les principaux faits concernant la distribution géographique peuvent s'expliquer par la théorie des migrations, appliquée principalement aux formes organiques dominantes, et combinée avec les modifications et la multiplication des formes nouvelles. Ainsi s'explique aisément la haute importance des barrières naturelles, soit de terre ou d'eau, qui séparent nos diverses provinces zoologiques ou botaniques. Ainsi s'explique la localisation des sous-genres, genres et familles, et comment il se fait que, sous différentes latitudes, par exemple dans l'Amérique du Sud, les habitants des plaines et des montagnes, ceux des forêts, des marais ou des déserts soient reliés les uns aux autres par de mystérieuses affinités, et soient même plus ou moins en connexion avec les formes éteintes qui ont habité autrefois le même continent. Sachant que les relations mutuelles d'organisme à organisme sont de la plus haute importance, nous comprenons pourquoi deux régions qui présentent presque les mêmes conditions physiques peuvent souvent être habitées par des formes très-différentes. D'après la longueur du temps écoulé depuis que de nouveaux habitants se sont établis dans une région quelconque; d'après la nature et la facilité des communications qui permirent à certaines formes de s'y introduire en plus ou moins grand nombre, à l'exclusion de toutes les autres; selon que ces divers colons se firent entre eux une concurrence plus ou moins vive, qu'ils eurent à la soutenir contre les indigènes, ou que les immigrants furent susceptibles de varier plus ou moins rapidement, il dut s'ensuivre en chaque différente région, et indépendamment de ses conditions physiques, des conditions de vie infiniment diverses, et un ensemble presque infini d'actions et de réactions. Nous devons donc trouver, et nous trouvons en effet dans les diverses provinces géographiques du monde, quelques groupes d'êtres profondément modifiés, d'autres qui n'ont subi que des modifications légères, quelques-uns représentés par un nombre considérable d'individus, et d'autres n'existant qu'en petit nombre.

A l'aide des mêmes principes, nous pouvons comprendre, ainsi que j'ai essayé de le montrer, pourquoi les îles océaniques ne doivent compter que peu d'espèces, mais comment il se fait que, parmi ces espèces, un grand nombre soient particulières et autochthones ; et pourquoi, en raison de la différence des moyens de migrations, un groupe d'êtres peut ne renfermer que des espèces autochthones, tandis que les espèces d'un autre groupe de la même classe sont communes à plusieurs parties du monde. Nous voyons pourquoi des groupes entiers d'organismes, tels que les Batraciens et les Mammifères terrestres, manquent aux îles océaniques; tandis que même les plus isolées d'entre elles possèdent leurs espèces particulières de mammifères aériens, c'est-à-dire de Chauves-Souris. Nous voyons pourquoi il peut y avoir quelque connexion entre la présence de mammifères, plus ou moins modifiés, dans une île quelconque et la profondeur des mers qui séparent cette île de la terre ferme. Nous voyons clairement pour quelles raisons les habitants d'un archipel, quoique spécifiquement distincts sur chacune des îles qui le composent, ont cependant des rapports mutuels de ressemblance, et sont de même en relation, bien que par des affinités moins étroites, avec ceux du continent le plus voisin ou des autres sources d'immigration, qui peuvent lui avoir fourni des colonies. Nous voyons enfin pourquoi en deux régions, quelque distantes qu'elles soient l'une de l'autre, il existe une certaine corrélation entre la présence d'espèces identiques, de variétés ou d'espèces douteuses, et celle d'espèces distinctes, mais représentatives.

Il est un point sur lequel Édouard Forbes a souvent insisté : c'est qu'il existe un parallélisme frappant entre les lois de la vie dans le temps et dans l'espace ; les lois qui gouvernent la succession des formes organiques à travers la série des temps géologiques écoulés, étant presque les mêmes que celles qui gouvernent aujourd'hui leur distribution dans les diverses régions du globe. Un grand nombre de faits établissent cette analogie. Ainsi, la durée de chaque espèce et groupe d'espèce est continue dans la succession des âges : du moins, les exceptions à cette règle sont si rares, qu'elles peuvent, avec droit, être attribuées à ce que nous n'avons pas encore découvert en quelque dépôt intermédiaire les formes qui paraissent y manquer, bien qu'on les trouve dans les formations immédiatement inférieures ou supérieures. De même, dans l'espace, il est certainement de règle générale que les régions habitées par une espèce isolée ou par un groupe d'espèces alliées soient continues : les exceptions, assez nombreuses, il est vrai, peuvent s'expliquer par d'anciennes migrations effectuées, sous des conditions différentes de celles qui existent aujourd'hui, à l'aide de divers moyens de transports occasionnels, et par l'extinction partielle de l'espèce immigrante en quelques-unes des stations intermédiaires. Dans le temps comme dans l'espace, les espèces et groupes d'espèces ont leur point maximum de développement. Les groupes d'espèces qui appartiennent spécialement, soit à une certaine période, soit à de certaines régions, sont souvent caractérisés par des particularités d'organisation peu importantes qui leur sont communes : tels sont, par exemple, des détails extérieurs de forme et de couleur. Soit que l'on considère la longue série des âges, soit que l'on compare entre elles des provinces éloignées sur la surface du globe, on trouve également que quelques organismes ont entre eux de grandes analogies; tandis que d'autres, appartenant à une classe ou à un ordre différent, ou même à une autre famille du même ordre, diffèrent considérablement. Dans le temps, comme dans l'espace, les membres inférieurs de chaque classe changent généralement moins que les supérieurs, mais en l'un et l'autre cas il y a des exceptions marquantes à la règle. Or, d'après ma théorie, ces divers rapports, dans le temps comme dans l'espace, sont parfaitement intelligibles. En effet, que nous considérions les formes de la vie qui se sont modifiées pendant la succession des âges dans la même partie du monde, ou celles qui ont varié par suite de leurs migrations en des contrées distantes, dans l'un et l'autre cas tous les êtres de la même classe ont été rattachés les uns aux autres par le lien d'une génération régulière; et plus deux formes quelconques ont entre elles une parenté étroite, plus elles se trouvent rapprochées l'une de l'autre dans le temps et dans l'espace, parce que, dans l'un et l'autre cas, les lois de variation ont été les mêmes, et que les modifications ont été accumulées en vertu de la même loi de sélection naturelle.

---

# CHAPITRE XIII

## AFFINITÉS MUTUELLES DES ÊTRES ORGANISÉS

I. Classification : Groupes subordonnés à d'autres groupes. — II. Système naturel. — III. Les règles et les difficultés de classification s'expliquent par la théorie de descendance modifiée. — IV. Classification des variétés. — V. La généalogie est toujours consultée en matière de classification. — VI. Caractères analogiques et caractères d'adaptation. — VII. Des affinités générales, complexes et divergentes. — VIII. Les extinctions d'espèces séparent et déterminent les groupes en les limitant. — IX. Morphologie : Unité de type entre les membres de la même classe et entre les parties du même individu. — X. Embryologie : ses lois s'expliquent par ce fait que les variations survenues à une phase quelconque de la vie de l'individu sont héritées par sa postérité à un âge correspondant. — XI. Organes rudimentaires : explication de leur origine. — XII. Résumé.

I. Classification. **Groupes subordonnés à d'autres groupes.** — Depuis la première aube de la vie tous les êtres organisés se sont constamment ressemblés les uns aux autres par une série continue d'affinités, de sorte qu'ils peuvent se classer en groupes subordonnés à d'autres groupes. Une telle classification n'est évidemment pas arbitraire, comme on pourrait le dire, par exemple, du groupement des étoiles en constellations. L'existence de ces groupes n'aurait qu'une signification très-bornée, si l'un se trouvait être exclusivement adapté à vivre sur la terre et un autre dans les eaux, celui-ci à se nourrir de chair, celui-là de végétaux, et ainsi de suite. Mais il en est tout autrement dans la nature, car il est notoire qu'on observe très-communément des habitudes différentes chez les membres du même sous-groupe.

Dans le second chapitre et dans le quatrième, j'ai montré que, dans chaque contrée, ce sont les espèces communes et très-répandues dans de nombreuses stations, c'est-à-dire les espèces dominantes appartenant aux plus grands genres de chaque classe, qui varient le plus. Selon moi, les variétés ou espèces naissantes, ainsi produites, sont plus tard converties en espèces nouvelles bien distinctes, qui, en vertu du principe d'hérédité, tendent à devenir à leur tour autant d'espèces dominantes. Conséquemment, les groupes aujourd'hui considérables, et qui, en général, comprennent beaucoup d'espèces dominantes, tendent à continuer encore à s'accroître en puissance et en nombre. J'ai, de plus, établi que les descendants variables de chaque espèce ont une tendance constante à diverger de caractère par suite de la concurrence qu'ils se font les uns aux autres pour s'emparer d'autant de stations différentes qu'il leur est possible dans l'économie naturelle. Cette conclusion s'appuie sur la grande diversité des formes organiques, qui, dans une aire très-restreinte, entrent en concurrence mutuelle très-vive, ainsi que sur certains phénomènes de naturalisation bien constatés.

J'ai montré aussi comment il existe une tendance constante chez les formes qui sont en voie de s'accroître rapidement en nombre et de diverger en caractères, à supplanter et à exterminer les formes plus anciennes moins parfaites et moins divergentes. Je prie le lecteur de vouloir bien jeter de nouveau un coup d'œil sur la figure qui donne une idée approchée des effets résultant de l'action combinée de ces divers principes : il verra qu'ils ont pour conséquence inévitable que les descendants modifiés, qui procèdent d'un même progéniteur, se séparent en groupes subordonnés à d'autres groupes. Sur cette figure, chaque lettre de la ligne supérieure peut représenter un genre renfermant plusieurs espèces ; et tous les genres de cette ligne peuvent former une même classe, car tous sont descendus d'un même ancêtre, et conséquemment ont dû hériter quelque chose en commun. Mais les trois genres groupés sur la gauche doivent, en vertu du même principe, avoir hérité beaucoup en commun, et, par conséquent, ils forment une sous-famille, distincte de celle qui comprend les deux genres qui suivent vers la droite et qui ont divergé d'un commun parent depuis la cinquième période généalogique [1]. Ces cinq genres ont cependant aussi beaucoup de caractères communs, et forment une famille distincte de celle qui comprend les trois genres qui suivent encore plus loin vers la droite et qui ont divergé depuis une époque encore plus reculée. Et tous ces genres descendus de *A* forment un ordre distinct de tous les genres descendus de *I*. De sorte que nous avons ici beaucoup d'espèces descendues d'un seul progéniteur est groupées en genres ; ces genres sont eux-mêmes groupés en sous-familles, familles et ordres, c'est-à-dire en groupes subordonnés, tous compris dans une même classe. Ce fait, si important en histoire naturelle, du classement de tous les êtres organisés en groupes subordonnés à d'autres groupes, fait auquel on n'accorde pas toujours toute l'attention qu'il mérite, parce qu'il nous est trop familier, se trouve ainsi, selon moi, complétement expliqué.

Je ne prétends pas affirmer ici qu'on ne saurait donner aucune autre raison de la classification des caractères des êtres organisés en groupes subordonnés à d'autres groupes. Nous savons, ainsi que M. Maw l'a fait remarquer, comme une objection à ma théorie, que les minéraux et même les substances élémentaires sont susceptibles d'une classification analogue, et, en ce cas, une telle classification est naturellement sans relation possible avec une succession généalogique. Mais, à l'égard des êtres organisés, les idées que je viens d'exposer rendent compte de cette classification, dont aucune autre explication n'a été donnée jusqu'ici [2].

[1] Il ne faut pas confondre ce terme avec celui de cinquième génération ; car, dans la théorie de l'auteur, un degré généalogique ne représente pas un individu et la durée de sa vie, mais une espèce et la durée de son existence géologique. Aussi M. Darwin emploie-t-il le terme de *fifth stage of descent*, cinquième étage de descendance. (*Trad.*)

[2] Ce paragraphe a été ajouté par l'auteur depuis la troisième édition anglaise et déjà inséré dans la seconde édition allemande. Si l'attention avec laquelle M. Darwin discute les objections de ses contradicteurs prouve sa bonne foi et sa minutieuse exactitude, il nous paraît cependant attacher trop de valeur à des arguments qui n'en ont aucune. Ainsi M. Maw aurait bien pu en appeler à la classification des langues en groupes et en familles, et dire que les langues ne sont pas susceptibles de filiation généalogique, dans le sens exact du mot. Il n'en est pas moins vrai que les langues s'engendrent les unes les autres. De même, les formes cristallines, qui servent à la classification minéralogique, ne

II. **Système naturel.** — Les naturalistes s'efforcent de disposer les espèces, genres et familles de chaque classe d'après ce qu'ils appellent le *système naturel*. Mais que signifie ce terme ? Quelques auteurs le considèrent purement comme un plan imaginaire pour grouper ensemble les choses vivantes qui sont les plus semblables, et pour diviser celles qui sont le plus dissemblables, ou comme un moyen artificiel pour énoncer aussi brièvement que possible certaines propositions générales. En ce cas, il aurait pour but de nous permettre de renfermer sous une seule proposition les caractères communs à tous les mammi-

sont que des combinaisons d'éléments premiers, et de l'une de ces formes on peut toujours concevoir le passage à une autre forme comme dérivée, ainsi que les professeurs de minéralogie le démontrent tous les jours dans leurs cours, au moyen d'une série de solides s'emboîtant les uns dans les autres.

Dans toute classification, depuis Aristote jusqu'à nous, il y a toujours eu deux éléments distincts, l'élément purement verbal ou loi logique, servant à désigner les choses par des noms exprimant autant que possible leur nature : puis l'élément réel ou loi sériaire, qui a pour objet de rapprocher des objets divers suivant leurs rapports mutuels. Or ces deux principes de classement sont presque toujours, mais non invariablement, parallèles, et leur manque de parallélisme est le plus grand obstacle qui existe à une classification absolument parfaite. En général, de l'ordre verbal résultent les classifications dites artificielles, et de l'ordre sériaire les classifications dites naturelles. En effet, on comprend que dans l'ordre logique les divers objets classés sont séparés par leurs attributs différents, et identifiés sous les mêmes noms par leurs attributs semblables; dans l'ordre sériaire, au contraire, il y a quelque chose de plus. Il y a, ou l'ordre de succession dans le temps, ou l'ordre de succession dans l'espace, ou les rapports de cause à effet, et d'antécédent à conséquent, qui interviennent.

Le nombre de ces rapports augmente avec la complexité des êtres à classer, et il en résulte que l'échelle la plus complexe de rapports appartient aux êtres vivants qui de tous les objets devraient être, par conséquent, les plus difficiles à classer. Cependant chez les êtres vivants il résulte de la grande loi d'hérédité, qui tend à perpétuer les caractères acquis, un parallélisme presque parfait des deux éléments hostiles de toute classification. Car il est de toute évidence que les êtres généalogiquement le plus rapprochés ont aussi toute chance d'être les plus voisins dans le temps et dans l'espace, et, de plus, qu'ils ont la plus grande ressemblance attributive possible, au point qu'aux degrés les plus immédiats de leur succession généalogique, ils arrivent à la presque identité attributive et peuvent logiquement se confondre sous un même nom collectif, qui fait seulement abstraction de leurs légères différences individuelles, ne serait-ce que de cette différence primordiale qui distingue logiquement deux individus, en faisant que l'un n'est pas l'autre, et qui échappe à toute collectivité, en même temps qu'elle lui donne sa raison d'être.

Une légère teinture de philosophie spéculative, ou tout simplement de logique serait utile, non-seulement à nos plus grands et plus savants naturalistes pour défendre leurs meilleures doctrines; mais elle serait plus encore nécessaire à ceux qui se permettent de leur adresser des critiques qui sont tout bonnement des non-sens. (*Trad.*)

fères, par exemple, et, sous une autre, tous ceux qui, dans les mammifères, sont communs au genre Chien; et enfin, en en ajoutant une seule proposition de plus, d'arriver à donner une description complète de chaque espèce de Chiens. L'ingénieuse utilité de ce système est indiscutable. Mais beaucoup de naturalistes entendent quelque chose de plus par ce mot de *système naturel;* ils y voient une révélation du plan créateur. A moins qu'on ne nous explique bien si cette expression elle-même signifie l'ordre dans le temps ou dans l'espace, ou quelque autre chose encore, il me semble qu'elle n'ajoute absolument rien à notre science. Quelques propositions, que nous rencontrons souvent sous une forme plus ou moins claire, semblent vouloir dire que notre méthode de classification implique quelque chose de plus que de pures ressemblances. Tel est par exemple ce fameux aphorisme de Linné : « Les caractères ne donnent pas le genre ; mais le genre donne les caractères. » Je crois, en effet, que notre système naturel de groupement des êtres organisés suppose autre chose encore que des ressemblances fortuites ; et que la proximité généalogique, seule cause connue de ces ressemblances, est le lien que nous révèlent en partie nos classifications méthodiques, lien caché pour l'autre part sous les variations successives et les modifications plus ou moins profondes de l'organisation.

III. **Les règles et les difficultés de classification s'expliquent par la théorie de descendance modifiée.** — Examinons maintenant les règles généralement suivies en matière de classification, et les difficultés qu'on trouve à les appliquer, soit qu'on parte du point de vue qu'une classification doit représenter le plan inconnu de la création, soit qu'on ne considère notre méthode systématique que comme un plan imaginaire qui permet d'énoncer des propositions générales et de placer ensemble sous les mêmes rubriques les formes les plus semblables les unes aux autres. On aurait pu penser, et longtemps même on a cru, que les particularités d'organisation qui déterminent les habitudes de vie, et la station générale de chaque être dans l'économie de la nature, devaient être de haute importance en classification. Rien cependant n'est plus faux. Nul ne considère comme importantes les ressemblances extérieures d'une Souris et d'une Musaraigne, d'un Dugong et d'une Baleine, d'une Baleine et d'un poisson. Ces ressemblances, bien qu'en étroite connexion avec la vie entière de ces divers êtres, sont regardées simplement comme des caractères analogiques ou d'adaptation. Mais nous reviendrons plus loin sur ce sujet. On pourrait même poser en règle générale que, moins une particularité d'organisation est en connexion avec les habitudes spéciales des êtres vivants, plus elle devient de haute valeur en matière de classification. C'est ainsi que le professeur Owen dit, en parlant du Dugong : « Les organes de la génération étant les moins directement en relation avec les habitudes et la nourriture d'un animal, je les ai toujours considérés comme fournissant les plus claires indications sur ses affinités réelles. Dans les modifications de ces organes, nous sommes moins exposés à prendre un simple caractère d'adaptation pour un caractère essentiel. » De même, à l'égard des plantes, n'est-il pas remarquable que leurs organes végétatifs, dont leur vie entière dépend, ne fournissent que des caractères négligeables, excepté dans la première des divisions principales ; tandis que leurs organes de reproduction, et le fruit qu'ils produisent, sont d'une importance fondamentale ?

Il ne faut donc pas, en classifiant, se fier à des ressemblances d'organisation, en connexion avec les conditions du monde extérieur, de quelque importance qu'elles soient au bien-être de l'individu ou de l'espèce. Peut-être est-ce en partie pour cela que presque tous les naturalistes regardent comme de la plus haute valeur les ressemblances des organes de haute importance vitale et physiologique. Nul doute que ces diverses règles sur l'importance, au point de vue de la classification, d'organes très-essentiels à la vie, ne soient généralement vraies, mais non pas sans donner lieu à des exceptions. L'importance caractéristique de ces organes dépend de leur plus grande constance dans des groupes entiers d'espèces ; et cette constance résulte justement de ce que ces organes ont généralement été sujets à moins de modifications, par suite de l'adaptation de ces diverses espèces à leurs différentes conditions de vie. Il est un fait qui prouve que l'importance purement physiologique d'un organe ne détermine pas d'une manière absolue sa valeur en matière de classification, c'est que dans des groupes alliés, chez lesquels nous avons toutes raisons de supposer que le même organe doit avoir à peu près la même valeur physiologique, sa valeur au point de vue de la classification est très-différente. Pas un naturaliste ne peut s'être occupé de quelque groupe spécial, sans avoir été frappé de cette anomalie ; et on la trouve consignée dans les écrits de presque tous les auteurs. Il suffit de citer la puissante autorité de Robert Brown qui, parlant de l'un des organes des Protéacées, dit que son importance générique est, « comme celle de tous les autres organes, très-inégale, et en quelques cas elle semble s'effacer entièrement, comme il arrive, je crois, non pas seulement chez cette famille naturelle, mais chez presque toutes. » Dans un autre ouvrage, il dit encore que les divers genres des Connaracées « diffèrent les uns des autres en ce qu'ils ont un seul ou plusieurs ovaires, par la présence ou l'absence d'albumen, et par leur préfloraison imbriquée ou valvulaire ; chacun de ces caractères, pris isolément, est fréquemment d'une importance plus que générique, bien que tous ensemble ils soient à peine suffisants pour séparer les Cnestis des Connarus. » Parmi les insectes, les antennes, ainsi que l'a remarqué Westwood, ont une grande constance de structure chez toute une des principales divisions des Hyménoptères ; mais dans une autre division elles diffèrent extrêmement, et leurs différences sont d'une valeur tout à fait subordonnée en classification ; cependant nul n'oserait dire que chez ces deux groupes du même ordre les antennes soient d'une importance physiologique plus ou moins grande. On pourrait ainsi fournir d'innombrables exemples de l'importance variable, en matière de classification, d'organes parfaitement identiques, et par conséquent de même valeur physiologique chez le même groupe d'êtres vivants.

De même, nul ne soutiendra que les organes rudimentaires ou atrophiés soient d'une haute importance vitale ou physiologique ; pourtant on sait qu'ils ont souvent une très-haute valeur en classification. Nul ne contestera que la dent rudimentaire de la mâchoire supérieure des jeunes Ruminants, et certains os rudimentaires de leurs jambes, ne soient de la plus grande utilité, en ce qu'ils établissent une étroite affinité entre les Ruminants et les Pachydermes. Robert Brown a insisté fortement pour démontrer que la position des épillets rudimentaires est de la plus haute importance dans la classification des Graminées. On pourrait encore énumérer nombre de particularités caractéristiques d'une valeur physiologique presque nulle, et qui sont universellement regardées comme de la plus grande utilité dans la définition de groupes entiers. Ainsi, l'existence d'une libre communication entre les narines et la bouche est, selon Owen, le seul caractère qui distingue universellement les reptiles des poissons. Il en est de même de l'ouverture de l'angle de la mâchoire chez les Marsupiaux, de la manière dont les ailes sont pliées chez les insectes, de la seule couleur chez quelques Algues, de la seule pubescence sur certaines parties de la fleur chez les plantes herbacées, et de la nature du vêtement épidermique, tel que les poils ou les plumes, chez les vertébrés. Si l'Ornithorhynque avait été couvert de plumes au lieu de poils, ce caractère tout externe, et d'une valeur physiologique indifférente, aurait été considéré par les naturalistes comme aussi important dans la détermination des affinités de cette étrange créature avec les oiseaux et les reptiles, qu'une ressemblance dans la structure de tout autre organe interne.

L'importance en classification des caractères de peu de valeur physiologique dépend principalement de leur corrélation avec d'autres caractères de plus ou moins grande importance. Il est évident qu'un certain ensemble constant de caractères divers est surtout de la plus haute valeur en histoire naturelle. Il s'ensuit, comme on l'a souvent remarqué, qu'une espèce peut s'éloigner de ses alliées sous plusieurs rapports, à la fois de grande importance physiologique et de valeur presque universelle, et cependant ne nous laisser aucun doute sur le rang qu'elle doit occuper. Il s'ensuit encore, ainsi qu'on l'a vu maintes fois, que tous les essais de classification fondés sur une seule classe d'organes, quelle qu'en soit l'importance, ont toujours échoué : car aucune partie de l'organisation n'est d'une importance universellement constante dans les différents groupes d'êtres vivants. L'importance d'un ensemble combiné de divers caractères, même lorsqu'aucun d'eux n'est important, peut seule expliquer, je pense, cet aphorisme de Linné, que les caractères ne donnent pas le genre, mais que le genre donne les caractères. Car cet axiome scientifique semble fondé sur une appréciation générale de beaucoup de ressemblances superficielles trop légères pour être définies. Certaines plantes de la famille des Malpighiacées portent des fleurs parfaites et des fleurs dégénérées. A l'égard de ces dernières, disait A. de Jussieu, « le plus grand nombre des caractères propres à l'espèce, au genre, à la famille, à la classe même, s'effacent, disparaissent peu à peu, et se moquent de toutes nos classifications. » Mais lorsque l'Aspicarpa ne produisit en France, pendant plusieurs années consécutives, que des fleurs dégénérées, s'éloignant ainsi étonnamment d'un grand nombre des caractères les plus importants du propre type de l'ordre, Richard n'en vit pas moins avec sagacité, ainsi que l'observe de Jussieu, que ce genre n'en devait pas moins rester parmi les Malpighiacées. Cet exemple me paraît donner une idée assez juste de l'esprit selon lequel nos classifications doivent quelquefois être conçues.

Dans la pratique, et lorsque les naturalistes sont à l'œuvre, ils s'embarrassent peu de la valeur physiologique des caractères dont ils se servent pour définir un groupe, ou pour désigner la place que doit occuper quelque espèce particulière. S'ils observent un caractère à peu près uniforme, commun à un grand nombre d'espèces, et qui n'existe pas chez d'autres, ils s'en servent comme ayant une grande valeur ; s'il est commun à un moins grand nombre de formes, ils ne l'emploient que comme ayant une valeur subordonnée. Quelques naturalistes ont franchement confessé que cette règle était la seule bonne. Parmi eux, nul ne l'a plus clairement avoué que l'excellent botaniste Aug. Saint-Hilaire. Si certains caractères se retrouvent toujours en corrélation avec d'autres, bien qu'on ne puisse découvrir entre eux aucune connexion nécessaire, on les considère comme ayant une valeur toute spéciale. Comme dans la plupart des groupes d'animaux des organes très-importants, tels que ceux qui servent à la circulation du sang et à son oxygénation, ou ceux qui ont pour fonction de reproduire la race, se montrent presque uniformes, on les considère comme de grand usage en classification ; mais en quelques groupes, au contraire, chacun de ces organes vitaux, quelle que soit son importance, se trouve offrir parfois des caractères d'une valeur très-subordonnée.

On conçoit aisément que les caractères dérivés de l'embryon doivent être de la même importance que ceux qu'on emprunte à l'adulte : naturellement nos classifications doivent comprendre tous les âges des individus de chaque espèce. Mais il est bien loin d'être aussi évident, au point de vue de la théorie communément adoptée, pourquoi la structure de l'embryon doit être d'une plus grande importance, sous ce même rapport, que celle de l'adulte, qui seul joue son rôle complet dans l'économie de la nature. Cependant deux grands naturalistes, Milne Edwards et Agassiz, ont fortement appuyé sur ce principe que les caractères embryologiques sont les plus importants de tous pour la classification des animaux ; et l'on a généralement admis cette opinion comme vraie. La même règle s'applique avec le même succès aux plantes phanérogames dont les deux divisions principales ont été fondées sur des caractères dérivés de l'embryon, c'est-à-dire sur le nombre et la position des cotylédons ou feuilles séminales, et sur le mode de développement de la plumule et de la radicule. Quand nous discuterons les faits de l'embryologie, nous verrons pourquoi de tels caractères ont une si grande valeur, au point de vue d'une classification impliquant l'idée de rapports généalogiques. Souvent nos classifications suivent tout simplement la chaîne des affinités. Rien n'est plus aisé que de déterminer un certain nombre de caractères communs à tous les oiseaux ; mais, à l'égard des crustacés, cette détermination s'est trouvée impossible jusqu'ici. Il y a des crustacés aux deux extrémités opposées de la série qui ont à peine un caractère commun ; et cependant les espèces les plus extrêmes des deux bouts de la chaîne étant évidemment alliées à celles qui leur sont voisines, celle-ci encore à d'autres, et ainsi de suite, toutes sont aisément reconnues comme appartenant, sans doute possible, à cette classe particulière des articulés et non aux autres.

Souvent on a aussi fait intervenir la distribution géographique dans la classification des êtres organisés, surtout à l'égard de certains groupes considérables de formes proche-alliées, et parfois peut-être assez mal à propos. Temminck insiste sur l'utilité et même la nécessité de tenir compte de cet élément à l'égard de quelques groupes d'oiseaux, et plusieurs entomologistes et botanistes l'ont pris en considération.

Quant à la valeur comparative des divers groupes d'espèces, tels que les ordres, sous-ordres, familles, sous-familles et genres, elle semble avoir été, au moins jusqu'à présent, presque complétement arbitraire. Plusieurs excellents botanistes, tels que M. Bentham, et tant d'autres, ont fortement insisté sur le peu de valeur absolue de ces divisions et sur leurs limites mal définies. On pourrait trouver parmi les plantes et les insectes des groupes de formes, qui n'ont été considérés d'abord par les naturalistes expérimentés que comme de simples genres, et que depuis on a élevés au rang de sous-familles ou même de familles. Ce n'est point cependant que des recherches subséquentes aient eu pour résultat de découvrir entre leurs divers représentants des différences importantes de structure d'abord négligées à tort, mais seulement que de nombreuses espèces alliées, présentant divers degrés de différences, ont été subséquemment découvertes.

Toutes les difficultés, toutes les règles et tous les moyens de classification qui précèdent, s'expliquent, je crois, à moins que je ne me trompe étrangement, en admettant que le système naturel a pour fondement le principe de descendance modifiée ; et que les caractères considérés par les naturalistes comme prouvant des affinités réelles entre deux espèces ou plusieurs, sont ceux qu'elles ont hérités d'un commun parent. Toute classification vraie est donc essentiellement généalogique ; la communauté d'origine est le lien caché que les naturalistes ont inconsciemment cherché sous prétexte de découvrir quelque mystérieux plan de création, d'énoncer seulement des propositions générales, ou de rassembler des choses semblables et de séparer des choses différentes.

Mais je dois m'expliquer plus complétement. Je crois que l'arrangement des groupes dans chaque classe, selon le rang de subordination qui leur est dû, par rapport à d'autres groupes, doit être exactement généalogique, afin d'être naturel ; mais j'admets aussi qu'entre les différentes branches ou groupes alliés au même degré de consanguinité avec leur commun progéniteur, la somme des dissemblances actuelles peut différer considérablement, selon le nombre et l'importance des modifications qu'ils ont subies. C'est ce qu'on exprime en rangeant la série entière des formes connues sous différents genres, familles, sections ou ordres.

Le lecteur comprendra mieux ce que j'entends, s'il veut prendre la peine de consulter encore la figure du quatrième chapitre. Nous supposerons que les lettres depuis A jusqu'à L représentent des genres alliés, qui vécurent pendant l'époque silurienne, et qui descendent tous d'une espèce qui existait à une période antérieure inconnue. Certaines espèces appartenant à trois de ces genres (A, F et I) ont transmis jusqu'aujourd'hui des descendants modifiés, représentés par les quinze genres ($a^{14}$ à $z^{14}$) de la ligne horizontale supérieure. Tous ces descendants modifiés d'une seule espèce sont représentés ici comme parents au même degré de consanguinité. On peut par métaphore les appeler cousins au même millionième degré. Cependant ils diffèrent considérablement et à divers degrés les uns des autres. Les formes descendues de A, maintenant divisées en deux ou trois familles, constituent un ordre distinct de celles qui descendent de I, divisées de même en deux familles. Les espèces actuelles, descendues de A, ne sauraient non plus être rangées dans le même genre que leur commun ancêtre, ni celles qui descendent de I avec ce genre primitif. Mais on peut supposer que le genre encore vivant, $F^{14}$, ne s'est que légèrement modifié, et par conséquent il pourrait toujours être rangé avec le genre primitif F dont il est issu. C'est ainsi que quelques êtres organisés, encore vivants, sont arrivés jusqu'à nous depuis la période silurienne sans avoir subi de modifications d'une valeur générique. De sorte que la valeur des dissemblances qui existent aujourd'hui entre des êtres organisés, tous parents les uns des autres au même degré de consanguinité, a pu devenir très-différente. Néanmoins leur arrangement généalogique reste rigoureusement exact, non-seulement dans le temps actuel, mais à chaque période généalogique successive. Tous les descendants de A auront hérité quelque chose en commun de leur commun parent, et il en aura été de même de tous les descendants de I. Il en aura été de même encore de chacun des rameaux généalogiques subordonnés sortis de ces deux souches mères, à chacune des périodes géologiques successives qu'ils ont traversées. Si pourtant nous préférons supposer que quelques-uns des descendants de A et de I se sont si profondément modifiés, qu'ils ont plus ou moins complétement perdu les traces de leur parenté mutuelle, en ce cas leur place légitime dans une classification naturelle sera plus ou moins difficile à reconnaître, comme on le constate à l'égard de quelques-uns des organismes vivants. Tous les descendants du genre F, pendant toute la durée de leur lignée généalogique, sont censés ne s'être que peu modifiés, et ils forment encore un genre unique. Mais ce genre, bien que très-isolé, occupera toujours la position intermédiaire qui lui est propre ; car originairement F était intermédiaire en caractères entre les genres primitifs A et I ; et les divers genres qui en sont descendus doivent avoir hérité jusqu'à certain point de ses traits caractéristiques. Cet arrangement naturel est indiqué, autant que possible, sur la figure, mais d'une manière beaucoup trop simplifiée. Si, au lieu d'une figure ramifiée, on eût disposé les noms des groupes en série linéaire, il eût été encore moins possible de les disposer selon le système naturel ; car il est de toute impossibilité de représenter par une série, et sur une surface plane, les affinités que l'on observe dans la nature parmi les êtres d'un même groupe. A mon point de vue, le système naturel est donc ramifié comme un arbre généalogique ; mais la valeur des modifications que les différents groupes ont subies doit s'exprimer par leur arrangement en ce qu'on nomme genres, sous-familles, familles, sections, ordres et classes.

Il n'est pas inutile d'expliquer cette manière d'entendre la classification des êtres organisés, par un exemple tiré des diverses langues humaines. Si nous possédions l'arbre généalogique complet de l'humanité, un groupement généalogique des races humaines nous fournirait certainement aussi la meilleure classification des idiomes divers qui se parlent aujourd'hui dans le monde ; et si toutes les langues mortes, avec tous les dialectes intermédiaires et lentement changeants, devaient y trouver leur place, un tel groupement serait le seul possible. Cependant, il se pourrait que quelque langue très-ancienne se fût peu altérée, et qu'elle n'eût donné naissance qu'à un petit nombre de langues modernes ; tandis que d'autres, par suite des migrations, de l'isolement ou des différents états de civilisation des races qui les ont parlées, se sont altérées considérablement et ont donné naissance à un grand nombre de langues ou de dialectes modernes. Les divers degrés de différence entre les langues de même souche seraient exprimés par des groupes subordonnés à d'autres groupes ; mais le seul arrangement convenable et possible devrait toujours être d'accord avec la filiation généalogique. A cette condition seulement, il serait rigoureusement naturel, parce qu'il relierait ensemble toutes les langues mortes et vivantes par leurs affinités les plus étroites, et donnerait ainsi la filiation et les origines de chacune d'elles.

IV. **Classification des variétés.** — Un regard jeté sur la classification des variétés qu'on croit ou qu'on sait descendues d'une espèce quelconque confirmera encore cette manière de voir. Les variétés sont groupées sous les espèces, et se divisent elles-mêmes en sous-variétés. A l'égard de nos productions domestiques, plusieurs autres subdivisions sont indispensables, ainsi que nous l'avons vu pour les Pigeons. La cause de ce groupement hiérarchique est la même parmi les variétés que parmi les espèces ; elle dépend toujours de la connexion généalogique plus ou moins étroite avec divers degrés de modification. La classification des variétés suit enfin à peu près les mêmes règles que celles des espèces. Plusieurs auteurs ont insisté sur la nécessité de classer les variétés d'après un système naturel, et non pas d'après un système artificiel. Ainsi, on sait qu'il faut se garder de classer ensemble deux variétés de l'Ananas, simplement parce que leurs fruits, bien que fournissant un caractère important, sont à peu près identiques. Nul ne place ensemble le Navet suédois et le Navet commun, quoique leurs tiges épaisses et succulentes soient si semblables. L'organe qui se montre le plus constant est celui qu'on choisit de préférence dans la classification des variétés. C'est pourquoi, d'après le grand agronome Marshall, les cornes sont d'une haute valeur pour classer les races bovines, parce qu'elles sont moins variables que la forme ou la couleur du corps, etc., tandis que chez les Moutons les cornes n'ont pas la même utilité, parce qu'elles sont moins constantes. Dans le classement des variétés, je suis convaincu que, si nous possédions leur arbre généalogique, l'ordre qu'il nous indiquerait serait universellement préféré, ainsi que quelques auteurs se sont efforcés de le faire admettre : car nous pouvons demeurer certains, quelle qu'ait été, du reste, l'importance des modifications subies, que le principe d'hérédité rassemblerait les formes alliées par les plus nombreux points de ressemblance. Chez les Pigeons culbutants, quelques variétés diffèrent des autres par leur long bec, ce qui, dans la race, est un caractère de haute importance : cependant, toutes sont reliées les unes aux autres par l'habitude commune de faire la culbute : et, quoique la race à courte face ait presque ou même complétement perdu cette habitude, néanmoins, sans raisonnement, sans réflexion à ce sujet, on continue de la placer dans le même groupe, à cause de sa consanguinité connue et de ses ressemblances à d'autres égards avec les autres races. Si l'on pouvait prouver que les Hottentots sont descendus des Nègres, je suppose qu'on les placerait dans le groupe Nègre, quelles que soient les différences de couleur, ou autres plus importantes, qui les distinguent.

V. **La généalogie est toujours consultée en matière de classification.** — A l'égard des espèces à l'état de nature tout naturaliste fait toujours intervenir plus ou moins l'élément généalogique dans ses classifications ; car, dans le dernier degré de ses groupements subordonnés, c'est-à-dire dans l'espèce, il comprend toujours les deux sexes. On sait cependant combien les deux sexes diffèrent parfois l'un de l'autre, et par les caractères les plus importants : chez certains Cirripèdes adultes, c'est à peine si les mâles et les hermaphrodites possèdent un seul attribut en commun, et, cependant, personne ne songerait à les séparer. Les naturalistes comprennent dans une même espèce les diverses phases de la larve d'un même individu, quelque différentes qu'elles soient l'une de l'autre et de l'état adulte ; ils y comprennent également les générations, dites alternantes, de Steenstrup, bien que seulement en un sens purement technique, et pour la commodité de la théorie, elles puissent être considérées comme les états successifs d'un même individu. Ils y comprennent les monstres ; ils y comprennent les variétés, non-seulement parce qu'elles ont d'étroites ressemblances avec la forme mère, mais aussi parce qu'elles en sont issues. Celui d'entre eux qui pense que le Coucou descend de la Primevère, ou réciproquement, les range, en conséquence, l'un et l'autre comme une même espèce, et en donne une seule définition. Aussitôt que l'on sut que trois formes d'Orchidées (Monachantus, Myanthus et Catasetum), qui d'abord avaient été considérées comme trois genres distincts, étaient quelquefois produites sur la même tige, elles furent immédiatement regardées comme une seule espèce.

De même que la généalogie a constamment et universellement servi à classer sous une même espèce les individus d'origine identique, malgré les différences considérables que présentent souvent, soit les mâles et les femelles, soit les larves et les adultes, comme elle a toujours servi à classer des variétés qui avaient subi quelques modifications, et parfois même des modifications profondes; ce même élément généalogique ne peut-il avoir également dirigé à leur insu les naturalistes dans le classement des espèces dans les genres, et des genres dans des groupes plus élevés, bien qu'en pareil cas les modifications aient été beaucoup plus importantes, et qu'elles aient requis un temps beaucoup plus long pour s'effectuer? Je crois fortement que tel est le guide qu'on a inconsciemment suivi; et je ne saurais m'expliquer autrement la raison des diverses règles que nos meilleurs systématistes ont suivies. Nous n'avons aucun registre généalogique, nous ne pouvons établir la communauté d'origine qu'à l'aide des ressemblances de toutes sortes que nous constatons: c'est pourquoi nous préférons nous fier à ceux d'entre les caractères organiques qui, autant que nous en pouvons juger, semblent devoir s'être le moins modifiés sous l'influence directe des conditions de vie auxquelles chaque espèce s'est récemment trouvée exposée. A ce point de vue, les organes rudimentaires sont d'une aussi grande utilité que d'autres organes parfaitement développés, et, quelquefois même, ils fournissent des signes plus sûrs des véritables affinités qui relient entre eux les différents êtres. Peu nous importe qu'une particularité quelconque soit de peu de conséquence physiologique ; que ce soit seulement l'ouverture de l'angle de la mâchoire, la manière dont l'aile d'un insecte est pliée, les plumes ou les poils du vêtement épidermique ; pourvu que cette particularité soit caractéristique et constante chez un grand nombre d'espèces distinctes, et surtout parmi celles qui ont des habitudes de vie très-différentes, elle prend, par cela même, une haute valeur; car, en pareil cas, on ne peut expliquer sa présence chez tant de formes diverses, ayant des habitudes si opposées, que par l'influence héréditaire d'un commun parent. Cependant, une erreur est toujours possible à cet égard, lorsqu'il s'agit d'un seul point commun de ressemblance dans toute l'organisation; mais, lorsque plusieurs de ces particularités caractéristiques, de si peu de conséquence qu'elles soient au point de vue physiologique, se présentent constamment ensemble dans des groupes entiers et nombreux d'organismes adaptés à des habitudes différentes, on peut être à peu près certain, d'après la théorie de descendance modifiée, que ces caractères fixes sont l'héritage d'un commun ancêtre; et nous savons de quelle valeur sont de semblables agrégations corrélatives de particularités caractéristiques en matière de classification.

Il devient ainsi aisé d'expliquer pourquoi une seule espèce, dans tout un groupe, peut quelquefois s'éloigner de ses alliées, par ses caractères les plus importants, et peut cependant continuer d'être classée avec eux en toute sécurité. Une pareille classification est toujours possible, et le cas s'en présente souvent, tant qu'un nombre suffisant de caractères, si peu importants qu'ils soient, trahit le lien caché de l'unité généalogique. Que deux formes n'aient pas un seul caractère commun, cependant, si ces formes extrêmes sont reliées les unes aux autres par une chaîne de groupes intermédiaires, nous pouvons à coup sûr en inférer leur communauté d'origine, et les placer toutes dans une même classe. Lorsqu'il se trouve que des organes d'une haute importance physiologique, tels que ceux qui sont spécialement utiles à la conservation de l'individu sous les conditions d'existence les plus diverses, soient généralement les plus constants, nous y attachons une grande valeur; mais si, dans un autre groupe ou section de groupe, ces mêmes organes diffèrent beaucoup, par cela même ils diminuent de valeur en matière de classification. Nous verrons clairement, un peu plus loin, pourquoi les caractères embryologiques sont d'une si haute importance à ce même point de vue. Si la distribution géographique peut aussi parfois rendre quelques services dans le classement des genres très-nombreux en espèces et très-répandus, c'est parce que toutes les espèces du même genre, qui habitent une région distincte et depuis longtemps isolée, selon toute probabilité sont descendues des mêmes parents.

VI. **Caractères analogiques et d'adaptation.** — En partant des mêmes principes, on comprend aisément quelle importante distinction il faut faire entre des affinités réelles et des ressemblances purement analogiques ou d'adaptation. Lamarck est le premier qui ait attiré l'attention sur ce sujet. Il a été suivi en cela par Macleay et par quelques autres. Ainsi les ressemblances dans la forme du corps, et dans la disposition des membres antérieurs en nageoires qu'on observe entre le Dugong, qui est un Pachyderme, et la Baleine, ou entre ces deux mammifères et les poissons, sont purement analogiques. Parmi les insectes on trouve d'innombrables exemples de pareils faits; ainsi Linné, trompé par des apparences extérieures, avait classé un insecte

Homoptère avec un Papillon. Nous voyons quelque chose de semblable, même parmi nos variétés domestiques, dans la tige épaissie du Navet suédois et du Navet commun. La ressemblance du Lévrier et du Cheval de course est à peine plus étrange que les analogies établies par quelques auteurs entre des animaux très-distincts. En partant de ce principe que les particularités caractéristiques de l'organisation n'ont d'importance réelle, en matière de classification, qu'autant qu'elles révèlent les affinités généalogiques, on peut aisément comprendre pourquoi de simples caractères analogiques ou d'adaptation, bien que très-importants pour le bien-être des individus, sont presque sans valeur pour les systématistes. Car des animaux appartenant à deux lignées d'ancêtres très-distinctes peuvent parfaitement s'adapter à des conditions semblables, et assumer ainsi des ressemblances extérieures; mais de telles ressemblances, au lieu de révéler leurs véritables rapports de consanguinité, tendraient plutôt à les dissimuler. Ainsi s'explique encore ce principe, paradoxal en apparence, que les mêmes caractères sont analogiques, quand on compare une classe ou un ordre avec un autre ordre ou une autre classe, mais qu'ils révèlent les affinités véritables qui existent entre les membres de la même classe ou du même ordre. Ainsi la forme du corps et les membres en nageoires sont des caractères purement analogiques dans la comparaison d'une Baleine et d'un poisson, parce qu'ils résultent dans les deux classes d'une même adaptation qui leur permet également la natation; mais la forme du corps et les membres en forme de nageoires prouvent de véritables affinités entre les divers membres de la famille des Baleines; car ces différents Cétacés se ressemblent par tant de caractères de petite ou de grande importance, qu'on ne saurait douter qu'ils n'aient hérité leur forme générale et la structure de leurs membres d'un commun ancêtre. Il en est de même des poissons.

Quelques cas de ressemblance analogique ou d'adaptation sont particulièrement remarquables. Je n'en citerai qu'un, dont il est beaucoup moins aisé de rendre compte que de la ressemblance purement extérieure des mammifères aquatiques avec les poissons, ou des Opossums, organisés pour le vol, avec les Écureuils dits volants. M. Bates a montré récemment que parmi les nombreux Papillons qui habitent la grande vallée de l'Amazone, les espèces d'un genre, et même les variétés de ces mêmes espèces, revêtent souvent la parure d'espèces appartenant à des genres complétement distincts, ou même à des sous-familles. Le déguisement est si parfait, qu'à moins d'un examen soigneux on ne peut les distinguer. Il ajoute ce fait remarquable : c'est que presque invariablement les espèces copistes ne comptent que peu d'individus, tandis que les espèces copiées sont des espèces communes, qui évidemment ont eu le succès pour elles dans la bataille de la vie. Il pense que les espèces copistes ont acquis lentement et par sélection naturelle leur parure actuelle, qui a pour effet de les faire passer pour des représentants des espèces communes victorieuses, et qu'elles échappent ainsi à quelque danger auquel autrement elles seraient restées exposées [1].

Comme les membres de classes distinctes se sont souvent adaptés, par suite de modifications légères et successives à vivre sous des circonstances presque semblables, et à habiter, par exemple, la terre, l'air ou l'eau, il n'est peut-être pas impossible d'expliquer comment il se fait qu'on ait observé quelquefois une sorte de parallélisme numérique entre les sous-groupes de classes distinctes. Un naturaliste, frappé d'un parallélisme semblable dans une classe quelconque, en élevant ou abaissant arbitrairement la valeur des groupes d'autres classes, valeur que l'expérience a toujours prouvé être jusqu'ici complétement arbitraire, pourrait aisément donner à ce parallélisme une grande extension ; et c'est ainsi que, fort probablement, les classifications ternaire, quaternaire, quinternaire et septénaire ont été trouvées.

Comme les descendants modifiés d'espèces dominantes, appartenant aux plus grands genres, tendent à hériter des avantages qui ont rendu leurs souches dominantes, et les groupes auxquels ils appartiennent nombreux, ils sont presque assurés de se répandre rapidement au loin, et de s'emparer de stations de plus en plus vastes dans l'économie de la nature. Les grou-

[1] Paragraphe ajouté par l'auteur depuis la troisième édition anglaise et inséré dans la deuxième édition allemande. (*Trad.*)

pes les plus nombreux et les plus dominants de chaque classe tendent ainsi à s'accroître de plus en plus en nombre, et, conséquemment, à supplanter beaucoup de groupes plus petits et plus faibles. On peut ainsi expliquer ce grand fait que tous les organismes, vivants ou éteints, sont renfermés dans un petit nombre de grands ordres, dans un nombre encore moindre de classes, et enfin dans un seul grand système général. Une preuve du petit nombre des groupes supérieurs, c'est que la découverte de l'Australie n'a pas ajouté un seul insecte appartenant à un nouvel ordre, et que, d'après les renseignements que je tiens de M. Hooker, elle n'a enrichi le règne végétal que de deux ou trois familles peu nombreuses.

VII. **Des affinités générales, complexes et divergentes.** — Dans le chapitre sur la *succession géologique*, j'ai essayé de montrer comment, en vertu du principe que chaque groupe doit généralement avoir beaucoup divergé en caractères pendant le procédé lent et continu de ses modifications successives, il se fait que les plus anciennes formes de la vie présentent souvent des caractères jusqu'à certain point intermédiaires entre des groupes existants. Un petit nombre d'anciennes souches mères, intermédiaires en caractères entre les formes actuelles, ayant de temps à autre transmis, jusqu'à l'époque actuelle, quelques rares descendants peu modifiés, nous fourniront ce qu'on appelle des groupes aberrants ou osculateurs. Et plus une forme est aberrante, plus le nombre des formes perdues qui, d'après ma théorie, doivent la relier à d'autres groupes, doit être considérable. Nous avons en effet des preuves que les formes aberrantes sont celles qui ont subi de nombreuses extinctions ; car elles sont généralement représentées par un très-petit nombre d'espèces ; et ces espèces sont le plus souvent très-distinctes les unes des autres, ce qui implique encore de nombreuses extinctions entre elles. Les genres Ornithorynque et Lépidosirène, par exemple, n'en auraient pas été moins aberrants, si chacun d'eux avait été représenté par une douzaine d'espèces au lieu d'une seule[1] ; mais un examen plus approfondi

[1] On compte deux espèces de Lépidosirènes. (*Trad.*)

de la question m'a fait conclure qu'il est assez rare qu'une telle richesse de formes spécifiques soit l'apanage des genres aberrants. Or, on ne peut rendre compte de ce fait que, si l'on considère les formes aberrantes comme autant de groupes en décadence, vaincus par des concurrents plus heureux, et qu'un petit nombre de membres, protégés par un concours de circonstances exceptionnellement favorables, représentent seuls aujourd'hui.

M. Waterhouse a remarqué que, lorsqu'un animal, appartenant à un groupe, présente quelque affinité avec un groupe très-distinct, cette affinité, dans la plupart des cas, est générale et non pas spéciale. Ainsi, d'après M. Waterhouse, de tous les Rongeurs, la Viscache est le genre plus proche-allié des Marsupiaux, mais les points de ressemblances par lesquels elle se rapproche de cet ordre la relient avec tous les Marsupiaux en général, et nullement avec telle espèce particulière plutôt qu'avec toute autre. Et comme on admet que les affinités de la Viscache avec les Marsupiaux ne sont pas seulement le résultat d'adaptations récentes, mais sont au contraire bien réelles, d'après ma théorie, elles seraient dues à un héritage commun. Il faut donc supposer ou que tous les Rongeurs, y compris la Viscache, descendent de quelque espèce très-ancienne de l'ordre des Marsupiaux, qui aurait présenté des caractères jusqu'à certain point intermédiaires entre les espèces et les genres actuels, ou que les Rongeurs et les Marsupiaux procèdent les uns et les autres d'un progéniteur commun, et que les deux groupes ont subi depuis de profondes modifications, selon deux directions très-divergentes. Dans l'une comme dans l'autre supposition, nous pouvons supposer que la Viscache a gardé plus de ressemblances héréditaires avec son ancien progéniteur que ne l'ont fait d'autres Rongeurs; et, par conséquent, elle ne doit avoir de rapports particuliers avec aucun des Marsupiaux vivants, mais indirectement avec tout ou presque tous les représentants de cet ordre, parce qu'elle a retenu partiellement les caractères de leur commun progéniteur ou d'un très-ancien membre du groupe. D'un autre côté, ainsi que M. Waterhouse l'a remarqué, de tous les Marsupiaux c'est le Phascolomys qui ressemble de plus près, non pas à quelque espèce particulière de Rongeurs, mais en général à tous les membres de cet ordre. En ce cas, cependant, on peut fortement soupçonner que la ressemblance est purement analogique, le Phascolomys ayant pu s'adapter à des habitudes semblables à celles des Rongeurs. Aug. Pyrame de Candolle a fait des observations très-analogues sur la nature générale des affinités de plusieurs familles de plantes distinctes.

En partant du principe que les espèces, descendues d'un commun parent, se multiplient en divergeant graduellement de caractères, tout en conservant par héritage quelque caractère commun, on peut rendre compte des affinités étrangement complexes et divergentes qui relient ensemble tous les membres d'une même famille ou même d'un groupe encore plus élevé. Car le commun ancêtre d'une famille entière d'espèces, maintenant rompue en groupes et sous-groupes distincts, doit leur avoir transmis, à toutes, quelques-uns de ses caractères, modifiés, il est vrai, à divers degrés et de diverses manières ; et ces diverses espèces doivent en conséquence être alliées les uns aux autres par des lignes d'affinités tortueuses et d'inégales longueurs, se relevant à chacune de leurs extrémités pour aboutir aux espèces vivantes à travers la série de leurs nombreux prédécesseurs, ainsi qu'on peut le voir sur la figure à laquelle j'ai déjà si souvent renvoyé le lecteur. Comme il est très-difficile d'établir la consanguinité entre les diverses branches de quelques familles nobles très-anciennes, même à l'aide de leur arbre généalogique, et qu'il est presque impossible d'y réussir sans un pareil secours, on peut concevoir la difficulté invincible que les naturalistes ont dû rencontrer quand ils ont voulu représenter, sans l'aide de figures, les affinités diverses qu'ils aperçoivent entre les nombreux membres éteints ou vivants d'une même grande classe naturelle.

VIII. **Les extinctions d'espèces séparent et déterminent les groupes en les limitant.** — Ainsi que nous l'avons vu dans le quatrième chapitre, les extinctions d'espèces ont joué un rôle important dans le monde organique, en élargissant toujours de plus en plus les intervalles, ou plutôt les lacunes, qui séparent, en les déterminant, les divers groupes de chaque classe. Nous pouvons ainsi nous expliquer pourquoi certaines classes sont si distinctes des autres. Telle est, par exemple, la classe des oiseaux par rapport à tous les autres vertébrés. Car il suffit d'admettre qu'un grand nombre de formes anciennes qui rattachaient les premiers progéniteurs de la classe des oiseaux aux premiers progéniteurs des autres vertébrés, se soient complétement éteintes. Les formes qui reliaient originairement les poissons aux Batraciens paraissent avoir subi un moins grand nombre d'extinctions. D'autres classes, telles que celles des crustacés, en ont encore moins souffert ; car les formes les plus diverses et les plus éloignées en apparence y sont encore rattachées les unes aux autres par une longue chaîne d'affinités, dont quelques mailles manquent seulement d'endroit en endroit.

Mais si les extinctions d'espèces ont séparé les groupes, elles ne les ont nullement formés ; car si toutes les formes qui ont vécu un jour sur la terre réapparaissent soudain, bien qu'il fût impossible de trouver des définitions rigoureuses, au moyen desquelles chaque groupe pût être exactement déterminé et distingué de tous les autres, parce qu'ils se confondraient tous les uns dans les autres par des gradations aussi serrées que celles que l'on observe chez les variétés vivantes, néanmoins une classification ou du moins un arrangement naturel serait possible. C'est ce dont nous trouverons la preuve à l'inspection de la figure. Les lettres depuis A jusqu'à L peuvent représenter onze genres de l'époque silurienne, dont quelques-uns ont produit des groupes nombreux de descendants modifiés. On peut supposer que chaque forme intermédiaire entre ces onze genres et leur ancêtre primitif, ainsi que toutes les formes intermédiaires entre chacune des ramifications de leur postérité, sont encore vivantes, et que les gradations de chaque série sont aussi serrées que nos variétés actuelles les plus voisines. En pareil cas, il serait complétement impossible de trouver des définitions pour distinguer exactement les divers groupes de leurs parents immédiats, ou ceux-ci de leurs ancêtres plus anciens et inconnus. Néanmoins l'arrangement naturel que représente la figure n'en serait pas moins juste ; et, en vertu du principe d'hérédité, toutes les formes descendues de A ou de I auraient quelques attributs communs. Dans un arbre, nous pouvons distinguer telle ou telle branche, bien qu'au point même de bifurcation elles se réunissent et se confondent. Ainsi que je l'ai dit, nous ne pouvons définir chaque groupe d'une manière absolue , mais nous pouvons choisir des types ou formes qui réunissent la plupart des caractères de chacun de ces groupes, quelle qu'en soit du reste l'étendue, afin de donner aussi une idée générale de la valeur des différences qui les distinguent. C'est ce que nous serions contraints de faire, si jamais nous réussissions à rassembler toutes les formes de toutes les classes qui ont vécu dans toute la durée des temps et dans toute l'étendue de l'espace. Assurément nous ne réussirons jamais à faire une collection aussi complète ; néanmoins en certaines classes, nous en approchons peu à peu ; et Milne Edwards a dernièrement insisté dans un savant mémoire sur la grande importance des formes typiques, soit que nous puissions, ou non, définir et séparer les groupes auxquels ces types appartiennent.

Finalement, nous avons vu que la sélection naturelle, qui résulte de la concurrence vitale, et qui implique presque nécessairement les extinctions d'espèces et la divergence des caractères chez les nombreux descendants d'une espèce mère dominante, explique les grands traits généraux qu'on découvre dans les affinités de tous les êtres organisés, c'est-à-dire leur classement en groupes subordonnés à d'autres groupes. C'est en raison des rapports généalogiques que nous classons les individus des deux sexes et de tous les âges dans une même espèce, bien qu'ils aient parfois peu de caractères communs. Nous employons de même l'élément généalogique dans la classification des variétés, quelque différentes qu'elles soient de leurs parents ; et j'ai la croyance que ce même élément généalogique est le lien de connexion caché que les naturalistes ont cherché sous le nom de *Système naturel*. En partant de cette idée que le système naturel, autant qu'il a été possible de le reconstruire, est généalogique en son arrangement, et que les termes de genres, de famille, d'ordre, etc., n'expriment que les divers degrés de différence entre les descendants d'un commun ancêtre, nous pouvons nous rendre compte des règles que nous sommes obligés de suivre dans nos classifications. Nous pouvons comprendre pourquoi nous évaluons certaines ressemblances plus que d'autres ; pourquoi nous pouvons nous fier aux organes rudimentaires et inutiles ou à d'autres particularités de peu d'importance physiologique ; et pourquoi, en comparant un groupe avec un autre groupe distinct, nous rejetons en masse tous les caractères analogiques ou de pure adaptation qui peuvent se présenter, bien que ces mêmes caractères nous soient utiles dans les limites du même groupe. Nous voyons clairement pourquoi toutes les formes éteintes et vivantes peuvent être disposées en un seul grand système ; et comment les divers membres de chaque classe sont rattachés les uns aux autres par des séries linéaires et ramifiées d'affinités complexes qui divergent en rayonnant d'un point ou centre commun. Fort probablement nous ne parviendrons jamais à démêler l'inextricable réseau d'affinités qui unit entre eux les membres de chaque classe ; mais, du moment que nous connaissons le but vers lequel il faut tendre, et que nous ne nous égarons plus à la recherche de quelque plan de création inconnu, nous pouvons espérer de faire des progrès lents, mais certains.

IX. MORPHOLOGIE. **Unité de type entre les membres de la même classe et entre les parties du même individu.** — Nous avons vu que les représentants de la même classe, indépendamment de leurs habitudes de vie, se ressemblent par le plan général de leur organisation. Cette ressemblance s'exprime souvent par le terme d'*Unité de type*. C'est-à-dire que chez les différentes espèces de cette même classe les divers organes sont considérés comme homologues. La connaissance de ces rapports mutuels entre des formes en apparence différentes constitue la Morphologie. C'est la branche la plus intéressante de l'histoire naturelle, et l'on pourrait dire que c'en est l'âme. N'est-ce pas une chose des plus remarquables que la main de l'homme faite pour saisir et toucher, et la griffe de la Taupe destinée à fouir la terre, de même que la jambe du Cheval, la nageoire du Marsouin et l'aile de la Chauve-Souris, soient toutes construites sur le même plan primitif, c'est-à-dire qu'elles renferment des os semblables, placés dans la même position relative ? Geoffroy Saint-Hilaire a fortement insisté sur la haute importance des relations de connexité entre les organes homologues. Leurs différents éléments anatomiques peuvent varier et changer presque à l'infini de proportion et de forme, et cependant ils demeurent disposés dans le même ordre relatif. Ainsi jamais on ne verra une transposition des os du bras et de l'avant-bras, ou de ceux de la jambe et de la cuisse ; de sorte qu'on peut donner les mêmes noms aux os homologues d'animaux très-différents. On retrouve encore la même loi dans la structure de la bouche des insectes. Que peut-il y avoir de plus différent en apparence que la longue trompe roulée en spirale du Papillon-Sphinx, celle des Abeilles ou des Hémiptères si singulièrement reployée, et les grandes mâchoires d'un Coléoptère ? Cependant tous ces organes si divers et destinés à de si différents usages sont formés au moyen d'un nombre infini de modifications d'une lèvre supérieure, de mandibules et de deux paires de mâchoires. Des lois analogues gouvernent la structure de la bouche et des membres des crustacés. Il en est encore de même dans les fleurs des végétaux.

Il n'est pas de tentative plus vaine que de vouloir expliquer cette identité de plan chez tous les membres de la même classe, par un but quelconque d'utilité ou par la doctrine des causes finales. Owen, dans son intéressant ouvrage sur la *Nature des Membres*, a expressément reconnu l'impossibilité d'y parvenir. Au point de vue ordinaire de la création indépendante de chaque espèce, nous ne pouvons que constater ce fait, en ajoutant qu'il a plu au Créateur de construire ainsi chaque animal et chaque plante.

Au contraire, l'explication se présente d'elle-même dans la théorie de la sélection naturelle de modifications légères et succesives, chaque modification nouvelle étant utile en quelques manière à la forme modifiée, et affectant souvent d'autres parties de l'organisation par corrélation de croissance. Dans des changements de cette nature, il ne saurait y avoir qu'une tendance bien faible à modifier le plan originel et aucune à en transposer les parties. Les os d'un membre peuvent se raccourcir et s'élargir en quelque proportion que ce soit; ils peuvent s'envelopper graduellement d'une épaisse membrane, de manière à servir de nageoires ; ou bien les os d'un pied palmé peuvent s'allonger plus ou moins, et la membrane qui les réunit peut s'accroître en dimension de manière à le transformer en aile ; et cependant, malgré de si grandes modifications, il n'y aura aucune tendance à altérer la charpente même des os et les rapports mutuels de position de leurs diverses parties. Si nous supposons que l'animal progéniteur de tous les mammifères, et ce qu'on pourrait appeler leur *archétype*, ait eu les membres construits d'après le plan général actuel, quel qu'ait été alors l'usage auquel ils servissent, nous pouvons concevoir du premier coup la signification toute naturelle de la structure homologue des membres chez tous les représentants de la classe. De même, à l'égard de la bouche des insectes, nous n'avons qu'à supposer que leur commun progéniteur avait une lèvre supérieure, des mandibules et deux paires de mâchoires, chacun de ces organes étant probablement d'une forme très-simple ; la sélection naturelle suffit ensuite à rendre compte de la diversité infinie de structure et de fonctions qu'on observe dans la bouche des représentants de cette classe.

Néanmoins, on peut concevoir que le plan général d'un organe ait pu s'altérer au point de se perdre complétement par l'atrophie de plus en plus marquée et finalement par la résorption complète de certaines parties, ou par la soudure, la réduplication ou la multiplication des autres, variations que nous savons être toutes dans les limites du possible. Dans les nageoires de certains Sauriens marins gigantesques et dans la bouche de quelques crustacés suceurs, le plan général semble ainsi jusqu'à certain point avoir été altéré.

Il est encore une autre branche des études morphologiques, non moins intéressante, c'est l'examen comparé, non plus des mêmes parties chez les différents représentants de la même classe, mais des différentes parties ou organes chez le même individu. La majeure partie des physiologistes pensent que les os du crâne sont homologues avec les parties élémentaires d'un certain nombre de vertèbres, c'est-à-dire qu'ils présentent le même nombre de ces parties dans la même position relative. Les membres antérieurs et postérieurs de tous les représentants de la classe des vertébrés de même que les membres plus nombreux des articulés sont évidemment homologues. Nous constatons la même loi en comparant les mâchoires et les pattes des crustacés d'une complication si merveilleuse. Chacun sait que dans une fleur on rend compte de la position relative des sépales, pétales, étamines et pistils, aussi bien que de leur structure intérieure, en admettant que tous ces organes ne sont en réalité qu'autant de feuilles métamorphosées et disposées en spirales serrées. Les monstruosités végétales nous fournissent souvent des preuves directes de la transformation possible d'un organe en l'autre ; et nous pouvons chaque jour constater dans les embryons de crustacés et chez beaucoup d'autres animaux, de même que parmi les fleurs, que des organes, qui, à l'âge adulte, deviendront très-différents, sont parfaitement uniformes pendant les premières phases de leur croissance.

Comment expliquer ces faits d'après la théorie de création ? Pourquoi le cerveau est-il enfermé dans une boîte composée d'un si grand nombre de pièces osseuses d'une forme si extraordinaire ? Ainsi que l'a remarqué Owen, l'avantage qui résulte de la dislocation des diverses pièces du crâne dans l'acte de la parturition des mammifères, n'explique en aucune façon la même construction dans le crâne des oiseaux. Pourquoi des os similaires ont-ils été créés pour faire partie de l'aile et de la jambe de la Chauve-souris, puisqu'ils sont destinés à des usages totalement différents ? Pourquoi un crustacé, pourvu d'une bouche extrêmement compliquée, a-t-il constamment, et comme une conséquence nécessaire, un moins grand nombre de pattes, ou réciproquement ? Pourquoi ceux qui ont beaucoup de pattes ont-ils des bouches plus simples ? Pourquoi, dans chaque fleur, les sépales, pétales, étamines et pistils sont-ils construits sur le même modèle, quoique adaptés à des fonctions si différentes?

La théorie de sélection naturelle nous permet de répondre à toutes ces questions. Chez les vertébrés, nous voyons une série de vertèbres internes, qui soutiennent certains processus ou appendices. Chez les articulés nous voyons le corps divisé en une série de segments d'où partent également des prolongements extérieurs. Et chez les plantes phanérogames, nous voyons une série de feuilles insérées sur des tours de spires successifs. Une répétition indéfinie de la même partie ou du même organe est, d'après les observations d'Owen, le caractère commun de toutes les formes inférieures ou peu modifiées. Il nous est donc permis de supposer que le progéniteur inconnu des vertébrés possédait un grand nombre de vertèbres, le progéniteur inconnu des articulés un grand nombre de segments, et le progéniteur inconnu des plantes phanérogames, un grand nombre de tours de spirales supportant chacun un certain nombre de feuilles. Nous avons déjà vu que des parties très-multiples sont éminemment sujettes à varier en nombre et en structure; conséquemment, il est probable que la sélection naturelle, pendant le cours longtemps continué de ces modifications, se sera emparée d'un certain nombre des éléments similaires primitifs, plusieurs fois répétés, et les aura adaptés aux plus différentes fonctions. Et comme la somme entière de ces modifications se sera effectuée à pas lents et successifs, il n'est point étonnant que nous découvrions entre ces divers organes certaines ressemblances fondamentales qui se sont conservées en vertu du principe d'hérédité.

Dans la grande classe des mollusques, bien que l'on puisse trouver des homologies entre les organes d'une espèce et ces mêmes organes chez d'autres espèces distinctes; par contre, on ne peut constater qu'un petit nombre d'homologies sériales : c'est-à-dire que rarement nous pouvons assurer qu'une partie quelconque de l'animal est homologue avec une autre chez le même individu. Ce fait n'a rien de surprenant, et ne fait pas exception à la loi; car chez les mollusques, même parmi les représentants les moins élevés de la classe, nous sommes loin de trouver une réduplication ou une multiplication indéfinie des mêmes organes, telle que celle qu'on observe dans les autres grandes classes du règne animal et du règne végétal.

Les naturalistes parlent souvent du crâne comme étant formé de vertèbres métamorphosées ; de même les mâchoires des crabes proviennent, d'après eux, de la métamorphose d'un nombre égal de pattes, et les étamines et les pistils des fleurs, de la métamorphose d'un même nombre de feuilles. Mais, ainsi que l'a remarqué le professeur Huxley, il serait probablement plus correct de parler du crâne et des vertèbres, des mâchoires et des pattes, etc., comme provenant, non pas de la métamorphose de l'un de ces organes en l'autre, mais comme formés, les uns et les autres, de quelque élément commun primordial. Il est vrai que les naturalistes n'emploient un tel langage qu'en un sens figuré. Ils sont bien loin de vouloir dire que, dans le cours prolongé des générations, des organes primordiaux, de quelque sorte que ce soit, vertèbres en un cas et pattes dans l'autre, se soient peu à peu modifiés de manière à devenir crâne ou mâchoires. Cependant il y a tant d'apparence que de semblables modifications se sont opérées, que les naturalistes peuvent difficilement éviter d'employer des termes qui en expriment l'idée. A mon point de vue, de pareils termes peuvent s'employer littéralement ; et si, par exemple, durant le cours prolongé des générations, les mâchoires d'un crabe ont été réellement formées d'une paire de vraies pattes, ou de quelque autre appendice plus simple, le fait étonnant que l'organe actuel présente de nombreuses ressemblances de structure avec l'organe dont il s'est formé, se trouve tout naturellement expliqué par la force du principe d'hérédité.

X. EMBRYOLOGIE. **Ses lois s'expliquent par ce fait que les variations survenues à une phase quelconque de la vie de l'individu sont héritées par sa postérité à un âge correspondant.** — J'ai déjà fait observer incidemment que certains organes qui, chez l'individu adulte, doivent être un jour très-différents et servir à diverses fonctions, sont au contraire parfaitement identiques chez l'embryon. De même les embryons d'animaux d'espèces distinctes, mais de même classe, sont souvent presque semblables. On en peut appeler au témoignage irrécusable de Von Baer. D'après ses propres paroles : « Les embryons de mammifères, d'oiseaux, de Lézards, de Serpents, et probablement même ceux des Tortues, sont durant leurs premières phases de croissance d'une ressemblance parfaite, soit dans leur ensemble, soit par le mode de développement de leurs parties. C'est au point que souvent il est impossible de les distinguer les uns des autres autrement que par leur grandeur. Je possède, ajoute-t-il, deux jeunes embryons préparés dans l'alcool dont j'ai omis d'indiquer les noms, et il me serait complétement impossible aujourd'hui de dire à quelle classe ils appartiennent. Ce peuvent être des Lézards, ou de petits oiseaux, ou de très-jeunes mammifères, tant il y a une complète identité dans le mode de formation de la tête et du tronc de ces différents animaux. Les extrémités, il est vrai, manquent encore ; mais eussent-elles été dans la première phase de leur développement qu'elles ne nous auraient encore rien appris ; car les pieds des Lézards et des mammifères, les ailes et les pieds des oiseaux, et même les mains et les pieds de l'homme, tout provient de la même forme fondamentale. » Les larves vermiformes des Papillons, des Mouches, des Coléoptères, etc., se ressemblent beaucoup plus que les insectes adultes ; et cependant il faut dire que ces larves sont des embryons actifs, qui ont été adaptés à certaines manières de vivre. On retrouve encore des traces de la loi de ressemblance embryonnaire, parfois jusqu'à une phase avancée de la vie de l'animal : ainsi des oiseaux du même genre, ou de genres proche-alliés, ont souvent leur premier et même leur second plumage semblables, ainsi que nous le voyons dans les plumes tachetées du groupe des Merles. Dans la tribu des Chats, la plupart des espèces sont rayées ou tachetées par lignes ; et la fourrure des Lionceaux ou des jeunes Pumas est très-distinctement rayée ou tachetée. De temps à autre, bien que rarement, on constate quelque chose de semblable chez les plantes. Ainsi les feuilles séminales de l'Ajonc (*Ulex*) et celles des Acacias à phyllodes sont pinnées ou divisées comme les feuilles ordinaires des Légumineuses.

Les ressemblances de structure que les embryons d'animaux

très-différents, mais de la même classe, peuvent avoir entre eux, n'ont souvent aucune relation directe avec leurs conditions d'existence. Nous ne pouvons supposer, par exemple, que chez l'embryon de tous les vertébrés, la disposition en arc des crosses artérielles le long des fentes branchiales ait un rapport quelconque avec les conditions de vie toujours identiques du jeune être; puisque la même particularité s'observe à la fois chez le jeune mammifère, pendant qu'il est nourri dans la matrice, chez le jeune oiseau encore enfermé dans l'œuf et couvé dans un nid, et chez la larve de la Grenouille au fond des eaux. Nous n'avons pas plus de motifs pour croire à une semblable corrélation, que nous n'en avons pour supposer que les os similaires de la main de l'homme, de l'aile d'une Chauve-souris, et de la nageoire d'un Marsouin soient en rapport avec des conditions de vie identiques. Aucun naturaliste ne suppose que la fourrure tigrée du Lionceau, ou les plumes tachetées des jeunes Merles, soient de quelque usage à ces animaux, ou qu'ils aient quelque rapport avec leurs conditions de vie particulières.

Le cas est tout différent lorsque l'une quelconque des phases de la vie embryonnaire d'un animal est active, et surtout lorsque la larve doit pourvoir elle-même à sa nourriture. Cette période d'activité peut du reste venir plus tôt ou plus tard ; mais à quelque moment qu'elle arrive, l'adaptation de la larve à ses conditions de vie est aussi parfaite et aussi admirable que chez l'animal adulte. Par suite de ces adaptations spéciales, la ressemblance des larves ou embryons actifs, appartenant à des espèces alliées, est quelquefois fortement altérée ; et l'on pourrait citer des cas où les larves, soit de deux espèces, soit de deux groupes d'espèces de même classe, diffèrent autant et même plus les unes des autres que ne le font leurs parents adultes. Le plus souvent, néanmoins, les larves, quoique actives, subissent encore plus ou moins la loi des ressemblances embryonnaires. Les Cirripèdes en offrent un frappant exemple : l'illustre Cuvier lui-même ne s'est pas aperçu qu'une Balane était en réalité un crustacé, bien qu'un seul coup d'œil jeté sur la larve ne puisse laisser aucun doute à ce sujet. De même, les deux principales divisions des Cirripèdes, les pédonculés et les sessiles, qui diffèrent considérablement par leurs apparences extérieures, ont des larves qui, dans presque toutes les phases de leur vie embryonnaire, se distinguent très-difficilement les unes des autres.

L'organisation de l'embryon s'élève en général dans le cours de son développement. J'emploie cette expression, quoique je sache bien qu'il est presque impossible de définir clairement ce qu'on entend par infériorité ou supériorité d'organisation. Cependant nul ne contestera probablement que le Papillon soit plus parfait que la chenille. En quelques cas pourtant, l'animal adulte est, en général, considéré comme moins élevé dans l'échelle organique que sa larve : tels sont, par exemple, certains crustacés parasites. J'en référerai encore ici aux Cirripèdes dont les larves, à leur première phase de développement, ont trois paires de pattes, un seul œil très-simple et une bouche en forme de trompe avec laquelle elles mangent beaucoup, car elles s'accroissent considérablement en taille sous cette forme. Dans leur seconde phase qui répond à l'état de chrysalide chez le Papillon, elles ont six paires de pattes natatoires, admirablement construites, une magnifique paire d'yeux composés et des antennes extrêmement compliquées ; mais elles ont une bouche imparfaite hermétiquement close et ne peuvent manger. Leur fonction, en cet état, est d'employer leurs sens, si remarquablement développés, et leur puissance de natation rapide à chercher et à atteindre un lieu convenable où elles se fixeront pour y subir leur dernière métamorphose. Dès lors, elles demeurent attachées à leur rocher pour le reste de leur vie ; leurs pattes sont transformées en organes préhensiles ; elles retrouvent de nouveau une bouche d'une structure normale ; mais elles n'ont point d'antennes, et leurs deux yeux sont de nouveau remplacés par un seul petit œil très-simple pareil à un point. En cet état adulte et définitif les Cirripèdes peuvent également, selon les points de vue, être considérés comme plus ou moins élevés en organisation qu'ils ne l'étaient à l'état de larves. Mais en quelques genres la larve, en acquérant des organes sexuels, devient, soit un hermaphrodite, ayant la structure ordinaire des autres représentants de la classe, soit ce que j'ai nommé un mâle complémentaire. Or, en ce dernier cas, la métamorphose est assurément rétrogressive ; car le mâle n'est qu'un simple sac, qui vit très-peu de temps, et qui est privé de bouche, d'estomac et de tous les autres organes importants, excepté ceux de la reproduction.

Nous sommes si accoutumés à voir des différences de structure entre l'embryon et l'adulte, en même temps que de grandes ressemblances entre les embryons d'animaux très-différents dans la même classe, que nous pouvons aisément nous laisser entraîner à considérer ces rapports comme une conséquence nécessaire des lois de la croissance. Il n'est pourtant aucune raison valable pour que toutes les parties de l'aile des Chauves-souris ou de la nageoire des Tortues ne se retrouvent pas esquissées avec leurs proportions naturelles, aussitôt que les organes de l'embryon commencent à être visibles. Il y a des groupes entiers d'animaux et certains représentants d'autres groupes, chez lesquels l'embryon, à aucune époque de sa vie, ne diffère considérablement de l'adulte. Owen a remarqué que chez les Céphalopodes « il n'y a aucune métamorphose, et les caractères de la classe se manifestent longtemps avant que les organes de l'embryon soient complets. » De même, selon lui, chez les Araignées, « on ne trouve rien qui vaille le nom de métamorphose. » Que les larves des insectes soient adaptées aux habitudes les plus diverses et les plus actives, ou qu'elles soient dans une complète inactivité, nourries par leurs parents ou placées au milieu de la provision d'aliments qui doit leur suffire, il est à remarquer que presque toutes passent par une phase de développement vermiforme. Mais en quelques cas, tels que celui des Aphis, les beaux dessins du professeur Huxley sur les développements de cet insecte ne nous montrent aucune trace d'une telle phase.

Comment donc expliquer ces divers faits de l'embryologie ? Comment expliquer la différence si générale, mais non pas universelle, qu'on observe entre la structure de l'embryon et celle de l'adulte ? Comment expliquer que des parties qui, dans le même individu, doivent devenir plus tard entièrement dissemblables, et servir à des fonctions très-diverses, pendant les premières phases de leur croissance, soient parfaitement identiques ?

Comment expliquer que les embryons des différentes espèces de la même classe se ressemblent généralement, mais non pas universellement? Pourquoi la structure de l'embyron n'a-t-elle aucun rapport à ses conditions d'existence, sauf dans le cas où il doit traverser une période de vie active, pendant laquelle il devra pourvoir lui-même à sa conservation et à sa nourriture ? Comment se fait-il enfin que parfois l'embryon paraisse avoir une organisation plus élevée que l'animal adulte qu'il doit finalement produire ? Tous ces fait trouvent, je crois, leur explication dans la théorie de descendance modifiée.

Peut-être par suite de ce fait que les monstruosités affectent souvent l'embryon pendant ses premières phases de croissance, on suppose communément que les variations légères doivent nécessairement apparaître de même dès les premiers développements de l'individu. Mais cette loi n'est pas suffisamment prouvée ; et l'on peut dire même que la balance des preuves penche d'un tout autre côté ; car il est notoire que les éleveurs de Bœufs, de Chevaux, et les amateurs d'autres animaux de luxe, ne peuvent dire positivement quels seront les mérites ou la forme définitive d'un animal qu'un certain temps après sa naissance. Nous le voyons du reste clairement dans nos propres enfants : nul ne peut savoir s'ils seront grands ou petits, et quels seront précisément leurs traits. La question est donc ici de savoir non pas à quelle période ont agi les causes de variations, mais à quelle période leurs effets se manifesteront pleinement. Les causes peuvent avoir agi, comme je crois qu'elles agissent généralement, même avant la formation de l'embryon, et la variation peut provenir de ce que les éléments sexuels, mâle et femelle, ont été affectés par les conditions auxquelles l'un ou l'autre parent, ou même ses ancêtres ont été exposés. Néanmoins, l'effet d'une cause qui agit ainsi dans le jeune âge et parfois à une époque antérieure à la formation de l'embryon, peut ne se produire que tard dans la vie : c'est de cette manière qu'une maladie héréditaire, qui apparaît seulement dans la vieillesse, est communiquée à l'enfant par l'élément reproducteur d'un de ses parents. C'est encore ainsi que les cornes des Bœufs de race croisée sont affectées par la forme des cornes des deux souches mères. Aussi longtemps que l'embryon demeure dans la matrice ou dans l'œuf, aussi longtemps qu'il est nourri et protégé par ses parents, il est complétement indifférent au bien-être du jeune animal d'acquérir la plupart de ses caractères un peu plus tôt ou un peu plus tard. Il est indifférent, par exemple, à un oiseau qui, à l'âge adulte, ne peut se nourrir qu'à l'aide d'un long bec, d'avoir le bec encore plus ou moins court, tant qu'il n'a pas à pourvoir lui-même à sa subsistance. Je conclus de là qu'il est très-possible que chacune des nombreuses modifications successives, au moyen desquelles chaque espèce a acquis sa structure actuelle, peut ne s'être pas manifestée dès les premiers âges de la vie des individus ; et nos animaux domestiques nous fournissent quelques preuves directes que cette supposition est fondée. Mais en d'autres cas il est aussi très-possible que chaque modification successive, ou la plupart d'entre elles, aient apparu de très-bonne heure.

J'ai déjà fait observer, dans le premier chapitre, qu'il est fort probable que toute variation tend à se manifester dans la postérité de parents variables, au même âge où elle s'est produite chez ces derniers. Certaines variations, par leur nature même, ne peuvent s'hériter qu'à un âge correspondant : telles sont les particularités d'organisation de la chenille, du cocon ou de l'insecte parfait du Ver à soie, ou encore les cornes des Bœufs près de l'âge adulte. Mais il paraît en être de même de ces variations qui, autant que nous en pouvons juger, pourraient se manifester plus tôt ou plus tard dans la vie, et qui, néanmoins, tendent à réapparaître à un âge correspondant chez les parents et chez leurs descendants. Je suis loin pourtant de vouloir affirmer qu'il en soit toujours ainsi ; et je pourrais citer des cas nombreux de variations, le mot étant pris en un sens très-large, qui sont survenues plus tôt chez l'enfant que chez le parent qui les lui avait léguées.

Une fois ces deux principes admis comme suffisamment prouvés, ils suffiront, je crois, à expliquer tous les faits principaux de l'embryologie dont j'ai parlé précédemment. Mais considérons d'abord quelques cas analogues chez nos variétés domestiques. Quelques auteurs, qui ont écrit sur les Chiens, soutiennent que le Lévrier et le Boule-dogue, bien que si différents en apparence, sont en réalité des variétés proche-alliées, qui descendent probablement de la même souche sauvage. J'étais donc curieux de voir quelles différences on pouvait observer dans leurs petits. Des éleveurs me disaient qu'ils différaient juste autant que leurs parents ; et, en effet, il semblait qu'il en fût ainsi à en juger par le seul coup d'œil. Mais, par des mesures prises sur des Chiens adultes et sur des petits de six jours, je constatai que ces derniers étaient loin d'avoir acquis toutes leurs différences proportionnelles. On m'avait dit aussi que les poulains des Chevaux de trait et des Chevaux de course étaient aussi différents que les individus de pleine taille : ce qui me surprenait énormément, admettant comme probable que les différences entre ces deux races sont entièrement le résultat d'une sélection longtemps continuée à l'état domestique. Mais, d'après des mesures soigneusement prises sur deux juments appartenant l'une à la race des Chevaux de course, et l'autre à une pesante race de Chevaux de trait, et sur leurs deux poulains, âgés l'un et l'autre de trois jours, j'ai reconnu que ces derniers étaient bien loin de présenter les mêmes différences proportionnelles.

Comme il me semblait suffisamment prouvé que les diverses races de Pigeons domestiques descendent d'une seule espèce sauvage, j'ai comparé de jeunes Pigeons de diverses races, douze heures après leur éclosion. J'ai mesuré avec soin les proportions de leur bec et de son ouverture, la longueur des narines et des paupières, la grandeur des pieds et la longueur des pattes ; et j'ai comparé toutes ces mesures chez des individus de souche sauvage, chez des Grosses-Gorges, des Paons, des Romains, des Barbes, des Dragons, des Messagers et des Culbutants. Quelques-uns de ces oiseaux, à l'état adulte, présentent des différences si considérables dans la longueur et la forme de leur bec, qu'ils seraient, sans aucun doute, rangés dans des genres distincts, s'ils s'étaient produits à l'état de nature. Mais lorsque les oisillons de ces différentes races furent placés les uns à côté des autres sur le même rang, bien que la plupart d'entre eux pussent aisément se distinguer les uns des autres, néanmoins leurs différences proportionnelles, en chacun de leurs caractères les plus tranchés, étaient beaucoup moins considérables et moins frappantes que chez les sujets adultes. Quelques différences très-caractéristiques, telles que la largeur du bec, étaient à peine apparentes chez les petits. Mais je constatai une exception remarquable à cette règle, c'est que les petits du Culbutant à courte face différaient presque autant des petits du Pigeon Biset et de ceux des autres races que les adultes eux-mêmes.

Les deux principes déjà mentionnés me paraissent expliquer ces faits à l'égard de la dernière phase embryonnaire chez nos variétés domestiques. Les amateurs choisissent leurs Chevaux, leurs Chiens, leurs Pigeons reproducteurs, lorsqu'ils ont déjà presque atteint l'âge adulte : peu leur importe qu'ils aient acquis les qualités ou la forme qu'ils désirent reproduire, à un âge plus ou moins avancé de leur vie, pourvu que l'individu de pleine taille les possède. Les exemples précédents, surtout à l'égard du Pigeon, semblent montrer que les différences caractéristiques qui donnent de la valeur à chaque race, et qui ont été accumulées par la sélection de l'homme, n'ont généralement pas apparu d'abord à une des premières phases de la vie chez les ancêtres, et qu'elles ont été héritées par les descendants à un âge correspondant et également avancé. Mais l'exemple du Culbutant à courte face prouve que cette règle n'est pas universelle, car, ou les différences caractéristiques doivent avoir apparu à une période plus hâtive que de coutume, ou bien ces différences, au lieu de s'être transmises à l'âge correspondant se sont transmises un peu plus tôt [1].

[1] Cette exception s'expliquerait encore en supposant que les variations du Culbutant à courte face, qui, on l'a vu, ne culbute plus, sont dues à des réversions à d'anciens caractères perdus. Ces caractères peuvent avoir autrefois appartenu à quelque ancêtre du Pigeon Biset ; ou bien, quelque race particulière et déjà domestique du Pigeon Biset peut avoir été croisée avec les descendants, également domestiques et modifiés, d'une autre souche sauvage prochealliée, mais à bec plus court, sinon très-court, et provenant peut-être de cette même souche dont le sang mêlé dans toutes les races du Pigeon domestique tend à reproduire des variétés huppées ou à pieds pattus (Voir la note de la page 36). En effet, si le développement de l'embryon présente en raccourci un tableau fidèle, ou du moins à peu près ressemblant, de toutes les variations de la race et des formes qu'elle a successivement revêtues, on conçoit que lors-

Appliquons maintenant aux espèces à l'état de nature ces divers faits, ainsi que les deux principes qui les expliquent, et dont l'un est sinon prouvé vrai, du moins assez probable. Prenons un genre d'oiseaux, qui, d'après ma théorie, descend d'une seule espèce mère, et dont les diverses espèces actuelles se sont modifiées par sélection naturelle, d'après leurs habitudes différentes. Il résultera de ce que toutes les variations légères qu'ils ont successivement subies se sont manifestées, en général, à un âge assez avancé, et ne se sont transmises à leur postérité en voie de modification qu'à un âge correspondant, que les jeunes individus des nouvelles espèces de notre genre

que la sélection naturelle accumule des variations provenant de réversions à d'anciens caractères, l'évolution de l'embryon doive tendre fortement à s'arrêter au moment où il revêt ces caractères, et non pas à les dépasser pour y revenir ensuite. Ainsi dans une race de Pigeons dont le bec, originairement court, se serait allongé peu à peu par une sélection naturelle ou systématique de variations en ce sens, si quelque nouvelle race à bec court se formait par des réversions successivement élues, le bec des jeunes oisillons ne s'allongerait pas pour se raccourcir ensuite de nouveau ; mais son développement s'arrêterait fort probablement au point où il doit rester. De sorte qu'on ne retrouverait plus dans sa vie fœtale aucune trace de l'évolution généalogique de la race au delà de ce point ; mais il en résulterait seulement que le jeune produit semblerait acquérir plus tôt ses caractères définitifs.

Cette théorie expliquerait pourquoi l'embryon d'un mammifère ne passe pas, à proprement parler, par toutes les formes que ses ancêtres directs ont successivement revêtues, mais seulement par toutes les ébauches de ces formes ; car dans le cours des générations, l'embryon doit toujours cesser son développement vers les formes ancestrales, au point où la forme actuelle de la race tend, soit à diverger de chacune de ces formes successives, soit à revenir à quelque type ancien.

S'il était vrai, par exemple, comme on doit le supposer, que les Cétacés eussent été produits, par une suite de variations rétrogressives d'un ordre de mammifères plus ancien, mais plus élevé et peut-être amphibie ou même complétement terrestre, ce ne serait pas une objection absolue contre cette hypothèse, si dans toute leur vie fœtale il ne restait que de très-légères traces d'une organisation supérieure et moins complétement marine, car ces traces devraient avoir disparu, au moins en grande partie, pendant la formation même de l'ordre. La vie fœtale des individus est donc bien la résultante de la vie entière de la race qui les engendre, ou plutôt de la lignée généalogique, infiniment ramifiée dans le cas des êtres unisexuels, et directe chez les hermaphrodites, qui vient se résumer en un seul produit ; et dans ce total de tant d'organisations antérieures, il y a une somme immense de quantités positives, compensée par une somme presque équivalente de quantités négatives. (Voir la note de la page 249.)

Si nos Céphalopodes actuels prennent leurs caractères définitifs dès les premières phrases de leur vie (voir p. 536), c'est sans doute que toute cette grande classe est aujourd'hui en pleine décadence, et que, chez la plupart de ses types vivants, la dégénérescence ou la rétrogression de l'organisme vers d'anciens types éteints a joué un rôle de quelque importance pour hâter leur développement embryonnaire. (*Trad.*)

supposé tendront d'une façon manifeste à se ressembler les uns aux autres beaucoup plus que les adultes, ainsi que nous l'avons observé chez les Pigeons. On peut étendre cette manière de voir à des familles ou même à des classes entières. Les membres antérieurs, par exemple, qui servaient de pieds aux espèces mères, peuvent, par le cours prolongé des modifications, s'adapter chez un descendant à servir de mains, chez un autre de nageoires, et chez un autre d'ailes ; et, d'après nos deux principes, c'est-à-dire que chaque modification successive se manifeste en général à un certain âge, et s'hérite à l'âge correspondant, les membres antérieurs de l'embryon des divers descendants modifiés d'une même souche mère se ressembleront toujours étroitement, car ils n'auront pas été atteints par les modifications survenues plus tard.

Mais, dans chacune de nos nouvelles espèces, les membres antérieurs de l'embryon différeront considérablement des membres antérieurs de l'animal adulte, les membres de ce dernier ayant subi de profondes modifications à un âge déjà avancé, et s'étant ainsi transformés en mains, en nageoires ou en ailes. Quelle que soit l'influence qu'un long usage d'un côté, et le défaut d'exercice de l'autre, puissent avoir, pour modifier un organe, cette influence affectera surtout l'animal adulte, qui a acquis toute l'activité de ses facultés, et qui doit pourvoir à ses besoins. Or, les modifications ainsi produites s'hériteront également à l'âge adulte ; tandis que l'embryon restera sans modification, ou ne sera modifié qu'en moindre degré, par les effets de l'usage ou du défaut d'exercice.

En certains cas, les variations successives peuvent provenir de causes que nous ignorons complètement, et dont les effets se manifestent dès le premier âge ; ou bien, chaque variation peut se transmettre par hérédité et reparaître chez les descendants modifiés un peu plus tôt que chez les parents. En l'un ou l'autre cas, le jeune individu ou l'embryon devra ressembler parfaitement à l'adulte qui le produit : c'est ce que nous avons vu chez le Culbutant à courte face [1]. Nous avons vu que telle est

[1] Voir la note page 510.

la loi de développement chez des groupes entiers d'animaux, tels que les Céphalopodes et les Araignées. Il en est de même encore chez quelques membres de la grande classe des insectes, tels que les Aphis. Pourquoi, chez ces diverses espèces, les jeunes individus ne subissent-ils aucune métamorphose, mais, au contraire, ressemblent étroitement à leurs parents dès les premières phases de leur vie? N'est-ce point une conséquence nécessaire, d'abord de ce que, durant le cours des modifications successives que l'espèce a subies pendant un grand nombre de générations, les jeunes individus, même pendant les premières phases de leur développement, ont dû pourvoir eux-mêmes à leurs besoins comme les adultes, et, secondement, de ce qu'ils doivent suivre exactement les mêmes habitudes de vie que leurs parents? Car, en pareil cas, il serait indispensable à l'existence de ces espèces que les descendants se modifient dès le jeune âge, de la même manière que les ancêtres, par rapport à leurs habitudes semblables. Cependant, ce fait que l'embryon ne subit aucune métamorphose demande peut-être quelques explications de plus [1]. Si, d'autre côté, il est avantageux aux petits de contracter des habitudes différentes de celles de leurs parents, et, conséquemment, d'être construits d'une manière un peu différente, il suit, du principe d'hérédité des variations à l'âge correspondant, que les petits ou les larves peuvent devenir, par sélection naturelle, aussi différents des adultes qu'on peut l'imaginer. De telles différences peuvent aussi se montrer en corrélation avec les phases successives du développement de ces jeunes êtres; de sorte qu'une larve, durant la première phase de sa vie, peut différer considérablement de ce qu'elle devient pendant sa seconde phase, ainsi que nous l'avons vu chez les Cirripèdes. L'adulte peut s'adapter à certaines stations ou à certaines habitudes qui lui rendent inutiles ses organes de locomotion ou ses sens, et, en ce cas, la dernière métamorphose serait considérée comme rétrogressive.

Comme tous les êtres organisés, éteints ou vivants, qui ont existé sur la terre, doivent pouvoir se classer ensemble dans un

[1] Voir la note de la page 588.

même système, et comme tous ont été reliés les uns aux autres par des gradations insensibles, le meilleur arrangement, et même le seul possible, si nos collections étaient plus complètes, serait purement généalogique ; la descendance commune étant, selon moi, le seul lien de connexion caché que les naturalistes ont cherché sous le nom de système naturel. A ce point de vue, nous pouvons comprendre pourquoi, de l'avis de la plupart des naturalistes, la structure de l'embryon est de plus haute importance en classification même que celle de l'adulte. Car l'embryon, c'est l'animal dans un état moins modifié, et, par cela même, il nous révèle la structure de ses anciens progéniteurs. Lorsque deux groupes d'animaux, quelles que soient actuellement les différences de leur organisation ou de leurs habitudes, passent néanmoins par une phase embryonnaire semblable ou seulement analogue, nous pouvons tenir pour certain qu'ils descendent tous les deux de parents identiques ou très-semblables, et que, par conséquent, ils sont parents à ce même degré. L'identité de la structure embryonnaire révèle donc la communauté d'origine. Elle révèle cette communauté d'origine, en dépit des altérations et des modifications que la structure de l'adulte a subies, et qui l'ont rendu méconnaissable. Ainsi que nous l'avons vu, on ne peut reconnaître, au premier abord, certains Cirripèdes comme faisant partie de la grande classe des crustacés que par la structure de leurs larves. Comme l'état embryonnaire de chaque espèce et groupe d'espèces nous révèle, en partie du moins, la structure d'anciens progéniteurs moins modifiés, nous pouvons voir clairement pourquoi quelques formes organiques anciennes et éteintes ressemblent aux embryons de leurs descendants, nos espèces actuelles. M. Agassiz pense que c'est une loi générale de la nature ; mais j'avoue que j'espère seulement la voir un jour prouvée vraie dans son universalité. Car une telle loi ne peut être prouvée que dans le cas où l'ancien état de l'adulte, qu'on suppose représenté par l'embryon actuel, n'a pas été oblitéré, soit par les variations successives qui, dans le cours longtemps continué des modifications, ont pu survenir à l'une des premières phases de croissance, soit par la transmission héréditaire de ces variations se manifestant de plus en plus tôt chez les diverses générations de la race modifiée. Il faut aussi se rappeler que la loi supposée de la ressemblance des anciennes formes de la vie avec les diverses phases embryonnaires des formes actuelles pourrait être vraie, mais cependant n'être pas encore de longtemps susceptible d'une démonstration complète, parce que nos documents géologiques ne remontent pas assez loin dans le passé.

Les principaux faits de l'embryologie, qui ne le cèdent en importance à aucun autre ordre de phènomènes en histoire naturelle, me semblent donc s'expliquer aisément d'après ce principe que des modifications légères, chez les nombreux descendants d'un ancien progéniteur, n'apparaissent pas dès les premières phases de la vie de chacun d'eux, bien que parfois leurs causes aient agi dès la première ; et que ces mêmes modifications sont généralement transmises à un âge correspondant aux descendants des individus accidentellement ou déjà héréditairement modifiés. L'embryologie prend ainsi un plus grand intérêt encore, de ce qu'on peut considérer chaque embryon comme un portrait plus ou moins effacé de la commune forme mère de chaque grande classe d'animaux.

XI. ORGANES RUDIMENTAIRES, **atrophiés ou avortés, et explication de leur origine.** — Les organes rudimentaires, quelque étrange que semble leur présence dans un état qui les rend complétement inutiles, sont cependant très-communs dans la nature. Ainsi, on observe des mamelles rudimentaires chez presque tous les mâles de mammifères. Je présume qu'on peut, avec certitude, considérer « l'aile bâtarde » de certains oiseaux comme un doigt à l'état rudimentaire ; chez un grand nombre de serpents un des lobes des poumons est rudimentaire ; chez d'autres il existe des rudiments du bassin et des membres postérieurs. Quelques exemples d'organes rudimentaires sont extrêmement curieux : ainsi, on peut citer les dents observées chez les fœtus des Baleines qui, à l'âge adulte, n'en ont plus [1] ; et

[1] La présence de dents rudimentaires chez les fœtus des Baleines confirme ce que je me suis permis d'avancer autre part à leur sujet, c'est-à-dire qu'elles

celles dont on constate également la présence chez les jeunes Veaux avant leur naissance, mais qui ne percent jamais les gencives. On a même assuré, d'après des témoignages de valeur, que l'on pouvait découvrir des rudiments de dents chez les embryons de certains oiseaux. Rien ne semble plus simple que les ailes soient formées pour le vol, et cependant beaucoup d'insectes ont leurs ailes tellement atrophiées qu'elles sont incapables d'agir, et il n'est pas rare qu'elles soient enfermées sous des élytres fermement soudées l'une à l'autre.

Il est souvent impossible de se méprendre sur la signification des organes rudimentaires : ainsi on connaît des Coléoptères du même genre, et mieux encore de la même espèce, qui se ressemblent parfaitement sous tous les rapports, et cependant les uns ont des ailes très-développées, et les autres seulement des rudiments de membranes ; or, on ne saurait douter ici que les rudiments ne représentent des ailes. Les organes rudimentaires gardent quelquefois leurs facultés actives, et ne manquent que d'un développement suffisant. C'est ainsi qu'on a cité des cas assez fréquents de mammifères mâles dont les mamelles se sont pleinement développées à l'âge adulte, et ont sécrété du lait. De même, chez le genre Bos la mamelle unique présente quatre mamelons développés et deux rudimentaires ; mais chez nos Vaches domestiques quelquefois ces deux derniers mêmes se développent et donnent du lait. Dans des plantes de la même espèce, les pétales restent quelquefois à l'état de rudiments, et d'autres fois elles prennent leur développement complet. Chez les plantes à sexes séparés, les fleurs mâles contiennent souvent un rudiment de

ont probablement acquis leurs habitudes et leurs caractères actuels par une métamorphose rétrogressive, qui les a fait descendre du rang plus élevé d'animaux amphibies, fluviatiles ou lacustres, au rang inférieur d'espèces exclusivement marines (Voir les notes des pages 249 et 541). M. Agassiz a soutenu habilement cette règle de classification générale selon laquelle les formes terrestres sont toujours plus élevées dans la même classe que les formes aquatiques et les formes d'eau douce supérieures aux espèces pélagiques. Ce fait de l'existence de dents rudimentaires chez les Baleines serait d'autant plus frappant que les Pinnipèdes, c'est-à-dire les Phoques, les Otaries, etc., qui sont beaucoup moins essentiellement aquatiques que les Cétacés, offrent la particularité de présenter un changement de dents fœtal. Les Baleines et autres Cétacés essentiellement marins n'ont plus que la première dentition entièrement fœtale. (*Trad.*)

pistil, et Kœlreuter a trouvé qu'en croisant ces fleurs mâles avec une espèce hermaphrodite, le rudiment du pistil prenait un grand accroissement chez la postérité hybride, ce qui montre que le pistil parfait et le pistil rudimentaire sont exactement de la même nature.

Un organe servant à deux fonctions différentes peut devenir rudimentaire et s'atrophier seulement pour l'une d'elles, parfois même pour la plus importante, et cependant demeurer capable de remplir l'autre. Ainsi, dans les plantes, le pistil a pour but de permettre aux tubes polliniques d'atteindre les ovules, placés à sa base et protégés par l'ovaire. Le pistil consiste en un stigmate supporté par le style; mais, en quelques composées, les fleurs mâles, qui naturellement ne sauraient être fécondées, ont un pistil à l'état rudimentaire ou incomplet, car il n'est point surmonté d'un stigmate. Cependant le style reste bien développé et garni de poils, comme dans les autres fleurs parfaites, et sa fonction consiste à frotter les anthères qui l'environnent pour en faire jaillir le pollen. Un organe peut encore s'atrophier et devenir incapable de sa fonction particulière, mais en s'adaptant à quelque autre usage : telle est la vessie natatoire de certains poissons qui semble être devenue presque rudimentaire, quant à sa fonction primitive, consistant à aider l'animal à se soutenir entre deux eaux, mais qui s'est transformée en un organe respiratoire, c'est-à-dire en un poumon naissant. Les exemples semblables sont assez nombreux.

Néanmoins tout organe, si peu développé qu'il soit, ne saurait être considéré comme rudimentaire dès qu'il est d'une utilité quelconque. On peut en ce cas l'appeler un organe naissant ; et la sélection naturelle pourra plus tard lui donner son développement complet. Les véritables organes rudimentaires sont complétement inutiles; et telles sont les dents qui ne percent jamais les gencives. Comme il est certain qu'à un état de moindre développement ils seraient plus complétement inutiles encore, dans l'état actuel des choses, ils ne peuvent être le résultat de la sélection naturelle, qui n'agit jamais que par la conservation de modifications utiles. Ils doivent conséquemment dériver d'un état antérieur de leur possesseur actuel, chez lequel ils se sont conservés par hérédité, ainsi que nous allons le voir tout à l'heure. Il est difficile de déterminer quels sont les organes qui naissent. Si nous regardons l'avenir, il nous est naturellement impossible de dire de quelle manière une partie quelconque de l'organisme se développera, et si elle est aujourd'hui naissante. Si nous regardons le passé, les êtres pourvus d'un organe à l'état naissant auront généralement été supplantés et exterminés par leurs successeurs, pourvus de ce même organe à un état plus parfait et plus développé. L'aile du Manchot lui est fort utile, car elle lui sert de nageoire. Elle pourrait donc représenter l'état naissant des ailes des oiseaux. Non que je croie cependant que tel soit le cas ; c'est plus probablement un organe diminué et atrophié qui s'est modifié par une fonction nouvelle ; mais l'aile de l'Aptérix lui est parfaitement inutile et peut être considérée comme vraiment rudimentaire. On pourrait peut-être regarder les glandes mammaires de l'Ornithorynque comme à l'état naissant en comparaison de la mamelle de nos Vaches ; et les freins ovigères de certains Cirripèdes, qui ne sont que peu développés, et qui ont cessé de servir à retenir les œufs, sont de véritables branchies naissantes.

Les organes rudimentaires, chez les individus de la même espèce, sont très-sujets à varier dans leur degré de développement ou sous d'autres rapports. De plus, chez des espèces proche-alliées qui possèdent toutes un même rudiment d'organe, ce rudiment présente quelquefois des degrés très-divers de développement ou d'atrophie. On en voit un exemple frappant dans les ailes rudimentaires des femelles chez certains groupes de Papillons. Les organes rudimentaires avortent quelquefois complétement ; et cet avortement est toujours impliqué lorsque, chez un animal ou une plante, nous ne découvrons aucune trace d'un organe, que, d'après les lois de l'analogie, nous devons nous attendre à y trouver, et lors même qu'ils ne se présentent que de temps à autre chez des individus monstrueux de l'espèce. Ainsi, dans le Muflier ou Antirrhinum, on ne trouve pas toujours le rudiment d'une cinquième étamine, mais on le rencontre quelquefois. Dans la détermination des parties homologues chez les différents membres d'une même classe, rien n'est plus fréquent ni plus utile que la découverte et l'emploi de rudiments d'organes. C'est ce qui apparaît avec toute évidence dans les dessins publiés par Owen des os de la jambe du Cheval, du Bœuf et du Rhinocéros.

C'est un fait de haute importance que les organes rudimentaires, tels que les dents de la mâchoire supérieure des Baleines et des Ruminants, s'aperçoivent souvent chez l'embryon, et disparaissent totalement ensuite. C'est aussi, je crois, une règle universelle, qu'un organe rudimentaire soit proportionnellement plus gros, relativement aux organes voisins, chez l'embryon que chez l'adulte ; de sorte que dans le jeune âge cet organe est en réalité moins rudimentaire, et parfois même ne l'est nullement. C'est pourquoi aussi l'on dit souvent d'un organe rudimentaire chez un adulte qu'il a gardé son état embryonnaire.

Je viens de retracer les faits principaux concernant les organes rudimentaires. Lorsqu'on y réfléchit, on se sent frappé d'étonnement ; car cette même raison, qui rend en nous un éclatant témoignage aux adaptations si parfaites de la plupart des organes à leurs fonctions, témoigne avec une égale force de l'inutilité et de l'imperfection des organes atrophiés ou rudimentaires. On lit généralement dans les ouvrages d'histoire naturelle que les organes rudimentaires ont été créés « en vue de la symétrie » ou « afin de compléter le plan de la nature », mais au lieu d'une explication, je ne vois ici qu'une répétition du fait. Serait-il suffisant de dire que, les planètes parcourant des orbites elliptiques autour du soleil, les satellites suivent aussi des routes semblables par amour pour la symétrie ou pour compléter le plan de la nature ? Un physiologiste éminent a voulu rendre compte de la présence des organes rudimentaires, en supposant qu'ils servent à excréter la matière en excès dans l'organisation, qui sans cela pourrait nuire au système ; mais peut-on admettre que les papilles presque microscopiques qui représentent souvent le pistil dans les fleurs mâles, et qui ne sont formées que de tissu cellulaire, aient un pareil résultat ?

Pouvons-nous croire que la formation de dents rudimentaires qui seront ensuite résorbées, c'est-à-dire, en fin de compte, l'excrétion inutile d'une certaine quantité de phosphate de chaux, cette substance organique si précieuse, puisse être réellement de quelque service au Veau embryonnaire en voie de croître rapidement ? Lorsque les doigts d'un homme ont été amputés, des ongles imparfaits se forment quelquefois sur les moignons : il me serait aussi aisé de croire que ces vestiges d'ongles apparaissent, non pas en vertu de lois de croissance inconnues, mais afin d'excréter la matière cornée qui les forme, que d'admettre que les ongles rudimentaires des nageoires du Lamantin ont été formés pour une telle fin.

D'après ma théorie de descendance modifiée, l'origine des organes rudimentaires est très-simple. Nous avons des exemples nombreux d'organes rudimentaires dans nos productions domestiques : ce sont chez des races sans queues et sans oreilles des vestiges de ces organes ; c'est la réapparition de petites cornes pendantes, chez des races sans cornes, et surtout, selon Youatt, chez les jeunes animaux : c'est l'état général de toutes les fleurs dans le Chou-Fleur. Nous voyons souvent chez les monstres les rudiments de divers organes ou membres. Mais je ne sais réellement si aucun de ces exemples peut jeter quelque lumière sur l'origine des organes rudimentaires à l'état de nature, sinon qu'ils prouvent que ces rudiments peuvent se produire : car je doute que des espèces à l'état de nature subissent jamais de brusques changements. C'est le défaut d'exercice qui me semble devoir être la cause principale de ces phénomènes d'atrophie, en agissant sur la suite des générations, de manière à réduire graduellement certains organes, jusqu'à ce qu'ils deviennent complétement rudimentaires. Tel aurait été le cas à l'égard des yeux des animaux qui vivent dans les cavernes obscures, et des ailes des oiseaux qui habitent les îles océaniques, et qui, n'étant que rarement forcés de prendre leur vol, ont finalement perdu la faculté de voler. Un organe utile sous de certaines conditions, peut devenir nuisible sous des conditions différentes, comme on l'a vu pour les ailes des Coléoptères qui vivent sur de petites îles exposées au vent ; et en pareil cas la sélection naturelle doit tendre lentement à résorber l'organe, jusqu'à ce qu'il cesse d'être nuisible en devenant rudimentaire.

Tout changement de fonction qui peut s'affectuer par des degrés insensibles est du ressort de la sélection naturelle; de sorte qu'un organe, devenu inutile ou nuisible à certains égards, par suite d'un changement dans les habitudes de vie, peut se modifier de manière à servir à quelque autre usage; ou bien un organe peut ne garder qu'une seule de ses fonctions primitives et s'y adapter exclusivement. Un organe devenu inutile peut être très-variable, car ces variations ne sauraient être empêchées par la sélection naturelle. A quelque période de la vie qu'un organe tende à se résorber par le défaut d'exercice ou la sélection, cette époque étant le plus généralement celle où l'individu, ayant atteint sa maturité, doit faire usage de toutes ses facultés, le principe d'hérédité à l'âge correspondant reproduira la réduction de ce même organe chez ses descendants et au même âge ; conséquemment il ne pourra que rarement l'affecter et le réduire chez l'embryon. Ainsi nous pouvons comprendre pourquoi les organes rudimentaires sont relativement plus grands chez l'embryon que chez l'adulte. Mais si chaque nouveau degré d'atrophie s'héritait, non à l'âge correspondant, mais de plus en plus tôt et enfin dès l'une des premières phases de la vie, comme nous avons des raisons pour le croire possible, l'organe rudimentaire tendrait à se perdre complétement, et finirait par un avortement complet. Le principe d'économie que nous avons exposé dans un chapitre précédent, et en vertu duquel tous les matériaux qui forment un organe inutile à son possesseur sont épargnés autant que possible, doit aussi probablement jouer son rôle, et tendre de plus en plus à causer l'entière oblitération de l'organe rudimentaire.

Comme la présence d'organes rudimentaires provient de la tendance de chaque organe déjà ancien à se transmettre héréditairement, on peut comprendre, toute classification vraiment naturelle étant généalogique, comment il se fait que les systématistes aient reconnu que les organes rudimentaires sont d'une utilité aussi grande et même parfois plus grande que des organes de haute importance physiologique. Les organes rudimentaires pourraient se comparer aux lettres d'un mot, conservées dans l'écriture, mais perdues dans la prononciation et qui servent de guide dans la recherde de son étymologie. Nous pouvons donc conclure que, d'après la théorie de descendance modifiée, l'existence d'organes rudimentaires, imparfaits et inutiles, ou complétement avortés, loin de présenter des difficultés insolubles, comme ils le font certainement d'après la théorie ordinaire de création, aurait pu être prévue *à priori*, ou tout au moins elle s'explique aisément par les lois de l'hérédité.

XII. **Résumé.** — J'ai essayé de montrer dans ce chapitre que le classement de tous les organismes qui ont vécu dans toute la suite des temps en groupes subordonnés à d'autres groupes ; le lien de parenté qui rattache les uns aux autres tous les êtres vivants et éteints en un seul grand système par des lignes d'affinités complexes, tortueuses et divergentes ; les règles suivies par les naturalistes dans leurs classifications et les difficultés qu'ils rencontrent ; la valeur relative qu'ils accordent aux caractères les plus constants et les plus généraux, qu'ils soient du reste d'une importance vitale plus ou moins grande, ou même sans aucune utilité, comme les organes rudimentaires ; la grande différence de valeur entre les caractères analogiques ou d'adaptation et les affinités véritables : toutes ces règles, et encore d'autres semblables, sont la conséquence de la parenté commune des formes que les naturalistes considèrent comme alliées, et de leurs modifications par sélection naturelle, qui résultent des extinctions d'espèces et de la divergence des caractères. Pour bien peser la valeur de ce principe de classification, il faut se souvenir que des considérations purement généalogiques ont toujours et partout fait ranger ensemble dans la même espèce les deux sexes, les divers âges et même les variétés reconnues, quelles que fussent leurs différences de structure et d'organisation. Si l'on étend l'usage de cet élément généalogique, seule cause connue des ressemblances que l'on constate entre les divers êtres organisés, on comprendra aisément que le système naturel qu'on essaye de reconstruire n'est que l'arbre généalogique des formes vivantes ; et que les degrés divers des différences acquises s'expriment par les termes de variétés, espèces, genres, familles, ordres et classes.

En partant de ce même principe de descendance modifiée, les grands faits de la Morphologie deviennent intelligibles, soit que nous considérions le même plan déployé dans les organes homologues des différentes espèces d'une même classe, quelles que soient du reste leurs fonctions, soit que nous les considérions dans les organes homologues d'un même individu, animal ou végétal.

D'après ce principe que des variations légères et successives ne surviennent pas nécessairement ou même généralement pendant les premières phases de la vie, et qu'elles sont héritées à un âge correspondant par les descendants de l'individu modifié, on peut expliquer les principaux faits de l'embryologie : c'est-à-dire la ressemblance des parties homologues dans l'embryon, lors même qu'à l'état adulte, ces mêmes parties doivent différer considérablement dans leur structure et dans leurs fonctions ; de même que la ressemblance de l'embryon et de ses parties homologues, chez les différentes espèces d'une classe, bien que les individus adultes et leurs organes homologues soient très-différents les uns des autres, et adaptés à des habitudes toutes différentes. Les larves sont des embryons actifs qui ont pu se modifier spécialement par rapport à leurs habitudes de vie, en vertu du principe que toute modification tend à reparaître à l'âge correspondant chez la postérité de l'individu modifié. D'après ce même principe, si l'on se souvient que, lorsque des organes s'atrophient, soit par défaut d'exercice, soit par sélection naturelle, ce ne peut être en général qu'à une période de la vie où l'être organisé doit pourvoir à ses besoins ; et si l'on songe d'autre part quelle est la force du principe d'hérédité, l'existence d'organes rudimentaires, de même que leur avortement complet, résultant de leur lente résorption, ne nous offre plus aucune difficulté particulière, et leur présence aurait même pu être prévue. Enfin l'importance des caractères embryologiques et des organes rudimentaires en matière de classification est aisée à concevoir, en partant de ce point de vue qu'une classification n'est naturelle qu'autant qu'elle est généalogique.

Finalement, les diverses classes de faits que j'ai considérées dans ce chapitre me semblent établir si clairement que les innombrables espèces, genres et familles d'êtres organisés, qui peuplent le monde, sont tous descendus, chacun dans sa propre classe ou groupe, de parents communs, et se sont tous modifiés dans la suite des générations, que sans hésitation nous devrions encore adopter cette théorie, lors même qu'elle ne serait pas appuyée sur d'autres faits ou sur d'autres arguments.

# CHAPITRE XIV

## RÉCAPITULATION ET CONCLUSION.

I. Récapitulation des difficultés de la théorie de sélection naturelle. — Récapitulation des faits généraux et particuliers qui lui sont favorables. — III. Causes de la croyance générale à l'immutabilité des espèces. — IV. Jusqu'où la théorie de sélection naturelle peut s'étendre. — V. Effets de son adoption dans l'étude de l'histoire naturelle. — VI. Dernières remarques.

**I. Récapitulation des difficultés de la théorie de sélection naturelle.** — Comme ce volume tout entier n'est qu'une longue argumentation, il sera peut-être agréable au lecteur de trouver ici une récapitulation succincte des faits principaux et des indications qu'il renferme.

Je ne nierai point que beaucoup d'objections sérieuses ne puissent être opposées à la théorie de descendance modifiée par sélection naturelle. Je me suis appliqué même à leur donner toute leur force. Rien ne peut paraître plus difficile à croire au premier abord que les organes et les instincts les plus complexes aient été perfectionnés, non par des moyens supérieurs bien qu'analogues à la raison humaine, mais par l'accumulation de variations innombrables, quoique légères, et dont chacune a été utile à son possesseur individuel. Néanmoins cette difficulté, quoique paraissant insurmontable à notre imagination, ne peut être considérée comme valable, si l'on admet les propositions suivantes :

C'est d'abord que les organes et les instincts sont, à un degré si faible que ce soit, variables.

C'est ensuite qu'il existe une concurrence vitale universelle ayant pour effet de perpétuer chaque utile déviation de structure ou d'instinct.

C'est enfin que chaque degré de perfection d'un organe quelconque peut avoir existé, chacun de ces degrés étant bon dans son espèce.

La vérité de ces propositions ne peut, je pense, être contestée.

Il est sans doute extrêmement difficile même de conjecturer par quels degrés successifs beaucoup d'organismes se sont perfectionnés, surtout parmi les groupes organiques incomplets et en voie de décroissance, qui ont déjà souffert beaucoup d'extinctions. Mais nous voyons tant d'étranges gradations d'organismes dans la nature, que nous ne devons affirmer qu'avec toute réserve qu'un organe, un instinct ou un être complet quelconque n'a pu arriver à son état présent par une suite de changements graduels. Il faut bien admettre que la théorie de sélection naturelle présente quelque cas d'une difficulté toute spéciale, tels que l'existence de deux ou trois castes bien tranchées d'ouvrières ou femelles stériles, dans la même communauté de Fourmis; mais j'ai essayé de montrer comment ces difficultés peuvent être surmontées.

Quant à la stérilité presque universelle des espèces lors d'un premier croisement, stérilité qui contraste d'une manière si remarquable avec la fécondité presque universelle des croisements entre variétés, je dois renvoyer le lecteur à la récapitulation des faits qui suit le huitième chapitre, et qui me semble démontrer avec toute évidence que cette stérilité n'est pas plus caractéristique que l'impossibilité de greffer l'un sur l'autre certains arbres; mais qu'elle dépend de différences de constitution dans le système reproducteur des deux espèces croisées. La vérité de cette conclusion est établie par la grande différence des résultats obtenus au moyen de croisements réciproques où les deux espèces fournissent alternativement le père et la mère.

Bien que la fécondité des variétés croisées et celles de leur postérité métisse aient été déclarées par tant d'auteurs une loi constante et universelle, pourtant cette assertion ne peut plus être considérée comme absolue après les faits que j'ai cité sur l'autorité de Gærtner et de Kœlreuter. D'ailleurs cette fécondité très-générale des variétés n'est aucunement surprenante, si nous songeons qu'il est peu probable que, soit leur constitution générale, soit leur système reproducteur ait été profondément modifié. De plus, la plupart des variétés qui ont donné lieu à des expériences ont été produites à l'état de domesticité ; or, comme la domesticité, et je ne veux pas parler ici seulement de la réclusion, paraît tendre à diminuer la stérilité, nous ne pouvons nous attendre aussi à ce qu'elle la produise.

La stérilité des hybrides est un cas très-différent de la stérilité des premiers croisements : car leurs organes reproducteurs sont plus ou moins impuissants, tandis que dans les premiers croisements les organes des deux espèces sont en parfait état. Puisque l'on voit continuellement des organismes de toutes sortes qui deviennent stériles sous l'influence du moindre trouble causé à leur constitution par des conditions de vie nouvelles et légèrement différentes, nous ne pouvons nous étonner de la stérilité fréquente des hybrides, dont la constitution ne peut guère manquer d'avoir été troublée par ce fait qu'elle est le produit de deux organisations distinctes. Ces analogies sont appuyées par une autre série de faits tout contraires : c'est que la vigueur et la fécondité de tous les êtres organisés s'accroissent par de légers changements dans leurs conditions de vie, c'est, de même, que les descendants de formes ou de variétés légèrement modifiées acquièrent par le croisement une vigueur et une fécondité encore plus grandes. De sorte que, d'une part, des changements considérables dans les conditions de vie et des croisements entre des formes profondément modifiées diminuent la fertilité, tandis que de moindres changements dans les conditions d'existence ou des croisements entre des formes moins différentes l'accroissent.

En ce qui concerne la distribution géographique, les difficultés que rencontre la théorie de descendance modifiée sont assez sérieuses. Tous les individus de la même espèce, et toutes les espèces du même genre ou même les groupes encore plus élevés doivent provenir de parents communs. Conséquemment, quelque éloignées et isolées les unes des autres que soient les parties du monde où on les trouve aujourd'hui, il faut que, dans le cours des générations successives, elles aient passé de l'un de ces points à tous les autres. Le plus souvent il est absolument impossible de conjecturer par quels moyens cette migration a pu s'effectuer. Cependant, comme nous avons de fortes raisons pour croire que quelques espèces ont gardé la même forme spécifique pendant des périodes très-longues, énormément longues même, si on les mesure au nombre des années, il ne faut pas accorder trop d'importance aux objections qu'on peut tirer de la diffusion parfois considérable de ces mêmes espèces ; car, pendant de si longues périodes, elles auront toujours eu des occasions favorables et des moyens nombreux de dispersion lointaine. L'extension discontinue et brisée de certaines espèces peut souvent s'expliquer par leur extinction dans les régions intermédiaires. On ne peut nier que nous ne soyons encore très-ignorants, quant à l'importance des divers changements climatériques ou géographiques, qui ont affecté la terre pendant les périodes modernes ; or de tels changements ont sans nul doute puissamment favorisé les migrations. J'ai essayé de montrer, par exemple, combien a été grande l'influence de la période glaciaire sur la distribution des espèces identiques ou représentatives dans le monde entier. Nous ne savons encore presque rien des divers moyens accidentels de transport. A l'égard des espèces distinctes d'un même genre, qui habitent des régions isolées et très-distantes, comme le procédé de modification a nécessairement été très-lent, tous les moyens de migration ont dû être possibles pendant une très-longue période : conséquemment la difficulté qu'on pourrait trouver dans la grande extension de certaines espèces d'un même genre est en quelque chose amoindrie.

Comme, d'après la théorie de sélection naturelle, un nombre infini de formes intermédiaires doivent avoir existé, reliant les unes aux autres toutes les espèces de chaque groupe par des degrés de transition aussi serrés que nos variétés actuelles, on peut se demander pourquoi nous ne voyons pas autour de nous ces formes transitoires, pourquoi encore tous les êtres organisés ne sont pas confondus ensemble dans un inextricable chaos. A l'égard des formes vivantes, nous devons nous rappeler que nous ne pouvons nous attendre, sauf en des cas très-rares, à découvrir les liens qui les unissent directement les unes aux autres, mais seulement ceux qui les rattachent à quelque forme éteinte et déjà supplantée. Même dans une aire très-étendue, restée continue pendant une longue période, mais dont le climat et les autres conditions de vie changent insensiblement en allant d'un district habité par une espèce à un autre district occupé par des espèces étroitement alliées, nous ne pouvons prétendre que rarement à trouver les variétés moyennes dans les zones intermédiaires. Car nous avons des motifs de croire que seulement quelques espèces d'un genre subissent des changements, tandis que les autres espèces s'éteignent entièrement sans laisser de postérité modifiée. Parmi les espèces qui varient, un petit nombre seulement dans la même contrée changent en même temps, et toutes leurs modifications s'effectuent avec lenteur. J'ai montré aussi que les variétés intermédiaires, qui probablement ont existé les premières dans les zones moyennes, ont dû se voir supplantées par les formes alliées d'un et d'autre côté ; et ces dernières, par ce fait qu'elles existaient en grand nombre, se sont généralement modifiées et perfectionnées plus rapidement que les variétés intermédiaires moins nombreuses ; si bien que celles-ci dans le cours du temps ont été exterminées.

Mais, d'après cette doctrine de l'extermination d'un nombre infini de chaînons généalogiques entre les habitants actuels et passés du monde, extermination renouvelée à chaque période successive entre des espèces aujourd'hui éteintes et des formes encore plus anciennes, pourquoi chaque formation géologique ne présente-t-elle pas la série complète de ces formes de passage? Pourquoi chaque collection de fossiles ne montre-t-elle pas avec une entière évidence la gradation et la mobilité des formes de la vie? Bien que les recherches géologiques aient indubitablement révélé l'existence antérieure de plusieurs de ces chaînons intermédiaires, qui relient de plus près les unes aux autres de nombreuses formes vivantes, elles ne nous montrent pas entre les espèces passées et présentes les degrés de transition infiniment nombreux et serrés que requiert ma théorie ; et cette objection est la plus importante de toutes celles qu'on peut lui faire. Pourquoi encore des groupes entiers d'espèces alliées semblent-ils apparaître soudain dans les divers étages géologiques, bien que souvent, il est vrai, cette apparition se soit trouvée trompeuse ? Pourquoi ne trouvons-nous pas au-dessous du système silurien de puissantes assises de strates renfermant les restes des ancêtres du groupe de fossiles de cette époque ? Car, d'après ma théorie, de telles strates doivent avoir été déposées à ces époques anciennes et complétement inconnues de l'histoire du monde.

Je ne puis répondre à ces questions et résoudre ces difficultés qu'en supposant que les documents géologiques sont beaucoup plus incomplets que la plupart des géologues ne le pensent. On ne saurait objecter que le temps nécessaire à des changements organiques si considérable a manqué, car la longueur des temps écoulés est absolument incommensurable pour l'entendement humain. Tous les spécimens de nos musées réunis ne sont absolument rien auprès des innombrables générations d'innombrables espèces qui ont certainement existé. La forme mère de deux ou de plusieurs espèces ne serait pas directement intermédiaire dans tous ses caractères entre ses divers descendants modifiés, pas plus que le Pigeon biset n'est directement intermédiaire par son jabot et sa queue entre le Pigeon grosse gorge et le Pigeon-Paon.

Il nous serait impossible de reconnaître l'espèce mère d'une ou de plusieurs autres espèces, lors même que nous pourrions comparer l'une avec les autres d'assez près, à moins que nous ne possédions pareillement beaucoup de chaînons généalogiques intermédiaires entre leur état passé et leur état présent ; et ces chaînons, nous ne pouvons guère espérer de les découvrir, vu les lacunes et l'imperfection des témoignages géologiques. Deux ou trois, ou même un plus grand nombre de formes transitoires seraient-elles découvertes, qu'elles seraient tout simplement considérées comme autant d'espèces nouvelles, surtout si elles étaient trouvées en des étages géologiques divers, leurs différences fussent-elles même légères. De nombreuses formes douteuses existent, qui ne sont probablement que des variétés ; mais qui nous assure que dans l'avenir un assez grand nombre de fossiles seront découverts pour que les naturalistes soient capables de décider, d'après les règles communes, si ces formes douteuses sont ou ne sont pas des variétés ? Une petite partie du monde seulement a été géologiquement explorée. Seuls, les êtres organisés de certaines classes peuvent se conserver à l'état fossile, au moins en nombre de quelque importance. Les espèces très-répandues sont celles qui varient le plus, et le plus souvent les variétés sont d'abord locales, circonstances qui rendent la découverte des formes de passage d'autant moins probable. Les variétés locales ne se répandent pas en d'autres régions éloignées avant de s'être considérablement modifiées et perfectionnées ; et, quand elles émigrent et qu'on les découvre dans une formation géologique éloignée, elles semblent y avoir été soudainement créées, et on les classe simplement comme de nouvelles espèces. La plupart des formations fossilifères sont le résultat d'accumulations intermittentes ; et j'incline à croire que leur durée a été plus courte que la durée ordinaire des formes spécifiques. Les formations successives sont le plus souvent séparées l'une de l'autre par des périodes d'inactivité d'une durée énorme, car des couches fossilifères assez épaisses pour résister à des dégradations subséquentes ne peuvent généralement s'accumuler que dans les lieux où une grande quantité de sédiment se dépose sur le fond d'une aire marine d'affaissement. Pendant les périodes alternatives de soulèvement et de niveau stationnaire, le témoignage géologique est généralement nul. Durant de telles périodes, il y a probablement plus de variabilité dans les formes de la vie, durant les périodes d'affaissement, plus d'extinctions.

Quant à l'absence de formations fossilifères au-dessous du terrain silurien inférieur, je ne puis que revenir à l'hypothèse exposée dans le neuvième chapitre. Que les documents géologiques soient incomplets, chacun l'admet ; mais qu'ils soient incomplets au point que ma théorie l'exige, peu de gens en conviendront volontiers. Si l'on considère des périodes suffisamment longues, la géologie prouve clairement que toutes les espèces ont changé, et qu'elles ont changé comme le requiert ma théorie : car elles ont changé lentement et graduellement. Ce fait ressort avec évidence de ce que les restes fossiles des formations consécutives sont invariablement beaucoup plus semblables entre eux que les fossiles de formations séparées les unes des autres par un laps de temps considérable.

Telles sont, en somme, les quelques objections et difficultés principales que l'on peut opposer à ma théorie ; et je viens de récapituler brièvement les réponses et les explications que je peux leur faire. J'ai trop lourdement senti ces difficultés pendant de longues années pour douter de leur poids ; mais il faut expressément noter que les objections les plus importantes se rapportent à des questions sur lesquelles nous confessons notre ignorance, sans savoir même jusqu'à quel point nous sommes ignorants. Nous ne savons rien de toutes les gradations possibles entre les organes les plus simples et les plus parfaits ; nous ne pouvons prétendre que nous connaissions tous les moyens possibles de migration pendant une longue suite d'années, ni combien sont incomplets nos documents géologiques. Quelque graves que soient ces difficultés, elles ne peuvent à mon avis renverser la théorie qui voit dans les formes vivantes actuelles la descendance d'un nombre restreint de formes primitives subséquemment modifiées.

II. **Récapitulation des faits généraux et particuliers qui lui sont favorables.** — Examinons maintenant l'autre côté de la question. A l'état domestique on constate une grande variabilité. Cette variabilité semble principalement due à ce que le système reproducteur est éminemment susceptible d'être affecté par des changements dans les conditions de vie ; si bien que ce système, s'il n'est pas rendu totalement impuissant, du moins ne reproduit plus exactement la forme mère. La variabilité des formes spécifiques est gouvernée par un certain nombre de lois très-complexes : c'est d'abord la corrélation de croissance ; c'est l'usage ou le défaut d'exercice des organes ; c'est aussi l'action directe des conditions physiques de la vie. Il est bien difficile de déterminer avec certitude jusqu'à quel point nos espèces domestiques ont été modifiées ; mais nous pouvons sûrement affirmer que ces modifications ont été profondes, et qu'elles peuvent se transmettre par hérédité pendant de très-longues périodes. Aussi longtemps que les conditions de vie restent les mêmes, nous avons des raisons de croire qu'une modification, qui s'est déjà transmise pendant plusieurs générations, peut continuer à se transmettre pendant une suite presque infinie de degrés généalogiques. D'autre part, il est prouvé que la variabilité, une fois qu'elle a commencé à se manifester, ne cesse pas totalement d'agir ; car de nouvelles variétés se forment encore de temps à autre parmi nos produits domestiques les plus anciens.

L'homme ne produit pas la variabilité ; il expose seulement, et souvent sans dessein, les êtres organisés à de nouvelles conditions de vie, et alors, la nature agissant sur l'organisation, il en résulte des variations. Mais ce que nous pouvons faire et ce que nous faisons, c'est de choisir les variations que la nature produit et de les accumuler dans la direction qui nous plaît. Nous adaptons ainsi, soit les animaux, soit les plantes, à notre propre utilité ou même à notre agrément. Un tel résultat peut être obtenu systématiquement ou même sans conscience de l'effet produit : il suffit que, sans avoir aucunement la pensée d'altérer la race, chacun conserve de préférence les individus qui, à toute époque donnée, lui sont le plus utiles. Il est certain qu'on peut transformer les caractères d'une espèce en choisissant à chaque génération successive des différences individuelles assez légères pour échapper à des yeux inexpérimentés, et ce procédé sélectif a été le principal agent dans la production des races domestiques les plus distinctes et les plus utiles. Que plusieurs des races produites par l'homme aient, dans une large mesure, le caractère d'espèces naturelles, il n'en faut pas d'autres preuves que les inextricables doutes où nous sommes, si quelques-unes d'entre elles sont des variétés ou des espèces originairement distinctes.

Il n'est aucune bonne raison pour que les mêmes principes qui ont agi si efficacement à l'état domestique n'agissent pas à l'état de nature. La conservation des races et des individus favorisés dans la lutte perpétuellement renouvelée au sujet des moyens d'existence, est un agent tout-puissant et toujours actif de sélection naturelle. La concurrence vitale est une conséquence nécessaire de la multiplication en raison géométrique plus ou moins élevée de tous les êtres organisés. La rapidité de cette progression est prouvée, non-seulement par le calcul, mais par la prompte multiplication de beaucoup d'animaux ou de plantes pendant une suite de certaines saisons particulières ou lorsqu'elles sont naturalisées dans de nouvelles contrées. Il naît plus d'individus qu'il n'en peut vivre : un grain dans la balance peut déterminer quel individu vivra et lequel mourra, quelle variété ou quelle espèce s'accroîtra en nombre, et laquelle diminuera ou sera finalement éteinte. Comme les individus de même espèce entrent à tous égards en plus étroite concurrence les uns envers les autres, la lutte est en général d'autant plus sévère entre eux. Elle est presque également sérieuse entre les variétés de la même espèce, et grave encore entre les espèces du même genre ; mais la lutte peut exister souvent entre des êtres très-éloignés les uns des autres dans l'échelle de la nature. Le plus mince avantage acquis par un individu, à quelque âge ou durant quelque saison que ce soit, sur ceux avec lesquels il entre en concurrence, ou une meilleure adaptation d'organes aux conditions physiques environnantes, quelque léger que soit ce perfectionnement, fera pencher la balance.

Parmi les animaux chez lesquels les sexes sont distincts, il y a le plus souvent guerre entre les mâles pour la possession des femelles. Les individus les plus vigoureux ou ceux qui ont lutté avec le plus de bonheur contre les conditions physiques locales laisseront généralement la plus nombreuse progéniture. Mais leur succès dépendra souvent des armes spéciales ou des moyens de défense qu'ils possèdent ou même de leur beauté, et le plus léger avantage leur procurera la victoire.

Comme la géologie démontre clairement que chaque contrée a subi de grands changements physiques, nous pouvons supposer que les êtres organisés ont varié à l'état de nature de la même manière qu'ils varient généralement sous les conditions changeantes de la domesticité. Mais y aurait-il eu quelque variabilité à l'état de nature, que c'eût été un fait sans valeur, si la sélection naturelle n'avait agi. On a souvent affirmé, quoique cette assertion ne puisse être prouvée, que la somme des variations à l'état de nature est étroitement limitée. Mais l'homme, bien qu'agissant seulement sur des caractères extérieurs, et souvent capricieusement, peut produire dans un laps de temps assez court un grand résultat sur ses produits domestiques en ajoutant les unes aux autres de pures différences individuelles. Or, chacun admet qu'il y a au moins des différences individuelles à l'état de nature. Outre ces différences, tous les naturalistes ont admis aussi l'existence de variétés, qu'ils ont trouvées suffisamment distinctes pour mériter une mention particulière dans leurs ouvrages systématiques. Or, personne ne saurait établir une ligne de démarcation certaine entre les différences individuelles et les variétés peu tranchées ou entre les variétés mieux marquées, les sous-espèces et les espèces. Qu'on observe enfin combien les naturalistes diffèrent quant au rang qu'ils assignent aux nombreuses formes représentatives de l'Europe et l'Amérique du Nord.

Si donc la variabilité est constatée, aussi bien que l'existence d'un puissant agent toujours prêt à fonctionner, pourquoi douterions-nous que des variations en quelque chose utiles aux individus dans leurs relations vitales si complexes, ne fussent conservées, transmises et accumulées ? Si l'homme peut avec patience choisir les variations qui lui sont le plus utiles, pourquoi la nature faillirait-elle à choisir les variations utiles à ses produits vivant sous des conditions de vie changeantes ? Quelles limites peut-on supposer à ce pouvoir, lorsqu'il agit pendant de longs âges et scrute rigoureusement la structure, l'organisation entière et les habitudes de chaque créature, pour favoriser ce qui est bien et rejeter ce qui est mal ? Je ne puis voir de limite à cette puissance dont l'effet est d'adapter lentement et admirablement chaque forme aux relations les plus complexes de la vie.

Même sans aller plus loin, la théorie de sélection naturelle me semble donc en elle-même probable. J'ai déjà récapitulé, aussi clairement que je l'ai pu, les difficultés et les objections qu'on m'oppose ; maintenant passons aux faits et aux arguments qui me sont favorables.

En admettant que les espèces sont seulement des variétés fortement tranchées et permanentes et que chaque espèce a existé d'abord comme variété, nous pouvons comprendre pourquoi aucune ligne de démarcation n'est possible entre les espèces, qu'on suppose communément avoir été formées par autant d'actes créateurs, et les variétés, qu'on reconnaît avoir été produites par des lois secondaires. De même, nous pouvons comprendre comment il se fait que, dans toute région où plusieurs espèces d'un genre ont été produites et où elles florissent actuellement, ces mêmes espèces présentent de nombreuses variétés ; car, où la formation des espèces a été active, nous pouvons nous attendre, en règle générale, à la trouver encore en action : or, tel est en effet le cas, si les variétés ne sont que des espèces à l'état naissant. De plus, les espèces des plus grands genres, qui contiennent le plus grand nombre de variétés ou espèces naissantes, gardent elles-mêmes, jusqu'à un certain degré, le caractère de variétés : car elles diffèrent les unes des autres par de moindres différences que les espèces de genres moins nombreux. Les espèces étroitement alliées des plus grands genres paraissent aussi plus limitées dans leur extension et, d'après leurs affinités, elles sont renfermées en petits groupes autour d'autres espèces : sous ces divers rapports elles ressemblent donc à des variétés. Ces analogies sont étranges au point de vue de la création indépendante des espèces ; mais, si toutes les espèces existèrent d'abord comme variétés, elles sont aisées à comprendre.

Comme chaque espèce, en vertu de la progression géométrique de reproduction qui lui est propre, tend à s'accroître désordonnément en nombre, et que les descendants modifiés de chaque espèce se multiplieront d'autant plus qu'ils se diversifieront davantage en habitude et en structure, de manière à pouvoir se saisir de stations vastes et nombreuses dans l'économie de la nature, la loi de sélection naturelle a une tendance constante à conserver les descendants les plus divergents de quelque espèce que ce soit. Il suit de là que, durant le cours longtemps continué de leurs modifications successives, les légères différences, qui caractérisent les variétés de la même espèce, tendent à s'accroître jusqu'aux différences plus grandes qui caractérisent les espèces du même genre. Des variétés nouvelles et plus parfaites supplanteront et extermineront inévitablement les variétés plus anciennes, moins parfaites et intermédiaires, et il en résultera que les espèces deviendront ainsi mieux déterminées et plus distinctes. Les espèces dominantes, appartenant aux principaux groupes de chaque classe, sont celles qui tendent à donner naissance à des formes dominantes nouvelles ; si bien que chaque groupe principal prend de plus en plus d'importance et en même temps présente des divergences de caractères de plus en plus profondes. Mais comme tous les groupes ne peuvent ainsi réussir à croître en nombre, puisque le monde ne pourrait les contenir, les plus dominants l'emportent sur ceux qui le sont moins. Cette tendance dans les groupes les plus nombreux à s'accroître encore en nombre et à diverger de caractères, jointe à l'inévitable conséquence d'extinctions fréquentes, explique l'arrangement de toutes les formes de la vie en groupes subordonnées à d'autres groupes, le tout dans quelques grandes classes, arrangement qui a prévalu dans tous les temps. Ce grand fait du groupement des êtres organisés est entièrement inexplicable d'après la théorie de création.

Comme la sélection naturelle agit seulement en accumulant des variations favorables, légères et successives, elle ne peut produire soudainement de grandes modifications ; elle ne peut agir qu'à pas lents et courts. Cette théorie rend aisé à comprendre l'axiome : *Natura non facit saltum*, dont chaque nouvelle conquête de la science tend à prouver de plus en plus la vérité. Il est aisé de voir pourquoi la nature est prodigue de variétés, bien qu'avare d'innovations. Mais pourquoi cette loi de nature existerait-elle, si chaque espèce avait été indépendamment créée ? Nul ne saurait le dire.

Beaucoup d'autres faits encore, à ce qu'il me semble, s'expliquent par cette théorie. N'est-il pas étrange qu'un oiseau ayant la forme d'un Pic ait été créé pour se nourrir d'insectes sur le sol des plaines ; qu'une Oie terrestre, qui ne nage jamais ou du moins rarement, ait été pourvue de pieds palmés; qu'un Merle ait été créé pour plonger et pour se nourrir d'insectes subaquatiques; qu'un Pétrel ait été doué d'une structure et d'habitudes convenables pour la vie d'un Pingouin ou d'un Grèbe, et ainsi de suite en mille autres cas. Mais si chaque espèce s'efforce constamment de croître en nombre, si la sélection naturelle est lentement prête à agir pour adapter ses descendants lentement variables à toute place qui dans la nature est inoccupée ou incomplétement remplie, de tels faits cessent d'être étranges et même ils auraient pu être prévus.

Comme la sélection naturelle agit au moyen de la concurrence, elle n'adapte l'organisation des habitants d'une contrée que dans la mesure du degré de perfectionnement de leurs associés; nous ne pouvons donc être surpris de ce que les habitants d'une région quelconque, que, selon l'opinion commune, on suppose avoir été spécialement créés pour elle et adaptés aux conditions locales, soient vaincus et supplantés par les produits naturalisés d'un autre pays. Il ne faut pas s'étonner non plus si toutes les combinaisons de la nature ne sont pas absolument parfaites, pour autant que nous sommes capables d'en juger, et si quelques-unes d'entre elles répugnent à l'idée que nous nous faisons de la convenance. Nous n'avons plus à nous émerveiller de voir l'aiguillon de l'Abeille causer sa propre mort; de ce que de faux Bourdons soient produits en si grand nombre pour accomplir un seul acte générateur et pour que la plupart d'entre eux soient tués par leurs sœurs stériles; de la haine instinctive de la reine pour ses propres filles fécondes; de l'énorme quantité de pollen perdue par nos Pins; de ce que l'Ichneumon se nourrisse du corps vivant de la Chenille, et de tant d'autres cas semblables. La merveille est, au contraire, d'après la théorie de la sélection naturelle, que de semblables exemples d'une convenance imparfaite ne soient pas plus nombreux.

Les lois complexes et peu connues qui gouvernent les variétés sont les mêmes, autant que nous pouvons en juger, que les lois qui ont gouverné la production des formes dites spécifiques. Dans l'un et l'autre cas, les conditions physiques semblent n'avoir produit directement que peu d'effet. Cependant, lorsque des variétés arrivent dans une zone, elles assument parfois quelques-uns des caractères qui lui sont propres. A l'égard des variétés, comme à l'égard des espèces, l'usage ou le défaut d'exercice des organes semble avoir eu quelque influence. Il est difficile de ne pas être conduit à cette conclusion, quand on considère par exemple le Microptère d'Eyton (*Anas Brachyptera*) dont les ailes sont incapables de vol et presque dans le même état que celle du Canard domestique; lorsqu'on voit le Tuco-Tuco (*Ctenomys Brasiliensis*), souvent aveugle avec des habitudes souterraines, de même que certaines Taupes qui le sont toujours et qui ont même les yeux recouverts de peau; ou enfin lorsqu'on songe aux animaux qui habitent les cavernes ténébreuses d'Europe ou d'Amérique et dont l'organe visuel est plus ou moins complétement atrophié.

Chez les variétés, comme chez les espèces, la corrélation de croissance semble avoir eu une influence des plus importantes, de sorte qu'un organe étant modifié, les autres se modifient nécessairement. Chez les variétés, comme chez les espèces, des caractères perdus depuis longtemps sont sujets à reparaître. Comment expliquer, dans la théorie de création, l'apparition variable de rayures sur les épaules et sur les jambes de plusieurs espèces du genre Cheval ou de leurs hybrides? Combien, au contraire, ce fait s'explique simplement, si l'on admet que ces espèces soient descendues d'un ancêtre rayé, de la même manière que toutes les races de Pigeons domestiques descendent du Pigeon biset bleu rayé de noir.

Du point de vue ordinaire, qui admet chaque espèce comme indépendamment créée, pourquoi les caractères spécifiques, c'est-à-dire ceux par lesquels les espèces du même genre diffèrent les unes des autres, seraient-ils plus variables que les caractères génériques qui lui sont communs à toutes? Pourquoi, par exemple, la couleur d'une fleur serait-elle plus sujette à varier dans certaines espèces d'un genre, si les autres, qu'on suppose avoir été créées séparément, ont des fleurs de couleurs diverses, que si toutes les espèces du genre n'ont que des fleurs de même couleur? Si les espèces sont seulement des variétés bien tranchées, dont les caractères ont atteint un haut degré de permanence, nous pouvons comprendre ce fait : depuis qu'elles se sont séparées du tronc commun, elles ont déjà varié en certains caractères par lesquels elles sont devenues spécifiquement distinctes, et par conséquent ces mêmes caractères sont plus sujets à de nouvelles variations que les caractères génériques, qui se sont transmis sans changement durant une plus longue période. Il est inexplicable, d'après la théorie de création, pourquoi un organe développé d'une manière anormale chez une espèce quelconque d'un genre et conséquemment de grande importance pour cette espèce, ainsi qu'il est naturel de l'inférer, est éminemment susceptible de variations. A mon point de vue, au contraire, c'est que cet organe a subi une somme inaccoutumée de modifications depuis que les diverses espèces du genre se sont séparées de leur ancêtre commun ; et nous pouvons nous attendre en général à ce qu'il soit encore très-variable. Mais une partie peut être développée de la manière la plus anormale, comme l'aile de la Chauve-souris, et cependant n'être pas plus variable que tout autre, si cette partie est commune à beaucoup de formes subordonnées, c'est-à-dire si elle s'est déjà héréditairement transmise pendant une très-longue période ; car en pareil cas elle sera devenue permanente par suite d'une sélection naturelle longtemps continuée.

Si nous considérons les instincts, si merveilleux qu'ils soient, la théorie de sélection naturelle de modifications successives, légères et avantageuses, nous explique aussi aisément leur origine que celles des organes physiques. Nous pouvons ainsi comprendre pourquoi la nature se meut pas à pas, en dotant différents animaux de la même classe de leurs différents instincts. J'ai essayé de montrer quelle lumière le principe de perfectionnement graduel jette sur l'admirable talent constructeur de l'Abeille domestique. Sans nul doute, l'habitude joue quelquefois un rôle dans les modifications des instincts; mais elle n'est certainement pas indispensable, comme le prouvent les insectes neutres, qui ne laissent aucune progéniture pour hériter des effets d'une longue habitude. Si toutes les espèces d'un même genre sont descendues d'un même parent et ont hérité beaucoup en commun, on peut concevoir comment des espèces alliées, placées dans des conditions d'existence très-différentes, peuvent cependant avoir les mêmes instincts et pourquoi, par exemple, le Merle de l'Amérique du Sud enduit son nid avec de la boue, comme notre espèce britannique. Si les instincts s'acquièrent lentement en vertu de la sélection naturelle, il n'est point surprenant qu'il y en ait quelques-uns qui nous semblent imparfaits ou qui soient susceptibles d'erreurs, et qu'un grand nombre soient une cause de souffrance pour d'autres animaux.

Si les espèces sont seulement des variétés permanentes et bien tranchées, alors nous voyons du premier coup d'œil pourquoi leur postérité hybride suit les mêmes lois complexes dans le degré ou la nature de ses ressemblances avec l'une ou l'autre espèce mère que la postérité métisse issue de variétés reconnues ; pourquoi elle peut de même se fondre de nouveau en l'une ou l'autre souche au moyen de croisements successifs et présente encore d'autres analogies. Ces faits seraient, au contraire, des plus étranges, si les espèces avaient été indépendamment créées et les variétés simplement produites par des causes secondes.

En admettant que le témoignage géologique soit extrêmement incomplet, tous les faits qu'il nous offre sont à l'appui de la théorie de descendance modifiée. Les espèces nouvelles ont apparu sur la scène du monde lentement et par intervalles successifs ; et la somme des changements effectués dans des temps égaux est très-différente dans les différents groupes. L'extinction des espèces et des groupes entiers d'espèces, qui a joué un rôle si important dans l'histoire du monde organique, est une suite presque inévitable du principe de sélection naturelle ; car les formes anciennes doivent être supplantées par des formes nouvelles plus parfaites. Ni les espèces isolées ni les groupes d'espèces ne peuvent reparaître, quand une fois la chaîne des générations régulières a été rompue. L'extension graduelle des formes dominantes et les lentes modifications de leurs descendants font qu'après de longs intervalles de temps les formes de la vie semblent avoir changé simultanément dans le monde entier. Le caractère intermédiaire des fossiles de chaque formation, comparés aux fossiles des formations inférieures et supérieures, s'explique tout simplement par le rang intermédiaire qu'ils occupent dans la chaîne généalogique. Ce grand fait, que tous les êtres organisés éteints appartiennent au même système que les êtres actuels et se rangent, soit dans les mêmes groupes, soit dans des groupes intermédiaires, résulte de ce que tous les êtres éteints et vivants sont les descendants de parents communs. Comme les groupes descendus d'un ancien progéniteur ont généralement divergé en caractères, cet ancêtre commun et ses premiers descendants seront souvent intermédiaires entre ses descendants plus récents ; et nous voyons ainsi pourquoi plus un fossile est ancien, plus il présente souvent des caractères intermédiaires entre des groupes alliés existants. Les formes récentes sont généralement regardées comme étant, en somme, plus élevées dans la série organique que les formes anciennes et éteintes, et elles sont en effet plus parfaites, à ce point de vue du moins, qu'étant les dernières nées elles ont dû vaincre et supplanter dans la concurrence vitale les formes plus anciennes et moins parfaites ; et elles ont aussi, en général, leurs organes plus spécialisés pour différentes fonctions. Ce fait est parfaitement compatible avec l'existence d'êtres nombreux qui gardent une organisation simple et rudimentaire en harmonie avec de simples conditions de vie. Il est pareillement compatible avec la rétrogression organique de quelques formes qui n'en deviennent pas moins, à chaque variation rétrogressive, mieux adaptées à leurs habitudes de vie, devenues inférieures. Enfin, la loi de permanence des formes alliées sur le même continent, comme on le voit pour les Marsurpiaux en Australie, les Édentés en Amérique et autres exemples, devient compréhensible ; car dans une contrée isolée les espèces récentes doivent naturellement être alliées aux espèces éteintes par un lien généalogique.

Quant à la distribution géographique, si l'on admet qu'il y ait eu pendant le long cours des âges de fréquentes migrations d'une partie du monde à l'autre, en raison de changements climatériques et géographiques antérieurs à notre époque et des moyens nombreux, pour la plupart inconnus, de dispersion qu'ils ont dû fournir, alors on peut concevoir, d'après la théorie de descendance modifiée, le plus grand nombre des principaux faits que l'observation a constatés. Nous apercevons pourquoi il existe un parallélisme frappant entre la distribution des êtres organisés dans l'espace et leur succession géologique dans le temps, car, dans l'un et l'autre cas, les êtres sont demeurés liés par le fil d'une génération régulière, et les moyens de modifications ont été les mêmes pour tous. Nous voyons toute la portée de ce fait merveilleux, qui doit avoir frappé chaque voyageur, c'est que, sur le même continent, sous les conditions de vie les plus diverses, malgré la chaleur ou le froid, sur les montagnes ou dans les plaines, dans les déserts ou dans les marais, la plupart des habitants de chaque grande classe sont étroitement alliés; car, le plus généralement, ils doivent être les descendants des mêmes ancêtres, les premiers colons de la contrée. A l'aide de ce même principe de migration antérieure combiné, dans la plupart des cas, avec celui de modification, et aussi par l'influence de la période glaciaire, nous pouvons expliquer comment on rencontre sur les montagnes les plus éloignées les unes des autres, et sous les plus différentes latitudes, un petit nombre de plantes identiques et beaucoup d'autres étroitement alliées; de même nous comprenons l'alliance étroite de quelques habitants des mers tempérées du nord et du sud, bien qu'ils soient séparés par l'océan tropical tout entier.

Quoique deux contrées présentent des conditions de vie aussi semblables qu'il est nécessaire à l'existence des mêmes espèces, il n'est point surprenant que leurs habitants diffèrent complétement, si elles ont été pendant une longue période complétement séparées l'une de l'autre ; car les relations d'organisme à organisme étant les plus importantes et les deux contrées ayant sans doute reçu des colons d'une troisième source, ou l'une de l'autre, à différentes époques et en diverses proportions, le cours des modifications dans l'une et l'autre aire organique a dû inévitablement être différent.

L'hypothèse des migrations, suivies de modifications, nous explique pourquoi des îles océaniques doivent être peuplées de rares espèces et comment la plupart d'entre elles leur sont particulières. Nous voyons clairement pourquoi des animaux incapables de traverser de larges bras de mer, tels que les Grenouilles et les mammifères terrestres, ne peuvent habiter ces îles, et pourquoi, d'un autre côté, des espèces nouvelles et particulières de Chauves-Souris, genre au contraire doué de la faculté de traverser les mers, doivent se trouver fréquemment sur des îles éloignées de tout continent. La présence de ces espèces particulières de Chauves-Souris et l'absence d'autres mammifères sur les îles océaniques sont deux faits entièrement inexplicables d'après la théorie des actes de création indépendants.

L'existence d'espèces alliées ou d'espèces représentatives en deux aires organiques quelconques implique, d'après la théorie de descendance modifiée, que les mêmes formes les ont habitées primitivement l'une et l'autre; et l'on constate presque sans exception que, lorsque deux régions séparées sont habitées par plusieurs espèces analogues, quelque espèce identique, commune à toutes les deux, y existe encore. Partout où l'on rencontre plusieurs espèces étroitement alliées, mais cependant distinctes, beaucoup de formes douteuses et de variétés de même espèce se montrent pareillement. C'est une règle de haute généralité que les habitants de chaque contrée aient une parenté évidente avec les habitants de la contrée la plus voisine d'où il ait pu lui arriver des immigrants. Cette loi est manifeste dans presque toutes les plantes et tous les animaux de l'archipel des Galapagos, de Juan Fernandez et des autres îles de l'Amérique, qui sont liés de la manière la plus frappante aux plantes et aux animaux de terres américaines voisines; tandis que les populations organiques de l'archipel du cap Vert et des autres îles de la côte d'Afrique ont un aspect tant africain. Il faut bien admettre que ces faits restent inexpliqués dans la théorie de création.

La théorie de sélection naturelle, avec ses conséquences, les extinctions d'espèces et la divergence des caractères, est la seule qui rende raison de l'arrangement si remarquable de tous les êtres organisés, présents et passés, en un seul grand système naturel, formé de groupes subordonnés à d'autres groupes, avec des groupes éteints qui tombent souvent entre des groupes actuels. Les mêmes principes nous expliquent comment il se fait que les affinités mutuelles des espèces et des genres de chaque classe soient si complexes et si tortueuses. Nous voyons pourquoi certains caractères sont d'une utilité beaucoup plus grande que d'autres en matière de classification ; pourquoi les caractères d'adaptation, bien que d'une importance majeure pour l'individu vivant, n'ont presque aucune valeur pour son classement, tandis que les caractères dérivés de parties rudimentaires, qui lui sont complétement inutiles, ont souvent une haute importance systématique, et pourquoi enfin les caractères embryologiques sont les plus importants de tous : c'est que les affinités réelles des êtres organisés sont dues à l'hérédité ou à la communauté d'origine. Le système naturel est un arbre généalogique dont il nous faut découvrir les lignées à l'aide des caractères les plus permanents, quelque légère que soit leur importance vitale.

La disposition des os est analogue dans la main de l'homme, dans l'aile de la Chauve-Souris, dans la nageoire du Marsouin, et dans la jambe du Cheval ; le même nombre de vertèbres forme le cou de la Girafe et celui de l'Éléphant : ces faits et un nombre infini d'autres semblables s'expliquent d'eux-mêmes dans la théorie de descendance lentement et successivement modifiée. L'identité du plan de construction de l'aile et de la jambe de la Chauve-Souris qui servent cependant à de si différents usages, des mâchoires et des pattes d'un Crabe, des pétales, des étamines et du pistil d'une fleur, est pareillement intelligible au point de vue de la modification graduelle d'organes qui ont autrefois été semblables chez les ancêtres primitifs de chaque classe.

D'après le principe que les variations successives surviennent non pas exclusivement à l'une des premières périodes de la vie embryonnaire, mais pendant le cours de la vie des individus, et que ces variations sont héritées par leurs descendants à un âge correspondant, nous voyons clairement pourquoi les embryons de mammifères, d'oiseaux, de reptiles et de poissons, peuvent être si semblables entre eux et si différents des formes adultes. Nous pouvons cesser enfin de nous étonner de voir chez l'embryon d'un mammifère ou d'un oiseau à respiration aérienne des fentes branchiales et des arcs aortiques, comme chez un poisson destiné à respirer l'air dissous dans l'eau à l'aide de branchies parfaites.

Le défaut d'exercice, quelquefois aidé par la sélection naturelle, tend souvent à réduire les proportions d'un organe que le changement des habitudes ou des conditions de vie a peu à peu rendu inutile. D'après cela il est aisé de concevoir l'existence d'organes rudimentaires. Mais le défaut d'exercice des organes, de même que la sélection, n'agit sur les individus que lorsqu'ils sont parvenus à maturité, c'est-à-dire à l'époque où ils sont appelés à jouer tout leur rôle dans la concurrence vitale, et n'a au contraire que peu d'action sur les organes des jeunes sujets. Il suit de là qu'un organe inutile ne paraîtra que peu réduit et à peine rudimentaire, pendant le jeune âge. C'est ainsi que le Veau, par exemple, a hérité d'un ancêtre éloigné, qui eut des dents bien développées, des dents qui ne percent jamais la gencive de sa mâchoire supérieure : or nous pouvons admettre que chez l'animal adulte les dents se sont résorbées pendant un certain nombre de générations successives, par suite du défaut d'usage ou parce que la langue, les lèvres ou le palais se sont adaptés par sélection naturelle à brouter plus commodément sans leur aide ; tandis que chez le jeune Veau les dents n'ont point été modifiées par le défaut d'usage ou la sélection et, en vertu du principe d'hérédité des variations à l'âge correspondant, elles se sont transmises de génération en génération à leur état fœtal depuis une époque éloignée jusqu'aujourd'hui. Au point de vue de la création indépendante de chaque être organisé et de chaque organe spécial, n'est-il pas incompréhensible que des organes rudimentaires, tels que les dents fœtales du Veau, ou les ailes plissées qu'on observe sous les élytres soudées de quelques Coléoptères, portent ainsi fréquemment le caractère de la plus complète inutilité ? Il semble que dans les organes rudimentaires et dans les homologies de structure, la nature ait pris la peine de nous révéler son plan de modification, et que volontairement nous nous refusions à le comprendre.

**III. Causes de la croyance à l'immutabilité des espèces.** — Je viens de récapituler les considérations et les faits principaux qui m'ont profondément convaincu que, pendant une longue suite de générations, les espèces se sont modifiées par la conservation ou la sélection naturelle de nombreuses variations successives, légères, mais utiles. Je ne puis croire qu'une fausse théorie puisse expliquer, comme le fait la loi de sélection naturelle, les diverses grandes séries de faits dont j'ai parlé. On ne peut tirer une objection valable de ce que la science, en son état actuel, ne jette encore aucune lumière sur le problème bien plus élevé de l'essence ou de l'origine de la vie. Qui expliquera quelle est l'essence de l'attraction ou de la pesanteur ? Nul ne se refuse cependant aujourd'hui à admettre toutes les conséquences qui résultent de cet élément inconnu, en dépit de Leibnitz qui accusa Newton d'introduire « des propriétés occultes et des miracles dans la philosophie. »

Je ne vois aucune raison pour que les vues exposées dans cet ouvrage blessent les sentiments religieux de qui que ce soit. Il suffit d'ailleurs, pour montrer combien de telles impressions sont peu durables, de rappeler que la plus grande découverte qui ait jamais été faite par l'homme a été attaquée par Leibnitz lui-même « comme subversive de la religion naturelle, et par conséquent de la religion révélée. » Un théologien célèbre m'écrivait un jour « qu'il avait appris par degrés à reconnaître que c'est avoir une conception aussi juste et aussi grande de la Divinité, de croire qu'elle a créé seulement quelques formes originales, capables de se développer d'elles-mêmes en d'autres formes utiles, que de supposer qu'il faille un nouvel acte de création pour combler les vides causés par l'action de ses lois. »

On peut se demander pourquoi presque tous les plus éminents naturalistes et géologues ont rejeté cette idée de la mutabilité des espèces. On ne peut affirmer que les êtres organisés ne soient sujets à aucune variation à l'état de nature. On ne peut prouver que la somme de ces variations dans le cours de longs âges soit limitée. Aucune distinction absolue n'a été et ne peut être établie entre les espèces et les variétés bien tranchées. On ne peut soutenir que les espèces croisées soient invariablement stériles et les variétés invariablement fécondes, ni que la stérilité soit un caractère spécial et un signe de création indépendante. Mais la croyance que les espèces sont d'immuables productions était presque inévitable, aussi longtemps que l'on a cru à la courte durée de l'histoire du monde. Et maintenant que nous avons acquis quelque notion de la longue série des temps, nous sommes trop prompts à croire sans preuve que les témoignages géologiques sont assez complets pour devoir nous fournir l'entière certitude de la transformation des espèces, si elles en ont en effet subi la loi.

Mais la principale cause de notre mauvais vouloir à reconnaître qu'une espèce a donné naissance à d'autres espèces distinctes, c'est que nous répugnons toujours à admettre tout grand changement dont nous ne voyons pas les degrés intermédiaires. C'est une difficulté semblable qui arrêta tant de géologues, lorsque Lyell affirma le premier que de longues lignes d'escarpements rocheux aujourd'hui situés au milieu des terres, avaient été formés et que de grandes vallées avaient été creusées par l'action lente des vagues côtières. L'entendement ne peut aisément saisir toute l'étendue de ce terme : cent millions d'année ! Il ne peut ajouter les unes aux autres, pour en concevoir tous les effets, un grand nombre de variations légères accumulées pendant un grand nombre presque infini de générations.

Quoique je sois pleinement convaincu de la vérité des principes exposés dans ce volume, il est vrai sous une forme trop abrégée, je n'espère nullement entraîner la conviction de certains naturalistes expérimentés, mais dont l'esprit est préoccupé par une multitude de faits considérés pendant une longue suite d'années d'un point de vue directement opposé au mien. Il est si facile de voiler notre ignorance sous des expressions telles que « le plan de la création », « l'unité de type », etc., et de penser qu'on a donné une explication, quand on a seulement répété un fait ! Celui qui a quelque disposition naturelle à attacher plus de poids à des difficultés inexpliquées qu'à l'explication d'un certain nombre de faits, rejettera certainement ma théorie. Un petit nombre de naturalistes, doués d'une intelligence ouverte et qui d'eux-mêmes ont déjà commencé à douter de l'immutabilité des espèces, peuvent être influencés par cet ouvrage ; mais j'en appelle surtout avec confiance à l'avenir et aux jeunes naturalistes qui s'élèvent et qui pourront regarder les deux côtés de la question avec plus d'impartialité. Tous ceux qui ont déjà été amenés à croire à la mutabilité des espèces rendront un vrai service à la science en exprimant consciencieusement leur conviction : c'est le seul moyen de soulever la masse de préjugés qui pèsent sur cette question.

Plusieurs naturalistes éminents ont exprimé depuis peu la croyance qu'une multitude d'espèces admises dans chaque genre ne sont pas de vraies espèces, mais que d'autres sont bien réelles, c'est-à-dire qu'elles ont été indépendamment créées. Une semblable conclusion me semble étrange. Ils rejettent du rang spécifique une multitude de formes que, jusqu'à ces derniers temps, ils avaient eux-mêmes regardées comme des créations spéciales, que la majorité des naturalistes continuent de considérer comme telles, et qui, conséquemment, ont tous les caractères extérieurs de véritables espèces. Ils admettent qu'elles sont le produit d'une suite de variations ; mais ils refusent d'étendre le même jugement à d'autres formes qui n'en diffèrent que très-légèrement. Néanmoins, ils s'avouent incapables de déterminer ou même de conjecturer quelles sont les formes créées et quelles sont celles que les lois secondaires ont produites. Ils admettent la variabilité comme *vera causa* dans un cas, ils la rejettent arbitrairement dans un autre, sans établir aucune distinction fixe entre les deux cas. Le jour viendra où l'on citera cet exemple de l'aveuglement causé par les opinions préconçues. Ces auteurs ne semblent pas plus s'étonner d'un acte miraculeux de création que d'une naissance ordinaire ; mais croient-ils réellement qu'à d'innombrables époques de l'histoire de la terre, certains atomes élémentaires ont reçu l'ordre de jaillir soudain en tissus vivants ? Croient-ils que chacun de ces actes de création supposés ait produit un seul individu ou plusieurs ? Le nombre infini des espèces animales ou végétales ont-elles été créées à l'état d'œuf ou de graines ou à l'âge de parfait développement ? Les mammifères, entre autres, furent-ils créés avec la marque mensongère de leur suspension à la matrice de leur mère ? Aucun de ceux qui, dans l'état présent de la science, croient à la création d'un petit nombre de formes primitives ou même d'une forme vivante quelconque, ne peut répondre à ces questions. Plusieurs auteurs ont dit qu'il était aussi aisé de croire à la création de cent millions d'être que d'un seul ; mais que l'axiome philosophique de « la moindre action, dû à Maupertuis, sollicite l'entendement à admettre plus volontiers le plus petit nombre possible d'actes créateurs ; et certainement nous ne pouvons croire que d'innombrables êtres dans chaque grande classe aient été créés avec les marques apparentes mais trompeuses de leur descendance d'un même ancêtre.

IV. **Jusqu'où la théorie de modification peut s'étendre.** — On peut se demander jusqu'où s'étend la doctrine de la modification des espèces. La question est difficile à résoudre, parce que, plus les formes que nous avons à considérer sont distinctes, et plus nos arguments manquent de force ; mais plusieurs d'entre les plus puissants s'étendent fort loin. Tous les membres d'une même classe peuvent être reliés ensemble par les chaînons de leurs affinités et tous, en vertu des mêmes principes, peuvent être classés par groupes subordonnés à d'autres groupes. Les débris des êtres fossiles tendent quelquefois à remplir de bien larges lacunes entres les ordres existants. Les organes rudimentaires montrent avec évidence qu'un ancêtre éloigné les a possédés à l'état parfait ; et souvent un pareil cas implique une somme énorme de modification chez sa postérité. Dans certaines classes tout entières, des formes très-diverses sont cependant construites sur le même plan ; et à l'âge embryonnaire les espèces se ressemblent les unes aux autres de fort près. Je ne puis donc douter que la théorie de descendance ne comprenne tous les membres d'une même classe. Je pense que tout le règne animal est descendu de quatre ou cinq types primitifs tout au plus et le règne végétal d'un nombre égal ou moindre.

L'analogie me conduirait même une peu plus loin, c'est-à-dire à la croyance que tous les animaux et toutes les plantes descendent d'un seul prototype ; mais l'analogie peut être un guide trompeur. Au moins, est-il vrai que toutes les choses vivantes ont beaucoup d'attributs communs : leur composition chimique, leur structure cellulaire, leurs lois de croissance et leur faculté d'être affectées par des influences nuisibles. Cette susceptibilité organique se manifeste jusque dans les moindres circonstances : ainsi, un même poison affecte souvent de la même manière les plantes et les animaux ; de même, le poison sécrété par le Cynips produit des excroissances monstrueuses sur la Rose sauvage ou le Chêne. Chez tous les êtres organisés, l'union de deux cellules élémentaires, l'une mâle et l'autre femelle, semble être de temps à autre nécessaire à la production d'un nouvel être. En tous, autant qu'on en peut juger par ce que nous en savons de nos jours, la vésicule germinative est la même. De sorte que chaque individu organisé part d'une même origine. Même si l'on considère les deux divisions principales du monde organique, c'est-à-dire le règne animal et le règne végétal, nous voyons que certaines formes inférieures sont si parfaitement intermédiaires en caractères, que des naturalistes ont disputé dans quel royaume elles devaient être rangées ; et, comme le professeur Asa Gray l'a remarqué, « les spores et autres corps reproducteurs de beaucoup d'entre les algues les moins élevées de la série peuvent se targuer d'avoir d'abord les caractères de l'animalité et plus tard une existence végétale équivoque. » Ainsi, en partant du principe de sélection naturelle, avec divergence de caractères, il ne semble pas incroyable que les animaux et les plantes se soient formés de quelque forme inférieure intermédiaire. Si nous admettons ce point de départ, il faut admettre aussi que tous les êtres organisés qui ont jamais vécu peuvent descendre d'une forme primordiale unique. Mais cette conséquence est principalement fondée sur l'analogie; et il importe peu qu'elle soit ou non acceptée. Il en est autrement de chaque grande classe, telle que les vertébrés, les articulés, etc. ; car ici, comme on l'a vu tout à l'heure, nous avons dans les lois de l'homologie et de l'embryologie, etc., des preuves toutes spéciales que tous descendent d'un ancêtre unique [1].

[1] J'ai déjà fait remarquer, à propos de l'unité des centres de création spécifiques, qu'il serait bien rigoureux d'entendre, par ce terme d'ancêtre unique, un seul individu ou un seul couple Il serait encore plus incroyable de supposer que la forme primordiale, l'ancêtre commun et archétype absolu de la création vivante, n'eût été représenté que par un seul individu. D'où proviendrait cet individu unique ? Faudrait-il, après avoir éliminé si heureusement tant de miracles, en laisser subsister un seul ? Si cet individu unique a existé, ce ne peut être que la planète elle-même. Rien n'empêche d'admettre que cette matrice universelle n'ait eu à l'une des phases de son existence le pouvoir d'élaborer la vie. Mais un seul des points de sa surface aurait-il eu le privilége de produire des germes? Ou faut-il croire qu'ils se soient élancés de son sein ? Toutes les analogies font plutôt supposer qu'elle fut féconde sur toute sa vaste circonférence, que son enveloppe aqueuse fut le premier laboratoire de toute organisation et que le nombre des germes produits fut immense, mais que sans aucun doute ils furent tous semblables : des cellules germinatives nageant éparses en grappes ou en filaments dans les eaux, une cristallisation organique, rien de plus. Ce serait donc bien d'un type, d'une forme d'une espèce unique, mais non d'un seul individu que tous les organismes seraient successivement formés.

Si l'embryologie atteste que, chez les fœtus des vertébrés supérieurs, les organes revêtent transitoirement des formes qui sont définitives chez certains représentants inférieurs de la même classe ou du même embranchement (Voir Bischoff, *Encycl. anat.*, p 213. Paris, 1843. — *Dict. d'hist. nat.* de Ch. d'Orbigny, art. Œuf; et Darwin, chap. IV), du moins jamais le vertébré ne passe par les formes des autres types zoologiques. L'embryon vertébré manifeste dès le commencement un système de développement bien caractérisé et le jeune être ne prend, à aucune de ses phases fœtales, la forme de l'articulé, du mollusque ou du rayonné. Des faits analogues, bien que moins parfaitement ou moins généralement connus, s'observent dans les autres embranchements qui, selon toute probabilité, ont tous divergé du prototype commun presque dès le principe. Il en est encore de même dans les grandes classes du règne végétal. On peut dire que jamais dicotylédone ou polycotylédone ne s'est formée d'une monocotylédone, *et vice versâ*, bien qu'on ne puisse affirmer aussi catégoriquement que ces trois groupes ne se soient pas développés presque parallèlement aux dépens de quelque classe antérieure de cryptogames. Chez les cryptogames eux-mêmes, les différentes classes se sont probablement formées suivant la loi de divergence de quelque type plus ancien et inférieur. Mais le point unique de convergence de toutes ces diverses séries organiques, c'est la cellule primordiale, c'est la vésicule germinative, premier archétype universel de toute l'organisation et dont toute l'organisation se compose.

Cependant, faire sortir le monde organisé tout entier d'une seule cellule primitive, ce serait retourner à l'ancien mythe de l'œuf cosmique, couvé par la colombe divine, en substituant, toutefois, à l'ancien sens symbolique, large et figuré, un sens absolu, étroit et en tous points indigne des largesses créatrices de la nature, qui mesure et limite le nombre des adultes à la quantité de vie qu'elle peut leur distribuer, mais qui n'épargne jamais les germes. Si, au contraire, on admet la multiplicité infinie de ces germes primitifs, ils ressortent que toutes les possibilités de développement ont dù se présenter parmi un nombre si considérable d'êtres qui tous n'avaient qu'à chercher les moyens de vivre. Le grand nombre des ébauches organiques, fournissant ainsi des probabilités de progrès en nombre infini, le perfectionnement successif de l'organisation suivant un certain nombre de séries typiques parallèles ou plus

**V. Effets de son adoption dans l'étude de l'histoire naturelle.** — Lorsque les vues que j'expose en cet ouvrage et que

ou moins divergentes, n'a plus rien qui soit surprenant, le principe vital lui-même étant donné comme reposant à l'état latent dans chaque germe.

Ainsi qu'on l'a vu dans une précédente note (p. 495), les lois générales de la vie durent se fixer d'abord, selon les conditions physiques particulières à notre planète, en même temps que commençait la divergence des types successivement adaptés à la diversité peu profonde de ces conditions. Il ne s'agissait guère alors pour les différents être que de s'accoutumer à vivre au fond des eaux, dans les eaux ou à la surface des eaux. Il y eut donc dès lors unité absolue de loi et seulement diversité d'application.

Mais la multiplicité infinie des germes a nécessairement produit dès l'origine la multiplicité infinie des races. A mesure que les races se sont fixées et perfectionnées, leur nombre a diminué, en même temps que chacune d'elles voyait se multiplier ses représentants : c'est-à-dire que la postérité croissante d'un certain nombre de souches primitives devait successivement prendre la place des races qui succombaient dans la concurrence universelle, par suite d'une infériorité relative d'organisation. En remontant à travers les âges géologiques, nous devons donc trouver beaucoup de formes sorties de souches individuelles, qui peuvent présenter avec nos formes vivantes ces grandes analogies générales qui résultent de l'unité de la loi organique à la surface du globe et qui, comme telles, peuvent rentrer dans notre système général de classification, mais qui doivent aussi présenter des différences fondamentales et se refuser à faire partie de la même souche héréditaire, ayant une généalogie à part, qui les rattache en ligne directe à la cellule primordiale. Beaucoup de ces races ont pu s'éteindre sans envoyer des représentants jusqu'à nos jours ; et plus on recule vers les périodes primitives de l'histoire de la terre, plus ces lignées indépendantes doivent être nombreuses. Ce sont des jets plus ou moins vigoureux, qui tous se sont élancés à la fois de la racine même de l'arbre de vie, mais qui ont persisté plus ou moins longtemps.

Notre monde organique actuel ne serait donc que le reste d'un nombre infini de germes primitifs qui, tous, si les circonstances leur eussent été favorables, auraient pu chacun donner naissance, sinon à un embranchement, du moins à une classe, un ordre ou un groupe et qui tous ont au moins commencé une race. Mais les premiers effets de la concurrence vitale, de la sélection naturelle et de la divergence des caractères qui en a été la suite, ont dû causer l'extinction d'un nombre considérable de classes naissantes, ébauches moins bien réussies de ces premiers essais d'organisation ; et la proportion de ces races vaincues aux races victorieuses peut avoir été énorme, si l'on songe à la haute raison géométrique de reproduction des êtres inférieurs. A la première génération, peut-être la millionième partie seulement des germes produits laissa des descendants capables de se reproduire à leur tour, et la loi de sélection agit probablement avec la même sévérité pendant un grand nombre de siècles, perfectionnant ainsi le plan général de l'organisation avec une rapidité d'autant plus grande.

Cependant, il n'est pas le moins du monde certain ou même probable que, de sélection en sélection, chacun de nos embranchements actuels dérive à l'origine d'un seul individu ou d'un seul germe. J'ai déjà fait remarquer que le principe de divergence des caractères est loin d'être absolu et que les tendances héréditaires ont dû plus d'une fois produire la convergence des lignées généalogiques collatérales par suite de réversions à d'anciens caractères perdus. En ce cas, la réversion ne pourrait encore provenir que de la communauté d'o-

M. Wallace a également soutenues dans le *Linnean Journal*, ou enfin lorsque des vues analogues seront généralement admises sur l'origine des espèces, on peut vaguement prévoir qu'il s'accomplira une révolution importante en histoire naturelle. Les systématistes pourront poursuivre leur travail comme aujourd'hui ; mais ils ne seront plus incessamment poursuivis par des doutes insolubles sur l'essence spécifique de telle ou telle forme : et je suis certain que ce ne sera pas un léger soulagement ; j'en parle par expérience. On cessera de disputer sans fin pour savoir si une cinquantaine de Ronces anglaises sont de véritables espèces. Les systématistes auront seulement à dé-

rigine et en serait une preuve. Mais il est un autre principe qui doit se combiner avec tous ceux que M. Darwin a si habilement étudiés, c'est le *parallélisme des destinées*. Il est certain que tous les germes primitifs qui se trouvèrent soumis à un ensemble identique ou analogue de conditions de vie, durent varier parallèlement sous l'influence, partout la même, de la loi organique. Il faut donc admettre au contraire que chacun de nos règnes et de nos embranchements doit à l'origine avoir été représenté par un nombre considérable de races, issues chacune d'un germe primitif, et qui varièrent simultanément et parallèlement de manière à pouvoir parer par leur nombre à toutes les chances de destruction que le type en formation devait courir pendant le cours des siècles avant de se fixer. Un groupe nombreux de ces races dut ainsi s'*animaliser* et un autre se *végétaliser*. Dans ces groupes d'animaux et de végétaux, à l'état naissant et encore intermédiaire, des races durent varier encore parallèlement par faisceaux divergents entre eux et plus ou moins nombreux, de manière à produire les embranchements, puis les classes, puis les ordres, puis les genres, comme les fibres ligneuses d'un même arbre, d'abord réunies dans le tronc, se séparent en divergeant dans les branches. Et le parallélisme des destinées, produisant chez toutes ces races une résultante d'innéités, non pas identique, mais fort analogue, c'est-à-dire des tendances héréditaires presque semblables, aurait maintenu entre elles des ressemblances profondes que les différences survenues subséquemment dans les conditions de vie ont pu altérer, mais non détruire.

Ce qu'on pourrait encore admettre comme probable, mais non pas comme prouvé, c'est que chacune de ces races, indépendantes bien que parallèles, eût gardé le privilége de produire des formes capables de s'allier entre elles, tandis que tout croisement serait absolument infécond et même impossible entre des races de souches distinctes, c'est-à-dire sorties de germes primordiaux différents; non qu'il existât entre elles aucune hétérogénéité d'essence, mais parce que leur développement héréditaire, quel qu'en ait été le parallélisme, doit nécessairement avoir été trop différent.

L'espèce ou plutôt la race aurait donc ainsi un fondement dans la nature autre que celui de la simple ressemblance, et la communauté d'origine aurait une valeur absolue pour délimiter les espèces. La difficulté serait de l'établir sur des preuves. Mais il est fort présumable que ces espèces, ainsi déterminées par les lois de la nature elle-mêmes sont au moins les genres de nos systématistes actuels, et que les groupes plus élevés sont composés de races dont le développement, après avoir été longtemps parallèle, n'a divergé que plus ou moins récemment. (*Trad.*)

cider, et ceci même ne sera pas toujours facile, si quelques-unes de ces formes sont suffisamment constantes et distinctes des autres formes pour être susceptibles de définitions, et si leurs différences définissables sont assez importantes pour mériter un nom spécifique. Ce dernier point deviendra beaucoup plus essentiel qu'à présent; car des différences, si légères qu'elles soient, entre deux formes quelconques, si elles ne sont pas reliées par des degrés intermédiaires, sont regardées, par le plus grand nombre des naturalistes, comme suffisantes pour les élever toutes les deux au rang d'espèces. Plus tard, nous serons obligés de reconnaître que la seule distinction possible entre les espèces et les variétés bien tranchées consiste seulement en ce que l'on sait ou l'on croit les unes actuellement reliées par des degrés intermédiaires et que les autres l'ont été à une époque antérieure. De là, sans dédaigner de prendre en considération l'existence actuelle de gradations intermédiaires entre deux formes quelconques, nous serons conduits à peser avec plus de soin et à évaluer plus haut la somme actuelle des différences qui existent entre elles. Il est très-possible que des formes, aujourd'hui généralement considérées comme de simples variétés, soient plus tard jugées dignes d'un nom spécifique, comme il en serait par exemple de la Primevère et du Coucou; et en ce cas le langage scientifique se mettrait d'accord avec la langue vulgaire. En somme, nous aurons à traiter les espèces, comme sont traités les genres par ceux d'entre les naturalistes qui les regardent comme des combinaisons purement artificielles inventées pour leur grande commodité. Une telle perspective n'est peut-être pas fort réjouissante; mais du moins nous serons délivrés des vaines recherches auxquelles donne lieu l'essence inconnue et indécouvrable du terme d'espèce.

Une autre branche plus générale de l'histoire naturelle croîtra d'autant en intérêt. Les expressions d'affinités, de parenté, de communauté de type, de morphologie, de caractères d'adaptation, d'organes rudimentaires ou avortés, etc., cesseront d'être des métaphores et prendront un sens absolu. Quand nous ne regarderons plus un être organisé comme un sauvage regarde un navire, c'est-à-dire comme quelque chose qui surpasse notre intelligence ; quand nous considérerons chaque production de la nature comme ayant eu son histoire ; quand nous regarderons chaque organe et chaque instinct comme la résultante d'un grand nombre de combinaisons partielles dont chacune a été utile à l'individu chez lequel elle s'est produite, à peu près comme nous voyons dans toute grande invention mécanique la résultante du travail, de l'expérience, de la raison et même des erreurs de nombreux ouvriers ; je puis dire, d'après mes propres expériences, que d'un pareil point de vue l'étude de chaque être organisé et de la nature tout entière nous semblera bien autrement intéressante.

Un champ d'observation immense et à peine foulé nous sera ouvert dans les causes et les lois de variabilité et de corrélation de croissance, dans les effets de l'usage ou du défaut d'exercice des organes, dans l'action directe des conditions extérieures et ainsi de suite. L'étude des productions domestiques prendra une plus haute valeur. Une nouvelle variété obtenue par l'homme sera un sujet d'étude plus intéressant et plus important qu'une espèce nouvellement découverte et ajoutée encore au nombre infini des espèces déjà connues. Nos classifications deviendront, autant qu'il se pourra, des généalogies, et retraceront alors véritablement ce qu'on peut appeler le plan de la création. Les règles de classement systématique deviendront sans nul doute plus simples, quand nous aurons un objet bien déterminé en vue. Si nous ne possédons ni arbre généalogique, ni Livre d'Or, ni armoiries héréditaires; nous avons, pour découvrir et suivre les traces des nombreuses lignes divergentes de nos généalogies naturelles, un héritage longtemps conservé de caractères de toutes sortes. Les organes rudimentaires seront des guides infaillibles, quant à la nature des organes perdus depuis longtemps. Les espèces et groupes d'espèces, qu'on nomme aberrants, et qu'on pourrait appeler des fossiles vivants, nous aideront à ressusciter le portrait des anciennes formes de la vie. L'embryologie, enfin, nous révélera la structure un peu obscurcie des prototypes de chaque grande classe.

Lorsque nous serons certains que tous les individus de la même espèce, et toutes les espèces alliées de la plupart des genres, sont descendus d'un commun ancêtre à une époque relativement peu éloignée et qu'ils ont émigré d'un berceau unique ; lorsque aussi nous connaîtrons mieux leurs divers moyens de migration ; alors, à la lumière que la géologie jette dès aujourd'hui et jettera plus encore à l'avenir sur les changements survenus dans les climats ou dans le niveau des terres, nous pourrons sûrement suivre et retracer avec une grande exactitude les anciennes migrations des habitants du monde entier. Même aujourd'hui, en comparant les différences des habitants de la mer des deux côtés opposés d'un continent, de même que la nature des divers habitants de ce continent lui-même, avec leurs moyens connus de migration, on peut répandre quelque clarté sur la géographie ancienne.

La noble science géologique perd un peu de sa gloire en raison de l'extrême insuffisance de ces documents. L'écorce terrestre, avec ses débris ensevelis, ne peut être regardée comme un riche musée, mais comme une misérable collection rassemblée au hasard et avec intermittence. On reconnaîtra que chaque grande formation fossilifère a dû dépendre d'un rare concours de circonstances et que les intervalles d'inactivité entre les étages successifs ont été d'une immense durée. Mais il nous sera possible d'évaluer cette durée avec quelque certitude en comparant les formes organiques antérieures et postérieures. Ce n'est qu'avec toutes réserves que nous devrons tenter d'établir une corrélation d'exacte contemporanéité entre deux formations, renfermant peu d'espèces identiques, d'après la seule succession générale des formes organiques qu'elles nous livrent. Comme les espèces se forment et s'éteignent par des causes toujours actuelles, mais lentement agissantes, et non par des actes miraculeux de création et par des catastrophes ; que les relations d'organisme à organisme, les plus importantes de toutes les causes de changement pour les êtres vivants, sont presque indépendantes de l'altération, même soudaine, des conditions physiques, le progrès d'un seul être décidant du progrès ou de la destruction des autres ; il s'ensuit que la somme des changements organiques dans les fossiles de formations consécutives peut probablement servir de juste mesure du laps de temps écoulé entre elles. Cependant un certain nombre d'espèces, se maintenant en corps, pourraient se perpétuer sans changements pendant de longues périodes, tandis que, pendant le même temps, plusieurs de ces espèces, venant à émigrer en d'autres contrées et à entrer en concurrence avec des associés étrangers, se seraient modifiées ; de sorte qu'il ne nous faut pas surfaire la valeur du mouvement de transformation organique considéré comme exacte mesure du temps. Durant les périodes primitives de l'histoire de la terre, quand les formes de la vie étaient probablement moins nombreuses et plus simples, le changement était peut-être moins rapide ; et lors de la première aube de la vie, lorsqu'un très-petit nombre de formes de la structure la plus simple existaient seules, ce changement peut avoir été extrêmement lent [1].

On reconnaîtra plus tard que toute l'histoire du monde, telle que nous la connaissons aujourd'hui, quoique d'une longueur incalculable pour notre esprit, n'est cependant qu'une fraction insignifiante du cours des temps, en comparaison des âges écoulés depuis que la première créature, le progéniteur d'innombrables descendants vivants et détruits, a été créé.

Dans un avenir éloigné, je vois des champs ouverts devant des recherches bien plus importantes. La psychologie reposera

[1] J'ai déjà cru pouvoir faire remarquer autre part (note de la page 495), que cette assertion peut donner lieu à quelques objections.

Dans l'hypothèse où tous les êtres seraient sortis d'un germe unique, il n'est pas douteux que, jusqu'à ce que ce type primitif se fût multiplié de manière à peupler tout le globe, il n'y aurait point eu de variations accumulées dans une direction définie, la concurrence vitale, et la sélection qui s'ensuit, n'existant pas ; mais aussi il n'y aurait eu ni sélection naturelle ni hérédité pour empêcher toutes les déviations possibles du type primitif, de sorte que les variétés eussent pu se produire et se multiplier sans empêchement

Si, au contraire, les germes primitifs ont été produits en nombre immense à la surface du globe, ces êtres très-simples, très-semblables entre eux et probablement doués d'une grande puissance de reproduction comme tous les êtres inférieurs, durent se faire une concurrence assez vive dès le principe ; et, comme on l'a déjà vu autre part, la variabilité n'ayant pas à lutter contre les tendances héréditaires, si puissantes de nos jours, de nombreuses variétés durent se former en divergeant rapidement de caractères, de manière à s'adapter à toutes les conditions de vie alors possibles; de sorte que, dès l'époque silurienne, tous les principaux types de l'organisation étaient déjà produits et fixés.

Dans l'un comme dans l'autre cas, il est donc beaucoup plus probable que la variabilité organique suit un mouvement retardé plutôt qu'un mouvement acsur une nouvelle base, c'est-à-dire sur l'acquisition nécessairement graduelle de chaque faculté mentale. Une vive lumière éclairera alors l'origine de l'homme et son histoire.

VI. **Dernières remarques.** — D'éminents auteurs semblent pleinement satisfaits de l'hypothèse que chaque espèce a été indépendamment créée. A mon avis, ce que nous connaissons des lois imposées à la matière par le Créateur s'accorde mieux avec la formation et l'extinction des êtres présents et passés par des causes secondes, semblables à celles qui déterminent la naissance et la mort des individus. Quand je regarde tous les êtres, non plus comme des créations spéciales, mais comme la descendance en ligne directe d'êtres qui vécurent longtemps avant que les premières couches du système silurien fussent déposées, ils me semblent tout à coup anoblis. Préjugeant l'avenir du passé, nous pouvons prédire avec sûreté qu'aucune espèce vivante ne transmettra sa ressemblance inaltérée aux âges futurs; et qu'un petit nombre d'entre elles enverront seules une postérité quelconque jusqu'à une époque très-éloignée; car le système de groupement des êtres organisés nous montre que le plus grand nombre des espèces de chaque genre n'ont laissé aucun descendant, mais se sont entièrement éteintes.

céléré. Cette supposition serait du reste beaucoup plus favorable à la théorie de M. Darwin, puisqu'il ne serait plus nécessaire de supposer une série incalculable d'époques anté-siluriennes, et que le peu de variabilité que l'on constate aujourd'hui se trouverait expliqué par l'accroissement de la force d'atavisme en raison des temps écoulés. On peut affirmer, en toute certitude, que la somme des variations organiques entre la simple cellule primordiale et le premier poisson, est au moins équivalente à celle qui sépare le poisson de l'homme. Il faut en cela se garder des préjugés qui ne nous sollicitent que trop en faveur de la grande supériorité physiologique de notre race sur toutes les formes du même embranchement et songer que la petitesse des organismes articulés ou rayonnés nous dérobe souvent de merveilleux détails.

Seulement il faut reconnaître, d'un autre côté, qu'à mesure que les variations purement physiologiques diminuent de vitesse et d'intensité, les variations psychologiques, c'est-à-dire les modifications instinctives et mentales, semblent accroître leur mouvement en raison contraire, comme on l'observe chez toutes les espèces sociales que forment généralement les degrés les plus élevés des principales classes du règne animal. On dirait qu'une fois le corps parvenu à ses derniers perfectionnements, c'est-à-dire à la spécialisation la plus complète possible des organes purement vitaux, un seul organe, le cerveau, garde encore la faculté de se perfectionner en spécialisant de plus en plus. (*Trad.*)

Nous pouvons même jeter un regard prophétique dans l'avenir jusqu'à prédire que ce sont les espèces communes et très-répandues, appartenant aux groupes les plus nombreux de chaque classe, qui prévaudront ultérieurement et qui donneront naissance à de nouvelles espèces dominantes. Comme toutes les formes vivantes actuelles sont la postérité linéaire de celles qui vécurent longtemps avant l'époque silurienne, nous pouvons être certains que la succession régulière des générations n'a jamais été interrompue et que, par conséquent, jamais aucun cataclysme n'a désolé le monde entier. Nous pouvons aussi en conclure avec quelque confiance qu'il nous est permis de compter sur un avenir d'une incalculable longueur. Et comme la sélection naturelle agit seulement pour le bien de chaque individu, tout don physique ou intellectuel tendra à progresser vers la perfection.

Quel intérêt ne trouve-t-on pas à contempler un rivage luxuriant, couvert de nombreuses plantes appartenant à de nombreuses espèces, avec des oiseaux chantant dans les buissons, des insectes variés voltigeant à l'entour, des lombrics rampant à travers le sol humide, si l'on songe en même temps que toutes ces formes élaborées avec tant de soin, de patience, d'habileté et dépendantes les unes des autres par une série de rapports si compliqués, ont toutes été produites par des lois qui agissent continuellement autour de nous ! Ces lois, prises dans leur sens le plus large, nous les énumérerons ici : c'est *la loi de croissance et de reproduction ;* c'est *la loi d'hérédité*, presque impliquée dans la précédente ; c'est *la loi de variabilité* sous l'action directe ou indirecte des conditions extérieures de la vie et de l'usage ou du défaut d'exercice des organes ; c'est *la loi de multiplication des espèces en raison géométrique*, qui a pour conséquence *la concurrence vitale* et *la sélection naturelle*, d'où suivent *la divergence des caractères* et l'*extinction des formes inférieures*.

C'est ainsi que de la guerre naturelle, de la famine et de la mort résulte directement l'effet le plus admirable que nous puissions concevoir : la formation lente des êtres supérieurs. Il y a de la grandeur dans une telle manière d'envisager la vie et ses diverses puissances, animant à l'origine quelques formes ou une forme unique sous un souffle du Créateur. Et tandis que notre planète a continué de décrire ces cycles perpétuels, d'après les lois fixes de la gravitation, d'un si petit commencement, des formes sans nombre, de plus en plus belles, de plus en plus merveilleuses, se sont développées et se développeront par une évolution sans fin.

FIN

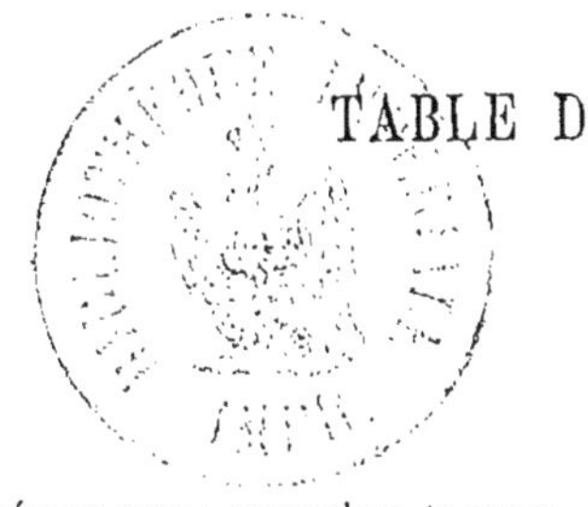

# TABLE DES SOMMAIRES



## CHAPITRE PREMIER

### Variations des espèces à l'état domestique



## CHAPITRE II

### Variations des espèces à l'état de nature

## CHAPITRE III

## Concurrence vitale



## CHAPITRE IV

## Sélection naturelle

CHAPITRE V

## Lois de la variabilité



CHAPITRE VI

## Difficultés de la théorie



CHAPITRE VII

## Instinct

## CHAPITRE VIII

### Hybridité



## CHAPITRE IX

### Insuffisance des documents géologiques

## CHAPITRE X

### De la succession géologique des êtres organisés



## CHAPITRE XI

### Distribution géographique

## CHAPITRE XII

### Distribution géographique (SUITE)



## CHAPITRE XIII

### Affinités mutuelles des êtres organisés

CLASSIFICATION — MORPHOLOGIE — EMBRYOLOGIE — ORGANES RUDIMENTAIRES.



## CHAPITRE XIV

### Récapitulation et conclusion

# INDEX

## H

## I



## J

**T**

Y



Z



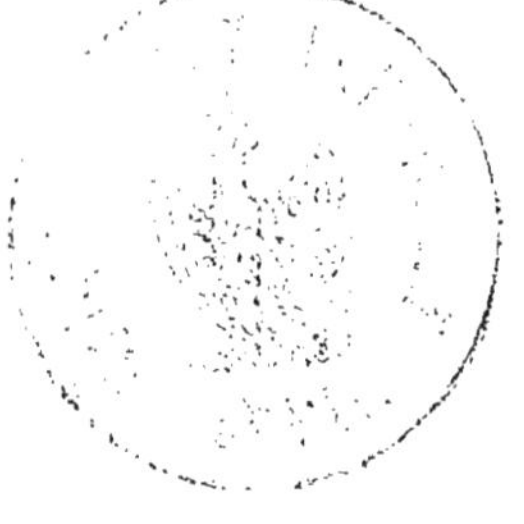

FIN DE L'INDEX.

CORBEIL. — TYP. ET STÉR. DE CRÉTÉ FILS.

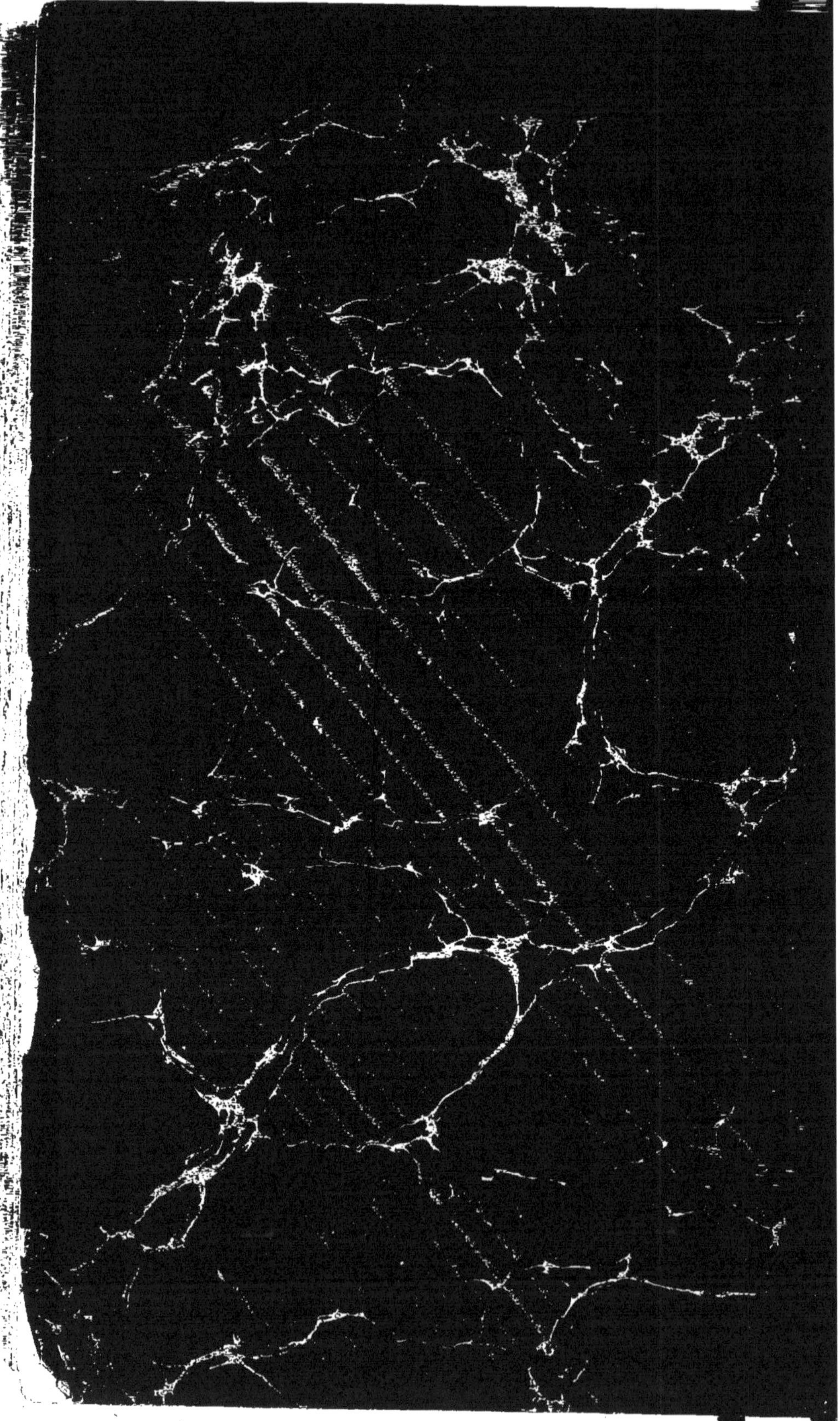

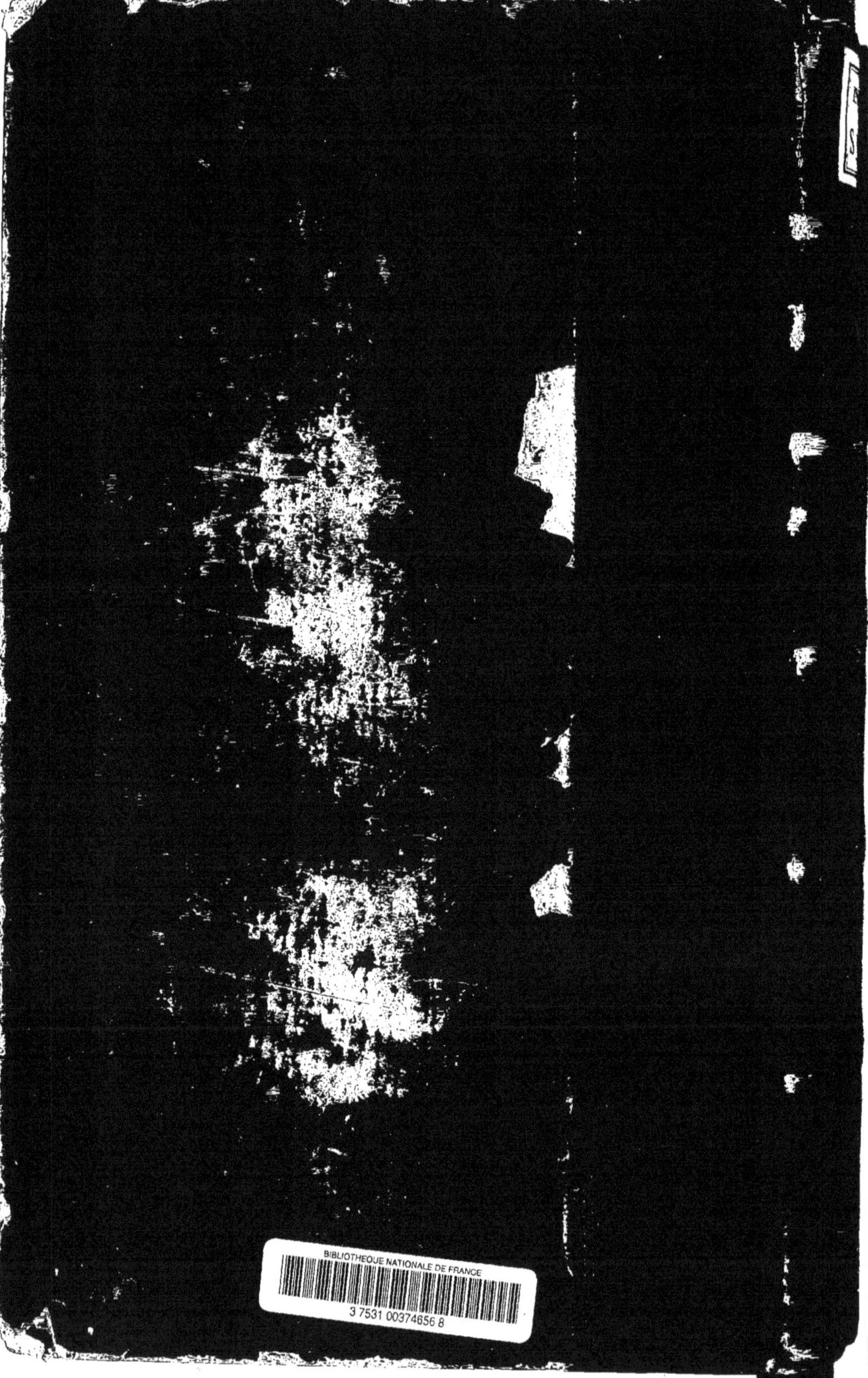

www.ingramcontent.com/pod-product-compliance
Ingram Content Group UK Ltd.
Pitfield, Milton Keynes, MK11 3LW, UK
UKHW020254230726
13925UKWH00001B/33

9 782013 692687